U0302724

关中灌区作物灌溉理论与技术研究

蔡焕杰 陈新明 王 健等 著

科学出版社
北京

内 容 简 介

本书总结了研究团队近 20 年对关中灌区主要粮食作物在灌溉理论与技术方面的研究成果,包括主要作物水分亏缺响应与非充分灌溉制度,作物蒸发蒸腾量测量方法,冬小麦高光谱特征及其生理生态参数估算模型,夏玉米农田 SPAC 系统水热传输与动态生长模拟,冬小麦水分产量效应及气候变化条件下产量响应模拟,冬小麦水氮产量效应、产差与灌溉预报,灌区主要作物需水量与灌溉制度研究,泾惠渠灌区地面灌溉农田土壤水氮时空分布及其对冬小麦产量的影响,泾惠渠灌区地面灌溉技术参数与田间工程技术,泾惠渠灌区地下水时空分布与合理开发利用,泾惠渠灌区地下水水质对不同水源灌溉的响应及评价等。

本书可供水利和农业行业从事与农业高效用水相关工作的专业技术人员和高等院校相关专业的研究生参考。

图书在版编目(CIP)数据

关中灌区作物灌溉理论与技术研究/蔡焕杰等著 . —北京:科学出版社,2019.5
ISBN 978-7-03-060833-8

Ⅰ.①关… Ⅱ.①蔡… Ⅲ.①作物-灌溉-技术-研究-陕西 Ⅳ.①S275

中国版本图书馆 CIP 数据核字(2019)第 047491 号

责任编辑:李轶冰/责任校对:樊雅琼
责任印制:吴兆东/封面设计:无极书装

科学出版社 出版
北京东黄城根北街 16 号
邮政编码:100717
http://www.sciencep.com

北京建宏印刷有限公司 印刷

科学出版社发行 各地新华书店经销
*
2019 年 5 月第 一 版 开本:787×1092 1/16
2019 年 5 月第一次印刷 印张:37 1/4
字数:900 000

定价:380.00 元
(如有印装质量问题,我社负责调换)

前　言

关中地区或关中平原位于陕西中部，号称"八百里秦川"，总面积为 5.6 万 km²，包括西安、铜川、宝鸡、咸阳、渭南五个省辖地级市及杨凌农业高新技术产业示范区，共 54 个县（市、区）。关中平原位于黄河支流渭河的下游冲积平原，土地肥沃，物产富饶。关中地区人口占陕西省总人口数的 60%，国民经济产值占陕西省经济总产值的 70%，工业产值占陕西省工业总产值的 80%，农业产量占陕西省农业总产量的 2/3 以上，在陕西省的社会经济发展中起着举足轻重的作用。关中地区是我国灌溉农业发展最早的地区之一，但面临水资源贫乏、生态环境脆弱的问题，水资源人均占有量仅为全国水资源人均占有量的 17%，全省水资源人均占有量的 30%，且时空分布不均。因此，研究关中地区作物灌溉理论与技术，提高农业用水效率，实现农业节水，对区域的可持续发展有着十分重要的意义。

2000 年以来，在国家科技支撑计划项目"旱区节水型生态灌区关键技术研究与应用"（2011BAD29B01），国家高技术研究发展计划（863 计划）项目"作物生理节水调控与非充分灌溉技术"（2001AA242051）、"作物高效用水生理调控与非充分灌溉技术"（2002AA2Z4031）、"作物水分亏缺补偿技术"（2006AA100202），国家自然科学基金项目"作物非充分灌溉健康生长需水量计算与生理节水潜力"（51179162），国家重点研发计划项目"西北典型农区节水高效灌溉技术与集成应用"（2016YFC0400200）等项目的支持下，针对关中地区主要农作物蒸发蒸腾规律、作物节水机理和灌水模式、生态节水灌区的田间工程技术和水资源高效调控模式等开展了比较系统的研究。本书是在以上研究成果总结的基础上，力求全面系统地反映项目团队关于关中地区主要粮食作物在灌溉理论与技术方面的最新研究进展。

本书由蔡焕杰项目团队的部分专家和研究生编写，由蔡焕杰和陈新明统稿，共分 12 章，各章编写人员和参加研究工作的人员如下。

第 1 章作物灌溉理论与技术研究进展，蔡焕杰、陈新明；

第 2 章主要作物水分亏缺响应与非充分灌溉制度，王健、陈新明、杨敬静、赵永、丁端锋、王伟、刘培；

第 3 章作物蒸发蒸腾量测量方法研究，强小嫚、康燕霞、陈凤、韩娟、樊引琴、梁文清、李志军；

第 4 章冬小麦高光谱特征及其生理生态参数估算模型，姚付启、范梅凤、张超、李志军；

第 5 章夏玉米农田 SPAC 系统水热传输与动态生长模拟，虞连玉、张旭东、王晓文；

第 6 章冬小麦水分产量效应及气候变化条件下产量响应模拟，郑珍、王子申、虞连玉；

第 7 章冬小麦水氮产量效应、产差与灌溉预报，姬建梅、张倩；

第 8 章灌区主要作物需水量与灌溉制度研究，杨佩、王健、高振晓、宋同、刘泉斌、刘彦平、杨娟、王宇明；

第 9 章泾惠渠灌区地面灌溉农田土壤水氮时空分布及其对冬小麦产量的影响，徐家屯、赵春晓、胡雅；

第 10 章泾惠渠灌区地面灌溉技术参数与田间工程技术，李世瑶、陈新明、朱大炯、王文娥、党永仁、刘璇、蒋沛、王世龙；

第 11 章泾惠渠灌区地下水时空分布与合理开发利用，代锋刚、蔡焕杰；

第 12 章泾惠渠灌区地下水水质对不同水源灌溉的响应及评价，谢菲、黄晓蕙、陈新明。

感谢科学技术部、中国 21 世纪议程管理中心、国家自然科学基金委员会、陕西省水利厅给予研究资助，感谢西北农林科技大学中国旱区节水农业研究院和水利与建筑工程学院、陕西省泾惠渠管理局等单位以及相关专家学者在项目实施过程中的大力支持与帮助。蔡晓东、王一腾参加了本书的整理，许多研究生和本科生参与了试验和研究工作，书中也引用了许多学者的研究数据，在这里一并表示感谢。

由于编者水平有限，对有些问题的认识不足，书中难免存在不足之处，恳请读者批评指正。

作　者

2018 年 6 月

目　　录

前言

第1章　作物灌溉理论与技术研究进展 ……………………………………… 1

1.1　作物灌溉理论研究 ……………………………………………………… 1

1.2　农田水分信息的高光谱遥感技术研究 ………………………………… 5

1.3　作物模型方面的研究 …………………………………………………… 8

1.4　作物产差及水氮耦合理论的研究 ……………………………………… 9

1.5　灌区生态环境与质量评价研究 ………………………………………… 11

第2章　主要作物水分亏缺响应与非充分灌溉制度 ……………………… 14

2.1　试验方案 ………………………………………………………………… 14

2.2　水分胁迫对冬小麦生理生态及产量的影响 …………………………… 16

2.3　水分胁迫对夏玉米生理生态及产量的影响 …………………………… 30

2.4　关中灌区主要农作物非充分灌溉制度 ………………………………… 41

2.5　小结 ……………………………………………………………………… 44

第3章　作物蒸发蒸腾量测量方法研究 …………………………………… 46

3.1　试验方案 ………………………………………………………………… 46

3.2　波文比能量平衡法测量农田蒸发蒸腾量研究 ………………………… 47

3.3　蒸渗仪法测量作物蒸发蒸腾量研究 …………………………………… 59

3.4　波文比法与蒸渗仪法测量作物蒸发蒸腾量的比较 …………………… 65

3.5　主要作物蒸发蒸腾量计算方法 ………………………………………… 74

3.6　作物系数 ………………………………………………………………… 81

3.7　缺水条件下作物蒸发蒸腾量的计算 …………………………………… 94

3.8　小结 ……………………………………………………………………… 97

第4章　冬小麦高光谱特征及其生理生态参数估算模型 ………………… 98

4.1　试验方案 ………………………………………………………………… 98

4.2　冬小麦冠层光谱特征的变化 …………………………………………… 100

4.3　基于高光谱遥感的冬小麦叶绿素监测 ………………………………… 119

4.4　基于高光谱遥感的冬小麦覆盖度监测 ………………………………… 129

4.5　基于高光谱遥感的冬小麦叶面积指数监测 …………………………… 141

4.6　基于高光谱遥感水分指数的叶片及土壤含水量的反演模型 ………… 149

4.7　基于ETM+数据的冬小麦生理生态参数提取 ………………………… 153

4.8 小结 ··· 160

第5章 夏玉米农田 SPAC 系统水热传输与动态生长模拟 ············ 162

5.1 试验方案 ··· 162

5.2 土壤–植物–大气系统水热传输模型构建 ······················· 163

5.3 充分灌溉条件下 SPAC 系统水热传输模拟 ····················· 173

5.4 非充分灌溉条件下 SPAC 系统水热传输模拟 ··················· 180

5.5 夏玉米动态生长模型的构建 ··································· 184

5.6 小结 ··· 211

第6章 冬小麦水分产量效应及气候变化条件下产量响应模拟 ········ 213

6.1 试验方案 ··· 213

6.2 不同水分处理对冬小麦蒸发蒸腾及土壤蒸发的影响 ·········· 215

6.3 不同水分处理的冬小麦生长动态模拟 ························· 224

6.4 CERES-Wheat 模型中两种蒸发蒸腾量估算方法比较 ·········· 238

6.5 冬小麦灌水上、下限的模拟 ··································· 246

6.6 冬小麦物候期及产量对气候变化的响应 ······················· 252

6.7 小结 ··· 275

第7章 冬小麦水氮产量效应、产差与灌溉预报 ···················· 277

7.1 试验方案 ··· 277

7.2 不同水氮对冬小麦耗水的影响 ································· 278

7.3 不同水氮下对冬小麦生长动态模拟 ····························· 283

7.4 水氮限制条件下冬小麦产差分析 ······························· 292

7.5 水分限制条件下冬小麦产差分析 ······························· 304

7.6 冬小麦灌溉预报 ··· 309

7.7 小结 ··· 314

第8章 灌区主要作物需水量与灌溉制度研究 ······················ 316

8.1 试验方案 ··· 316

8.2 泾惠渠灌区井灌区不同生育期灌水对冬小麦耗水量的影响 ···· 320

8.3 泾惠渠灌区渠灌区不同灌水处理对冬小麦耗水量的影响 ······ 325

8.4 泾惠渠灌区不同水氮供应对冬小麦需水量的影响 ·············· 329

8.5 不同水氮耦合对冬小麦、夏玉米需水量的影响 ················ 339

8.6 不同干旱年型泾惠渠灌区冬小麦和夏玉米灌溉需水量 ········ 348

8.7 冬小麦辣椒间套作条件下作物需水规律与灌溉制度 ·········· 353

8.8 小结 ··· 371

第9章 泾惠渠灌区地面灌溉农田土壤水氮时空分布及其对冬小麦产量的影响 ····· 372

9.1 试验方案 ··· 372

9.2 冬小麦农田土壤水分全生育期的变化 ························· 374

9.3　冬小麦土壤硝态氮含量全生育期变化 ·· 389

9.4　冬小麦产量与土壤硝态氮含量的关系 ·· 401

9.5　小结 ·· 407

第 10 章　泾惠渠灌区地面灌溉技术参数与田间工程技术 ························· 409

10.1　试验方案 ·· 409

10.2　土壤入渗参数及田面综合糙率系数优化求解 ····································· 411

10.3　畦灌灌水质量影响因素分析与评价 ·· 416

10.4　泾惠渠灌区地面灌溉合理灌水技术参数 ··· 423

10.5　田间工程技术 ·· 446

10.6　泾惠渠灌区田间量水技术 ·· 447

小结 ··· 465

第 11 章　泾惠渠灌区地下水时空分布与合理开发利用 ···························· 467

11.1　灌区地下水循环要素演变规律分析 ·· 467

11.2　灌区农业节水对地下水影响分析 ·· 476

11.3　灌区地下水埋深时空变化规律 ·· 488

11.4　灌区适宜农业节水方案及地下水资源合理开采模式 ······················ 492

11.5　小结 ·· 503

第 12 章　泾惠渠灌区地下水水质对不同水源灌溉的响应及评价 ············· 504

12.1　泾惠渠灌区地下水水质现状 ·· 504

12.2　浅层地下水离子相关性和化学成分成因分析 ··································· 515

12.3　灌溉水水质适应性适宜性分析 ·· 524

12.4　泾惠渠灌区生态环境质量评价体系及方法 ······································· 529

12.5　泾惠渠灌区生态环境质量现状 ·· 534

12.6　泾惠渠灌区生态环境质量评价 ·· 547

12.7　小结 ·· 556

参考文献 ·· 559

第1章 作物灌溉理论与技术研究进展

1.1 作物灌溉理论研究

1.1.1 作物需水规律及灌溉制度研究

作物需水量从理论上说是指生长在大面积上的无病虫害作物，土壤水分和肥力适宜时，在给定的生长环境中能取得高产潜力的条件下为满足植株蒸腾和棵间蒸发组成植株所需的水量。

首先考虑天气条件对作物蒸发蒸腾量的影响，降水是天气条件对作物蒸发蒸腾发生影响的表现形式之一，但是这一影响可通过土壤含水量的变化或空气湿度等因素的变化来考虑；其次天气条件对作物蒸发蒸腾的影响是通过辐射和风的作用使近地层空气逐渐变干，加大蒸发面以上的湿度梯度，从而使蒸发蒸腾加快。从物理角度来讲，最有理论依据又最便于使用的表示天气条件对作物蒸发蒸腾影响的参数是蒸发力。

节水高效的灌溉制度并不是盲目降低作物的灌溉定额，而是以作物的实际水分需求为准绳，将有限的农业灌溉水资源根据不同作物不同时期的需求进行分配，提高灌溉水的利用率和作物产量。依据作物的生长发育规律及生产的实际需要，适当减少灌溉定额，将适量水资源进行科学分配以达到既节水又增产的双重目标（孙景生等，2000）。申孝军等（2014）研究发现适宜的水分胁迫有利于麦后移栽棉的高产和水分利用效率（water use efficiency，WUE）的提高。改进田间灌溉技术，改善灌水质量，增加灌水的均匀度和提高灌溉水利用率，降低灌水定额是一项低投资、易操作、收益大的节水增产措施（赵竞成，1998）。灌水均匀度是评价灌水质量的重要指标之一，其大小关系到作物的生理生长以及产量水平（樊志升等，1997）。

张喜英等（2001）对太行山山前平原的冬小麦灌溉制度进行了研究，结果表明，太行山山前平原高产区冬小麦在实施合理的灌溉制度情况下可以将灌溉次数由原来的3~4次减少至2~3次，灌溉次数的减少既能保证冬小麦高产，又能大大提高农田水分利用效率，能够有效减缓太行山山前平原地区地下水水位的下降。

任三学等（2010）试验研究不同供水周期对小麦籽粒产量、产量构成要素及水分利用率的影响，确定了冬小麦的整个生育阶段内，进行3~4次灌水的灌溉制度，冬小麦生长季降水较多的年份灌3次水，降水较少的年份灌4次水。王文佳等（2013）开展了杨凌地区冬小麦灌水研究，结果表明，冬小麦在苗期、返青—拔节期和籽粒期3次灌水中以返青水和拔节水最为关键，其次为越冬水和灌浆水。韩娜娜等（2010）开展了小麦整个生育阶段耗水特性的研究，结果显示，全生育期消耗土壤水分达到 380～440mm 时，可在获得较高收获指数的同时提高水分利用效率。王文佳和冯浩（2012）通过了解咸阳地区作物的需水规律，利用 CROPWAT-DSSAT 模型，模拟了当地不同降水年型和不同灌溉制度下作物产量的变化过程。作物产量和水分利用效率的研究，对减缓水资源紧缺有重要的意义。

1.1.2　调亏灌溉的研究

调亏灌溉（regulated deficit irrigation，RDI）的概念最早出现在 20 世纪 70 年代，由澳大利亚持续灌溉农业研究所的科学家针对水资源日趋短缺和灌溉水利用效率不高的情况，在研究提高密植果园（桃树）生产率的过程中首次提出并得到实际验证的一种节水灌溉管理技术（蔡大鑫等，2004）。与传统充分灌溉的观念不同，调亏灌溉不以获取单位面积产量最高为目标，而以单位用水经济效益最高为目标。从作物生理角度出发，当某些作物自身的生理或生化作用受到遗传因素或生长激素的影响时，在其某个特定的生育期，人为主动地施加一定程度的水分胁迫，以影响其光合产物向不同组织器官的分配。作物对水分亏缺有其自身的适应机制和响应机制，导致其可以将同化物分配从营养器官向生殖器官增加，达到节水增产、改善农产品品质的目的（李远华和罗金耀，2003；张修宇等，2006），即作物在受到水分胁迫时具有自我保护作用，而在水分胁迫消除后，作物对自身以前在胁迫条件下所遭受的损失具有"补偿作用"。

大量试验结果表明，调亏灌溉与传统充分灌溉相比，可以不明显降低产量甚至增产、提高水分利用效率，起到了显著的节水和改善作物品质的作用。

1.1.2.1　作物对水分亏缺的反应

作物对水分亏缺的反应可以从单株与群体两个层次予以表达。从单株层次来看，水分亏缺对与产量相关的生理过程的影响顺序为：生长>蒸腾>光合>运输。水分亏缺首先会影响植株的叶片扩张与嫩芽生长，当水分亏缺程度继续加深至影响气孔开度的程度时，气孔阻力增加，蒸腾速率与光合速率下降，但是对蒸腾的影响大于对光合的影响。同时，干旱胁迫能够改变光合同化物在植株内部的分配，把光合同化物更多地输送给能够维持产量的器官。从群体层次来看，受到干旱胁迫的植株群体会减少分枝或分蘖的发生，降低单位面积作物的耗水量，如苗期受到水分胁迫的冬小麦会主动调整群体结构，减少分蘖，在降低叶面积指数（蒸腾源）的同时，改善作物底层叶片的光合性能。这种有限缺水理论的研究为生物节水技术打下了理论基础。

1.1.2.2　作物水分胁迫后复水产生的补偿效应

同一植株不同的组织和器官对水势的敏感性不同，因而在亏水期对水分的竞争力也不同，细胞膨大对水分亏缺最敏感，而光合作用和从叶片向籽粒器官的有机物运输过程对水分亏缺的敏感性次之。因而在营养生长受到抑制时，籽粒器官可以积累有机物以维持自身的膨大，使其在亏水期的生长不明显降低，在籽粒的快速膨大期，即亏水结束重新复水期，由于亏水期细胞的扩张以及因亏水而受抑制时积累的代谢产物，在水分供应恢复后可用于细胞壁的合成以及其他与籽粒生长相关的过程，起到补偿生长的效应，不会因适度胁迫而引起产量下降；如果胁迫程度过大或历时过长，细胞壁可能变得太坚固以至当供水增加时不能恢复扩张，从而引起产量下降。这些机理的阐明，使调亏灌溉的功效在分子水平上得到解释，为调亏灌溉研究向定量化和可操作化的深层次发展提供了理论依据。

1.1.2.3　水分亏缺的滞后效应

作物对缺水的抗逆过程是一个受环境影响的连续系统，某阶段缺水不仅影响本生育阶段，还会对其后生长发育阶段和干物质积累产生"后遗性"影响，称为滞后效应。研究表明，水分胁迫对叶面积的滞后影响大于对冠层生长的滞后影响，对冠层生长的滞后影响又大于对根系生长的滞后影响。对水分胁迫越敏感的作物，在生长过程中水分胁迫对它的影响也越大，生长早期的水分胁迫影响后面整个生育期。

1.1.2.4　水分胁迫下作物光合特性

光合作用是作物将自然界中的太阳能转化为化学能，把二氧化碳和水合成为有机碳水化合物并释放氧气的过程。当作物遭遇到水分胁迫后，各个生理过程均会受到不同程度的影响，其中受影响最明显的生理过程之一就是光合作用。随着土壤水分胁迫的进一步加剧，作物叶片光合速率下降，气孔导度和叶绿素降低，从而限制了作物产量的提高（石岩等，1997；武玉叶和李德全，2001）。因此，光合特性随土壤水分条件的变化是作物对水分状况反应的一个重要方面，水分胁迫使得作物的光合速率、蒸腾速率以及气孔行为等均发生了不同程度的变化，进而影响光合产物的积累、转运及分配，最终影响产量水平。

1.1.2.5　水分胁迫下作物形态结构特性

水分胁迫能引起作物叶片内和体内水势降低，且降低幅度取决于水分胁迫程度和作物本身抗旱性的强弱。水分胁迫通过使植株细胞分裂和增大受到抑制，从而影响作物的生长，而作物生长受到抑制则是降低作物产量的主要原因。作物的形态结构是人们早期对作物抗旱性研究较多的方面（张正斌和王德轩，1992）。一般认为株高、叶面积系数、有效分蘖数等可作为抗旱形态结构指标。有研究指出土壤干旱使茎、叶生长受抑，株高降低，叶面积系数减小（王晨阳，1992）。水分胁迫对小麦地上部的影响大于地下部，干物质向根的配比比例升高，从而引起根冠比增大。根和冠既作为一种形态结构，构成作物整体的一部分，同时又对对方发生着作用，在干旱缺水的条件下，作物正是依靠自身各部分间的相互作用，对外界环境作出响应，以适应环境的改变（Schulze，1986；陈晓远等，2003）。

1.1.2.6　水分胁迫对作物产量影响

一般来讲，作物产量是随灌水量的增加而增加，但当产量达到一定水平时，再增加供水，作物产量不再增加或增幅极小。关于作物需水量与产量之间的变化关系有两种看法：一种看法认为，作物任一生育时期的干旱缺水都将会使产量降低，要想获取高产量必须在整个生长过程中保持充足供水（Jordan and Ritchie，1971）；另一种看法认为，应当充分灌溉与适度水分胁迫交替进行，即一定程度的水分胁迫有利于提高作物的产量（Turner，1990）。显然，第二种看法因为其节水的经济价值更具有实际意义。研究表明，冬小麦产量会受到不同生育时期灌水的重要影响：返青期灌水主要是提升小麦穗数，拔节期灌水可显著提升小麦穗粒数，孕穗期或开花期灌水对提高小麦千粒重有重要作用（李建民等，1999），而在灌浆期灌水却使小麦千粒重降低（王俊儒和李生秀，2000）。还有研究发现，在高产范围内，适当减少灌水量和灌水次数可保证产量及水分利用效率同时稳定在一定水平上，并获得最好的经济效益（程宪国等，1996）。

1.1.3　间套作技术的研究

间套作种类繁多，主要有以下方式：小麦玉米间作、小麦玉米套作、小麦棉花套作、小麦辣椒间套种、西瓜辣椒间套种，另外还有小麦/玉米/甘薯、小麦/春玉米/夏玉米、稻田复合作、蒜/棉花、棉花/西瓜、林果间作、粮饲间套作、粮菜间套作等。

Willey（1990）研究认为，间作的大豆与高粱的干物重较高，而总的耗水量没有较大的变化。Natarjar 和 Willey（1986）认为，花生、珍珠粟、高粱 3 种作物组成的 6 种间套作与单作相比，间套作方式表现出随水分胁迫增加相对优势增加的趋势；水分胁迫对干物质优势无连续的影响。孙景生等（2000）研究得出山西霍泉灌区夏玉米、冬小麦连作套种的有限水量在作物生育期内的最优分配方案及高产节水灌溉定额。

研究表明，作物间套种能够提高土壤肥力。van Kessel 等（1985）采用分根技术研究氮素转移，其结果表明，与玉米间作的大豆接种丛枝菌根能使大豆在施用氮肥后 48h 向玉米转移氮素。朱树秀和杨志忠（1992）研究指出，苜蓿和老芒麦混作使其固氮效率比苜蓿单作提高了 19.5%，也证明了混作可以提高豆科作物的生物固氮量。Morris 和 Garrity（1993）对 16 种间套作种植方式进行分析发现，间作总吸磷量与按比例加权平均单作总吸磷量相比，前者比后者高 11%～83%，只有高粱间作绿豆例外，为 −4%。郝艳茹等（2003）研究表明，玉米和小麦间作对作物所处生长根系微环境介质中的土壤有效养分的营养有两方面：一是间作使玉米根际土 N 含量增加，P、K 含量降低；二是使小麦根际土 N 含量降低，P、K 含量提高。何承刚等（2003）研究表明，间套作小麦总氮同化量与花前氮同化量均大于单作小麦，而间套作小麦花后氮同化量却小于相应单作小麦。Jeasen（1996）采用分根技术研究表明，与豌豆混作的大麦总氮中有 19% 是从豌豆植株转移过来的，而大麦不向豌豆转移氮素。

综上所述，国内外学者对间套作种植模式的理论方面进行了大量研究，取得了很多研究成果，但有些研究成果主要集中在以一味地追求产量为主体的框架内，即以高水、高肥投入为主要措施。在陕西，许多专家对关中地区冬小麦、夏玉米高产节水灌溉制度以及二者立体套种技术进行了研究，如王宝英和张学（1993）、陈新明和张学（2003）提出了关中地区小麦玉米节水灌溉模式与节水增产高效农业技术要点，蔡焕杰和王健（2010）提出小麦辣椒间套作最优种植模式及高效节水灌溉模式，为陕西关中西部小麦辣椒间套作种植与农业节水提供了理论依据。以前对间作农业中作物灌溉制度很少考虑灌溉对作物品质的影响。

1.2 农田水分信息的高光谱遥感技术研究

高光谱分辨率遥感，简称高光谱遥感（hyperspectral remote sensing）是指利用很多很窄的电磁波波段（一般光谱分辨率在 $10^{-3} \sim 10^{-2}\lambda$，即纳米级）从感兴趣的物体获取有关数据，产生一条完整而连续的光谱曲线（Vane and Goetz，1993），其基础是光谱学。

植物光谱监测便是基于植物的光谱特性进行的。植物叶片组分的光谱诊断原理是植物中这些化学组分分子结构中的化学键在一定辐射水平的照射下发生振动，引起某些波长的光谱发射和吸收产生差异，从而产生不同的光谱反射率，且该波长的光谱反射率变化对该化学组分的多少非常敏感（故称敏感光谱）。植被生物化学组分光谱诊断的实现便是以植被生物化学组分敏感光谱的反射率与该组分含量或浓度的相关关系为基础的。大量的研究表明，作物体内的叶绿素含量、含水量、含氮量、各种碳水化合物等与其特定光谱波段反射率有较显著的关系，同时作物叶面积指数、覆盖度、生物量等生态指标也与其特定光谱波段反射率有较显著的关系。而这些作物生理生态指标是衡量作物田间生长状态的重要参考内容，可以为作物生产提供重要依据。进一步利用作物生理生态参数与高光谱反射率的关系，建立基于叶片或冠层反射光谱的作物生理生态参数估算模型。

植物的光谱特性是由其组织结构、生物化学成分和形态学特征决定的，主要包括叶片的颜色、细胞结构和植物含水量等，而这些特征与植物的生长发育阶段、物候现象和健康状况等因素密切相关，使光谱曲线存在许多差异（陈维君，2006）。但总体来说，健康的绿色植被的光谱曲线规律性明显而独特，在 $350 \sim 2500\text{nm}$ 光谱区域内的反射光谱特征非常相似。

1.2.1 作物光谱特征监测

作物的光谱特征差异是遥感技术区分作物信息的理论基础，是建立地面光谱与遥感图像之间关系的桥梁，是对作物进行遥感研究和各种模拟的基础数据。在实际生产中，作物光谱特征研究对于应用高光谱遥感技术监测作物病虫害以及了解农田养分供应状况，采取有效增肥措施和加强农田管理具有积极意义。

地物波谱特性的观测自 1948 年苏联的克里诺夫出版有关地物波谱特性研究的著作以来，人们开展了大量的地物波谱特性研究。Kanemasu（1974）研究了小麦、高粱和大豆 3 种作物在不同时期的冠层光谱特征。Thomas 等（1977）研究 7 种植物在不同氮素水平下叶片光谱特征，得出植物在缺氮时可见光波段的反射率增加。Dobrowski 等（2005）发现 690nm、740nm 处的冠层光谱能够反映植株的水分胁迫状态。

近年来，我国科研工作者对作物光谱特征开展了深入细致的研究，目前研究的波段基本覆盖了遥感所使用的所有波段。程一松等（2003）提取与分析了氮素胁迫下的冬小麦高光谱特征。孙红等（2010）研究了冬小麦生长期光谱变化特征，认为从小麦拔节期开始，在可见光区（$400 \sim 750\text{nm}$）的冠层反射率先降低后升高，以孕穗期反射率最低；在近红外区（$750 \sim 1000\text{nm}$）冠层反射率由拔节期—孕穗期反射率降低，然后开始上升。扬花期上升至最高点后又开始下降，直至乳熟期降至最低。陈国庆等（2010）对不同生育期、不同氮肥处理下普通玉米与超高产夏玉米冠层高光谱特性进行了比较。王进等（2012）研究了不同灌水量、氮素营养条件及品种对棉花冠层光谱反射特性的影响，结果表明，随着灌水量的增加，在近红外波段（700~800nm），棉花冠层光谱反射率呈上升趋势，在盛蕾期和盛花期不同灌水量处理的光谱反射率差异明显。

1.2.2　作物叶绿素含量的高光谱遥感监测

光合作用过程中起吸收光能作用的色素有叶绿素 a、叶绿素 b 和类胡萝卜素。其中叶绿素是吸收光能的物质，对作物的光能利用有直接的关系。叶绿素与作物的光合能力、发育阶段以及氮素状况有较好的相关性，常作为作物氮素胁迫、光合作用能力和作物发育阶段的指示器。

用高光谱分辨率数据能够较好地估算叶片色素含量（Johnson and Highley，1994；Kokaly and Clark，1999）；另外，红边也是叶绿素含量的一种较好评价指标。

吴长山等（2000）分析了作物群体光谱反射率、导数光谱数据与叶绿素密度的关系，并对作物群体叶绿素密度进行了估算。王秀珍等（2002）研究指出，红边位置与上层叶片的叶绿素含量有着密切的关系。谢瑞芝等（2006）分析了玉米高光谱反射率与色素含量的关系，得出近红外波段和叶绿素吸收波段（红波段）或叶绿素反射波段（绿波段）构建的 8 个高光谱变量只有以反射率为基础计算时才与色素含量间存在相关性。杨峰等（2010）利用高光谱遥感技术分析水稻和小麦两种作物不同生育期的冠层光谱和叶绿素密度的变化，比较高光谱植被指数与两种作物叶绿素密度之间的关系，进而确定估算两种作物叶绿素密度最佳植被指数。

1.2.3　作物覆盖度的高光谱遥感监测

植被覆盖度是许多学科的重要参数，随着遥感技术的发展，可以得到准确的植被覆盖度信息，满足多个领域的需要。

Bunnik（1978）证实了应用遥感技术提取植被覆盖度的可能性。Vaesen 等（2001）以水稻为对象研究了红光近红外组合的四种植被指数对覆盖度的预测能力，评价了这些指数对水体的浑浊度、背景、品种及氮肥处理的敏感性。Gitelson 等（2002）将 NDVI、GreenNDVI、VARI 三种植被指数分别与小麦的植被覆盖度回归，其中前两者采用非线性回归，后者采用线性回归，分析比较的结果表明，使用 VARI 线性回归模型估算植被覆盖度精度更高。

李存军等（2004）研究了利用近红外和短波红外光谱指数估测覆盖度的可行性，并评价了这些指数对品种、肥水处理和叶色的敏感性，指出短波红外光谱指数 R1690/R1450、R1450/R1690 及（R1450-R1690）/（R1450+R1690）等不易受品种、肥水管理及叶色的影响，能很好地预测大田冬小麦覆盖度。朱蕾等（2008）测量了油菜、玉米、水稻三种作物不同覆盖度水平下的冠层光谱，利用三种作物光谱求算红边变量，并对波段两两组合求算归一化植被指数（normalized differential vegetation index，NDVI），建立这些光谱变量与覆盖度之间的估算模型，得到适用于三种作物的最优估算模型和最佳的 NDVI 波段组合。陈江鲁等（2011）采用高光谱仪获取棉花不同时期不同覆盖度的冠层光谱反射率，通过对构成归一化差值植被指数的近红外波段反射率引入系数 α 来提高修正后的植被指数随棉花覆盖度变化的动态范围。

1.2.4 作物叶面积指数高光谱遥感监测

叶面积指数与植物的光合能力密切相关，估算农作物的叶面积指数对作物的生长状况与病虫害监测、产量估算以及田间管理具有重要意义（Haboudane et al.，2004）。

Wiegand 等（1992）认为，比值植被指数（RVI）和转换型土壤调整指数（TSAVI）与小麦叶面积指数线性相关，绿度植被指数（GVI）和垂直植被指数（PVI）与小麦叶面积指数的关系则用幂函数和二次方程拟合最佳，相关系数达 0.72～0.86。Gitelson 和 Merzlyak（1996）比较红边位置和 NDVI 与叶面积指数的相关性，认为红边位置更能反映叶面积指数。Patel 等（2001）利用植被反射光谱波形特征反演了作物的叶面积指数。Araus 等（2002）提出了对小麦叶面积指数反应敏感的植被指数。Hansen 和 Schjoerring（2003）研究结果表明，小麦 680～750nm 的高光谱反射率与叶面积指数等变量有较好的相关性。Nguyen 和 Lee（2006）建立的水稻近红外 800nm 和红光 670nm 波段的反射率组成的 NDVI、土壤调节植被指数和修改的土壤调节植被指数与水稻的叶面积有较好的相关性。

国内王秀珍等（2004）用水稻红边和蓝边内一阶微分总和为变量建立了叶面积指数光谱预测模型，预测效果良好。宋开山等（2006）研究了大豆叶面积指数与光谱反射率的相关性，得出在可见光波段呈负相关，在近红外波段呈正相关，微分光谱在红边处与大豆叶面积指数密切相关。梁亮等（2011）对 18 种高光谱指数进行了比较分析，筛选出了可以敏感反映小麦叶面积指数的高光谱指数 OSAVI（优化土壤调节植被指数，optimization of soil-adjusted vegetation index），并以地面光谱数据为样本建立了小麦叶面积指数的反演模型。陈江鲁等（2011）研究表明，694nm 和 1099nm 分别为可见光和近红外波段区域内与叶面积指数相关性最好的波段。

1.2.5 作物冠层及叶片水分高光谱遥感监测

蒋金豹等（2010）利用 1300nm 除以 1200nm 波段构建比值指数，认为小麦可以反演冠层相对含水量（relative water content，RWC）。金林雪等（2012）通过分析不同的植被指数与叶片含水量的相关性，指出水分指数（water index，WI）和水分胁迫指数（water stress index，WSI）都与叶片含水量有显著相关关系，可以利用光谱数据对小麦叶片含水情况进行监测。苏毅等（2010）研究发现，一定灌水量内，棉花叶片含水量与灌水量呈正相关，通过叶片含水量情况可以辨别棉花受旱情况，并利用几个植被指数构建叶片含水量监测模型。王强等（2013）利用光谱数据构建植被指数，并将其用于构建棉花水分含量的模型，认为其具有较高的精度。王圆圆等（2010）利用偏最小二乘回归方法，建立冬小麦叶片含水量的回归模型。朱西存等（2014）通过主成分分析法，利用水分指数建立的估算模型可准确地测量苹果叶片含水量。

1.2.6 土壤水分的高光谱特征研究

20 世纪 60 年代末，遥感技术开始应用于土壤水分的监测研究中，经过几十年的探索研究，该项技术随着时间推移不断发展和完善。吴见等（2014）通过众多模型的对比，发现在土壤水估测效果方面，光谱特征空间模型最佳。刘伟东等（2004）通过几种方法对比分析，发现反射率倒数的对数的一阶微分与差分法能很好地应用于光谱数据对土壤水分的反演中。Liu 等（2002a）的研究发现，在一定土壤含水量范围内，随着土壤含水量的增大光谱反射率反而减小，超过这个范围后，随着土壤含水量的增大光谱反射率也增大，并且指出这个范围的分界值大于田间持水量。姚艳敏等（2011）通过室内试验，认为 2156nm 是 0 ~ 20cm 黑土土壤水分的敏感波段，并且基于反射率对数一阶微分方法建立了土壤水预测模型。刘焕军等（2008）通过野外和室内试验结合，利用光谱分析技术和统计分析方法，指出光谱对于表层<5cm 土层含水量的监测效果优于>5cm 土层的监测效果。

1.3　作物模型方面的研究

1.3.1 SIMDualKc 模型

双作物系数法（Allen et al.，1998）是研究作物蒸散和土壤蒸发的重要方法，国内外学者在应用双作物系数法研究作物不同时空尺度蒸散规律方面取得了许多成果（樊引琴和蔡焕杰，2002；宿梅双等，2005；陈凤等，2006；Allen and Pereira，2009；赵丽雯和吉喜斌，2010；Alberto et al.，2014；Zhao et al.，2015）。Rosa 等（2012a）根据双作物系数法的原理，开发了双作物系数模型 SIMDualKc，该模型以作物指标（地面覆盖度、根深度、植株高度等）、土壤指标（土壤质地、田间持水量、凋萎系数等）、农田管理指标（播种日期、收获日期、灌水量和灌水日期等）为输入参数，可模拟不同作物在不同灌溉制度下的蒸散变化情况。Rosa 等（2012b）用该模型模拟了葡萄牙、叙利亚和乌兹别克斯坦等国家的玉米、小麦和棉花等作物的蒸散变化情况，准确性较高，并且在部分数据缺失的情况下，利用 FAO-56 文件推荐的参数进行模拟，仍然有较高的准确性。赵娜娜等（2011，2012）、邱让建等（2015）及李石琳等（2014）也在 SIMDualKc 模型的参数校验和模拟应用方面做了大量的工作，用 SIMDualKc 模型模拟研究了小麦、玉米和番茄等作物的蒸发蒸腾规律。模型应用前要先经过校正和验证的过程（Ma et al.，2000），先前的研究者在校验 SIMDualKc 模型时，大都是先测定土壤含水率，再依据水量平衡法计算蒸发蒸腾量，然后与模型的模拟值比较，这种方法得到的蒸散量的实测值不具有连续性，在校验模型时难以做到全面，因此需要更为细致的实测数据。

1.3.2 DSSAT 模型

DSSAT 模型是由农业技术转移国际基准网（International Benchmark Sites Network for Agrotechonlogy Transfer，IBSNAT）开发研制的一项新的综合作物模型，其目的：一是将各种作物模型汇总；二是将模型输入和输出变量格式标准化，以便模型的普及应用。它具有鲜明的应用特色，包括 CERES 系列模型、CROPGRO 模型和 SUBSTOR potato 模型等，所有这些模型均使用相同格式的土壤、天气和管理变量输入，最终的输出格式也相同，包括土壤条件、植物生长状况和产量等。DSSAT 模型考虑了作物品种遗传特性、土壤、气候和管理措施等因素的综合作用，可用于模拟作物管理措施的最终效果，验证科学假设，模拟季节变换、空间位置变换和不同管理措施对作物生长过程的影响。在评估农艺措施（如播期、品种遗传特性等）对作物产量的影响方面有独特优势。

1.3.3 作物-水模型

作物-水模型是节水灌溉推广应用研究的核心内容之一，对于节水灌溉应用于生产实际具有非常重要的现实指导意义。20 世纪 60 年代国内外对作物-水模型的研究还只是停留在定性的概念上，如对"关键水""作物需水敏感期""需水临界期"等问题的探讨。1968 年，由美国学者 M. E. Jensen 提出的 Jensen 模型，使对作物-水模型的研究从定性过渡到定量研究阶段，也使节水灌溉的研究内容及应用前景明朗化。Jensen 模型利用相对蒸发蒸腾量和相对作物产量建立函数关系，它不仅可以表示产量与水之间数量上的关系，还可以根据试验确定不同生育期供水量多少对产量的影响大小，从而为有限水量在作物生育期内的合理分配、为节水灌溉技术在生产实践中的具体应用提供了可能。

与发达国家相比，中国的作物模型模拟研究虽然起步较晚，但发展较快。1983 年，江苏省农业科学院高亮之研究构建了首蓿生产的农业气象计算机模拟模型。黄策和王天铎（1986）从作物生理学出发，建立了水稻物质生产的计算机模拟模型。至 20 世纪 90 年代，江苏省农业科学院高亮之等将作物模拟与水稻栽培的优化原理相结合，研究制成我国第一个大型的作物模拟软件——水稻栽培模拟优化决策系统。南京农业大学曹卫星和江海东（1996）建立了小麦发育的模拟模型。中国农业科学院等以 CERES 模型为基础，分析提出了小麦、玉米作物的生产试验系统。总的来说，国内研究的作物生长模型大多注重实用性和预测性，经验性参数较多，且具有一定的地域性和局限性。

1.4　作物产差及水氮耦合理论的研究

1.4.1　作物产差理论研究

"产差"这一概念是由 de Datta（1981）提出的，他将产差定义为试验站收获的产量与农户实际收获产量之差，之后，这一概念被广泛应用于多种作物的研究中。产差估算的难点在于潜在产量的估算，因为潜在产量是在理想状态（无水分、养分胁迫，无病虫害）下获得的，通常情况下难以获得。在任一地点和任一生长季节，潜在产量由太阳辐射、温度和供水等因素决定（Lobell et al.，2009）。

近些年来，有关产差的研究很多，且研究的方法也各有不同。Mussgnug 等（2006）基于 1998~2003 年在越南红河三角洲退化的强淋溶土开展的轮作试验，分析得出该地区钾是大豆、玉米、水稻的主要限制因子，氮、磷对三种作物的作用小于钾。因此，需要养分管理的改进来保证作物的高产。同时研究指出忽略钾的影响，大豆和玉米的平均产差分别为 $0.9t/hm^2$ 和 $3.4t/hm^2$；若忽略氮和磷的影响，大豆和玉米的产差会减小。Tittonell 等（2008）应用农户管理和研究人员所获玉米资料分析了肯尼亚西部地区土壤异质性对小农户种植玉米不同形式养分利用效率的影响：养分的有效性、捕获转换效率和生物量的分配。并应用简化模型 QUEFTS 计算研究区内的养分回收利用率，以及基于监测土壤特性的不均质农田，计算在有施肥和无施肥情况下可收获的产量，得出在不同类型农田和不同地点，农户和研究人员管理区的产差为 $0.5~3t/hm^2$，指出撒哈拉沙漠以南地区仍有空间通过肥料利用率的提高来增加产量。Hengsdijk 和 Langeveld（2009）应用专家系统评估产差、文献、全球和区域产量，量化主要作物的产量趋势，用作物专家系统评估产量。不同产量估测方法的比较表明，小麦和水稻的产量增长率降低，但是玉米的增加率仍较高。产差分析为很多作物和地区生长限制因子研究提供了定量估算方法，揭示了估测和比较一系列环境条件下的潜在产量和实际产量。Liang 等（2011）通过田间调查和田间试验得出农民应用现在推荐使用的措施能增加作物的年产量，缩小目前的产差，但是要提高系统性能和有效性还需要关注农艺和社会经济问题。Li 等（2014）应用 APSIM-Wheat 模型和农民收获的产量分析了华北地区 1981~2010 年冬小麦产差的时空分布，得出整个地区产差的变幅为 $1.14~6.81t/hm^2$，品种的改良抵消了温度升高和太阳辐射降低带来的产量减少，农户产量的增加显著归因于新品种的选育、施肥的增加和其他管理措施的改良。但是，32.3%的麦地潜在产量出现停滞不前的现象，因此，要突破这一瓶颈就需要选育更高产的小麦品种以及引入新的农业技术。Lv 等（2015）采用 10 个品种的春玉米试验，结合 APSIM-Maize 模型模拟来分析 1961~2009 年我国东北地区春玉米的潜在产量、可获得产量、农民收获产量和产差，得出潜在产量和农民收获产量的差距为 $9.7t/hm^2$ 或是潜在产量的66.2%，可获得产量与农民收获产量的差距为 $5.6t/hm^2$。在这一时期，气候变化引起潜在产量降低 2.1%，可获得产量降低 8.0%。但是，品种的改良和管理措施的改进不仅抵消了气候变化带来的负效应，还增加了潜在产量和可获得产量，分别为 53.3% 和 70.3%。这说明品种改良和管理措施对该地区产量的增加起着主导性的作用，较大产差的存在则为农民提高农业产值提供了机会。

1.4.2 作物水氮耦合理论研究

水氮耦合是借用物理中的概念来表示水氮两因素相互作用对作物生长的影响。水氮对作物的耦合效应包含三种：叠加效应、协同效应和拮抗效应。叠加效应是指水氮作用等于水氮各自的效应之和。协同效应也称耦合正效应，是指水氮相互促进，水氮的耦合效应大于各自效应之和。拮抗效应是指水、氮抑制或影响另一个因素，故两因素的耦合效应之和为负（文宏达等，2002；肖自添等，2007）。

水氮显著影响冬小麦地上部、地下部生物量和水分利用效率。当供氮从低到高时，水分利用效率会显著提高。灌水对气体交换参数有正效应，而施氮对其无效应，但它们对气体交换参数的交互作用显著（Wang et al.，2013）。水氮对产量和水分利用效率的交互作用显著；当灌水量最大化时，施氮的作用对产量和水分利用效率的影响增大（Di Paolo and Rinaldi，2008）。栗丽等（2013）研究表明，随着灌溉量的增加，冬小麦单产和氮素吸收量增加；当施氮量从 0 增加到 150kg/hm² 时，冬小麦籽粒产量和氮吸收量会呈增长趋势，但当施氮量超过 150kg/hm² 时，冬小麦籽粒产量和氮吸收量增加不显著。冬小麦耗水量和水分利用效率会随灌水量的增加而增加，随着施氮量的增加而先增加后降低。小麦灌四水比灌两水的吸氮量高，但氮生理效率却较低；灌四水提高氮素在营养器官中的分配比例，灌两水则益于氮素向籽粒运转；灌两水时，适宜的常规施肥为部分基施、部分在拔节期追施，而省肥的施肥方式为全部基施（李世娟等，2002）。氮肥的作用受干旱胁迫的严重影响，只有与水分配合，才能使氮肥充分发挥作用。两者配合不仅能增产，而且能提高品质。冬小麦水氮高效利用的关键敏感期为拔节期，此时期施氮可提高籽粒中蛋白质和游离氨基酸的含量，同时提高其质量（翟丙年和李生秀，2003）。季书勤等（2003）也认为拔节期为水肥利用最佳时期，且水氮配合能显著增加小麦产量。供水充足时，小麦的生物量、耗水量和产量与施氮显著正相关；而在水分中度胁迫条件下，三者在低氮处理下最高。小麦在不同土壤水分条件下，随着施氮的增加其地上部干重和水分利用效率增加，尤以水分供应充足的情况下最为显著（刘晓宏等，2006）。

1.5　灌区生态环境与质量评价研究

灌区水资源的不合理利用导致生态环境的恶化，化肥和农药过量使用、地下水过量开采等都给灌区带来了负面影响，严重阻碍了农业的发展，因此，有必要加快生态灌区的建设。国内外许多学者对环境质量的评价由以环境污染研究为主逐渐发展为注重生态系统生态功能的研究，强调生态完整和生态健康的重要性。生态完整性是指生态系统自然演化促进了生态系统的复杂性和多样性，为人类创造较大的利益。国内外的许多学者选择合理的评价模型和评价方法指导灌区生态环境质量评价，根据灌区存在的问题，采取相应的解决措施。

1.5.1　灌区生态环境的研究

近年来灌区生态环境问题越来越显著，许多国家开始重视生态环境的评价，进行了大量的研究工作，提出了适合本地区环境质量的评价体系和评价方法。

为了解决灌区环境问题，生态灌区的概念孕育而生。虽然生态灌区刚刚起步，尚没有统一的定义，但其研究成果颇为丰富。顾斌杰等（2005）认为生态灌区是指在灌区内合理地建设水利工程，高效地开发利用资源，建立生态环境优美健康、农产品效益显著、生态环境和灌区建设相协调的新型灌区。杨培岭等（2009）引入生态学原理，认为生态灌区是在人与自然和谐的理念下，通过高效利用水资源、保护水环境、采取生态调控技术措施，以维持灌区生态系统稳定为目的，形成水资源配置合理、生产力高的生态节水型灌区。唐西建（2004）认为生态灌区是指灌区建设的水利工程能与自然环境相协调，既能保证水质良好，又能保障社会和农业发展对水资源的需求。

很多学者由于对灌区研究重点不同，提出了不同的评价体系和评价方法，如何选取合适的评价体系和评价方法是实现灌区合理评价的基础。现有的评价方法有模糊综合评价方法、层次分析法、模糊层次综合评价法、人工神经网络评价法、主成分分析法等（张占庞和韩熙，2009）。胡泊（2011）根据节水型生态灌区的原理，建立了包括灌区工程保障与节水系统的指标、灌区自然生态系统的指标、灌排工程模式系统的指标、灌区水环境系统指标与灌区管理系统指标五个方面在内的节水型生态型灌区评价指标体系。卞海文等（2011）运用主成分分析法对灌区综合运行状况进行评价，并以山东 12 个灌区进行了验证，结果表明，采用主成分分析法对灌区运行状况进行评价，与已有的评价结果基本相符。游黎等（2010）运用集对分析法评价了汾河灌区的运行状况，评价结果与实际情况相吻合。王付洲等（2008）运用集对分析综合评价法对灌区的运行状况进行综合评价，并结合引黄灌区自身的特点，提出了评价指标体系，结果与实际情况相符，其计算过程简单，可比性强，表明此方法可以用于灌区运行评价。姚兰和王书吉（2011）运用递阶综合评价法综合评价了灌区的节水项目，同时对陕西四个灌区进行评价验证，结果表明，此方法可以运用到节水改造项目评价中。宋松柏和蔡焕杰（2004）应用人工神经网络法对水资源可持续利用建立评价模型，通过实例验证，表明人工神经网络模型可以评价水资源的可持续利用。

1.5.2 灌区地下水污染研究

对于地下水污染的含义，国内外一直无统一的说法。Matthes（1981）在 *The Properties of Ground Water* 一书中定义地下水污染是地下水中溶解固体总量（total dissolved solid，TDS）或悬浮固体超过了国际或国内水质的标准；《中华人民共和国水污染防治法》规定，水体污染点指水体的生物理化或者放射性特征改变的物质进入水体后影响人类的使用或者破坏生态环境等。生态环境部提出地下水污染是水体超过本身的自净能力而不能恢复到原水平从而使地下水化学成分改变。

地下水水质评价的关键之一是地下水水质评价指标和水质标准的选取，不同的评价指标和水质标准直接影响评价结果。目前出现越来越多新的评价方法，如遥感技术和地理信息系统也开始运用到水质评价中来。张士俊等（2013）基于 ArcGIS 对辛安泉地下水水质进行评价；陈琳等（2010）采用支持向量机模型进行地下水水质评价；张艳和徐斌（2010）将新技术 PDA 和 3S 集成技术引入水质评价，构建了基于 3S 的地下水水质调查评价模型，并进行了系统设计和系统实现。

王丽（2004）根据 1990 年和 2000 年的水化学数据，运用 NETPATH（反向地球化学模拟软件）模拟运城盆地漏斗区浅层地下水化学演化过程，得出人类活动加快了该区地下水的水化学演化速度；李向全等（2009）在实地考察与采样的基础上，对地下水化学成分统计分析，运用 PHREEQC 软件模拟地下水中矿物的溶解情况，得到太原盆地浅层地下水和深层地下水的形成演化机制；郭清海和王焰新（2014）对比地下水化学过程的定向研究和运用 PHREEQC 软件的反向模拟地下水形成机制，两者所得结果是一致的。另外，结合大量的水化学资料以及地质资料，或者结合 3S 技术，对水化学成分的分布和形成机理的研究也取得了突破（高照山和韩俊明，1989；窦妍，2007；陈立等，2009；王疆霞等，2009；李贵娟，2010）。

1.5.3　农业节水对地下水影响研究

随着全球经济、社会的迅速发展，水资源短缺态势将会更加严峻，第一用水大户仍是农业，而农业节水潜力最大，农业节水引起全社会的高度关注（康绍忠等，2004），通过开展农业节水来缓解水资源危机的战略选择已成为世界各国的共识（吴普特和冯浩，2005）。21 世纪以后，开展了各种废水灌溉后对地下水的影响研究，如赵君怡等（2011）研究猪场废水处理产出的厌氧水不同灌溉量和不同废水处理阶段水与地下水混合灌溉对地下水中氮素的影响，为猪场废水灌溉制度提供数据依据。同时灌溉对地下水影响的指标不再局限于氮的化合物，也开始转向对细菌和重金属的研究。例如，马闯等（2012）用再生水灌溉后，对土层不同深度土壤水的重金属进行了分析。易秀和李佩成（2004）通过对灌溉水、土样和地下水重金属的检测，确定土壤中累积的砷、铬已经在向地下水迁移。除了研究对地下水水质的影响外，还有一部分学者研究地下水位对灌溉的响应，如王树芳和韩征（2012）研究了北京南部灌区地下水位对灌溉的响应。张志杰等（2011）根据灌水前后水位和含水量的变化确定入渗补给系数。

国外关于灌溉对地下水影响的研究，一方面是针对灌溉对地下水水质的影响，采用大面积水质调查，查明地下水水质参数的超标状况再作出预测分析；另一方面是灌溉对灌区土壤理化性质影响的研究。例如，Adediji（2011）在奥圣流域上游研究灌溉对灌区土壤理化性质的影响。Chen 等（2010a）研究了农药向地下运移过程中的降解及其对地下水的污染。总结这方面的研究发现，其研究方法基本都与 GIS 和统计学方法相结合。

第 2 章　主要作物水分亏缺响应与非充分灌溉制度

作物都有其自身的需水规律，在不同的发育期对水的需求不同。有限水分亏缺下作物能够在营养生长、物质运输和产量形成等方面形成有效的适应和补偿机制，利用和开发植株本身的生理和基因潜力，能够达到对水分的高效利用。

本章通过冬小麦、夏玉米不同生育期不同灌水处理的小区试验，研究水分胁迫对冬小麦、夏玉米生理生态、水分利用效率和产量的影响，确定关中灌区冬小麦、夏玉米非充分灌溉制度。

2.1　试　验　方　案

2.1.1　冬小麦试验布置

本试验在西北农林科技大学灌溉试验站进行。该试验站位于108°4′E、34°18′N，海拔为521m。地处关中地区，属于温带大陆性季风气候，多年平均降水量约为609mm，多集中在6~9月。土壤属中壤土，1m土层平均田间持水量为28cm³/cm³，平均凋萎系数为13cm³/cm³，平均土壤干容重为1.44g/cm³。试验站土壤理化特性见表2-1。

表 2-1　土壤的物理化学特性

土壤特性	土层深度/cm				
	0~23	23~35	35~95	95~196	196~250
质地	粉砂黏壤土	粉砂黏壤土	粉砂黏壤土	粉壤土	粉壤土
砂粒/%	26.71	24.98	24.11	21.32	30.64
粉砂粒/%	50.85	52.78	54.75	48.60	47.55
黏粒/%	22.10	22.10	20.90	30.10	21.60
土壤容重/(g/cm³)	1.32	1.40	1.41	1.36	1.32
有机质/%	1.17	0.65	0.55	0.64	0.39
全氮/%	0.09	0.06	0.05	0.05	0.03
全磷/%	0.02	0.02	0.02	0.01	0.01
全钾/%	1.74	1.25	1.20	1.39	1.75
pH	8.00	8.20	8.20	8.20	8.20

冬小麦全生育期划分为四个生育阶段: 苗期、拔节期、抽穗期、灌浆成熟期。对冬小麦不同生育期进行不同水平的水分亏缺处理。根据冬小麦各个生育期的需水情况, 灌溉水平以各生育期灌水定额划分, 分高 (75mm)、中 (60mm)、低 (45mm) 三个水平。试验采用四因素三水平的正交设计方法, 加上苗期、拔节期、抽穗期不灌水三个处理共计 12 个处理 (CK1 和 T2~T12), 重复两次, 共 24 个小区。灌水方式为畦灌, 用水表控水, 具体试验处理见表 2-2。

表 2-2　冬小麦各生育期水分处理表　　　　　　　　　　（单位: mm）

处理	苗期	拔节期	抽穗期	灌浆成熟期	总灌水量
CK1	75	75	75	75	300
T2	75	60	60	60	255
T3	75	45	45	45	210
T4	60	75	60	45	240
T5	60	60	45	75	240
T6	60	45	75	60	240
T7	45	75	60	60	240
T8	45	60	75	45	225
T9	45	45	60	75	225
T10	0	75	75	45	195
T11	75	0	75	60	210
T12	75	75	0	45	195

2.1.2　夏玉米试验布置

夏玉米全生育期划分为四个生育阶段: 三叶—拔节期、拔节—抽雄期、抽雄—灌浆期、灌浆—成熟期。对夏玉米不同生育期进行不同水平的水分亏缺处理, 根据夏玉米各个生育期的需水情况, 灌溉水平以各生育期灌水定额划分, 分高 (75mm)、中 (60mm)、低 (45mm) 三个水平。试验共计 9 个处理 (CK1 和 T2~T9), 重复两次。灌水方式为畦灌, 用水表控水, 具体试验处理见表 2-3。

表 2-3　夏玉米各生育期水分处理表　　　　　　　　　　（单位: mm）

处理	三叶—拔节期	拔节—抽雄期	抽雄—灌浆期	灌浆—成熟期	总灌水量
CK1	75	75	75	75	300
T2	60	75	75	75	285
T3	45	75	75	75	270
T4	75	60	75	75	285
T5	75	45	75	75	270
T6	75	75	60	75	285

续表

处理	三叶—拔节期	拔节—抽雄期	抽雄—灌浆期	灌浆—成熟期	总灌水量
T7	75	75	45	75	270
T8	75	75	75	60	285
T9	75	75	75	45	270

2.1.3 气象资料的观测

本试验气象资料，由该试验站内的自动气象站测得，包括气温、空气相对湿度、地上2m处的风速、太阳辐射强度和降水量等。

2.2 水分胁迫对冬小麦生理生态及产量的影响

2.2.1 不同灌水处理条件下土壤水分变化规律

愈接近地表的土层，根系分布量愈大，扬花期根量及根深达最大值，根系吸水范围和深度基本取决于营养阶段根系生长发育状况。返青时，根系已下扎到1m左右，根系生长峰与吸水峰基本同步下移，根系下扎到某一土层后继续生长发育，直至土壤有效含水量只剩20%~40%时为止。根系下扎虽深达180cm，而且下层根系吸水功能较强，有效含水量较大，但根系分布量太少，致使作物利用水分的土层深度只达120cm，吸收的水量大多来自0~60cm土层。如图2-1所示，0~60cm土壤体积含水量主要受灌水的影响，灌水多的处理基本上土壤含水量高，整个生育期土壤含水量有减小的趋势。拔节期和灌浆成熟期0~60cm土壤含水量变化较为剧烈，这两个时期为冬小麦的需水关键期；抽穗期土壤含水量较拔节期和灌浆成熟期变化缓慢。

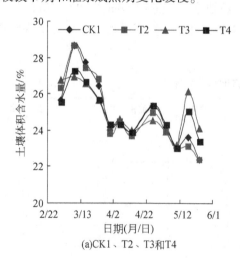

(a)CK1、T2、T3和T4

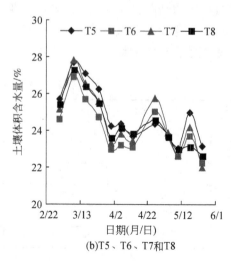

(b)T5、T6、T7和T8

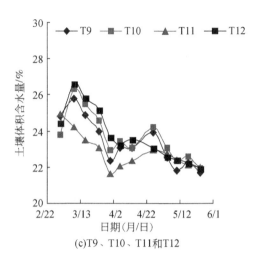

(c)T9、T10、T11和T12

图 2-1 各灌水处理条件下冬小麦 0～60cm 土壤体积含水量变化

由拔节期灌水前后冬小麦 0～60cm 土壤体积含水量变化（图 2-2）和抽穗期灌水前后冬小麦 0～60cm 土壤体积含水量变化（图 2-3）可以看出，拔节期的土壤含水量整体高于抽穗期，其原因是抽穗期气温整体高于拔节期，蒸发蒸腾量高于拔节期，土壤失水量较高。由图 2-2 和图 2-3 还可以看出，排除蒸发蒸腾量因素，拔节期土壤含水量变化大于抽穗期，其原因是拔节期冬小麦生长迅速，水分需求加大，土壤含水量变化加剧。图 2-2 中 T11 和图 2-3 中 T12 土壤含水量呈递减趋势，其原因是在拔节期和抽穗期对其分别进行了不灌水处理。图 2-3 中，虽然在抽穗期对 T11 恢复了高定额灌水处理，但是其土壤含水量依然最低，可考虑为拔节期不灌水处理的累积效应。

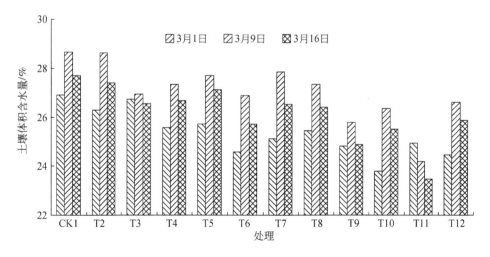

图 2-2 拔节期灌水前后冬小麦 0～60cm 土壤体积含水量变化

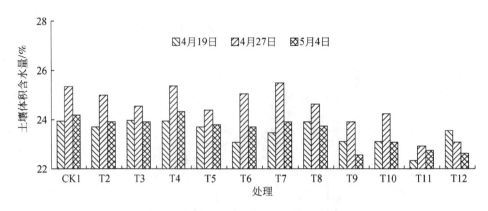

图 2-3 抽穗期灌水前后冬小麦 0～60cm 土壤体积含水量变化

2.2.2 不同灌水处理条件下冬小麦株高变化规律

株高的变化反映了作物生长速度的快慢。各灌水处理条件下株高存在差异但并不明显(图 2-4)，总的来说株高与灌水量成正比。由图 2-4 可以看出，在冬小麦拔节—灌浆成熟期的生长过程中，有两个快速生长期和两个相对缓慢生长期。快速生长期分别是拔节期前期和抽穗期前期，生长速度约为 0.5cm/d。相对缓慢生长期分别是拔节期末期和抽穗期末期，生长速度约为 0.3cm/d。抽穗期结束后，冬小麦株高基本不再变化，灌水对冬小麦节间伸长已不起作用。综合分析各个处理，虽然在水分亏缺的情况下冬小麦株高较其他处理有所下降，但在复水后生长加快，最终能将差异弥补，表现出一定的补偿效应。尽管存在一定的补偿效应，可是 T2～T12 的冬小麦株高在整个生育期内都没有超过 CK1。在各个处理中 T11（拔节期不灌水）的差异较其他处理最为明显，从拔节期开始其冬小麦株高就明显低于其他处理，说明拔节期是冬小麦节间增长的最关键时期。

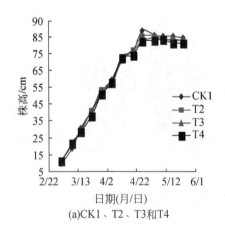

(a)CK1、T2、T3 和 T4

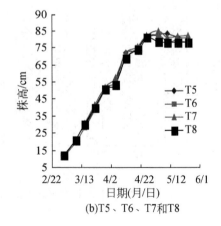

(b)T5、T6、T7 和 T8

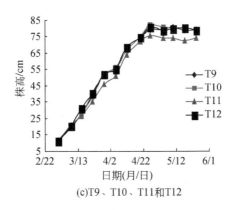

(c)T9、T10、T11和T12

图2-4 各灌水处理条件下冬小麦株高变化

除T11外，各个处理的冬小麦株高在整个生育期差异并不明显，由实测数据得出冬小麦株高在拔节—灌浆成熟期的变化方程为

$$H = -0.0131T^2 + 5.64T - 521 \quad (138 \leqslant T \leqslant 222) \tag{2-1}$$

式中，H 为冬小麦株高（cm）；T 为生育天数（d）。利用式（2-1）即可粗略估算冬小麦在一定生育天数的株高。

由拔节期灌水前后冬小麦株高变化（图2-5）可以看出，在拔节期冬小麦生长迅速，株高逐日增加，日均增高1.5cm左右，在一定土壤含水量范围内基本上不受土壤含水量高低影响，各处理之间差异并不明显。图2-6为抽穗期灌水前后冬小麦株高变化，由图2-6可以看出，在灌水前（4月19~27日），冬小麦株高随时间增大；灌水后（4月27日~5月4日），冬小麦株高基本上没有变化。总体来讲，冬小麦在拔节期株高变化速率要大于抽穗期，这是因为在拔节期冬小麦主要是进行营养生长，表现为株高逐日增加；在抽穗期冬小麦主要是进行生殖生长，表现为籽粒的形成。另外，由图2-6还可以看出，虽然直至冬小麦株高不再变化各处理之间株高差异并不十分明显，但总体趋势是株高和灌水量成正比，灌水量多的处理冬小麦株高较大，反之，冬小麦株高较小。CK1冬小麦株高最大，是因为其灌水量最多；T11灌水量虽然略高于T10和T12，但其冬小麦株高在整个处理中最小，其原因是T11在拔节期进行了不灌水处理，而拔节期是冬小麦生长的最关键时期，所以其株高在整个处理中最小。

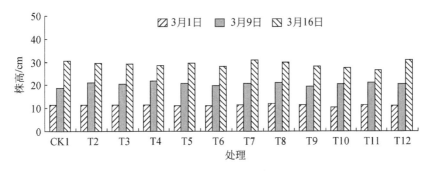

图2-5 拔节期灌水前后冬小麦株高变化

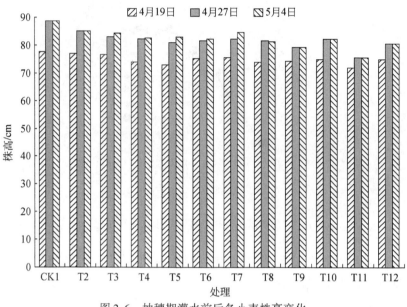

图 2-6　抽穗期灌水前后冬小麦株高变化

2.2.3　不同灌水处理条件下冬小麦叶片叶绿素相对含量变化规律

叶片叶绿素含量的高低变化可以间接反映作物生长速度的快慢。各灌水处理条件下冬小麦叶片叶绿素相对含量经过了一个先升高后降低的过程（图2-7）。在拔节期、抽穗期以及灌浆成熟期前期，各处理间冬小麦叶片叶绿素相对含量无明显差异。这说明冬小麦叶片叶绿素含量在拔节期、抽穗期以及灌浆成熟期前期表现出明显的补偿效应，一个生育期的水分胁迫在复水后并不影响其叶绿素含量的大小。在灌浆成熟期末期，各处理间冬小麦叶片叶绿素相对含量均呈快速下降的趋势且各处理间表现出明显差异。这种差异表现为整个生育期灌水量多的处理在灌浆成熟期后期冬小麦叶片叶绿素相对含量高，反之，冬小麦叶片叶绿素相对含量低。

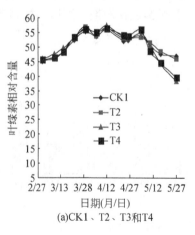

(a)CK1、T2、T3和T4

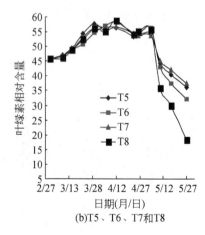

(b)T5、T6、T7和T8

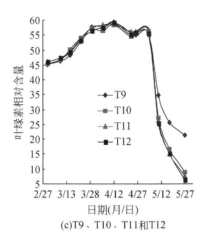

(c)T9、T10、T11和T12

图2-7 各灌水处理条件下冬小麦叶片叶绿素相对含量变化

由图2-7可以看出,在灌浆成熟期末期T10~T12较其他处理冬小麦叶片叶绿素相对含量明显偏低。这说明,苗期、拔节期和抽穗期任何一个生育期完全不灌水将使冬小麦在灌浆成熟期末期叶片迅速枯黄,小麦表现为早熟。

在试验过程中,T10~T12不仅从试验数据上表现出和其他小区存在明显的差异,而且从直观上看来,其小区内冬小麦生长稀疏,叶片短小,茎秆柔弱,穗长较短,有显著的早熟现象,水分亏缺对冬小麦生长的影响较为明显。

由拔节期灌水前后冬小麦叶绿素相对含量变化(图2-8)可以看出,在拔节期冬小麦叶片叶绿素相对含量变化显著,且有很强的规律性。冬小麦叶片叶绿素相对含量逐日增加,且基本上不受土壤含水量高低的影响,各处理间差异并不明显。

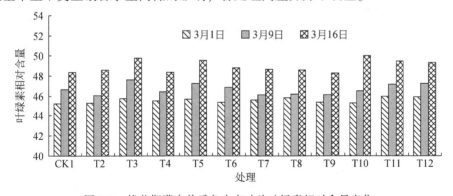

图2-8 拔节期灌水前后冬小麦叶片叶绿素相对含量变化

图2-9为抽穗期灌水前冬小麦叶片叶绿素相对含量变化,由图2-9可以看出,在灌水前(4月19~27日),叶片叶绿素相对含量随时间推移有增有减。CK1、T2、T5、T8、T10和T12叶片叶绿素相对含量逐日增加,其原因是灌水前土壤含水量高,没有水分胁迫;T3、T7和T9叶片叶绿素相对含量有降低趋势,其原因是灌水前对其进行了低定额灌水处理,土壤含水量低、水分胁迫严重;T6和T11叶片叶绿素相对含量无变化,这也和

其土壤含水量密切相关。灌水后（4月27日~5月4日），叶片叶绿素相对含量除T12和T7外均有不同程度的增高，其中CK1、T4和T6叶片叶绿素相对含量增高较为明显。T12叶片叶绿素相对含量没有增高反而降低其原因是在抽穗期对其进行了不灌水处理。另外，由图2-9还可以看出，在抽穗期，各处理间冬小麦叶片叶绿素相对含量的高低受灌水量影响的程度很小。

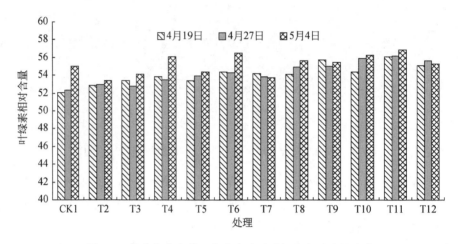

图 2-9　抽穗期灌水前后冬小麦叶片叶绿素相对含量变化

由灌浆成熟期冬小麦叶片叶绿素相对含量与总灌水量关系（图2-10）可以看出，在灌浆成熟期（冬小麦生长末期），各灌水处理条件下冬小麦叶片叶绿素相对含量差异明显，其基本规律是，叶片叶绿素相对含量的高低和生育期总灌水量成正比，即灌水量多的处理在灌浆成熟期其叶片叶绿素相对含量就高，反之，叶片叶绿素相对含量就低。由图2-10还可以看出，部分处理生育期总灌水量相同，但由于其在各个生育期的分配不同，在灌浆成熟期其叶片叶绿素相对含量也表现出很大的差异：T4、T5、T6和T7在整个生育期灌水量都为240mm，但由于其在各个生育期的分配不同，在灌浆成熟期叶片叶绿素相对含量T4最大，T6最小，究其原因可认为T4在拔节期进行了高定额灌水处理，T6在拔节期进

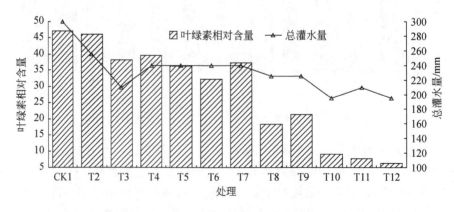

图 2-10　灌浆成熟期冬小麦叶片叶绿素相对含量与总灌水量关系

行了低定额灌水处理；T8 和 T9 在整个生育期灌水量都为 225mm，但由于 T8 在灌浆成熟期进行了低定额灌水处理，T9 在灌浆成熟期进行了高定额灌水处理，T9 在灌浆成熟期的叶片叶绿素相对含量要大于 T8；T10 和 T12 在整个生育期灌水量相同，都为 195mm，但是其叶片叶绿素相对含量在灌浆成熟期要远远低于其他处理，且它们之间也存在一定差异，其原因是 T10 和 T12 分别在苗期和抽穗期进行了不灌水处理；T3 和 T11 在整个生育期灌水量相同，都为 210mm，但其叶片叶绿素相对含量在灌浆成熟期的差异最为显著，T3 的叶片叶绿素相对含量约为 T11 的 6 倍，其原因是 T11 在拔节期进行了不灌水处理，导致 T11 叶片叶绿素相对含量过低、早熟。

2.2.4　冬小麦各生育阶段的阶段耗水强度

作物在水分供应充足的条件下，农田耗水变化反映了作物在特定气候条件下的需水特性，是作物生长发育的内在需水特征。

作物蒸发蒸腾量包括作物蒸腾耗水量和土壤表面蒸发量。作物蒸发蒸腾量数据可来自实测结果，如利用蒸渗仪、红外遥感技术、水量平衡法和微气象技术等可直接估算作物蒸发蒸腾量。本章冬小麦蒸发蒸腾量数据由水量平衡法获得。

由不同处理的阶段耗水量比较（表 2-4）和不同处理阶段耗水量与总耗水量（图 2-11）可知，总耗水量与总灌水量成正比，灌水量大则总耗水量就大，反之亦然；苗期历时最长（137 天），除 T10 外，其他处理耗水量较多且日蒸发强度差别不大，T10 之所以耗水量最少且日蒸发强度最低是因为其在苗期没有灌水；拔节期历时最短（24 天），此阶段耗水量相对最少，但是其耗水强度较苗期有较大提高，其原因是此阶段气温显著回升，冬小麦返青，生长速度加快，总的来说，除 T11 外，其他处理拔节期耗水量差别不大，阶段耗水量与阶段灌水量成正比，T11 之所以较其他处理差异显著是因为在拔节期对其实施了不灌水处理；抽穗期历时 27 天，此阶段的气温和冬小麦生长速度密不可分，此阶段的日耗水强度与灌水量亦成正比，T12 较其他处理差异较为明显，日耗水强度较低，约为其他处理的50%，亦是因为 T12 进行了不灌水处理；灌浆成熟期（52 天）是冬小麦产量形成的关键时期，日耗水强度相对较高虽然灌浆成熟期耗时不及苗期一半，但是此阶段耗水量与苗期基本相同，其大小亦与灌水量成正比。

表 2-4　不同处理的阶段耗水量比较

生育阶段	指标	CK1	T2	T3	T4	T5	T6	T7	T8	T9	T10	T11	T12
苗期	耗水量/mm	139.7	138.4	138.4	131.5	130.2	128.8	126.0	124.7	123.3	71.2	137.0	139.7
	耗水强度/(mm/d)	1.02	1.01	1.01	0.96	0.95	0.94	0.92	0.91	0.90	0.52	1.00	1.02
拔节期	耗水量/mm	64.1	55.9	48.2	60.7	52.6	53.0	59.5	54.7	49.4	60.7	15.6	63.8
	耗水强度/(mm/d)	2.67	2.33	2.01	2.53	2.19	2.21	2.48	2.28	2.06	2.53	0.65	2.66
抽穗期	耗水量/mm	75.3	65.1	52.7	62.6	56.4	73.7	62.4	72.9	58.6	70.7	66.2	34.6
	耗水强度/(mm/d)	2.79	2.41	1.95	2.32	2.09	2.73	2.31	2.70	2.17	2.62	2.45	1.28

续表

生育阶段	指标	CK1	T2	T3	T4	T5	T6	T7	T8	T9	T10	T11	T12
灌浆成熟期	耗水量/mm	149.2	130.0	105.6	119.6	138.8	118.6	123.8	109.2	127.4	123.8	126.9	93.1
	耗水强度/(mm/d)	2.87	2.50	2.03	2.30	2.67	2.28	2.38	2.10	2.45	2.38	2.44	1.79
全生育期	耗水量/mm	428.4	389.4	344.8	374.5	378.0	374.1	371.7	361.5	358.7	326.5	341.3	331.2
	耗水强度/(mm/d)	1.78	1.62	1.44	1.56	1.57	1.56	1.55	1.51	1.49	1.36	1.42	1.38

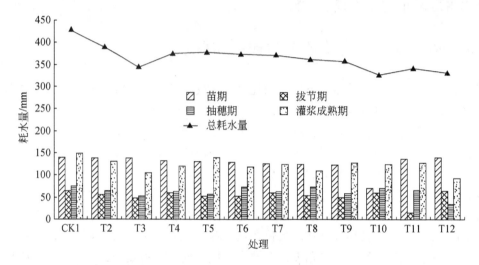

图 2-11   不同处理阶段耗水量与总耗水量

2.2.5   水分胁迫对冬小麦光合速率和蒸腾速率的影响

光合作用是冬小麦生产力构成的最主要因素。水是作物光合作用中的重要原料，水分不足将抑制光合作用，从而影响产量。水分胁迫导致土壤-植物-大气水分传输系统内水力梯度的改变，致使叶子水势降低或叶肉阻力增加，阻碍二氧化碳溶于水并渗入叶肉细胞参与光合作用。虽然叶子要在含水量较高的条件下才能生存，但光合作用所需的水分是其中很少的一部分。因此，水分亏缺主要是间接地影响光合速率，使光合速率下降。

抽穗期冬小麦营养生长处在最旺盛的阶段，植株根、冠的生长十分迅速，根系吸水能力和叶片呼吸作用增强，冬小麦在该阶段的水分生理反应较为敏感，因此选取这一典型时期进行分析比较。如图 2-12 和图 2-13 所示，抽穗期冬小麦在灌水前后的蒸腾速率、光合速率变化呈开口向上的抛物线形状，灌水时间为其谷值所在；大体上在灌水后，灌水量越多的处理，其蒸腾速率、光合速率越强。T11 显著有别于其他处理，无论是蒸腾速率还是光合速率都较其他处理为低，这是因为对其在拔节期进行了不灌水处理。另外，由图 2-12 和图 2-13 还可以看出，T3、T6 和 T9 的蒸腾速率和光合速率都略低于其他处理，这是因为在拔节期对其进行了低定额灌水处理。可见，拔节期是冬小麦需水的一个关键时期，这一时期的水分亏缺会导致冬小麦抽穗期蒸腾速率和光合速率降低，抑制冬小麦的生长。T11在灌水后其蒸腾速率和光合速率增长率都要略高于其他处理，一定程度上显示了其在复水后的补偿效应。

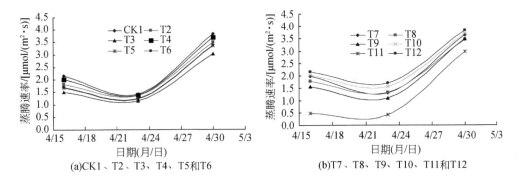

图 2-12　抽穗期不同处理灌水前后冬小麦 9:00 的蒸腾速率变化

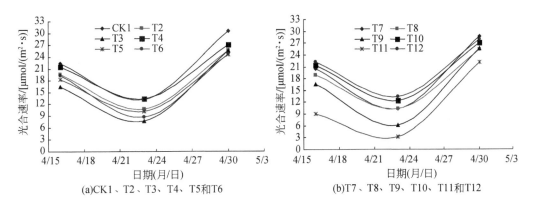

图 2-13　抽穗期不同处理灌水前后冬小麦 9:00 的光合速率变化

图 2-14 和图 2-15 为不同处理在 4 月 19 日灌水后，冬小麦 4 月 27 日的蒸腾速率及光合速率日变化情况。7:00 开始，每 2 小时观测一次，19:00 结束。蒸腾速率在一天中的变化情况大体呈开口向下的抛物线形状，最高点是 13:00 左右，光合速率在一天中先升后降，最高点为 9:00，17:00 后急速下降，19:00 达最小值。在大部分时间内，CK1 的光合速率和蒸腾速率最高，T12 光合速率和蒸腾速率最低。这说明灌水量多的处理其蒸腾速率和光合速率较高，反之，灌水量少的处理其蒸腾速率和光合速率较低。另外，T6、T8 和T11 都是经过前期水分亏缺后期复水的处理，据图 2-14 和图 2-15 所示，其蒸腾速率和光合速率日变化在各个时段都处于中等偏上的水平，这说明水分亏缺处理复水后其存在着补偿效应。

图 2-16 为抽穗期灌水后冬小麦 4 月 27 日不同处理的水分利用效率，即瞬时光合速率与瞬时蒸腾速率之比的日变化过程。水分利用效率日变化的总体趋势是由高到低，7:00 最高，之后由于蒸腾作用迅速增强，从 11:00 开始，水分利用效率降速减小，11:00～17:00，水分利用效率变化平稳，且略有上升趋势，17:00 后逐渐下降。由图 2-16 可知，不同处理

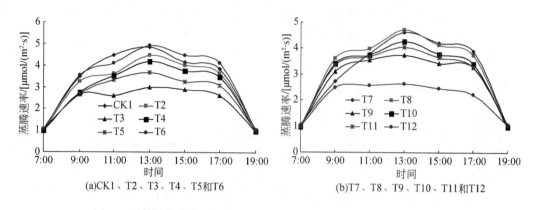

图 2-14　抽穗期灌水后冬小麦 4 月 27 日不同处理的蒸腾速率日变化

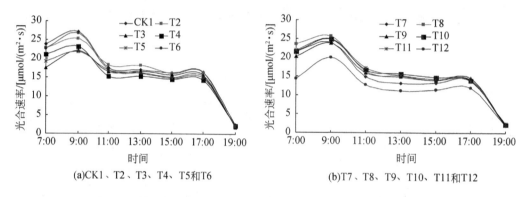

图 2-15　抽穗期灌水后冬小麦 4 月 27 日不同处理的光合速率日变化

的瞬时水分利用效率较为接近，T3 的值在 9:00 之后一直略微高于其他处理，T3 为苗期高定额灌水、拔节期和抽穗期低定额灌水，表明该处理组合一定程度上抑制了蒸腾无效耗水，提高了水分利用效率。

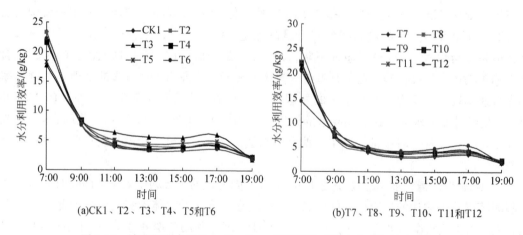

图 2-16　抽穗期灌水后冬小麦 4 月 27 日不同处理的水分利用效率日变化

图 2-17 为抽穗期灌水后冬小麦 4 月 27 日不同处理的气孔导度日变化，大体上呈双峰曲线形，中午有明显的"午休"现象。叶气孔于早晨天亮后张开，以后开度迅速增加，约在 9:00 左右达到峰值，之后由于气温迅速上升，蒸发强劲，为抑制过大的蒸腾、调节叶片供水与蒸腾的水量平衡，气孔导度开始下降，到最热与蒸发最强的 13:00 左右，气孔导度迅速降低至一个相对低谷，15:00 后又有所增长，17:00 达到另一个峰值，随后快速下降。对于"午休"现象形成的原因，人们进行了较为深入的研究，有人认为环境因素是光合速率降低的直接原因，中午 CO_2 浓度降低的幅度很小，气温也不是光合速率降低的直接原因，低的空气湿度似乎是"午休"现象的重要原因。据试验研究表明，在中午到来时，空气湿度明显降低，叶表蒸气压亏缺增加，较高的蒸腾作用使叶片失水引起植株水分亏缺，造成气孔不均匀关闭，气孔导度下降，叶肉细胞间 CO_2 浓度下降，最终导致光合速率降低。由图 2-17 可以看出，T12 较其他处理气孔导度明显偏低，这是因为在抽穗期对其进行了不灌水处理。

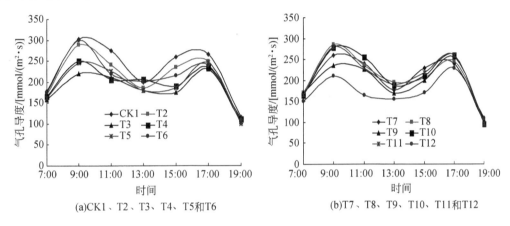

(a)CK1、T2、T3、T4、T5和T6　　(b)T7、T8、T9、T10、T11和T12

图 2-17　抽穗期灌水后冬小麦 4 月 27 日不同处理的气孔导度日变化

图 2-18 为抽穗期灌水前后冬小麦每日 9:00 的气孔导度变化，气孔导度与蒸腾速率、光合速率的变化规律类似，都是经历了一个先降低后升高的过程，大体呈开口向上的抛物线形状。抽穗期灌水过后，气孔导度随灌水量的增多而增加，T6 和 T8 气孔导度的增长率较其他处理为高，究其原因可认为是其在拔节期进行了重度和轻度水分亏缺处理，在抽穗期复水后冬小麦表现出补偿效应。T12 明显有别于其他处理，气孔导度先降低后趋于平缓，这是由于在抽穗期对其进行了不灌水处理。可见水分严重亏缺或者不灌水可严重降低冬小麦的气孔导度。

图 2-19 和图 2-20 分别为冬小麦抽穗期气孔导度与光合速率和蒸腾速率的关系，结果表明，冬小麦叶片的光合速率与蒸腾速率对气孔导度的反应不同。光合速率随气孔导度的增加而增加，当气孔导度达到 247.36mmol/(m²·s) 时，光合速率增加不明显，其原因为气孔导度增大到一定程度时，蒸腾过于旺盛，冬小麦用于进行光合作用的水分来源不足，抑制了光合作用的进行；蒸腾速率随气孔导度增大而增大。由图 2-19 和图 2-20 还可以看出，气孔导度减小，光合速率有所下降，而蒸腾速率降低的幅度大于光合速率，蒸腾失水大量减少，因此，既不牺牲作物光合物质累积又能实现最佳节水的目的是可行的（孟毅，2005）。

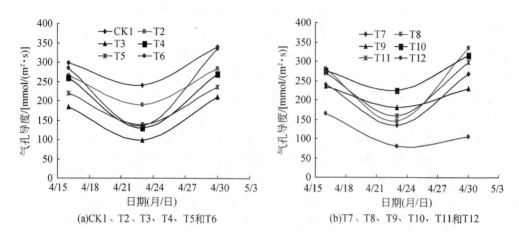

(a)CK1、T2、T3、T4、T5和T6 (b)T7、T8、T9、T10、T11和T12

图 2-18　抽穗期灌水前后冬小麦每日 9:00 的气孔导度变化

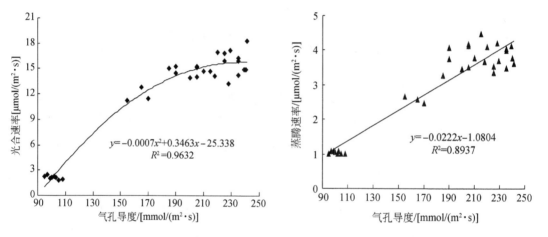

图 2-19　冬小麦抽穗期气孔导度与光合速率的关系　图 2-20　冬小麦抽穗期气孔导度与蒸腾速率的关系

2.2.6　不同灌水条件下的冬小麦产量和水分利用效率

节水农业的中心问题是提高降水和灌溉水利用效率，用水有效性无疑成为判断节水措施效果与潜力的指标，包括水分利用效率和作物产量。水分利用效率是衡量作物产量与用水量关系的一种指标，是农学、生理学、气象学等学科的研究重点；作物产量分为光合产量、生物学产量和经济产量三个不同的层次，对应于作物产量的三个不同层次，水分利用效率分为单叶、群体和产量三个水平。对作物用水而言，水分利用效率又可分为三种：一是作物总的耗水量，即蒸发蒸腾量，这是人们普遍所指的水分利用效率；二是灌水量，得到的是灌溉水利用效率，它对确定最佳灌溉定额是必不可少的；三是天然降水，得到的是天然降水利用效率，它是旱地农业研究中的重要指标。本试验因有遮雨棚，降水因素可不予考虑。

由表 2-5 可以看出，各处理条件下穗数、千粒重和产量差异明显，穗长和穗粒数差异不大。穗数、千粒重和产量大体上与全生育期内总灌水量成正比。总灌水量相同的处理因各生育期处理的不同而表现出一定的差异。例如，T4～T7 虽然全生育期内总灌水量相同，但是 T4 和 T7 在拔节期和抽穗期的灌水量大于 T5 和 T6，试验结果显示无论是千粒重还是产量 T4 和 T7 都要大于 T5 和 T6，这说明拔节期和抽穗期的土壤水分关系对冬小麦千粒重和产量的影响最为显著。另外，T10～T12 的穗数、千粒重和产量较其他处理明显偏小，这说明无论是苗期、拔节期和抽穗期任一生育期不灌水都将对穗数、千粒重和产量造成影响。在 T10～T12 中，T12 在穗数、千粒重和产量上较 T10 和 T11 表现出明显的劣势，这说明抽穗期是冬小麦产量形成的最关键时期。由表 2-5 还可以看出，WUE 并不是灌水越多越好，T3 的 WUE 最高，其次为 T7，T2 最低。单纯地追求 WUE 会影响冬小麦的产量，应综合分析冬小麦的产量和 WUE，T7 为节水高产的处理，即苗期低定额灌水、拔节期高定额灌水，抽穗期和灌浆成熟期中定额灌水。

表 2-5　冬小麦测产结果及水分利用效率

处理	穗数/(穗/m²)	穗长/cm	穗粒数/粒	千粒重/g	产量/(kg/hm²)	WUE(kg/m³)
CK1	392	6.9	38.5	41.39	6249	1.67
T2	353	6.5	38.6	40.89	5567	1.69
T3	374	6.4	34.9	38.66	5043	1.77
T4	337	6.7	38.5	41.26	5361	1.70
T5	376	6.5	35.1	40.02	5287	1.68
T6	325	7.0	39.9	39.32	5094	1.62
T7	379	6.7	36.6	39.32	5454	1.73
T8	302	6.7	38.9	38.99	4573	1.52
T9	335	6.0	33.6	37.75	4248	1.42
T10	305	6.4	36.4	36.94	4100	1.52
T11	298	6.5	38.5	36.80	4219	1.48
T12	258	6.9	37.9	32.82	3213	1.19

从表 2-5 和图 2-21 可知，冬小麦产量并不完全随着灌水量的增加而增加，而是呈抛物线形状，这表明当灌水量增大到一定程度时，产量不会继续增加，反而会下降，本试验的理论产量最大值为 6249kg/hm²，其对应的灌水量为 3741m³/hm²。回归分析表明，WUE 随着灌水量的增加先增高后降低，呈现为开口向下的抛物线形状，本试验当灌水量为 2849 m³/hm² 时，WUE 取得最大值 1.77kg/m³。由此可见当产量取得最大值（6249kg/hm²）时，WUE 并没有取得最大值，所以单纯地追求产量会牺牲 WUE。同理，单纯地追求 WUE 也会牺牲产量。故在实际生产应用中应结合当地水利设施情况综合分析，恰当取舍。

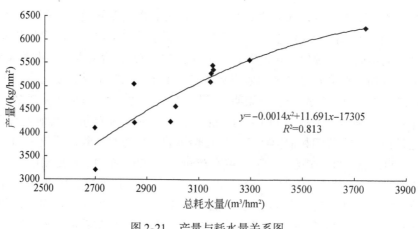

图 2-21 产量与耗水量关系图

2.3 水分胁迫对夏玉米生理生态及产量的影响

2.3.1 不同灌水处理条件下土壤水分变化规律

戚廷香等（2003）研究认为，夏玉米根系在土壤中的垂直分布为：在 0～40cm 耕层占总根量的 50%～60%，41～70cm 占 25%～30%，71cm 以下深层相对较少，因此 0～70cm 土层的含水量变化与夏玉米的关系最为显著。如图 2-22 所示，0～70cm 土壤体积含水量主要受灌水的影响，整个生育期土壤体积含水量随灌水波动，四个峰值均出现在灌水当天。由图 2-22 可以看出，三叶—拔节期和灌浆—成熟期 0～70cm 土壤体积含水量变化较为剧烈，其原因是三叶—拔节期根苗幼小、土层裸露，加之气温过高，土壤水分蒸发迅速；灌浆—成熟期叶片萎蔫枯黄导致土层裸露，加之气温很高，土壤水分蒸发迅速。相对其他生育期，拔节—抽雄期和抽雄—灌浆期土壤含水量变化较为缓慢。

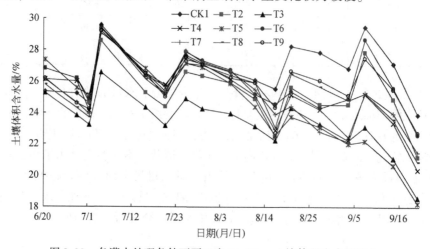

图 2-22 各灌水处理条件下夏玉米 0～70cm 土壤体积含水量变化

由图 2-23 可以看出, 拔节—抽雄期的土壤体积含水量在灌水前 (7 月 20 日) 除 T2 和 T3 外, 其他处理基本上无明显差异。T2 和 T3 土壤体积含水量之所以较其他处理为小是因为在三叶—拔节期, 分别对 T2 和 T3 进行了中定额和低定额灌水处理。由于土壤体积含水量本来较低, 灌水后 T2 和 T3 的土壤体积含水量依然低于其他处理。在拔节—抽雄期对 T4 和 T5 分别进行了中定额和低定额灌水处理, 由图 2-23 还可以看出, 在灌水后 (7 月 23 ~ 29 日) 一周内 T4 和 T5 较其他高定额灌水处理略微偏低, 但差异并不十分明显。

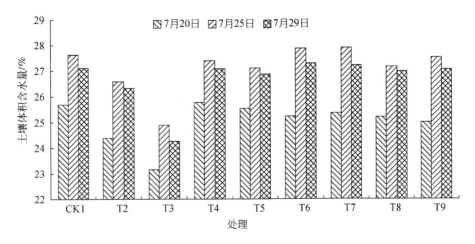

图 2-23　拔节—抽雄期灌水前后夏玉米 0 ~ 70cm 土壤体积含水量变化

图 2-24 为抽雄—灌浆期灌水前后夏玉米 0 ~ 70cm 土壤体积含水量变化, 可以明显地看出, 在灌水前 (8 月 16 日), T2 ~ T5 较其他处理土壤体积含水量较低, 而 T2 和 T3 又较 T4 和 T5 为低。其原因是在三叶—拔节期对 T2 和 T3 分别进行了中定额灌水处理和低定额灌水处理, 在拔节—抽雄期对 T4 和 T5 分别进行了中定额灌水处理和低定额灌水处理。由于 T2 和 T3 的水分亏缺处理较 T4 和 T5 早, T2 和 T3 的土壤含水量较 T4 和 T5 为低。在灌水后 (8 月 20 ~ 27 日), T2 ~ T7 土壤含水量较其他高定额灌水处理为低, 其中 T2 ~ T5 原因同前, 这里不再赘述。T6 和 T7 土壤含水量较高定额灌水处理为低是因为在抽雄—灌浆

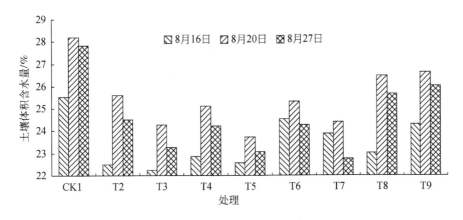

图 2-24　抽雄—灌浆期灌水前后夏玉米 0 ~ 70cm 土壤体积含水量变化

期对 T6 和 T7 分别进行了中定额灌水和低定额灌水处理。另外，由图 2-24 还可以看出，在灌水后 8 月 20～27 日，T7 的土壤含水量减小速度高于 T6，其原因可能是在抽雄—灌浆期对 T7 进行了低定额灌水处理，其有限水分消耗过快。

2.3.2 土壤水分胁迫对夏玉米生长发育特性的影响

2.3.2.1 不同灌水处理条件下夏玉米株高变化规律

玉米株高的变化反映了作物生长速度的快慢。图 2-25 为夏玉米的株高动态变化，总的来看，夏玉米从出苗到抽穗期末期株高逐日增加，抽穗期末期一直到夏玉米成熟，株高基本无变化。其中，拔节—抽穗期夏玉米株高增速最快，株高平均每天增加 4.5cm 左右，抽穗期以后增速放缓。

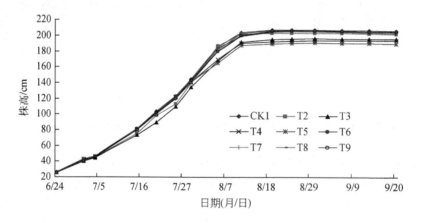

图 2-25　各灌水处理条件下夏玉米株高变化

由图 2-25 还可以看出，在拔节—抽穗期（7 月中旬～8 月中旬），T2 和 T3 的株高一直低于其他处理，而且 T3 的株高要低于 T2，其原因是在三叶—拔节期灌水时分别对 T2 和 T3 进行了中定额灌水和低定额灌水处理。从抽穗期一直到夏玉米成熟（8 月中旬～9 月下旬），T3、T4 和 T5 的株高明显低于其他处理，T3、T4 和 T5 之间的株高关系为：T3＞T4＞T5。T3 株高偏低是因为在三叶—拔节期对其进行了低定额灌水处理；T4 和 T5 株高偏低是因为在拔节—抽穗期分别对其进行了中定额灌水和低定额灌水处理；同样进行了低定额灌水处理的 T3 和 T5 因为水分亏缺时期不一样（T3 为三叶—拔节期，T5 为拔节—抽穗期），T3 的株高高于 T5，这说明在夏玉米生长的拔节—抽穗期，夏玉米对水分亏缺的反应更加敏感。虽然 T2 在三叶—拔节期进行了水分亏缺处理后其株高有一段时间（7 月初～7 月末）低于其他处理，但是在拔节—抽穗期复水后，其株高迅速增加，甚至有一段时间（8 月上旬）超过其他处理，株高最高。在抽穗期直到玉米成熟，T2 的株高基本上和 CK1 差不多，或稍低于 CK1，显然，T2 所表现出来的是夏玉米株高的一种显著的补偿效应。由图 2-25 还可以看出，虽然在抽穗—灌浆期对 T6 和 T7 分别进行了中定额灌水和低定额灌水处理、在灌浆—成熟期对 T8 和 T9 分别进行了中定额灌水和低定额灌水处理，但是

T6~T9 的株高一直和 CK1 的株高不差上下，这说明，夏玉米株高在抽穗期以前已经形成，抽穗期后再对其进行水分亏缺处理已不能对其构成影响。

图 2-26 为三叶—拔节期灌水前后夏玉米株高变化，可以看出，灌水前（6 月 24 日~7 月 1 日），株高逐日增加，但是增速放缓，其原因是土壤含水量低，水分供给不足，玉米生长受限。灌水后（7 月 1~15 日），株高增加迅速，甚至达到灌水前株高增速的两倍多，达到 3cm/d 左右。由图 2-26 还可以看出，灌水前，由于没有进行差异性处理，各个处理株高基本一致；灌水后由于对 T2 和 T3 进行了中定额灌水和低定额灌水处理，T2 和 T3 的株高要低于其他处理，而且 T3 的株高要低于 T2。

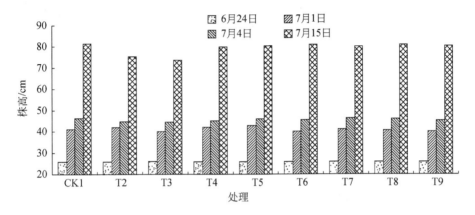

图 2-26　三叶—拔节期灌水前后夏玉米株高变化

图 2-27 为拔节—抽穗期灌水前后夏玉米株高变化，可以看出，无论灌水前后，夏玉米株高都在逐日增加，而且灌水后株高增速要大于灌水前，甚至达到 7cm/d，与其他生育期相比，这是夏玉米株高增速最快的时期。而这些处理中 T2 增速最快，达到 8cm/d 左右，其原因是 T2 在三叶—拔节期进行了中定额灌水处理，而后在拔节—抽穗期对其进行复水，夏玉米表现出明显的补偿效应。由图 2-27 还可以看出，灌水前（7 月 20 日），T3 株高显著低于其他处理，这是因为在之前一个生育期（三叶—拔节期）对其进行了低定额灌水处

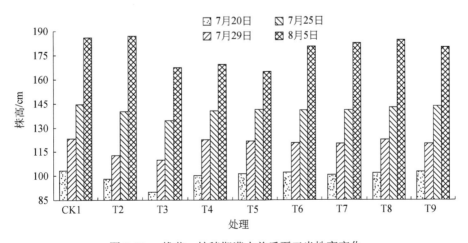

图 2-27　拔节—抽穗期灌水前后夏玉米株高变化

理。灌水后（7月23日~8月5日），T3、T4和T5的株高要低于其他处理。T3株高偏低的原因同上，T4和T5株高偏低是因为在此次灌水时分别对其进行了中定额灌水和低定额灌水处理。由于时间相隔不长，T3、T4和T5之间的差异还并不明显。

图2-28为抽穗—灌浆期灌水前后夏玉米株高变化，总的来说，灌水前（8月11~16日）夏玉米株高都在增加；灌水后（8月16~30日），除了T3、T4和T5外，其他处理株高均不再变化或稍降低，而且无论灌水前后T3、T4和T5的株高均显著低于其他处理。T3、T4和T5之所以和其他处理表现出相反的趋势，是因为在三叶—拔节期对T3进行了低定额灌水处理，在拔节—抽穗期对T4和T5分别进行了中定额灌水和低定额灌水处理。这表明在适宜水分供应条件下，夏玉米株高在抽穗—拔节期已经完全形成，如果水分在之前有亏缺，此时期复水后，株高有部分增长，但增长并不显著。

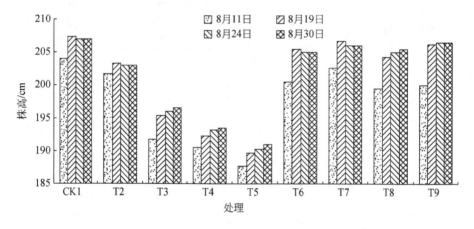

图2-28　抽穗—灌浆期灌水前后夏玉米株高变化

2.3.2.2　不同灌水处理条件下夏玉米茎粗变化规律

茎粗是玉米形态指标之一，玉米前期不同的形态数值可表明其产量高低的态势。由图2-29可以看出，在灌浆期之前，夏玉米茎粗是随时间增大的；灌浆期以后，茎粗基本不再变化或略微减小。

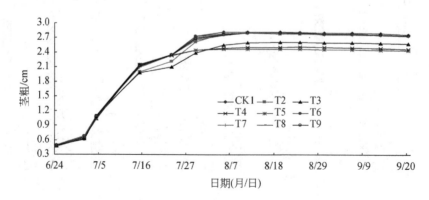

图2-29　各灌水处理条件下夏玉米茎粗变化

由图 2-29 还可以看出，拔节期夏玉米茎粗增速大于三叶期和抽穗期，是夏玉米茎粗增速最快的时期。虽然在三叶—拔节期对 T2 和 T3 分别进行了中定额灌水和低定额灌水处理，但是在这一时期其茎粗较其他处理基本没有差异，这表明这一时期的水分亏缺对夏玉米茎粗的影响并没有显示出来。T2 和 T3 在拔节期的茎粗较其他处理为低，在拔节期前期，T2 和 T3 的茎粗基本无差异；拔节期后期，T2 的茎粗逐渐高于 T3。在拔节期末期至抽穗期，T4 和 T5 的茎粗逐渐较除 T3 外的其他处理为低，这是因为在拔节—抽穗期分别对其进行了中定额灌水和低定额灌水处理。由此可以看出，夏玉米茎粗对水分亏缺的反应存在一定的滞后效应。笔者注意到在拔节—抽穗期，T2 的茎粗较其他处理增长为快，直到其茎粗增长到和未进行水分亏缺的处理水平相当。这可认为 T2 在三叶—拔节期经中定额灌水处理后，拔节—抽穗期对其复水，夏玉米茎粗表现出补偿效应。在抽穗—灌浆期，虽然对 T6 和 T7 分别进行了中定额灌水和低定额灌水处理，但是 CK1、T2、T6、T7、T8 和 T9 的茎粗基本无差异，且各处理趋于稳定。此时，T3、T4 和 T5 之间存在一定差异，其茎粗关系为：T3>T4>T5，且茎粗趋于稳定。这表明夏玉米茎粗在抽穗—灌浆期前已经形成，这一时期及这一时期后的其他生育期的水分亏缺将对夏玉米的茎粗亦不再构成影响。

图 2-30 为拔节—抽穗期灌水前后夏玉米茎粗变化，由图 2-30 可以看出，在灌水前（7月 15～23 日），除 T2 和 T3 外，其他处理茎粗基本无差异。T2 和 T3 茎粗之所以较其他处理为小，且 T2 的茎粗略高于 T3，这是因为在三叶—拔节期分别对其进行了中定额灌水和低定额灌水处理。灌水后一周（7 月 29 日），除 T4 和 T5 外，各个处理茎粗增长迅速，一周增速达到 4～5mm。其中 T2 茎粗增长最为显著，一周增速达到 5.3mm 左右，这是因为 T2 在三叶—拔节期进行了中定额灌水处理，在拔节—抽穗期复水后，表现出补偿效应。T4 和 T5 在灌水后一周茎粗增长缓慢，是因为分别对其进行了中定额灌水和低定额灌水处理。灌水后两周（7 月 29 日～8 月 5 日），各个处理茎粗增速明显放缓，仅为上一周茎粗增速的 1/4～1/3。其中在三叶—拔节期进行了水分亏缺处理的 T2 和 T3 茎粗增速相对较高，为上一周茎粗增速的 1/2 左右。

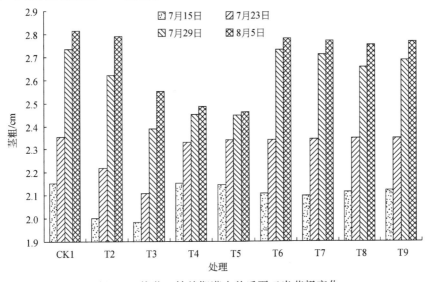

图 2-30　拔节—抽穗期灌水前后夏玉米茎粗变化

图 2-31 为抽穗—灌浆期灌水前后夏玉米茎粗变化,由图 2-31 可以看出,各个处理在灌水前后的茎粗基本无变化或稍降低,这说明在此生育期前,夏玉米茎粗已经形成,此时的水分变化对其茎粗已无影响。笔者注意到,T3、T4 和 T5 的茎粗较其他处理明显偏低,这是因为在三叶—拔节期对 T3 进行了低定额灌水处理,在拔节—抽穗期分别对 T4 和 T5 进行了中定额灌水和低定额灌水处理。同为在某一生育期进行低定额灌水处理,T3 和 T5 的茎粗也存在差异,茎粗 T3>T5,这表明拔节—抽穗期为夏玉米茎粗形成的最关键时期,夏玉米在此时期的茎粗对水分的反应最为敏感。

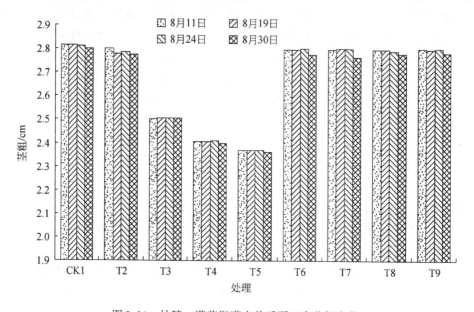

图 2-31 抽穗—灌浆期灌水前后夏玉米茎粗变化

2.3.2.3 不同处理条件下夏玉米叶面积的变化规律

叶面积是反映作物生长发育态势的一个重要形态指标,其表示作物光合有效面积的大小以及截获太阳能量的多少,可以影响到最终的经济产量。在干旱缺水的胁迫下,作物叶片的扩展受到抑制而呈现卷缩状态,因而植株的叶面积动态变化可以作为作物抗旱性的重要研究指标。

如图 2-32 所示,夏玉米在整个生育期内,各个处理的单株叶面积的动态变化均呈现抛物线形状,且夏玉米单株最大绿叶面积出现在孕穗期前后。生育期前半期叶面积增长较快,后半期稳定且逐渐衰退,并随着水分胁迫的加剧表现出衰退速度加快的趋势。从水分胁迫对夏玉米叶面积动态变化的影响来看,水分胁迫阻碍了叶片的生长,且在每个生育期内,T1、T2 和 T3 的叶面积均低于充分供水的 CK1,且随着生育期的延长,其各处理间的差异也逐渐增大。

从不同时期的水分胁迫及复水到正常供水后的夏玉米叶面积动态变化曲线来看,T4 与 T5 的叶面积增长速率较低,且明显低于 CK1,而 T4 的叶面积相对于 T5 来说,叶面积较大。水分胁迫处理发生在抽穗—灌浆期和灌浆—成熟期的 T6 和 T7 却保持了较高的叶面积,与

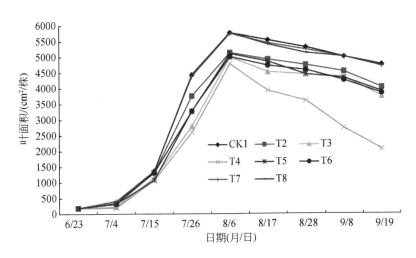

图 2-32 水分胁迫对夏玉米叶面积动态变化的影响

注：T9 数据缺失

CK1 基本无多大差异。这说明水分胁迫对拔节—抽穗期的影响较大，这与水分胁迫对株高的影响规律基本一致。可见夏玉米生育期前期胁迫所造成的叶面积减少，在复水后可以得到部分补偿，而在生育期后期的水分胁迫对夏玉米叶面积的动态变化影响较小。

2.3.2.4 不同灌水处理条件下夏玉米冠部物质量变化规律

土壤水分作为影响作物生长发育的主要因素之一，影响着作物的生理生化过程，最终以植物各部分生物量的累积、产量的形成体现出来。玉米是需水较多的旱地作物之一，其生长发育和土壤水分状况密切相关，并影响地上部生长发育和产量形成。

图 2-33 是各灌水处理条件下夏玉米冠部鲜重积累动态，由图 2-33 可以看出，夏玉米冠部鲜重的变化经历了一个先增高后降低再趋于稳定的过程。在三叶—拔节期冠部鲜重增加缓慢；拔节—抽穗期冠部鲜重增加较快；抽穗—灌浆期前期冠部鲜重先是快速增加，然

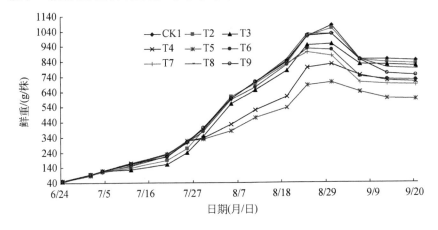

图 2-33 各灌水处理条件下夏玉米冠部鲜重积累动态

后增加趋势变缓，后期冠部鲜重开始降低；灌浆—成熟期冠部鲜重趋于稳定或稍有降低。由图 2-33 还可以看出，T4 和 T5 自拔节—抽穗期灌水（7 月 23 日）开始直到夏玉米成熟，其冠部鲜重一直显著低于其他处理，这是因为在拔节—抽穗期分别对其进行了中定额灌水和低定额灌水处理。

图 2-34 是各灌水处理条件下夏玉米冠部干重积累动态，由图 2-34 可以看出，夏玉米冠部干重在整个生育期内是一个逐渐增加的过程。其在三叶—拔节期冠部干重增加相对较为缓慢；拔节—抽穗期冠部干重增加较快；抽穗—灌浆期前期冠部干重先是快速增加，后期增加趋势变缓；灌浆—成熟期夏玉米冠部干重逐日增加，但增加缓慢。由图 2-34 还可以看出，在三叶—拔节期灌水（7 月 1 日）后，T2 和 T3 因为分别进行了中定额灌水和低定额灌水处理，其冠部干重已经开始表现出较其他未进行水分亏缺的处理偏低的趋势。在拔节—抽穗期，分别对 T4 和 T5 进行了中定额灌水和低定额灌水处理。在这一时期灌水（7 月 23 日）后，T4 和 T5 冠部干重开始明显低于其他处理，且 T4 冠部干重略高于 T5。因为在这一时期对 T2 和 T3 进行了复水，T2 的冠部干重由低于到接近或达到其他未进行水分亏缺的处理水平，T3 虽然在这一时期也进行了复水，但其冠部干重依然较其他未进行水分亏缺的处理为低。这说明在三叶—拔节期对夏玉米进行中定额灌水处理，拔节—抽穗期复水，夏玉米冠部干重能表现出一定的补偿效应；在三叶—拔节期对夏玉米进行低定额灌水处理，拔节—抽穗期复水，夏玉米冠部干重补偿效应不明显或没有表现出补偿效应。在抽穗—灌浆期，分别对 T6 和 T7 进行中定额灌水和低定额灌水处理，对 T4 和 T5 进行复水处理。可以看出，T6 和 T7 在灌水（8 月 16 日）后，虽然表现出较其他未进行水分亏缺的处理冠部干重为低，但是这一时期，T6 和 T7 的冠部干重依然大于复水后的 T4 和 T5。

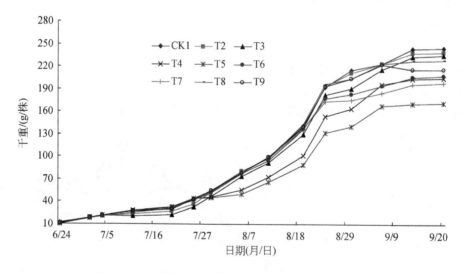

图 2-34　各灌水处理条件下夏玉米冠部干重积累动态

图 2-35 为拔节—抽穗期灌水前后夏玉米冠部干重变化，由图 2-35 可以看出，在灌水前（7 月 20 日），除 T2 和 T3 外，其他处理冠部干重基本无差异，T2 和 T3 冠部干重之所以较其他处理为小是因为在三叶—拔节期分别对其进行了中定额灌水和低定额灌水处理。

在灌水后（7 月 25 日～8 月 5 日），除 T4 和 T5 外，其他处理冠部干重增长迅速。T4 和 T5 较其他处理冠部干重增长缓慢是因为在这一时期分别对其进行了中定额灌水和低定额灌水处理。由图 2-35 还可以看出，T4 冠部干重增加的速度略大于 T5。

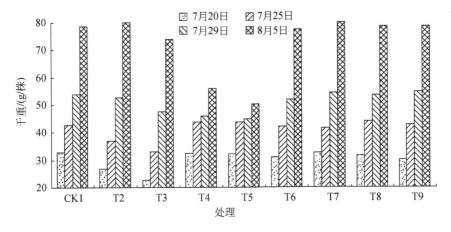

图 2-35　拔节—抽穗期灌水前后夏玉米冠部干重变化

图 2-36 为抽穗—灌浆期灌水前后夏玉米冠部干重变化，由图 2-36 可以看出，在灌水前（8 月 11 日），除 T4 和 T5 外，其他处理冠部干重基本无差异，T4 和 T5 冠部干重之所以较其他处理为小是因为在拔节—抽穗期分别对其进行了中定额灌水和低定额灌水处理。在灌水后（8 月 19～30 日），各个处理的冠部干重先迅速增加，后速度增加放缓。其中 T4 和 T5 在灌水后冠部干重较其他处理增加最为缓慢，T6 和 T7 次之。T4 和 T5 冠部干重增加最为缓慢是因为在拔节—抽穗期对其进行了水分亏缺处理，而拔节—抽穗期是夏玉米冠部干重对水分最为敏感的一个时期；T6 和 T7 较其他处理冠部干重增加缓慢是因为在这一生育期分别对其进行了中定额灌水和低定额灌水处理。

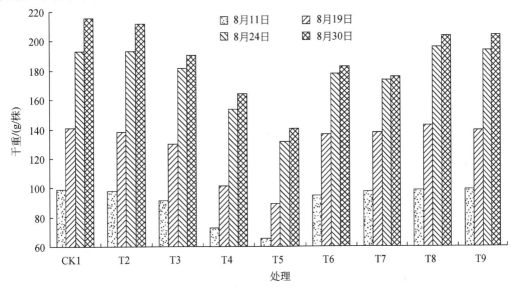

图 2-36　抽穗—灌浆期灌水前后夏玉米冠部干重变化

图 2-37 为灌浆—成熟期灌水前后夏玉米冠部干重变化，由图 2-37 可以看出，在灌水前（8 月 30 日），由于前期的水分处理，各个处理的冠部干重表现出一定的差异，T5 最小，T4 次之，T3、T6 和 T7 居中，CK1、T2、T8 和 T9 最高且基本无差异。在灌水后（9 月 6～20 日），除 T9 外，其他处理冠部干重均呈现出先增加后趋缓的趋势。T9 呈现出先增加后减少的趋势，其原因可能是在这一生育期对其进行了低定额灌水处理。总体来看，T5 的冠部干重最小，T4、T6 和 T7 次之。这又一次说明了拔节—抽穗期和抽穗—灌浆期为夏玉米冠部干重对水分需求最为敏感的两个时期。

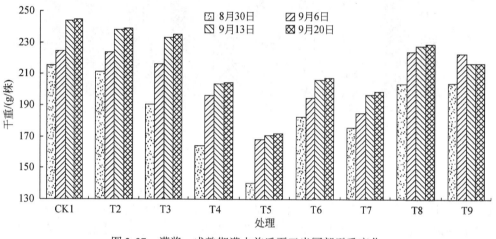

图 2-37　灌浆—成熟期灌水前后夏玉米冠部干重变化

2.3.3　不同灌水条件下的夏玉米产量和水分利用效率

由夏玉米测产结果和水分利用效率（表 2-6）可以看出，T2 无论在穗长、穗粒重、百粒重、产量还是 WUE 上，都较其他处理表现出明显的优势，甚至在各方面数据（穗粒数除外）上超过 CK1。这说明在三叶—拔节期对夏玉米进行中定额灌水处理，在拔节—抽穗期对其复水，后期高定额灌水，夏玉米不仅不会减产，还会高产甚至增产，同时可以起到节水的目的。T6 和 T7，尤其是 T7 在穗长、穗粒数、穗粒重、百粒重、产量和 WUE 较其他处理均表现出明显的劣势。这说明在抽穗—灌浆期对夏玉米进行水分亏缺处理，虽然在其他生育期高定额灌水，也会严重影响夏玉米的产量和 WUE 等，同时也说明抽穗—灌浆期为夏玉米产量形成的最关键时期。同样程度的水分亏缺，发生在夏玉米不同的生育期，对夏玉米的产量和 WUE 等造成不同的影响。由表 2-6 的试验数据可以得出夏玉米不同生育期产量对水分亏缺的敏感程度排序如下：抽穗—灌浆期＞灌浆—成熟期＞拔节—抽穗期＞三叶—拔节期。T2，即三叶—拔节期中定额灌水，其余生育期高定额灌水为节水高产的灌水方式。

表 2-6　夏玉米测产结果及水分利用效率

处理	穗长/cm	穗粒数/粒	穗粒重/g	百粒重/g	产量/(kg/hm²)	WUE/(kg/m³)
CK1	17.33	589.00	191.35	32.17	7654.00	1.890

续表

处理	穗长/cm	穗粒数/粒	穗粒重/g	百粒重/g	产量/(kg/hm²)	WUE/(kg/m³)
T2	18.67	579.67	191.83	33.13	7673.33	1.895
T3	16.20	572.70	171.94	31.00	6877.56	1.698
T4	17.67	497.67	160.29	31.19	6411.47	1.583
T5	17.50	504.67	154.02	30.85	6160.67	1.521
T6	16.33	367.67	107.17	29.44	4286.80	1.058
T7	14.50	274.67	85.88	28.82	3435.07	0.848
T8	16.17	469.33	145.44	31.68	5817.60	1.436
T9	15.33	341.67	108.20	29.78	4328.13	1.069

2.4 关中灌区主要农作物非充分灌溉制度

2.4.1 关中节水灌溉分区

关中灌区灌溉用水历史久远，各灌区管理单位和灌区群众都有着极其丰富而宝贵的灌溉用水经验。特别是从 1950 年开始，各主要灌区都先后建立了灌溉试验站，几十年来积累了大量而系统的灌溉用水资料，并经过几次的整理汇编，已形成较为精确的有关作物需水量、灌溉制度和灌水技术等成套文件，而且有的已在灌溉生产实践中推广应用，或进行验证、修正并付诸实施，取得了较好的灌溉用水效果。关中总土地面积约为 523.84 万 hm²，其中 700hm² 以上的大中小灌区有 110 个，控制范围相当宽广。各个灌区的地形地貌特征、气候特点以及土壤条件、作物种植情况和社会经济情况、群众灌溉习惯等差异较大，各个灌区不可能采用同一种类型的灌溉技术。因此，有必要依据气象、土壤、人文、地理以及作物种类等划分灌溉类型分区，并对各灌溉类型分区确定其典型节水灌溉技术模式。

根据《关中地区灌溉制度暂行规定》分区，采用定量计算与传统经验定性分区相结合，并应用逐步判别分析方法，分别以渭河和渭河 600m 高程线以北为界，横向将陕西关中灌区分为北、中、南三个区域。600m 高程线以北，以石川河为界，将北区分为北 1 和北 2 两个区域；渭河以北至 600m 高程线以南，以漆水河和石川河为界，将中区分为中 1、中 2 和中 3 三个区域；渭河以南，以沣河为界，将南区分为南 1 和南 2 两个区域。

2.4.2 冬小麦非充分灌溉技术体系集成与示范

采用水分亏缺灌溉技术，冬小麦生育期一般需灌水 2 ~ 4 次，具体灌水次数和灌水时间视水文年型、不同生育阶段的土壤墒情和苗情而定。具体指标如下。

1）苗期，冬小麦耗水以棵间土壤蒸发为主，作物蒸腾所占比例较小，适度干旱有利于小麦根系深扎。苗期 0～40cm 土层平均土壤含水量只要不低于田间持水量的 60%，就不需要灌溉。一般在足墒播种的情况下，土壤储水可以满足小麦苗期的用水需求；但如果是抢播而且地太干（土壤含水量低于田间持水量的 60%），播后应浇蒙头水，可采用软管退浇的方法，有条件的可采用喷灌，灌水定额控制在 20～30m³/亩①，浇喷后及时搂麦。

2）越冬期保持适宜的土壤含水量对保证小麦安全越冬、防止冻害有利，0～40cm 土层平均土壤含水量宜保持在田间持水量的 60% 以上。小麦在进入越冬前，如果有 40mm 左右的降水量，一般不需要冬灌；但如果降水量小于 30mm 就需要进行冬灌。冬灌最佳时间为日化夜冻时，灌水定额控制在 40～60m³/亩。结合冬灌，对缺肥地块和云彩苗，要施偏肥。

3）返青起身期，只要 0～60cm 土层平均土壤含水量不低于田间持水量的 55%，就不需要灌溉。此阶段若肥水过量，将会促进茎秆增长，旗叶及旗下叶显著增大，易导致小麦群体郁闭，同时，导致无效分蘖退化速度减慢。对缺肥及长势较差的麦田应实行补肥，可采用软管退浇或喷灌补水，灌水定额控制在 20 m³/亩左右。

4）拔节孕穗期是小麦营养生长与生殖生长并进时期，对水肥需求均比较敏感，是生产中小麦田间管理最重要的阶段。此阶段 0～80cm 土层平均土壤含水量应不低于田间持水量的 65%，对几乎所有冬小麦种植区来说，此阶段均需要灌水并追肥。在灌水与施肥时间上，应掌握如下原则：群体偏小，缺肥干旱地块宜早浇，一般是在拔节期初期较好；群体偏大，水肥供应适当的地块，可后移至药隔期进行灌水追肥。拔节期小麦需水量比较大，灌水量可控制在 40～60m³/亩。冬小麦挑旗后进入孕穗期，叶面积达到最大，日耗水量开始进入其生育期中的高峰期，此期如果降水量小于 20mm，应及时灌孕穗水，灌水定额控制在 40～60m³/亩。

5）抽穗扬花期，为日耗水量最大期，日耗水量达到 3～4.5 m³/亩，此期土壤一定要保持湿润，0～80cm 土层平均土壤含水量应保持在田间持水量的 70% 以上。前期若浇过孕穗水，此期可不灌，但若前期没有浇孕穗水，则在扬花期初期就应灌水，灌水定额控制在 40～60m³/亩。

6）籽粒形成期，0～80cm 土层平均土壤含水量应保持在田间持水量的 60% 以上，到了灌浆期中期以后，小麦对水分的需求不太敏感，土壤含水量只要不低于田间持水量的 55%，一般就不需要灌溉。对于一年两熟、小麦玉米连作的地块，玉米播种前若土壤含水量达不到田间持水量的 75%，地块就应浇水，以确保玉米出苗。

根据试验结果，在详细分析产量与耗水量关系以及不同时期灌水对于作物产量影响的基础上，提出了关中冬小麦不同水文年非充分灌溉模式，见表 2-7。

---

① 1 亩≈666.67m²。

表 2-7 关中冬小麦不同水文年非充分灌溉模式

| 分区 | 水文年 | 各生育阶段灌水定额/（m³/亩） | | | | | | 灌水次数/次 | 灌溉定额/（m³/亩） |
		分蘖（冬灌）	返青	拔节	穗花	灌浆	乳熟		
北1	湿润年	40		40				2	80
	一般年	40		30		40		3	110
	干旱年	40		30	30	30		4	130
中1、中2	湿润年	50						1	50
	一般年	50		40				2	90
	干旱年	50		40		40		3	130
北2、中3	湿润年	50						1	50
	一般年	50		40				2	90
	干旱年	50		40				2	90
南1、南2	湿润年	50						1	50
	一般年	50						1	50
	干旱年	50		40				2	90

2.4.3 夏玉米非充分灌溉技术体系集成与示范

1）苗期，夏玉米对水分胁迫的抵抗能力较强，适宜的水分胁迫可起到蹲苗和抗旱锻炼的作用。因此，夏玉米苗期的水分管理以控为主，底墒水基本可满足苗期的用水需求，只要 0～40cm 土层平均土壤含水量不低于田间持水量的 55％，就不需灌溉。

2）拔节后夏玉米进入快速生长的阶段，对水肥供应均比较敏感，保持适宜的土壤含水量有利于促进苗期控水补偿效应的产生。因此，0～80cm 土层平均土壤含水量宜保持在田间持水量的 65％以上。此阶段已进入雨季，灌溉仅仅是弥补短期天然降水的不足，因此应采用限量供水的小定额灌水方式进行灌溉，如小畦灌、管喷等，若中耕起垄，可采用沟灌或隔沟灌溉，灌水定额控制在 30m³/亩左右。

3）抽雄吐丝期，为夏玉米日耗水量最大时期，日耗水量达到 4m³/亩左右，此期水分胁迫将导致严重减产。因此，抽雄吐丝期的土壤一定要保持湿润，0～80cm 土层平均土壤含水量一旦低于田间持水量的 70％，就应及时灌水，灌水定额控制在 40～45m³/亩。

4）灌浆期前期保持适宜的土壤含水量可避免叶片衰老，增加叶片光合作用，0～80cm 土层平均土壤含水量应不低于田间持水量的 65％；进入乳熟期后，适度干旱有利于叶片光合同化物向籽粒运转，并防止贪青晚熟，0～80cm 土层的土壤含水量只要不低于田间持水量的 55％就不需要灌溉。对绝大多数夏玉米种植区而言，灌浆成熟期正逢雨季，一般不需要灌溉，如遇干旱，可在灌浆期中期补水一次，灌水定额控制在 20～30m³/亩。

根据试验，提出了关中夏玉米不同水文年非充分灌溉模式，见表 2-8。

表 2-8　关中夏玉米不同水文年非充分灌溉模式

分区	水文年	各生育阶段灌水定额/（m³/亩）					灌水次数/次	灌溉定额/（m³/亩）
		播种	拔节	孕穗	穗花	乳熟		
北1、北2、中1	湿润年				40		1	40
	一般年		40	40			2	80
	干旱年	40	40	40			3	120
南1、中2	湿润年				40		1	40
	一般年				40		1	40
	干旱年		40	40			2	80
中3、南2	湿润年				40		1	40
	一般年				40		1	40
	干旱年				40		1	40

2.5　小　　结

1）不同生育期不同水分亏缺程度均引起冬小麦株高、叶绿素相对含量的降低，水分亏缺越严重，其降低也越多，复水后越难恢复。除拔节期外，株高受调亏水平的影响不大，拔节期为冬小麦茎节增长的关键时期，平均增速约为 1.5cm/d。拔节期、抽穗期以及灌浆成熟期前期，冬小麦叶片叶绿素相对含量受调亏水平影响不大且表现出一定的补偿效应。灌浆成熟期后期，冬小麦叶片叶绿素相对含量的高低与总灌水量成正比，总灌水量多的处理叶绿素相对含量较高，反之则较低。苗期、拔节期和抽穗期任何一个生育期完全不灌水将使冬小麦在灌浆成熟期后期叶片迅速枯黄，小麦早熟。

2）总耗水量与总灌水量成正比，灌水量大则总耗水量就大，反之亦然。灌浆成熟期是冬小麦产量形成的关键时期，此时气温较高，蒸发蒸腾强度最大，所以此阶段的日蒸发强度较其他阶段为高，约为 2.4mm/d。虽然灌浆成熟期历时不及苗期一半，但是此阶段耗水量与苗期基本相同，其大小亦与阶段灌水量成正比。

3）拔节期为冬小麦需水的一个关键时期，这一时期的水分亏缺会导致冬小麦蒸腾速率和光合速率降低，抑制冬小麦的生长。苗期高定额灌水、拔节期和抽穗期低定额灌水，该处理组合一定程度上抑制了蒸腾无效耗水，提高了水分利用效率。另外，拔节期和抽穗期低定额灌水或者不灌水可严重降低冬小麦的气孔导度。

4）穗数、千粒重和产量大体上与全生育期内总灌水量成正比，拔节期和抽穗期的土壤含水量关系对冬小麦千粒重和产量的影响最为显著。无论是苗期、拔节期和抽穗期任一生育期不灌水都将对穗数、千粒重和产量造成严重影响，其中抽穗期是冬小麦产量形成的最关键时期。苗期低定额（45mm）灌水、拔节期高定额（75mm）灌水，抽穗期和灌浆成熟期中定额（60mm）灌水的处理可达到节水高产的目的。

5）夏玉米从出苗到抽穗期后期株高逐日增加，抽穗期后期一直到夏玉米成熟，株高基本无变化。其中，拔节—抽穗期夏玉米株高增速最快，株高平均每天增加 4.5cm 左右，抽穗期以后增速放缓。在三叶—拔节期对夏玉米进行轻度水分亏缺处理，后期复水，夏玉米株高能表现出明显的补偿效应，拔节—抽穗期为夏玉米对水分亏缺最为敏感的时期。夏玉米株高在抽穗期以前已经形成，抽穗期后再对其进行水分亏缺处理已不能对其构成影响。

6）在灌浆期之前，夏玉米茎粗是随时间增大的；灌浆期以后，茎粗基本不再变化或略微减小。拔节期夏玉米茎粗增速大于三叶期和抽穗期，是夏玉米茎粗增速最快的时期，灌水后一周增速达 4~5mm。三叶—拔节期对夏玉米进行轻度水分亏缺处理，在拔节—抽穗期复水后，夏玉米茎粗能表现出一定的补偿效应。夏玉米茎粗在抽穗—灌浆期前已经形成，这一时期及以后的其他生育期的水分亏缺将对夏玉米的茎粗不再构成影响。

7）夏玉米冠部鲜重呈现一个先增高后降低再趋于稳定的过程；干重在整个生育期内是一个逐渐增加的过程。在三叶—拔节期对夏玉米进行轻度水分亏缺处理，拔节—抽穗期复水，夏玉米冠部干重能表现出一定的补偿效应。拔节—抽穗期和抽穗—灌浆期是冠部干重对水分较为敏感的两个时期，其中拔节—抽穗期对水分亏缺的反应更为敏感。

8）三叶—拔节期对夏玉米进行中定额灌水处理，在拔节—抽穗期对其复水，后期高定额灌水，夏玉米无论在穗长、穗粒重、百粒重、产量还是 WUE 上都能表现出明显的优势，达到了节水高产的目的；抽穗—灌浆期对夏玉米进行水分亏缺处理，虽然在其他生育期高定额灌水，也会严重降低夏玉米的产量和 WUE 等，这说明抽穗—灌浆期是夏玉米产量形成的最关键时期，这一时期的水分亏缺会严重影响夏玉米的产量，使夏玉米减产 50%左右。夏玉米不同生育期产量对水分亏缺的敏感程度如下：抽穗—灌浆期>灌浆—成熟期>拔节—抽穗期>三叶—拔节期。三叶—拔节期中定额灌水，其余生育期高定额灌水是节水高产的灌水方式。

9）依据试验结果，提出了关中灌区冬小麦和夏玉米不同水文年非充分灌溉模式。

第3章 作物蒸发蒸腾量测量方法研究

作物的蒸发蒸腾量是发生在土壤–植被–大气系统这一相当复杂的体系内的连续过程，是制定流域规划、地区水利规划以及灌排工程规划、设计、管理和农田灌排实施的基本依据，在农业生产中有重要的意义。

本章利用波文比自动气象站系统、大型称重式蒸渗仪测定了蒸发蒸腾量，比较了波文比计算的作物蒸发蒸腾与蒸渗仪测定的作物蒸发蒸腾，分析研究了冬小麦和夏玉米分别在晴天、阴天、降小雨和降大雨四种典型天气情况下蒸发蒸腾量的日变化规律、逐日变化规律以及蒸发蒸腾量的影响因素，系统研究了作物蒸发蒸腾量的计算方法，分析了杨凌地区冬小麦和夏玉米作物系数及缺水条件下作物蒸发蒸腾量。

3.1 试 验 方 案

试验于西北农林科技大学中国旱区节水农业研究院、旱区农业水土工程教育部重点实验室的灌溉试验站进行。供试作物为冬小麦（品种为小堰 22）和夏玉米（品种为单 9）。冬小麦和夏玉米的种植密度分别为 100 株/m² 和 9 株/m²。

波文比自动气象站系统于 2003 年 3 月下旬安装在大型称重式蒸渗仪的旁边，其中测温度差的下层传感器高于作物冠层 0.5m，不影响作物的生长发育。数据记录、处理和采集由 CR23X 数据采集器执行，最终记录的数据为每 20 分钟的平均值，各传感器和数据采集器的用电是由 MSX64R 太阳能板和蓄电池提供。

本研究数据的观测时间为 2003 年 3 月 ~ 2005 年 10 月，其主要观测项目如下：HFP01SC 自动调节土壤热通量板监测土壤中 8cm 深度处的土壤热通量；TCAC 土壤温度计监测土壤 2cm 和 6cm 深度处的土壤温度；CS6158221-07 型土壤含水量反射计监测土壤含水量；LI200X 辐射强度表监测太阳到达地面的总辐射；HMP45C 温度和相对湿度传感器监测大气相对湿度和温度；03001 风速风向传感器监测风速风向；ASPTC 热电偶温度传感器监测空气上下层温度；REBS Q*7.1 净辐射计监测太阳净辐射。

蒸渗仪的观测时间为 1999 年 3 月 ~ 2011 年 10 月，其主要观测项目如下：采用建于田间的大型称重式蒸渗仪测定冬小麦和夏玉米生长期间的逐日蒸发蒸腾量。蒸渗仪的面积为 2.5m×2.5m，深为 3m，重量约为 23.8t，可保证作物根系自由生长。容器内植株的数量和植物冠丛的结构、生理生态特征与器外大田作物基本一致。蒸渗仪采用优良的称重系统，测量精度达 0.02mm。在每个生长季节开始前，采用称重法对蒸渗仪进行率定，以保证数据可靠。试验期间用数据采集系统自动采集记录数据，本试验数据每 15 分钟采集一次，可得到短时段内的蒸发蒸腾量。

3.2 波文比能量平衡法测量农田蒸发蒸腾量研究

3.2.1 波文比能量平衡法的理论基础

波文比能量平衡（Bowen ratio energy balance，BREB）法简称波文比法，是 Bowen 于 1926 年依据表面能量平衡方程提出的，在一给定表面，分配给显热的能量与分配给潜热蒸发的能量的比值相对是常数。对于给定的蒸发蒸腾面，其能量平衡方程为

$$R_{\mathrm{n}} = \mathrm{LET} + H + G \tag{3-1}$$

式中，R_{n} 为蒸发蒸腾面的净辐射能；LET、H 分别为蒸发蒸腾面与大气间的潜热和显热流交换；G 为土壤热通量。土壤热通量与土壤中的温度梯度和热传导率成比例。

$$G = -\lambda \left(\Delta T / \Delta Z \right) \tag{3-2}$$

式中，Z 为深度；T 为土壤温度；λ 为土壤热传导率。

扩散是边界层内水汽传输的主要方式。据菲克第一扩散定律，在边界层内，某物质的扩散通量与其浓度梯度成正比。假定大面积水平均一的地表上近地层大气只因垂直的水汽、热量输送过程而形成相应的垂直温度和湿度梯度，无水平输送过程的影响，则由蒸发蒸腾面上两个高度间的动量、质量（水汽）和热量扩散方程可表示为

$$\tau = \rho \left(U_2 - U_1 \right) / r_{\mathrm{am}} \tag{3-3}$$

$$H = \rho C_{\mathrm{p}} \left(t_1 - t_2 \right) / r_{\mathrm{ah}} \tag{3-4}$$

$$\mathrm{LET} = \frac{1}{\gamma} \rho C_{\mathrm{p}} \left(e_1 - e_2 \right) / r_{\mathrm{aw}} \tag{3-5}$$

式中，τ 为动量通量；ρ、C_{p} 分别为干空气的密度和比热；γ 为干湿球常数；U_1、U_2、t_1、t_2、e_1、e_2 分别为蒸发蒸腾面上高度 Z_1 和 Z_2 处的平均风速、气温和水汽压；r_{am}、r_{ah}、r_{aw} 分别为 Z_1 到 Z_2 高度处的动量、热量和水汽扩散的阻力。

用式（3-5）可以直接计算高度间的水汽通量，但 r_{aw} 难以确定和测准，为了消去 r_{aw}，结合上述方程，得到

$$\mathrm{LET} = \frac{R_{\mathrm{n}} - G}{1 + \beta} \tag{3-6}$$

$$H = \frac{\left(R_{\mathrm{n}} - G \right) \beta}{1 + \beta} \tag{3-7}$$

式中，β 是 Bowen 于 1926 年首先提出来的，称为波文比，用式（3-8）可表示为

$$\beta = \frac{H}{\mathrm{LET}} = \gamma \frac{t_1 - t_2}{e_1 - e_2} = \gamma \frac{\Delta t}{\Delta e} \tag{3-8}$$

由实测 R_{n}、G、Δt 和 Δe 利用式（3-6）～式（3-8）可得蒸发蒸腾面与大气间的潜热通量及显热通量。

3.2.2 波文比能量平衡法中各项分析

3.2.2.1 净辐射和总辐射

选取有代表性的两天（5月17日和5月18日）说明净辐射（R_n）和总辐射（R_s）的变化情况。5月17日是阴雨天气，降水量为11.6mm，5月18日为晴天（日照时数为7.5h），净辐射和总辐射的日变化如图3-1和图3-2所示。净辐射和总辐射的变化趋势相同，在白天总辐射和净辐射都随着太阳高度的增加而增大，夜晚总辐射的值趋近零，净辐射因为地面长波辐射的关系为负值。

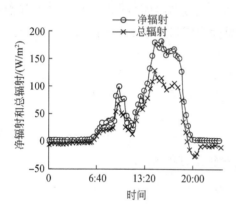

图3-1 5月17日净辐射和总辐射

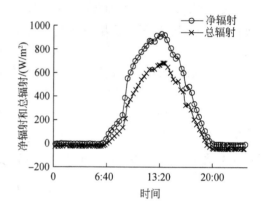

图3-2 5月18日净辐射和总辐射

根据实测的8610组LI200X辐射强度表和REBS Q*71净辐射计实测的总辐射和净辐射值进行分析，净辐射值和总辐射值呈正线性相关关系，拟合模型负相关系数 r 为 0.991，R^2 为 0.983，经校正的 R^2 为 0.983，得到拟合公式为

$$R_n = 0.715 \times R_s - 24.565 \qquad (3\text{-}9)$$

3.2.2.2 潜热通量和显热通量

蒸发蒸腾面水分蒸发时吸收太阳辐射能，当空气中的水汽在蒸发蒸腾面凝结时释放的凝结潜热为蒸发蒸腾面吸收，单位时间内单位面积上通过的潜热为潜热通量，记为 LET。显热通量，即乱流热通量，乱流运动使得地面与邻近空气之间、空气与空气之间产生热量、水汽等物理量的交换，当地面温度高于邻近空气温度时，乱流热交换使热量从地面进入空气，当地面温度低于邻近空气温度时，乱流热交换使热量从空气传给地面。单位时间内单位面积上因乱流交换而输送的热量称为乱流热通量（显热通量），记为 H。

图3-3是4月1日降水天气显热通量（H）、潜热通量（LET）和净辐射（R_n）的日变化过程，因为降水使蒸散面空气中的乱流运动旺盛，显热通量变化幅度较大。图3-4是4月14日晴天的日变化过程，日出前显热通量、潜热通量和净辐射的变化较为平稳，随着净辐射的不断攀升，显热通量、潜热通量均随之变化，在净辐射开始增加的 7:00 ~ 11:40，能

量大部分用于水分蒸发，潜热通量增加幅度较显热通量增加幅度大。总体来看，显热通量和潜热通量的波动较净辐射和土壤热通量大。

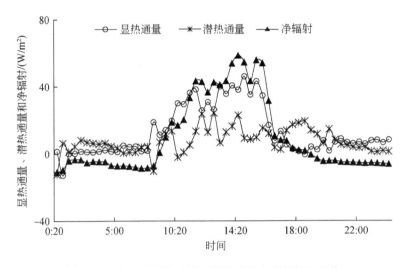

图 3-3 4 月 1 日显热通量、潜热通量和净辐射的变化

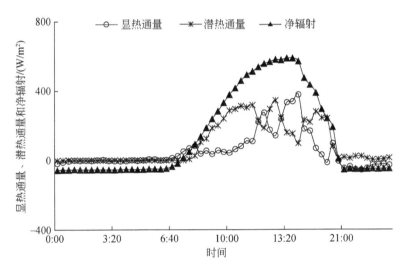

图 3-4 4 月 14 日显热通量、潜热通量和净辐射的变化

3.2.2.3 土壤热通量

地面受辐射的强弱必导致其热量的盈亏发生变化，始终处于一个动态的交换和平衡的调整中。土壤表面的能量平衡就是地面辐射平衡与其转化为土壤能量的消耗或补偿间的平衡。

（1）不同条件下土壤热通量的变化过程

图3-5～图3-10是地表土壤热通量、8cm深处土壤热通量和净辐射分别在4月1日、4月2日、4月14日、4月15日、6月9日和6月11日的日变化过程。其中4月1日和4月2日的降水量分别为20mm和1mm，4月14日和4月15日天气晴朗；6月9日小麦收割完毕，地面无作物，降水量为1.1mm，6月11日天气晴朗。从图3-5～图3-10可看出，土壤热通量与净辐射变化趋势基本相同，随着净辐射的逐渐增大，土壤热通量也逐渐变大，地表土壤热通量比8cm深处土壤热通量的变化幅度大。

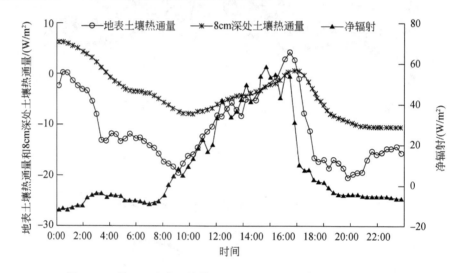

图3-5　4月1日地表土壤热通量、8cm深处土壤热通量和净辐射

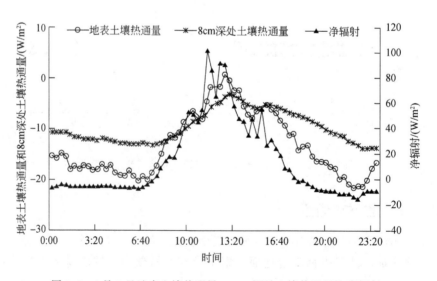

图3-6　4月2日地表土壤热通量、8cm深处土壤热通量和净辐射

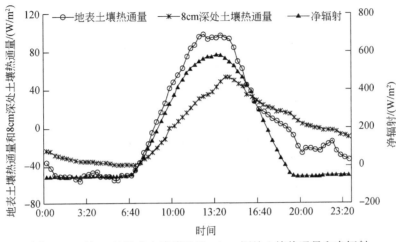

图 3-7　4 月 14 日地表土壤热通量、8cm 深处土壤热通量和净辐射

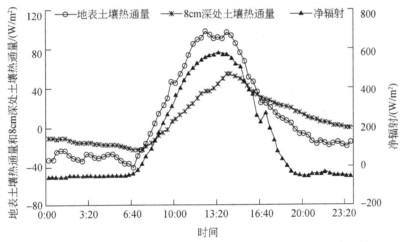

图 3-8　4 月 15 日地表土壤热通量、8cm 深处土壤热通量和净辐射

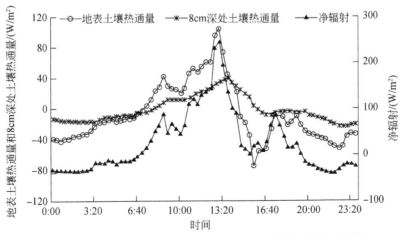

图 3-9　6 月 9 日地表土壤热通量、8cm 深处土壤热通量和净辐射

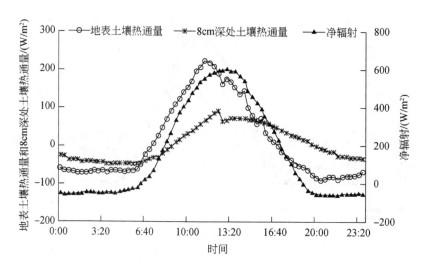

图 3-10 6 月 11 日地表土壤热通量、8cm 深处土壤热通量和净辐射

在每天的 8:00 ~ 16:00 净辐射值较大的区间地表土壤热通量的变化与净辐射变化非常一致，8cm 深处土壤热通量的最大值比地表土壤热通量的变化与净辐射的最大值滞后约 1h。有作物覆盖的条件下降水天气和晴天与无作物覆盖的条件下比较表明，一天内无作物覆盖的条件下地表土壤热通量变化趋势与净辐射变化趋势相同，而有作物覆盖的条件下仅在白天净辐射逐渐变大的区间相同，在日出前和日落后净辐射较小时地表土壤热通量变化趋势与净辐射变化趋势不同，作物覆盖对土壤热通量有一定的影响。图 3-5 和图 3-6 为不同的降水条件下的变化过程，在降水量较大的时候，土壤热通量变化趋势与净辐射变化趋势的差异也较大，这是因为降水量影响着土壤含水量的变化，进而影响土壤热通量。

从图 3-5 ~ 图 3-10 可看出，晴天（4 月 14 日、4 月 15 日和 6 月 11 日）净辐射较大的情况下，在 6:40 ~ 16:40 的时段内地表土壤热通量大于 8cm 深处土壤热通量，表明净辐射的部分能量转化为土壤热通量，土壤中存在着向下的热量运动，在 6:40 以前和 16:40 之后的这段时间里，地表土壤热通量小于 8cm 深处土壤热通量，土壤中存在着向上的热量运动；阴雨天（4 月 1 日、4 月 2 日和 6 月 9 日）净辐射较小的情况下，土壤中热量运动向上或向下的时段没有确定的界限，需要根据净辐射的大小来确定，净辐射越小，土壤中热量运动向下的时间越短。

（2）土壤热通量与净辐射、叶面积指数的关系

在无作物覆盖的条件下土壤热通量与净辐射之间的关系采用有代表性的 6 月 11 日的数据分析，两者相关系数 r 为 0.965，R^2 为 0.931，经调整的 R^2 为 0.930，这表明，土壤热通量（G）与净辐射（R_n）之间存在极为显著的线性相关关系。回归方程为

$$G = 0.395 \times R_n - 54.201 \tag{3-10}$$

在小麦生长的初期，小麦的叶面积指数比较小，随小麦的生长，叶面积指数随之增大；在小麦生长的后期，由于叶片衰老，叶面积指数减小（图 3-11）。对测量叶面积时每天的 72 组土壤热通量与净辐射数据进行整理分析，土壤热通量与净辐射之间存在近似线

性关系，见表3-1。

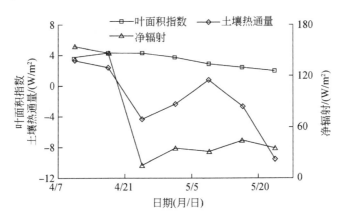

图 3-11　冬小麦生育时期叶面积指数、土壤热通量与净辐射

表 3-1　不同时间叶面积指数、净辐射对土壤热通量的影响

日期	叶面积指数	复相关系数	土壤热通量（G）与净辐射（R_n）回归方程
3 月 31 日	2.695	0.878	$G = 0.322R_n - 1.106$
4 月 7 日	3.636	0.937	$G = 0.256R_n - 34.959$
4 月 14 日	4.434	0.938	$G = 0.206R_n - 27.855$
4 月 21 日	4.362	0.900	$G = 0.165R_n - 6.858$
4 月 28 日	3.691	0.835	$G = 0.183R_n - 8.705$
5 月 5 日	2.812	0.933	$G = 0.128R_n - 3.129$
5 月 13 日	2.488	0.861	$G = 0.169R_n - 9.848$
5 月 20 日	1.988	0.780	$G = 0.207R_n - 15.899$

在冬小麦生育期，土壤热通量与净辐射的比值（G/R_n）变化过程如图 3-12 所示。在 3 月底土壤热通量占净辐射的分配比例较大，最大值达 28.6%；随着叶面积的逐渐增大至充分覆盖，土壤热通量占净辐射的分配比例减小并维持在一个较低的水平，低于 10%；在

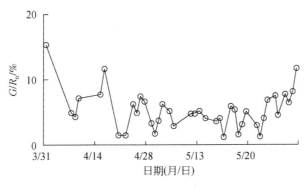

图 3-12　冬小麦生育时期土壤热通量与净辐射比值（G/R_n）的变化过程

冬小麦生育后期，叶片开始变色、衰老的一段时间叶面积指数有所减少，土壤热通量占净辐射的分配比例有小幅度的增加，部分值大于10%。由此可以看出，叶面积指数的变化影响净辐射转化为土壤热通量，总体趋势是，随着叶面积指数的增大，净辐射分配给土壤热通量的比例减小。

3.2.2.4 波文比能量平衡法测量的蒸发蒸腾量变化

（1）波文比估算夏玉米蒸发蒸腾量的日变化

选取2004年有代表性的8天［7月6日（晴天，日照时数为11.4h）、7月20日（降水量为0.3mm）、7月29日（阴天，日照时数为3.8h）、8月14日（降水量为0.5mm）、8月22日（阴天，日照时数为1h）、8月27日（降水量为18.27mm）、9月9日（晴天，日照时数为11.1h）、9月19日（降水量为20.1mm）］和2005年有代表性的8天［7月7日（阴天，日照时数为0h）、7月12日（晴天，日照时数为11.4h）、8月1日（降水量为34.3mm）、8月6日（降水量为3.3mm）、7月17日（降水量为46.9mm）、8月28日（降水量为0.7mm）、9月8日（晴天，日照时数为8.3h）、9月18日（阴天，日照时数为0h）］进行分析。

图3-13～图3-16分别为2004年和2005年波文比估算蒸发蒸腾量在晴天、阴天、小雨和大雨时的日变化曲线。

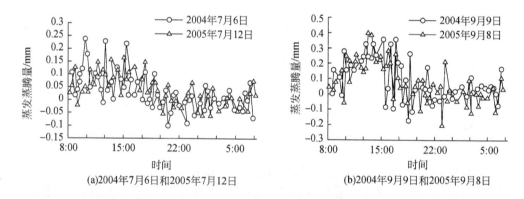

图3-13 晴天时波文比计算夏玉米蒸发蒸腾量的日变化曲线

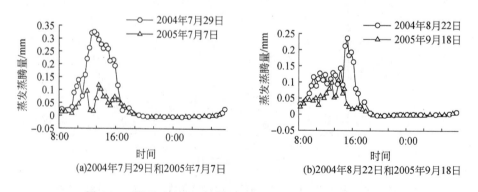

图3-14 阴天时波文比计算夏玉米蒸发蒸腾量的日变化曲线

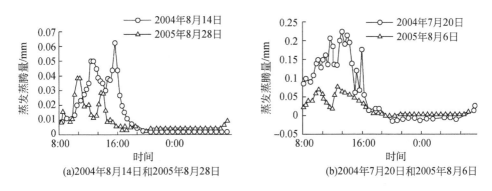

(a)2004年8月14日和2005年8月28日 (b)2004年7月20日和2005年8月6日

图 3-15 小雨时波文比计算夏玉米蒸发蒸腾量的日变化曲线

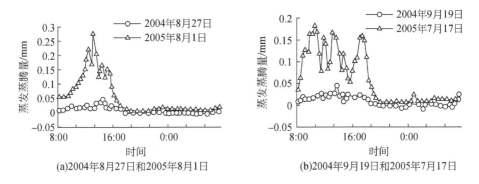

(a)2004年8月27日和2005年8月1日 (b)2004年9月19日和2005年7月17日

图 3-16 大雨时波文比计算夏玉米蒸发蒸腾量的日变化曲线

从图 3-13 可以看到，晴天时，蒸发蒸腾量的日变化呈单峰形。蒸发蒸腾量从 6:00 以后开始迅速增加，13:00 左右达到峰值，之后慢慢减小，不过减小的速率要比增加的速率快，20:00 左右减小到最小，之后变化比较平稳。图 3-13（a）显示，2004 年 7 月 6 日 10:00 蒸发蒸腾量突然变小，这是由于云层的影响，太阳净辐射突然变化。从图 3-13（a）可以看出，2004 年 7 月 6 日和 2005 年 7 月 12 日的蒸发蒸腾量的日变化曲线非常相似，峰值出现的时刻以及峰值的大小都基本相同，而从图 3-13（b）可以看出，2004 年 9 月 9 日的蒸发蒸腾量的日变化曲线和 2005 年 9 月 8 日的日变化曲线却有差异，这主要是因为太阳净辐射的影响。晴天时云层状况有差异，太阳净辐射也会有差异，所以蒸发蒸腾量的日变化速率产生差异。

从图 3-14 可以看到，阴天时，蒸发蒸腾量的日变化呈单峰形，从 6:00 开始慢慢增大，14:00 以后开始慢慢减小。与晴天时相比，白天蒸发蒸腾变化速率比晴天稳定，且峰值出现的时间有所差别，夜间蒸发蒸腾量的差异不大。从图 3-14（a）可以看到，不同生育时期，蒸发蒸腾量的变化曲线有差异，抽穗期的蒸发蒸腾量要明显大于拔节期的蒸发蒸腾量。从图 3-14（b）可以看出，阴天时，在夏玉米生长后期，10:00～14:00 夏玉米的蒸发蒸腾量变化比较稳定，增大的趋势不明显。夏玉米生长中期和后期，叶面积指数较大，10:00～14:00 作物的蒸发蒸腾量比较强烈，但由于天阴时太阳净辐射较小，此时作物的蒸发蒸腾量维持在一个恒定值附近，变化比较稳定。

从图3-15和图3-16可以看到，降水量比较小和降水量比较大的情况下，蒸发蒸腾日变化规律和阴天时很相似，都呈单峰形，变化速率不稳定。这说明降水对波文比仪的测量影响不大，并且降小雨和降大雨时，生育时期不同，蒸发蒸腾量的日变化不同。

从以上分析得出，夏玉米生长季波文比计算的蒸发蒸腾量晴天时的变化速率较大，基本呈直线状态上升和下降；阴天时的蒸发蒸腾量不及晴天时大，并且阴天时增长或下降的速率不及晴天时大；降水时的蒸发蒸腾量变化速率比阴天时要小。

（2）波文比估算夏玉米蒸发蒸腾量的逐日变化

夏玉米逐日蒸发蒸腾量因为生育阶段的不同而不同，现对2004年和2005年夏玉米分阶段进行分析（有些数据缺测）。

从图3-17、表3-2和表3-3可以看出，波文比计算的蒸发蒸腾量在播种—出苗期较大，蒸发蒸腾量为5.07mm/d（2004年）和4.59mm/d（2005年）；拔节—抽穗期蒸发蒸腾量慢慢开始减小，蒸发蒸腾量分别为3.44mm/d（2004年）和4.65mm/d（2005年）；

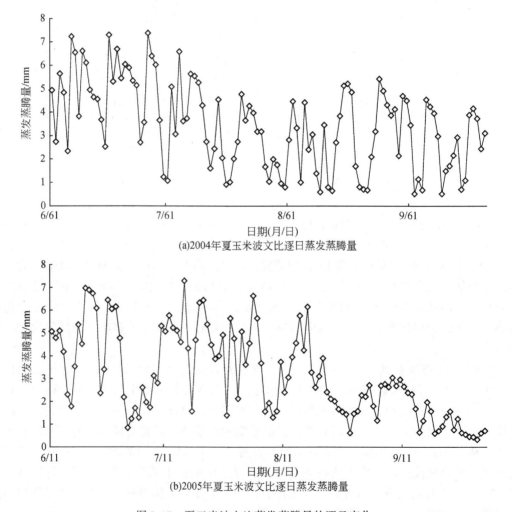

(a)2004年夏玉米波文比逐日蒸发蒸腾量

(b)2005年夏玉米波文比逐日蒸发蒸腾量

图3-17　夏玉米波文比蒸发蒸腾量的逐日变化

表 3-2　2004 年夏玉米生育阶段的划分

日期	生育阶段	天数/d	蒸渗仪 $ET_1/(mm/d)$	波文比 $ET_b/(mm/d)$
6 月 11～21 日	播种—出苗期	11	2.69	5.07
6 月 22 日～7 月 10 日	出苗—拔节期	20	3.11	4.68
7 月 11～30 日	拔节—抽穗期	20	3.67	3.44
7 月 31 日～8 月 28 日	抽穗—灌浆期	29	4.25	2.70
8 月 29 日～9 月 30 日	灌浆—收获期	31	3.75	2.93
6 月 11 日～9 月 30 日	全生育期	113	3.58	3.43

表 3-3　2005 年夏玉米生育阶段的划分

日期	生育阶段	天数/d	蒸渗仪 $ET_1/(mm/d)$	波文比 $ET_b/(mm/d)$
6 月 16～26 日	播种—出苗期	11	1.37	4.59
6 月 27 日～7 月 15 日	出苗—拔节期	20	1.83	3.34
7 月 16 日～8 月 4 日	拔节—抽穗期	20	4.16	4.65
8 月 5 日～9 月 2 日	抽穗—灌浆期	29	3.92	3.24
9 月 3 日～10 月 5 日	灌浆—收获期	31	3.18	1.74
6 月 16 日～10 月 5 日	全生育期	113	3.07	3.17

抽穗—灌浆期蒸发蒸腾量分别为 2.70mm/d（2004 年）和 2.90mm/d（2005 年）；灌浆—收获期由于夏玉米叶子慢慢开始变黄，叶面积指数减小，蒸发蒸腾量开始下降。灌浆—收获期 2005 年的逐日蒸发蒸腾量小于 2004 年，这是由于 2005 年在这个时期的降水量较大且比较频繁，气温较低。2004 年和 2005 年夏玉米的平均蒸发蒸腾量为 369mm。

（3）波文比估算冬小麦蒸发蒸腾量的日变化

选取有代表性的 8 天［2004 年 11 月 17 日（晴天，日照时数为 8.3h）、2004 年 12 月 24 日（阴天，日照时数为 0h）、2004 年 12 月 18 日（降水量为 2mm）、2005 年 4 月 20 日（阴天，日照时数为 0h）、2005 年 4 月 28 日（晴天，日照时数为 9.8h）、2005 年 5 月 4 日（降水量为 2.3mm）、2005 年 5 月 15 日（降水量为 39.9mm）、2005 年 5 月 16 日（降水量为 16.3mm）］进行分析。

从图 3-18～图 3-21 可以看到，蒸发蒸腾量的日变化在各种典型天气情况下都是典型的单峰形，从 6:00 蒸发蒸腾量就开始迅速增大，13:00 左右达到最大，之后开始减小，19:00 左右趋近于零。不同天气情况下，蒸发蒸腾变化速率不同，这说明降水量对波文比的测量精度影响不大。

用波文比法测量冬小麦蒸发蒸腾量时，不同生育期蒸发蒸腾量的差别很大。同一生育期，晴天和阴天蒸发蒸腾量的日变化曲线非常相似，只是峰值有些差异；降小雨和降大雨时蒸发蒸腾量的日变化曲线比较相似，变化速率不及晴天和阴天稳定，峰值小于晴天和阴天。

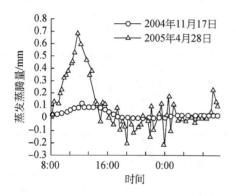

图 3-18　晴天时波文比计算冬小麦蒸发蒸腾量的日变化曲线

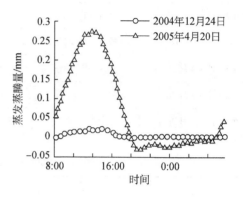

图 3-19　阴天时波文比计算冬小麦蒸发蒸腾量的日变化曲线

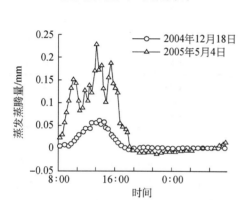

图 3-20　小雨时波文比计算冬小麦蒸发蒸腾量的日变化曲线

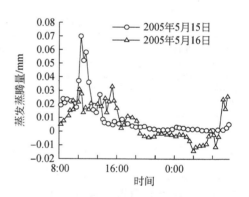

图 3-21　大雨时波文比计算冬小麦蒸发蒸腾量的日变化曲线

（4）波文比计算冬小麦蒸发蒸腾量的逐日变化

由图 3-22 和表 3-4 可以看出，在冬小麦的播种—分蘖期，波文比计算的蒸发蒸腾量值较小，蒸发蒸腾量为 1.07mm/d；在分蘖—返青期蒸发蒸腾量比较稳定，蒸发蒸腾量为 0.81mm/d；当冬小麦进入生长盛期，蒸发蒸腾量增加，叶面积最大时，冬小麦蒸发蒸腾量出现高峰，蒸发蒸腾量为 4.20mm/d，最大蒸发蒸腾量 6.13mm/d，此时为冬小麦的抽穗—灌浆期。灌浆—收获期由于叶片开始变黄，蒸发蒸腾量开始减小，蒸发蒸腾量为 3.94mm/d。波文比所测冬小麦整个生育期的蒸发蒸腾量为 365mm。

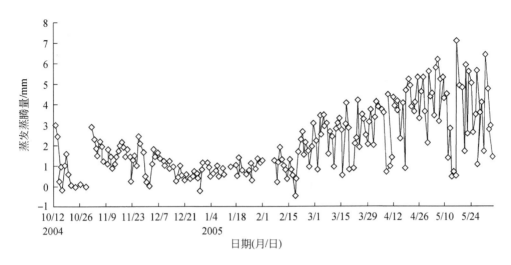

图 3-22 2004～2005 年冬小麦波文比蒸发蒸腾量的逐日变化

表 3-4 2004～2005 年冬小麦生育阶段的划分

日期	生育阶段	天数/d	蒸渗仪 ET_1/（mm/d）	波文比 ET_b/（mm/d）
2004 年 10 月 12 日～11 月 8 日	播种—分蘖期	28	1.12	1.07
2004 年 11 月 8 日～2005 年 3 月 1 日	分蘖—返青期	113	0.69	0.81
2005 年 3 月 1～27 日	返青—拔节期	26	2.53	2.53
2005 年 3 月 27 日～4 月 17 日	拔节—抽穗期	21	4.57	3.16
2005 年 4 月 17 日～5 月 5 日	抽穗—灌浆期	18	4.21	4.20
2005 年 5 月 5 日～6 月 5 日	灌浆—收获期	31	3.65	3.94
2004 年 10 月 12 日～2005 年 6 月 5 日	全生育期	237	1.94	1.54

3.3 蒸渗仪法测量作物蒸发蒸腾量研究

3.3.1 蒸渗仪测量原理

蒸渗仪是根据水量平衡原理设计的一种用来测量农田水文循环各主要成分的专门仪器。蒸渗仪水量平衡法的计算公式为

$$ET_L = E_1 - E_2 + P + W - E_g \tag{3-11}$$

式中，E_1、E_2 分别为蒸渗仪测定时段始、末折算水深（mm）；P 和 W 分别为测定时段内的大气降水量（mm）和灌溉量（mm）；E_g 为该时段内土体排水和深层渗漏量（mm）。

3.3.2 蒸渗仪实测夏玉米蒸发蒸腾量的日变化

蒸渗仪实测蒸发蒸腾量的日变化与天气情况有很大关系。选取 2004 年有代表性的 8 天 [7 月 6 日（晴天，日照时数为 11.4h）、7 月 20 日（降水量为 0.3mm）、7 月 29 日（阴天，日照时数为 3.8h）、8 月 14 日（降水量为 0.5mm）、8 月 22 日（阴天，日照时数为 1h）、8 月 27 日（降水量为 18.27mm）、9 月 9 日（晴天，日照时数为 11.1h）、9 月 19 日（降水量为 20.1mm）] 和 2005 年有代表性的 8 天 [7 月 7 日（阴天，日照时数为 0h）、7 月 12 日（晴天，日照时数为 11.4h）、8 月 1 日（降水量为 34.3mm）、8 月 6 日（降水量为 3.3mm）、7 月 17 日（降水量为 46.9mm）、8 月 28 日（降水量为 0.7mm）、9 月 8 日（晴天，日照时数为 8.3h）、9 月 18 日（阴天，日照时数为 0h）] 进行分析。

图 3-23～图 3-26 分别为 2004 年和 2005 年蒸渗仪实测夏玉米蒸发蒸腾量在晴天、阴天、小雨和大雨时的日变化曲线。

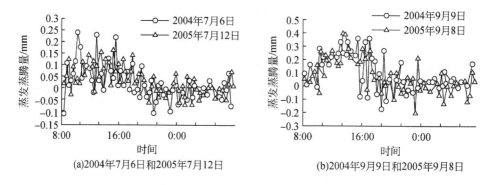

(a)2004年7月6日和2005年7月12日　　(b)2004年9月9日和2005年9月8日

图 3-23　晴天时蒸渗仪实测夏玉米蒸发蒸腾量日变化曲线

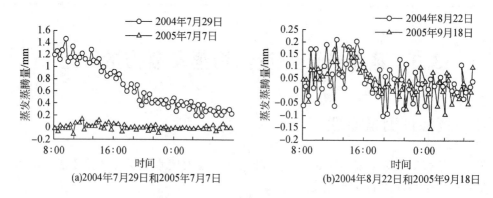

(a)2004年7月29日和2005年7月7日　　(b)2004年8月22日和2005年9月18日

图 3-24　阴天时蒸渗仪实测夏玉米蒸发蒸腾量日变化曲线

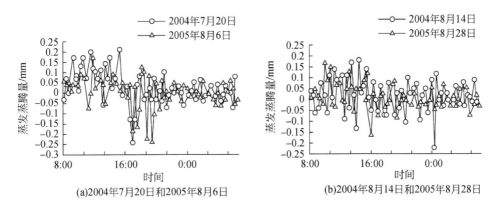

图 3-25　小雨时蒸渗仪实测夏玉米蒸发蒸腾量日变化曲线

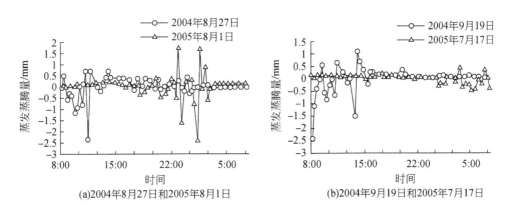

图 3-26　大雨时蒸渗仪实测夏玉米蒸发蒸腾量日变化曲线

　　从图 3-23 可以看出，晴天时，蒸渗仪所测蒸发蒸腾量都有一个白天变化速率大，夜间变化速率小的趋势，并且白天的变幅较大，夜间变幅较小。基本上都满足 6:00 左右开始，蒸发蒸腾量开始慢慢增大，中午达到最大，之后慢慢减小，夜间变化比较稳定。不过蒸渗仪测量值在增大和减小的过程中，有上下起伏的情况出现，这是由蒸渗仪本身的性质决定的。例如，7 月 6 日测得的蒸发蒸腾量 10:20 为 0.24mm、13:00 为 0.23mm、15:40 为 0.22mm；9 月 9 日测得的蒸发蒸腾量 15:40 为 0.36mm、16:40 为 0.33mm、17:20 为 0.36mm，这说明蒸渗仪的测量值比较精确并且敏感。蒸渗仪的测量值白天多为正值，晚上多为负值，出现负值主要是由于夜间有露珠，凝结在作物以及土壤表面。从图 3-23 还可以看到 2004 年和 2005 年夏玉米在生育期相同时，晴天时蒸发蒸腾量的日变化曲线相差不大。

　　从图 3-24 可以看出，阴天时，蒸发蒸腾量白天和夜间的变化速率差别不大，没有晴天时明显。并且天阴时，情况也有差别，如图 3-24（a），由于 2004 年 7 月 29 日属于夏玉米的抽穗期，蒸发蒸腾量比较大，而 2005 年 7 月 7 日属于夏玉米的拔节期，与 2004 年 7 月 29 日相比，蒸发蒸腾量的变化比较稳定。从图 3-24（a）还可以看出，2005 年 7 月 7

日蒸渗仪测量蒸发蒸腾量的最大值不超过 0.2mm，而 2004 年 7 月 29 日蒸发蒸腾量最高达 1.46mm，这说明不同生育期夏玉米的蒸发蒸腾量差异显著。从图 3-24（b）可以看出，蒸发蒸腾量白天和夜间的变幅较大，夜间蒸发蒸腾量不稳定。这说明即使日照时数相同时，蒸发蒸腾量的日变化曲线也有差异，这主要是由于生育阶段以及太阳净辐射、风速等其他因素的影响。

从图 3-25 可以看出，除了降小雨时刻以及降小雨前后时刻，蒸渗仪实测蒸发蒸腾量受到降小雨的一些影响外，其他时刻的蒸发蒸腾量和天阴时差别不大。例如，图 3-25（a）2004 年 7 月 20 日降小雨时刻为 19:00，从图 3-25（a）可以看出 17:00 的数据就有些不太符合规律并且这些值多为负值，这主要是由于降小雨前风速较大。对这些值需要进行修正后才可以运用。因此，降小雨时，除了降小雨前后时刻的值需要修正外，其他的值可以直接运用，并且变化规律和天阴时比较相似。

从图 3-26 可以看出，降大雨时，蒸渗仪受影响大，蒸发蒸腾量的变化在降大雨时刻以及降大雨前后都不准确，这是因为降大雨时，雨水降落对地面产生了一定的冲击力，由于蒸渗仪比较敏感，无法消除冲击力的影响。此外，降大雨时，通常都伴随大风，蒸渗仪会受到偏载的影响，所以降大雨时，蒸渗仪的数据不能直接运用。

3.3.3 蒸渗仪实测夏玉米蒸发蒸腾量的逐日变化

从图 3-27 和表 3-2 和表 3-3 中可以看出蒸渗仪实测蒸发蒸腾量在播种—出苗期较小，蒸发蒸腾量为 2.69mm/d（2004 年）和 1.37mm/d（2005 年），并且最高点出现在灌水后，灌水后 2~3 天有下降趋势。拔节—抽穗期蒸发蒸腾量慢慢开始增大，蒸发蒸腾量分别为 3.67mm/d（2004 年）和 4.16mm/d（2005 年）；抽穗—灌浆期蒸发蒸腾量分别为 4.25mm/d（2004 年）和 3.92mm/d（2005 年）；灌浆—收获期由于夏玉米叶子慢慢开始变黄，叶面积指数减小，蒸发蒸腾量开始下降。灌浆—收获期 2005 年的逐日蒸发蒸腾量小于 2004 年，这是由于 2005 年在这个时期的降水量较大且比较频繁，大气温度较低。2004 年和 2005 年夏玉米的平均蒸发蒸腾量为 376mm。

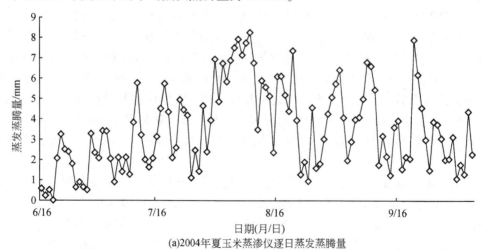

(a)2004年夏玉米蒸渗仪逐日蒸发蒸腾量

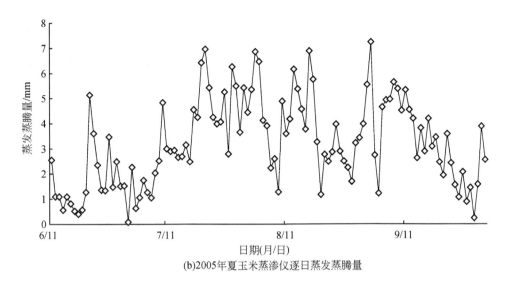

(b)2005年夏玉米蒸渗仪逐日蒸发蒸腾量

图 3-27　夏玉米蒸渗仪蒸发蒸腾量的逐日变化

3.3.4　蒸渗仪实测冬小麦蒸发蒸腾量的日变化

选取冬小麦生长阶段有代表性的 8 天 [2004 年 11 月 17 日（晴天，日照时数为 8.3h）、2004 年 12 月 24 日（阴天，日照时数为 0h）、2004 年 12 月 18 日（降水量为 2mm）、2005 年 4 月 20 日（阴天，日照时数为 0h）、2005 年 4 月 28 日（晴天，日照时数为 9.8h）、2005 年 5 月 4 日（降水量为 2.3mm）、2005 年 5 月 15 日（降水量为 39.9mm）、2005 年 5 月 16 日（降水量为 16.3mm）] 进行分析。

图 3-28 ~ 图 3-31 分别为晴天、阴天、小雨和大雨时 2004 ~ 2005 年冬小麦蒸渗仪实测蒸发蒸腾量的日变化曲线。

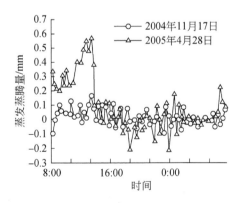

图 3-28　晴天时蒸渗仪实测冬小麦
蒸发蒸腾量的日变化

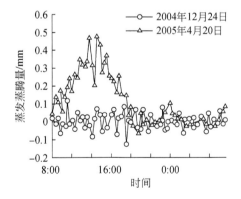

图 3-29　阴天时蒸渗仪实测冬小麦
蒸发蒸腾量的日变化

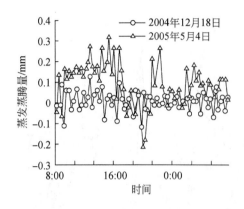

图3-30　小雨时蒸渗仪实测冬小麦
蒸发蒸腾量的日变化

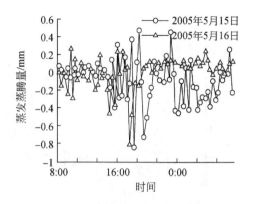

图3-31　大雨时蒸渗仪实测冬小麦
蒸发蒸腾量的日变化

从图3-28可以看出，晴天时，蒸渗仪实测的冬小麦蒸发蒸腾量白天变幅较夜间变幅大，在其他因素影响较小的情况下，蒸渗仪实测蒸发蒸腾量也呈典型单峰形，2005年4月28日蒸发蒸腾量从6:00左右开始增加，中午达到峰值，之后慢慢减小，日落后在零附近变动。2004年11月17日白天和夜间蒸发蒸腾量的变化不是很明显，这主要是由于2004年11月17日，冬小麦处于分蘖期，叶面积较小，腾发量较小，主要以棵间土壤蒸发为主，此时早晚温差较小，所以蒸发蒸腾量白天和夜间变化不是很明显。

从图3-29可以看出，阴天时，蒸渗仪实测的冬小麦蒸发蒸腾量日变化曲线受生育时期影响较大，2004年12月24日属于越冬期，蒸发蒸腾量在白天和夜间的变化差异较小，2005年4月20日属于抽穗期，蒸发蒸腾量白天夜间差异明显。将图3-28的2005年4月28日蒸发蒸腾量的日变化曲线和图3-29的2005年4月20日蒸发蒸腾量的日变化曲线进行比较，可以看到同一生育时期，晴天时的蒸发蒸腾量要明显大于阴天时的蒸发蒸腾量，并且阴天时的蒸发蒸腾量较晴天时的蒸发蒸腾量稳定。因此阴天时蒸发蒸腾日变化曲线也是典型的单峰形，变化速率较晴天时小。

从图3-30可以看出，降小雨时，蒸发蒸腾量的日变化曲线和阴天时差别不大，在降小雨时刻的测量值需要加以修正才能运用。

从图3-31可以看出，降大雨时，蒸渗仪的测量值在降大雨前后时刻的值都不稳定，没有变化规律性，因此降水量较大的情况下，蒸渗仪的实测值不能直接运用。

从以上分析得出，冬小麦生长期蒸渗仪实测蒸发蒸腾量受生育时期影响很大，同一生育期，晴天时蒸发蒸腾量的变化速率较大，且变化速率增长或下降较快；阴天时蒸发蒸腾量的变化速率较晴天小很多；降小雨时的蒸发蒸腾量需要修正降小雨以及降小雨前后时刻的值；降大雨时的值不能运用。

3.3.5　蒸渗仪实测冬小麦蒸发蒸腾量的逐日变化

由图3-32和表3-4可以看出，在冬小麦播种—分蘖期由于植株小，蒸发蒸腾量比较小，日均蒸发蒸腾量为1.12mm/d；在分蘖—返青期蒸发蒸腾量维持在比较低的水平而且相对稳定,蒸发蒸腾量为 0.69mm/d;冬小麦进入生长盛期,蒸发蒸腾量增加很快,在抽穗—灌浆期,叶面积最大,冬小麦蒸发蒸腾量出现高峰,蒸发蒸腾量达到 4.57mm/d,最大蒸发蒸腾量达 7.54mm/d;灌浆后呈下降趋势,蒸发蒸腾量为 3.65mm/d。蒸渗仪所测冬小麦整个生育期的蒸发蒸腾量为 460mm。

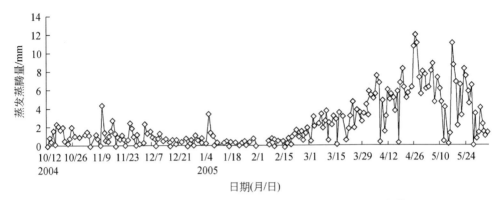

图 3-32 2004~2005 年冬小麦蒸渗仪蒸发蒸腾量的逐日变化

3.4 波文比法与蒸渗仪法测量作物蒸发蒸腾量的比较

3.4.1 作物蒸发蒸腾量日变化过程比较

3.4.1.1 蒸发蒸腾量的日变化比较

使用波文比自动气象站系统采集的数据计算的是每 20 分钟的蒸发蒸腾量 ET_{BW},蒸渗仪计算的是每 15 分钟的蒸发蒸腾量 ET_{LYS},现取每 1h 的蒸发蒸腾量(ET)进行比较。图 3-33~图 3-37 是冬小麦分别在 3 月 25 日、4 月 2 日、4 月 14 日、4 月 24 日和 5 月 11 日的蒸发蒸腾量的比较,图 3-38 是无作物时(6 月 11 日)的蒸发蒸腾量比较,图 3-39 是夏玉米在 7 月 10 日的蒸发蒸腾量比较。

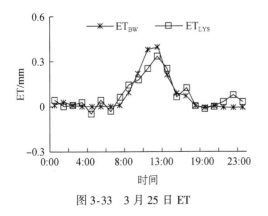

图 3-33 3 月 25 日 ET

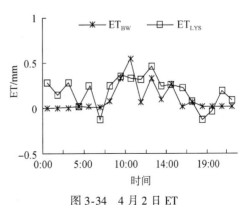

图 3-34 4 月 2 日 ET

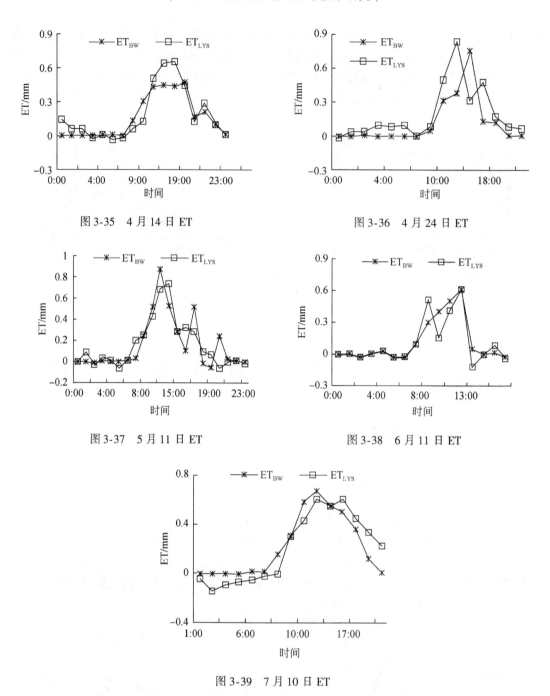

图 3-35　4 月 14 日 ET

图 3-36　4 月 24 日 ET

图 3-37　5 月 11 日 ET

图 3-38　6 月 11 日 ET

图 3-39　7 月 10 日 ET

从图 3-33～图 3-39 中可以看出，蒸发蒸腾量变化的基本趋势与图 3-5～图 3-10 中的净辐射的变化趋势较为一致，在夜间的值较小，随着净辐射的增加，蒸发蒸腾量逐渐增加。图 3-34 蒸发蒸腾量的变化有些异常，因为 4 月 2 日有降水（1mm）。波文比计算的蒸发蒸腾量在夜间很小，也很稳定，趋近于零，而蒸渗仪测定的蒸发蒸腾量波动较大，这是因为采用波文比计算的蒸发蒸腾量是由净辐射、土壤热通量及波文比 β 值决定的，净辐射与土壤热通量在夜间相对白天小得多，也比较稳定，因而波文比计算的蒸发蒸腾量在夜间比较小也较稳定。蒸渗仪测定的蒸发蒸腾量是通过土壤和作物重量的变化来确定的，受偶然因素，如夜间的露水影响比较大，因此蒸渗仪数据不稳定甚至在某时段会出现负值。

在波文比计算蒸发蒸腾量的过程中，会出现波文比 β 值接近-1 的情况，ET_{BW} 突然变大，不符实际情况，剔除这种情况下的数据，取相同时段的蒸渗仪数据进行比较。

3.4.1.2 蒸发蒸腾量逐日变化比较

波文比计算的 ET_{BW} 与蒸渗仪测定的 ET_{LYS} 的逐日变化过程如图 3-40 和图 3-41 所示。图 3-40 是 3 月 25 日 ~ 6 月 8 日冬小麦需水高峰期的比较，图 3-41 是 6 ~ 10 月夏玉米收获的逐日变化过程（缺 8 月、9 月和 7 月部分数据）。从图 3-40 和图 3-41 可以看出，ET_{BW} 和

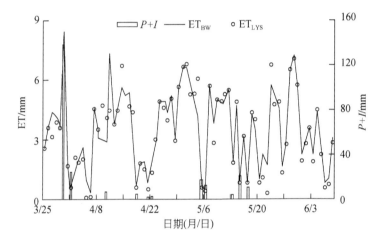

图 3-40　冬小麦波文比计算的蒸发蒸腾与蒸渗仪实测值的逐日变化过程

注：$P+I$ 指降水和灌溉

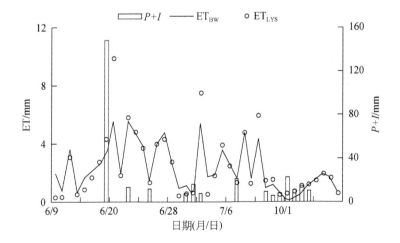

图 3-41　夏玉米波文比计算的蒸发蒸腾与蒸渗仪实测值的逐日变化过程

ET_{LYS}变化趋势相同，大部分值都非常接近，ET_{LYS}的变化幅度大，ET_{BW}的变化相对稳定。冬小麦生育期间 ET_{BW} 的总值为 267.151mm，ET_{LYS} 的总值为 264.343mm，绝对偏差为 2.808mm，相对偏差为 1.05%。6～10 月夏玉米生育期间 ET_{BW} 的总值为 95.806mm，ET_{LYS} 的总值为 90.957mm，绝对偏差为 -4.849mm，相对偏差为 -5.53%。

图 3-42 给出了波文比计算的蒸发蒸腾量与蒸渗仪实测值的关系，从图 3-42 中可以看出，波文比计算值与蒸渗仪实测值的结果非常接近，两者具有很好的相关性。

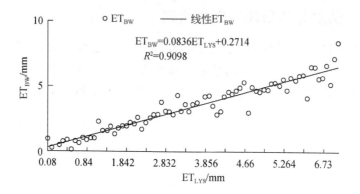

图 3-42　波文比计算的蒸发蒸腾量与蒸渗仪实测值的关系

用 SPSS 对冬小麦生育期内波文比计算的 ET_{BW} 与蒸渗仪测定的 ET_{LYS} 进行偏相关分析表明，从零阶相关系数矩阵中得到 ET_{BW} 与 ET_{LYS}、风速、降水和灌溉（$P+I$）的皮尔逊相关系数（P）分别为 0.9912、-0.3860、0.9322。ET_{BW} 与风速之间存在较弱的负相关关系，即 ET_{BW} 的增加受到风速增大的制约和影响。ET_{BW} 与降水和灌溉之间存在显著的正相关关系，当降水和灌溉增大时，ET_{BW} 会随之增大。ET_{LYS} 与风速、降雨和灌溉的皮尔逊相关系数分别为 -0.2845、0.9497，与 ET_{BW} 相比，ET_{LYS} 受风速的影响相对较小，受降水和灌溉的影响相对较大。当控制变量为风速、降水和灌溉时，ET_{BW} 与 ET_{LYS} 的偏相关系数为 0.9655，它们不相关的概率为 0.000，由此可以认为，ET_{BW} 与 ET_{LYS} 之间存在极为显著的正相关关系。

用 SPSS 对夏玉米生育期内波文比计算的 ET_{BW} 与蒸渗仪测定的 ET_{LYS} 进行偏相关分析表明，从零阶相关系数矩阵中得到 ET_{BW} 与 ET_{LYS}、风速、降水和灌溉的皮尔逊相关系数分别为 0.937212、-0.0045、0.1391。ET_{BW} 与风速之间存在极弱的负相关关系，即 ET_{BW} 的增加受到风速增大的制约和影响。ET_{BW} 与降水和灌溉之间存在较弱的正相关关系，当降水和灌溉增大时，ET_{BW} 会随之增大。ET_{LYS} 与风速、降水和灌溉的皮尔逊相关系数分别为 -0.0958、0.2366，与 ET_{BW} 相比，ET_{LYS} 受风速的影响很小，受降水和灌溉的影响相对较大。当控制变量为风速、降水和灌溉（$P+I$）时，ET_{BW} 与 ET_{LYS} 的偏相关系数为 0.9432，它们不相关的概率为 0.000，由此可以认为，ET_{BW} 与 ET_{LYS} 之间存在极为显著的正相关关系。

据分析比较，3 月底～10 月初的整个时段内采用波文比计算的 ET_{BW} 与蒸渗仪测定的 ET_{LYS} 有极为显著的正相关关系，均与风速之间存在很弱的负相关关系，与降雨和灌溉之间存在正相关关系。冬小麦生育期间蒸发蒸腾量与降水和灌溉的相关关系比玉米生育期间显著，这与 2003 年夏玉米生长期间降水过多有一定关系。

3.4.2 作物蒸发蒸腾量代表性天气变化过程比较

3.4.2.1 夏玉米日蒸发蒸腾量的比较研究

选取 2004 年有代表性的 8 天 [7 月 6 日（晴天，日照时数为 11.4h）、7 月 20 日（降水量为 0.3mm）、7 月 29 日（阴天，日照时数为 3.8h）、8 月 14 日（降水量为 0.5mm）、8 月 22 日（阴天，日照时数为 1h）、8 月 27 日（降水量为 18.27mm）、9 月 9 日（晴天，日照时数为 11.1h）、9 月 19 日（降水量为 20.1mm）] 和 2005 年有代表性的 8 天 [7 月 7 日（阴天，日照时数为 0h）、7 月 12 日（晴天，日照时数为 11.4h）、8 月 1 日（降水量为 34.3mm）、8 月 6 日（降水量为 3.3mm）、7 月 17 日（降水量为 46.9mm）、8 月 28 日（降水量为 0.7mm）、9 月 8 日（晴天，日照时数为 8.3h）和 9 月 18 日（阴天，日照时数为 0h）] 对比分析波文比估算日蒸发蒸腾量和蒸渗仪实测日蒸发蒸腾量的精确程度。

晴天时，7 月 6 日蒸发蒸腾量蒸渗仪实测日平均值为 2.11mm，波文比估算日平均值为 5.9mm；9 月 9 日蒸发蒸腾量蒸渗仪实测日平均值为 6.6mm，波文比估算日平均值为 4.93mm；7 月 12 日蒸发蒸腾量蒸渗仪实测日平均值为 2.93mm，波文比估算日平均值为 5.77mm；9 月 8 日蒸发蒸腾量蒸渗仪实测日平均值为 5.65mm，波文比估算日平均值为 3.03mm。经分析认为，在生育期初期由于气温较高，波文比估算值要高于蒸渗仪实测值；在生育末期由于气温降低，太阳净辐射值减小，波文比估算值要小于蒸渗仪实测值（图 3-43）。

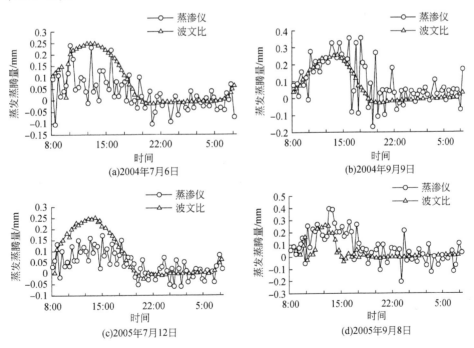

图 3-43 晴天时夏玉米日蒸发蒸腾量的比较研究

阴天时，7月29日蒸发蒸腾量蒸渗仪实测日平均值为4.79mm，波文比估算日平均值为4.56mm；8月22日蒸发蒸腾量蒸渗仪实测日平均值为2.89mm，波文比估算日平均值为3.05mm；7月7日蒸发蒸腾量蒸渗仪实测日平均值为1.17mm，波文比估算日平均值为1.74mm；9月18日蒸发蒸腾量蒸渗仪实测日平均值为3.09mm，波文比估算日平均值为1.57mm。经分析认为，阴天时在生育期初期和中期波文比估算值和蒸渗仪实测值比较接近；在生育期末期由于气温降低，太阳净辐射值减小，波文比估算值要小于蒸渗仪实测值（图3-44）。晴天和阴天时相比较得出，气温和太阳净辐射是影响波文比估算蒸发蒸腾量的最主要因子，在气温和太阳净辐射值都比较适中的情况下，蒸渗仪实测蒸发蒸腾值和波文比估算蒸发蒸腾值比较一致。

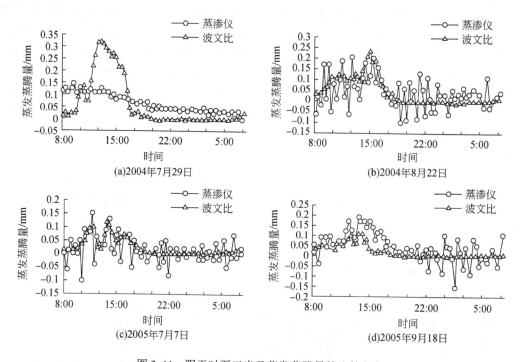

图3-44　阴天时夏玉米日蒸发蒸腾量的比较研究

降小雨时，7月20日蒸发蒸腾量蒸渗仪实测日平均值为1.81mm，波文比估算日平均值为3.63mm；8月14日蒸发蒸腾量蒸渗仪实测日平均值为1.13mm，波文比估算日平均值为0.95mm；8月6日蒸发蒸腾量蒸渗仪实测日平均值为0.61mm，波文比估算日平均值为1.56mm；8月28日蒸发蒸腾量蒸渗仪实测日平均值为1.18mm，波文比估算日平均值为0.62mm。经分析得到，降小雨时在生育期中期波文比估算值和蒸渗仪实测值比较接近。阴天和降小雨时比较得出，降小雨时，由于气温比较适中，波文比估算值比较准确，蒸渗仪值除在降小雨前后受到一些影响外，其他值也比较准确。所以降小雨时波文比估算值和蒸渗仪实测值比较一致（图3-45）。

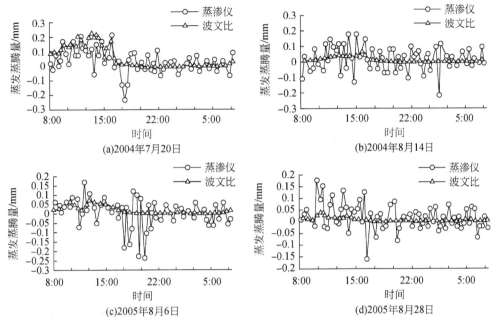

图 3-45 小雨时夏玉米日蒸发蒸腾量的比较研究

降大雨时，8 月 27 日蒸发蒸腾量蒸渗仪实测日平均值为 1.54mm，波文比估算日平均值为 0.64mm；9 月 19 日蒸发蒸腾量蒸渗仪实测日平均值为 1.29mm，波文比估算日平均值为 0.68mm；8 月 1 日蒸发蒸腾量蒸渗仪实测日平均值为 4.45mm，波文比估算日平均值为 3.62mm；7 月 17 日蒸发蒸腾量蒸渗仪实测日平均值为 2.26mm，波文比估算日平均值为 4.32mm。经分析得到，降大雨时在夏玉米的整个生育期波文比估算值基本上都比蒸渗仪实测值小。这说明降水量对蒸渗仪的影响较大，在降大雨时应该以波文比估算日平均值为准（图 3-46）。

3.4.2.2 冬小麦日蒸发蒸腾量的比较

选取代表性的 8 天 ［2004 年 11 月 17 日（晴天，日照时数为 8.3h）、2004 年 12 月 24 日（阴天，日照时数为 0h）、2004 年 12 月 18 日（降水量为 2mm）、2005 年 4 月 20 日（阴天，日照时数为 0h）、2005 年 4 月 28 日（晴天，日照时数为 9.8h）、2005 年 5 月 4 日（降水量为 2.3mm）、2005 年 5 月 15 日（降水量为 39.9mm）和 2005 年 5 月 16 日（降水量为 16.3mm）］，分析波文比和蒸渗仪的测量精度。

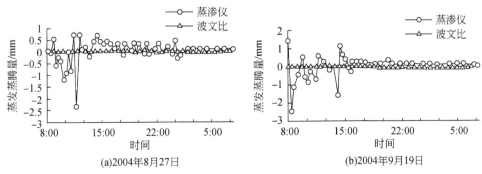

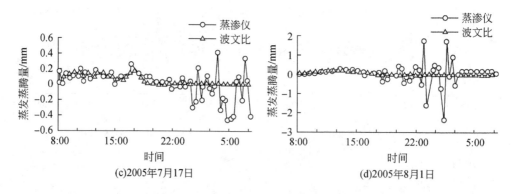

图 3-46　大雨时夏玉米日蒸发蒸腾量的比较研究

　　晴天时，2004 年 11 月 17 日蒸发蒸腾量蒸渗仪实测日平均值为 1.43mm，波文比估算日平均值为 2.2mm；2005 年 4 月 28 日蒸渗仪实测日平均值为 7.49mm，波文比估算日平均值为 5.36mm；阴天时，2004 年 12 月 24 日蒸发蒸腾量蒸渗仪实测日平均值为 0.48mm，波文比估算日平均值为 0.25mm；2005 年 4 月 20 日蒸发蒸腾量蒸渗仪实测日平均值为 6.32mm，波文比估算日平均值为 5.25mm；降小雨时，2004 年 12 月 18 日蒸发蒸腾量蒸渗仪实测日平均值为 0.65mm，波文比估算日平均值为 0.95mm；2005 年 5 月 4 日蒸发蒸腾量蒸渗仪实测日平均值为 4.61mm，波文比估算日平均值为 3.44mm。经分析认为，一般情况下，在冬小麦的生育期中越冬期波文比估算值偏大，返青期后波文比估算值偏小（图 3-47～图 3-49）。

　　降大雨时，2005 年 5 月 15 日蒸发蒸腾量蒸渗仪实测日平均值为 -6.1mm，波文比估算日平均值为 0.68mm；2005 年 5 月 16 日蒸发蒸腾量蒸渗仪实测日平均值为 1.19mm，波文比估算日平均值为 0.46mm。经分析得到，降大雨时在冬小麦的生育期蒸渗仪的实测值不稳定，不能运用（图 3-50）。

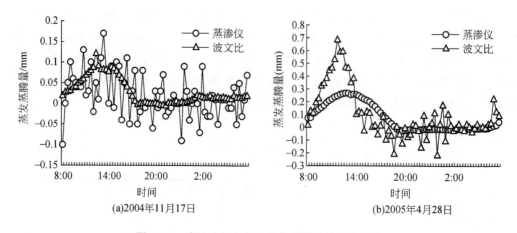

图 3-47　晴天时冬小麦日蒸发蒸腾量的比较研究

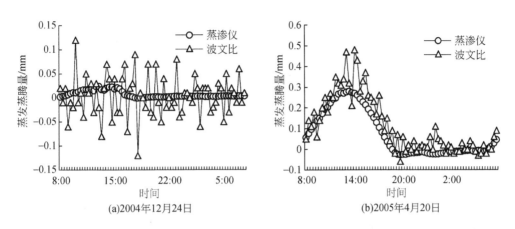

(a)2004年12月24日　　　　　　　　　(b)2005年4月20日

图 3-48　阴天时冬小麦日蒸发蒸腾量的比较研究

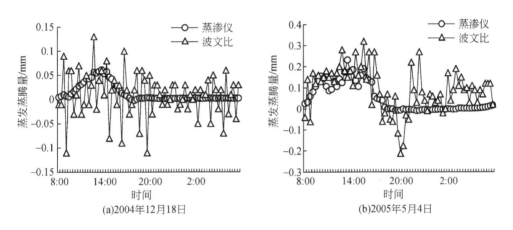

(a)2004年12月18日　　　　　　　　　(b)2005年5月4日

图 3-49　小雨时冬小麦日蒸发蒸腾量的比较研究

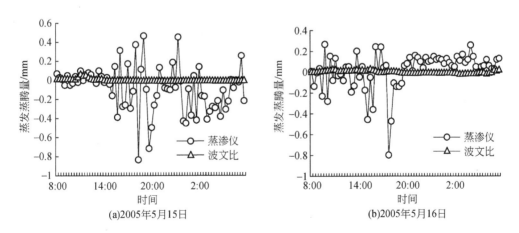

(a)2005年5月15日　　　　　　　　　(b)2005年5月16日

图 3-50　大雨时冬小麦日蒸发蒸腾量的比较研究

3.5 主要作物蒸发蒸腾量计算方法

3.5.1 参考作物蒸发蒸腾量计算

FAO 对参考作物蒸发蒸腾量（ET_0）定义为一种假想的作物冠层的蒸发蒸腾速率，假定作物高度为 0.12m，固定的叶面阻力为 70s/m，反射率为 0.23，非常类似于表面开阔、高度一致、生长旺盛、完全覆盖地面而不缺水的绿色草地的蒸发蒸腾速率。

目前，用来估算参考作物蒸发蒸腾量的方法有 50 余种，考虑到不同地区可供利用的气象资料的差别，广泛应用的是 FAO 推荐的方法，即 Penman-Monteith 方法、辐射方法、Blaney-Criddle 方法、蒸发皿方法、Hargreaves 方法等。

3.5.1.1 Penman-Monteith 方法

Penman-Monteith 方法以能量平衡和水汽扩散理论为基础，即考虑空气动力学和辐射项的作用，又涉及作物的生理特征，认为即使在充分供水条件下，下垫面的作物冠层表面也不能视为饱和层，其计算公式中引入表面阻力参数来表征作物生理过程中叶面气孔及表层土壤对水汽传输的阻力作用。经过几十年的理论研究与实践应用，Penman-Monteith 公式已成为利用气象参数计算参考作物蒸发蒸腾量的标准方法，但这种方法需要详细的气象资料。Penman-Monteith 公式为

$$ET_0 = \frac{0.408\Delta(R_n - G) + \gamma\frac{900}{T+273}u_2(e_s - e_a)}{\Delta + \gamma(1 + 0.34u_2)} \tag{3-12}$$

式中，ET_0 为参考作物蒸发蒸腾量（mm/d）；T 为计算时段内的平均气温（℃）；Δ 为饱和水汽压-温度曲线上的斜率（kPa/℃）；R_n 为太阳净辐射 [MJ/($m^2 \cdot$ d)]；G 为土壤热通量 [MJ/($m^2 \cdot$ d)]，本研究计算中取 $G = 0$；γ 为湿度计常数（kPa/℃）；e_s、e_a 分别为饱和水汽压和实际水汽压（kPa）；u_2 为离地面 2m 高处的平均风速（m/s）。

公式中各参数的计算方法见 FAO-56 手册。

3.5.1.2 辐射方法

在只有气温、日照、云量或辐射量等数据，而没有实测风速和平均相对湿度的地区，FAO 推荐采用辐射方法。其表达式为

$$ET_0 = c(W \cdot R_s) \tag{3-13}$$

式中，ET_0 为研究时段内参考作物蒸发蒸腾量（mm/d）；R_s 为按等效蒸发计算的太阳辐射（mm/d）；W 为按温度和高度确定的权重系数；c 为根据白天平均湿度和白天风速的修正系数。

采用这种方法需要知道计算时段内的平均实际日照时间和平均温度，估计相对湿度和风速水平，并根据 FAO 提供的最大可能日照时间表和大气层顶辐射表，结合研究地区、

月份、ET_0 与风速、平均相对湿度估计水平、日照时间的关系，估算出 ET_0。

3.5.1.3 Blaney-Criddle 方法

对于气象资料中只有温度数据的地区，FAO 推荐采用 Blaney-Criddle 方法，其计算公式为

$$ET_0 = C \times P \times (0.46T_{mean} + 8) \tag{3-14}$$

式中，ET_0 为参考作物蒸发蒸腾量（mm/d）；T_{mean} 为所研究月份的每日平均温度（℃）；P 为给定月份和纬度的每年白昼小时总数的每日平均比例；C 为根据最低相对湿度、日照小时和估计白天风力得出的修正系数。

3.5.1.4 蒸发皿方法

FAO 推荐蒸发皿有 A 类和地中式两类，由于设备造价低廉、使用方便灵活等特点，其在世界范围内被普遍采用。如果仅有水面蒸发的数据，可以考虑用蒸发皿方法，其计算公式为

$$ET_0 = K_p E_{pan} \tag{3-15}$$

式中，E_{pan} 为蒸发皿观测值（mm/d），代表所研究时段每日的平均值；K_p 为蒸发皿的系数，它与蒸发皿的类型、安放地点的周围环境等因素有关。为了计算的方便，FAO-56 手册中给出了相关的 K_p 值，可根据具体情况查表确定。

3.5.1.5 Hargreaves 方法

对于缺乏太阳辐射、平均相对湿度和（或者）风速的地区，FAO 推荐采用 Hargreaves 公式。

$$ET_h = 0.000939(T_{mean} + 17.8)(T_{max} - T_{min})^{0.5}R_a \tag{3-16}$$

式中，ET_h 为用 Hargreaves 公式计算的参考作物蒸发蒸腾量（mm/d）；$T_{mean} = (T_{max} + T_{min})/2$ 为平均气温（℃）；T_{max} 和 T_{min} 分别为计算时段内的最高和最低气温（℃）；R_a 为大气层顶辐射 [MJ/(m^2·d)]，可以根据纬度计算或由 FAO 提供的大气层顶辐射表查出。

该方法需要的气象资料只有计算时段内的最高和最低温度，不像 Penman-Monteith 公式那样需要较详细的各种参数，但需要针对不同地区进行线性修正。

3.5.2 几种方法与 Penman-Monteith 方法的比较研究

3.5.2.1 辐射方法与 Penman-Monteith 方法的比较

利用 1984～1994 年的资料，分别用 Penman-Monteith 公式和辐射方法计算 ET_0，建立两者之间的回归关系，再用 1995～2002 年的资料验证其可行性。在利用辐射方法计算 ET_0 时，发现其结果和 Penman-Monteith 方法的计算结果相差比较大，而且在每年的 1 月和 12 月，ET_0 都出现了负值，与事实不符。分析表明，两者平均相对误差为 48%，最大绝对误

差和相对误差分别为–1.45mm/d 和 125%，各发生在 1 月和 12 月；最小绝对误差和相对误差分别为–0.12mm/d 和 5%，都发生在 9 月下旬。

分析数据发现，辐射方法和 Penman-Monteith 方法计算的结果具有很好的线性关系（图 3-51）。回归分析表明，$R^2 = 0.9452$，回归关系为

$$ET_{0fs} = 0.4052ET_{fs} + 1.4995 \tag{3-17}$$

式中，ET_{fs} 为用辐射方法计算的参考作物蒸发蒸腾量；ET_{0fs} 为 ET_{fs} 经过修正后的参考作物蒸发蒸腾量。

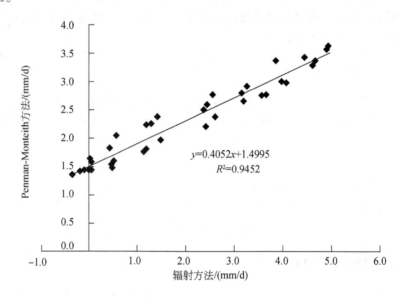

图 3-51　辐射方法与 Penman-Montheith 方法的关系图

利用 1995～2002 年的资料，根据式（3-17）计算历年各旬平均参考作物蒸发蒸腾量，其参考作物蒸发蒸腾量平均值如图 3-52 所示。从图 3-52 可以看出，用辐射方法计算出的 1～3 月和 9～12 月的参考作物蒸发蒸腾量的值分别小于用 Penman-Monteith 方法计算出的

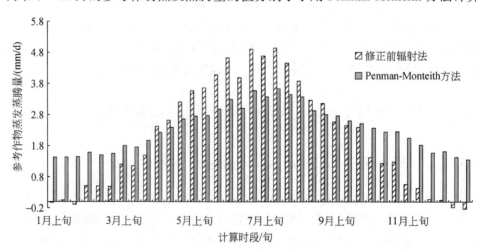

图 3-52　修正前辐射法与 Penman-Monteith 方法的比较图（1995～2002 年）

相应时段值，而在剩余月份则大于用 Penman-Monteith 方法计算出的相应时段值，而且 1～3 月差别逐渐减小，10～12 月差别逐渐增大。原因是辐射方法计算 ET_0 时用的是计算时段内的平均温度，即最高温度与最低温度的平均，没有考虑计算时段内的温差，而 Penman-Monteith 方法用的是计算时段内的最高温度与最低温度。另外，大气层顶辐射值以及风速、日照时间和平均相对湿度的估计偏差也是计算结果有差异的原因。

由于辐射方法和 Penman-Monteith 方法计算结果具有很好的线性关系（图 3-51），故对其进行线性修正，即有关系式 $ET_0 = a \cdot ET_{fs} + b$ 成立，只需求出系数 a、b 即可。修正后辐射法与 Penman-Monteith 方法的比较见图 3-53，修正后的最大绝对误差和相对误差分别是 0.4mm/d 和 15.1%，各发生在 5 月上旬和 4 月上旬；修正后的最小绝对误差和相对误差分别是 0.0mm/d 和 0.2%。平均绝对误差和相对误差分别是 0.03mm/d 和 5.7%。

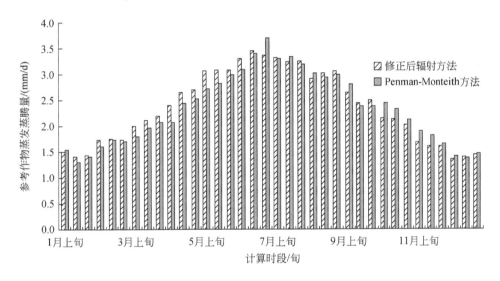

图 3-53　修正后辐射法与 Penman-Monteith 方法的比较图（1995～2002 年）

3.5.2.2　Blaney-Criddle 方法与 Penman-Monteith 方法的比较

分别采用 Blaney-Criddle 方法和 Penman-Monteith 方法计算了 1984～1994 年历年各旬蒸发蒸腾量的平均值，发现两者的差别较大，在 1～3 月及 11 月和 12 月用 Blaney-Criddle 方法计算的蒸发蒸腾量的值小于用 Penman-Monteith 方法计算出的相应时段值，而在剩余月份则大于用 Penman-Monteith 方法计算出相应时段值。其绝对误差和相对误差的最大值分别是 2.3mm/d 和 82%，发生在 7 月和 6 月，最小值都为 0，发生在 3 月。而 1 月和 2 月两个月的平均相对误差为 -54%；6～8 月的平均相对误差为 67%，为一年中的最大值；11 月和 12 月的平均相对误差为 -47%。原因是 Blaney-Criddle 方法只给出三个最小相对湿度的估计水平，分别为 <20%、20%～50%、>50%，划分比较粗糙，如 21% 和 48% 两个水平的最低相对湿度，都在一个选择范围内，而两者的差别是明显的，白天风速和日照比率也只有三个比较粗糙的划分。

同样，根据这两种方法计算出的数据系列建立两者的关系如图 3-54 所示。从图 3-54

中可以看出，两者具有较好的指数关系，$R^2 = 0.8318$，两者的关系可以表示为

$$ET_{0bc} = 1.3586e^{0.1662ET_{bc}} \qquad (3-18)$$

式中，ET_{0bc}为修正后的 Blaney-Criddle 方法参考作物蒸发蒸腾量（mm/d）；ET_{bc}为修正前相应时段的值（mm/d）。

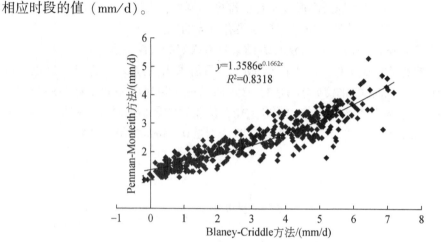

图 3-54　Penman-Monteith 方法与 Blaney-Criddle 方法的关系图

利用 1995~2002 年的气象资料，先用 Blaney-Criddle 方法计算出历年各旬的蒸发蒸腾量，求出历年各旬的平均值，然后用式（3-18）对其修正，修正后的结果与用 Penman-Monteith 方法计算的相应时段值的大小，如图 3-55 所示。从图 3-55 可以看出，经过修正后的 Blaney-Criddle 方法与用 Penman-Monteith 法得到的结果非常接近。

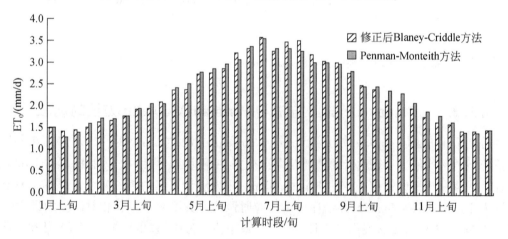

图 3-55　修正后 Penman-Monteith 方法与 Blaney-Criddle 方法的比较图（1995~2002 年）

3.5.2.3　蒸发皿方法与 Penman-Monteith 方法的比较

为了比较以及使用方便，研究了两种类型的蒸发皿，即 Φ20cm 小型蒸发皿和 E601 型蒸发皿，并利用西北农林科技大学灌溉试验站 1984~2000 年历年两种蒸发皿的实测数据，

先对历年的两种蒸发皿数据进行逐旬平均，然后与 Penman-Monteith 计算出的相应时段蒸发蒸腾量数据系列进行比较、回归，得出两种蒸发皿实测值与 Penman-Monteith 计算值的关系式，并进行误差分析。

（1）Φ20cm 小型蒸发皿系数

Φ20cm 小型蒸发皿实测值与 Pengman-Monteith 计算值之间的关系如图 3-56 所示。

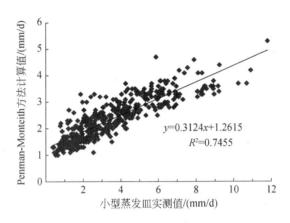

图 3-56　小型蒸发皿实测值与 Pengman-Monteith 计算值的关系图

从图 3-56 可以看出，Φ20cm 小型蒸发皿的观测值与用 Penman-Monteith 计算的参考作物蒸发蒸腾量值呈近似直线关系，两者的关系可以用式（3-19）表示，$R^2=0.7455$。

$$ET_0 = 0.3124ET_{\Phi20} + 1.2651 \tag{3-19}$$

式中，ET_0 为参考作物蒸发蒸腾量（mm/d）；$ET_{\Phi20}$ 为 Φ20cm 小型蒸发皿的实测值（mm/d）。

（2）E601 型蒸发皿系数

1 月和 2 月上旬的室外温度比较低，E601 型蒸发皿因为结冰而不能观测，所以统计分析不包括这两个月的数据。E601 型蒸发皿实测值与 Pengman-Monteith 计算值之间的关系如图 3-57 所示。

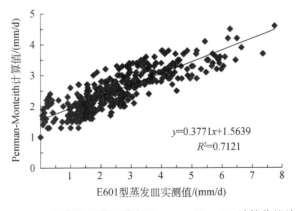

图 3-57　E601 型蒸发皿实测值与 Pengman-Monteith 计算值的关系图

根据 E601 型蒸发皿的实测值与用 Penman-Monteith 计算的参考作物蒸发蒸腾回归分析，$R^2 = 0.7121$，回归关系为

$$ET_0 = 0.3771ET_{E601} + 1.5639 \qquad (3-20)$$

式中，ET_0 为参考作物蒸发蒸腾量；ET_{E601} 为 E601 型蒸发皿的实测值（mm/d）。

两种类型蒸发皿实测值与 Penman-Monteith 计算值存在差异，其主要是与蒸发皿的材质、口径、皿内水深、表面颜色以及蒸发皿安放地点的周围环境（周围是绿色矮秆作物、高秆作物还是裸地）等因素有关。所以，在特定的地区应用这种方法时，必须依据本地区以往蒸发皿较长系列的实测数据对该方法进行修正，才能得到较为准确的结果。

3.5.2.4　Hargreaves 方法与 Penman-Monteith 方法的比较

先用 1984~1994 年的资料，建立 Penman-Monteith 方法与 Hargreaves 方法的关系，再利用 1995~2002 年的资料验证其准确性。

对比分析发现，从 11 月至次年 2 月，两种方法计算的参考作物蒸发蒸腾量差别不大；而在一年当中的其余时间内，用 Hargreaves 方法计算的蒸发蒸腾量的值大于用 Penman-Monteith 方法计算出的相应时段值，最大误差发生在 6 月中旬，最大绝对误差 2.54mm/d，最大相对误差达 76%，平均误差达 39.2%。这是因为夏秋季节为雨季，天空云量较多，空气湿度较大，Hargreaves 方法没有考虑湿度和阴云对参考作物蒸发蒸腾量的影响。因此，当湿度较大时不宜采用没有经过修正的 Hargreaves 方法。

利用 1984~1994 年历年各旬气象资料，Penman-Monteith 方法和 Hargreaves 方法计算出的参考作物蒸发蒸腾量的平均值，分别记为 ET_0 和 ET_h，其关系如图 3-58 所示。从图 3-58 可以看出，ET_0 和 ET_h 有着显著的相关性，$R^2 = 0.9493$，两者之间的关系为

$$ET_0 = 0.4282ET_h + 1.0449 \qquad (3-21)$$

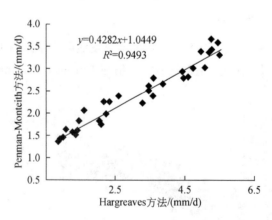

图 3-58　Hargreaves 方法和 Penman-Monteith 方法的关系图（1984~1994 年）

利用式（3-21）计算 1995~2002 年历年逐旬数据，用回归关系式（3-21）对 Hargreaves 方法进行修正。经过修正后 Hargreaves 方法计算的参考作物蒸发蒸腾量与 Penman-Monteith 方法计算结果的比较如图 3-59 所示。

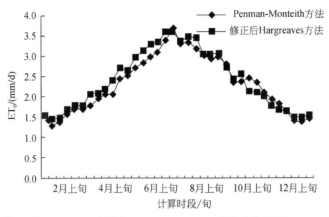

图 3-59　修正后 Hargreaves 方法和 Penman-Monteith 方法的比较图（1995～2002 年）

从图 3-59 可以看出，修正后 Hargreaves 方法计算出的结果和 Penman-Monteith 方法计算出的结果非常接近。把修正后的 Hargreaves 方法计算出的结果 ET_{0h} 和 Penman-Monteith 方法计算出的结果进行比较发现，在 1995～2002 年的资料系列中，旬最大绝对误差为 ±0.33mm/d，分别发生在 4 月上旬和 10 月上旬；旬最小绝对误差为 0.00mm/d，发生在 1 月上旬；历年各旬的平均绝对误差为 0.14mm/d。相对误差最大为 12.1%，发生在 4 月上旬；最小为 0.00%，发生在 1 月上旬；历年各旬的平均相对误差为 6.2%。因此，得出本地经验系数 $a = 1.0449$、$b = 0.4282$ 符合当地采用。

3.6　作　物　系　数

作物系数是实际蒸发蒸腾量与参考作物蒸发蒸腾量之比。作物系数受作物类型、生长发育阶段、土壤干湿状况等诸多因子的影响。FAO 推荐两种标准状态下（无水分胁迫）作物系数的计算方法：一是单作物系数（single crop coefficient approach），这是一种比较简单实用的计算方法，可用于灌溉系统的规划设计和灌溉管理；二是双作物系数（dual crop coefficient approach），该方法需进行逐日水量平衡计算，计算复杂，需要的数据量大，一般只用于实时灌溉决策和田间水分动态研究。

3.6.1　单作物系数法

3.6.1.1　作物生育阶段的划分及其作物系数的表达

FAO 建议将作物的生育期划分为四个阶段，即初期阶段，从播种到作物覆盖度接近 10%，此阶段内作物系数为 K_{cini}；发育阶段，从初始生长阶段结束到作物有效覆盖土壤表面（地面覆盖度为 70%～80%）的一段时间，此阶段内作物系数从 K_{cini} 提高到 K_{cmid}；中期阶段，从充分覆盖到成熟开始，叶片开始变色、衰老的一段时间，此阶段内作物系数为 K_{cmid}；后期阶段，从中期结束到生理成熟或收获的一段时间，此阶段内作物系数从 K_{cmid} 下降到 K_{cend}。

作物系数因作物种类、生长季节、生育阶段而不同，作物系数的大小主要与作物本身及其不同生育阶段的生长发育特性有关。对大部分作物而言，作物在生长初期和生长发育期其值较小，在中期（作物需水关键期）较大，后期又逐渐变小。K_{cini}、K_{cmid}、K_{cend} 分别为作物四个生育阶段的三个值（图 3-60）。

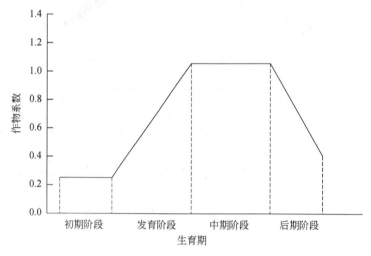

图 3-60　生育期作物系数变化示意图

3.6.1.2　初期阶段作物系数（K_{cini}）的确定

初期阶段土壤蒸发在作物需水量中占主导地位，因此，确定 K_{cini} 值时需考虑降水或灌溉的影响。土壤蒸发分两个阶段：在第一阶段，潜在蒸发速率 $E_{so} = 1.15ET_0$，所需时间 $t_1 = REW/E_{so}$。当湿润间隔时间 $t_w < t_1$ 时，也就是整个过程处在蒸发的第一阶段时，$K_{cini} = 1.15$；当 $t_w > t_1$ 时，即蒸发的第二阶段时，K_{cini} 的计算公式为

$$K_{cini} = \frac{TEW - (TEW - REW) \exp\left(\dfrac{-(t_w - t_1) E_{so}\left(1 + \dfrac{REW}{TEW - REW}\right)}{TEW}\right)}{t_w ET_0} \tag{3-22}$$

式中，TEW 为总蒸发水量（mm）；REW（readily evaporable water）为易蒸发水量（mm），本书取 REW = 9mm；t_w 为湿润间隔时间（d）；t_1 为第一阶段蒸发所需时间（d）；E_{so} 为潜在土壤蒸发速率（mm/d）；ET_0 为初期参考作物蒸发蒸腾量的平均值（mm/d）。

3.6.1.3　中期阶段和后期阶段作物系数（K_{cmid}，K_{cend}）的确定

根据 FAO-56 提供的 K_{cmid} 和 K_{cend}，当中期阶段和后期阶段最小相对湿度的平均值 $RH_{min} \neq 45\%$，2m 高处的日平均风速 $u_2 \neq 2.0m/s$，且 $K_{cend} > 0.45$ 时，按式（3-23）调整。

$$K_c = K_c(推荐) + [0.04(u_2 - 2) - 0.004(RH_{min} - 45)]\left(\frac{h}{3}\right)^{0.3} \tag{3-23}$$

式中，RH_{min} 为计算时段内日最小相对湿度的平均值（%），$20\% \leqslant RH_{min} \leqslant 80\%$；$u_2$ 为计算时段内 2m 高处的日平均风速（m/s），$1m/s \leqslant u_2 \leqslant 6m/s$；$h$ 为计算时段内的平均株高（m），

$0.1m \leqslant h < 10m$。

3.6.2 双作物系数法 K_c

双作物系数法把作物系数分成两部分：一部分是反映作物叶面蒸腾的基础作物系数 K_{cb}；另一部分是反映土壤蒸发系数 K_e。

$$K_c = K_{cb} + K_e \qquad (3\text{-}24)$$

3.6.2.1 基础作物系数 K_{cb}

基础作物系数主要反映作物蒸发蒸腾量中的蒸腾部分，也有少部分干土层下土壤水分的残余蒸发，但其值很小。在《作物蒸发蒸腾量计算指南》（FAO-56）中给出了 84 种作物在标准条件下的 K_{cb} 值。

当中期和后期最小相对湿度的平均值 $RH_{min} \neq 45\%$，2m 高处的日平均风速 $u_2 \neq 2.0m/s$，且 $K_{cbend} > 0.45$ 时，推荐的 K_{cbmid} 和 K_{cbend} 需根据式（3-25）进行修正。

$$K_{cb} = K_{cb}(\text{推荐值}) + \left[0.04(u_2 - 2) - 0.004(RH_{min} - 45)\right]\left(\frac{h}{3}\right)^{0.3} \qquad (3\text{-}25)$$

3.6.2.2 土壤蒸发系数 K_e

土壤蒸发系数反映灌溉或降水后因表土湿润致使土壤蒸发强度短期内增加而对 ET_c 产生的影响，$K_e ET_0$ 代表了 ET_a 中的土壤蒸发部分。

土壤蒸发过程可划分为两个阶段，即能量限制阶段和蒸发减小阶段。在土壤蒸发的第一阶段，降水或灌溉后一个干燥周期开始时，表土的土壤水分含量达到了田间持水量，蒸发的累积耗水量 D_e 为零。蒸发以最大速率进行，累积蒸发深度等于易蒸发水量，蒸发仅受能量限制，在此阶段土壤蒸发系数为

$$K_e = 1 \qquad (3\text{-}26)$$

灌溉或降水后土壤蒸发强度达到峰值，随着表土变干，土壤蒸发强度迅速下降，当表层土壤没有水分可用于土壤蒸发时，K_e 为零。土壤蒸发系数 K_e 用式（3-27）确定。

$$K_e = K_r(K_{cmax} - K_{cb}), \quad K_e \leqslant f_{ew} K_{cmax} \qquad (3\text{-}27)$$

式中，K_e 为土壤蒸发系数；K_{cb} 为基础作物系数；K_{cmax} 为降水或灌溉后作物系数最大值；K_r 为由蒸发累积水深决定的土壤蒸发衰减系数；f_{ew} 为发生棵间蒸发的土壤占全部土壤的比例。

土壤蒸发系数 K_e 也可表达为

$$K_e = \min\left[K_r(K_{cmax} - K_{cb}), f_{ew} K_{cmax}\right] \qquad (3\text{-}28)$$

计算土壤蒸发系数需确定 K_{cmax}、K_r 和 f_{ew}。

降水或灌溉后作物系数最大值 K_{cmax} 可用式（3-29）确定：

$$K_{cmax} = \max\left\{1.2 + \left[0.04(u_2 - 2) - 0.004(RH_{min} - 45)\right]\left(\frac{h}{3}\right)^{0.3}, (K_{cb} + 0.05)\right\} \qquad (3\text{-}29)$$

在土壤蒸发的第二阶段，累积蒸发耗水量 D_e 超过易蒸发的水量 REW，土壤表面明显变干，土壤蒸发随表层土壤含水量的减小而减小，土壤蒸发衰减系数的计算公式为

$$k_r = \frac{\text{TEW}-D_{e,i-1}}{\text{TEW}-\text{REW}}, \qquad D_{e,i-1} > \text{REW} \tag{3-30}$$

式中，$D_{e,i-1}$ 为前一天蒸发累积耗水量（mm），可利用表土的日水量平衡方程计算。

$$D_{e,i} = D_{e,i-1} - (P_i - \text{RO}_i) - \frac{I_i}{f_w} + \frac{E_i}{f_{ew}} + T_{ew,i} + \text{DP}_{e,i} \tag{3-31}$$

式中，$D_{e,i}$ 为第 i 天末累积蒸发耗水量（mm）；$D_{e,i-1}$ 为第 $i-1$ 天末累积蒸发耗水量（mm）；P_i 为第 i 天降水量（mm）；RO_i 为第 i 天降水径流量（mm）；I_i 为第 i 天灌水量（mm）；E_i 为第 i 天土壤蒸发量（mm）；$T_{ew,i}$ 为第 i 天表层土壤中用于蒸腾的水量（mm）；$\text{DP}_{e,i}$ 为第 i 天土壤水分含量达到田间持水量时的深层渗漏量（mm）；f_w 为灌溉湿润的土壤表面比例；f_{ew} 为发生棵间蒸发的土壤占全部土壤的比例。

发生棵间蒸发的土壤占全部土壤的比例 f_{ew} 确定如下。

$$f_{ew} = \min(1-f_c, \ f_w) \tag{3-32}$$

式中，$1-f_c$ 为未被植被覆盖的土壤表面比例；f_w 为灌溉或降水后土壤表面的湿润比，与湿润土壤方式有关。

植被有效覆盖度 f_c 可由式（3-33）确定。

$$f_c = \left(\frac{K_{cb}-K_{cmin}}{K_{cmax}-K_{cmin}} \right)^{(1+0.5h)} \tag{3-33}$$

式中，K_{cmin} 为干燥裸土的作物系数最小值（0.15～0.2）。对一年生作物在近乎裸土的情况下，通常 K_{cmin} 和 K_{cmax} 的值相等。因此，式（3-33）中限制 $K_{cb}-K_{cmin} \geqslant 0.01$。

双作物系数法与单作物系数法均只适用于标准条件下的作物，没有考虑受旱或碱性等恶劣环境对作物蒸发蒸腾的不利影响。

3.6.3 杨凌地区冬小麦和夏玉米作物系数

3.6.3.1 冬小麦单作物系数

（1）冬小麦各生育阶段作物系数

根据各生育阶段的参考作物蒸发蒸腾量与蒸渗仪实测蒸发蒸腾量，计算的 1998～2011 年冬小麦各生育阶段的作物系数见表 3-5。

表 3-5　1998～2011 年冬小麦各生育阶段作物系数

生长季	项目	冬小麦各生育阶段作物系数							
		播种—分蘖期	分蘖—越冬期	越冬—返青期	返青—拔节期	拔节—抽穗期	抽穗—灌浆期	灌浆—收获期	全生育期
1998～1999 年	ET_c	32.03	22.63	31.15	47.50	71.86	87.84	93.47	389.40
	ET_0	44.00	30.17	51.07	74.78	74.86	70.62	104.33	467.80
	K_c	0.73	0.75	0.61	0.64	0.96	1.24	0.90	0.83

生长季	项目	冬小麦各生育阶段作物系数							
		播种—分蘖期	分蘖—越冬期	越冬—返青期	返青—拔节期	拔节—抽穗期	抽穗—灌浆期	灌浆—收获期	全生育期
1999~2000 年	ET_c	27.91	20.08	42.33	47.66	70.63	78.92	63.07	350.50
	ET_0	48.59	33.10	72.19	71.48	84.93	76.30	107.55	494.10
	K_c	0.57	0.61	0.59	0.67	0.83	1.03	0.59	0.71
2000~2001 年	ET_c	30.10	29.14	43.09	59.46	60.20	89.31	65.76	377.00
	ET_0	35.37	32.88	53.28	72.62	52.96	78.15	133.79	459.00
	K_c	0.85	0.89	0.81	0.82	1.04	1.14	0.49	0.82
2001~2002 年	ET_c	30.93	19.90	31.05	57.58	63.64	89.36	79.65	372.10
	ET_0	38.58	21.49	58.83	60.07	61.61	85.09	90.35	416.00
	K_c	0.80	0.93	0.53	0.96	1.03	1.05	0.88	0.89
2002~2003 年	ET_c	36.01	32.36	31.99	56.88	81.32	114.21	95.12	447.80
	ET_0	47.04	40.28	59.48	63.44	66.66	79.50	95.52	453.40
	K_c	0.77	0.80	0.54	0.90	1.22	1.44	1.00	0.99
2003~2004 年	ET_c	39.29	33.76	56.19	66.03	88.70	76.50	70.11	430.50
	ET_0	45.02	36.82	70.92	71.30	88.11	59.85	91.06	463.00
	K_c	0.87	0.92	0.79	0.93	1.01	1.28	0.77	0.93
2004~2005 年	ET_c	35.85	32.08	30.68	59.62	101.09	97.49	84.60	441.40
	ET_0	41.05	30.40	55.36	59.61	86.77	76.72	94.37	444.20
	K_c	0.87	1.06	0.55	1.00	1.17	1.27	0.90	0.99
2005~2006 年	ET_c	35.13	30.14	44.60	82.02	98.89	96.77	88.09	475.60
	ET_0	39.76	31.54	64.53	70.24	79.66	73.61	100.02	459.30
	K_c	0.88	0.96	0.69	1.17	1.24	1.31	0.88	1.04
2006~2007 年	ET_c	30.75	27.50	51.50	74.75	87.50	85.61	76.18	433.70
	ET_0	46.94	33.42	69.47	74.05	80.52	77.72	99.75	481.80
	K_c	0.66	0.82	0.74	1.01	1.09	1.10	0.76	0.90
2007~2008 年	ET_c	28.26	26.90	35.70	51.88	80.53	78.65	78.09	380.00
	ET_0	37.94	35.30	63.92	70.07	81.28	76.09	136.38	500.90
	K_c	0.74	0.76	0.56	0.74	0.99	1.03	0.57	0.76
2008~2009 年	ET_c	38.09	36.35	45.82	67.18	84.86	92.98	57.73	423.00
	ET_0	53.23	49.67	79.67	82.42	83.44	80.50	94.86	523.70
	K_c	0.72	0.73	0.58	0.82	1.02	1.16	0.61	0.81
2009~2010 年	ET_c	37.57	32.73	33.46	67.50	80.94	78.64	67.56	398.40
	ET_0	53.23	49.67	79.67	82.42	83.44	80.50	94.86	523.70
	K_c	0.71	0.66	0.42	0.82	0.97	0.98	0.71	0.76

续表

生长季	项目	冬小麦各生育阶段作物系数							
		播种—分蘖期	分蘖—越冬期	越冬—返青期	返青—拔节期	拔节—抽穗期	抽穗—灌浆期	灌浆—收获期	全生育期
2010~2011年	ET_c	33.92	22.10	43.98	45.01	65.42	84.71	65.84	360.90
	ET_0	50.25	32.89	84.07	84.99	90.79	78.03	122.98	544.00
	K_c	0.67	0.67	0.52	0.53	0.72	1.09	0.54	0.66

从表 3-5 可以看出，冬小麦全生育期的作物系数之间相差不大，各年间作物系数平均为 0.85。作物系数在生育期内呈现明显的"双峰"变化趋势，"双峰"所在的时期分别为分蘖—越冬期、抽穗—灌浆期。分蘖—越冬期作物系数为 0.61~0.93，平均为 0.80；抽穗—灌浆期作物系数为 1.03~1.44，平均为 1.15。抽穗—灌浆期的作物系数最大，其次是拔节—抽穗期，为 0.83~1.24，平均为 1.04。冬小麦作物系数的波谷出现在越冬—返青期，为 0.53~0.81，平均为 0.61，这是因为在越冬期间温度低，冬小麦停止生长。同一时期的作物系数年际变化不大，表现出较好的稳定性。

（2）冬小麦作物系数与累积积温的关系

依据 1998~2011 年冬小麦的试验数据将作物系数与各气象因素进行相关性分析显示，温度对作物系数的影响较大。作物系数与作物生长发育有直接关系，而活动积温反映了作物生长发育过程特征。活动积温为大于某一临界温度值的日平均气温的总和，表现了作物对热量的要求。因此，以≥0℃积温为变量，建立作物系数与作物生长发育过程的直接关系，为简单获得冬小麦作物系数提供了直接方法。

由于冬小麦的生长过程中经历越冬期，在这个时期内冬小麦生长缓慢甚至停滞导致作物系数降低，返青开始后冬小麦生长加快作物系数又逐渐升高，因此将返青前、返青开始后的作物系数与≥0℃积温分别考虑，经过多年数据分析表明，划分点的≥0℃积温平均为 700℃（图 3-61 和图 3-62）。

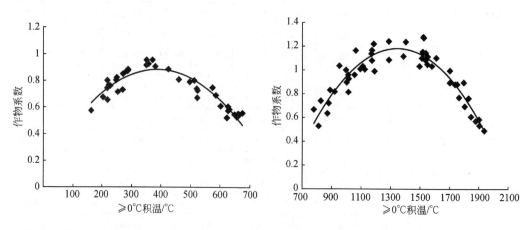

图 3-61　作物系数与≥0℃积温（<700℃）关系　　图 3-62　作物系数与≥0℃积温（>700℃）关系

分别用多项式对两个关系进行回归分析表明，冬小麦作物系数分别与≥0℃积温（＜700℃）、≥0℃积温（＞700℃）呈二次多项式关系。

$$y = -5 \times 10^{-6} x_1^2 + 0.0039 x_1 + 0.1289 \qquad (3\text{-}34)$$

$$y = -2 \times 10^{-6} x_2^2 + 0.0053 x_2 - 2.3807 \qquad (3\text{-}35)$$

式中，y 为作物系数；x_1 为≥0℃积温（＜700℃），x_2 为≥0℃积温（＞700℃）。拟合结果的回归系数分别为 0.8510 和 0.8722，表明拟合曲线与实测值相关性好。

（3）冬小麦作物系数与播后天数的关系

分析发现，播后天数与冬小麦作物系数有着较好的拟合关系。在建立播后天数与冬小麦作物系数的关系时将冬小麦的作物系数分为返青前与返青后处理，经过多年数据分析，划分点的天数为 150 天（图 3-63 和图 3-64）。

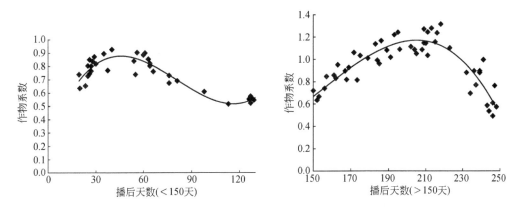

图 3-63　作物系数与播后天数（<150d）关系　　图 3-64　作物系数与播后天数（>150d）关系

回归分析表明，冬小麦作物系数分别与播后天数（<150d）、播后天数（>150d）呈三次多项式关系。

$$y = -2 \times 10^{-6} x_1^3 - 0.0005 x_1^2 + 0.0327 x_1 + 0.2288 \qquad (3\text{-}36)$$

$$y = -2 \times 10^{-6} x_2^3 + 0.0008 x_2^2 - 0.1057 x_2 + 4.7812 \qquad (3\text{-}37)$$

式中，y 为作物系数；x_1 为播后天数（<150d）；x_2 为播后天数（>150d）。拟合结果的回归系数分别为 0.8479 和 0.8053。

（4）冬小麦作物系数与叶面积指数的关系

分析发现，从冬小麦返青期开始，冬小麦的作物系数与叶面积指数具有一定的关系，利用多年的数据拟合，如图 3-65 所示。从图 3-65 可以看出，冬小麦作物系数随着叶面积指数的增加而增加，当叶面积指数达到最大值时，作物系数也达到最大值。当叶面积指数较小的时候，随着叶面积指数的增加，作物系数增长较快；当叶面积指数较大时，随着叶面积指数的增加，作物系数增长较慢。

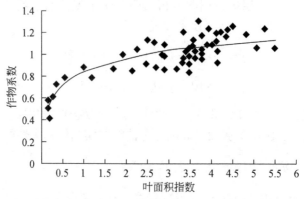

图 3-65　冬小麦作物系数与叶面积指数的关系

用多项式对冬小麦作物系数与叶面积指数进行回归分析表明，冬小麦作物系数与叶面积指数呈对数关系。

$$y = 0.1727\ln x + 0.8445 \tag{3-38}$$

式中，y 为作物系数；x 为叶面积指数。拟合结果的回归系数为 0.7985。

3.6.3.2　夏玉米作物系数

（1）夏玉米各生育阶段作物系数

根据各生育阶段的参考作物蒸发蒸腾量与蒸渗仪实测蒸发蒸腾量，计算 1999～2011 年夏玉米各生育阶段的作物系数见表 3-6。

表 3-6　1999～2011 年夏玉米各生育阶段作物系数

年份	项目	夏玉米各生育期作物系数					
		播种—出苗期	出苗—拔节期	拔节—抽雄期	抽雄—灌浆期	灌浆—收获期	全生育期
1999	ET_c	28.86	58.76	79.82	134.79	61.10	363.32
	ET_0	42.18	70.09	85.97	110.52	61.32	370.08
	K_c	0.68	0.84	0.93	1.22	1.00	0.98
2000	ET_c	27.31	58.61	75.96	116.33	64.62	342.82
	ET_0	48.56	74.47	82.60	103.05	60.39	369.07
	K_c	0.56	0.79	0.92	1.13	1.07	0.93
2001	ET_c	27.66	66.83	83.00	148.58	75.32	401.39
	ET_0	55.36	75.71	77.65	99.27	63.70	371.69
	K_c	0.50	0.88	1.07	1.50	1.18	1.08
2002	ET_c	28.84	54.55	68.64	113.60	55.30	320.94
	ET_0	44.23	63.89	64.63	75.16	51.32	299.23
	K_c	0.65	0.85	1.06	1.51	1.08	1.07

年份	项目	夏玉米各生育期作物系数					
		播种—出苗期	出苗—拔节期	拔节—抽雄期	抽雄—灌浆期	灌浆—收获期	全生育期
2003	ET_c	28.97	54.03	81.53	100.00	61.32	325.85
	ET_0	45.74	60.29	78.96	79.34	59.92	324.26
	K_c	0.63	0.90	1.03	1.26	1.02	1.00
2004	ET_c	28.36	55.87	74.12	127.29	84.48	370.12
	ET_0	42.82	71.47	85.71	97.61	70.54	368.14
	K_c	0.66	0.78	0.86	1.30	1.20	1.01
2005	ET_c	27.77	55.08	87.26	111.63	49.17	330.91
	ET_0	47.68	76.14	81.02	93.07	47.36	345.28
	K_c	0.58	0.72	1.08	1.20	1.04	0.96
2006	ET_c	25.93	51.94	75.44	102.93	61.11	317.35
	ET_0	46.24	63.85	80.98	100.20	63.14	354.41
	K_c	0.56	0.81	0.93	1.03	0.97	0.90
2007	ET_c	27.63	52.32	73.56	102.27	44.08	299.85
	ET_0	40.22	69.58	72.09	85.82	51.97	319.68
	K_c	0.69	0.75	1.02	1.19	0.85	0.94
2008	ET_c	28.87	65.68	85.89	110.73	62.14	353.31
	ET_0	35.33	72.79	84.27	101.49	63.46	357.34
	K_c	0.82	0.90	1.02	1.09	0.98	0.99
2009	ET_c	29.95	57.84	77.76	107.32	39.44	312.31
	ET_0	41.65	78.99	87.56	98.52	51.58	358.30
	K_c	0.72	0.73	0.89	1.09	0.76	0.87
2010	ET_c	27.29	51.57	86.39	101.20	35.04	301.49
	ET_0	49.88	78.46	84.43	90.44	43.12	346.33
	K_c	0.55	0.66	1.02	1.12	0.81	0.87
2011	ET_c	27.29	51.57	86.39	101.20	35.04	301.49
	ET_0	46.09	78.48	86.96	112.78	72.26	396.56
	K_c	0.59	0.66	0.99	0.90	0.48	0.76

从表3-6可以看出,多年间夏玉米各生育阶段的作物系数变化幅度不大,全生育期的作物系数为0.76~1.08,播种—出苗期、出苗—拔节期、拔节—抽雄期、抽雄—灌浆期、灌浆—收获期平均作物系数分别为0.61、0.85、1.00、1.27、1.07,表现出较好的年际稳定性。作物系数在全生育期内间呈单峰变化,峰值出现在抽穗—灌浆期。

(2) 夏玉米作物系数与累积积温的关系

依据多年的数据,构建的作物系数与≥10℃积温的关系如图3-66所示。

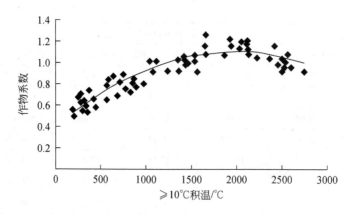

图 3-66　夏玉米作物系数与≥10℃积温关系

分析发现，夏玉米作物系数与≥10℃积温呈二次多项式关系。

$$y=-2\times10^{-7}x^2+0.0007x+0.4014 \tag{3-39}$$

式中，y 为作物系数；x 为≥10℃积温。拟合结果的回归系数为 0.8097。

（3）夏玉米作物系数与播后天数的关系

夏玉米作物系数与播后天数之间的关系如图 3-67 所示。

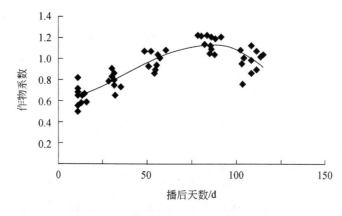

图 3-67　夏玉米作物系数与播后天数关系

回归分析表明，夏玉米作物系数与播后天数呈三次多项式关系。

$$y=-1\times10^{-6}x^3+0.0001x^2+0.0036x+0.5688 \tag{3-40}$$

式中，y 为作物系数；x 为播后天数。拟合结果的回归系数为 0.8009。

（4）夏玉米作物系数与叶面积指数的关系

夏玉米作物系数与叶面积指数之间也存在着较好的关系，如图 3-68 所示。从图 3-68 可以看出，夏玉米作物系数也随着叶面积指数的增加而增加，当叶面积指数达到最大值时，作物系数也达到最大值。

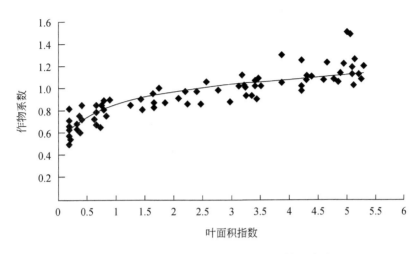

图 3-68　夏玉米作物系数与叶面积指数的关系

回归分析表明，夏玉米作物系数与叶面积指数呈对数关系。

$$y = 0.1577\ln x + 0.8655 \tag{3-41}$$

式中，y 为作物系数；x 为叶面积指数。拟合结果的回归系数为 0.7913。

3.6.3.3　冬小麦双作物系数

（1）冬小麦生育阶段的划分

根据该地区作物的实际生长状况，按 FAO 推荐的生育期划分原则确定冬小麦各生长发育期的长度，见表 3-7。

表 3-7　冬小麦各生长阶段的长度　　　　　　（单位：d）

生长季	播种日期	全生育期	初期阶段	发育阶段	中期阶段	后期阶段
1998～1999 年	10 月 8 日	239	130	50	40	19
1999～2000 年	10 月 12 日	237	130	50	40	17
2002～2003 年	10 月 11 日	241	130	50	45	16

（2）冬小麦的基础作物系数

FAO 推荐的冬小麦的基础作物系数分别为：$K_{cbini} = 0.15$，$K_{cbmid} = 1.10$，$K_{cbend} = 0.15$，并应按气候条件对推荐的作物系数进行调整。将调整后的双作物系数与实测值进行了比较，发现有比较大的差异，所以应根据当地的实际情况修正。根据蒸渗仪修正后冬小麦的基础作物系数见表 3-8。

表 3-8　修正后冬小麦的基础作物系数

生长季	K_{cbini}	K_{cbmid}	K_{cbend}
1998～1999 年	0.25	1.20	0.20
1999～2000 年	0.25	0.99	0.20
2002～2003 年	0.25	1.20	0.20

1998～1999 年冬小麦在 11 月下旬至 2 月的越冬期出现了水分胁迫情况，但计算的初期基础作物系数不受影响，因为在该期间冬小麦处于冬眠状态，蒸发蒸腾量和棵间土壤蒸发量均维持在很低的水平，所以该时期水分亏缺对基础作物系数的影响可忽略，1998～1999 年冬小麦其他时期无水分亏缺状况。1999～2000 年冬小麦生长初期无水分亏缺发生，在中后期出现水分亏缺，对中期基础作物系数影响比较大，$K_{cbmid}=0.99$，明显小于正常值 1.20。2002～2003 年冬小麦供水充足，作物根系土层无水分胁迫情况发生。根据对试验数据的综合分析，在陕西杨凌地区的气候条件下，如品种无变化，正常供水条件下冬小麦的基础作物系数分别为：$K_{cbini}=0.25$，$K_{cbmid}=1.20$，$K_{cbend}=0.20$。

（3）冬小麦双作物系数曲线

根据实测数据确定的冬小麦双作物系数曲线如图 3-69～图 3-71 所示。从图 3-69～图 3-71 可以看出，降水和灌溉（$P+I$）对作物系数（K_c）的影响非常大，尤其在作物较小的初期阶段，这是因为在初期阶段地面覆盖少，棵间蒸发占很大比例，表层土壤蒸发系数在降水和灌溉后会明显变大，作物系数也变大。在中期阶段，作物充分覆盖，有效抑制了棵间蒸发量，降水和灌溉对作物系数的影响比初期阶段小。从图 3-69～图 3-71 来看，双作物系数在各阶段都与实测值较符合，说明基础作物系数和土壤蒸发系数的确定方法是适合本地情况的。

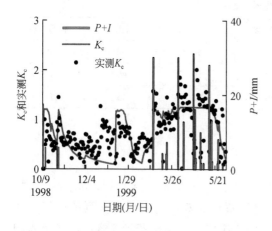

图 3-69　1998～1999 年冬小麦双作物系数曲线

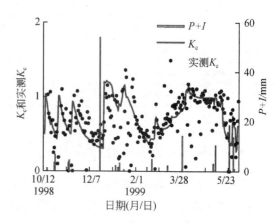

图 3-70　1999～2000 年小麦双作物系数曲线

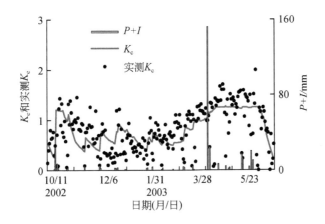

图 3-71 2002～2003 年冬小麦双作物系数曲线

3.6.3.4 夏玉米双作物系数

（1）夏玉米生育阶段的划分

根据该地区作物的实际生长状况，按 FAO 推荐的生育期划分原则确定夏玉米各生长发育期的长度，见表3-9。

表 3-9　夏玉米各生长阶段的长度　　　　　　（单位：d）

年份	播种日期	全生育期	初期阶段	发育阶段	中期阶段	后期阶段
1999	6 月 14 日	105	20	40	30	15
2000	6 月 12 日	103	20	40	30	13
2001	6 月 14 日	109	20	40	35	14
2002	6 月 11 日	103	20	40	30	13
2003	6 月 17 日	114	20	40	35	19

（2）夏玉米的基础作物系数

FAO 推荐的夏玉米不同阶段的基础作物系数分别为：$K_{cbini}=0.15$，$K_{cbmid}=1.15$，$K_{cbend}=0.5$。在陕西杨凌地区的气候条件下，如品种无变化，实测值修正后夏玉米不同生长阶段的基础作物系数分别为：$K_{cbini}=0.25$，$K_{cbmid}=1.25$，$K_{cbend}=0.65$。

（3）夏玉米双作物系数曲线

夏玉米生育期较短，正处于雨季，构建的双作物系数曲线与实测值没有冬小麦与实测值吻合的好（图 3-72～图 3-76）。总体来看，在生长初期和后期阶段比中期阶段好，这是由于中期阶段玉米达到完全有效覆盖，在这个阶段玉米棵间蒸发量受到抑制，降水和灌溉对表层土壤蒸发系数的影响很小。

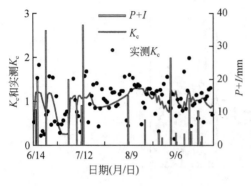

图 3-72　1999 年夏玉米双作物系数曲线

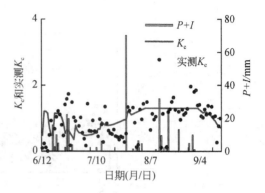

图 3-73　2000 年夏玉米双作物系数曲线

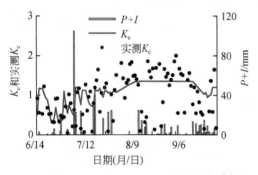

图 3-74　2001 年夏玉米双作物系数曲线

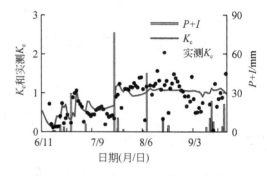

图 3-75　2002 年夏玉米双作物系数曲线

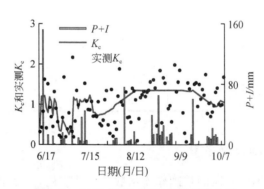

图 3-76　2003 年夏玉米双作物系数曲线

3.7　缺水条件下作物蒸发蒸腾量的计算

3.7.1　缺水条件下作物蒸发蒸腾量的计算式

在非充分灌溉条件下会发生水分亏缺，在计算作物蒸发蒸腾量时，还要考虑土壤水

分对蒸发蒸腾的抑制作用，即要考虑土壤水分修正系数 K_θ。此时，实际蒸发蒸腾量可表示为

$$\mathrm{ET_a} = K_\theta K_c \mathrm{ET_0} \tag{3-42}$$

或

$$\mathrm{ET_a} = (K_\theta K_{cb} + K_e) \mathrm{ET_0} \tag{3-43}$$

式中，$\mathrm{ET_a}$ 为水分胁迫条件下实际作物蒸发蒸腾量（mm/d）；K_θ 为土壤水分胁迫系数。

3.7.2 土壤水分胁迫系数的计算

在水分胁迫下，计算作物需水量的关键是确定土壤水分胁迫系数，几种常用确定土壤水分胁迫系数 K_θ 的公式如下。

（1）以相对有效含水率为参数的线性公式

$$K_\theta = \frac{\theta - \theta_{wp}}{\theta_f - \theta_{wp}} \text{或} \frac{\theta - \theta_{wp}}{\theta_j - \theta_{wp}} \tag{3-44}$$

式中，θ 为计算时段内作物根系活动层内的平均土壤含水量；θ_f 和 θ_{wp} 分别为田间持水量和凋萎系数；θ_j 为作物蒸发蒸腾开始受影响时的临界土壤含水量。

（2）Jensen 公式

$$K_\theta = \frac{\ln(A_w + 1)}{\ln 101}$$
$$A_w = \frac{\theta - \theta_{wp}}{\theta_j - \theta_{wp}} \tag{3-45}$$

式中，A_w 为土壤湿度占田间持水量的比例。当 $A_w = 100$ 时，$K_\theta = 1$；当 $A_w \geq 50$ 时，K_θ 对 K_c 影响不大；当 $A_w \leq 50$ 时，$K_\theta = A_w/50$。

（3）康绍忠幂函数公式

$$K_\theta = \begin{cases} c\left(\dfrac{\theta - \theta_{wp}}{\theta_j - \theta_{wp}}\right)^d & \theta < \theta_j \\ 1.0 & \theta \geq \theta_j \end{cases} \tag{3-46}$$

式中，c 和 d 是由实测资料确定的经验系数，它们随生育阶段和土壤条件而变化；θ 为计划湿润层内的平均土壤含水量；θ_j 与 θ_{wp} 分别为临界土壤含水量和凋萎系数。对冬小麦，各生育期均取 $c = 1.0$；苗期、越冬期和成熟期 d 分别为 0.78、1.53 和 0.96。

3.7.3 缺水条件下冬小麦作物蒸发蒸腾量的计算结果

利用 2005 年 10 月～2006 年 6 月在西北农林科技大学旱区农业水土工程教育部重点实验室的灌溉试验站冬小麦田间 6 个试验处理（处理 1 冬灌 40mm，拔节期灌水 60mm；处理

2 冬灌 40mm，拔节期灌水 80mm；处理 3 冬灌 80mm，拔节期灌水 40mm；处理 4 冬灌 40mm，拔节期灌水 80mm；处理 5 冬灌 80mm，拔节期灌水 60mm；处理 6 冬灌 40mm，拔节期灌水 40mm）的试验资料，把冬小麦按生育期分成四个生育阶段。采用单作物系数法和双作物系数法计算阶段和全生育期蒸发蒸腾量，利用式（3-44）计算土壤水分胁迫系数，计算的缺水条件下实际蒸发蒸腾量结果见表3-10。

表 3-10 单作物系数法、双作物系数法计算的作物蒸发蒸腾量与实测值的比较

生育期	项目	处理1	处理2	处理3	处理4	处理5	处理6
初期阶段	ET_1/mm	65.5	65.5	65.5	65.5	65.5	65.5
	ET_2/mm	62.7	62.7	62.7	62.7	62.7	62.7
	ET_a/mm	63.1	70.8	62.7	59.5	67.4	64.7
	$\Delta 1$/mm	2.4	−5.2	2.8	6.1	−1.8	0.8
	$\Delta 2$/mm	−0.4	−8.1	0.0	3.2	−4.7	−2.0
	R_1/%	3.9	−7.5	4.5	10.0	−2.8	1.2
	R_2/%	−0.6	−11.4	0.0	5.4	−6.9	−3.1
发育阶段	ET_1/mm	84.7	84.7	84.7	84.7	84.7	84.7
	ET_2/mm	66.4	66.4	66.4	66.4	66.4	66.4
	ET_a/mm	65.1	70.9	61.1	62.4	66.3	60.2
	$\Delta 1$/mm	19.6	13.8	23.6	22.3	18.4	24.5
	$\Delta 2$/mm	1.3	−4.5	5.3	4.0	0.1	6.2
	R_1/%	30.1	19.5	38.6	35.7	27.7	40.6
	R_2/%	1.9	−6.3	8.7	6.4	0.2	10.2
中期阶段	ET_1/mm	106.8	106.8	106.8	106.8	106.8	106.8
	ET_2/mm	102.1	102.1	102.1	102.1	102.1	102.1
	ET_a/mm	95.2	100.5	95.2	95.0	98.5	99.6
	$\Delta 1$/mm	11.6	6.3	11.6	11.8	8.3	7.2
	$\Delta 2$/mm	6.9	1.6	6.9	7.1	3.6	5.2
	R_1/%	12.2	6.3	12.2	12.4	8.4	7.2
	R_2/%	7.3	1.6	7.2	7.5	3.6	2.5
后期阶段	ET_1/mm	25.7	25.7	25.7	25.7	25.7	25.7
	ET_2/mm	34.1	34.1	34.1	34.1	34.1	34.1
	ET_a/mm	40.2	36.6	36.1	37.3	37.7	37.0
	$\Delta 1$/mm	−14.5	−10.9	−10.4	−11.6	−12.0	−11.3
	$\Delta 2$/mm	−6.1	−2.5	−2.0	−3.2	−3.6	−2.9
	R_1/%	−36.1	−29.8	−28.8	−31.1	−31.8	−30.5
	R_2/%	−15.2	−6.8	−5.5	−8.6	−9.5	−7.8

生育期	项目	处理1	处理2	处理3	处理4	处理5	处理6
全生育期	ET_1/mm	282.8	282.8	282.8	282.8	282.8	282.8
	ET_2/mm	264.4	264.4	264.4	264.4	264.4	264.4
	ET_a/mm	263.7	268.3	255.2	254.1	270.1	261.4
	Δ1/mm	19.1	14.5	27.6	28.7	12.7	21.4
	Δ2/mm	0.7	−3.9	9.2	10.3	−5.7	3.0
	R_1/%	7.2	5.4	10.8	11.3	4.7	8.2
	R_2/%	0.3	−1.5	3.6	4.1	−2.1	1.1

注：表中 ET_1 为采用单作物系数法计算；ET_2 为采用双作物系数法计算；ET_a 为实测作物蒸发蒸腾量；Δ1 为 ET_1 与 ET_a 的绝对误差；Δ2 为 ET_2 与 ET_a 的绝对误差；R_1 为 ET_1 与 ET_a 的相对误差；R_2 为 ET_2 与 ET_a 的相对误差

从表 3-10 可以看出，用双作物系数法计算出的作物蒸发蒸腾量比单作物系数法更接近实测值。用双作物系数法计算出的作物蒸发蒸腾量与实测值在大多数情况下比较接近，变化趋势相同，且冬小麦全生育期双作物系数法的计算结果与实测值的相对偏差较小，均小于 4%。计算值符合实际。

3.8 小 结

通过对作物蒸发蒸腾量测量与计算方法的研究，主要得出以下结果。

1）波文比法计算的蒸发蒸腾量与蒸渗仪测定值日变化趋势基本一致，蒸渗仪夜间波动较大；3 月底~10 月初的整个时段内波文比与蒸渗仪的蒸发蒸腾量均与风速之间存在很弱的负相关关系，与降水和灌溉存在正相关关系。分析比较了晴天、阴天、小雨和大雨四种典型天气情况下蒸发蒸腾量的日变化规律、逐日变化规律以及蒸发蒸腾量的影响因素。

2）冬小麦作物系数在全生育期内呈现明显的双峰变化趋势，双峰所在的时期为分蘖—越冬期、抽穗—灌浆期，且在越冬—返青期达到最低值；夏玉米作物系数在全生育期内呈明显的单峰变化趋势，峰值出现在抽雄—灌浆期，作物系数与累积积温、播后天数和叶面积指数有较好的拟合关系。

3）FAO 推荐的双作物系数与实测值比较，有较大的差异，应根据当地的实际情况对其进行修正。根据对试验数据的综合分析，在陕西杨凌地区的气候条件下，如品种无变化，正常供水条件下冬小麦的基础作物系数分别为 $K_{cbini} = 0.25$、$K_{cbmid} = 1.20$、$K_{cbend} = 0.20$。夏玉米不同生长阶段的基础作物系数分别为 $K_{cbini} = 0.25$、$K_{cbmid} = 1.25$、$K_{cbend} = 0.65$。

4）在缺水条件下，可以用以相对有效含水率为参数的线性公式计算土壤水分胁迫系数，其中用双作物系数法计算出的作物蒸发蒸腾量比单作物系数法更接近实测值。用双作物系数法计算出的作物蒸发蒸腾量与实测值在大多数情况下比较接近，变化趋势相同，且冬小麦全生育期双作物系数法的计算结果与实测值的相对偏差较小，均小于 4%。

第4章 冬小麦高光谱特征及其生理生态参数估算模型

遥感技术是精准农业的核心技术手段之一，它通过地面、航空、卫星多种平台获取农作物的波谱信息，并结合信息处理和模型建立，揭示农作物及地块的水肥、营养和长势等基本信息，从而为科学、精准的农田管理提供依据。遥感为大面积、迅速、无破坏地监测农作物生长状况提供了可能。随着空间技术的发展，遥感技术在农业上的应用将更加广泛。高光谱遥感技术由于其先进科学的探测方法已经成为精准农业的一个重要组成部分，在解决精准农业所要求的定时、定量化监测农田作物生长状况方面具有很大的应用潜力。我国冬小麦种植面积和产量仅次于水稻，是我国重要的商品粮和战略性的主要粮食储备品种。准确地监测冬小麦生长动态，对于我国粮食安全具有重要的意义。因此，寻求简便、快速、无破坏地监测冬小麦生长状况的方法，进而指导冬小麦生产管理和加工乃当务之急。

本章以大田试验冬小麦冠层光谱数据、ETM+数据以及相对应的冬小麦叶绿素含量、覆盖度、叶面积指数数据为数据源，分析了不同试验条件下冬小麦光谱特征，按生育期分析了冬小麦原始光谱、导数光谱与冬小麦叶绿素含量、覆盖度、叶面积指数的相关关系，构建了返青期、拔节期、抽穗期和灌浆期冬小麦叶绿素含量、覆盖度、叶面积指数的高光谱遥感估算模型。重点分析了植被指数法、光谱特征参数法、红边参数法、小波能量系数法以及小波分形法在冬小麦叶绿素含量、覆盖度和叶面积指数反演中的应用。此外，将冬小麦叶绿素含量、覆盖度、叶面积指数的高光谱植被指数估算模型用于ETM+数据中的可行性及精度进行了论证。

4.1 试验方案

试验在西北农林科技大学灌溉试验站进行。

（1）不同种植密度、不同灌水定额冬小麦大田试验

供试作物为冬小麦（品种为小偃22号）。施肥水平与该地区大田施肥水平一致（纯氮256.5kg/hm²，五氧化二磷240kg/hm²，播种时一次全部施入）。小麦于2009年10月17日播种，2010年3月3日返青，2010年6月9日成熟收获。2010年10月17日播种，2011年3月6日返青，2011年6月7日成熟收获。以不同的灌水定额和播种密度作为试验因子，综合考虑试验区的生产实践经验，分为3个灌水时期，即播种—分蘖期、拔节—抽穗期、灌浆—成熟期；设置3个灌溉水平，即轻度亏水处理（60mm）、适宜供水处理（75mm）、重度亏水处理（45mm）；设置3个播种密度，即稀播（213万株/hm²）、适宜播

种密度（345 万株/hm²）、密播（460 万株/hm²）。试验小区面积为 6m×5m，行距为 25cm，设 4 个重复。

（2）不同品种、不同氮素、不同水分条件下冬小麦大田试验

供试作物为冬小麦，品种为小偃 22 号、秦农 142、郑麦 9023。试验设 4 个施肥水平，即纯氮 0kg/hm²、80kg/hm²、160kg/hm²、240kg/hm²，五氧化二磷 240kg/hm²，播种时一次全部施入。设置 2 个灌溉水平，即充分灌溉、水分亏缺（充分灌溉的土壤含水率的控制在 60% ~80%θ_F①；水分亏缺的土壤含水率的控制在 55% ~70% θ_F）。小麦于 2009 年 10 月 17 日播种，2010 年 3 月 3 日返青，2010 年 6 月 9 日成熟收获。2010 年 10 月 17 日播种，2011 年 3 月 6 日返青，2011 年 6 月 7 日成熟收获。试验为随机区组排列，试验小区面积为 3m×4m，行距为 25cm，设 4 个重复。

（3）不同灌水定额、不同受旱时段冬小麦大田试验

供试作为冬小麦品种为小偃 22 号。小麦于 2012 年 10 月 15 日人工播种，播种密度为 180kg/hm²。2013 年 6 月 3 日收获。以冬小麦灌水定额和受旱时段两个因素设计本次试验。灌水定额有两个水平，即 40mm 和 80mm。受旱时段有四个水平，即越冬返青时段受旱、返青拔节时段受旱、拔节抽穗时段受旱和抽穗灌浆时段受旱。具体试验处理见表 4-1，8 个处理，3 个对照，设 3 个重复。

表 4-1　冬小麦不同生育期灌水的试验设计

处理	越冬水	返青水	拔节水	抽穗水	灌浆水	灌水定额/mm
T1	×	×	√	√	√	
T2	√	×	×	√	√	
T3	√	√	×	×	√	40
T4	√	√	√	×	×	
CK1	√	√	√	√	√	
T5	×	×	√	√	√	
T6	√	×	×	√	√	
T7	√	√	×	×	√	80
T8	√	√	√	×	×	
CK2	√	√	√	√	√	
CK3	×	×	×	×	×	0

注：√表示灌溉，×表示受旱

————————

① θ_F 为田间持水量。

4.2 冬小麦冠层光谱特征的变化

4.2.1 冬小麦冠层光谱特征的变化

4.2.1.1 不同生育期冬小麦冠层高光谱特征

图 4-1 为不同生育期冬小麦冠层高光谱特征，从图 4-1 可以看出，不同时期光谱特征基本相似，在 400～500nm 的蓝紫光波段与 600～700nm 的红光波段，由于叶绿素强烈吸收辐射能进行光合作用而形成两个吸收谷，其中蓝紫谷为光谱在蓝紫波段的最小值，红谷为反射光谱在红光波段的反射率最小值。在这两个吸收谷之间，即绿光波段，吸收较少，形成反射峰。700nm 后反射率急剧增加，形成一个高的反射平台。反射率从红谷到近红外高反射率平台之间的变化常用红边来表示。

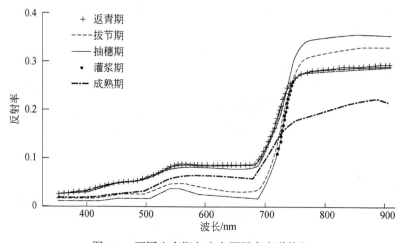

图 4-1　不同生育期冬小麦冠层高光谱特征

不同时期光谱特征也存在一定差异（图 4-1）。在可见光区，冬小麦从返青期到拔节期再到抽穗期，冬小麦植株持续生长，叶面积指数和覆盖度不断增大，因而整个群体的光合能力持续增加，冬小麦对蓝光、红光的吸收随之增强，所以蓝光、红光波段的反射率逐渐减小。冬小麦对绿光的吸收相比蓝光与红光要小，所以绿光波段的反射率相比蓝光与红光要大，此时形成一个小的反射峰。冬小麦从抽穗期到灌浆期，叶片的养分向穗部转移，冠层的叶绿素开始减小，此时蓝波段、红波段的反射率逐渐提高。从灌浆期到成熟期，冬小麦叶片不断衰老、脱落，叶绿素分解，叶片变黄，光合作用下降，叶面积指数和覆盖度开始下降，此时蓝波段、红波段的反射率加快上升。在近红外区，冬小麦从返青期到拔节期再到抽穗期，由于冬小麦植株持续生长，叶面积指数逐渐增大，叶层增多，近红外反射率逐渐增加。冬小麦从抽穗期到灌浆期再到成熟期，叶要向穗部转移养分，同时叶的内部结构也会发生变化，此时近红外波段反射率开始下降。

4.2.1.2 不同覆盖度下的冬小麦冠层高光谱特征

作物冠层反射光谱是作物、土壤、大气、水分等多个因子综合形成的，其反射率受作物本身、田间杂草、植被覆盖度、作物水分、土壤状况和大气等多个因素的影响。图 4-2 为不同覆盖度下的冬小麦冠层高光谱特征。由图 4-2 可以看出，当覆盖度很小时（11.7%），冬小麦光谱特征不明显，为土壤背景光谱特征。随着覆盖度的增加（34.2%），冬小麦光谱特征开始显著，植被光谱显著特征——红边已经明显出现。当覆盖度达到一定程度时（51.7%、72.4%、87.9%），冬小麦光谱特征曲线呈现"同中有异"的现象，即反射曲线总的趋势大体保持一致，在局部波段区域差异较大。相同之处，其光谱曲线具有一般健康绿色植被光谱的"峰"和"谷"特征，在可见光波段（400~700nm）植物叶片的反射和透射都很低，存在两个"吸收谷"和一个"反射峰"，即 450nm 的蓝光、650nm 的红光和 550nm 的绿光。"吸收谷"是色素对蓝光和红光的强吸收造成的，而"反射峰"则是绿光的弱反射造成的，所以植物通常呈暗绿色。在 680~740nm 波段，冬小麦大田光谱反射率急剧上升形成植被光谱最重要的特征——红边。这是因为叶肉内的海绵组织结构内有很大反射表面的空腔，且细胞内的叶绿素呈水溶胶状态，具有强烈的红外反射。不同之处，覆盖度越大，光谱曲线反射率在可见光波段越低，在近红外波段越高，两个"吸收谷"也越深。

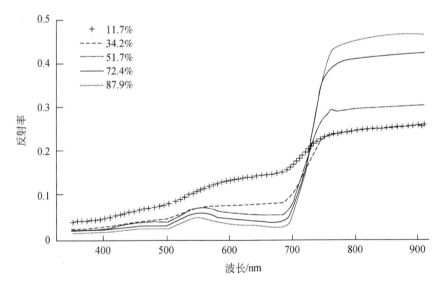

图 4-2 不同覆盖度下的冬小麦冠层高光谱特征

4.2.1.3 不同叶面积指数下的冬小麦冠层高光谱特征

图 4-3 为不同叶面积指数下的冬小麦冠层高光谱特征，由图 4-3 可以看出，不同叶面积指数条件下，冬小麦冠层高光谱特征类似，形成"峰""谷"特征。但是不同叶面积条件下，冬小麦冠层高光谱特征产生差异。当冬小麦叶面积指数偏小时（如 0.31），冬小麦冠层光谱在可见光波段的绿峰不明显，这是由土壤背景造成的。随着叶面积指数的增大，

绿峰特征愈加明显，红谷也越深。

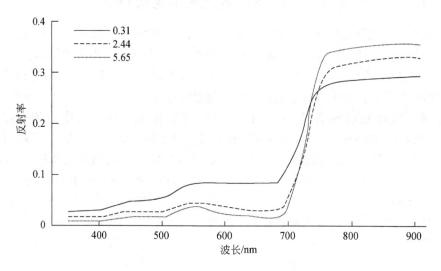

图4-3 不同叶面积指数下的冬小麦冠层高光谱特征

4.2.1.4 不同叶绿素含量下的冬小麦冠层高光谱特征

图4-4为不同叶绿素含量下的冬小麦冠层高光谱特征。由图4-4可知，不同叶绿素含量下，冬小麦冠层高光谱特征类似，形成"峰""谷"特征。但是不同叶绿素含量下，冬小麦冠层高光谱特征也产生差异。当冬小麦叶绿素含量偏小时（如39.3），冬小麦冠层光谱在可见光区的绿峰不明显，随着叶绿素含量的增大，绿峰特征愈加明显，红谷也越深。这是由叶绿素绿光区的弱反射造成的。

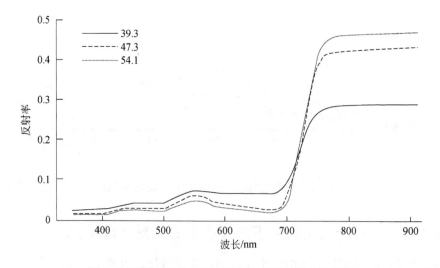

图4-4 不同叶绿素含量下的冬小麦冠层高光谱特征

4.2.1.5 不同种植密度与灌水定额条件下冬小麦冠层高光谱特征

不同种植密度与灌水定额对冬小麦高光谱特征产生影响，以拔节期冬小麦为例，简要说明各处理间的差异（图 4-5）。由图 4-5 可以看出，在拔节期，调亏灌溉下的适播、稀播与密播冬小麦光谱特征趋势一致，同时存在差异。差异主要表现在反射率不同，在适播条件下，适宜供水冬小麦在可见光波段的反射率依次小于轻度亏水、重度亏水条件下的冬小麦；而在近红外波段，适宜供水冬小麦大田光谱反射率依次大于轻度亏水、重度亏水条件下的冬小麦。稀播和密播条件下的冬小麦与适播冬小麦出现的规律类似。光谱特征出现这种差异，与影响光谱特征的冬小麦生理生态指标（叶面积、覆盖度、叶绿素含量等）有关，随着水分胁迫程度的加大，冬小麦生理生态指标随之减小。

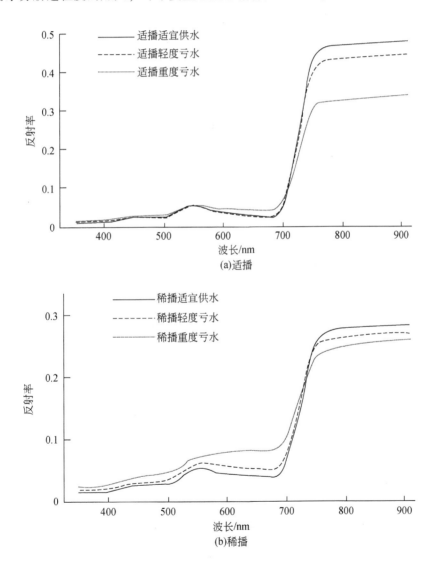

(a)适播

(b)稀播

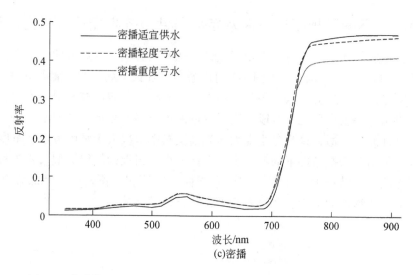

(c)密播

图4-5　拔节期不同种植密度与灌水定额条件下冬小麦冠层高光谱特征

4.2.1.6　不同氮素、不同水分条件下冬小麦冠层高光谱特征

不同氮素、不同水分条件对冬小麦冠层高光谱特征的影响，以抽穗期冬小麦小偃22号为例，简要说明各处理间的差异（图4-6）。由图4-6可以看出，灌浆期，不同氮素水平下的充分灌溉、水分亏缺的冬小麦光谱特征趋势一致，同时存在差异。差异主要表现在反射率不同，在充分灌溉条件下，不同氮素下的冬小麦在可见光波段的反射率随氮素含量的减小而升高；而在近红外波段，冬小麦大田光谱反射率随氮素含量的减少而降低。在水分亏缺条件下，不同氮素下的冬小麦在可见光波段的反射率随氮素含量的增加而降低；而在近红外波段，冬小麦大田光谱反射率随氮素含量的增加而升高。其他两种冬小麦（秦农142和郑麦9023）均显示类似的规律，这里不再累述。光谱特征出现这种差异，与影响光谱特征的冬小麦生理生态指标（叶面积、覆盖度、叶绿素含量等）有关，随着氮素胁迫程度的加大，冬小麦生理生态指标随之减小。

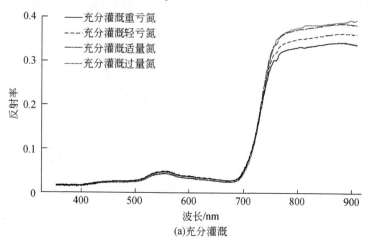

(a)充分灌溉

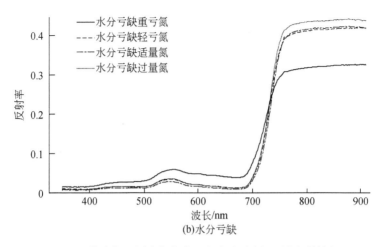

(b)水分亏缺

图 4-6　抽穗期不同水氮条件下冬小麦小偃 22 号光谱特征

4.2.1.7　相同受旱时段、不同灌水条件下冬小麦高光谱特征

将相同受旱时段、不同灌水定额处理的光谱数据进行对比分析，即将 T1 与 T5、T2 与 T6、T3 与 T7、T4 与 T8，以及对照组的 CK1、CK2 与 CK3，在不同的生育期分别进行对比分析，光谱数据对比结果如图 4-7 ~ 图 4-11。

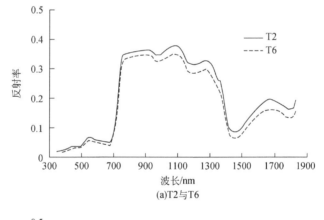

(a)T2 与 T6

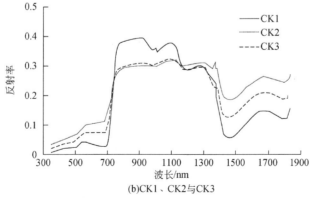

(b)CK1、CK2 与 CK3

图 4-7　返青期不同灌水的冬小麦冠层高光谱特征

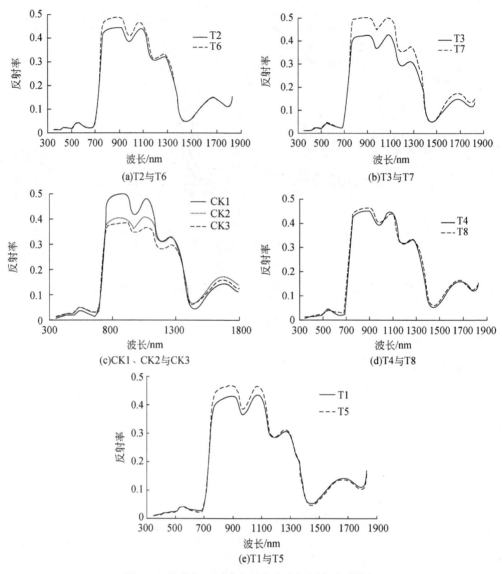

图4-8 拔节期不同灌水的冬小麦冠层高光谱特征

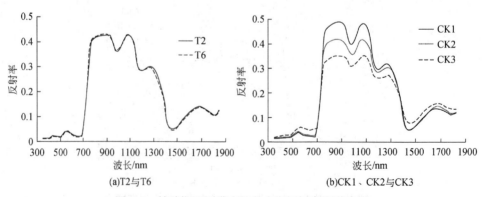

图4-9 抽穗期不同灌水的冬小麦冠层高光谱特征

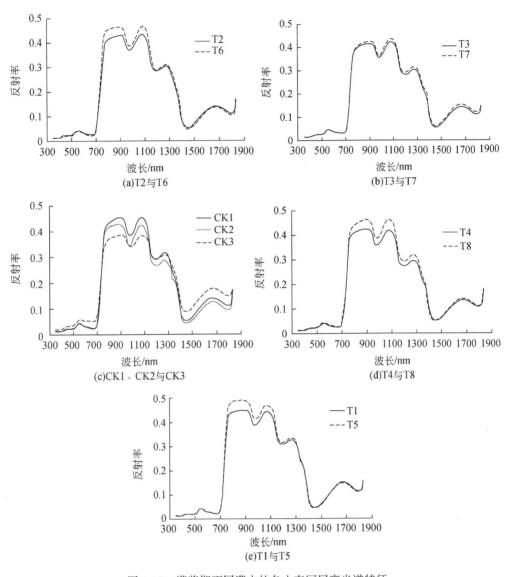

图 4-10 灌浆期不同灌水的冬小麦冠层高光谱特征

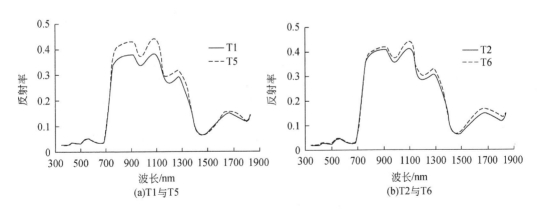

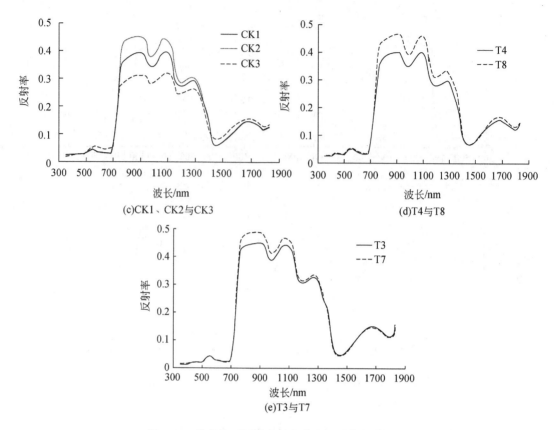

图 4-11   乳熟期不同灌水的冬小麦冠层高光谱特征

图 4-7 整体上来看，处于返青期的冬小麦，灌水定额为 40mm 的光谱反射率高于灌水定额为 80mm 的光谱反射率。以 T2 与 T6 为代表，分析其原因可能是返青期冬小麦覆盖度低，土壤背景明显，光谱数据很大程度上反映的是土壤的光谱特征。这一现象也印证了一个研究发现：在一定土壤含水量范围内，光谱反射率随土壤含水量的增大而减小（Liu et al.，2002a），反映在光谱曲线上，即灌水定额小的冬小麦大田光谱反射率大于灌水定额大的冬小麦大田光谱反射率。

对照组之间的冬小麦大田光谱反射率差异较大，可见光波段（300～760nm）和近红外长波段（1300～1900nm）的冬小麦大田光谱反射率大小规律一致，光谱反射率由高到低为 CK2>CK3>CK1，即整个生育期都按 80mm 灌水定额灌水的冬小麦大田光谱反射率大于整个生育期都不灌水、只接受自然降水的冬小麦大田光谱反射率，而全生育期都按 40mm 灌水定额灌水的冬小麦大田光谱反射率最低。推测返青期，灌水量对叶片色素含量（可见光波段）和水分敏感波段（近红外长波段）的影响更大。近红外短波段（760～1300nm），冬小麦大田光谱反射率由高到低为 CK1 大于 CK2 与 CK3，即全生育期都按 40mm 灌水定额灌水的冬小麦大田光谱反射率最高，与试验组规律一致，全生育期都按 80mm 灌水定额灌水的冬小麦大田光谱反射率与全生育期都不灌水、只接受自然降水的冬小麦大田光谱反射率基本一样。

图 4-8 整体上来看，处于拔节期的冬小麦，相同受旱时段不同灌水定额的冬小麦大田

光谱差别明显的波段在近红外短波段处，即 760～1300nm 处。冬小麦大田光谱反射率呈现以下规律：T1<T5、T2<T6、T3<T7、T8 以微弱的优势大于 T4，即越冬期和返青期不灌水、返青期和拔节期不灌水、拔节期和抽穗期不灌水以及抽穗期和灌浆期不灌水的 80mm 灌水定额灌水的冬小麦大田光谱反射率大于 40mm 灌水定额灌水的冬小麦大田光谱反射率，与返青期相比发生了明显变化。其原因是拔节期冬小麦营养生长旺盛，覆盖度明显增大，土壤对光谱反射率的影响减小，光谱反射率更多地反映的是冬小麦的冠层特征，受旱设计的试验组的对比表明灌水量大的冬小麦冠层反射率也大。

对照组，与返青期相比，规律基本一致。可见光波段和近红外长波段光谱反射率高低一致，光谱反射率由高到低为 CK2>CK3>CK1，即整个生育期都按 80mm 灌水定额灌水的冬小麦大田光谱反射率大于整个生育期都不灌水、只接受自然降水的冬小麦大田光谱反射率，而全生育期都按 40mm 灌水定额灌水的冬小麦大田光谱反射率最低，但三者差别很小，差别主要体现在近红外短波段。近红外短波段，冬小麦大田光谱反射率由高到低为 CK1>CK2>CK3，即全生育期都按 40mm 灌水定额灌水的冬小麦大田光谱反射率大于全生育期都按 80mm 灌水定额灌水的冬小麦大田光谱反射率，全生育期都不灌水、只接受自然降水的冬小麦大田光谱反射率最小。CK2 和 CK3 的冬小麦大田光谱反射率差别不大，且都明显小于 CK1。

由以上分析可以发现，有受旱处理的冬小麦，灌水量越多冬小麦大田光谱反射率越大，全生育期没有受旱处理的冬小麦，在一定灌水范围内，反射率随灌水量的增大而减小。

图 4-9 整体上来看，抽穗期的冬小麦大田光谱反射率呈现以下特征：T1 与 T5、T2 与 T6、T3 与 T7、T4 与 T8 几乎一样，很难区分出高低，即不同受旱时段，40mm 灌水定额与 80mm 灌水定额的冬小麦大田光谱反射率在抽穗期基本一致，说明相同受旱时段、不同灌水处理下的冬小麦，在抽穗期植株体内的色素含量与组成、细胞的构造、叶片的形态以及植株内的水分情况高度一致。

对照组之间的冬小麦大田光谱反射率差异仍很明显，可见光波段和近红外长波段冬小麦大田光谱反射率与拔节期相比变化较大，光谱反射率由高到低为 CK3>CK2>CK1，即全生育期都不灌水、只接受自然降水的冬小麦大田光谱反射率最大，全生育期都按 80mm 灌水定额灌水的冬小麦大田光谱反射率与全生育期都按 40mm 灌水定额灌水的冬小麦大田光谱反射率基本一样，都小于全生育期都不灌水、只接受自然降水的冬小麦大田光谱反射率，但三者差别很小，差别主要体现在近红外短波段。近红外短波段冬小麦大田光谱反射率由高到低为 CK1>CK2>CK3，即全生育期都按 40mm 灌水定额灌水的冬小麦大田光谱反射率大于全生育期都按 80mm 灌水定额灌水的冬小麦大田光谱反射率，全生育期都不灌水、只接受自然降水的冬小麦大田光谱反射率最小，且不同灌水定额条件下的冬小麦大田光谱反射率值差值进一步拉大。

图 4-10 整体上来看，处于灌浆期的冬小麦，相同受旱时段不同灌水定额的冬小麦大田光谱差别明显的波段在近红外短波段处，即 760～1300nm 处。冬小麦大田光谱反射率呈现以下规律：T1<T5、T2<T6、T4<T8、T7 以微弱的优势大于 T3，即越冬期和返青期不灌水、返青期和拔节期不灌水、拔节期和抽穗期不灌水以及抽穗期和灌浆期不灌水的 80mm

灌水定额灌水的冬小麦大田光谱反射率大于 40mm 灌水定额灌水的冬小麦大田光谱反射率，与拔节期规律一致。

对照组之间的冬小麦大田光谱反射率差异仍很明显，可见光波段和近红外长波段冬小麦大田光谱反射率与抽穗期规律一致，光谱反射率由高到低为 CK3>CK2>CK1，即全生育期都不灌水、只接受自然降水的冬小麦大田光谱反射率最大，全生育期都按 80mm 灌水定额灌水的冬小麦大田光谱反射率与全生育期都按 40mm 灌水定额灌水的冬小麦大田光谱反射率基本一样，都小于全生育期都不灌水、只接受自然降水的冬小麦大田光谱反射率，但三者差别很小，差别主要体现在近红外短波段。近红外短波段的冬小麦大田光谱反射率由高到低为 CK1>CK2>CK3，即全生育期都按 40mm 灌水定额灌水的冬小麦大田光谱反射率大于全生育期都按 80mm 灌水定额灌水的冬小麦大田光谱反射率，全生育期都不灌水、只接受自然降水的冬小麦大田光谱反射率最小，且 40mm 和 80mm 灌水定额条件下的冬小麦大田光谱反射率的差值较抽穗期缩小。

图 4-11 整体上来看，处于乳熟期的冬小麦，相同受旱时段不同灌水定额的冬小麦大田光谱差别明显的波段在近红外短波段处，即 760~1300nm 处。冬小麦大田光谱反射率呈现以下规律：T1<T5、T4<T8、T7 和 T6 分别以微弱的优势大于 T3 和 T2，即越冬期和返青期不灌水、返青期和拔节期不灌水、拔节期和抽穗期不灌水以及抽穗期和灌浆期不灌水的 80mm 灌水定额灌水的冬小麦大田光谱反射率大于 40mm 灌水定额灌水的冬小麦大田光谱反射率，与灌浆期规律一致。

对照组之间的冬小麦大田光谱反射率差异仍很明显，可见光波段和近红外长波段冬小麦大田光谱反射率与灌浆期规律一致，光谱反射率由高到低为，CK3>CK2>CK1，即全生育期都不灌水、只接受自然降水的冬小麦大田光谱反射率最大，全生育期都按 80mm 灌水定额灌水的冬小麦大田光谱反射率与全生育期都按 40mm 灌水定额灌水的冬小麦大田光谱反射率基本一样，都小于全生育期都不灌水、只接受自然降水的冬小麦大田光谱反射率，但三者差别很小，差别主要体现在近红外短波段。近红外短波段冬小麦大田光谱反射率由高到低为，CK2>CK1>CK3，即全生育期都按 80mm 灌水定额灌水的冬小麦大田光谱反射率大于全生育期都按 40mm 灌水定额灌水的冬小麦大田光谱反射率，全生育期都不灌水、只接受自然降水的冬小麦大田光谱反射率最小。

4.2.1.8 不同时段受旱、相同灌水条件下冬小麦冠层高光谱特征

图 4-12 是各生育期不同时段受旱、相同灌水条件下的冬小麦大田冠层高光谱图，其中 T1~T4 和 CK1 是 40mm 灌水定额灌水处理，T5~T8 和 CK2 是 80mm 灌水定额灌水处理。各处理整体上差别不大，但仍可以看出近红外短波段（760~1300nm）冬小麦大田光谱反射率存在明显差异，是敏感波段，下面分析只在近红外波短段范围内进行。

为了更直观地了解近红外短波段不同时段受旱、相同灌水条件下的冬小麦光谱反射特征，将各生育期 760~1300nm 的冬小麦大田光谱反射率求平均值，以生育期为横轴，反射率平均值为纵轴，将不同时段受旱、相同灌水条件下的处理作图进行对比，如图 4-13 和图 4-14 所示。

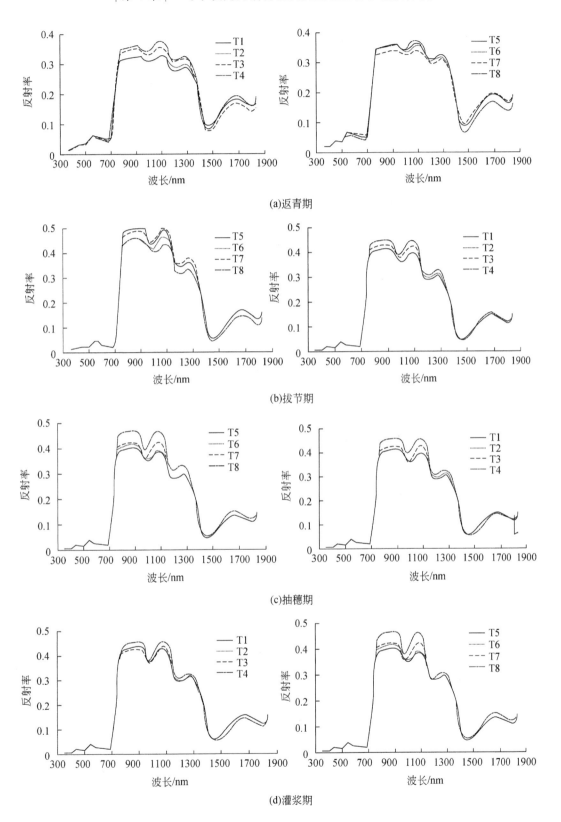

(a)返青期

(b)拔节期

(c)抽穗期

(d)灌浆期

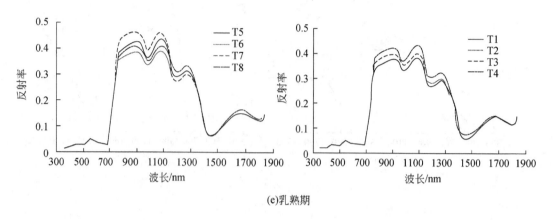

(e)乳熟期

图 4-12　各生育期不同时段受旱、相同灌水条件下的冬小麦大田冠层高光谱图

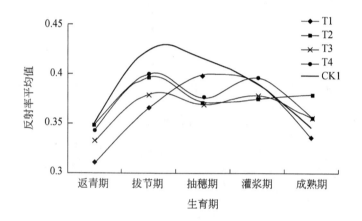

图 4-13　40mm 灌水定额下不同处理的反射率平均值随生育期变化

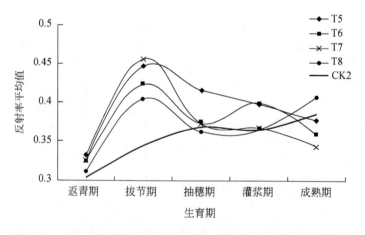

图 4-14　80mm 灌水定额下不同处理的反射率平均值随生育期变化

在 40mm 灌水定额条件下（图 4-13），越冬期和返青期不灌水（T1）的冬小麦大田光

谱反射率平均值随生育期先增大后减小，返青期和拔节期不灌水（T2）的冬小麦大田光谱反射率平均值随生育期先增大后减小又增大，拔节期和抽穗期不灌水（T3）与抽穗期和灌浆期不灌水（T4）的冬小麦大田光谱反射率平均值随生育期先增大后减小又增大再减小，呈双峰状态。整个生育期，除抽穗期外，试验组的抽穗期和灌浆期不灌水（T4）的冬小麦大田光谱反射率平均值均较大，越冬期和返青期不灌水（T1）的冬小麦大田光谱反射率平均值整个生育期变化幅度大。整个生育期，越冬期和返青期不灌水（T1）的冬小麦大田光谱反射率平均值在抽穗期达到最大值，其他处理条件下的冬小麦大田光谱反射率平均值都在拔节期达到峰值。

综上所述，在 40mm 灌水定额条件下，早期（越冬期和返青期）不灌水，对整个生育期冬小麦大田近红外短波段处光谱反射率影响较大，冬小麦大田光谱反射率的峰值后移，中后期（返青期之后）不灌水，会使抽穗期冬小麦大田光谱反射率明显下降。抽穗期是表征冬小麦大田受旱时段的敏感时期。冬小麦大田光谱反射率在抽穗期达到最大值，表明冬小麦早期（越冬期和返青期）受旱；冬小麦大田光谱反射率在抽穗期发生明显下降，并且后期有所回升，表明冬小麦中后期（返青期之后）受旱；拔节期冬小麦冠层光谱反射率达到最大，并且呈单峰状态，表明冬小麦整个生育期都没有受旱。

在 80mm 灌水定额条件下（图 4-14），越冬期和返青期不灌水（T5）以及拔节期和抽穗期不灌水（T7）的冬小麦大田光谱反射率平均值随生育期先增大后减小，且拔节期和抽穗期不灌水（T7）的冬小麦大田光谱反射率平均值减小趋势明显大于越冬期和返青期受旱（T5）的冬小麦大田光谱反射率平均值减小趋势。返青期和拔节期不灌水（T6）的冬小麦大田光谱反射率平均值随生育期先增大后减小又增大再减小，呈双峰状态，抽穗期和灌浆期不灌水（T8）的冬小麦大田光谱反射率平均值随生育期先增大后减小又增大。整个生育期，4 个处理的冬小麦大田光谱反射率平均值均在拔节期达到峰值。

整个生育期都按 80mm 灌水定额灌水、无受旱处理（CK2）的冬小麦大田光谱反射率平均值随生育期一直呈增长趋势，没有峰谷，但增长趋势缓慢。原因已在 4.2.1.7 节中探讨过，此处不再赘述。

综上所述，在 80mm 灌水定额条件下，抽穗期是表征冬小麦受旱时段的敏感时期。抽穗期冬小麦大田光谱反射率下降趋势不明显，表明冬小麦早期（越冬期和返青期）受旱；抽穗期冬小麦大田光谱反射率发生明显下降，并且后期有所回升，表明冬小麦中后期（返青期之后）受旱，冬小麦大田光谱反射率整个生育期一直处于增长趋势，没有峰谷，表明冬小麦整个生育期都没有受旱。

4.2.2 冬小麦冠层光谱红边特征的变化

4.2.2.1 不同生育期冠层光谱红边特征

红边是作物冠层在可见光波段的主要反射特征，其位置与特征受到作物生长状态和理化参数的影响。红边特征与冬小麦的生长状态密切相关，其特征参量在生育期内呈现规律性变化。

图 4-15 为冬小麦不同生育期冠层高光谱红边一阶微分，表 4-2 则为图 4-15 对应的红边参数值。由图 4-15 和表 4-2 可知，冬小麦从返青期到成熟期，红边位置处在 702～737，红边振幅为 0.00296～0.00833，红边面积为 0.12090～0.32456。冬小麦进入返青期后，植株生长加快，叶面积指数与覆盖度增大，红光吸收增强，红边位置向长波方向移动，此现象称为"红移"，到抽穗期，"红移"停止。抽穗期后，冬小麦进入生殖生长，植株下部叶片开始衰亡，叶面积指数与覆盖度减小，红光吸收降低，红边位置向短波方向移动，此现象称为"蓝移"，这也说明了红边位置的变化可以较好地反映作物的生长阶段。从整体来看，冬小麦从返青期到拔节期，灌浆期到成熟期，红边位置变化较大，原因在于这两个阶段冬小麦群体变化大，加速生长与衰亡。而拔节期到抽穗期再到灌浆期，红边位置变化较小，这是因为此阶段冬小麦群体比较稳定且处于长势旺盛时期。红边振幅与红边面积和红边位置一样，随着生育期的推移，出现先增大后减小的趋势，且均在抽穗期达到峰值。

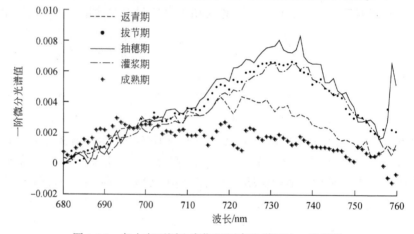

图 4-15　冬小麦不同生育期冠层高光谱红边一阶微分

表 4-2　冬小麦不同生育期冠层红边参数的变化

生育期	返青期	拔节期	抽穗期	灌浆期	成熟期
红边位置	723	735	737	731	702
红边振幅	0.004 34	0.006 65	0.008 33	0.006 52	0.002 96
红边面积	0.192 92	0.289 30	0.324 56	0.263 12	0.120 90

4.2.2.2　不同覆盖度冠层光谱红边特征

图 4-16 为冬小麦不同覆盖度冠层高光谱红边一阶微分，表 4-3 则为图 4-16 对应的红边参数值。由图 4-16 和表 4-3 可知，当冬小麦覆盖度分别为 11.7%、34.2%、51.7%、72.4% 和 87.9% 时，红边振幅分别为 0.001 975、0.003 351、0.005 491、0.008 288 和 0.009 382；红边面积分别为 0.086 746、0.157 330、0.238 360、0.349 560 和 0.394 510；红边位置分别为 722、724、726、731 和 737。随着覆盖度的增大，冬小麦的红边振幅、红边面积增大，红边位置"红移"。

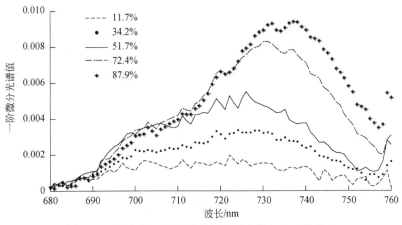

图 4-16　冬小麦不同覆盖度冠层高光谱红边一阶微分

表 4-3　冬小麦不同覆盖度冠层红边参数的变化

覆盖度	11.7%	34.2%	51.7%	72.4%	87.9%
红边位置	722	724	726	731	737
红边振幅	0.001 975	0.003 351	0.005 491	0.008 288	0.009 382
红边面积	0.086 746	0.157 330	0.238 360	0.349 560	0.394 510

4.2.2.3　不同叶面积指数下冠层红边特征

图 4-17 为冬小麦不同叶面积指数冠层高光谱红边一阶微分，表 4-4 则为图 4-17 对应的红边参数值。由图 4-17 和表 4-4 可知，当叶面积指数分别为 0.3、2.4 和 5.6 时，红边振幅分别为 0.004 344、0.006 523 和 0.008 045；红边面积分别为 0.192 92、0.263 12 和 0.323 12；红边位置分别为 723、731 和 732。随着叶面积指数的增大，冬小麦的红边振幅、红边面积增大，红边位置"红移"。

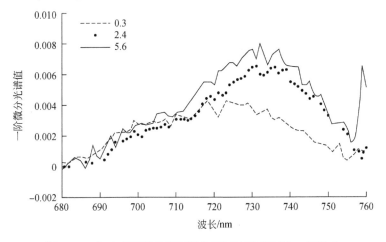

图 4-17　冬小麦不同叶面积指数冠层高光谱红边一阶微分

表4-4　冬小麦不同叶面积指数冠层红边参数的变化

叶面积指数	0.3	2.4	5.6
红边位置	723	731	732
红边振幅	0.004 344	0.006 523	0.008 045
红边面积	0.192 92	0.263 12	0.323 12

4.2.2.4　不同叶绿素含量下冠层红边特征

图4-18为冬小麦不同叶绿素含量冠层高光谱红边一阶微分，表4-5则为图4-18对应的红边参数值。由图4-18和表4-5可知，当叶绿素含量分别为39.3、47.3和54.1时，红边振幅分别为0.004 661、0.008 459和0.010 130；红边面积分别为0.212 93、0.386 23和0.425 11；红边位置分别为726、732和734。随着叶绿素相对含量的增大，冬小麦的红边振幅、红边面积增大，红边位置"红移"。

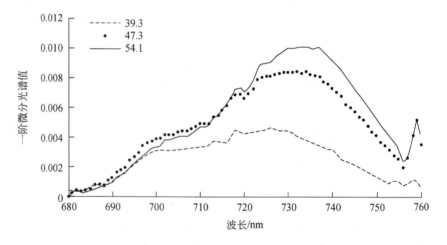

图4-18　冬小麦不同叶绿素相对含量冠层高光谱红边一阶微分

表4-5　冬小麦不同叶绿素相对含量冠层红边参数的变化

叶绿素相对含量	39.3	47.3	54.1
红边位置	726	732	734
红边振幅	0.004 661	0.008 459	0.010 130
红边面积	0.212 93	0.386 23	0.425 11

4.2.2.5　不同种植密度与灌水定额条件下冠层红边特征

图4-19为拔节期冬小麦不同种植密度与灌水定额条件下冠层高光谱红边一阶微分，表4-6则为图4-19对应的红边参数值。由图4-19和表4-6可知，在适播情况下，适宜供水冬小麦的红边位置依次大于轻度亏水、重度亏水条件下的冬小麦红边位置；适宜供水冬

小麦的红边振幅依次大于轻度亏水、重度亏水条件下的冬小麦红边振幅；在适播情况下，适宜供水冬小麦的红边面积依次大于轻度亏水、重度亏水条件下的冬小麦红边面积。稀播、密播条件下，不同灌水定额的冬小麦红边参数与适播情况下出现的规律一样。

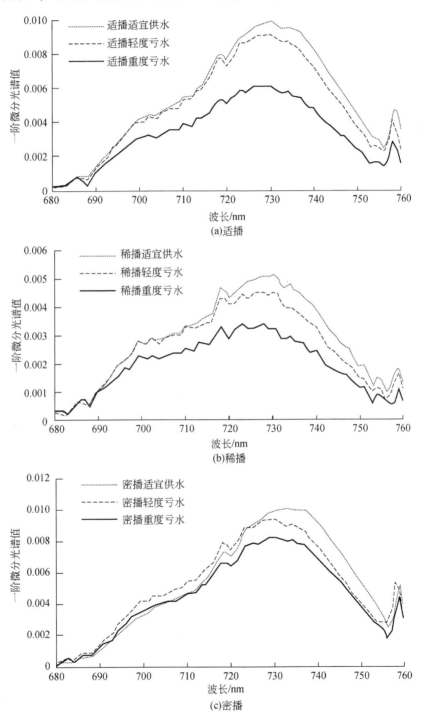

图4-19　拔节期冬小麦不同种植密度与灌水定额条件下冠层高光谱红边一阶微分

表4-6　拔节期冬小麦不同种植密度与灌水定额条件下红边参数的变化

试验处理	红边位置	红边振幅	红边面积
适播适宜供水	730	0.009 991	0.433 01
适播轻度亏水	729	0.009 175	0.398 40
适播重度亏水	728	0.006 159	0.275 78
稀播适宜供水	730	0.005 099	0.228 73
稀播轻度亏水	726	0.004 493	0.203 55
稀播重度亏水	723	0.003 351	0.158 43
密播适宜供水	734	0.010 835	0.445 11
密播轻度亏水	730	0.009 372	0.415 72
密播重度亏水	729	0.008 266	0.364 31

4.2.2.6　不同氮素、不同水分条件下冬小麦冠层红边特征

图4-20为抽穗期冬小麦（小偃22号）不同氮素、不同水分条件下冠层高光谱红边一阶微分，表4-7则为图4-20对应的红边参数值。由图4-20和表4-7可知，在充分灌溉条件下，随着施氮量的增大，红边位置产生"红移"；过量氮水平下冬小麦的红边面积依次大于适量氮、轻亏氮、重亏氮条件下的冬小麦红边面积；过量氮水平下冬小麦的红边振幅依次大于适量氮、轻亏氮、重亏氮条件下的冬小麦红边振幅。在水分亏缺条件下，随着施氮量的增大，红边位置产生"红移"；过量氮水平下冬小麦的红边面积依次大于适量氮、轻亏氮、重亏氮条件下的冬小麦红边面积；过量氮水平下冬小麦的红边振幅依次大于适量氮、轻亏氮、重亏氮条件下的冬小麦红边振幅。

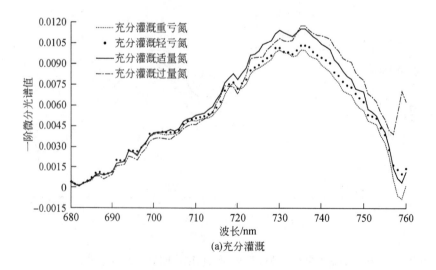

(a)充分灌溉

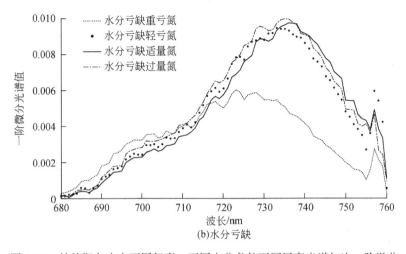

图 4-20 抽穗期冬小麦不同氮素、不同水分条件下冠层高光谱红边一阶微分

表 4-7 抽穗期冬小麦不同氮素、不同水分条件下冠层高光谱红边特征参数

试验处理	红边位置	红边振幅	红边面积
充分灌溉重亏氮	734	0.010 010	0.375 10
充分灌溉轻亏氮	735	0.010 343	0.391 97
充分灌溉适量氮	736	0.011 573	0.414 85
充分灌溉过量氮	736	0.011 781	0.423 61
水分亏缺重亏氮	723	0.006 012	0.270 01
水分亏缺轻亏氮	733	0.008 841	0.384 45
水分亏缺适量氮	736	0.009 216	0.383 24
水分亏缺过量氮	735	0.009 457	0.402 78

4.3 基于高光谱遥感的冬小麦叶绿素监测

叶绿素是植物在光合作用过程中吸收光能的主要物质，直接影响植物的光能利用率。植物叶片叶绿素含量的多少，既反映植物的生长状况，又反映植物与外界发生物质能量交换的能力，因此叶绿素是一个监测作物长势和估产的重要指标。传统的作物色素监测方法一般基于破坏性取样和有机溶剂提取湿化学分析方法（Lichtenthaler，1987），在时间或空间上难以满足实时、快速、无损、准确诊断的要求。由于植被和叶子反射光谱在可见光范围主要受植被色素（叶绿素和类胡萝卜素）的影响，在近红外区域则主要受叶子内部结构、生物量、蛋白质、纤维素等影响，因此可以用植被冠层和叶片的反射光谱来估算其生化参数，特别是色素含量（Thomas and Gausman，1977）。Broge 和 Mortensen（2002）比较了多种光谱指数与小麦叶绿素冠层密度的关系，在较低水平时红边位置（拉格朗日模型求得）预测效果较好，而密度较高时以 SAVI2 预测较好。Jago 等（1999）利用高空光谱数据通过简单线性模型算法求得红边位置，对小麦叶绿素含量的拟合取得了较好的效果。

Hu 等（2004）利用 CASI 数据构建 CCII 指数对小麦叶绿素密度进行估算。冯伟等（2008）研究了小麦叶片色素密度与冠层高光谱参数的定量关系，指出光谱参数 VOG2、VOG3、SRE/SBE 和 SDr/SDb 与小麦群体叶片色素密度关系密切。

综上所述，高光谱遥感在检测农作物的叶绿素含量方面已经取得了很大进展，但通常特定的试验条件与特定的作物类型所建立的光谱植被指数在应用于其他作物或在不同环境条件下同种作物处在不同的生理状态时需要进行修正，同时由于越来越多的传感器运用于遥感估算，有必要检验现有方法的有效性以及探索发展新方法。本研究以不同品种、不同水氮条件下的大田试验资料为基础，建立基于植被指数、原始光谱特征参数、红边参数、小波能量系数和小波分形维数的冬小麦叶片 SPAD 值估算模型，并比较各模型的估算精度，旨在对冬小麦叶绿素含量提供准确可靠的实时监测。

4.3.1　冬小麦冠层原始光谱、导数光谱与冬小麦叶片 SPAD 相关分析

对冬小麦叶绿素含量与光谱反射率之间相关性的探讨具有重要的应用价值。不同生长阶段的冬小麦具有不同的叶绿素含量等生态特征，这些差异将反映在光谱反射率的变化上。基于此，本节分别对 2010 年冬小麦返青期、拔节期、抽穗期、灌浆期和成熟期原始光谱、一阶导数光谱与 SPAD 值的相关性进行了分析（本节所采用试验数据均通过试验二获得，返青期、拔节期、抽穗期、灌浆期和成熟期样本个数分别为 126、130、122、131 和 125）。图 4-21 展示了 5 个时期原始光谱与 SPAD 值的相关系数变化，可以看出，返青期、拔节期、抽穗期和灌浆期原始光谱与 SPAD 值的相关系数变化趋势类似。在可见光波段，光谱反射率与 SPAD 值呈负相关；在红边处，由负相关变为正相关，在红边肩部达到最大值。

返青期、拔节期、抽穗期与灌浆期一阶导数光谱与 SPAD 值的相关系数在一些波段处要高于原始光谱与 SPAD 值的相关系数，这是因为求导剔除了土壤背景对光谱的影响。相比前 4 个时期，成熟期光谱反射率及其导数光谱与 SPAD 值的相关系数值较低，尽管导数光谱与 SPAD 值的相关性在一些波段有一定程度提高。之所以出现这种现象，可能是因为随着冬小麦的成熟，叶绿素分解，叶片变黄，此时的冬小麦光谱信息已经不明显。这说明了在基于高光谱信息反演冬小麦 SPAD 值时不能使用成熟期冬小麦光谱数据。

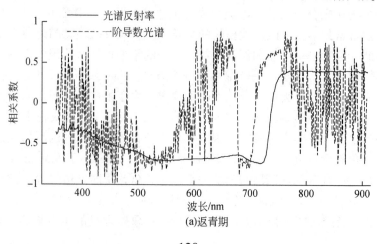

(a)返青期

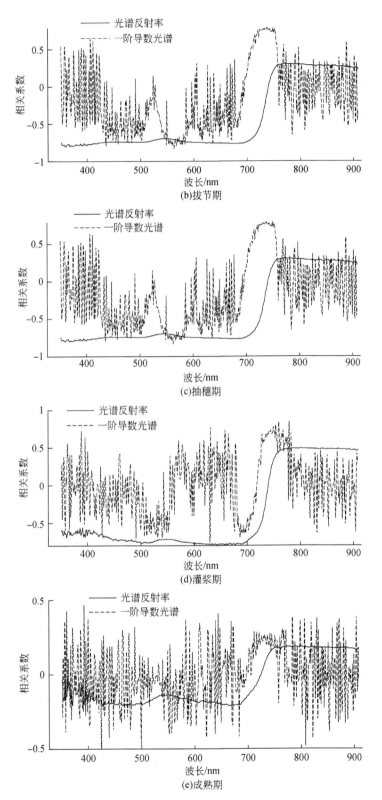

图 4-21 各个生育期冠层原始光谱、一阶导数光谱与冬小麦叶片 SPAD 值的相关分析

4.3.2 植被指数与冬小麦叶片 SPAD 值的回归分析

由图 4-21 可以看出，不同波段、不同生育期，冬小麦的光谱反射率与 SPAD 值之间的相关性存在差异。植被指数能够有效地反映植被在可见光、近红外波段范围内反射特征与土壤背景特征之间的差异，可以综合有效地反映与增强植被信息。通过分析 2010 年冬小麦数据，分别建立了基于 NDVI 与 RVI 的冬小麦返青期、拔节期、抽穗期和灌浆期的 SPAD 值估算模型，见表 4-8。同时，应用 2011 年冬小麦返青期、拔节期、抽穗期与灌浆期实测数据对估算模型进行了检验，见表 4-9。

表 4-8　基于 NDVI、RVI 冬小麦不同生育期叶片 SPAD 值估算模型

生育期	植被指数	最佳回归方程	决定系数 R^2	样本数 n
返青期	NDVI	$y=48.7482x-6.7445$	0.7957	126
	RVI	$y=16.2734\ln x-0.8646$	0.8027	
拔节期	NDVI	$y=4.3452e^{2.8005x}$	0.8096	130
	RVI	$y=20.2710\ln x-4.2083$	0.7607	
抽穗期	NDVI	$y=2.3793e^{3.7414x}$	0.7557	122
	RVI	$y=19.0972\ln x+2.6994$	0.5301	
灌浆期	NDVI	$y=73.5320x+3.9638$	0.5033	131
	RVI	$y=19.7210\ln x+20.5468$	0.4262	

表 4-9　基于 NDVI、RVI 冬小麦不同生育期 SPAD 值估算模型的预测性

生育期	植被指数	预测值与实测值回归方程	决定系数 R^2	样本数 n
返青期	NDVI	$y=0.7864x+5.3149$	0.7675	129
	RVI	$y=0.7479x+6.2662$	0.7479	
拔节期	NDVI	$y=0.7546x+6.8149$	0.7546	127
	RVI	$y=0.7326x+7.4991$	0.7346	
抽穗期	NDVI	$y=0.5853x+16.1542$	0.5853	131
	RVI	$y=0.3546x+25.1377$	0.3546	
灌浆期	NDVI	$y=0.5033x+16.8734$	0.5033	121
	RVI	$y=0.3836x+21.0383$	0.3836	

由表 4-8 可知，NDVI 与冬小麦返青期、拔节期、抽穗期和灌浆期 SPAD 值的最佳拟合方程分别为一元线性回归方程、指数回归方程、指数回归方程和一元线性回归方程，各决定系数分别为 0.7957、0.8096、0.7557 和 0.5033。RVI 与冬小麦返青期、拔节期、抽穗期和灌浆期 SPAD 值的最佳拟合方程均为对数回归方程，方程决定系数分别为 0.8027、0.7607、0.5301 和 0.4262，回归方程决定系数 R^2 随着生育期的推移，有显著变小趋势。

由表4-9可知，NDVI 回归模型与 RVI 回归模型在冬小麦不同生育期表现出不同的预测性能。在以上冬小麦生长的四个时期内，与基于 RVI 回归模型相比，基于 NDVI 回归模型均取得较好的预测效果，模型预测值与实测值之间的回归方程的决定系数 R^2 四个时期（返青期、拔节期、抽穗期和灌浆期）分别为 0.7675、0.7546、0.5853 和 0.5033；但也应指出，在灌浆期，基于 NDVI 回归模型对 SPAD 值预测的决定系数与其他时期相比较低。综上所述，运用 NDVI、RVI 可以有效反演冬小麦在不同的生育期的 SPAD 值，优先使用NDVI。

4.3.3 基于高光谱特征参数的冬小麦叶绿素监测

4.3.3.1 冬小麦叶片 SPAD 值与光谱特征参数的相关性

不同 SPAD 值的冬小麦具有不同的光谱特征，SPAD 值影响光谱特征的变化。首先提取出返青期、拔节期、抽穗期和灌浆期的冬小麦原始高光谱特征参数，其次采用高光谱原始特征参数与相对应的 SPAD 值做相关性分析（表4-10）。

表 4-10 冬小麦叶片 SPAD 值与高光谱特征参数之间的相关系数

光谱特征变量	参数	返青期（$n=126$）	拔节期（$n=130$）	抽穗期（$n=122$）	灌浆期（$n=131$）
位置变量	ρ_g	-0.5032^{**}	-0.5786^{**}	-0.5322^{**}	-0.5232^{**}
	λ_g	-0.7413^{**}	-0.7108^{**}	-0.7749^{**}	-0.6999^{**}
	ρ_r	-0.7605^{**}	-0.7056^{**}	-0.7977^{**}	-0.7637^{**}
	λ_r	0.2310^{*}	0.3157^{**}	-0.3128^{**}	-0.5746^{**}
面积变量	$s_{\rho g}$	-0.8179^{**}	-0.8976^{**}	-0.8020^{**}	-0.7638^{**}
	$s_{\rho r}$	-0.9062^{**}	-0.9537^{**}	-0.8627^{**}	-0.7925^{**}
植被指数	ρ_g/ρ_r	0.8897^{**}	0.7796^{**}	0.6640^{**}	-0.5649^{**}
	$(\rho_g-\rho_r)/(\rho_g+\rho_r)$	0.7771^{**}	0.7591^{**}	0.7539^{**}	-0.6667^{**}
新特征变量	s_g	-0.7733^{**}	-0.7275^{**}	-0.7617^{**}	-0.7323^{**}
	k_g	0.1737	0.3180^{**}	-0.3016^{**}	-0.0779
	s_r	0.9580^{**}	0.9337^{**}	0.8679^{**}	0.8102^{**}
	k_r	0.7314^{**}	0.7090^{**}	0.7582^{**}	0.7314^{**}
	s_g/s_r	0.1906	-0.1445	-0.4594^{**}	0.6475^{**}
	k_g/k_r	-0.5752^{**}	-0.3689^{**}	-0.6191^{**}	-0.5828^{**}
	$(s_g-s_r)/(s_g+s_r)$	-0.0156	0.1358	-0.1011	0.0076
	$(k_g-k_r)/(k_g+k_r)$	-0.5719^{**}	-0.3633^{**}	-0.5820^{**}	-0.5750^{**}

$* P<0.05$，$** P<0.01$

冬小麦 SPAD 值的改变会引起光谱特征发生变化，因此光谱特征形状与冬小麦 SPAD 值应该存在一定关系。本节尝试运用统计学中常用的描述变量分布形态的偏度、峰度指数来描述光谱特征的变化。不同生育期冬小麦 SPAD 值与冬小麦原始光谱特征绿峰、红谷相对应的偏度、峰度相关系数见表4-10。

从表4-10可以看出，在传统光谱特征变量（位置变量、面积变量与植被指数）中，ρ_g、λ_g、ρ_r、s_{pg}和s_{pr}与冬小麦各时期SPAD值均呈负相关，且均达到0.01极显著检验水平；各参数之间相比，ρ_g与冬小麦各时期SPAD值之间的相关系数较低，s_{pr}与冬小麦各时期SPAD值之间的相关系数较高。ρ_g/ρ_r、$(\rho_g-\rho_r)/(\rho_g+\rho_r)$与返青期、拔节期和抽穗期的冬小麦SPAD值均呈正相关，且均达到0.01极显著检验水平；与灌浆期的冬小麦SPAD值呈负相关，亦达到了0.01极显著检验水平。λ_r与返青期的冬小麦SPAD值呈正相关，达到显著检验水平；与拔节期的冬小麦SPAD值也呈正相关，达到极显著检验水平，与抽穗期、灌浆期的冬小麦SPAD值呈负相关，达到极显著检验水平。

本节所提出新特征变量与冬小麦SPAD值有较显著相关性。在这些新特征变量里，s_r、k_r在这四个生育期与冬小麦SPAD值均呈正相关，相关系数较高（尤其是s_r变量，相关系数为0.8102~0.9580）。s_g、k_g/k_r和$(k_g-k_r)/(k_g+k_r)$在这四个生育期与冬小麦SPAD值均呈负相关，相关系数较高，且均达到了0.01极显著检验水平。

4.3.3.2 基于高光谱特征参数的冬小麦叶绿素估算模型

由表4-10可知，传统光谱特征参数（ρ_g、λ_g、ρ_r、s_{pg}与s_{pr}）和新光谱特征参数（s_r、k_r、s_g、k_g/k_r与$(k_g-k_r)/(k_g+k_r)$）与冬小麦各生育期SPAD值相关性显著，且相关系数较大。通过比较，在每个生育期内，分别选择了传统光谱特征参数、新光谱特征参数中通过相关性极显著检验且相关系数最高的光谱特征参数，并应用2010年数据建立冬小麦SPAD值估算模型（表4-11）。

表4-11 基于高光谱特征参数的冬小麦不同生育期叶片SPAD值估算模型

生育期	参数	最佳回归方程	决定系数 R^2	样本数 n
返青期	s_{pr}	$y=-2.3412x+35.2082$	0.8211	126
	s_r	$y=28.6567x+11.3531$	0.9117	
拔节期	s_{pr}	$y=-3.1674x+43.5338$	0.9095	130
	s_r	$y=26.3041x+13.3723$	0.8717	
抽穗期	s_{pr}	$y=-3.0614x+50.5968$	0.7442	122
	s_r	$y=18.9991x+31.3322$	0.7532	
灌浆期	s_{pr}	$y=-3.8099x+50.5828$	0.6280	131
	s_r	$y=34.7416x+8.9023$	0.6564	

从表4-11可以看出，在冬小麦返青期、拔节期、抽穗期、灌浆期四个生育期内，最佳拟合方程均为一元线性方程。在返青期，s_{pr}与冬小麦SPAD值最佳拟合方程的决定系数R^2为0.8211，s_r与冬小麦SPAD值最佳拟合方程的决定系数R^2为0.9117。在拔节期，s_{pr}与冬小麦SPAD值最佳拟合方程的决定系数R^2为0.9095，s_r与冬小麦SPAD值最佳拟合方程的决定系数R^2为0.8717。在抽穗期，s_{pr}与冬小麦SPAD值最佳拟合方程的决定系数R^2为0.7442，s_r与冬小麦SPAD值最佳拟合方程的决定系数R^2为0.7532。在灌浆期，s_{pr}与冬小

麦 SPAD 值最佳拟合方程的决定系数 R^2 为 0.6280，s_r 与冬小麦 SPAD 值最佳拟合方程的决定系数 R^2 为 0.6564。通过对比可以看出，除拔节期外，在其余各生育期里，基于新光谱特征参数的回归模型的决定系数均高于基于传统光谱特征参数回归模型的决定系数。

为验证模型的预测效果，本研究应用 2011 年冬小麦光谱、SPAD 数据对表 4-11 中各生育期 SPAD 值预测模型进行了检验。其结果见表 4-12。从表 4-11 可以看出，虽然预测值与实测值回归方程的决定系数 R^2 略低于建模方程的决定系数，但反演模型是稳定的，能够满足 SPAD 值预测需要。通过对比传统光谱特征参数（s_{pr}）和新光谱特征参数（s_r）检验模型的决定系数 R^2 可知，除拔节期外，在其他各生育期，基于新光谱特征参数的冬小麦 SPAD 值估算模型要优于冬小麦传统光谱特征参数 SPAD 值估算模型。

表 4-12　基于光谱特征参数冬小麦不同生育期 SPAD 值估算模型的预测性

生育期	参数	预测值与实测值回归方程	决定系数 R^2	样本数 n
返青期	s_{pr}	$y = -0.8172x + 4.5688$	0.7948	129
	s_r	$y = 0.9332x + 1.4142$	0.8907	
拔节期	s_{pr}	$y = 0.9124x + 2.4776$	0.8897	127
	s_r	$y = 0.8648x + 3.8956$	0.8595	
抽穗期	s_{pr}	$y = 0.7477x + 9.3218$	0.7147	131
	s_r	$y = 0.7693x + 9.852$	0.7253	
灌浆期	s_{pr}	$y = 0.6393x + 12.661$	0.5907	121
	s_r	$y = 0.6937x + 10.783$	0.6323	

4.3.4　基于红边参数的冬小麦叶绿素监测

4.3.4.1　红边参数与冬小麦叶片 SPAD 值的相关性

冬小麦红边参数与 SPAD 值存在紧密联系，本节计算了红边参数与 SPAD 值的相关性，其结果见表 4-13。由表 4-13 数据可知，冬小麦返青期、拔节期、抽穗期和灌浆期的红边面积、红边振幅和红边位置与 SPAD 值均呈正相关。红边位置与 SPAD 值的相关系数值在返青期、拔节期、抽穗期和灌浆期为 0.8607 ~ 0.9174（$P < 0.01$），因此可以利用返青期、拔节期、抽穗期和灌浆期的红边位置参数建立冬小麦 SPAD 值估算模型。红边面积与冬小麦 SPAD 值的相关系数在返青期、拔节期、抽穗期和灌浆期为 0.3149 ~ 0.5474（$P < 0.01$），也达到极显著检验水平，但与红边位置相关系数值相比要低。红边振幅与冬小麦 SPAD 值的相关系数在返青期、拔节期和抽穗期较低，未达到显著检验水平，不适合用于冬小麦 SPAD 值的估算。

冬小麦 SPAD 值的改变会引起红边特征形状发生变化，因此红边特征形状与冬小麦 SPAD 值应该存在一定关系。应用红边偏度、红边峰度描述红边形状的变化。不同生育期冬小麦 SPAD 值与其相对应的偏度、峰度相关系见表 4-13。在返青期、拔节期、抽穗期和灌浆期，红边偏度、红边峰度与冬小麦 SPAD 值均呈负相关。红边偏度的相关系数绝对值为 0.8839～0.9585（$P<0.01$）；红边峰度与冬小麦 SPAD 值相关系数绝对值为 0.9153～0.9611（$P<0.01$）。可以看出，冬小麦红边偏度、峰度可以用来揭示 SPAD 值的变化。

表 4-13　红边参数与叶片 SPAD 值的相关性

生育期	红边面积（s_{dre}）	红边振幅（$D_{\lambda re}$）	红边位置（λ_{re}）	红边偏度（$s_{\lambda re}$）	红边峰度（$k_{\lambda re}$）	样本数 n
返青期	0.5474 **	0.0305	0.8989 **	−0.9123 **	−0.9405 **	126
拔节期	0.4882 **	0.0473	0.9174 **	−0.8839 **	−0.9153 **	130
抽穗期	0.3149 **	0.0321	0.8644 **	−0.9585 **	−0.9611 **	122
灌浆期	0.5141 **	0.0623	0.8607 **	−0.9349 **	−0.9496 **	131

＊＊$P<0.01$

4.3.4.2　基于红边参数的冬小麦叶绿素估算模型

从表 4-12 数据可以看出，冬小麦红边位置、红边峰度与其返青期、拔节期、抽穗期和灌浆期的 SPAD 值相关性高，为此利用 2010 年数据建立了基于红边参数冬小麦不同生育期叶片 SPAD 值的反演模型，见表 4-14。

表 4-14　基于红边参数冬小麦不同生育期叶片 SPAD 值的反演模型

生育期	红边参数	最佳回归方程	决定系数 R^2	样本数 n
返青期	λ_{re}	$y=1.3541x-917.5472$	0.8065	126
	$k_{\lambda re}$	$y=-12.1712x+51.5733$	0.8845	
拔节期	λ_{re}	$y=1.6063x-1090.7156$	0.8416	130
	$k_{\lambda re}$	$y=108.386e^{-0.6484x}$	0.8906	
抽穗期	λ_{re}	$y=1.3295x-891.6113$	0.7471	122
	$k_{\lambda re}$	$y=-16.2535x+68.3577$	0.9237	
灌浆期	λ_{re}	$y=2.84412x-1949.246$	0.7408	131
	$k_{\lambda re}$	$y=-19.5773x+72.7336$	0.9017	

从表 4-14 可以看出，在返青期，红边位置、红边峰度与冬小麦 SPAD 值的最佳拟合方程均为一元线性回归方程，方程决定系数分别为 0.8065、0.8845；在拔节期，红边位置、红边峰度与冬小麦 SPAD 值的最佳拟合方程分别为一元线性回归方程、对数方程，方程决定系数分别为 0.8416、0.8906；在抽穗期，红边位置、红边峰度与冬小麦 SPAD 值的最佳拟合方程均为一元线性回归方程，方程决定系数分别为 0.7471、0.9237；在灌浆期，红边位置、红边峰度与冬小麦 SPAD 值的最佳拟合方程亦均为一元线性回归方程，方程决定系数分别为 0.7408、0.9017。从表 4-13 还可看出，在返青期、拔节期、抽穗期和灌浆期，基于红边峰度回归模型的决定系数均大于同期基于红边位置的回归模型的决定系数。

应用 2011 年冬小麦光谱、SPAD 值数据对表 4-14 中冬小麦各个生育期的 SPAD 值估算模型进行了检验，所得结果见表 4-15。由表 4-15 可知，预测值与实测值回归方程的决定系数 R^2 略低于建模方程的决定系数，反演模型是稳定的，能够满足冬小麦 SPAD 值预测需要。相比传统红边参数，基于新红边参数冬小麦叶片 SPAD 值的预测精度要高一些。

表 4-15　基于红边参数冬小麦不同生育期 SPAD 值估算模型的预测性

生育期	红边参数	预测值与实测值回归方程	决定系数 R^2	样本数 n
返青期	λ_{re}	$y=0.8011x+5.0057$	0.7773	129
	$k_{\lambda re}$	$y=0.8762x+2.9124$	0.8547	
拔节期	λ_{re}	$y=0.8534x+4.0719$	0.8234	127
	$k_{\lambda re}$	$y=0.8415x+4.2077$	0.8661	
抽穗期	λ_{re}	$y=0.7605x+9.8046$	0.7142	131
	$k_{\lambda re}$	$y=0.9040x+3.2516$	0.8875	
灌浆期	λ_{re}	$y=0.7187x+9.2047$	0.7218	121
	$k_{\lambda re}$	$y=0.9012x+3.4191$	0.8848	

4.3.5　小波能量系数与冬小麦叶片 SPAD 值的回归分析

基于小波能量系数对冬小麦叶片 SPAD 值进行回归分析的过程为：首先对冬小麦返青期、拔节期、抽穗期和灌浆期的光谱数据进行小波分解，然后计算各样本光谱数据的小波能量系数，最后基于所得的小波能量系数对冬小麦叶片 SPAD 值进行回归分析。在基于小波能量系数对冬小麦叶片 SPAD 值进行回归分析的过程中，当分解尺度为 J 时，将产生 J 个高频能量系数与 1 个低频能量系数。

采用 2010 年冬小麦光谱、SPAD 值数据建模，应用 2011 年冬小麦光谱、SPAD 值数据进行模型检验。表 4-16 为分解尺度 $J=1$ 时，冬小麦不同生育期冠层反射率小波能量系数与 SPAD 值之间的一元、二元线性回归方程。同时还对 51 种小波函数获得的反演效果进行了比较分析，以考察 51 种小波函数所能获得的最佳反演效果。在此过程中，以估算模型决定系数 R^2 作为标准挑选出各个时期估算效果最好的小波函数，所得结果见表 4-16。由表 4-16 可知，估算模型的决定系数较高，基于小波低频能量系数的冬小麦 SPAD 值一元线性回归模型的决定系数 R^2 以及基于小波高频和低频的冬小麦 SPAD 值二元线性回归模型的决定系数 R^2，都要高于同生育期由最佳植被指数估算模型所得的决定系数 R^2。

表 4-16　基于小波能量系数的冬小麦不同生育期叶片 SPAD 值估算模型

生育期	小波名称，能量系数	预测模型	决定系数 R^2	样本数 n
返青期	db1，高频	$y=3043.37021x-4.5056$	0.6855	126
	db1，低频	$y=65.1714x-8.1783$	0.8407	
	db1，高频和低频	$y=138.1114x_1+64.1003x_2-9.1720$	0.9168	

生育期	小波名称，能量系数	预测模型	决定系数 R^2	样本数 n
拔节期	db1，高频	$y=2970.4249x-4.6781$	0.5821	
	db1，低频	$y=48.8082x+0.9718$	0.8953	130
	db1，高频和低频	$y=105.8092x_1+74.7986x_2-3.5173$	0.9154	
抽穗期	db1，高频	$y=2429.1294x+16.7949$	0.5201	
	bior1.3，低频	$y=63.3413x+13.0973$	0.8786	122
	bior1.3，高频和低频	$y=192.2106x_1+59.6590x_2-6.8934$	0.8802	
灌浆期	rbio1.3，高频	$y=4902.1358x-6.5283$	0.5812	
	rbio3.9，低频	$y=149.2635x-26.1732$	0.8621	131
	rbio3.9，高频和低频	$y=133.7123x_1+69.1843x_2-8.4581$	0.9087	

为了验证基于小波能量系数构建的冬小麦 SPAD 值估算模型的估算效果，本研究还应用了 2011 年冬小麦光谱、SPAD 值数据对表 4-16 中返青期、拔节期、抽穗期和灌浆期冬小麦 SPAD 值估算模型进行了检验，检验结果见表 4-17。从表 4-17 可以看出，预测值与实测值回归方程的决定系数略低于建模方程决定系数，所构建的反演模型是稳定的，能够满足冬小麦 SPAD 值预测需要。

表 4-17　基于小波能量系数的冬小麦不同生育期叶片 SPAD 值估算模型的预测性

生育期	小波名称，能量系数	预测值与实测值回归方程	决定系数 R^2	样本数 n
返青期	bior3.9，高频	$y=0.5391x+10.6534$	0.5981	
	bior3.9，低频	$y=0.8447x+3.1553$	0.8316	129
	bior3.9，高频和低频	$y=0.8524x+2.7451$	0.8815	
拔节期	rbio3.1，高频	$y=0.6547x+8.2931$	0.4541	
	rbio3.1，低频	$y=0.8683x+2.8101$	0.8865	127
	rbio3.1，高频和低频	$y=0.8029x+5.1602$	0.8888	
抽穗期	bior3.9，高频	$y=0.6562x+8.2077$	0.4757	
	bior3.9，低频	$y=0.8341x+3.8017$	0.8555	131
	bior3.9，高频和低频	$y=0.7982x+5.3797$	0.8572	
灌浆期	rbio3.9，高频	$y=0.6447x+8.4829$	0.4888	
	rbio3.9，低频	$y=0.8135x+4.3072$	0.8401	121
	rbio3.9，高频和低频	$y=0.8013x+5.1968$	0.8608	

4.3.6　小波分形维数与冬小麦 SPAD 值的回归分析

依据 4.3.5 节的小波分形维数理论，计算冬小麦光谱数据小波分形维数，之后构建并检验基于小波分形维数的冬小麦 SPAD 值估算模型。冬小麦光谱数据小波分形维数的计算首先需对冬小麦各生育期的光谱数据进行小波分解，然后利用方差法计算各频带小波系数分形维数。具体过程为：首先对冬小麦返青期、拔节期、抽穗期和灌浆期的光谱数据进行小波变换，小波变换分解尺度依次增加（分解尺度 J 最大为 8）；然后利用方差法计算各频带小波系数分形维数，建立基于各频带小波系数分形维数的冬小麦 SPAD 值估算模型。

采用 2010 年冬小麦光谱、SPAD 值数据建模，应用 2011 年冬小麦光谱、SPAD 值数据进行模型检验。同时，以估算模型决定系数 R^2 作为标准挑选出各个时期、各个分解尺度下估算效果最好的频带分形维数，其结果见表 4-18。

表 4-18　基于小波分形维数冬小麦不同生育期叶片 SPAD 值的估算模型

生育期	分解尺度，小波函数，频带	最佳回归方程	决定系数 R^2	样本数 n
返青期	7，rbio3.3，低频	$y = -37.6174x + 109.4427$	0.9667	126
拔节期	7，bior3.7，低频	$y = -38.2372x + 113.6848$	0.9516	130
抽穗期	7，rbio3.1，低频	$y = -53.2730x + 158.5990$	0.9612	122
灌浆期	7，bior3.7，低频	$y = -81.7945x + 208.0000$	0.9536	131

对表 4-18 数据综合分析可以看出，在各个生育期，以低频小波系数分形维数为自变量的冬小麦 SPAD 值数据估算模型的决定系数高。在返青期、拔节期、抽穗期和灌浆期，冬小麦 SPAD 值与低频小波系数分形维数的最佳回归模型为均为线性模型，且分解尺度均为 7；返青期、拔节期、抽穗期和灌浆期所得的决定系数分别为 0.9667、0.9516、0.9612 和 0.9536。

为验证基于小波分形维数所构建的冬小麦不同时期叶片 SPAD 值估算模型的估算效果，应用 2011 年冬小麦光谱、SPAD 值数据对表 4-18 中返青期、拔节期、抽穗期和灌浆期冬小麦 SPAD 值估算模型进行了检验，检验结果见表 4-19。由表 4-19 数据可知，返青期、拔节期、抽穗期和灌浆期预测值与实测值回归方程的决定系数 R^2 分别为 0.9404、0.9151、0.9203 和 0.9217，分别略低于各生育期建模方程决定系数，且反演模型是稳定的，能够满足实际应用中冬小麦 SPAD 值预测的需要。

表 4-19　基于小波分形维数的冬小麦不同生育期叶片 SPAD 值估算模型的预测性

生育期	预测值与实测值回归方程	决定系数 R^2	样本数 n
返青期	$y = 0.9564x + 1.0719$	0.9404	129
拔节期	$y = 0.8765x + 3.3902$	0.9151	127
抽穗期	$y = 0.9092x + 3.1382$	0.9203	131
灌浆期	$y = 0.8491x + 5.1353$	0.9217	121

4.4　基于高光谱遥感的冬小麦覆盖度监测

品种、肥力和灌溉条件是决定作物的生长变化、生长状态、生长活力的重要因素。而覆盖度、叶面积指数和生长活力等指标反映了作物的生长状态。因此，准确提取覆盖度信息对于监测作物生长发育和估测作物的生产力具有重要意义。

目前，作物覆盖度的测算方法有目测估算法、统计测算法、数码照相法和遥感模型法4 类（秦伟等，2006）。目测估算法因其主观性太强，具有较大不确定性；统计测算法费时费力、成本高、精度差；随着数码相机的出现，且应用到植被覆盖度测算中，植被覆盖度的地面测量更加准确（Gitelson et al.，2002）。但数码照相法应用区域小，而随着遥感技术的发展，遥感模型法可以估算大范围区域的作物覆盖度（瞿瑛等，2010），监测作物覆盖度变化成为必然的趋势。近年来，随着高光谱分辨率遥感技术的发展，可以直接对地物进行微弱光谱差异的定量分析，在覆盖度监测研究中优势明显（Fitzgerald et al.，2005；Bannari et al.，2006；Luscier et al.，2006）。

本节首先分析不同生育期冬小麦冠层原始光谱、一阶导数光谱与覆盖度的相关性，利用2010 年冬小麦数据分别建立了基于植被指数、原始光谱特征参数、红边参数、小波能量系数、小波分形维数的覆盖度监测模型，利用2011 年冬小麦数据对模型进行了验证，并比较不同估算模型的优缺点，以期促进高光谱分辨率遥感在冬小麦覆盖度动态监测中的应用。

4.4.1　冬小麦冠层原始光谱、导数光谱与覆盖度的相关分析

冬小麦在不同的生长阶段具有不同的生态特征，其对应的光谱特征也会产生差异性，且不同生长阶段的覆盖度也会发生变化。覆盖度与冬小麦原始光谱、一阶导数光谱的相关性在不同生长阶段是否存在差异。基于此，本节分别分析了2010 年冬小麦返青期、拔节期、抽穗期、灌浆期和成熟期原始光谱、一阶导数光谱与覆盖度的相关性（本节所采用试验数据均通过试验一获得，返青期、拔节期、抽穗期、灌浆期和成熟期样本个数分别为104、101、100、98 和96），如图4-22 所示。通过对比5 个时期原始光谱与覆盖度的相关系数变化可以看出，返青期、拔节期、抽穗期和灌浆期原始光谱与覆盖度的相关系数变化类似。在可见光波段，光谱反射率与覆盖度呈负相关；在红边处，由负相关变成正相关，在红边肩部达到最大值。

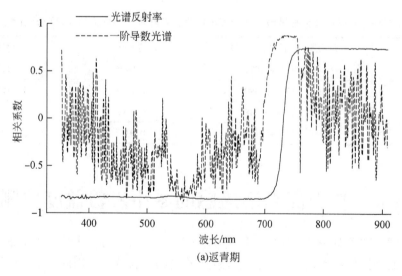

(a)返青期

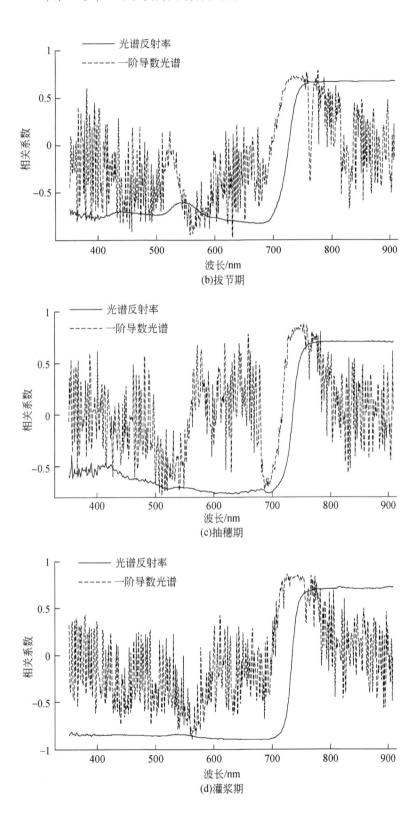

(b)拔节期

(c)抽穗期

(d)灌浆期

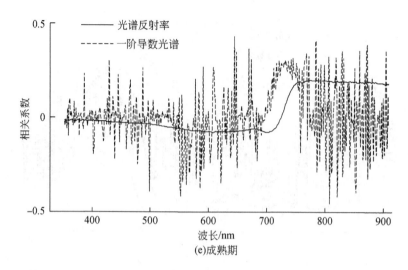

图 4-22　各个生育期冠层原始光谱、一阶导数光谱与冬小麦覆盖度的相关分析

返青期、拔节期、抽穗期和灌浆期一阶导数光谱与覆盖度的相关系数在一些波段处要高于原始光谱与覆盖度的相关系数，这是因为求导剔除了土壤背景对光谱的影响。相比前4个时期，成熟期光谱反射率与覆盖度的相关性不显著，一阶导数光谱与覆盖度的相关性在一些波段有一定程度的提高，但相关系数值还是偏低。之所以出现这种现象，可能是因为随着冬小麦的成熟，叶绿素分解，叶片变黄，此时的冬小麦光谱信息已经不明显。这也说明了在利用光谱信息反演冬小麦覆盖度时不能使用成熟期冬小麦光谱数据。

4.4.2　植被指数与冬小麦覆盖度的回归分析

单波段反射率与冬小麦覆盖度的相关性在不同波段、不同生育期存在差异。而植被指数主要反映植被在可见光、近红外波段反射与土壤背景之间差异的指标，有效地综合各有关的光谱信号，增强植被信息。同时由于植被指数受植被本身、环境等因素的影响，具有明显的地域性和时效性。因此，利用 2010 年冬小麦数据分别建立了基于 NDVI、RVI 冬小麦返青期、拔节期、抽穗期和灌浆期的覆盖度估算模型（表4-20），同时利用2011年冬小麦返青期、拔节期、抽穗期和灌浆期所测的数据对估算模型进行了检验（表4-21）。

表4-20　基于 NDVI、RVI 冬小麦不同生育期覆盖度估算模型

生育期	植被指数	最佳回归方程	决定系数 R^2	样本数 n
返青期	NDVI	$y = 0.7230x + 0.0463$	0.8359	104
	RVI	$y = 0.1734\ln x + 0.2266$	0.6993	
拔节期	NDVI	$y = 2.0289x - 1.0526$	0.8057	101
	RVI	$y = 0.2898x^{0.3165}$	0.7501	
抽穗期	NDVI	$y = 3.4814x - 2.3066$	0.7367	100
	RVI	$y = 0.0265x + 0.2925$	0.8031	

生育期	植被指数	最佳回归方程	决定系数 R^2	样本数 n
灌浆期	NDVI	$y = 1.1318x - 0.1501$	0.7275	98
	RVI	$y = 0.0231x + 0.5064$	0.8294	

表 4-21　基于 NDVI、RVI 冬小麦不同生育期覆盖度估算模型的预测性

生育期	植被指数	预测值与实测值回归方程	决定系数 R^2	样本数 n
返青期	NDVI	$y = 0.6866x + 0.2100$	0.7848	81
	RVI	$y = 0.5079x + 0.2750$	0.6477	
拔节期	NDVI	$y = 0.9869x + 0.0377$	0.7676	80
	RVI	$y = 0.7979x + 0.1500$	0.7190	
抽穗期	NDVI	$y = 0.8508x + 0.1026$	0.6793	78
	RVI	$y = 0.4584x + 0.3513$	0.7532	
灌浆期	NDVI	$y = 0.5548x + 0.3756$	0.6539	76
	RVI	$y = 0.5365x + 0.3746$	0.7862	

由表 4-20 可知，NDVI 与冬小麦返青期、拔节期、抽穗期、灌浆期覆盖度的最佳拟合方程均为一元线性回归方程，一元线性回归方程决定系数分别为 0.8359、0.8057、0.7367、0.7275，回归方程决定系数 R^2 随着生育期的推移，有变小的趋势；RVI 与冬小麦返青期、拔节期覆盖度的最佳拟合方程分别为对数回归方程、乘幂方程，方程决定系数分别为 0.6993、0.7501，RVI 与抽穗期、灌浆期覆盖度的最佳拟合方程为一元线性回归方程，方程决定系数分别为 0.8031、0.8294，回归方程决定系数 R^2 随着生育期的推移，有变大的趋势。

由表 4-21 可知，在返青期和拔节期，基于 NDVI 回归模型预测效果好，模型预测值与实测值之间的回归方程的决定系数 R^2 分别为 0.7848 和 0.7676；在抽穗期和灌浆期，基于 RVI 回归模型反演效果好，模型预测值与实测值之间的回归方程的决定系数 R^2 分别为 0.7532 和 0.7862。综上所述，反演冬小麦覆盖度时在不同的生育期应用不同的植被指数，在返青期和拔节期，使用 NDVI 反演效果好，在抽穗期、灌浆期，使用 RVI 反演效果好。

4.4.3　基于高光谱特征参数的冬小麦覆盖度监测

4.4.3.1　冬小麦覆盖度与光谱特征参数的相关性

冬小麦光谱特征随着冬小麦覆盖度的变化而发生变化。返青期、拔节期、抽穗期、灌浆期的冬小麦覆盖度与其高光谱特征参数之间的相关系数见表 4-22。由表 4-22 可知，在传统光谱特征变量（位置变量、面积变量与植被指数）中，ρ_g、λ_g、ρ_r、$s_{\rho g}$、$s_{\rho r}$ 与返青期、拔节期、抽穗期、灌浆期的冬小麦覆盖度均呈负相关，且均达到 0.01 极显著检验水平。ρ_g / ρ_r、$(\rho_g - \rho_r)/(\rho_g + \rho_r)$ 与返青期、拔节期、抽穗期和灌浆期的冬小麦覆盖度均呈正相关，且均达到 0.01 极显著检验水平。λ_r 与返青期、拔节期冬小麦覆盖度达到 0.01 极显著检验水平，λ_r 与抽穗期、拔节期的冬小麦覆盖度的相关系数未达到显著检验水平。在新特征变量中，s_g 与返青期、拔节期、抽穗期、灌浆期的冬小麦覆盖度均呈负相关，且均达到 0.01 极显著检验水平，相关系数较大。k_g 与返青期、拔节期、抽穗期、灌浆期的冬小麦覆盖度均呈正相关，且均达到 0.01 极显著检验水平。s_r、k_r、s_g/s_r、k_g/k_r、$(s_g-s_r)/(s_g+s_r)$、$(k_g-k_r)/(k_g+k_r)$ 与返青期、拔节期、抽穗期、灌浆期的冬小麦覆盖度相关性低，没有全部达到 0.01 极显著检验水平。

表 4-22　冬小麦覆盖度与高光谱特征参数之间的相关系数

光谱特征变量	参数	返青期（$n=104$）	拔节期（$n=101$）	抽穗期（$n=100$）	灌浆期（$n=98$）
位置变量	ρ_g	-0.8198^{**}	-0.5032^{**}	-0.7048^{**}	-0.8463^{**}
	λ_g	-0.6504^{**}	-0.5539^{**}	-0.5061^{**}	-0.4890^{**}
	ρ_r	-0.8469^{**}	-0.6475^{**}	-0.7338^{**}	-0.8997^{**}
	λ_r	0.4497^{**}	0.5535^{**}	-0.0896	-0.1351
面积变量	$s_{\rho g}$	-0.4804^{**}	-0.7304^{**}	-0.3604^{**}	-0.7415^{**}
	$s_{\rho r}$	-0.7144^{**}	-0.8652^{**}	-0.4834^{**}	-0.7034^{**}
植被指数	ρ_g/ρ_r	0.9109^{**}	0.8939^{**}	0.8815^{**}	0.8739^{**}
	$(\rho_g-\rho_r)/(\rho_g+\rho_r)$	0.8604^{**}	0.9389^{**}	0.8039^{**}	0.8107^{**}
新特征变量	s_g	-0.9318^{**}	-0.9125^{**}	-0.8885^{**}	-0.9191^{**}
	k_g	0.8124^{**}	0.7569^{**}	0.7915^{**}	0.8781^{**}
	s_r	0.2224^{*}	0.2785^{*}	0.3196^{**}	0.1533
	k_r	0.1516	-0.1466	0.5258^{**}	-0.2358^{*}
	s_g/s_r	-0.6810^{**}	-0.5868^{**}	0.3227^{**}	-0.1419
	k_g/k_r	0.1814	0.2090^{*}	-0.5054^{**}	0.2292^{*}
	$(s_g-s_r)/(s_g+s_r)$	-0.0714	-0.1150	0.0021	0.0028
	$(k_g-k_r)/(k_g+k_r)$	0.2060^{*}	0.2385^{*}	-0.5114^{**}	0.2524^{*}

$^*P<0.05$，$^{**}P<0.01$

4.4.3.2　基于高光谱特征参数的冬小麦覆盖度估算模型

由表 4-22 可知，传统光谱特征参数 $[\rho_g/\rho_r$、$(\rho_g-\rho_r)/(\rho_g+\rho_r)$、$\rho_r]$ 和新光谱特征参数（s_g、k_g）与返青期、拔节期、抽穗期和灌浆期冬小麦覆盖度相关性显著，且相关系数较大。通过比较，在每个生育期内，分别选择了传统光谱特征参数、新光谱特征参数中通过相关性极显著检验且相关系数最高的光谱特征参数，并应用 2010 年数据建立冬小麦覆盖度估算模型（表 4-23）。

由表 4-23 可知，在返青期，ρ_g/ρ_r 与冬小麦覆盖度最佳拟合方程为对数方程，方程决定系数 R^2 为 0.8421，s_g 与冬小麦覆盖度最佳拟合方程为指数方程，方程决定系数 R^2 为 0.8815。在拔节期，$(\rho_g-\rho_r)/(\rho_g+\rho_r)$ 与冬小麦覆盖度最佳拟合方程为一元线性方程，方程决定系数 R^2 为 0.8816，s_g 与冬小麦覆盖度最佳拟合方程为指数方程，方程决定系数 R^2 为 0.9199。在抽穗期、灌浆期，ρ_g/ρ_r、ρ_r 与冬小麦覆盖度最佳拟合方程均为一元线性方程，方程决定系数 R^2 分别为 0.7770、0.8095，s_g 与抽穗期、灌浆期冬小麦覆盖度最佳拟合方程亦为一元线性方程，方程决定系数 R^2 分别为 0.7894、0.8447。通过对比可以看出，各生育期基于新光谱特征参数的回归模型的决定系数要高于基于传统光谱特征参数回归模型的决定系数。

表 4-23　基于高光谱特征参数的冬小麦不同生育期覆盖度估算模型

生育期	参数	最佳回归方程	R^2	样本数 n
返青期	ρ_g/ρ_r	$y = 0.5084\ln x + 0.3095$	0.8421	104
	s_g	$y = 0.1183e^{-3.0816x}$	0.8815	
拔节期	$(\rho_g - \rho_r)/(\rho_g + \rho_r)$	$y = 0.9463x + 0.2662$	0.8816	101
	s_g	$y = 0.1131e^{-2.9427x}$	0.9199	
抽穗期	ρ_g/ρ_r	$y = 0.0806x + 0.5818$	0.7770	100
	s_g	$y = -1.6117x - 0.2078$	0.7894	
灌浆期	ρ_r	$y = 0.1874x + 0.4351$	0.8095	98
	s_g	$y = -1.4096x - 0.1156$	0.8447	

为了验证基于高光谱特征参数的冬小麦覆盖度估算模型的预测效果，应用 2011 年冬小麦光谱、覆盖度数据对各生育期覆盖度预测模型进行了检验。预测值与实测值回归方程的决定系数 R^2 略低于建模方程的决定系数，反演模型是稳定的，能够满足覆盖度预测需要。通过对比传统光谱特征参数 $[\rho_g/\rho_r、(\rho_g - \rho_r)/(\rho_g + \rho_r)、\rho_r]$ 和新光谱特征参数 (s_g) 检验模型的决定系数 R^2 可知，基于新光谱特征参数的冬小麦覆盖度估算模型优于冬小麦传统光谱特征参数覆盖度估算模型。

4.4.4　基于红边参数的冬小麦覆盖度监测

4.4.4.1　红边参数与冬小麦覆盖度的相关性

由图 4-22 可知，随着覆盖度的增大，冬小麦的红边振幅（$D_{\lambda re}$）、红边面积（s_{dre}）增大，红边位置（λ_{re}）"红移"。红边参数与覆盖度存在某种关系，为此计算了红边参数与覆盖度的相关性（表 4-24）。

表 4-24　红边参数与覆盖度的相关性

生育期	红边面积（s_{dre}）	红边振幅（$D_{\lambda re}$）	红边位置（λ_{re}）	红边偏度（$s_{\lambda re}$）	红边峰度（$k_{\lambda re}$）	样本数 n
返青期	0.8887**	0.8969**	0.4339**	0.9123**	−0.9115**	104
拔节期	0.8725**	0.8701**	0.3259**	0.8839**	−0.9018**	101
抽穗期	0.8615**	0.8440**	0.3533**	0.9178**	−0.9031**	100
灌浆期	0.8468**	0.8648**	0.3174**	0.8999**	−0.9077**	98

＊＊ $P < 0.01$

从表 4-24 可以看出，返青期、拔节期、抽穗期和灌浆期的红边面积、红边振幅、红边位置与覆盖度均呈正相关。红边面积、红边振幅与覆盖度的相关系数在返青期、拔节期、抽穗期和灌浆期分别为 0.8468～0.8887、0.8440～0.8969（$P<0.01$），因此可以利用返青期、拔节期、抽穗期和灌浆期的红边面积、红边振幅建立冬小麦覆盖度估算模型。红边位置与覆盖度的相关系数在返青期、拔节期、抽穗期为 0.3259～0.4339（$P<0.01$），虽然达到显著水平检验，但是相关系数低，不适合用于冬小麦覆盖度的估算。

当冬小麦覆盖度发生变化时，红边特征形状发生变化，因此红边特征形状与冬小麦覆盖度可能存在一定关系。在统计学上，通常利用红边偏度（$s_{\lambda re}$）、红边峰度（$k_{\lambda re}$）描述变量的分布形态，因此，尝试利用红边偏度、红边峰度描述红边区域一阶导数光谱的变化。不同生育期冬小麦覆盖度与其相对应的红边偏度、红边峰度相关关系见表 4-23。红边偏度与冬小麦覆盖度呈正相关，在返青期、拔节期、抽穗期和灌浆期相关系数为 0.8839～0.9178（$P<0.01$）。红边峰度与冬小麦覆盖度呈负相关，在返青期、拔节期、抽穗期、灌浆期相关系数为 $-0.9115～-0.9018$（$P<0.01$）。因此可以利用冬小麦红边偏度、红边峰度揭示覆盖度变化。

4.4.4.2　基于红边参数的冬小麦覆盖度估算模型

由表 4-24 可知，红边面积、红边振幅、红边偏度和红边峰度与冬小麦返青期、拔节期、抽穗期和灌浆期的覆盖度相关性高，为此本节利用 2010 年数据建立了基于红边参数冬小麦不同生育期覆盖度的反演模型（表 4-25）。由表 4-25 可知，在返青期，红边面积、红边振幅与冬小麦覆盖度的最佳拟合方程为对数方程，方程决定系数分别为 0.7952、0.8503；红边偏度、红边峰度与冬小麦覆盖度的最佳拟合方程为一元线性回归方程，方程决定系数分别为 0.8564、0.8308。在拔节期、抽穗期和灌浆期，红边面积、红边振幅、红边偏度、红边峰度与冬小麦覆盖度的最佳拟合方程均为一元线性回归方程，方程决定系数变化范围为 0.7123～0.8418，且基于红边偏度、红边峰度的回归模型的决定系数要大于同时期基于红边面积、红边振幅的回归模型的决定系数。

表 4-25　基于红边参数冬小麦不同生育期覆盖度的反演模型

生育期	红边参数	最佳回归方程	决定系数 R^2	样本数 n
返青期	s_{dre}	$y=0.1693\ln x+0.6577$	0.7952	104
	$D_{\lambda re}$	$y=0.1850\ln x+1.3808$	0.8503	
	$s_{\lambda re}$	$y=0.5425x+0.5562$	0.8564	
	$k_{\lambda re}$	$y=-0.7215x+1.7710$	0.8308	
拔节期	s_{dre}	$y=0.5362x+0.4328$	0.7594	101
	$D_{\lambda re}$	$y=21.8820x+0.4369$	0.7551	
	$s_{\lambda re}$	$y=0.6660x+0.6658$	0.8418	
	$k_{\lambda re}$	$y=-0.7067x+1.9745$	0.8133	

生育期	红边参数	最佳回归方程	决定系数 R^2	样本数 n
抽穗期	s_{dre}	$y=0.4450x+0.5262$	0.7421	100
	$D_{\lambda re}$	$y=17.7290x+0.5345$	0.7123	
	$s_{\lambda re}$	$y=-0.7098x+1.9249$	0.8156	
	$k_{\lambda re}$	$y=0.9869x+0.8080$	0.8098	
灌浆期	s_{dre}	$y=1.0760x+0.4019$	0.7170	98
	$D_{\lambda re}$	$y=43.7100x+0.4120$	0.7479	
	$s_{\lambda re}$	$y=0.9869x+0.8080$	0.8098	
	$k_{\lambda re}$	$y=-1.3153x+3.1540$	0.8239	

为了验证基于红边参数的冬小麦覆盖度估算模型的反演效果,应用 2011 年冬小麦光谱、覆盖度数据对表 4-25 中不同生育期覆盖度反演模型进行了检验(图 4-23)。

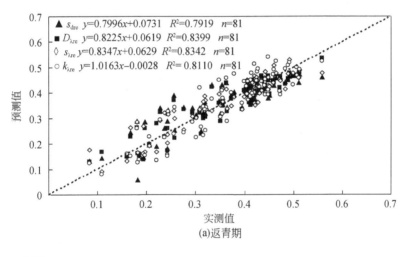

(a)返青期

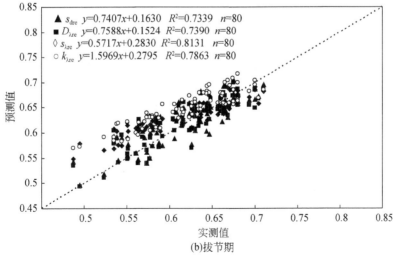

(b)拔节期

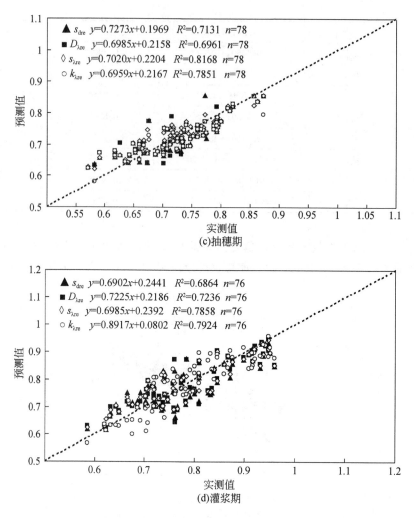

图 4-23　基于红边参数的冬小麦不同生育期覆盖度估算模型的反演效果

由图 4-23 可知，在返青期，基于红边面积、红边振幅冬小麦覆盖度预测模型的预测值与实测值决定系数分别为 0.7919、0.8399，基于红边偏度、红边峰度冬小麦覆盖度预测模型的预测值与实测值决定系数分别为 0.8342、0.8110；在拔节期，基于红边面积、红边振幅、红边偏度和红边峰度预测模型的预测值与实测值决定系数分别为 0.7339、0.7390、0.8131 和 0.7863；在抽穗期，基于红边面积、红边振幅、红边偏度和红边峰度预测模型的预测值与实测值决定系数分别为 0.7131、0.6961、0.8168 和 0.7851；在灌浆期，基于红边面积、红边振幅、红边偏度和红边峰度预测模型的预测值与实测值决定系数分别为 0.6864、0.7236、0.7858 和 0.7924。通过对比各个时期冬小麦覆盖度预测模型的精度可知，基于红边偏度、红边峰度预测模型的精度要高于基于红边面积、红边振幅预测模型的精度。

4.4.5　小波能量系数与冬小麦覆盖度的回归分析

对冬小麦返青期、拔节期、抽穗期和灌浆期的光谱数据进行小波分解，并计算了每个采样光谱数据的小波能量系数。其中，采用 2010 年冬小麦光谱、覆盖度数据建模，应用 2011 年冬小麦光谱、覆盖度数据进行模型检验。当分解尺度为 1 时，产生 1 个高频能量系数与 1 个低频能量系数。表 4-26 为分解尺度为 1 时，冬小麦不同生育期冠层反射率小波能量系数与覆盖度之间的一元、多元线性回归方程。同时进一步考察了 51 种小波函数所能获得的最佳反演效果，并以估算模型决定系数 R^2 作为标准挑选出各个时期估算效果最好的小波函数（表 4-26）。

表 4-26　基于小波能量系数的冬小麦不同生育期覆盖度估算模型

生育期	小波名称，能量系数	预测模型	决定系数 R^2	样本数 n
返青期	bior3.9，高频	$y = 128.4901x - 0.1827$	0.8433	104
	bior3.9，低频	$y = 4.1986x - 0.3767$	0.7586	
	bior3.9，高频和低频	$y = 280.7309x_1 - 5.2447x_2 + 0.0932$	0.9112	
拔节期	rbio3.1，高频	$y = 55.5980x + 0.2167$	0.8410	101
	rbio3.1，低频	$y = 1.7720x + 0.1271$	0.7501	
	rbio3.1，高频和低频	$y = 193.4038x_1 - 4.5962x_2 + 0.5013$	0.8954	
抽穗期	bior3.9，高频	$y = 112.4600x - 0.1400$	0.8599	100
	bior3.9，低频	$y = 3.2473x - 0.2517$	0.7144	
	bior3.9，高频和低频	$y = 292.2106x_1 - 5.9794x_2 + 0.1621$	0.8802	
灌浆期	rbio3.9，高频	$y = 37.8920x + 0.3510$	0.8480	98
	rbio3.9，低频	$y = 1.1459x + 0.3176$	0.7951	
	rbio3.9，高频和低频	$y = 93.7783x_1 - 1.4983x_2 + 0.3483$	0.9275	

由表 4-26 可知，估算模型的决定系数较高，基于小波高频能量系数的冬小麦覆盖度一元线性回归模型以及以高频和低频作为自变量的冬小麦覆盖度二元线性回归模型的决定系数 R^2，都要高于同生育期由最佳植被指数估算模型所得的决定系数 R^2。

为了验证模型的估算效果，应用 2011 年冬小麦光谱、覆盖度数据对各个时期覆盖度估算模型进行了检验（表 4-27）。由表 4-27 可知，预测值与实测值回归方程的决定系数略低于建模方程决定系数，反演模型是稳定的，能够满足冬小麦覆盖度的预测需要。

表 4-27　基于小波能量系数的冬小麦不同生育期覆盖度估算模型的预测性

生育期	小波名称，能量系数	预测值与实测值回归方程	决定系数 R^2	样本数 n
返青期	bior3.9，高频	$y = 1.5599x - 0.1766$	0.7952	81
	bior3.9，低频	$y = 1.4301x - 0.0532$	0.6694	
	bior3.9，高频和低频	$y = 1.5408x - 0.2673$	0.8641	

生育期	小波名称，能量系数	预测值与实测值回归方程	决定系数 R^2	样本数 n
拔节期	rbio3.1，高频	$y = 0.3300x+0.3248$	0.7914	80
	rbio3.1，低频	$y = 0.3477x+0.3328$	0.6995	
	rbio3.1，高频和低频	$y = 0.3273x+0.3729$	0.8514	
抽穗期	bior3.9，高频	$y = 0.8023x+0.0680$	0.7978	78
	bior3.9，低频	$y = 0.6479x+0.1112$	0.6718	
	bior3.9，高频和低频	$y = 0.8125x+0.0436$	0.8402	
灌浆期	rbio3.9，高频	$y = 0.3289x+0.3703$	0.8023	76
	rbio3.9，低频	$y = 0.2816x+0.3951$	0.6917	
	rbio3.9，高频和低频	$y = 0.3666x+0.3532$	0.8898	

4.4.6 小波分形维数与冬小麦覆盖度的回归分析

首先对冬小麦返青期、拔节期、抽穗期和灌浆期的光谱数据进行小波分解，然后利用方差法计算各频带小波系数分形维数。其中，采用 2010 年冬小麦光谱、覆盖度数据建模，应用 2011 年冬小麦光谱、覆盖度数据进行模型检验。对 2012 年冬小麦各个生育期光谱数据进行小波变换分析，小波变换分解尺度依次增加（分解尺度 J 最大为 8）。同时计算各频带小波系数分形维数，建立基于各频带小波系数分形维数的冬小麦覆盖度估算模型。以估算模型决定系数 R^2 作为标准挑选出各个时期、各个分解尺度下估算效果最好的频带分形维数（表 4-28）。

表 4-28　基于小波分形维数冬小麦不同生育期覆盖度的估算模型

生育期	分解尺度，小波函数，频带	最佳回归方程	决定系数 R^2	样本数 n
返青期	5，bior3.1，低频	$y = 1.9047x-4.705$	0.9195	104
拔节期	7，rbio3.7，低频	$y = 1.3109x-2.4801$	0.9291	101
抽穗期	2，bior3.7，低频	$y = -18.168x+53.9$	0.9102	100
灌浆期	5，bior3.7，低频	$y = 3.5981x-9.5464$	0.9454	98

由表 4-28 可知，在各个生育期，以低频小波系数分形维数为自变量的冬小麦覆盖度估算模型的决定系数高。在返青期，分解尺度为 5 时，覆盖度与低频小波系数分形维数的最佳回归模型为线性模型，决定系数 R^2 为 0.9195；在拔节期，分解尺度为 7 时，覆盖度与低频小波系数分形维数的最佳回归模型为线性模型，决定系数 R^2 为 0.9291；在抽穗期，分解尺度为 2 时，覆盖度与低频小波系数分形维数的最佳回归模型为线性模型，决定系数 R^2 为 0.9102；在灌浆期，分解尺度为 5 时，覆盖度与低频小波系数分形维数的最佳回归模型为线性模型，决定系数 R^2 为 0.9454。

为了验证模型的估算效果，应用 2011 年冬小麦光谱、覆盖度数据对表 4-28 中各个时期覆盖度估算模型进行了检验（表 4-29）。由表 4-29，返青期、拔节期、抽穗期、灌浆期预测值与实测值回归方程的决定系数 R^2 分别为 0.8946、0.9077、0.8887、0.9292，略低于建模方程决定系数，且反演模型是稳定的，能够满足实际应用中冬小麦覆盖度预测的需要。

表 4-29 基于小波分形维数的冬小麦不同生育期覆盖度估算模型的预测性

生育期	预测值与实测值回归方程	决定系数 R^2	样本数 n
返青期	$y = 0.7325x + 0.1803$	0.8946	81
拔节期	$y = 0.7086x + 0.1787$	0.9077	80
抽穗期	$y = 0.855x + 0.0958$	0.8887	78
灌浆期	$y = 0.9669x + 0.0237$	0.9292	76

4.5 基于高光谱遥感的冬小麦叶面积指数监测

叶面积指数是表征植被冠层结构最重要的参数，决定着作物的许多生物物理过程，可以提供作物生长的动态信息，是衡量作物群体是否合理的重要栽培生理参数，一定时期内它能代表群体的光合势，直接影响生物产量和经济产量。

传统叶面积指数的测量费时耗力，不适合大范围区域测定（Kucharik et al.，1998）。遥感技术的发展为大面积快速获取区域叶面积指数提供了一个好方法，成为监测叶面积指数变化的趋势。植被指数法是最常用叶面积指数遥感估算方法，但其准确性和普适性难以保证；物理模型法能够很好地估算叶面积指数，但模型的输入参量多、算法复杂，影响应用（杨飞等，2009）。近年来，随着高光谱分辨率遥感技术的发展，可以直接对地物进行微弱光谱差异的定量分析，在作物覆盖度、生物量、叶面积指数等生理生态参数估算研究中优势明显（Blackburn，1998；冯伟等，2009）。

纵观作物叶面积指数的已有研究，得到了比较满意的结果。但用来估算叶面积指数的特征光谱及参数随不同试验条件而有所差异，因此建立普适性、精度高的作物叶面积指数估算模型尚需进一步探索和明确。本研究以不同品种、不同水氮条件下的大田试验资料为基础，建立基于植被指数、原始光谱特征参数、红边参数、小波能量系数、小波分形维数的冬小麦叶面积指数估算模型，并比较各模型的估算精度，旨在对冬小麦叶面积指数提供准确可靠的实时监测。

4.5.1 冬小麦冠层原始光谱、导数光谱与叶面积指数的相关分析

冬小麦在不同的生长阶段具有不同的生态特征，其对应的光谱特征也会产生差异性，且不同生长阶段的叶面积指数也会发生变化。叶面积指数与冬小麦原始光谱、导数光谱的相关性在不同生长阶段是否存在差异。基于此，本节分别分析了返青期、拔节期、抽穗期、灌浆期和成熟期原始光谱、一阶导数光谱与叶面积指数的相关性（本节所采用试验数据均通过试验二获得），返青期、拔节期、抽穗期、灌浆期和成熟期样本个数分别为 126、130、122、131 和 125，如图 4-24 所示。通过对比 5 个时期原始光谱与叶面积指数的相关

系数变化可以看出，返青期、拔节期、抽穗灌、灌浆期原始光谱与叶面积指数的相关系数变化类似。相似之处，在可见光波段，光谱反射率与叶面积指数呈负相关；在红边处，相关系数陡然上升，由负相关变成正相关，在红边肩部达到最大值；近红外波段的相关系数与红边肩部基本持平。不同之处，相比于抽穗期、灌浆期，返青期、拔节期原始光谱与叶面积指数的相关系数在绿峰处出现减少再增大的变化，而抽穗期、灌浆期没有出现这一现象。

返青期、拔节期、抽穗期和灌浆期一阶导数光谱与叶面积指数的相关系数在一些波段处要高于原始光谱与叶面积指数的相关系数，这是因为求导剔除了土壤背景对光谱的影响。相比前 4 个时期，成熟期光谱反射率与叶面积指数的相关性不显著，一阶导数光谱与叶面积指数的相关性在一些波段有一定程度的提高，但相关系数还是偏低。之所以出现这种现象，可能是因为随着冬小麦的成熟，叶绿素分解，叶片变黄，此时的冬小麦光谱信息已经不明显。这也说明了在利用光谱信息反演冬小麦叶面积指数时不能使用成熟期冬小麦光谱数据。

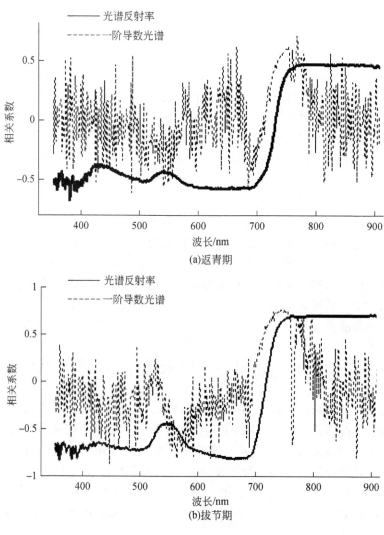

(a)返青期

(b)拔节期

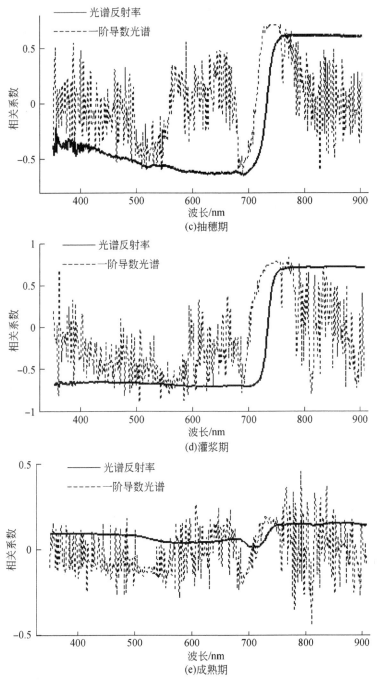

图 4-24　各个生育期冠层原始光谱、一阶导数光谱与冬小麦叶面积指数的相关分析

4.5.2　植被指数与冬小麦叶面积指数的回归分析

NDVI 及 RVI 常用来估算作物的叶面积指数。前人的研究大多是建立整个生育期内的

叶面积指数估算模型，为了更好地对各个阶段冬小麦叶面积指数进行估算，本节应用2010年冬小麦数据分别建立基于 NDVI、RVI 冬小麦返青期、拔节期、抽穗期和灌浆期的叶面积指数估算模型（表4-30），同时应用2011年冬小麦返青期、拔节期、抽穗期和灌浆期所测的数据对估算模型进行了检验，以预测值与实测值之间回归方程的验证决定系数 R^2 作为标准进行评定（表4-30）。

表4-30　基于 NDVI、RVI 冬小麦不同生育期叶面积指数估算模型及验证

生育期	植被指数	最佳回归方程	决定系数 R^2	样本数 n	验证决定系数 R^2	验证样本数 n
返青期	NDVI	$y = 0.0748e^{4.0380x}$	0.7539	126	0.6905	129
	RVI	$y = 0.1069x+0.7517$	0.7730		0.7178	
拔节期	NDVI	$y = 0.0015e^{8.4012x}$	0.7816	130	0.7286	127
	RVI	$y= 0.1718x-0.4630$	0.8158		0.7611	
抽穗期	NDVI	$y = 0.0006e^{9.4480x}$	0.8234	122	0.7891	131
	RVI	$y = 0.1809x-0.3699$	0.8342		0.8037	
灌浆期	NDVI	$y = 0.0436e^{4.6032x}$	0.8091	131	0.7738	121
	RVI	$y = 0.2400x-0.4399$	0.8505		0.8244	

由表4-30可知，从返青期到灌浆期，NDVI 与叶面积指数的最佳回归方程均为指数模型，决定系数 R^2 分别为0.7539、0.7816、0.8234、0.8091，预测值与实测值之间回归方程的验证决定系数 R^2 分别为0.6905、0.7286、0.7891、0.7738；RVI 与叶面积指数的最佳回归方程均为一元线性模型，决定系数 R^2 分别为0.7730、0.8158、0.8342、0.8505，预测值与实测值之间回归方程的验证决定系数 R^2 分别为0.7178、0.7611、0.8037、0.8244。通过比较可知，NDVI、RVI 叶面积指数估算模型的预测值与实测值之间回归方程的验证决定系数 R^2 略低于预测模型的决定系数 R^2，反演模型是稳定的，能够满足叶面积指数预测需要。同时，基于 RVI 的叶面积指数回归模型的决定系数 R^2 以及其预测值与实测值回归方程的验证决定系数 R^2 都要高于基于 NDVI 的，因此在选用植被指数估算叶面积指数时，优先考虑 RVI。

4.5.3　基于高光谱特征参数的冬小麦叶面积指数监测

4.5.3.1　冬小麦叶面积指数与光谱特征参数的相关性

冬小麦光谱特征随冬小麦叶面积指数的变化而变化。返青期、拔节期、抽穗期、灌浆期的冬小麦叶面积指数与其高光谱特征参数之间的相关系数见表4-31。

由表4-31可知，在传统光谱特征变量（位置变量、面积变量与植被指数）中，ρ_g、λ_g、ρ_r、$s_{\rho g}$、$s_{\rho r}$ 与返青期、拔节期、抽穗期、灌浆期的冬小麦叶面积指数均呈负相关，且均达到了0.01极显著检验水平。ρ_g/ρ_r、$(\rho_g-\rho_r)/(\rho_g+\rho_r)$ 与返青期、拔节期、抽穗期、灌浆期的冬小麦叶面积指数均呈正相关，均达到了 0.01 极显著检验水平。λ_r 与返青期、拔节期、抽穗期、灌浆期的冬小麦叶面积指数未达到 0.01 极显著检验水平。在新特征变量中，s_g、k_g/k_r 与返青期、拔节期、抽穗期、灌浆期的冬小麦叶面积指数均呈负相关，均达到了 0.01 极显著检验水平。k_g、s_r、k_r、s_g/s_r、$(k_g-k_r)/(k_g+k_r)$ 与返青期、拔节期、抽穗期、灌浆期的冬小麦叶面积指数均呈正相关，且均达到了 0.01 极显著检验水平。

表 4-31　冬小麦叶面积指数与高光谱特征参数之间的相关系数

光谱特征变量	参数	返青期 ($n=126$)	拔节期 ($n=130$)	抽穗期 ($n=122$)	灌浆期 ($n=131$)
位置变量	ρ_g	-0.7566^{**}	-0.7303^{**}	-0.8576^{**}	-0.8581^{**}
	λ_g	-0.6358^{**}	-0.7225^{**}	-0.6824^{**}	-0.6824^{**}
	ρ_r	-0.8739^{**}	-0.8629^{**}	-0.9157^{**}	-0.8176^{**}
	λ_r	-0.2220^{*}	-0.1520	-0.2152^{*}	-0.1024
面积变量	$s_{\rho g}$	-0.7649^{**}	-0.7626^{**}	-0.8582^{**}	-0.6954^{**}
	$s_{\rho r}$	-0.8787^{**}	-0.8601^{**}	-0.9173^{**}	-0.7795^{**}
植被指数	ρ_g/ρ_r	0.8914^{**}	0.9548^{**}	0.8536^{**}	0.8716^{**}
	$(\rho_g-\rho_r)/(\rho_g+\rho_r)$	0.8725^{**}	0.9133^{**}	0.8421^{**}	0.8018^{**}
新特征变量	s_g	-0.8956^{**}	-0.9517^{**}	-0.9347^{**}	-0.9536^{**}
	k_g	0.4497^{**}	0.4201^{**}	0.3828^{**}	0.6875^{**}
	s_r	0.5673^{**}	0.6404^{**}	0.4861^{**}	0.5637^{**}
	k_r	0.4441^{**}	0.6123^{**}	0.5933^{**}	0.5536^{**}
	s_g/s_r	0.5389^{**}	0.6776^{**}	0.6664^{**}	0.5101^{**}
	k_g/k_r	-0.5149^{**}	-0.7669^{**}	-0.6197^{**}	-0.6543^{**}
	$(s_g-s_r)/(s_g+s_r)$	-0.5443^{**}	-0.6500^{**}	-0.4197^{**}	-0.2774^{**}
	$(k_g-k_r)/(k_g+k_r)$	0.2008^{*}	0.5142^{**}	0.4364^{**}	0.3193^{**}

$*P<0.05$，$**P<0.01$

4.5.3.2　基于高光谱特征参数的冬小麦叶面积指数估算模型

由表 4-31 可知，传统光谱特征参数（ρ_g/ρ_r、$s_{\rho r}$）和新光谱特征参数（s_g）与返青期、拔节期、抽穗期、灌浆期冬小麦叶面积指数相关性显著，且相关系数较大。通过比较，在每个生育期内，分别选择了传统光谱特征参数、新光谱特征参数中通过相关性极显著检验且相关系数最高的光谱特征参数，并应用 2010 年数据建立冬小麦叶面积指数估算模型（表 4-32）。同时应用 2011 年数据对所建立估算模型进行了检验，以预测值与实测值之间回归方程的验证决定系数 R^2 作为标准进行评定（表 4-32）。

由表 4-31 可知，在返青期，ρ_g/ρ_r 与冬小麦叶面积指数最佳拟合方程为一元线性方程，方程决定系数 R^2 为 0.7946，s_g 与冬小麦叶面积指数最佳拟合方程为一元线性方程，方程决定系数 R^2 为 0.8021。在拔节期，ρ_g/ρ_r 与冬小麦叶面积指数最佳拟合方程为指数方程，方程决定系数 R^2 为 0.9404，s_g 与冬小麦叶面积指数最佳拟合方程为指数方程，方程决定系数

R^2 为 0.9386。在抽穗期，s_{pr} 与冬小麦叶面积指数最佳拟合方程为一元线性方程，方程决定系数 R^2 为 0.8414，s_g 与冬小麦叶面积指数最佳拟合方程为指数方程，方程决定系数 R^2 为 0.8737。在灌浆期，ρ_g/ρ_r 与冬小麦叶面积指数最佳拟合方程为一元线性方程，方程决定系数 R^2 为 0.7957，s_g 与冬小麦叶面积指数最佳拟合方程为一元线性方程，方程决定系数 R^2 为 0.9094。通过对比可以看出，除拔节期外，其他生育期基于新光谱特征参数的回归模型的决定系数要高于基于传统光谱特征参数的回归模型的决定系数。

表 4-32　基于高光谱特征参数的冬小麦不同生育期叶面积指数估算模型及其预测性

生育期	参数	最佳回归方程	决定系数 R^2	样本数 n	验证决定系数 R^2	验证样本数 n
返青期	ρ_g/ρ_r	$y = 1.18980x - 0.2729$	0.7946	126	0.7754	129
	s_g	$y = -26.6091x - 13.1524$	0.8021		0.7801	
拔节期	ρ_g/ρ_r	$y = 0.1195e^{1.2563x}$	0.9404	130	0.9107	127
	s_g	$y = 0.0088e^{-9.3022x}$	0.9386		0.9077	
抽穗期	s_{pr}	$y = -3.315x + 6.2232$	0.8414	122	0.8165	131
	s_g	$y = -44.9572x - 27.4341$	0.8737		0.8509	
灌浆期	ρ_g/ρ_r	$y = 2.8542x - 2.7057$	0.7957	131	0.7655	121
	s_g	$y = -5.8966x - 1.8367$	0.9094		0.8759	

为了验证模型的预测效果，应用 2011 年冬小麦光谱、叶面积指数数据对各生育期叶面积指数预测模型进行了检验（表 4-32）。由表 4-31 可知，预测值与实测值回归方程的决定系数 R^2 略低于建模方程的决定系数，反演模型是稳定的，能够满足叶面积指数预测需要。通过对比传统光谱特征参数（ρ_g/ρ_r、s_{pr}）和新光谱特征参数（s_g）检验模型的决定系数 R^2 可知，除拔节期外，其他生育期基于新光谱特征参数的冬小麦叶面积指数估算模型优于冬小麦传统光谱特征参数叶面积指数估算模型。

4.5.4　基于红边参数的冬小麦叶面积指数监测

4.5.4.1　红边参数与冬小麦叶面积指数的相关性

随着叶面积指数的增大，冬小麦的红边振幅（$D_{\lambda re}$）、红边面积（s_{dre}）增大，红边位置（λ_{re}）"红移"。红边参数与叶面积指数间存在某种关系，为此计算了红边参数与叶面积指数相关性（表 4-33）。从表 4-33 可以看出，在返青期、拔节期、抽穗期和灌浆期，传统红边参数红边面积、红边振幅、红边位置与叶面积指数均呈正相关。红边面积、红边振幅与叶面积指数的相关系数在返青期、拔节期、抽穗期、灌浆期为 0.4874 ~ 0.9077（$P < 0.01$）。新红边参数红边偏度（$s_{\lambda re}$）与叶面积指数呈正相关，相关系数为 0.7341 ~ 0.8324（$P < 0.01$）；新红边参数红边峰度（$k_{\lambda re}$）与叶面积指数呈负相关，相关系数为 -0.9703 ~ -0.8922（$P < 0.01$）。

表 4-33 红边参数与叶面积指数的相关性

生育期	红边面积 (s_{dre})	红边振幅 ($D_{\lambda\mathrm{re}}$)	红边位置 (λ_{re})	红边偏度 ($s_{\lambda\mathrm{re}}$)	红边峰度 ($k_{\lambda\mathrm{re}}$)	样本数 n
返青期	0.8590 **	0.9049 **	0.8856 **	0.7341 **	−0.9657 **	126
拔节期	0.8708 **	0.9077 **	0.4874 **	0.7793 **	−0.9703 **	130
抽穗期	0.8606 **	0.9056 **	0.8216 **	0.7657 **	−0.9571 **	122
灌浆期	0.8202 **	0.8403 **	0.6522 **	0.8324 **	−0.8922 **	131

** $P<0.01$

4.5.4.2 基于红边参数的冬小麦叶面积指数估算模型

通过比较表 4-33 各个生育期内红边参数与叶面积指数相关性的大小，分别在传统红边参数、新红边参数内挑选出与叶面积指数相关性较高的红边参数建立叶面积指数估算模型。从表 4-33 中数据可知，红边振幅、红边峰度与冬小麦返青期、拔节期、抽穗期、灌浆期的覆盖度相关性高，为此本节利用 2010 年数据建立了基于红边振幅、红边峰度的不同时期冬小麦叶面积指数反演模型（表 4-34）。并利用 2011 年冬小麦光谱与叶面积指数数据检验模型的预测精度（表 4-34）。

表 4-34 基于红边参数冬小麦不同生育期叶面积指数的估算模型及验证

生育期	红边参数	最佳回归方程	决定系数 R^2	样本数 n	验证决定系数 R^2	验证样本数 n
返青期	$D_{\lambda\mathrm{re}}$	$y=381.7319x-0.6666$	0.8188	126	0.7823	129
	$k_{\lambda\mathrm{re}}$	$y=-11.8120x+24.4721$	0.9325		0.9078	
拔节期	$D_{\lambda\mathrm{re}}$	$y=739.5304x-2.5408$	0.8239	130	0.7954	127
	$k_{\lambda\mathrm{re}}$	$y=-9.8838x+20.9576$	0.9415		0.9275	
抽穗期	$D_{\lambda\mathrm{re}}$	$y=569.1109x-2.5482$	0.8201	122	0.8026	131
	$k_{\lambda\mathrm{re}}$	$y=-10.0252x+21.0419$	0.9164		0.8859	
灌浆期	$D_{\lambda\mathrm{re}}$	$y=0.0873e^{427.1014x}$	0.8028	131	0.7760	121
	$k_{\lambda\mathrm{re}}$	$y=45849e^{-5.6137x}$	0.8137		0.7892	

由表 4-34 可知，在返青期、拔节期和抽穗期，红边振幅、红边峰度与冬小麦叶面积指数的最佳拟合方程均为一元线性回归方程；在灌浆期，红边振幅、红边峰度与冬小麦叶面积指数的最佳拟合方程均为指数回归方程。在返青期，红边振幅与冬小麦覆盖度的最佳拟合方程决定系数 R^2 为 0.8188；红边峰度与冬小麦覆盖度的最佳拟合方程决定系数 R^2 为 0.9325。在拔节期，红边振幅与冬小麦覆盖度的最佳拟合方程决定系数 R^2 为 0.8239；红边峰度与冬小麦覆盖度的最佳拟合方程决定系数 R^2 为 0.9415。在抽穗期，红边振幅与冬小麦覆盖度的最佳拟合方程决定系数 R^2 为 0.8201；红边峰度与冬小麦覆盖度的最佳拟合方程决定系数 R^2 为 0.9164。在灌浆期，红边振幅与冬小麦覆盖度的最佳拟合方程决定系数为 0.8028；红边峰度与冬小麦覆盖度的最佳拟合方程决定系数 R^2 为 0.8137。可以看出，对于冬小麦不同的生育期，基于红边峰度的叶面积指数回归模型的决定系数要大于同

时期基于红边振幅的叶面积指数回归模型的决定系数。

4.5.5 小波能量系数与冬小麦叶面积指数的回归分析

对冬小麦返青期、拔节期、抽穗期、灌浆期的光谱数据进行小波分解，并计算了每个采样光谱数据的小波能量系数。应用 2010 年冬小麦光谱、叶面积指数数据建模，应用 2011 年光谱、叶面积指数数据进行模型检验。

表 4-35 列出了小波变换分解尺度为 1 时，冬小麦不同生育期冠层反射率小波能量系数与叶面积指数之间的一元、多元线性回归方程。同时进一步考察了 51 种小波函数所能获得的最佳反演效果，并以估算模型决定系数 R^2 作为标准挑选出各个时期估算效果最好的小波函数，其结果见表 4-35。

表 4-35 基于小波能量系数的冬小麦不同生育期叶面积指数估算模型及验证

生育期	小波名称，能量系数	最佳回归方程	决定系数 R^2	样本数 n	验证决定系数 R^2	验证样本数 n
返青期	bior3.1，高频	$y=512.7115x-1.0357$	0.8345		0.8135	
	bior3.1，低频	$y=11.7054x-0.3265$	0.7074	126	0.6892	129
	bior3.1，高频与低频	$y=740.9918x_1-8.2752x_2-0.4273$	0.9344		0.9091	
拔节期	rbio1.5，高频	$y=650.7862x-1.3509$	0.8466		0.8216	
	rbio1.5，低频	$y=18.5573x-1.5318$	0.7666	130	0.7519	127
	bior3.1 高频与低频	$y=646.1914x_1-0.2331x_2-1.2237$	0.9209		0.8974	
抽穗期	bior1.3，高频	$y=641.4857x-2.5711$	0.8729		0.8502	
	bior1.3，低频	$y=24.0024x-4.3688$	0.7629	122	0.7580	131
	bior1.3，高频与低频	$y=662.4259x_1-5.9291x_2-4.4225$	0.9237		0.8965	
灌浆期	bior1.5，高频	$y=492.8936x-1.1302$	0.8825		0.8607	
	bior1.5，低频	$y=17.3538x-1.9609$	0.8177	131	0.7988	121
	bior1.5，高频与低频	$y=711.2197x_1-1.2741x_2-2.0631$	0.9381		0.9247	

由表 4-35 可知，基于小波高频能量系数的冬小麦叶面积指数一元线性回归模型以及以高频和低频作为自变量的冬小麦叶面积指数二元线性回归模型的决定系数 R^2 较高。

为了验证模型的估算效果，应用 2011 年冬小麦光谱、叶面积指数数据对表 4-35 中各个时期叶面积指数估算模型进行了检验（表 4-35）。由表 4-35 可知，预测值与实测值回归方程的决定系数略低于建模方程决定系数，反演模型是稳定的，能够满足叶面积指数预测需要。

4.5.6 小波分形维数与冬小麦叶面积指数的回归分析

首先对冬小麦返青期、拔节期、抽穗期和灌浆期的光谱数据进行小波分解，然后利用方差法计算各频带小波系数分形维数。其中，采用 2010 年冬小麦光谱、叶面积指数数据建模，应用 2011 年冬小麦光谱、叶面积指数数据进行模型检验。对 2012 年冬小麦各个生育期光谱数据进行小波变换分析，小波变换分解尺度依次增加（分解尺度 J 最大为 8）。同时计算各频带小波系数分形维数，建立基于各频带小波系数分形维数的冬小麦叶面积指数估算模型。以估算模型决定系数 R^2 作为标准挑选出各个时期、各个分解尺度下估算效果最好的频带分形维数（表 4-36）。

综合分析可知，各个生育期，以低频小波系数分形维数为自变量的冬小麦叶面积指数估算模型的决定系数高（表 4-36）。在返青期，分解尺度为 3 时，叶面积指数与低频小波系数分形维数的最佳回归模型为线性模型，决定系数 R^2 为 0.9491；在拔节期、抽穗期和灌浆期，估算模型的决定系数最高均出现在分解尺度为 7 时，叶面积指数与低频小波系数分形维数的最佳回归模型分别为线性模型、指数模型和指数模型，决定系数 R^2 分别为 0.9333、0.9630 和 0.9505。

为了验证模型的估算效果，应用 2011 年冬小麦光谱、叶面积指数数据对表 4-36 中各个时期叶面积指数估算模型进行了检验（表 4-36）。由表 4-36 可知，预测值与实测值回归方程的决定系数略低于建模方程决定系数，且反演模型是稳定的，能够满足实际应用中叶面积指数预测的需要。

表 4-36　基于小波分形维数冬小麦不同生育期叶面积指数的估算模型及验证

生育期	分解尺度，小波函数，频带	最佳回归方程	决定系数 R^2	样本数 n	验证决定系数 R^2	验证样本数 n
返青期	3，rbio3.1，低频	$y = -316.1600x + 971.5201$	0.9491	126	0.9266	129
拔节期	7，rbio3.5，低频	$y = 69.8770x - 198.1204$	0.9333	130	0.9127	127
抽穗期	7，rbio3.1，低频	$y = 0.0006e^{5.4230x}$	0.9630	122	0.9420	131
灌浆期	7，bior3.7，低频	$y = 0.4842e^{2.4311x}$	0.9505	131	0.9376	121

4.6　基于高光谱遥感水分指数的叶片及土壤含水量的反演模型

4.6.1 冬小麦叶片及土壤含水率的最佳监测生育期和植被指数

通过试验三得到不同处理的冬小麦叶片含水率、一定深度土壤含水率以及 8 个水分指数的值，并进行相关性和显著性检验。8 个水分指数，即简单比值（simple ratio，SR）、水分胁迫指数（moisture stress index，MSI）、水分指数（water index，WI）、简单比值水分指数（simple ratio water index，SRWI）、归一化植被指数（normalized difference vegetation index，NDVI）、归一化红外指数（normalized difference infrared index，NDII）、归一化水分指数（normalized difference water index，$NDWI_{1240}$）及归一化水分指数（normalized difference water index，$NDWI_{1640}$）。土壤含水率计算深度根据冬小麦不同生育期根系活动层（计划湿润层）的深度确定，返青期计算50cm深的土壤平均含水率，拔节期计算60cm深的土壤平均含水率，抽穗期计算80cm深的土壤平均含水率，灌浆期、乳熟期以及成熟期均计算100cm深的土壤平均含水率。

利用SPSS软件对所选取的8个水分指数于不同生育期与冠层叶片及土壤含水率进行相关性分析及显著性检验。结果见表4-37。

由表4-37可知，整个生育期，冬小麦冠层叶片及土壤含水率均与MSI呈负相关，与SR、WI、SRWI、NDVI、NDII、$NDWI_{1240}$和$NDWI_{1640}$呈正相关。返青期和拔节期，冬小麦叶片含水率与植被指数的相关系数小于土壤含水率与植被指数的相关系数，表明早期，在植被覆盖度较小的情况下，冠层光谱反映土壤水分状况更多一些，但效果不是很好。

表4-37 水分指数与冠层叶片及土壤含水率的相关系数

生育期（日期）	水分指数	与叶片含水率相关系数 r	与土壤含水率相关系数 r
返青期（3月4日）	简单比值（SR）	0.05	0.226
	水分胁迫指数（MSI）	−0.075	−0.172
	水分指数（WI）	0.044	0.202
	简单比值水分指数（SRWI）	0.011	0.186
	归一化植被指数（NDVI）	0.038	0.201
	归一化红外指数（NDII）	0.041	0.167
	归一化水分指数（$NDWI_{1240}$）	0.082	0.010
	归一化水分指数（$NDWI_{1640}$）	0.015	0.167
拔节期（3月23日）	简单比值（SR）	0.277	0.252
	水分胁迫指数（MSI）	−0.341	−0.322
	水分指数（WI）	0.307	0.427
	简单比值水分指数（SRWI）	0.371	0.437
	归一化植被指数（NDVI）	0.265	0.463
	归一化红外指数（NDII）	0.33	0.435
	归一化水分指数（$NDWI_{1240}$）	0.367	0.438
	归一化水分指数（$NDWI_{1640}$）	0.274	0.425
抽穗期（4月10日）	简单比值（SR）	0.781 **	0.370
	水分胁迫指数（MSI）	−0.870 **	−0.208
	水分指数（WI）	0.804 **	0.118
	简单比值水分指数（SRWI）	0.889 **	0.084
	归一化植被指数（NDVI）	0.807 **	0.292

生育期（日期）	水分指数	与叶片含水率相关系数 r	与土壤含水率相关系数 r
抽穗期（4月10日）	归一化红外指数（NDII）	0.876 **	0.573
	归一化水分指数（NDWI$_{1240}$）	0.887 **	0.581
	归一化水分指数（NDWI$_{1640}$）	0.873 **	0.537
灌浆期（4月26日）	简单比值（SR）	0.721 **	0.510 *
	水分胁迫指数（MSI）	−0.745 **	−0.652 **
	水分指数（WI）	0.763 **	0.726 **
	简单比值水分指数（SRWI）	0.738 **	0.704 **
	归一化植被指数（NDVI）	0.749 **	0.540 *
	归一化红外指数（NDII）	0.749 **	0.664 **
	归一化水分指数（NDWI$_{1240}$）	0.739 **	0.696 **
	归一化水分指数（NDWI$_{1640}$）	0.745 **	0.665 **
乳熟期（5月10日）	简单比值（SR）	0.735 **	0.303
	水分胁迫指数（MSI）	−0.709 **	−0.415
	水分指数（WI）	0.681 **	0.425
	简单比值水分指数（SRWI）	0.685 **	0.493 *
	归一化植被指数（NDVI）	0.749 **	0.332
	归一化红外指数（NDII）	0.696 **	0.417
	归一化水分指数（NDWI$_{1240}$）	0.713 **	0.489 *
	归一化水分指数（NDWI$_{1640}$）	0.702 **	0.400
成熟期（5月22日）	简单比值（SR）	0.184	0.434
	水分胁迫指数（MSI）	−0.276	−0.419
	水分指数（WI）	0.356	0.542 *
	简单比值水分指数（SRWI）	0.379	0.609 **
	归一化植被指数（NDVI）	0.141	0.339
	归一化红外指数（NDII）	0.293	0.461 *
	归一化水分指数（NDWI$_{1240}$）	0.369	0.603 **
	归一化水分指数（NDWI$_{1640}$）	0.291	0.455 *

* $P<0.05$，** $P<0.01$

4.6.2　基于高光谱遥感的水分指数对冠层叶片及土壤含水率的监测

由表 4-37 可知，抽穗期（4月10日）、灌浆期（4月26日）为水分指数对冠层叶片含水率的最佳监测生育期；SRWI 为抽穗期冬小麦叶片含水率的最佳监测指数，WI 为灌浆期冬小麦叶片含水率的最佳监测指数。灌浆期为水分指数对土壤水分的最佳监测期，WI 为灌浆期土壤水分的最佳监测指数。33 个小区共 33 组数据，利用 17 组数据建模，利用

16 组数据进行模型效果检验。表 4-38 和表 4-39 分别列出了冠层叶片及土壤含水率的最优监测水分指数及其监测模型。

表 4-38　冠层叶片含水率的最优监测水分指数及监测模型

生育期（日期）	最优指数	监测模型	决定系数 R^2
抽穗期（4 月 10 日）	简单比值水分指数（SRWI）	$y = 0.379x^2 - 0.918x + 1.311$	0.748
灌浆期（4 月 26 日）	水分指数（WI）	$y = 6.052x^2 - 13.967x + 8.758$	0.593

表 4-39　土壤含水率的最优监测水分指数及监测模型

生育期（日期）	最优指数	监测模型	决定系数 R^2
灌浆期（4 月 26 日）	水分指数（WI）	$y = 6.531x^2 - 14.996x + 8.741$	0.515

利用归一化均方根误差（normalized root mean square error，NRMSE）对模型效果进行检测。表 4-40 列出了抽穗期（4 月 10 日）的 SRWI 和对应的叶片含水率的实测值，以及灌浆期（4 月 26 日）的 WI、叶片含水率和土壤含水率的实测值。将表 4-40 中的 SRWI 值代入表 4-38 中的公式得到对应的叶片含水率的预测值，将叶片含水率的实测值和预测值计算得到 NRMSE 的值，同样，利用上述方法可以得到灌浆期叶片含水率和土壤含水率的模型检验指标 NRMSE 的值。

表 4-40　用于模型检测的实测值数据列表

抽穗期（4 月 10 日）		灌浆期（4 月 26 日）		
简单比值水分指数（SRWI）	叶片含水率	水分指数（WI）	叶片含水率	土壤含水率
1.548	0.792	1.190	0.728	0.156
1.398	0.770	1.137	0.651	0.150
1.467	0.779	1.128	0.642	0.147
1.557	0.814	1.184	0.663	0.124
1.416	0.761	1.165	0.746	0.159
1.399	0.781	1.152	0.719	0.143
1.331	0.756	1.206	0.661	0.137
1.442	0.775	1.216	0.661	0.177
1.385	0.773	1.168	0.724	0.168
1.440	0.778	1.188	0.641	0.168
1.384	0.763	1.186	0.743	0.159
1.497	0.790	1.146	0.788	0.146
1.462	0.783	1.176	0.748	0.172
1.504	0.782	1.122	0.718	0.176
1.463	0.778	1.168	0.788	0.168
1.414	0.777	1.129	0.766	0.168

计算得出抽穗期和灌浆期叶片含水率的模型检验指标 NRMSE 的值分别为 3.08% 和 7.46%，灌浆期土壤含水率的模型检验指标 NRMSE 的值为 15.06%，说明所建模型均具有较好的监测效果。

4.7 基于 ETM+数据的冬小麦生理生态参数提取

4.7.1 研究区的划定与研究区的采样

研究区主要种植作物为冬小麦，且种植面积较大。在研究区内，随机均匀地采样 29 处，采样点大小为直径 44cm 的圆圈面积，为保证卫星影像采用像元的纯度，每个采样点周围 100m 内均为冬小麦种植区。采用 GPS 设备记录各采样点位置信息，其经纬度信息见表 4-41。同步测定与记录各采样点冬小麦的各项生理生态参数，包括叶绿素、覆盖度、叶面积指数、地上鲜干生物量等。

表 4-41 采样点地理位置

采样点	经度（E）	纬度（N）	采样点	经度（E）	纬度（N）
1	108°3′24″	34°18′28″	16	108°10′13″	34°15′32″
2	108°2′56″	34°19′5″	17	108°8′26″	34°15′23″
3	108°3′9″	34°19′32″	18	108°5′56″	34°14′38″
4	108°3′0″	34°20′26″	19	108°2′49″	34°14′50″
5	108°3′1″	34°21′17″	20	108°2′9″	34°15′8″
6	107°58′20″	34°17′1″	21	108°1′42″	34°14′44″
7	107°55′59″	34°16′40″	22	107°59′49″	34°15′19″
8	107°54′31″	34°16′40″	23	107°57′35″	34°14′49″
9	107°53′11″	34°15′49″	24	107°57′53″	34°17′2″
10	107°57′37″	34°16′16″	25	107°57′47″	34°18′6″
11	108°6′4″	34°18′44″	26	107°56′17″	34°19′42″
12	108°6′49″	34°19′35″	27	107°57′38″	34°20′33″
13	108°8′7″	34°19′59″	28	107°59′18″	34°20′1″
14	108°11′2″	34°19′50″	29	107°58′39″	34°18′24″
15	108°11′55″	34°17′46″			

4.7.2 多光谱卫星遥感数据提取

运用遥感与地理信息系统技术和方法，首先对原始影像进行辐射定标等预处理，然后提取 ETM 遥感影像各采样点多光谱数据。

所采用的卫星遥感数据为 2010 年 5 月 24 日研究区的 ETM+多光谱数据，来源于国际科学数据服务平台。由于研究区地势平坦，无需对 TM 影像进行正射校正；且由于影像本身已具备投影信息，也无需几何纠正处理。为精确地提取地物多光谱信息，首先对影像进行辐射校正预处理，然后依据采样点位置，基于地理信息系统技术，提取采样点地物多光谱信息。

4.7.2.1　遥感影像预处理

美国于 1972 年发射了第一颗地球资源卫星。在卫星应用的初期，大量应用主要集中于地物（土壤、植被和水体等）的识别与分类，用户得到的遥感数据（MSS、TM）是整数格式的 DN 值（digital number value）。在应用中，用户可以直接使用这些原始遥感数据对各种地物进行识别分类。由于来自水体、植被、土壤和城市等地物的信号辐射较强，传感器和大气不足以影响到对这些地物之间差异的探测和区别。使用 DN 值数据不仅不影响结果，而且处理速度迅速。这样，在相当一段时间内，辐射校正被忽视。随着遥感应用领域的拓展，资源和环境的遥感监测越来越重要，遥感定量化程度要求逐渐增高，内容也不再限于森林变为草原或者草原变为农田这样质变的监测，如当今对植被生物量、覆盖度等指标的动态监测。植被的这些生态学特征量要用生理生态参数（如叶面积指数）等来获取。由于生理生态参数的差异信息微弱，光学传感器长期使用也会引起输出值的漂移误差，为了获得更有效的光谱数据，需要消除来源于传感器以及大气的误差。因此，原始遥感数据的 DN 值已不适宜直接用来监测这种类型的变化，它们需要经过辐射校正后，才能胜任遥感监测的新需求（池宏康等，2005）。

辐射校正是对在光学遥感数据获取过程中产生的一切与辐射有关的误差校正的统称。辐射校正由辐射标定与大气校正两个步骤组成。大气校正主要在采用多时相遥感数据时考虑应用（徐涵秋，2008），故本研究只对原始数据进行辐射定标预处理。

辐射定标中主要采用了由 Markham 和 Barker（1986）为 Landsat 4、Landsat 5 开发的日照差异纠正模型（illumination correction model，ICM）（徐涵秋，2008）。纠正日照差异模型主要是将影像的灰度值统一到像元在卫星传感器处的反射率，来达到对影像数据的辐射校正。该算法先将影像中每个像元的灰度值（DN 值）转换为该像元在传感器处的光谱辐射值，然后再进一步将其转换为传感器处的反射率。

对于 Landsat 5 TM 卫星数据，光谱辐射值的转换的基本模型为

$$L_\lambda = \frac{L_{\max_\lambda} - L_{\min_\lambda}}{Q_{\max}}(Q_\lambda) + L_{\min_\lambda} \tag{4-1}$$

式中，λ 为波段值；L_λ 为像元在传感器处的光谱辐射值；Q_λ 为以 DN 表示的经过量化标定的像元值；$Q_{\max}$ 为 8 位 DN 值的理论最大值（取 255）；$L_{\max}$ 为根据 $Q_{\max}$ 拉伸的最大光谱辐射值；$L_{\min}$ 为根据 8 位 DN 值的理论最小值（取 0）拉伸的最小光谱辐射值。$L_{\max}$ 和 $L_{\min}$ 的值可以从表 4-42 获得。

表 4-42　Landsat 5 TM 辐射校正参数表　　［单位：W/(m² · ster · μm)］

波段	2003 年 5 月 5 日前				2003 年 5 月 5 日后			
	L_{min}	L_{max}	b	g	L_{min}	L_{max}	b	g
1	−1.52	152.1	−1.52	0.602 431	−1.52	193.00	−1.52	0.762 824
2	−2.84	296.81	−2.84	1.175 098	−2.84	365.00	−2.84	1.442 510
3	−1.17	204.3	−1.17	0.805 765	−1.17	264.00	−1.17	1.039 882
4	−1.51	206.2	−1.51	0.814 549	−1.51	221.00	−1.51	0.872 588
5	−0.37	27.19	−0.37	0.108 078	−0.37	30.20	−0.37	0.119 882
6	1.24	15.30	1.24	0.055 158	1.24	15.30	1.24	0.055 158
7	−0.15	14.38	−0.15	0.056 980	−0.15	16.50	−0.15	0.065 294

对于 Landsat 7 ETM+数据，美国国家航空航天局（National Aeronautics and Space Administration，NASA）对式（4-1）进行了修正，引入了 Q_{min} 值，光谱辐射值的转换模型为

$$L_\lambda = \frac{L_{max_\lambda} - L_{min_\lambda}}{Q_{max} - Q_{min}}(Q_\lambda - Q_{min}) + L_{min_\lambda} \tag{4-2}$$

式中，Q_{min} 为 8 位 DN 值的理论最小值（取 1）；L_{max} 和 L_{min} 的值可以从表 4-43 ~ 表 4-46 获得。

表 4-43　Landsat 7 ETM+辐射校正参数表　　［单位：W/(m² · ster · μm)］

波段	低增益影像				
	L_{min}	L_{max}	b	g ($Q_{min}=0$)	g ($Q_{max}=1$)
1	−6.20	297.50	−6.20	1.190 980	1.195 669
2	−6.00	303.40	−6.00	1.213 333	1.218 110
3	−4.50	235.50	−4.50	0.941 176	0.944 882
4	−4.50	235.00	−4.50	0.939 216	0.942 913
5	−1.00	47.70	−1.00	0.190 980	0.191 732
6	0.00	17.04	0.00	0.066 824	0.067 087
7	−0.35	16.60	−0.35	0.066 471	0.066 732
8	−5.00	244.00	−5.00	0.976 471	0.980 315

注：适用于 2000 年 6 月 1 日前，低增益影像

表 4-44　Landsat 7 ETM+辐射校正参数表　　［单位：W/(m² · ster · μm)］

波段	高增益影像				
	L_{min}	L_{max}	b	g ($Q_{min}=0$)	g ($Q_{max}=1$)
1	−6.20	194.30	−6.20	0.786 275	0.789 370
2	−6.00	202.40	−6.00	0.817 255	0.820 472

续表

波段	高增益影像				
	L_{min}	L_{max}	b	g（$Q_{min}=0$）	g（$Q_{max}=1$）
3	−4.50	158.60	−4.50	0.639 608	0.642 126
4	−4.50	157.50	−4.50	0.635 294	0.637 795
5	−1.00	31.76	−1.00	0.128 471	0.128 976
6	3.20	12.65	3.20	0.037 059	0.037 205
7	−0.35	10.93	−0.35	0.044 243	0.044 417
8	−5.00	158.40	−5.00	0.640 784	0.643 307

注：适用于 2000 年 6 月 1 日前，高增益影像

表 4-45　Landsat 7 ETM+辐射校正参数表　　　［单位：W/（m² · ster · μm）］

波段	低增益影像				
	L_{min}	L_{max}	b	g（$Q_{min}=0$）	g（$Q_{max}=1$）
1	−6.20	293.70	−6.20	1.176 078	1.180 709
2	−6.40	300.90	−6.40	1.205 098	1.209 843
3	−5.00	234.40	−5.00	0.938 824	0.942 520
4	−5.10	241.10	−5.10	0.965 490	0.969 291
5	−1.00	47.57	−1.00	0.190 471	0.191 220
6	0.00	17.04	0.00	0.066 824	0.067 087
7	−0.35	16.54	−0.35	0.066 235	0.066 496
8	−4.70	243.10	−4.70	0.971 765	0.975 591

注：适用于 2000 年 6 月 1 日后，低增益影像

表 4-46　Landsat 7 ETM+辐射校正参数表　　　［单位：W/（m² · ster · μm）］

波段	高增益影像				
	L_{min}	L_{max}	b	g（$Q_{min}=0$）	g（$Q_{max}=1$）
1	−6.20	191.60	−6.20	0.775 686	0.778 740
2	−6.40	196.50	−6.40	0.795 686	0.798 819
3	−5.00	152.90	−5.00	0.619 216	0.621 654
4	−5.10	157.40	−5.10	0.637 255	0.639 764
5	−1.00	31.06	−1.00	0.125 725	0.126 220
6	3.20	12.65	3.20	0.037 059	0.037 205
7	−0.35	10.80	−0.35	0.043 725	0.043 898
8	−4.70	158.30	−4.70	0.639 216	0.641 732

注：适用于 2000 年 6 月 1 日后，高增益影像

Landsat 7 的 L_{min} 和 L_{max} 选取要注意两个问题。第一个问题涉及卫星资料获取的时间。2000 年 6 月 1 日前的，采用表 4-43 和表 4-44 中数据；反之，采用表 4-45 和表 4-46 数据。第二个问题涉及高增益和低增益的参数选择。为了使传感器的辐射分辨率达到最大，而又不使其达到饱和，根据地表类型（非沙漠和冰面的陆地、沙漠、冰与雪、水体、海冰、火山六大类型）和太阳高度角状况来确定采用高增益参数或是低增益参数。一般低增益的动态范围比高增益大 1.5 倍，因此当地表亮度较大时，用低增益参数；其他情况用高增益参数。在非沙漠和冰面的陆地地表类型中，ETM+ 的 1 ~ 3 波段和 5、7 波段采用高增益参数，4 波段在太阳高度角低于 45° 时也用高增益参数，反之则用低增益参数。

基于以上分析，由于本研究区属于非沙漠和冰面的陆地地表类型，故波段 1、3、5、7 采用高增益参数；同时由于本研究所采用的 EMT+ 数据太阳高度角为 65.8777°，低于 45°，因此波段 4 同样采用高增益参数。

在无明显大气影响的条件下，求出 L_λ 值后，在传感器处的反射率（或称大气顶部反射率）可由式（4-3）求得。

$$\rho_\lambda = \frac{\pi \times L_\lambda \times d^2}{E_{SUN_\lambda} \times \cos\theta_s} \tag{4-3}$$

式中，ρ_λ 为像元在传感器处的反射率；E_{SUN_λ} 为大气顶部的平均太阳辐照度（徐涵秋，2008），见表 4-47；θ_s 为太阳天顶角，即太阳高度角的余角，若直接采用太阳高度角，则要改用正弦函数的形式，太阳高度角可从影像的头文件获得；d 为日地距离（天文单位）（徐涵秋，2008），可以据表 4-48 用内插法求得，其中 DOY 为儒略日天数（1 ~ 365 天或 366 天）。

表 4-47　大气顶部的平均太阳辐照度　　　　　［单位：$W/(m^2 \cdot ster \cdot \mu m)$］

波段	Landsat 5 TM	Landsat 7 ETM+
1	1957.00	1969.00
2	1826.00	1840.00
3	1554.00	1551.00
4	1036.00	1044.00
5	215.00	225.700
7	80.67	82.07
8	—	1368.00

表 4-48　日地距离表

DOY	d	DOY	d	DOY	d	DOY	d	DOY	d
1	0.9832	74	0.9945	152	1.0140	227	1.0128	305	0.9925
15	0.9836	91	0.9993	166	1.0158	242	1.0092	319	0.9892
32	0.9853	106	1.0033	182	1.0167	258	1.0057	335	0.9860
46	0.9878	121	1.0076	196	1.0165	274	1.0011	349	0.9843
60	0.9909	135	1.0109	213	1.0149	288	0.9972	365	0.9833

基于 ArcGIS 软件平台，依据日照差异纠正模型求得研究区 ETM+数据各波段反射率。图 4-25 即为波段 5、4、3 反射率合成的伪彩色影像。

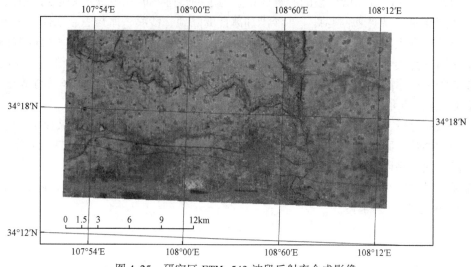

图 4-25　研究区 ETM+543 波段反射率合成影像

4.7.2.2　冬小麦卫星遥感多光谱信息提取

首先依据采样点 GPS 位置信息，利用 ArcGIS 软件平台中的 "Extract value to point" ArcToolBoxs 工具提取采样点各波段反射率。然后将提取的采样点各波段反射率输出 Excel 数据库中，将其作为输入数据，准备进行下一步基于地面模型的、对各采样点生理生态参数反演。

4.7.3　结果与分析

本节遥感影像获取时间为 2010 年 5 月 24 日，此时本地区冬小麦正处于灌浆期。同时本节依据大田试验建立基于高光谱的冬小麦叶绿素含量、覆盖度、叶面积指数估算模型，采用灌浆期植被指数模型对冬小麦叶绿素含量、覆盖度和叶面积指数进行估算。

将各采样点多光谱数据（3 波段与 4 波段反射率数据）组成的植被指数输入灌浆期所构建的叶绿素含量、覆盖度和叶面积指数高光谱植被指数估算模型中，得到模型输出叶绿素含量、覆盖度和叶面积指数的预测值。

将各采样点叶绿素含量、覆盖度和叶面积指数预测值与实测值作相关性分析，利用预测值与实测值之间回归方程的决定系数 R^2 评估预测精度，同时对所构建的冬小麦叶绿素含量、覆盖度、叶面积指数高光谱植被指数估算模型的有效性与适用性进行评价。实测叶绿素含量、覆盖度、叶面积指数值与预测值之间的散点图，如图 4-26 所示。

由图 4-26 可知，对于冬小麦叶片 SPAD 值，应用灌浆期 NDVI、RVI 估算模型得到的预测值与实测值之间回归方程的决定系数 R^2 分别为 0.2610、0.2183，NDVI 估算模型的预测精度要优于 RVI 估算模型；对于冬小麦覆盖度，应用灌浆期 NDVI、RVI 估算模型得到

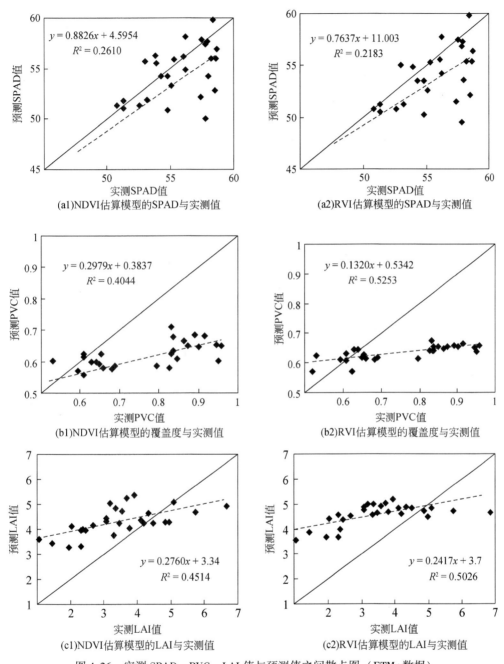

图 4-26　实测 SPAD、PVC、LAI 值与预测值之间散点图（ETM+数据）

的预测值与实测值之间回归方程的决定系数 R^2 分别为 0.4044、0.5253，RVI 估算模型预测
精度要优于 NDVI 估算模型；对于冬小麦叶面积指数，应用灌浆期 NDVI、RVI 估算模型得
到的预测值与实测值之间回归方程的决定系数 R^2 分别为 0.4514、0.5026，RVI 估算模型预
测精度要优于 NDVI 估算模型。

4.8 小 结

本章以大田试验冬小麦冠层光谱数据，ETM+数据以及相对应的冬小麦叶绿素含量、覆盖度、叶面积指数数据为数据源，分析了不同试验条件下冬小麦光谱特征，按生育期分析了冬小麦原始光谱、一阶导数光谱与冬小麦叶绿素含量、覆盖度以及叶面积指数的相关关系，构建了冬小麦返青期、拔节期、抽穗期和灌浆期冬小麦叶绿素含量、覆盖度、叶面积指数的高光谱遥感估算模型。重点分析了植被指数法、光谱特征参数法、红边参数法、小波能量系数法以及小波分形维数法在冬小麦叶绿素含量、覆盖度以及叶面积指数反演中的应用。此外，将冬小麦叶绿素含量、覆盖度、叶面积指数的高光谱植被指数估算模型用于 ETM+数据中的可行性及精度进行了论证。主要得到以下结论。

1）通过对冬小麦光谱特征的研究表明不同生育期冬小麦光谱特征差异明显。在可见光波段，从返青期到拔节期，到抽穗期，反射率逐渐减小，从抽穗期到灌浆期再到成熟期，反射率逐渐增大；在近红外波段，从返青期到拔节期再到抽穗期，反射率逐渐增大，从抽穗期到灌浆期再到成熟期，反射率逐渐减少。不同叶绿素含量、覆盖度、叶面积指数条件下的冬小麦光谱特征也会产生差异，具体表现为，叶绿素含量越高，覆盖度越大，叶面积指数越大，可见光波段反射率越小，近红外波段反射率大；叶绿素含量越低，覆盖度越小，叶面积指数越小，可见光波段反射率越大，近红外波段反射率小。不同灌水定额及种植密度条件下冬小麦光谱特征会产生明显差异，具体表现为，在不同播种条件下，适宜供水冬小麦在可见光波段的反射率依次小于轻度亏水、重度亏水条件下的冬小麦；而在近红外波段，适宜供水冬小麦大田光谱反射率依次大于轻度亏水、重度亏水条件下的冬小麦。在不同水氮耦合条件下，冬小麦光谱特征也会产生明显差异，具体表现为，在不同水分条件下，随着供氮水平的提高，冬小麦在可见光波段反射率减小，近红外波段的反射率增大。

冬小麦冠层光谱反射率，80mm 灌水定额的冬小麦大田光谱反射率在拔节期开始大于 40mm 灌水定额的冬小麦大田光谱反射率；而对照组，80mm 灌水定额的冬小麦大田光谱反射率在乳熟期才开始大于 40mm 灌水定额的冬小麦大田光谱反射率，即对照组具有明显的滞后现象。近红外短波段和抽穗期是表征冬小麦受旱时段的敏感波段和时期。抽穗期冬小麦冠层光谱近红外短波段反射率平均值发生明显下降，并且后期有所回升，表明冬小麦中后期（返青期之后）受旱。抽穗期冬小麦冠层光谱近红外短波段反射率平均值达到最大或者拔节期之后冬小麦冠层光谱反射率平均值发生小幅度下降，表明冬小麦早期（越冬期和返青期）受旱。

红边是植被光谱最明显的特征之一，冬小麦的红边特征也非常明显。不同生育期，红边参数产生差异，具体表现为，从返青期到抽穗期，红边位置向长波方向移动，产生"红移"，抽穗期后，红边位置向短波方向移动，产生"蓝移"；红边振幅与红边面积和红边位置一样，随着发育期的推移，出现先增大后减小的趋势，且均在抽穗期达到顶值。不同叶绿素含量、覆盖度、叶面积指数条件下的冬小麦红边特征也会产生差异，具体表现为，叶绿素含量越高，覆盖度越大，叶面积指数越大，冬小麦的红边振幅、红边面积增大，红边位置"红移"。不同灌水定额及种植密度条件下冬小麦红边特征会产生明显差异，具体表现为，不同播种密度下，适宜供水冬小麦红边位置、红边振幅、红边面积依次大于轻度亏水、重度亏水条件下的冬小麦红边位置、红边振幅、红边面积。不同水氮耦合条件下，冬小麦光谱特征也会产生明显差异，具体表现为，不同水分条件下，随着施氮量的增大，红边位置产生"红移"；过量氮水平下冬小麦的红边面积、红边振幅依次大于适量氮、轻亏氮、重亏氮条件下的冬小麦红边面积、红边振幅。

2）建立了冠层水平冬小麦生理生态参数估算模型。从包括植被指数、光谱特征变量、红边参数、小波能量系数、小波分形维数5个方面对冠层水平基于高光谱数据的冬小麦生理生态参数估算模型进行了研究，在冬小麦的各个生育期（返青期、拔节期、抽穗期和灌浆期）利用试验结果验证了5种估算模型的有效性与适用性。总体来说，5种估算模型在反演精度方面均能得到良好的反演结果，均具有一定的应用价值，各估算模型在模型反演精度与模型执行效率上各具特点，在不同的应用场合模型有各自的适用性。具体有以下结论：①新光谱特征变量、新红边参数冬小麦生理生态参数高光谱估算模型与传统光谱特征变量、红边参数估算模型相比，反演精度可得到进一步提高，且算法复杂程度与传统光谱特征变量、新红边参数估算模型相当，算法过程较为简单。因此，在一些软硬件设备等运行条件较低或对执行速度要求较高的应用场景，具有更好的适用性。②相比侧重于利用极少部分光谱信息而抛弃大部分光谱信息的分析方法，拥有良好数学基础的小波分析方法可以有效地利用高光谱信息的整体构造特征。小波能量系数估算模型与新光谱特征变量、红边参数估算模型以及传统光谱特征变量、红边参数估算模型相比，可以获得更佳的反演结果。同时研究还表明，所构建的小波能量系数估算模型在应用的过程中仅需单层分解即可获得更高的反演精度。然而，该模型算法过程略复杂。模型在实施的过程中，包含了小波变换、能量系数计算等过程，算法过程与光谱特征变量、红边参数估算模型相比略复杂，在应用时需消耗较多的运行时间。因此，在软硬件设备等运行条件较好的应用场景，可以考虑应用小波能量系数估算模型对冬小麦生理生态参数估算预测。③与小波能量系数估算模型相比，小波分形维数估算模型进一步将分形分析融入高光谱信息特征挖掘与提取中，提升了小波分析在高光谱数据特征表达方面的性能。模型在获得更高反演精度的同时，对各种复杂数据具有良好的自适应性。但该模型也存在算法复杂的问题。在执行的过程中，除了需要实施小波变换过程外，还需要实施分形维数计算等一些较为复杂的分析环节，算法过程与小波能量系数反演模型以及光谱特征变量、红边参数估算模型相比较复杂。因此，总体上说，在软硬件设备等运行条件良好、对估算精度要求较高的应用场景，小波分形维数反演模型有较好的适用性。

抽穗期（4月10日）、灌浆期（4月26日）为水分指数对冠层叶片含水率的最佳监测生育期，灌浆期为水分指数对土壤水分的最佳监测期。SRWI、WI分别为抽穗期、灌浆期冬小麦叶片含水率的最佳监测指数；WI为灌浆期土壤水分的最佳监测指数。

此外，本研究所提出的各种冬小麦生理生态参数高光谱估算模型也适合推广到对其他作物的生理生态参数估算领域。

3）研究了基于ETM+数据的冬小麦生理生态参数提取技术。探讨了利用冠层高光谱植被指数估算模型从卫星影像光谱提取冬小麦叶绿素含量、覆盖度与叶面积指数可行性，得到了较好效果。该工作对于大面积监测冬小麦生长状况、实施精细田间管理是非常有意义的。

第 5 章　夏玉米农田 SPAC 系统水热传输与动态生长模拟

水分经由土壤到达植物根系表皮、在水势梯度的驱动下进入根系后经木质部传输到达茎、叶片，再由植物叶片气孔扩散到大气中，形成一个动态统一的连续系统，即土壤–植被–大气连续体（soil-plant-atmosphere continuum，SPAC）。在 SPAC 系统水热运移过程模拟中，土壤水分运动涉及土壤蒸发过程、土壤水分再分布、根系吸水和地下水补给等过程，是其中重要的一环。作物生长模拟以光、温、水、土壤等条件为环境驱动变量，对作物生育期内光合、呼吸、蒸腾等重要生理生态过程及其与气象、土壤等环境条件以及耕作、灌溉、施肥等技术条件的关系进行定量描述和预测，再现农作物生长发育及产量形成过程。作为大田试验研究方法的补充，模型模拟在水管理中得到越来越广泛地应用。

本章以夏玉米为例，基于土壤水汽热耦合运移（simultaneous transfer of energy，mass and momentum in unsatrated soil，STEMMUS）模型，分别考虑了宏观和微观根系吸水模型，构建了 SPAC 系统水热运移模型；应用蒸发蒸腾模型和夏玉米生长发育模拟模型，对夏玉米生长与农田蒸发蒸腾进行了动态模拟。依据夏玉米田间试验资料，验证分析了模型应用效果，旨在为理解不同水分供应条件下夏玉米节水机理，提高本地区夏玉米农田的水分利用效率提供理论依据。

5.1　试　验　方　案

农田 SPAC 系统水热传输试验于 2011~2013 年在西北农林科技大学灌溉试验站进行。将夏玉米全生育期划分为三叶—拔节期、拔节—抽雄期、抽雄—灌浆期和灌浆—成熟期 4 个生育阶段。对夏玉米不同生育期进行灌水水平处理。灌水水平以对照组 CK 实测的蒸发蒸腾量（ET）为标准，按 100% ET、80% ET 和 60% ET 共 3 个水平实施灌水。试验设计采用 4 因素 3 水平的部分正交试验设计，共设计 9 个处理，3 次重复。由于是遮雨棚下的试验，灌水次数和灌水时间根据蒸渗仪的土壤含水量状态确定，即当土壤含水量达到下限（田间持水量的 60%）时安排灌溉。试验处理见表 5-1。

表 5-1　夏玉米各生育阶段水分处理表

处理	阶段 1	阶段 2	阶段 3	阶段 4
CK	100% ET	100% ET	100% ET	100% ET
T2	100% ET	80% ET	80% ET	80% ET
T3	100% ET	60% ET	60% ET	60% ET
T4	80% ET	100% ET	80% ET	60% ET
T5	80% ET	80% ET	60% ET	100% ET

续表

处理	阶段 1	阶段 2	阶段 3	阶段 4
T6	80%ET	60%ET	100%ET	80%ET
T7	60%ET	100%ET	60%ET	80%ET
T8	60%ET	80%ET	100%ET	60%ET
T9	60%ET	60%ET	80%ET	100%ET

试验小区由两个大型称重式蒸渗仪和 26 个有底测坑组成。大型称重式蒸渗仪的土壤面积为 6.6m² （长为 3m，宽为 2.2m），装土深度为 3m。蒸渗仪边壁高于地面 5cm，防止水分径流损失。蒸渗仪底部为反滤层，能够自由排出多余水分。测量系统包括主称重系统和排水称重系统。称重数据自动记录并储存在数据采集器中，采集时间间隔设定为 1 小时，主称重系统测量精度为 0.139kg，相当于 0.021mm 的水分消耗；排水称重系统测量精度为 0.001kg，详细的蒸渗仪结构如图 5-1 所示。有底测坑的结构和蒸渗仪类似，长、宽、深分别为 3m、2.2m 和 3m，采用混凝土边壁防止水分侧渗，底部铺设反滤层，能够排出土体中的自由水分。

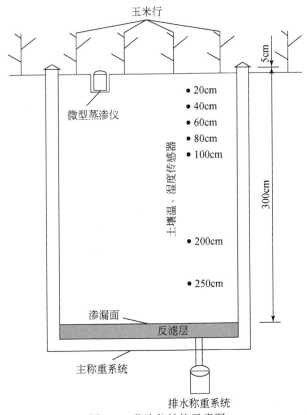

图 5-1 蒸渗仪结构示意图

5.2 土壤–植物–大气系统水热传输模型构建

土壤–植物–大气系统水热传输过程主要包括土壤水热运移、作物根系吸水和蒸发蒸腾等。

5.2.1 土壤水热耦合运移模型（STEMMUS 模型）

STEMMUS 模型详细考虑了非饱和土壤中液态水、水汽、干空气和热量耦合运移（曾亦键，2011；Zeng and Su，2012），主要由土壤水分运动方程、土壤能量平衡方程和土壤干空气运动方程组成。曾亦键（2011）基于巴丹吉林沙漠的试验数据比较分析了 STEMMUS 模型与传统 PdV 模型计算结果之间的差异，发现 STEMMUS 模型的计算结果更接近实际观测的裸土蒸发通量值。朱红艳（2014）在 STEMMUS 模型的基础上，添加了饱和水运动模块，发现利用所建立的模型能够较好地模拟干旱地区地下水浅埋条件下降水-土壤水-地下水的转化过程。

5.2.1.1 土壤水分运动方程

模型中的土壤水分运动方程采用了 Milly（1982）对 Richards 公式的改进形式，考虑大气和土壤的垂直相互作用过程，表达式为

$$\frac{\partial}{\partial t}(\rho_L \theta_L + \rho_V \theta_V) = -\frac{\partial q_L}{\partial z} - \frac{\partial q_V}{\partial z} - S \tag{5-1}$$

式中，ρ_L 为液态水密度（kg/m^3）；ρ_V 为水汽密度（kg/m^3）；θ_L 为土壤液态水体积含水量（m^3/m^3）；θ_V 为土壤水汽体积含量（m^3/m^3）；z 为垂直坐标（m），向上为正方向；q_L 为土壤液态水通量 $[kg/(m^2 \cdot s)]$；q_V 为土壤水汽通量 $[kg/(m^2 \cdot s)]$，向上为正方向；S 为作物根系吸水的源汇项（1/s）。

土壤液态水通量包括由土壤水势梯度驱动的等温液态水通量 q_{Lh} 和由土壤温度梯度驱动的温度液态水通量 q_{LT}，表达式为（Milly，1982）

$$q_L = q_{Lh} + q_{LT} = -\rho_L K_{Lh}\left(\frac{\partial h}{\partial z} + 1\right) - \rho_L K_{LT}\frac{\partial T}{\partial z} \tag{5-2}$$

式中，K_{Lh} 为渗透系数（m/s）；K_{LT} 为土壤温度梯度导致的水分传导系数 $[m^2/(s \cdot ℃)]$；h 为土壤水势（m）；T 为土壤温度（℃）。

土壤水汽通量包括由土壤水势梯度驱动的等温水汽通量 q_{Vh} 和由土壤温度梯度驱动的水汽通量 q_{VT}，表达式为

$$q_V = q_{Vh} + q_{VT} = -D_{Vh}\frac{\partial h}{\partial z} - D_{VT}\frac{\partial T}{\partial z} \tag{5-3}$$

式中，D_{Vh} 为土壤水势梯度导致的水汽传导系数 $[kg/(m^2 \cdot s)]$；D_{VT} 为土壤温度梯度导致的水汽扩散系数 $[kg/(m^2 \cdot s)]$（Zeng et al.，2009）。

5.2.1.2 土壤能量平衡方程

一方面热量在土壤中的传输可分为热传导和热对流两部分，其中热传导主要通过土壤液态水、土壤水汽及土壤颗粒进行；热对流主要通过土壤液态水通量、土壤水汽通量等进行。另一方面热量在土壤中的储存主要包括土壤容积热量、蒸发潜热以及土壤湿润导致的放热过程等（de Vries，1958）。基于此，土壤中的能量平衡方程可表示为

$$\frac{\partial}{\partial t}\left[(\rho_s\theta_sC_s + \rho_L\theta_LC_L + \rho_V\theta_VC_V)(T - T_r) + \rho_V\theta_VL_0\right] - \rho_L W\frac{\partial\theta_L}{\partial t}$$

$$= \frac{\partial}{\partial z}\left(\lambda_{eff}\frac{\partial T}{\partial z}\right) - \frac{\partial q_L}{\partial z}C_L(T - T_r) - \frac{\partial q_V}{\partial z}\left[L_0 + C_V(T - T_r)\right] - C_L S(T - T_r) \tag{5-4}$$

式中，C_s、C_L 和 C_V 分别为土壤颗粒、土壤液态水以及土壤水汽的比热 [J/(kg·℃)]；ρ_s 为土壤干容重（kg/m³）；θ_s 为土壤颗粒的体积容量；T_r 为参考温度（℃）；L_0 为参考温度下的蒸发潜热（J/kg）；W 为土壤润湿热（J/kg），即少量自由水被吸附到土壤上释放出来的热量；λ_{eff} 为有效热渗透系数 [W/(m·℃)]。

5.2.1.3　土壤干空气运动方程

STEMMUS 模型中详细考虑了土壤干空气的传输及其影响过程，表达式（Thomas and Sansom，1995）为

$$\frac{\partial}{\partial t}\left[\varepsilon\rho_{da}(S_a + H_cS_L)\right] = \frac{\partial}{\partial z}\left[D_e\frac{\partial\rho_{da}}{\partial z} + \rho_{da}\frac{S_aK_g}{\mu_a}\frac{\partial P_g}{\partial z} - H_c\rho_{da}\frac{q_L}{\rho_L} + (\theta_aD_{Vg})\frac{\partial\rho_{da}}{\partial z}\right] \tag{5-5}$$

式中，ε 为土壤孔隙度；ρ_{da} 为土壤干空气密度（kg/m³）；S_a（$S_a = 1 - S_L$）为土壤空气饱和度；S_L（$S_L = \theta_L/\varepsilon$）为土壤水饱和度；$H_c$ 为 Henry 常数；D_e 为水汽分子扩散速率（m²/s）；K_g 为空气渗透系数（m²）；μ_a 为空气黏度 [kg/(m²·s)]；D_{Vg} 为土壤空气弥散运移系数（m/s）（曾亦键，2011）。

5.2.1.4　水热参数计算公式

（1）渗透系数

根据 Mualem（1976）的孔分布模型，等温渗透系数 K_{Lh} 可表示为（van Genuchten，1980）

$$K_{Lh} = K_sS_e^l\left[1 - (1 - S_e^{1/m})^m\right]^2 \tag{5-6}$$

式中，K_s 为饱和渗透系数（m/s）；S_e 为有效饱和度 [$S_e = (\theta - \theta_r)/(\theta_s - \theta_r)$]；$l$ 为经验参数（$l = 0.5$）；m 为与孔分布结构相关的参数，可表达为 $m = 1 - 1/n$，n 可通过拟合 van Genuchten（1980）公式得出：

$$\theta(h) = \begin{cases} \theta_r + \dfrac{\theta_s - \theta_r}{\left[1 + |\alpha h|^n\right]^m} & h < 0 \\ \theta_s & h \geqslant 0 \end{cases} \tag{5-7}$$

式中，h 为土壤水势（cm）；α 与土壤进气值相关，表示为进气值的倒数（1/cm）。

温度梯度导致的水分传导系数 K_{LT} 可表示为（Nimmo and Miller，1986；Noborio et al.，1996）

$$K_{LT} = K_{Lh}\left(hG_{wT}\frac{1}{\gamma_0}\frac{\partial\gamma}{\partial T}\right) \tag{5-8}$$

式中，G_{wT} 为增益因子，用来考虑土壤水的表面张力的温度效应；γ 为土壤水的表面张力（g/s²）；γ_0 为土壤水在 25℃ 条件下的表面张力（$\gamma_0 = 71.89$g/s²）。考虑了温度效应的土壤

水的表面张力 γ 可表示为（Saito et al.，2006）

$$\gamma = 75.6 - 0.1425T - 2.38 \times 10^{-4}T^2 \qquad (5-9)$$

（2）水汽扩散系数

土壤水势梯度导致的水汽传导系数 D_{Vh} 可表示为（Zeng et al.，2009）

$$D_{Vh} = D_V \frac{\partial \rho_V}{\partial h} \qquad (5-10)$$

水汽在土壤中的扩散系数 D_V 可定义为

$$D_V = f_0 \theta_a D_a \qquad (5-11)$$

式中，θ_a 为土壤中空气的体积含量（$\theta_a = 1 - \theta_L$）；D_a 为水汽在空气中的扩散度（m^2/s）；可表示为温度的函数（Saito et al.，2006）

$$D_a = 2.12 \times 10^{-5} \left(\frac{T}{273.15}\right)^2 \qquad (5-12)$$

式中，温度 T 的单位为 K。

而 f_0 为曲度因子，可表示为（Millington and Quirk，1961）

$$f_0 = \theta_a^{7/3} / \theta_{sat}^2 \qquad (5-13)$$

水汽密度 ρ_V 可表示为（Philip and de Vries，1957；Saito et al.，2006）

$$\rho_V = \rho_{sV} H_r \qquad (5-14)$$

$$H_r = \exp(hg/R_V T) \qquad (5-15)$$

$$\rho_{sV} = \frac{10^{-3}}{T} \exp\left(31.3716 - \frac{6014.79}{T} - 7.92495 \times 10^{-3}T\right) \qquad (5-16)$$

式中，ρ_{sV} 为饱和水汽密度；H_r 为相对湿度；R_V 为水汽气体常数 $[461.5\ \text{J}/(\text{kg} \cdot \text{K})]$；$g$ 为重力加速度（m/s^2）；温度 T 的单位为 K。

由土壤温度梯度导致的水汽扩散系数 D_{VT} 可表示为

$$D_{VT} = D_V \eta \frac{\partial \rho_V}{\partial T} \qquad (5-17)$$

式中，η 为水汽增强因子，用以考虑土壤中水汽运移由土壤孔隙中的局部温度梯度导致的水汽增强运移效应，可表示为（Cass et al.，1984）

$$\eta = 9.5 + 3 \times \theta/\theta_s - 8.5 \times \exp\{-[(1 + 2.6/\sqrt{f_c})\theta/\theta_s]^4\} \qquad (5-18)$$

式中，f_c 为土壤中的黏土比例；θ_s 为土壤饱和含水量。

（3）导热系数及局部润湿热

非饱和土壤导热系数 λ_{eff} 可表示为（Chung and Horton，1987）

$$\lambda_{eff} = b_1 + b_2 \theta_L + b_3 \theta_L^{0.5} \qquad (5-19)$$

式中，b_1、b_2 和 b_3 为经验回归系数 $[\text{J}/(\text{s} \cdot \text{m} \cdot \text{K})]$。

土壤润湿热 W，指的是当土壤孔隙中自由水被吸附到土壤颗粒上时所释放出来的那部分热，可表示为（Prunty，2002）

$$W = -0.2932h \tag{5-20}$$

式中，h 的单位为 cm。

5.2.2　根系吸水源汇项的参数化

根系吸水过程是根系层土壤中水分传输模拟时的关键模块。植物根系吸水模式有多种形式，现有的根系吸水模型大致可分为宏观根系吸水模型和基于单根吸水模型的微观吸水模型。目前被广泛应用于土壤–植物–大气连续体系统中的多为宏观根系吸水模型。此类模型将作物根系吸水与蒸腾联系起来，将蒸腾量在根系层土壤剖面上按照一定的权重因子进行分配进而得到不同土层的根系吸水速率（罗毅等，2000）。权重因子通常定义为根系密度、土壤水分状态的函数。根系吸水速率可表示为

$$S(h) = \alpha(h) b(z) T_{\text{p}} \tag{5-21}$$

式中，$\alpha(h)$ 为土壤水分衰减系数；$b(z)$ 为标准化的根系分布函数；T_{p} 为潜在蒸腾速率（Šimůnek et al.，2008）。

基于前人的研究，土壤水分衰减系数和根系分布函数的参数化方案如下。

Feddes 等（1978）采用根区土水势作为参变量，定义了土壤水分衰减函数 ［图 5-2 和式（5-22）］：

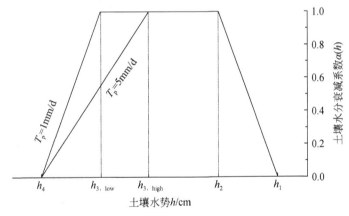

图 5-2　土壤水分衰减系数 $\alpha(h)$

资料来源：Feddes 等，1978

$$\alpha(h) = \begin{cases} 0 & h \geqslant h_1 \\ \dfrac{h_1 - h}{h_1 - h_2} & h_1 > h \geqslant h_2 \\ 1 & h_2 > h \geqslant h_3(T_{\text{p}}) \\ \dfrac{h - h_4}{h_3(T_{\text{p}}) - h_4} & h_3(T_{\text{p}}) > h \geqslant h_4 \\ 0 & h_4 > h \end{cases} \tag{5-22}$$

式中，h 为土壤水势（cm）；h_1、h_2、$h_3(T_{\text{p}})$、h_4 为影响作物根系吸水的几个关键土壤水

势阈值（cm）。当土壤水势高于 h_1 时，由于土壤含水量过高，透气性能变差，作物根系受到氧胁迫（Yang et al.，2013），根系吸水速率降低为零。当土壤水势介于 h_2 和 $h_3(T_p)$ 之间时，根系吸水速率不受土壤水分的限制，达到最大值，其中 h_3 受到大气潜在蒸发力的影响，表示为 T_p 的线性函数；当土壤水势低于 h_4 时，根系已不能从土壤中吸取水分，因此 h_4 通常对应着作物出现永久凋萎时的土壤水势。参考 Feddes 和 Raats（2004）给出的结果，设定 h_1、h_2 和 h_4 值分别为 $-15\mathrm{cm}$、$-30\mathrm{cm}$ 和 $-15\,000\mathrm{cm}$；$h_3(T_p)$ 的两个阈值 $h_{3,\mathrm{high}}$、$h_{3,\mathrm{low}}$ 分别为 $-325\mathrm{cm}$ 和 $-600\mathrm{cm}$。

根系密度分布函数参考 HYDRUS-1D 中的参数化方案（Šimůnek et al.，2008）：

$$b(z) = \begin{cases} \dfrac{5}{3L_R} & z > L - 0.2L_R \\[2mm] \dfrac{2.0833}{L_R}\left(1 - \dfrac{z_0 - z}{L_R}\right) & L - 0.2L_R < z < L - L_R \\[2mm] 0 & z < L - L_R \end{cases} \tag{5-23}$$

式中，L 为求解区域土层深度（cm）；L_R 为根系深度（cm），其随时间变化可表示为最大根系深度 L_m 和根系生长系数 $f_r(t)$ 的函数：

$$L_R(t) = L_m f_r(t) \tag{5-24}$$

其中，作物生长系数 $f_r(t)$ 采用逻辑斯谛生长函数来定义：

$$f_r(t) = \frac{L_0}{L_0 + (L_m - L_0)e^{-rt}} \tag{5-25}$$

式中，L_0 为生育初期的根系深度初始值（cm）；r 为根系生长速率（cm/d），通过假定作物生长周期到达一半时的根系深度对应最大作物根系深度的 1/2 来确定。

与宏观根系吸水模型不同，基于单根吸水模型的微观吸水模型能够详细地考虑土壤到根系表面的水势梯度和根系阻力等因素。微观吸水模型从研究单个根系的吸水过程开始。de Willigen 等（2012）将流入根系的水流分为两部分：一种是从土壤到根系表面的水流通量；另一种是从根系表面到根系内部的水流通量。其中第一种水流的驱动力是土壤与根系表面的水势梯度，可表示为

$$S_i = \frac{\overline{\Phi} - \Phi_{0,i}}{\dfrac{R_0^2}{8} - \dfrac{3R_{1,i}^2}{8} + \left(\dfrac{R_{1,i}^2}{R_0}\right)^4 \ln\left(\dfrac{R_{1,i}}{R_0}\right) \Big/ \left[\left(\dfrac{R_{1,i}}{R_0}\right)^2 - 1\right]} \tag{5-26}$$

式中，$\overline{\Phi}$ 为土壤基质势通量（$\mathrm{cm^{-2} \cdot d}$）；Φ_0 为根系表面基质势通量（$\mathrm{cm^{-2} \cdot d}$）；$R_{1,i}$ 为根系影响半径（cm），表示为根系密度的函数，即 $R_{1,i} = 1/\pi L_{\mathrm{rv},i}$；$L_{\mathrm{rv},i}$ 根系密度；R_0 为根系半径（cm）。

第二种水流是根系表面到根系内部的水流通量，与根系表面和根系木质部之间的水势差成比例：

$$U_i = L_{\mathrm{rv},i} K_R(h_0 - h_R) \tag{5-27}$$

式中，K_R 为根系水力学导度；h_0 为根系表面水势（cm）；h_R 为根系木质部水势（cm）。

假定水分在土壤-根系表面-根系木质部传输过程中没有水分积累，则从土壤到根系表面的水流通量和从根系表面到木质部的水流通量相等：

$$S_i = U_i \quad i=1, \cdots, n \tag{5-28}$$

基于土壤–根系–作物–大气连续体的基本原理，根系表面水势可以表示为叶片水势的函数：

$$h_L = h_R + \frac{T_p}{K_p \left[1 + \left(\dfrac{h_L}{h_{L, 1/2}} \right)^q \right]} \tag{5-29}$$

式中，h_L 为叶水势（cm）；h_R 为根水势（cm）；T_p 为潜在蒸腾速率；K_p 为根系到叶片的水力学导度；$h_{L,1/2}$ 为当实际蒸腾速率等于潜在蒸腾速率一半时的叶水势值（cm）；q 为曲率参数。

将根区内所有单根的水流通量累加即为实际的蒸腾速率：

$$\sum_{rz} L_{rv, i} \Delta z_i K_R (h_{0, i} - h_R) = \frac{T_p}{1 + \left(\dfrac{h_L}{h_{L, 1/2}} \right)^q} \tag{5-30}$$

由于上述公式的非线性本质，采用迭代方法来求解在给定的土壤水势 h 条件下的未知变量（h_0、Φ_0、h_R 和 h_L）。

5.2.3 蒸发蒸腾量参数化

本章中采用参考作物蒸发蒸腾量的计算方法，结合双作物系数分配为土壤蒸发和作物蒸腾，即为间接 ET 计算方法（简称 ET_{ind} 方法）。若直接将冠层最小表面阻力和土壤实际表面阻力参数代入 Penman-Monteith 公式，叶面积指数用来分配到达冠层和土壤表面的净辐射，称为直接 ET 计算方法（简称 ET_{dir} 方法）。

5.2.3.1 间接 ET 计算方法

参考作物蒸发蒸腾量（ET_0）计算方法见式（3-12）。

潜在作物蒸腾 T_p 通过基础作物系数 K_{cb} 与参考作物蒸发蒸腾量 ET_0 乘积求得

$$T_p = K_{cb} ET_0 \tag{5-31}$$

基础作物系数与作物的生长状态密切相关（Er-Raki et al., 2007；González-Dugo and Mateos, 2008；Sánchez et al., 2012），可表示为（Duchemin et al., 2006）

$$K_{cb} = K_{cb, max} [1 - \exp(-\sigma LAI)] \tag{5-32}$$

式中，σ 为公式拟合系数；$K_{cb,max}$ 为地面被完全覆盖时的基础作物系数。

不同于 FAO 双作物系数方法，土壤蒸发的参数化参考（Feddes et al., 1974；Kemp et al.,1997；Wu et al., 1999）采用的方法，其中潜在土壤蒸发采用 Ritchie（1972）的公式计算：

$$E_p = \frac{\Delta}{\lambda (\Delta + \gamma)} R_n \exp(-0.39 LAI) \tag{5-33}$$

式中，λ 为汽化潜热（MJ/kg）。

实际土壤蒸发可由 Linacre（1973）提出的公式获得，将土壤蒸发过程划分为 3 个阶段：

$$
\begin{cases}
E_s = E_p & (\theta_1/\theta_{1,\,Fc}) > (E_p/k)^{1/2}, \quad h_1 > -100\,000\,\text{cm} \\
E_s = k\,(\theta_1/\theta_{1,\,Fc})^m & (\theta_1/\theta_{1,\,Fc}) \leqslant (E_p/k)^{1/2}, \quad h_1 > -100\,000\,\text{cm} \quad \text{(5-34)} \\
E_s = k\,(\theta_{1+2}/\theta_{1+2,\,Fc})^m & h_1 \leqslant -100\,000\,\text{cm}
\end{cases}
$$

式中，θ_1 和 $\theta_{1,Fc}$ 分别为表层土壤实际含水量和田间持水量；h_1 为表层土壤水势（cm）；k、m 为模型参数，与土壤结构和蒸发层深度有关，取值分别为 $0.8 \sim 1.0$ 和 $2.0 \sim 2.3$，θ_{1+2} 和 $\theta_{1+2,Fc}$ 分别为第一、第二层土壤的实际含水量和田间持水量。Kemp 等（1997）对式（5-34）的有效性进行了系统的验证，并得到较好的土壤蒸发模拟结果。

5.2.3.2 直接 ET 计算方法

直接 ET 计算方法将作物冠层最小阻力和土壤表面阻力分别代入 Penman-Monteith 公式，同时估算作物冠层表面和土壤表面的辐射通量及空气动力学参数，得到作物潜在蒸腾和实际土壤蒸发。

$$
T_p = \frac{\Delta(R_n^c - G) + \rho_a c_p \dfrac{(e_s - e_a)}{r_a^c}}{\lambda\left(\Delta + \gamma\left(1 + \dfrac{r_{cmin}}{r_a^c}\right)\right)} \tag{5-35}
$$

$$
E_s = \frac{\Delta(R_n^s - G) + \rho_a c_p \dfrac{(e_s - e_a)}{r_a^s}}{\lambda\left(\Delta + \gamma\left(1 + \dfrac{r_s}{r_a^s}\right)\right)} \tag{5-36}
$$

式中，R_n^c 和 R_n^s 分别为冠层表面和土壤表面的净辐射 $[\text{MJ}/(\text{m}^2 \cdot \text{d})]$；$\rho_a$ 为大气密度（kg/m^3）；c_p 为空气热容 $[\text{J}/(\text{kg} \cdot \text{K})]$；$r_a^c$ 为冠层表面的空气动力学阻力（s/m）；r_a^s 为土壤表面的空气动力学阻力（s/m）；r_{cmin} 为冠层最小表面阻力（s/m）；r_s 为土壤实际表面阻力（s/m）。

到达土壤表面的净辐射遵循比尔定律：

$$
R_n^s = R_n \exp(-\tau \text{LAI}) \tag{5-37}
$$

式中，τ 为消光系数，本书取值为 0.6（Kemp et al.，1997）。尽管消光系数会随着冠层结构、天顶角等因素而发生变化（Allen et al.，1998；Tahiri et al.，2006），但为了简化计算，目前大多数文献（Shuttleworth and Wallace，1985；Kemp et al.，1997；Zhou et al.，2006）仍将其看做常量。

冠层表面截获的净辐射即为总净辐射量与土壤表面净辐射量差值：

$$
R_n^c = R_n[1 - \exp(-\tau \text{LAI})] \tag{5-38}
$$

根据 Allen 等（1998），冠层表面最小阻力 r_{cmin} 可定义为

$$
r_{cmin} = r_{1min}/\text{LAI}_{eff} \tag{5-39}
$$

式中，r_{1min} 为充分供水时叶片气孔阻力（s/m）；LAI_{eff} 为有效叶面积指数。

土壤表面阻力参考 van De Griend 和 Owe（1994）的指数表达形式：

$$\begin{cases} r_s = r_{sl} & \theta_1 > \theta_{min}, \ h_1 > -100\,000\text{cm} \\ r_s = r_{sl}e^{a(\theta_{min}-\theta_1)} & \theta_1 \leqslant \theta_{min}, \ h_1 > -100\,000\text{cm} \\ r_s = \infty & h_1 \leqslant -100\,000\text{cm} \end{cases} \tag{5-40}$$

式中，r_{sl} 为水分表面分子扩散阻力（10s/m）；a 为拟合参数，取值为 0.3565；θ_1 为上层土壤含水量；θ_{min} 为维持土壤水汽潜在蒸发速率的最小土壤含水量。

5.2.4 模型数值求解

土壤水热耦合运移公式采用伽辽金有限元方法进行空间离散化，利用隐性后向式差分方法进行时间离散化。作物根系吸水过程和土壤水分运动过程在同一个步长内完成迭代运算。模型求解土壤剖面深度设置为蒸渗仪深度，即 300cm，被离散成 38 个计算节点，在上部土壤（$0 \sim 50\text{cm}$）分层厚度较小（$0.25 \sim 5\text{cm}$），下部土壤（$50 \sim 300\text{cm}$）分层厚度增大（$10 \sim 25\text{cm}$）。模型运行所需参数包括土壤湿度、土壤温度、气象数据和作物参数等，参见第 2 章数据采集部分。模型运行前需明确初始条件及边界条件。

5.2.4.1 初始条件

土壤水分运动方程、土壤能量平衡方程的初始条件为土壤含水量和土壤温度剖面，可由实测的土壤温湿度内插获得

$$\begin{cases} \theta(z, \ t)\big|_{t=0} = \theta_0(z)，\text{土壤水分运动方程} \\ T(z, \ t)\big|_{t=0} = T_0(z)，\text{土壤能量平衡方程} \end{cases} \tag{5-41}$$

5.2.4.2 边界条件

（1）土壤水分运动方程边界条件

土壤水分运动的上边界为土壤–大气交界面，其边界条件可表示为通量型边界条件，即上边界水通量包括土壤蒸发、降水和灌溉（试验过程中未见地表径流）。

$$(q_L + q_V)\big|_{z=0} = E_s - \rho_L(P + I) \tag{5-42}$$

式中，E_s 为实际土壤蒸发通量 $[\text{kg/(m}^2 \cdot \text{s)}]$；$P$ 为降水速率（mm/h）；I 为灌溉水速率（mm/h）。

根据 Šimůnek 等（2008）对渗漏面类型的边界条件描述，即当土壤下边界水分饱和时，土壤水分能够自由排出土体。本研究所采用的均为有底类型蒸渗仪（或测坑），允许土壤饱和时土壤水在重力作用下自由排出，符合渗漏面类型的下边界条件。该类型下边界条件假设当下部土壤水势为负值时，下边界为零通量边界条件；当下部土壤饱和时，下边界为零水势边界条件。

$$\begin{cases} (q_L + q_V)\big|_{z=L} = 0，h(z, \ t)\big|_{z=L} < 0 \text{ 时} \\ h(z, \ t)\big|_{z=L} = 0，h(z, \ t)\big|_{z=L} = 0 \text{ 时} \end{cases} \tag{5-43}$$

（2）土壤能量平衡方程边界条件

上边界条件设定为第一类边界条件，即

$$T(z, t)\big|_{z=0} = T_s(t) \tag{5-44}$$

式中，$T_s(t)$ 为地表 $z=0$ 处的土壤温度（℃）。

基于王仰仁（2004）的假定，土壤温度随着土层深度加深基本保持不变。因此可将下边界条件看作常量。

$$T(z, t)\big|_{z=L} = T_0(L) \tag{5-45}$$

式中，$T_0(L)$ 为 $z=L$ 处的土壤温度（℃）。

5.2.4.3　模型运行

系统水热传输模型运行流程如图 5-3 所示。在给定模型的初始条件后，根据设定的模型边界条件和土壤参数、作物参数、环境因子等数据参数开始更新土壤水势及土壤温度值，进入当次时间步长的迭代过程，利用伽辽金有限元方法同步重复求解土壤水分运动方程和土壤能量平衡方程，直至达到收敛，从而进入下一个时间步长计算。判断是否达到模型设定的结束时间，如果没有则循环进行上述迭代过程，直至达到结束时间。模型输出结果主要包括：土壤含水量（土壤水势）、土壤温度、土壤蒸发速率、作物根系吸水速率等。

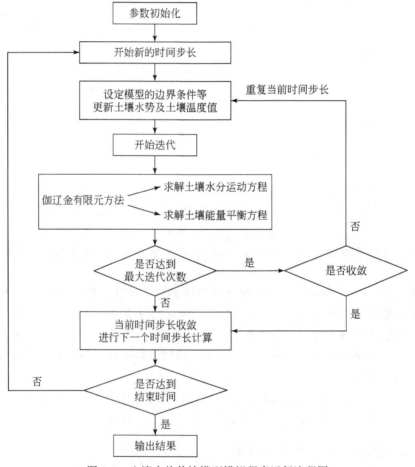

图 5-3　土壤水热传输模型模拟程序运行流程图

5.2.4.4　根区土壤贮水量计算

根区土壤贮水量采用两种方法计算。一种是利用已知的土壤含水率在根区累加求得：

$$V_t = \sum_{n} \Delta x_i \frac{\theta_i + \theta_{i+1}}{2} \tag{5-46}$$

式中，V_t 为 t 时刻根区土壤贮水量；Δx_i 为第 i 层土壤厚度；θ_i 和 θ_{i+1} 为 t 时刻第 i 层上、下表面土壤含水量。

另一种是通过反算根区土壤平衡方程求得

$$V_t = V_0 - \int_0^t T_c \mathrm{d}t + \int_0^t (q_0 - q_N) \mathrm{d}t \tag{5-47}$$

式中，V_0 为初始时刻的根区土壤贮水量；T_c 为实际作物蒸腾量；q_0 和 q_N 分别为根区上、下表面水通量。

5.3　充分灌溉条件下 SPAC 系统水热传输模拟

5.3.1　宏观根系吸水模型结果分析

5.3.1.1　土壤含水率变化规律及模型模拟

不同土层深度土壤含水率的变化规律如图 5-4 所示。在 20cm 土层深度处，基于间接 ET 计算方法的模型模拟结果与实测土壤含水率的变化规律一致。随着生育期的推进，土壤逐渐干燥，对灌溉和降水的响应比较敏感。灌水后的土壤水分消耗速率在生育初期较为缓慢，在夏玉米生长发育期土壤水分急剧下降；在灌水后的湿润–干燥循环过程中，土壤水分消耗速率由大变小，最后趋于平缓。随着土层深度的增加，基于间接 ET 计算方法的模型模拟结果与实测土壤含水率差异增大。其中在 40cm、60cm 土层深度处，模型模拟的土壤含水率比实测结果明显偏低，且随生育期的时间变异性表现更为明显；在 80cm 土层深度处，模型模拟的土壤含水率在生育初期比实测结果偏高，在生育后期与实测结果较为一致；在 100cm 土层深度处，模型模拟的土壤含水率在生育初期与实测结果较为一致，在生育后期比实测结果偏低。对比基于直接 ET 计算方法的模型模拟结果与基于间接 ET 计算方法的模型模拟结果可以看出，两种 ET 方法的模型模拟结果趋势较为一致，但利用直接 ET 计算方法的模型模拟的土壤含水率较利用间接 ET 计算方法的模型模拟的土壤含水量偏低。

5.3.1.2　根区土壤贮水量变化规律及模型模拟

基于式（5-46）和式（5-47），利用两种 ET 计算方法的模拟结果计算得出根区土壤贮水量的动态变化规律（图 5-5）。由图 5-5 可以看出，对于不同 ET 计算方法而言，分别采用式（5-46）、式（5-47）计算的根区土壤贮水量吻合度均很高，均方根误差和一致性

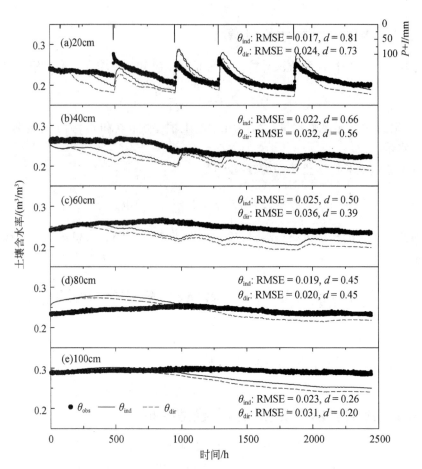

图 5-4　不同土层深度土壤含水率的变化规律及模型模拟（宏观根系吸水模型）

注：RMSE 为均方根误差；d 为一致性指数

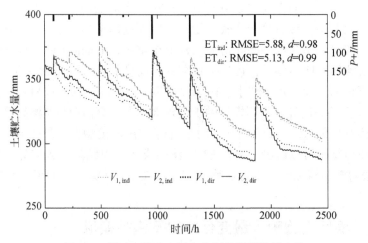

图 5-5　根区土壤贮水量变化规律模拟结果比较

注：灰色点代表利用间接 ET（ET_{ind}）计算方法模拟的土壤含水率在根区累加［式（5-46）］求得的土壤贮水量，灰色线代表通过反算根区土壤水量平衡方程［式（5-47）］求得的土壤贮水量（即 $V_{1,ind}$ 和 $V_{2,ind}$）；黑色点和黑色线则代表利用直接 ET（ET_{dir}）计算方法模拟的土壤含水率在根区累加求得的土壤贮水量（即 $V_{1,dir}$ 和 $V_{2,dir}$）

指数分别为 5.88mm 和 0.98、5.13mm 和 0.99。说明模型采用不同 ET 计算方法均能较好地通过根区水量平衡闭合性检验，在剧烈波动的边界条件下，该模型是有效的。

由图 5-5 还可以看出，基于两种 ET 计算方法模拟的土壤贮水量在整个生育期内的动态变化趋势较为一致。土壤贮水量随着灌水的增加而显著增长。利用直接 ET 计算方法模拟得到的土壤贮水量较利用间接 ET 计算方法模拟得到的土壤贮水量偏低，两者之间的差异随着土壤的逐渐干燥而加剧，差异最大值（19.51mm）出现在第 4 次主要灌水前。

5.3.1.3 土壤温度变化规律及模型模拟

土壤温度在表层波动较为明显，且有明显的昼夜变化；随着土层深度的加深，热量在土壤中的传输逐层减少，土壤温度波动逐渐平缓，昼夜变化趋势亦逐层减弱（图 5-6）。对比不同 ET 方法在不同土层深度的土壤温度模拟结果与实测结果可知，两种 ET 方法模拟结果相差不大，在生育初期土壤温度的模拟结果与实测结果吻合程度高，较大的灌水过后，模型模拟结果较实测结果明显偏高，且随着土层深度的增加，与实测结果的差异性有增大的趋势。

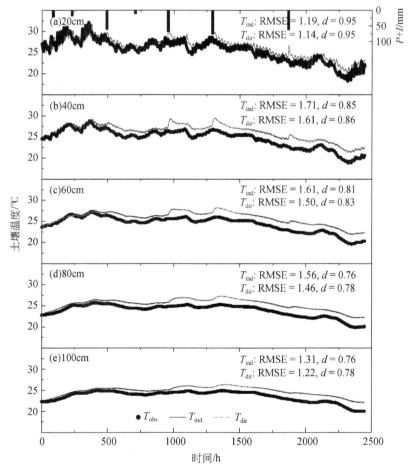

图 5-6 不同土层深度的土壤温度变化规律及模型模拟（宏观根系吸水模型）

5.3.1.4 日尺度夏玉米蒸发蒸腾变化规律及模型模拟

夏玉米日蒸发蒸腾量随着生育期推进变化显著（图5-7）。两种 ET 计算方法的模型模拟结果均能够较好地反映夏玉米日蒸发蒸腾量变化规律：在生育初期，夏玉米蒸发蒸腾量值以土壤蒸发为主，均值为 2.69mm/d；随着生育期推进，夏玉米蒸腾量受降水和灌水量的影响增强，在生长发育期、生育中期和生育后期的日蒸发蒸腾量的均值分别为 3.60mm/d、4.02mm/d 和 1.74mm/d。对比间接 ET 计算方法，采用直接 ET 计算方法的模型模拟结果随生育期的时间变异性更加明显；并且两种 ET 计算方法模拟结果在不同生育时期表现不一致。在生育初期，采用间接 ET 计算方法的模拟结果较实测结果偏低，而采用直接 ET 计算方法的模型模拟结果较实测结果偏高。在生育中期，采用间接 ET 计算方法有明显的低估趋势，而采用直接 ET 计算方法能够较好地描述夏玉米日蒸发蒸腾量变化规律。总体来看，采用直接 ET 计算方法较间接 ET 计算方法能够更好地描述夏玉米日蒸发蒸腾量变化规律。

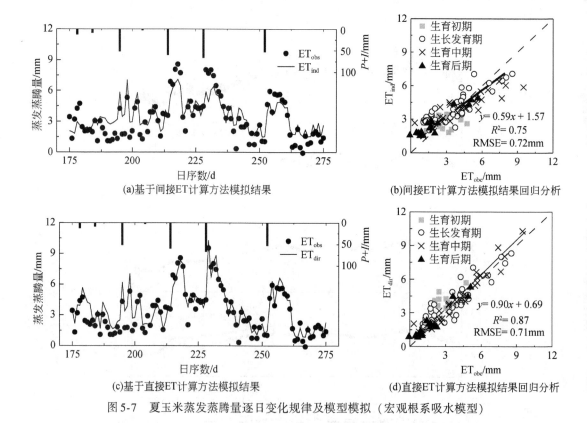

图 5-7 夏玉米蒸发蒸腾量逐日变化规律及模型模拟（宏观根系吸水模型）

5.3.1.5 夏玉米蒸发蒸腾量组分与蒸发比例变化规律及模型模拟

夏玉米不同生育期的土壤蒸发、叶面蒸腾、蒸发蒸腾量和土壤蒸发占蒸发蒸腾量的比例见表5-2。

表5-2 不同生长发育时期土壤蒸发 (E)、叶面蒸腾 (T_c)、蒸发蒸腾量 (ET) 和
土壤蒸发占蒸发蒸腾量的比例 (E/ET)（宏观根系吸水模型）

生育期	ET_c/mm	间接 ET（ET_{ind}）计算方法				直接 ET（ET_{dir}）计算方法			
		E/mm	T_c/mm	ET/mm	E/ET/%	E/mm	T_c/mm	ET/mm	E/ET/%
生育初期	37.72	29.13	6.83	35.96	81.01	43.32	6.71	50.03	86.58
生长发育期	140.48	34.57	122.73	157.31	21.98	45.17	107.13	152.30	29.66
生育中期	124.74	12.15	105.75	117.91	10.31	32.01	99.26	131.26	24.38
生育后期	31.23	9.50	34.22	43.72	21.73	14.10	21.66	35.77	39.43
合计	334.18	85.36	269.53	354.89	24.05	134.60	234.76	369.37	36.44

与前人研究（Kang et al.，2003；Zhao et al.，2013）类似，土壤蒸发占蒸发蒸腾量的比例在生育初期最大，从生长发育期开始下降并在生育中期达到最低值，在生育后期由于夏玉米衰老叶面蒸腾降低，土壤蒸发占蒸发蒸腾量的比例出现明显的反弹。Liu 等（2002b）、Hu 等（2009）研究认为土壤蒸发比例的动态变化主要归因于作物的生长发育。土壤蒸发占蒸发蒸腾量的比例在四个生育期内变化范围为24.38%~86.58%（ET_{dir}计算方法）、10.31%~81.01%（ET_{ind}计算方法），与 Zhao 等（2013）、Paredes 等（2015）模拟结果类似。利用两种 ET 方法模拟的差异表现在模拟蒸发蒸腾量组分上，直接 ET 计算方法模拟的土壤蒸发值较间接 ET 计算方法偏高，叶面蒸腾值较间接 ET 计算方法偏低，从而导致相对较大的土壤蒸发占蒸发蒸腾量的比例值。全生育期总的土壤蒸发占蒸发蒸腾量的比例为24.05%（ET_{ind}计算方法）和36.44%（ET_{dir}计算方法）。王健等（2007）在同一试验区的4年研究结果得出的土壤蒸发占蒸发蒸腾量的比例范围为43.57%~52.52%，二者的差异主要是因为地表湿润频率不同。模拟结果与 Liu 等（2002b）、Kang 等（2003）的观测结果比较接近，分别为30.3%、33%。Kool 等（2014）对不同作物的土壤蒸发占蒸发蒸腾量的比例研究综述认为对于大多数行播作物而言，土壤蒸发占蒸发蒸腾量的比例变动范围为20%~40%。

5.3.2 微观根系吸水模型结果分析

5.3.2.1 土壤含水率变化规律及模型模拟

由图 5-8 可知，在 20cm 土层深度处，基于间接 ET 计算方法的模型模拟结果与实测土壤含水率的变化规律一致。灌水后的土壤水分消耗速率能够间接反映作物蒸发蒸腾速率变化规律，其在夏玉米生育初期较为缓慢，在生长发育期土壤水分含量急剧下降；另外在灌水后的湿润-干燥循环过程中，土壤水分消耗速率由大变小，最后趋于平缓，这主要是由于土壤干燥造成作物蒸发蒸腾速率降低。随着土层深度的增加，基于间接 ET 计算方法的模型模拟结果与实测值差异增大。其中在 40cm、60cm 土层深度处，模型模拟的土壤含水率比实测结果明显偏低，且随生育期的时间变异性表现更为明显；在 80cm 土层深度处，模型模拟结果在生育初期比实测结果偏高，在生育后期比实测结果偏低；在 100cm 土层深

度处，模型模拟结果在生育初期与实测值较为一致，在生育后期比实测结果要明显偏低。模型模拟结果随降水和灌溉的时间变异性比实测结果更加明显。两种 ET 计算方法的模型模拟结果趋势较为一致，但利用直接 ET 计算方法的模型模拟的土壤含水率较间接 ET 计算方法的模型模拟的土壤含水率偏低。

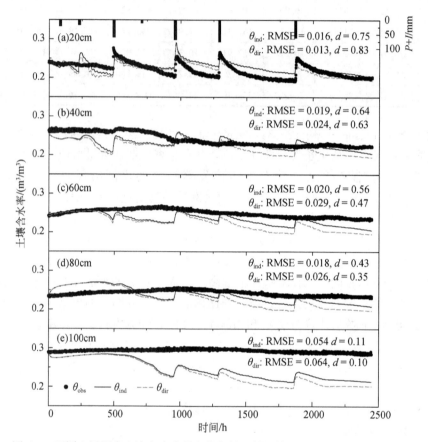

图 5-8　不同土层深度土壤含水率的变化规律及模型模拟（微观根系吸水模型）

5.3.2.2　土壤温度变化规律及模型模拟

不同土层深度的土壤温度变化规律及模型模拟结果如图 5-9 所示。由图 5-9 可知，基于不同 ET 计算方法在不同土层深度的土壤温度模拟结果与实测结果相差不大，在生育初期土壤温度的模拟结果与实测结果吻合程度高，较大的灌水过后，模型模拟结果较实测结果明显偏高，且随着土层深度的增加，与实测结果的差异性有增大的趋势。

5.3.2.3　日尺度夏玉米蒸发蒸腾变化规律及模型模拟

受到天气、降水和灌溉等因素影响，夏玉米日蒸发蒸腾量随着生育期推进变化显著（图 5-10）。对比蒸渗仪实测的夏玉米日蒸发蒸腾量，两种 ET 计算方法的模型模拟结果均能够较好地反映夏玉米日蒸发蒸腾量变化规律。对比间接 ET 计算方法，采用直接 ET 计算方

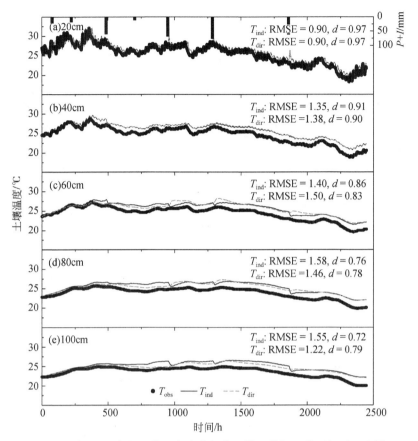

图 5-9 不同土层深度的土壤温度变化规律及模型模拟（微观根系吸水模型）

法的模型模拟结果随生育期的时间变异性更加明显；并且两种 ET 计算方法模拟结果在不同生育时期表现不一致。在生育初期，采用间接 ET 计算方法的模拟结果较实测结果偏低，采用直接 ET 计算方法的模拟效果有所提升。在生育中期，采用间接 ET 计算方法有明显的低估趋势，而采用直接 ET 计算方法能较好地描述夏玉米日蒸发蒸腾量变化规律。总体来看，采用直接 ET 计算方法较间接 ET 计算方法能够更好地描述夏玉米日蒸发蒸腾量变化规律。

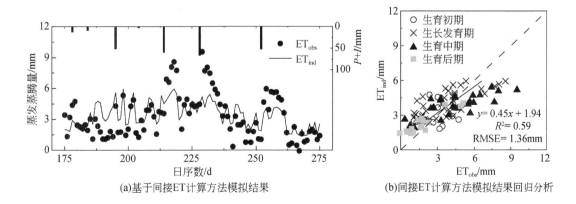

(a)基于间接ET计算方法模拟结果   (b)间接ET计算方法模拟结果回归分析

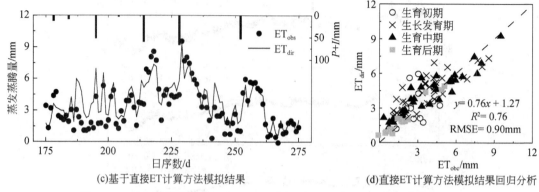

(c)基于直接ET计算方法模拟结果　　　(d)直接ET计算方法模拟结果回归分析

图5-10　夏玉米蒸发蒸腾量逐日变化规律及模型模拟（微观根系吸水模型）

5.3.2.4　夏玉米蒸发蒸腾量组分与蒸发比例变化规律及模型模拟

夏玉米不同生育期的土壤蒸发、叶面蒸腾、蒸发蒸腾量和土壤蒸发占蒸发蒸腾量的比例见表5-3。

表5-3　不同生长发育时期土壤蒸发（E）、叶面蒸腾（T_e）、蒸发蒸腾量（ET）和
土壤蒸发占蒸发蒸腾量的比例（E/ET）（微观根系吸水模型）

生育期	ET_c/mm	间接ET（ET_{ind}）计算方法				直接ET（ET_{dir}）计算方法			
		E/mm	T_e/mm	ET/mm	E/ET/%	E/mm	T_e/mm	ET/mm	E/ET/%
生育初期	37.72	32.15	6.84	38.99	82.46	30.82	12.60	43.42	70.99
生长发育期	140.48	21.45	134.30	155.74	13.77	33.37	133.87	167.24	19.95
生育中期	124.74	5.75	106.32	112.08	5.13	20.24	115.69	135.93	14.89
生育后期	31.23	3.43	36.60	40.03	8.56	6.54	28.54	35.09	18.65
合计	334.18	62.78	284.06	346.84	18.10	90.97	290.70	381.67	23.83

土壤蒸发占蒸发蒸腾量的比例在玉米生育初期、生长发育期、生育中期和生育后期为5.13%～82.46%（ET_{ind}计算方法）、14.89%～70.99%（ET_{dir}计算方法），利用两种ET计算方法模拟的差异表现在蒸发蒸腾量组分模拟上，直接ET计算方法估算的土壤蒸发值较间接ET计算方法偏高，估算的叶面蒸腾值较间接ET计算方法偏低，从而导致相对较大的土壤蒸发占蒸发蒸腾量的比例。全生育期总的土壤蒸发占蒸发蒸腾量的比例为18.10%（ET_{ind}计算方法）和23.83%（ET_{dir}计算方法）。

5.4　非充分灌溉条件下SPAC系统水热传输模拟

5.4.1　土壤含水率变化规律及模型模拟

土壤含水率的变化受气象因素、降水和灌溉以及作物因素等多方面影响。图5-11（a）

为 T5 不同土层深度的土壤含水率动态变化曲线。将 0～100cm 土壤划分为 0～30cm、30～60cm 和 60～100cm 三个土层，对比分析实际观测结果与模型模拟结果随时间及土层深度的变化规律。由图 5-11（a）可知，在 0～30cm 土层深度处，土壤含水率随降水和灌溉波动较大。与直接 ET 计算方法的模型模拟结果相比，基于间接 ET 计算方法的模型模拟结果与实测土壤含水率变化规律更加吻合，两种 ET 计算方法的主要分歧发生在生育初期，该时期直接 ET 计算方法模型模拟结果较实测结果出现明显的低估现象；生育后期两种 ET 计算方法的模拟结果差异随着土壤干燥有增加趋势。由于土壤、作物根系等的缓冲作用，土壤含水率受降水和灌溉的影响随着土层深度的增加而逐渐减小，在 60～100cm 土层深度处，土壤含水率的波动已不明显。两种 ET 计算方法模型均能较好的模拟 30～60cm 和60～100cm 土层深度的土壤含水率动态变化，且随着土壤深度的增加，两种 ET 计算方法模拟结果的差异减小，说明不同 ET 计算方法对土壤含水率影响的主要土层深度为 0～60cm。从 0～100cm 土层深度的土壤平均含水率可以看出，随着时间推进，土壤平均含水率呈现下降趋势，说明 T5 的水分供应不能满足夏玉米生长期的土壤水分消耗（主要包括夏玉米蒸腾和土壤蒸发等）。利用直接 ET 计算方法的模型模拟结果较间接 ET 计算方法模拟结果偏低，尽管如此，两种 ET 计算方法均能较好地模拟土壤水分的变化规律。

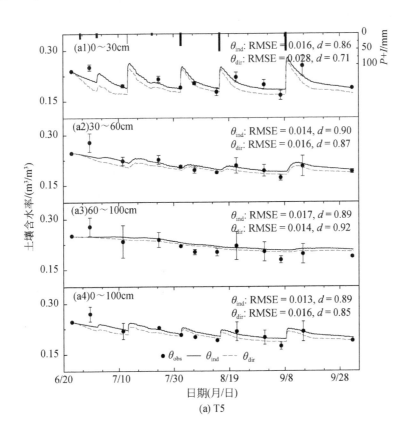

(a) T5

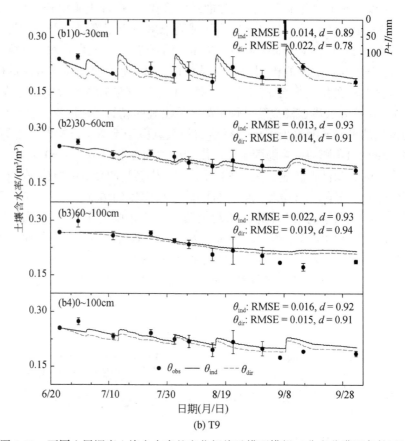

图 5-11　不同土层深度土壤含水率的变化规律及模型模拟（非充分灌溉条件下）

图 5-11（b）为 T9 不同土层深度的土壤含水率动态变化曲线。由图 5-11（b）可以看出，与 T5 的结果类似，0～30cm 土层深度处的平均土壤含水率随降水和灌溉波动较大。与直接 ET 计算方法的模型模拟结果相比，基于间接 ET 计算方法的模型模拟结果与实测土壤含水率变化规律更加吻合。土壤含水率受降水和灌溉的影响随着土层深度的增加而逐渐减小，两种 ET 计算方法模型均能较好地模拟 30～60cm 和 60～100cm 土层深度的土壤含水率动态变化。从 0～100cm 土层深度的土壤平均含水率可以看出，随着时间推进，土壤平均含水率呈现下降趋势，两种 ET 计算方法均能较好地模拟土壤水分的变化规律。总体来看，T5 和 T9 的土壤水分变化规律模拟结果比较类似，但在具体数值上有些差异，T5 的模型模拟结果整体优于 T9 的模型模拟结果。

5.4.2　日尺度夏玉米棵间土壤蒸发变化规律及模型模拟

T5 的土壤蒸发逐日变化规律及模型模拟如图 5-12（a）所示。微型蒸渗仪实测的土壤蒸发在夏玉米生育初期、生长发育期、生育中期和生育后期的平均值为 2.20mm/d、1.02mm/d、0.98mm/d 和 0.53mm/d；间接 ET 计算方法估算的土壤蒸发在夏玉米生育初期、生长发育期、生育中期和生育后期的平均值为 2.01mm/d、0.67mm/d、0.21mm/d 和

0.34mm/d；直接 ET 计算方法估算的土壤蒸发在夏玉米生育初期、生长发育期、生育中期和生育后期的平均值为 3.11mm/d、1.24mm/d、1.04mm/d 和 0.83mm/d。统计分析结果显示直接 ET 计算方法较间接 ET 计算方法能够更好地反映土壤蒸发的逐日变化规律。

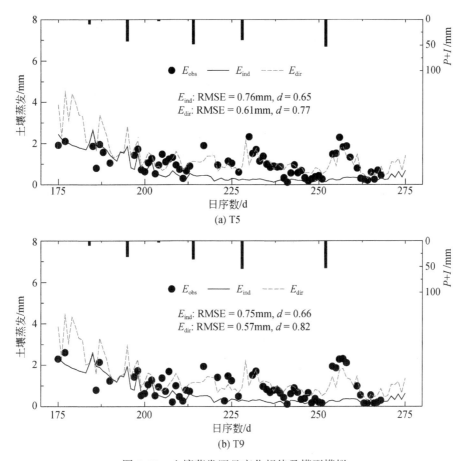

图 5-12　土壤蒸发逐日变化规律及模型模拟

T9 的土壤蒸发逐日变化规律及模型模拟如图 5-12（b）所示。微型蒸渗仪实测的土壤蒸发在夏玉米生育初期、生长发育期、生育中期和生育后期的平均值为 1.96mm/d、0.97mm/d、0.94mm/d 和 0.37mm/d；间接 ET 计算方法估算的土壤蒸发在夏玉米生育初期、生长发育期、生育中期和生育后期的平均值为 1.96mm/d、0.72mm/d、0.24mm/d 和 0.34mm/d；直接 ET 计算方法估算的土壤蒸发在夏玉米生育初期、生长发育期、生育中期和生育后期的平均值为 3.06mm/d、1.26mm/d、1.05mm/d 和 0.82mm/d。直接 ET 计算方法较间接 ET 计算方法能够更好地反映土壤蒸发的逐日变化规律。

5.4.3　玉米蒸发蒸腾量组分与蒸发比例变化规律及模型模拟

不同水分处理玉米不同生育期的土壤蒸发、叶面蒸腾、蒸发蒸腾量和土壤蒸发占蒸发蒸腾量的比例见表 5-4。

表5-4 不同生长发育时期土壤蒸发（E）、叶面蒸腾（T_c）、蒸发蒸腾量（ET）
和土壤蒸发占蒸发蒸腾量的比例（E/ET）（非充分灌溉条件下）

处理	生育期	ET_c/mm	间接ET（ET_{ind}）计算方法				直接ET（ET_{dir}）计算方法			
			E/mm	T_c/mm	ET/mm	E/ET/%	E/mm	T_c/mm	ET/mm	E/ET/%
T5	生育初期	33.95	28.09	6.43	34.52	81.37	43.54	5.60	49.14	88.61
	生长发育期	136.12	26.05	113.98	140.04	18.60	48.32	88.12	136.44	35.41
	生育中期	122.04	6.41	87.33	93.74	6.84	32.22	74.43	106.65	30.21
	生育后期	15.08	6.19	29.97	36.15	17.12	14.89	17.16	32.05	46.47
	合计	307.19	66.74	237.70	304.45	21.92	138.97	185.31	324.28	42.86
T9	生育初期	36.37	27.43	5.48	32.92	83.35	42.80	3.98	46.78	91.49
	生长发育期	106.42	27.92	101.61	129.53	21.56	49.11	76.12	125.22	39.21
	生育中期	113.61	7.36	78.02	85.38	8.62	32.64	64.58	97.22	33.57
	生育后期	29.12	6.09	27.08	33.16	18.35	14.67	14.80	29.48	49.78
	合计	285.51	68.80	212.18	280.98	24.49	139.21	159.48	298.70	46.61

从表5-4可以看出，利用直接ET计算方法模拟的土壤蒸发占蒸发蒸腾量的比例较间接ET计算方法普遍偏高。对于T5而言，土壤蒸发占蒸发蒸腾量的比例在四个生育期内变化范围为6.84%~81.37%（ET_{ind}计算方法）、30.21%~88.61%（ET_{dir}计算方法）。对于T9而言，土壤蒸发占蒸发蒸腾量的比例在四个生育期内变化范围为8.62%~83.35%（ET_{ind}计算方法）、33.57%~91.49%（ET_{dir}计算方法）。与T5相比，前期灌水较少的T9土壤蒸发占蒸发蒸腾量的比例反而有所增加，主要是由于T9的蒸腾量较T5偏低。

基于不同ET计算方法得到的全生育期土壤蒸发占蒸发蒸腾量的比例差异较大。T5全生育期总的土壤蒸发占蒸发蒸腾量的比例为21.92%（ET_{ind}计算方法）、42.86%（ET_{dir}计算方法）。T9全生育期总的土壤蒸发占蒸发蒸腾量的比例为24.49%（ET_{ind}计算方法）、46.61%（ET_{dir}计算方法）。

5.5 夏玉米动态生长模型的构建

5.5.1 黄土区夏玉米动态生长模型的构建

构建的夏玉米动态生长模型（summer maize growth simulator based on crop evapotranspiration, MGSET）主要包括作物生长和蒸发蒸腾的动态模拟。作物生长子模型是在Dierckx等（1988）对SUCROS模型改进的基础上，结合生长中心随发育期转移的理论，综合考虑光合作用辐射量、总光合作用速率、维持呼吸、生长呼吸、同化物的再分配而构建的。模型以常规气象资料为驱动，模拟夏玉米干物质形成的动态变化和蒸发蒸腾量的逐日变化。

5.5.1.1 作物生长发育过程的模拟

作物生长发育过程的模拟有很多方法,如生长度日法、相对发育期法、生理发育时间法、相对发育进程法、生长周期法、发育指数法、温光模型法等。这些方法都是以积温为基础,本节采用温度/日长修正的积温法。

从播种到成熟大体可分为三个阶段,即播种—出苗期、出苗—吐丝期、吐丝—成熟期。夏玉米出苗前的发育进程主要受土壤温度和水分制约,出苗以后叶片的生长速率主要受温度和光周期的影响,其中,温度对叶片的生长及枯死的影响远大于其他环境因子。因此,温度是影响作物生长发育的最重要的外界环境因素之一,作物的生长发育速度常常与一定的温度累积值密切相关。一般来说,某个作物品种虽然种植地点、年代不同,但其完成整个生育期和各个生育阶段所要求的积温数值却相对稳定。因此,积温值可以用来表征作物的生育期长度。

(1) 积温

采用张银锁等(2002)通过试验比较推荐的一种有较强生物学意义和普适性的积温计算方法,即考虑无效高温的平均温度积温,其计算公式为

$$T_{\text{sum}} = \sum_{i=N_1}^{N_2} \Delta T_i \tag{5-48}$$

式中,T_{sum} 为生育阶段积温(℃·d);N_1、N_2 为某生育阶段开始与结束的日期;ΔT_i 为第 i 天温度对作物生长发育的贡献值。

$$\Delta T_i = \begin{cases} T_{\text{mean}, i} - T_1 & T_{\text{mean}, i} \geqslant T_1 \text{ 且 } T_{\text{mean}, i} \leqslant T_h \\ 0 & T_{\text{mean}, i} < T_1 \\ T_h - T_1 & T_{\text{mean}, i} > T_h \end{cases} \tag{5-49}$$

式中,$T_{\text{mean},i}$ 为第 i 天日均温度(℃);T_1 为作物生育阶段的温度下限(℃);T_h 为作物生育阶段的温度上限(℃);对夏玉米取值见表 5-6。

(2) 相对生育阶段

对夏玉米生长期的积温进行归一化处理,用来表示作物的生育期长度,即相对生育阶段。

$$\text{DS}_i = \begin{cases} 0 & \text{TJ}_i \leqslant T_{a_1} \\ \dfrac{\text{TJ}_i - T_{a_1}}{T_{a_2}} & T_{a_1} < \text{TJ}_i \leqslant T_{a_2} \\ 1 + \dfrac{\text{TJ}_i - T_{a_1} - T_{a_2}}{T_{a_3}} & T_{a_2} < \text{TJ}_i \leqslant T_{a_3} \end{cases} \tag{5-50}$$

式中,TJ_i 为从播种后算起到第 i 天的积温;T_{a_1} 为从播种到出苗前一天的积温;T_{a_2} 为从出苗到吐丝前一天的积温;T_{a_3} 为从吐丝到成熟的积温。DS_i 为第 i 天相对生育阶段,若 $\text{DS}_i = 0$,则表示夏玉米处于播种—出苗期;若 $0 < \text{DS}_i \leqslant 1$,则表示夏玉米处于出苗—吐丝期;若

1<DS$_i$≤2，则表示夏玉米处于吐丝—成熟期。

5.5.1.2　气象参数的模拟

主要的气象参数都有明显的日变化。作物对环境因素的响应是非线性的，而且许多变化过程之间有交互作用，所以反映作物主要生理过程的模拟程序必须考虑气象参数的这种系统的日变化。但是，并不需要把天气变化的全部细节都当作气象数据输入模型。因此，根据地区的纬度和日期以及气象参数的日总值、日最高值和日最低值数据来模拟主要气象参数的日变化过程。利用 FAO 灌溉排水丛书第 56 分册《作物蒸发蒸腾量计算》指南中的公式，进行大气上界太阳辐射量的日变化模拟。同时，对气温、反射系数也进行日变化过程模拟。

（1）日长的计算

日长（DL），即理论日照时数（最大日照时数），是一年中某天和所处地理纬度的函数。

$$DL = \frac{24}{\pi}\omega_s \tag{5-51}$$

式中，ω_s 为日落时角，用式（5-52）计算：

$$\omega_s = \arccos(-\tan\varphi\tan\delta) \tag{5-52}$$

或

$$\omega_s = \frac{\pi}{2} - \arctan\left(\frac{-\tan\varphi\tan\delta}{x^{0.5}}\right) \tag{5-53}$$

$$x = 1 - (\tan\varphi)^2 (\tan\delta)^2 \tag{5-54}$$

且当 x≤0 时，取 $x=0.000\,001$

式中，δ 为太阳磁偏角（rad）；φ 为地理纬度（rad）；x 为中间变量。

（2）气温日变化的模拟

首先根据日长推算夜长、日出时刻和日落时刻。

夜长（NL）：

$$NL = 24 - DL \tag{5-55}$$

日出时刻（TimeR）：

$$TimeR = 12 - \frac{DL}{2} \tag{5-56}$$

日落时刻（TimeS）：

$$TimeS = 12 + \frac{DL}{2} \tag{5-57}$$

根据每日的最高和最低气温，推算气温的日变化过程，日落时气温（T_{set}）。

$$T_{set} = T_{min} + (T_{max} - T_{min})\sin\left(\frac{\pi DL}{DL + 2P}\right) \tag{5-58}$$

各个时刻的温度计算如下。

凌晨，当 Th<TimeR 时：

$$T(\text{Th}) = \frac{T_{\min} - T_{\text{set}}\exp(-\text{NL}/\text{TC})(T_{\text{set}} - T_{\min})\exp[-(\text{Th} + \text{TimeR})/\text{TC}]}{1 - \exp(-\text{NL}/\text{TC})(T_{\text{set}} - T_{\min})} \quad (5\text{-}59)$$

白天，当 TimeR<Th<TimeS 时：

$$T(\text{Th}) = T_{\min} + (T_{\max} - T_{\min})\sin\left[\frac{\pi(\text{Th} - \text{TimeR})}{\text{DL} + 2P}\right] \quad (5\text{-}60)$$

夜间，当 Th>TimeS 时：

$$T(\text{Th}) = \frac{T_{\min} - T_{\text{set}}\exp(-\text{NL}/\text{TC})(T_{\text{set}} - T_{\min})\exp[-(\text{Th} - \text{TimeS})/\text{TC}]}{1 - \exp(-\text{NL}/\text{TC})(T_{\text{set}} - T_{\min})} \quad (5\text{-}61)$$

式中，Th 为一天中的时刻；$T_{\max}$ 为日最高气温；$T_{\min}$ 为日最低气温；P 为日最高气温出现时刻与正午时刻的时间差（h）；TC 为夜温变化时间常数（h）。P 和 TC 的取值见表5-5。

表 5-5　生育期日期、年内天数与由 Dale 和 Coelho（1980）温度函数法
计算的生育期（DVS）之间的关系

生育期	日期	年内天数/d	由 Dale 和 Coelho（1980）温度函数法计算的生育期（DVS）
播种期	5 月 13 日	133	—
出苗期	5 月 25 日	145	—
定苗期（75 000 株/hm²）	6 月 14 日	152 ~ 155	—
四叶期	6 月 8 日	160	10. 75
抽雄期	7 月 19 日	200	33
开花期	7 月 29 日	210	37. 13
结实期	8 月 10 日	222	43. 5
成熟期	9 月 21 日	264	63. 5

（3）理论太阳辐射日变化的模拟

采用《作物蒸发蒸腾量计算》指南中的公式，按小时进行计算。

$$R_a = \frac{120}{\pi}\text{Gsc} \times d_r \times [(\omega_2 - \omega_1) \times \sin\varphi\sin\delta + \cos\varphi\cos\delta(\sin\omega_2 - \sin\omega_1)] \quad (5\text{-}62)$$

式中，R_a 为理论太阳总辐射［MJ/（m² · h）］；Gsc 为太阳常数，取值见表5-6；日地相对距离 d_r 和太阳磁偏角 δ 分别用式（5-63）和式（5-64）计算。

$$d_r = 1 + 0.033\cos\left(\frac{2\pi}{365}J\right) \quad (5\text{-}63)$$

$$\delta = 0.409\sin\left(\frac{2\pi}{365}J - 1.39\right) \quad (5\text{-}64)$$

式中，J 为日序号，从 1 月 1 日（$J=1$）开始到 12 月 31 日（$J=365$ 或 366）结束。式（5-62）中 ω_1 为时段开始的太阳时角（rad），ω_2 为时段末的太阳时角（rad），用式（5-65）和式（5-66）计算。

$$\omega_1 = \omega - \frac{\pi t_1}{24} \quad (5\text{-}65)$$

$$\omega_2 = \omega + \frac{\pi t_1}{24} \tag{5-66}$$

式中，ω 为时段中点的太阳时角（rad）；t_1 为计算时段长度，以小时为时段，$t_1 = 1$，以 30min 为时段时，$t_1 = 0.5$。时段中点的太阳时角用式（5-67）计算。

$$\omega = \frac{\pi}{12} \left[(t + 0.06667(L_z - L_m) + S_c) - 12 \right] \tag{5-67}$$

式中，t 为时段中点的标准时间（h），如 14：00~15：00 时，$t = 14.5$；L_z 为地方时区中心的纬度，北京时区的中心纬度为 245°；L_m 为测试点的纬度；S_c 为太阳时的季节修正（h）。当 $\omega \leqslant -\omega_s$ 或 $\omega \geqslant \omega_s$ 时，太阳位于地平线以下，$R_a = 0$。太阳时的季节修正如下。

$$S_c = 0.1645\sin(2b) - 0.1255\cos b - 0.025\sin b \tag{5-68}$$

$$b = \frac{2\pi(J - 81)}{364} \tag{5-69}$$

式中，b 为太阳时的季节修正角（rad），J 为日序。

表 5-6　本节主要参数及其取值

符号	参数描述	取值	单位
T_l	作物生育阶段的温度下限	10	℃
T_h	作物生育阶段的温度上限	30	℃
ε	光的初始利用效率	0.4	$kgCO_2 \cdot m^2 \cdot s/(J \cdot hm^2 \cdot h)$
PLMX	适宜条件下（温度为 25℃、CO_2 浓度为 $340\times10^{-6}g/g$）的最大光合速率	70	$kgCO_2/(hm^2 \cdot h)$
C_O	CO_2 参照浓度	340×10^{-6}	g/g
τ	消光系数	0.6	—
P	日最高气温出现时刻与正午时刻的时间差	2	h
TC	夜温变化时间常数	4	h
Gsc	太阳常数	0.082	$MJ/(m^2 \cdot min)$
α	CO_2 影响因子经验系数	0.4	—
∂	单叶的散射系数	0.2	—
$R_{o,root}$	参考温度为 25℃下的根的维持呼吸系数	0.01	kg CH_2O/(kg 干物质 $\cdot$ d)
$R_{o,stem}$	参考温度为 25℃下的茎的维持呼吸系数	0.015	kg CH_2O/(kg 干物质 $\cdot$ d)
$R_{o,leaf}$	参考温度为 25℃下的叶的维持呼吸系数	0.03	kg CH_2O/(kg 干物质 $\cdot$ d)
$R_{o,wear}$	参考温度为 25℃下的果实的维持呼吸系数	0.01	kg CH_2O/(kg 干物质 $\cdot$ d)
$C_{e,root}$	根的转换效率	0.72	kg 干物质/kg CO_2
$C_{e,stem}$	茎的转换效率	0.69	kg 干物质/kg CO_2
$C_{e,leaf}$	叶的转换效率	0.72	kg 干物质/kg CO_2
$C_{e,wear}$	果实的转换效率	0.72	kg 干物质/kg CO_2
f_e	籽粒干物质占果实器官的比例	0.7	—

（4）大气上界光合有效辐射量的计算

许多研究表明，光合有效辐射变化范围为理论太阳辐射的 0.47~0.5 倍，一般可取
0.5。因此，大气上界光合有效辐射量为

$$PAR = 0.5R_a \tag{5-70}$$

式中，PAR 为大气上界光合有效辐射 $[MJ/(m^2 \cdot h)]$。

（5）冠层顶部光合有效辐射的计算

到达冠层顶部的光合有效辐射受大气透明度的影响，按式（5-71）计算。

$$PARCAN = PAR\left(a + \frac{b \times DL_c}{DL}\right) \tag{5-71}$$

式中，PARCAN 为冠层顶部的光合有效辐射 $[MJ/(m^2 \cdot h)]$；DL_c 为实际日照时数（h）；
a、b 为经验系数，本节采用康绍忠等（1994）的研究结果，冬半年（10 月至次年 3 月）
为 $a = 0.25$、$b = 0.49$，夏半年（4~9 月）为 $a = 0.16$、$b = 0.59$。

5.5.1.3 光合作用的计算

（1）单叶光合作用

叶片的光合作用速率可以简单地以单位叶面积（仅指上表面）上的光合速率表示。单
叶光合作用模型主要有负指数曲线模型 [式（5-72）] 和等轴双曲线模型 [式（5-73）]，
多采用等轴双曲线模型来描述光合速率和光强之间的关系。

$$P = PLMAX \times \left[1 - \exp\left(-\varepsilon \times \frac{PAR}{PLMAX}\right)\right] \tag{5-72}$$

$$P = PLMAX \frac{\varepsilon \times PAR}{\varepsilon \times PAR + PLMAX} \tag{5-73}$$

式中，P 为单叶光合速率 $[kg\ CO_2/(hm^2 \cdot h)]$；PLMAX 为单叶实际最大光合作用速率
$[kg\ CO_2/(hm^2 \cdot h)]$；$\varepsilon$ 为光转换因子，即光的初始利用效率 $[kgCO_2 \cdot m^2 \cdot S/(J \cdot hm^2 \cdot h)]$。
对 C_4 植物玉米来说，光能初始利用效率在 45℃ 以下保持相对稳定，但当温度更高时，迅
速下降。

影响光合作用的环境因子主要有温度、CO_2 浓度、水分、氮素营养等。其中，温度和
CO_2 浓度对光合作用中的光能初始利用效率和最大光合速率都有一定的影响，但对最大光
合速率的影响更大。因此，单叶实际的最大光合作用速率 PLMAX 用式（5-74）来计算。

$$PLMAX = PLMX \times FT \times FC \tag{5-74}$$

式中，PLMX 为适宜条件下（温度为 25℃，CO_2 浓度为 340×10^{-6} g/g）的最大光合速率
$[kg\ CO_2/(hm^2 \cdot h)]$，它是品种的遗传参数；FT、FC 分别为温度和 CO_2 浓度对光合作用
最大速率的影响因子。FT 用式（5-75）计算。

$$FT = -8 \times 10^{-8} T_{mean}^4 + 6 \times 10^{-4} T_{mean}^3 - 2.06 \times 10^{-2} T_{mean}^2 + 0.34 T_{mean} - 1.13 \tag{5-75}$$

CO_2 浓度对光合作用最大速率的影响因子 FC 可用式（5-76）计算：

$$FC = 1 + \alpha\ln\left(\frac{C_x}{C_0}\right) \tag{5-76}$$

式中，C_x 为环境变化后的 CO_2 浓度；C_0 为 CO_2 参照浓度；α 为 CO_2 影响因子经验系数，对 C_4 作物，取值为 0.4。

（2）冠层光合作用

整个冠层光合作用量用式（5-77）计算：

$$PG = \int_0^{24} \int_0^H P \times dt \times dLAI \tag{5-77}$$

式中，PG 为在实际温度和 CO_2 浓度条件下的冠层光合总量 $[kg\ CO_2/(hm^2 \cdot d)]$；$H$ 为作物冠层深度（m）；24 为一天的小时数（h）；LAI 为叶面积指数。

将式（5-73）代入式（5-77），可得

$$PG = \int_0^{24} \int_0^H PLMAX \frac{\varepsilon \times PAR}{\varepsilon \times PAR + PLMAX} \times dt \times dLAI \tag{5-78}$$

式中，PAR 为冠层深度 L 处的光合有效辐射 $[J/(m^2 \cdot s)]$，随冠层深度而变化，一般认为服从指数递减规律：

$$PAR = (1 - \rho) \times PARCAN \times e^{-\tau \times LAI(L)} \tag{5-79}$$

式中，LAI（L）为冠层顶至冠层深度 L 处的累积叶面积指数；ρ 为冠层对光合有效辐射的反射率。其中，消光系数 τ 取决于叶片角度（直立形、平展形和混合形）、太阳角度、群体种植密度，结合试验情况，取为 0.6。

冠层对光合有效辐射的反射率 ρ 用式（5-80）计算：

$$\rho = \frac{1 - (1 - \partial)^{0.5}}{1 + (1 - \partial)^{0.5}} \times \frac{2}{1 + 1.6\sin\beta} \tag{5-80}$$

式中，∂ 为单叶的散射系数（可见光部分为 0.2）；β 为太阳高度角，用式（5-81）~ 式（5-83）计算：

$$\sin\beta = \sin\varphi\sin\phi + \cos\varphi\cos\phi\cos[15(t_h - 12)] \tag{5-81}$$

$$\sin\phi = -\sin(23.45)\cos\left[\frac{360(J + 10)}{365}\right] \tag{5-82}$$

$$\cos\phi = (1 - \sin^2\phi)^{0.5} \tag{5-83}$$

式中，t_h 为真太阳时（h）；φ 为地理纬度（rad）；ϕ 为太阳赤纬（rad）；J 为一年中自 1 月 1 日起的日序。

（3）冠层实际光合日总量

实际水肥条件下的作物光合作用量，可用式（5-84）计算：

$$P_d = FW \times FN \times PG \tag{5-84}$$

式中，P_d 为每日实际总同化量；FW、FN 分别为水分和养分对每日同化总量的修正因子。本节没有考虑水肥的影响，因此 FW、FN 的取值均为 1。

（4）干物质的日增长量

植物通过光合作用同化 CO_2 形成的有机物，相当一部分形不成干物质。因为呼吸作用过程要消耗作物植株大量的同化产物（30% 以上），特别是当作物群体叶面积指数较大的情况下，呼吸作用消耗可能达到同化量的一半左右。因此，干物质的日增长量可用式（5-85）计算：

$$CGR = (P_d - R_m)C_{vf} \tag{5-85}$$

式中，CGR 为干物质的日增长量 $[kg/(hm^2 \cdot d)]$；R_m 为营养体的维持呼吸速率 $[kgCH_2O/(hm^2 \cdot d)]$，乘以 44/30 单位变为 $[kgCO_2/(hm^2 \cdot d)]$；C_{vf} 为基本光合产物成为植物结构材料的转换效率 $[kg$ 干物质$/(kgCO_2)]$。

5.5.1.4 呼吸作用

呼吸作用包括光呼吸和暗呼吸，其中暗呼吸又包括生长呼吸和维持呼吸。C_4 作物中的光呼吸几乎被完全抑制，因此可以不计。呼吸作用的模拟有两种方法：一种方法是以植株整体为基础估计呼吸作用，获得植株的净同化量后再分配到植株的不同器官；另一种方法是先将同化物分配到不同的器官后，再分别计算不同器官的呼吸作用，因为呼吸作用的强度随器官而异。采用后一种方法，维持呼吸消耗量 R_m 的计算式如下：

$$R_m = \sum_{j=1}^{4} (CG_j \times R_{o,j} \times CT_j) \tag{5-86}$$

式中，CG_j 分别为某天根（$j=1$）、茎（$j=2$）、叶（$j=3$）、果实（$j=4$）器官的总重量；计算式为

$$CG_j = \sum_{i=1}^{k-1} G_{ji} \tag{5-87}$$

式中，G_{ji} 分别为第 i 天根、茎、叶、果实的潜在日增长率；k 为计算日的生育期天数。$R_{o,j}$ 分别为根、茎、叶、果实器官在参考温度（25℃）下的维持呼吸系数（表 5-6）。CT_j 为温度对维持呼吸的影响因子。

$$CT_j = 2^{\frac{T_{mean} - 25}{10}} \tag{5-88}$$

式中，T_{mean} 为日平均温度（℃）。

生长呼吸的消耗用碳水化合物成为干物质的转换效率 C_{vf} 来表达。因为增长的干物质都要按照一定比例分配到各器官，即把初级同化产物转换成结构器官，外在表现为作物生长。这是一个能量消耗的过程，也就是生长呼吸。碳水化合物成为干物质的转换效率 C_{vf} 用式（5-89）计算：

$$C_{vf} = [C_{e,leaf}F_{Lv} + C_{e,stem}F_{St} + C_{e,wear}(1 - F_{Lv} - F_{St})]F_{Sh} + C_{e,root}(1 - F_{Sh}) \tag{5-89}$$

式中，F_{Lv}、F_{St} 和 F_{Sh} 分别为叶、茎和地上部分的分配系数；$C_{e,root}$、$C_{e,stem}$、$C_{e,leaf}$、$C_{e,wear}$ 分别为根、茎、叶、果实器官的转换效率，取值见表 5-6。

5.5.1.5 同化物的分配与再分配

（1）同化物的分配

同化物的分配是指供生长的同化物分配到叶、茎、根和果实器官的过程，一般不考虑

各器官的形状和数量。在作物的生育过程中，植株积累的同化物或生物量一部分会及时分配到不同的器官中去，供器官生长；另一部分作为暂时的储存物，可用于生长后期同化量不能满足需求时的再分配。同化物在不同器官间的分配与再分配模式随作物种类和生育期进程而变化。从作物发芽开始的整个生长过程中，同化物在不同器官间的分配表现为一定的序列性和优先性，通常是遵循根、叶、茎、果实的一般顺序。

在模拟研究中，可以采用两步法。使同化物首先在地下与地上部分进行分配，然后以地上部分的分配量为基础，进一步决定分配到叶、茎、果实等器官的部分。描述同化物分配的一个重要概念是分配系数，地上部分的分配系数 F_{Sh} 是指干物质分配给地上部分的比值；叶和茎的分配系数 F_{Lv}、F_{St} 分别是指地上部分干物质分配给叶和茎的比值。F_{Lv}、F_{St}、F_{Sh} 的表达式可根据图 5-13 给出的关系得到。

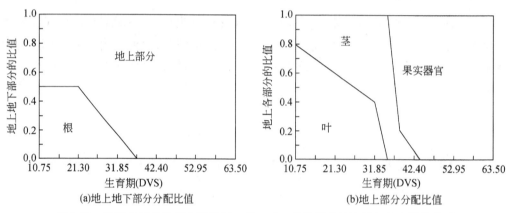

图 5-13　夏玉米同化物质分配给根、茎、叶、果实器官的比值与生育期的关系

注：生育期由 Dale 和 Coelho（1980）温度函数法计算

但图 5-13 中给出的生育期（DVS）是温度的函数，不便应用。按照表 5-5 中的数据将 DVS 转换成相对生育阶段（DS），并根据 2004 年的实测数据调整后得 F_{Lv}、F_{St}、F_{Sh} 的表达式分别为

$$F_{Sh} = \begin{cases} 0.7 & DS \leqslant 0.63 \\ 1 - \dfrac{1-0.7}{1-0.63}(1-DS) & 0.63 < DS \leqslant 1 \\ 1 & 1 < DS \end{cases} \tag{5-90}$$

$$F_{Lv} = \begin{cases} 0.7 & DS \leqslant 0.33 \\ 0.7 - \dfrac{0.7-0.4}{0.92-0.33}(DS-0.33) & 0.33 < DS \leqslant 0.92 \\ \dfrac{0.3}{1-0.92}(1-DS) & 0.92 < DS \leqslant 1 \\ 0 & 1 < DS \end{cases} \tag{5-91}$$

$$F_{St} = \begin{cases} 1 - F_{Lv} & DS \leqslant 1 \\ 1 - \dfrac{1 - 0.2}{1.075 - 1}(DS - 1) & 1 < DS \leqslant 1.075 \\ \dfrac{0.2}{1.25 - 1.075}(1.25 - DS) & 1.075 < DS \leqslant 1.25 \\ 0 & 1.25 < DS \end{cases} \tag{5-92}$$

因此，在不考虑碳水化合物在各器官再分配的前提下，根、茎、叶、果实器官的实际日增长量分别为

$$\begin{aligned} G_R &= CGR \times (1 - F_{sh}) \\ G_S &= CGR \times F_{Sh} \times F_{St} \\ G_L &= CGR \times F_{Sh} \times F_{Lv} \\ G_O &= CGR \times F_{Sh} \times (1 - F_{St} - F_{Lv}) \end{aligned} \tag{5-93}$$

式中，G_R、G_S、G_L 和 G_O 分别为根、茎、叶和果实器官的实际日生长量。

（2）同化物的再分配

作物生长进入灌浆期后，不仅每日的光合产物几乎全部分配给穗部，而且当日同化量不能满足籽粒灌浆所需时，在茎、叶、根等器官中储藏的同化物也开始向穗部转移，以完成籽粒的灌浆过程。特别是茎中储藏的同化物向籽粒的转移速率随着植株的成熟逐渐加快，到灌浆后期，由于绿叶面积变小，茎中转移部分可占到大部甚至全部。

有关玉米同化物再分配启动的时间和强度。诸多学者看法不一，刘克礼等（1994）认为，散粉后叶片和茎干的干物质开始逐渐向籽粒转移，转移率可达 20% 左右。但张银锁等（2002）则认为，玉米生长后期营养器官干物质的减少量主要用于维持呼吸的消耗，尽管也会有一些干物质向生殖器官转移，但转移率一般不会超过器官自身干物质的 3%。依据试验数据分析结果，本书采用了后一种观点，并利用无胁迫处理下玉米不同发育时期根、茎、叶器官干物质向果实器官转移的比例系数进行干物质的再分配，给出的是转移系数同相对发育进程（relative development stake，RDS）的关系，故将 RDS 转换成本节中所用的 DS，并对其给出的转移系数线性插值后，得出根、茎、叶的转移系数的表达式为

$$TRS_{root} = \begin{cases} 0 & DS \leqslant 1.8 \\ \dfrac{0.001}{1.95 - 1.8}(DS - 1.8) & 1.8 < DS \end{cases} \tag{5-94}$$

$$TRS_{St} = \begin{cases} 0 & DS \leqslant 1.5 \\ \dfrac{0.012}{1.8 - 1.5}(DS - 1.5) & 1.5 < DS \leqslant 1.8 \\ \dfrac{0.022}{1.95 - 1.8}(DS - 1.8) & 1.8 < DS \end{cases} \tag{5-95}$$

$$TRS_{Lv} = \begin{cases} 0 & DS \leqslant 1.8 \\ \dfrac{0.016}{1.95 - 1.8}(DS - 1.8) & 1.8 < DS \end{cases} \tag{5-96}$$

5.5.1.6 干物质的净增长量

综合考虑维持呼吸、生长呼吸和同化物的各器官再分配后，根、茎、叶和果实器官第 i 天干物质的累积量分别为

$$
\begin{aligned}
W_{\mathrm{Root},\,i} &= W_{\mathrm{R},\,i}(1 - \mathrm{TRS}_{\mathrm{Root},\,i}) \\
W_{\mathrm{Stem},\,i} &= W_{\mathrm{St},\,i}(1 - \mathrm{TRS}_{\mathrm{St},\,i}) \\
W_{\mathrm{Leaf},\,i} &= W_{\mathrm{Lv},\,i}(1 - \mathrm{TRS}_{\mathrm{Lv},\,i}) \\
W_{\mathrm{Wear},\,i} &= W_{\mathrm{W},\,i} + W_{\mathrm{R},\,i} \times \mathrm{TRS}_{\mathrm{Root},\,i} + W_{\mathrm{St},\,i} \times \mathrm{TRS}_{\mathrm{St},\,i} + W_{\mathrm{Lv},\,i} \times \mathrm{TRS}_{\mathrm{Lv},\,i}
\end{aligned}
\tag{5-97}
$$

式中，$W_{\mathrm{R},\,i}$、$W_{\mathrm{St},\,i}$、$W_{\mathrm{Lv},\,i}$ 和 $W_{\mathrm{W},\,i}$ 分别为不考虑同化物再分配时，根、茎、叶和果实器官第 i 天干物质的累积量，用式（5-98）计算。

$$
\begin{aligned}
W_{\mathrm{R},\,i} &= \sum_i G_{\mathrm{R},\,i} \\
W_{\mathrm{St},\,i} &= \sum_i G_{\mathrm{S},\,i} \\
W_{\mathrm{Lv},\,i} &= \sum_i G_{\mathrm{L},\,i} \\
W_{\mathrm{W},\,i} &= \sum_i G_{\mathrm{O},\,i}
\end{aligned}
\tag{5-98}
$$

式中，$G_{\mathrm{R},\,i}$、$G_{\mathrm{S},\,i}$、$G_{\mathrm{L},\,i}$ 和 $G_{\mathrm{O},\,i}$ 分别为根、茎、叶和果实器官第 i 天干物质的增长量。

作物的经济产量由果实器官生物量和经济产物（籽粒）干物质占果实器官的比例决定。

$$
Y = f_e W_{\mathrm{Wear}}
\tag{5-99}
$$

式中，f_e 为籽粒干物质占果实器官的比例；Y 为籽粒经济产量（kg/hm^2）；W_{Wear} 为果实器官的干物重。

5.5.1.7 蒸发蒸腾量的模拟

本节采用 FAO-56 方法计算参考作物蒸发蒸腾量，采用双作物系数法计算实际作物蒸发蒸腾量，计算方法见 3.5 节和 3.6 节。

5.5.2 夏玉米生长模型 MGSET 的实现

模型模拟需要编制计算机软件。现有计算机编程语言有许多种，如 FORTRAN、SQL Server、Visual Basic、Visual C++、Matlab 等，各有优缺点。Matlab 是由 MathWorks 公司于 1984 年推出的一套数值计算软件，在基于矩阵运算和数值运算等方面具有优越性，并且该语言容易使用。因此，选用该语言进行 MGSET 模型的开发。

5.5.2.1 MGSET 模型的实现和主要模块流程图

MGSET 模型实现的思路是，采用脚本式 M 文件作为主程序，来调用各个模块的子程序。子程序有脚本式 M 文件和函数式 M 文件两种，专门用来做各个模块之间变量的计算，

主程序用于联系子程序和计算结果的动态表达。Matlab 中可以用两种方法创建动画序列：一种是保存很多不同的图片，然后以电影的形式进行显示；另一种是在屏幕上连续擦除和重画对象，每次重画都作递增式的改变。第一种方法适合每个动画帧都相当复杂、不能快速重画的情况，它是先创建每个动画帧，回放时与原来绘制动画帧的时间没有关系，动画不是实时绘制的，只是预先绘好一系列动画帧的回放。第二种方法即绘制、擦除，然后重绘。采用第二种方法，即软件每天重绘一次，即动画和天数之间是对应的。主程序的流程图如图 5-14 所示。

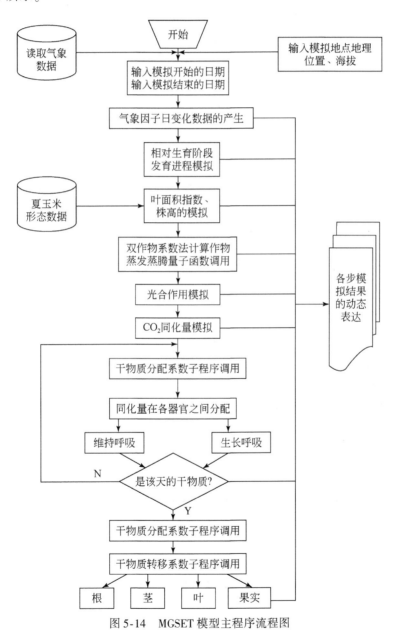

图 5-14　MGSET 模型主程序流程图

为了提高子程序的利用效率，部分子程序采用函数式 M 文件编写。其中，用双作物系数法计算每日作物蒸发蒸腾量的子程序采用矢量化编程的思想。

5.5.2.2　关于 MGSET 模型中的几个算法问题

冠层光合作用是指所有叶片、茎及后期的果实器官的光合作用速率的综合。每天的光合日总量是通过单叶光合速率在沿冠层方向上的叶面积指数和时间（24h）积分求得。Goudriaan（1986）的研究表明，采用高斯积分法计算每日冠层的光合日总量，可在保证计算精度的前提下，大大减少计算量。高斯积分法是将叶片冠层分为五层，将每层的瞬时同化速率加权求和得出整个冠层瞬时光合速率，在此基础上再计算每日的冠层同化速率。通过选取从中午到日落期间的三个时间点，求取在三个时间点上的冠层同化速率进行加权求和，从而求出每日冠层的同化速率。MGSET 模型默认将冠层分为 1000 层，时间上以一小时为步长进行梯形积分。

MGSET 模型中的呼吸作用，是将根、茎、叶、果实各个器官分开考虑，当天的同化量减去各个器官的呼吸消耗后就是该天新积累的同化物，但计算各个器官的呼吸消耗量需要知道该天各个器官的重量，也就是需要知道该天新积累的同化物。因此，在计算新积累的同化物时需用到迭代算法（图 5-14），迭代的初值为每天未经呼吸消耗的同化物，当两次迭代的计算结果小于 $0.01\ kg\ CO_2/hm^2$ 时视为该天新积累的同化物。

5.5.2.3　单位转换

作物通过光合作用生产的最初同化物主要为葡萄糖和氨基酸，两者随后用于形成植株的干物质，在从最初的 CO_2 转化成糖类及干物质，存在着几个转换系数。

$$1kg\ 干物质/(hm^2 \cdot d) = \varepsilon \times 0.95 \times \frac{1kg\ CO_2/(hm^2 \cdot d)}{1-0.05} = 0.95 \times \frac{1kg\ CH_2O/(hm^2 \cdot d)}{1-0.05}$$

式中，$\varepsilon = \dfrac{CH_2O\ 相对分子质量}{CO_2\ 相对分子质量} = \dfrac{30}{44}$；0.95 为糖类转换成干物质的系数；0.05 为干物质中矿物质含量。

5.5.2.4　气象资料的来源

试验站内设有气象站，所观测的平均温度为 2：00、8：00、14：00 和 20：00 4 次观测的平均值。这种方法简单易算，适用于昼夜温差较小的地区。然而，由于这种计算方法没有考虑昼夜温差的作用，不能真实客观地描述作物对每日温度的实际反应。许多模型采用温度/日长法来估算平均气温，对比 4 次平均法、温度/日长法估算的 2004 年和 2005 年的夏玉米生长期内的平均温度，如图 5-15 和图 5-16 所示。发现两种方法具有很好的相关性，相关系数分别为 0.9659（4 次平均法）和 0.9804（温度/日长法），但整个生育期内用 4 次平均法得出的活动积温比温度/日长法分别小了 34.5℃ · d（2004 年）和 54.3℃ · d（2005 年）。

因此，MGSET 模型中采用了温度/日长法，日平均温度由白天温度、夜间温度和日长共同计算而来：

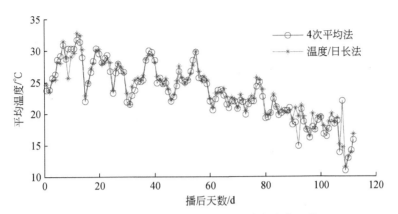

图 5-15　2004 年两种估算平均温度方法的比较

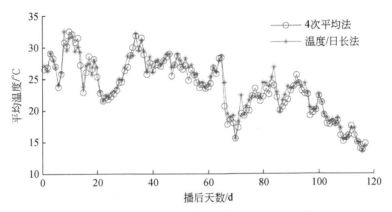

图 5-16　2005 年两种估算平均温度方法的比较

$$T_{\text{mean}} = \frac{T_{\text{day}} \times DL + T_{\text{night}} \times (1 - DL)}{24} \tag{5-100}$$

式中，T_{day} 为白天温度（℃）；T_{night} 为夜间温度（℃）；DL 为日长（h）。

$$T_{\text{day}} = T_{\text{mid}} + (\text{TimeR} - 14) \times \text{AMPL} \times \frac{\sin(\text{AUX})}{DL \times \text{AUX}} \tag{5-101}$$

$$T_{\text{night}} = T_{\text{mid}} - \text{AMPL} \times \frac{\sin(\text{AUX})}{\pi - \text{AUX}} \tag{5-102}$$

$$T_{\text{mid}} = \frac{T_{\text{max}} + T_{\text{min}}}{2} \tag{5-103}$$

$$\text{AMPL} = \frac{T_{\text{max}} - T_{\text{min}}}{2} \tag{5-104}$$

$$\text{AUX} = \pi \times \frac{\text{TimeS} - 14}{\text{TimeR} + 10} \tag{5-105}$$

式中，TimeR 为日出的时间（h）；TimeS 为日落的时间（h）；AMPL、T_{mid}、AUX 均为计算时采用的中间变量。

5.5.2.5　程序的输入输出

MGSET 模型能根据具体年份的天气情况和作物长势，模拟玉米生育期内的干物质积累过程和蒸发蒸腾量的变化过程。为了便于应用，软件提供气象数据和作物长势数据的输入接口，并编写了程序的界面。图 5-17 为软件的启动界面。

图 5- 17　MGSET 模型的启动界面

接下来，需要用户输入一定的参数。图 5-18（a）为 MGSET_ input 1 对话框，在该对话框中，只要按照提示正确输入模拟地点的纬度（度）、海拔（m）、模拟年第一天、模拟开始的日期和模拟结束的日期后，单击确定即可；图 5-18（b）为 MGSET_ input 2 对话框，在该对话框中，设有"打开气象文件"和"打开作物文件"两个按钮，单击后分别打开"climatedata. xls"（图 5-19）和"cropdata. xls"（图 5-20）两个 Excel 文件。

(a)MGSET_input1对话框

(b)MGSET_input2对话框

图 5-18　MGSET 模型的输入界面

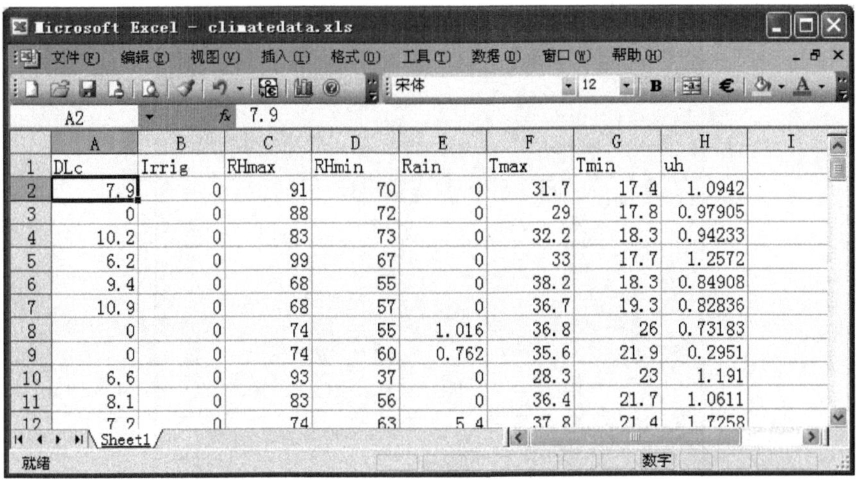

	DLc	Irrig	RHmax	RHmin	Rain	Tmax	Tmin	uh
2	7.9	0	91	70	0	31.7	17.4	1.0942
3	0	0	88	72	0	29	17.8	0.97905
4	10.2	0	83	73	0	32.2	18.3	0.94233
5	6.2	0	99	67	0	33	17.7	1.2572
6	9.4	0	68	55	0	38.2	18.3	0.84908
7	10.9	0	68	57	0	36.7	19.3	0.82836
8	0	0	74	55	1.016	36.8	26	0.73183
9	0	0	74	60	0.762	35.6	21.9	0.2951
10	6.6	0	93	37	0	28.3	23	1.191
11	8.1	0	83	56	0	36.4	21.7	1.0611
12	7.2	0	74	63	5.4	37.8	21.4	1.7258

图 5-19　MGSET 模型的气象文件

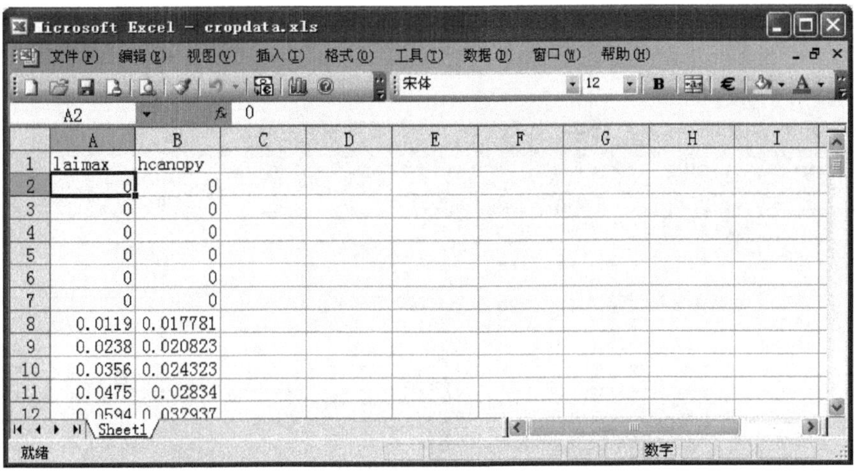

	laimax	hcanopy
2	0	0
3	0	0
4	0	0
5	0	0
6	0	0
7	0	0
8	0.0119	0.017781
9	0.0238	0.020823
10	0.0356	0.024323
11	0.0475	0.02834
12	0.0594	0.032937

图 5-20　MGSET 模型的作物文件

“climatedata. xls” 文件为夏玉米播种第一天到模拟结束每天的气象数据，其中，日照时数 DLc，单位为 h；灌水量 Irrig，单位为 mm；降水量 Rain，单位为 mm；最大相对湿度 RHmax，单位为%；最小相对湿度 RHmin，单位为%；最高温度 Tmax，单位为℃；最低温度 Tmin，单位为℃；2m 高度风速 uh，单位为 m/s。

“cropdata. xls” 文件为夏玉米播种第一天到模拟结束每天的作物长势数据，其中，叶面积指数 laimax，无量纲；株高 hcanopy，单位为 m。

输入时，每个文件的第一行为变量名，各列的数据与其变量名相对应，各列次序可以互换。数据输入并保存后，单击“开始模拟”按钮即可开始模拟计算。

运行程序，每步的计算结果都自动写入 “data_output. xls” 文件，且以动态图形的形式表达，便于用户观察各个变量的动态变化。当程序进行完最后一步计算时将弹出最后一个图形窗口（图 5-21），告知用户模拟结束，此时，用户可根据提示按钮进行各项操作。

同时还可以在 Matlab 的 Workspace 中查看每日各个变量的值。

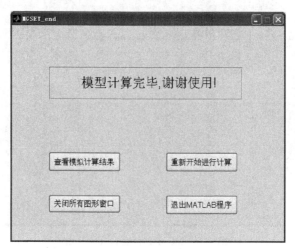

图 5-21　MGSET 模型模拟结束对话框

单击"查看模拟计算结果"按钮，便能看到"data_output.xls"文件，如图 5-22 所示。

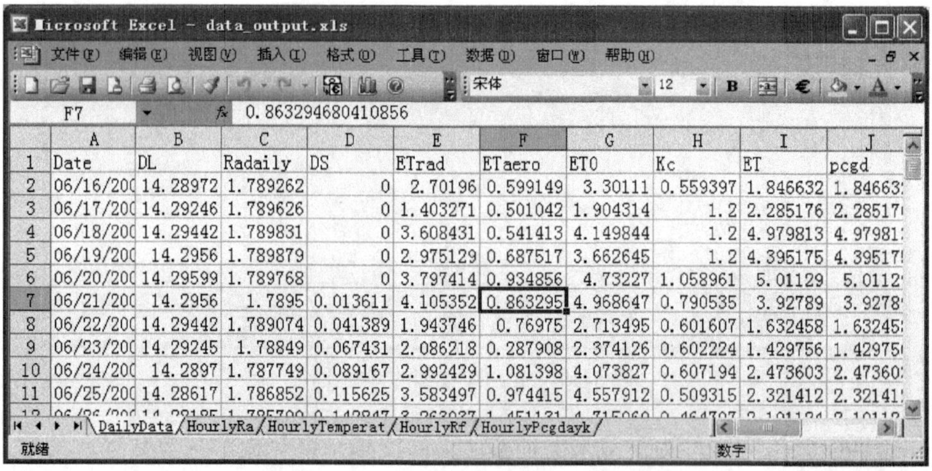

图 5-22　MGSET 模拟结果输出文件

该文件有 5 个新生成的工作表，即"DailyData""HourlyRa""HourlyTemperat""HourlyRf""HourlyPcgdayk"。"DailyData"工作表为模型模拟所得每天的结果，其余 4 个工作表为模型模拟所得每小时的结果。用户利用该数据格式的输出结果可以进行更为细致地比较分析，同时也可将数据拷贝粘贴到其他数据分析软件进行处理。

5.5.3　模型验证和应用

模型验证是对模型模拟结果进行检验，用于验证模型的数据而不是模型构建时的数据。通过模型验证说明模型的有效性和正确性，模型只有经过检验才能应用于实践当中，并在实践中不断地修正。

把 2004 年试验数据代入 MGSET 模型，根据模型模拟的结果和 2004 年试验实测的结果，调整干物质分配系数。把由此获得的干物质分配系数作为 MGSET 模型内部采用的干物质分配系数。以 2005 年试验实测的数据对 MGSET 模型进行验证。

5.5.3.1　气象参数模拟的验证

MGSET 模型中温度和辐射的日变化都是模拟产生的，模拟结果与作物实际生长的环境越近似，模拟的作物生长过程才能越符合实际。在 2004 年夏玉米生长期内，随机选取了 5 天，用模拟值和波文比实测值进行了比较。

（1）到达地面的太阳总辐射日变化的模拟

由太阳总辐射日变化模拟值和实测值比较（图 5-23）可以看出，模拟值和实测值基本上一致。2004 年 6 月 19 日、7 月 8 日和 9 月 9 日和实测值符合得很好，8 月 23 日和 9 月 25 日的模拟值和实测值有偏差，特别是 8 月 23 日偏差较大，最大值约相差 20%。原因

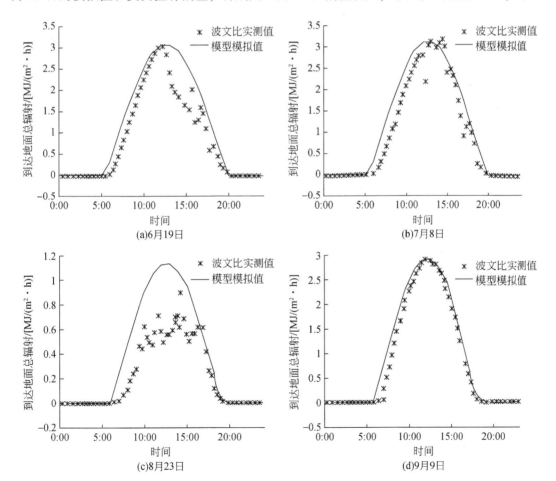

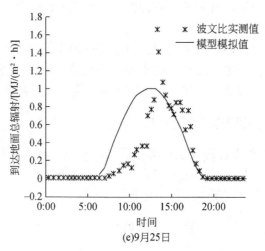

(e)9月25日

图5-23 2004年太阳总辐射日变化模拟值和实测值比较

是8月23日和9月25日为阴天，太阳辐射主要取决于天空的云量、云厚和云状，这些因素的变化具有很大的随机性，会破坏太阳辐射的日变化规律，很难用数学的方法描述。因此，当日照时数比较小时，模型模拟的太阳辐射会有一定的偏差。

（2）大气温度日变化的模拟

大气温度日变化模拟（图5-24）分析同样选用这5天。

同样，大气温度也是2004年6月19日、7月8日和9月9日的模拟值和实测值符合的很好，8月23日和9月25日的模拟值比实测值偏大。可明显看出，在温度升高阶段，实测值有滞后现象，在中午以后温度下降，实测值有提前的趋势。9月9日和9月25日为阴天，为降水后的第一天和第二天（9月24日也为阴天），空气湿度比较大，温度升高时，要用比空气相对干燥时更多的能量来加热较多水汽，故在温度升高阶段，实测值有滞后现象；到中午以后，温度升高到一定程度，液态水蒸发加快，迅速吸收潜热，故温度下降时实测值比空气干燥时有提前的趋势。

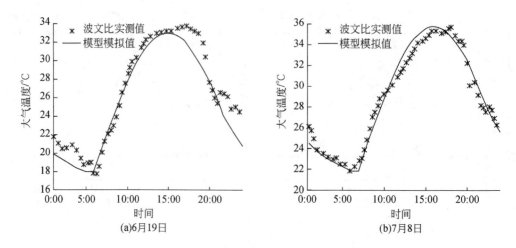

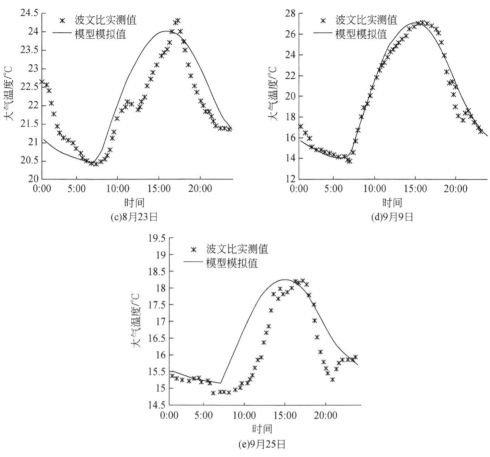

(c)8月23日   (d)9月9日

(e)9月25日

图 5-24   2004 年大气温度日变化模拟值和实测值比较

5.5.3.2 干物质积累的模拟

2004 年夏玉米各器官干物质模拟值和实测值比较，如图 5-25 所示。

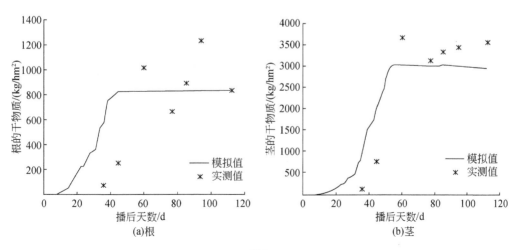

(a)根   (b)茎

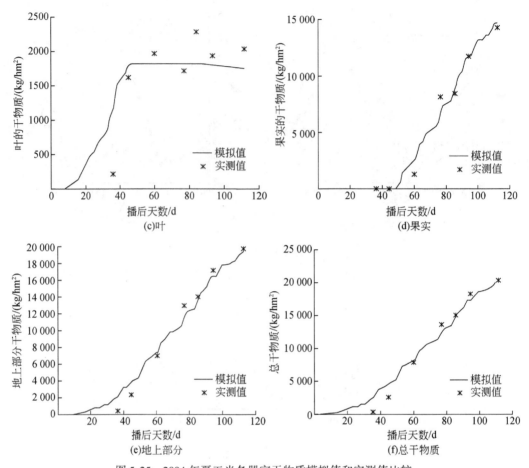

图 5-25　2004 年夏玉米各器官干物质模拟值和实测值比较

从图 5-26 中可以看到，果实干物质、地上部分干物质和总干物质的模拟值与实测值符合的较好，相关系数分别为 0.984、0.9754 和 0.9611。茎和叶的模拟值一般，其中茎的模拟值偏小，根的模拟较差。

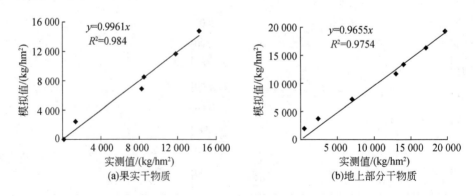

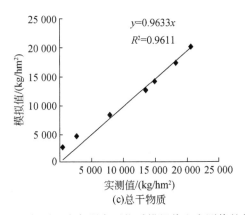

(c)总干物质

图 5-26　2004 年夏玉米各器官干物质模拟值和实测值的相关系数

2005 年夏玉米各器官干物质模拟值和实测值绘于同一张图上，如图 5-27 所示。

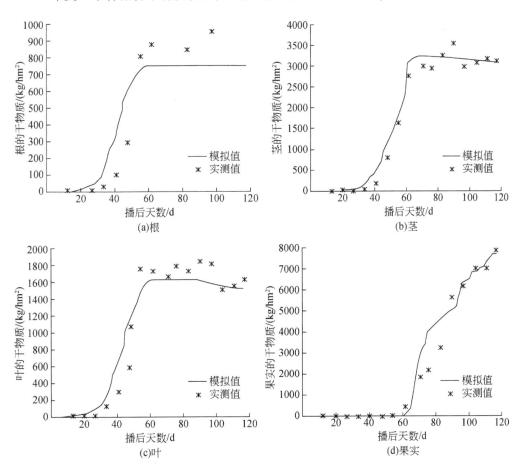

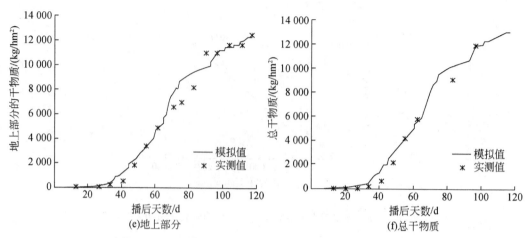

图 5-27　2005 年夏玉米各器官干物质模拟值和实测值比较

从图 5-28 中可以看到，2005 年果实干物质、地上部分干物质和总干物质的模拟值与实测值符合的较好，相关系数分别为 0.9531、0.9754 和 0.9844。茎和叶的模拟值也较好，模拟值和实测值的相关系数分别为 0.979 和 0.9589，其中叶的模拟值偏小；根的模拟也比较差。

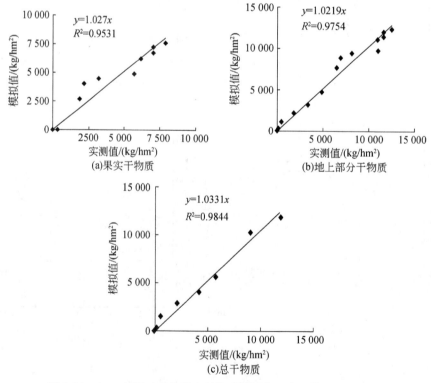

图 5-28　2005 年夏玉米各器官干物质模拟值和实测值的相关系数

综合两年的干物质模拟结果，整体上 MGSET 模型模拟值与实测值偏差不大。其中，根的模拟较差，这与根干物质的准确测量比较困难有很大关系。试验时，田间夏玉米的根互相交叉，实测值比较离散。对于茎、叶和果实器官干物质的积累过程，模拟值容易在某一年整体偏大或偏小，这与 MGSET 模型所采用的干物质分配系数有关。

比较 2004 年和 2005 年果实干物质的积累，发现收获时 2005 年的果实干物质明显小于 2004 年。这可能是因为两年的试验小区没有设在同一地点，土壤肥力可能不同。在同样的种植密度下，2004 年夏玉米的最大叶面积指数和株高明显大于 2005 年；同时，2005 年 8 月 15 日（播后第 67 天）降了 55mm 的雨，后从夜间至次日早晨刮大风，约有 1/3 的夏玉米倒伏，且 8 月 23 日后连续 18 天阴天，此时正是夏玉米吐丝—抽雄期，对夏玉米果实干物质的形成有很大影响。

5.5.3.3 干物质积累子模块的敏感性和稳定性

MGSET 模型中夏玉米干物质积累子模型中的大部分参数来自文献。为了考察该模块所用系数的敏感性，分别取表 5-6 中光的初始利用效率、适宜条件下（温度为 25℃、CO_2 浓度为 340×10^{-6} g/g）的最大光合速率、消光系数，以 ±10% 的值代入模型，每次仅变动一个参数，其余不变，以考察该参数对果实干物质积累的影响。在分析中，参数取表 5-6 中的值，输入数据取 2005 年的实测数据，以模拟收获时果实干物质的积累量为基准值。同时，为了考察该模块对数据的稳定性，取 2005 年输入数据中的大气环境中的 CO_2 浓度、日照时数、最高温度、最低温度、叶面积指数等变量变幅的 ±10% 的值代入模型，每次仅变动一个变量，用来考察输入变量对果实干物质积累的影响。基准值及变量或改变输入数据情况下相应的积累量及变幅见表 5-7。

表 5-7　干物质积累模块的敏感性和稳定性分析

参数或输入数据	变幅/%	收获时果实/（kg/hm²）	变化率/%
基准值		7689.4	
光的初始利用效率	10	8297.2	7.90
	−10	7059.7	−8.19
适宜条件下（温度为 25℃、CO_2 浓度为 340×10^{-6} g/g）的最大光合速率	10	7829.7	1.82
	−10	7527.1	−2.11
消光系数	10	7333.9	−4.62
	−10	8068.5	4.93
大气环境中的 CO_2 浓度	10	7745.2	0.73
	−10	7624	−0.85
日照时数	10	7912.8	2.91
	−10	7457.8	−3.01
最高温度	10	9163.1	19.17
	−10	4622.3	−39.89

参数或输入数据	变幅/%	收获时果实/(kg/hm²)	变化率/%
最低温度	10	8906.2	15.82
	−10	6341.7	−17.53
叶面积指数	10	8067.3	4.91
	−10	7261.7	−5.56

从表5-7中可以看出，光的初始利用效率对干物质积累比较敏感，其次是消光系数，适宜条件下（温度为25℃、CO_2浓度为$340×10^{-6}$g/g）的最大光合速率最不敏感。输入的数据中对果实干物质积累影响由大到小的排序为：最高温度、最低温度、叶面积指数、日照时数和大气环境中的CO_2浓度，其中日最高温度对夏玉米果实干物质的积累最大，若夏玉米生育期内的日平均最高温度降低10%，则夏玉米的产量将减少40%左右。

5.5.3.4　夏玉米单叶光合作用模型对干物质积累子模块的影响

单叶光合作用模型主要有等轴双曲线模型和负指数模型两种，使用2005年数据分别采用这两种模型进行模拟。结果发现，对最后一次实测的地上部分干物质和果实干物质来说，等轴双曲线模型的模拟结果分别为12 266kg/hm²和7689.4kg/hm²，负指数模型的模拟结果分别为13 269kg/hm²和8490.9kg/hm²。而实测的结果分别为12 490kg/hm²和7894.7kg/hm²，因此，等轴双曲模型模拟的相对偏差分别为−1.8%和−2.6%，负指数模型模拟的相对偏差分别为6.2%和7.6%。可见，对夏玉米的单叶光合作用来说，采用负指数模型模拟的干物质积累量有偏大的趋势，采用等轴双曲线模型模拟的干物质积累量精度较高。MGSET模型中的夏玉米单叶光合作用采用的是等轴双曲线模型。

5.5.3.5　蒸发蒸腾量的模拟

2004年和2005年夏玉米逐日蒸发蒸腾量模拟值和实测值的比较如图5-29和图5-30所示。

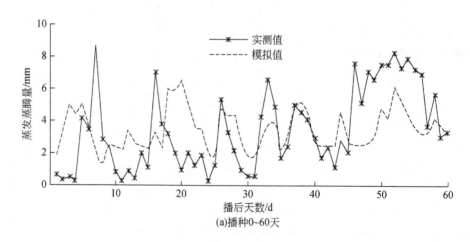

(a)播种0~60天

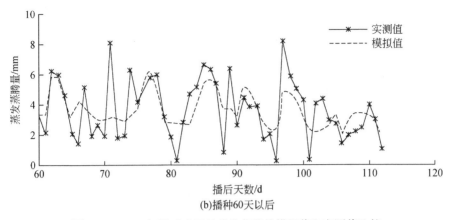

图 5-29　2004 年夏玉米逐日蒸发蒸腾量模拟值和实测值比较

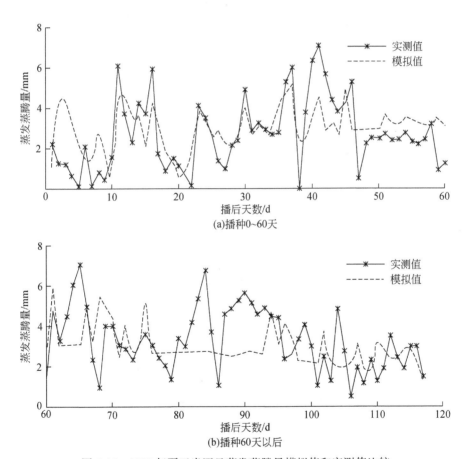

图 5-30　2005 年夏玉米逐日蒸发蒸腾量模拟值和实测值比较

　　时段逐日蒸发蒸腾量模拟值和蒸渗仪的实测值非常接近，变化趋势相同，实测值受偶然因素的干扰，变化幅度较大，模拟值比较稳定。2004 年模拟较好的时段为播后第 75 ~ 95 天，偏差最大的时段为播后第 40 ~ 60 天；2005 年模拟较好的时段为播后第 10 ~ 40 天，偏差最大的时段为播后第 75～95 天。特别是 2005 年播后第 75～95 天，模拟的逐日蒸发蒸腾量几乎无变化，这可能是阴天造成的。对于生育期内累积的蒸发蒸腾量，两年的模拟值和实测值非常接近，相关系数分别为 0.9785 和 0.9905，如图 5-31 和图 5-32 所示。2004年和 2005 年整个生育期内的蒸发蒸腾量分别为 392.9mm 和 349.3mm，而模拟的蒸发蒸腾量分别为 392.5mm 和 346.8mm，相对偏差分别为 -0.1% 和 -0.7%。

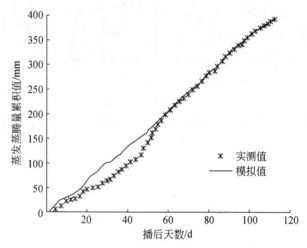

图 5-31　2004 年夏玉米累积蒸发蒸腾量模拟值和实测值比较

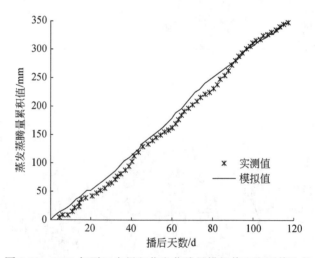

图 5-32　2005 年夏玉米累积蒸发蒸腾量模拟值和实测值比较

5.5.3.6　蒸发蒸腾子模块的敏感性和稳定性

MGSET 模型中以 FAO 灌溉排水丛书第 56 分册中提供的双作物系数法来计算逐日的蒸发蒸腾量。为了考察该模块的敏感性和稳定性，取 2005 年输入数据中的气象因子等变量变幅的 ±10% 的值代入模型，每次仅变动一个变量，用来考察气象因子对夏玉米田间累积蒸发蒸腾量的影响。以 2005 年实际输入的气象数据及其计算的累积蒸发蒸腾量为基准值。

基准值及改变输入数据情况下相应的积累量及变幅见表 5-8。

表 5-8 蒸发蒸腾子模块的敏感性和稳定性分析

参数或输入数据	变幅/%	蒸发蒸腾量/mm	变化率/%
基准值		346.8	
日照时数	10	352	1.50
	−10	341.6	−1.50
降水量	10	348.1	0.37
	−10	344.2	−0.75
最大相对湿度	10	344.1	−0.78
	−10	349.4	0.75
最小相对湿度	10	342.8	−1.15
	−10	350.6	1.10
最高温度	10	358.8	3.46
	−10	335.3	−3.32
最低温度	10	351.5	1.36
	−10	342.4	−1.27
风速	10	348.4	0.46
	−10	345.1	−0.49
株高	10	346.9	0.03
	−10	346.5	−0.09

从表 5-8 中可知，累积蒸发蒸腾量的影响因子比较多，各因子对其影响由大到小排序分别为：最高温度、日照时数、最低温度、最小相对湿度、最大相对湿度、降水量、风速和株高。

5.6 小 结

本章在充分考虑土壤水汽热耦合运移的 STEMMUS 模型基础上加入了作物蒸发蒸腾计算模块（直接 ET 计算方法和间接 ET 计算方法）和根系吸水计算模块（宏观根系吸水模型和微观根系吸水模型），最终建立了夏玉米土壤–植物–大气连续体（SPAC）水热传输模型，实现了不同水分供应条件下 SPAC 系统水热动态变化的定量模拟。在不考虑水分和养分胁迫的情况下，构建了体现夏玉米生长的生物物理机制的作物生长模拟模型，基于田间试验数据对模型参数进行了提取或调整，开发了基于作物需水量的夏玉米动态生长模型（MGSET），并利用实测数据对模拟结果进行了验证。

1）结合充分灌溉条件下夏玉米田间大型蒸渗仪实测数据，分析比较了不同 ET 计算方法（间接 ET 计算方法和直接 ET 计算方法）、不同根系吸水模型（宏观根系吸水模型和微观根系吸水模型）对 SPAC 系统模型模拟结果的影响。结果表明：基于单根的微观根系吸水模型和宏观根系吸水模型模拟结果在土壤含水率、土壤温度和蒸发蒸腾量的表现相差不大。采用不同 ET 计算方法对土壤-植物-大气系统模型效果有显著影响,直接 ET 计算方法模型估算效果较好,比较适合该地区玉米蒸发蒸腾量的估算。

2)基于不同水分供应条件下的试验数据,验证分析了所构建的 SPAC 模型在不同水分条件下的适用性,进一步分析了不同水分供应对土壤蒸发和作物蒸腾的影响,表明构建的模型能够较好地模拟不同水分供应下的土壤水分再分布规律;不同灌水量处理对土壤蒸发影响较小,对玉米叶面蒸腾影响显著,蒸腾量的差异是不同灌水量处理条件下玉米生育期耗水差异的主要原因。

3)在不考虑水分和养分胁迫的情况下,构建了体现夏玉米生长的生物物理机制的作物生长模拟模型。在一定假定条件的基础上,提出了计算夏玉米叶面积指数沿冠层深度方向变化的计算方法,基于 2004 年夏玉米的田间试验数据对模型中所用参数进行了提取和调整,取得了较好的模拟效果。

4)开发了基于作物需水量的夏玉米动态生长模型(MGSET),该模型包括作物干物质积累和田间逐日蒸发蒸腾量计算两大模块。利用该模型模拟了 2004 年大气温度和辐射日变化,与波文比系统实际测定的结果基本一致,但对于阴天则误差较大;模拟了 2005 年的干物质积累过程,利用田间实测数据进行了比较,除根比较离散外,茎、叶、果实、地上部分、总干物质的模拟值精度较高。表明该模型可以较好地模拟气象因子日变化和干物质积累过程;将双作物系数法计算蒸发蒸腾量引进了作物模型中,利用该模块模拟了 2004 年和 2005 年夏玉米田间的逐日蒸发蒸腾量,与大型蒸渗仪实测数据基本吻合。

第6章 冬小麦水分产量效应
及气候变化条件下产量响应模拟

气候变化和人类活动将对冬小麦生长和产量产生直接影响，通过全球气候模式以及作物生长模型预测未来气候变化情况及冬小麦的生长对气候变化的响应，可为应对气候变化，合理地调整灌溉、播种日期等管理措施，合理选用冬小麦品种等提供参考。

本章以非充分灌溉试验为基础，研究关中地区冬小麦蒸发蒸腾量的变化规律及冬小麦干物质和产量对不同水分状况的响应规律，优化了冬小麦灌溉制度。利用 CERES-Wheat 模型模拟了不同水分胁迫对冬小麦生长及产量的影响，并对冬小麦的播期进行优化。同时，利用全球气候模式及不同的典型浓度路径情景模式，预测关中地区未来时段气候变化情况，用作物模型模拟冬小麦物候期、产量等在不同气候变化情景模式下的响应。

6.1 试 验 方 案

试验在西北农林科技大学旱区节水农业研究院的测坑进行。测坑面积为 6.67 m^2，共 27 个，其中 2 个测坑内安装有大型称重式蒸渗仪，进行充分灌水处理作为对照。测坑内土壤用原状土分层回填，相邻测坑间的水泥壁面可有效防止水分侧渗，测坑上方安装有移动式电动遮雨棚阻挡降水，无降水时打开。土壤的物理化学特性见表 6-1。

表 6-1 土壤的物理化学特性

土壤特性	土层深度/cm				
	0~23	23~35	35~95	95~196	196~250
质地	粉沙黏壤土	粉沙黏壤土	粉沙黏壤土	粉壤土	粉壤土
砂粒/%	26.71	24.98	24.11	21.32	30.64
粉砂粒/%	50.85	52.78	54.75	48.60	47.55
黏粒/%	22.10	22.10	20.90	30.10	21.60
土壤容重/(g/cm^3)	1.32	1.40	1.41	1.36	1.32
有机质/%	1.17	0.65	0.55	0.64	0.39
全氮/%	0.09	0.06	0.05	0.05	0.03
全磷/%	0.02	0.02	0.02	0.01	0.01
全钾/%	1.74	1.25	1.20	1.39	1.75
pH	8.00	8.20	8.20	8.20	8.20

试验冬小麦品种为"小堰22"，采用人工播种，行距为 20 cm。播种密度为 270kg/hm^2。试验中设 3 个灌水水平，灌水水平以蒸渗仪测得的蒸发蒸腾量（ET）为标准，按 100%ET（充分灌水）、80%ET（中度水分亏缺）和 60%ET（重度水分亏缺）实施灌水。试验采用

正交设计，共设9个水分处理，3次重复，两个安装蒸渗仪的试验小区均为充分灌溉水平。试验设计见表6-2和表6-3。

表6-2　2011～2013年冬小麦不同水分处理

生长季	处理	灌水量/%ET			
		越冬期	苗期	拔节期	开花期
2011～2012年	HHH	—	100	100	100
	HMM	—	100	80	80
	HLL	—	100	60	60
	MML	—	80	80	60
	MLH	—	80	60	100
	MHM	—	80	100	80
	LLM	—	60	60	80
	LHL	—	60	100	60
	LMH	—	60	80	100
2012～2013年	HHHH	100	100	100	100
	HMMM	100	100	80	80
	HLLL	100	60	60	60
	MHML	80	100	80	60
	MMLH	80	80	60	100
	MLHM	80	60	100	80
	LHLM	60	100	60	80
	LMHL	60	80	100	60
	LLMH	60	60	80	100

注：H代表充分灌水；M代表中度水分亏缺；L代表重度水分亏缺；—代表没有灌水

表6-3　2013～2015年冬小麦各处理灌水量　　　　　　　　　（单位：mm）

生长季	处理	生育初期	生长发育期	生育中期	生育后期	全生育期
2013～2014年	T1	84	75	105	—	264
	T2	84	60	84	—	228
	T3	84	45	63	—	192
	T4	67	75	63	—	205
	T5	67	60	105	—	232
	T6	64	45	84	—	193
	T7	52	75	84	—	211
	T8	52	60	63	—	175
	T9	52	45	105	—	202

生长季	处理	生育初期	生长发育期	生育中期	生育后期	全生育期
	F1	45	67	85	133	330
	F2	36	54	68	106	264
	F3	27	40	51	80	198
	F4	36	67	68	80	251
2014~2015年	F5	36	54	51	133	274
	F6	36	40	85	106	267
	F7	27	67	51	106	251
	F8	27	54	85	80	246
	F9	27	40	68	133	268

注：2013~2014年生育初期、生长发育期和生长中期具体灌水日期分别指2013年12月28日、2014年3月31日和2014年5月8日；2014~2015年生育初期、生长发育期、生长中期和生长后期具体灌水日期分别指2015年1月9日、2015年3月22日、2015年4月24日和2015年5月18日

6.2 不同水分处理对冬小麦蒸发蒸腾及土壤蒸发的影响

6.2.1 SIMDualKc 模型参数的校正与验证

2013~2014年和2014~2015年用参数校正的冬小麦蒸发蒸腾量模拟值和蒸渗仪实测值的变化如图6-1所示。由图6-1可以看出，冬小麦蒸发蒸腾量模拟值与实测值的吻合度较高。Liu 和 Luo（2010）在应用双作物系数法的过程中发现，双作物系数法可以反映冬小麦蒸发蒸腾量的变化趋势，在估计蒸发蒸腾总量时较准确，但在估计峰值和短时段累积值

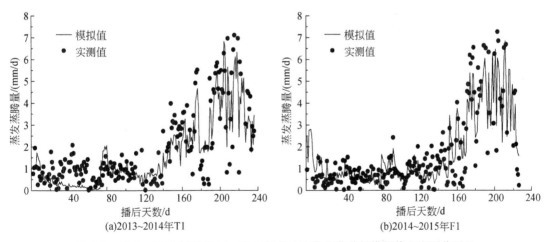

图6-1 2013~2014年和2014~2015年冬小麦蒸发蒸腾量模拟值和实测值对比

时准确性较低。从图6-1可以看出，当蒸发蒸腾量>6mm/d或<1mm/d时，模拟值与实测值偏差较大，说明SIMDualKc模型对冬小麦蒸发蒸腾量的一些极值和短时段内波动性的模拟精度较差，适合趋势的反映和较长时段的模拟。校正后的参数见表6-4。

表6-4　SIMDualKc模型主要参数的初始值和校正值

参数	初始值	校正值
生育初期基础作物系数	0.15	0.15
生育中期作物系数	1.1	1.15
生育后期作物系数	0.3	0.6
生育初期土壤水分消耗比例	0.55	0.65
生育中期土壤水分消耗比例	0.55	0.55
生育后期土壤水分消耗比例	0.55	0.65
蒸发层深度	0.1	0.1
总蒸发水量	28	48
易蒸发水量	10	7

本研究校正后的K_{cbend}值（0.6）与樊引琴和蔡焕杰（2002）得到的同一地区冬小麦K_{cbend}值（0.2）相比有较大差异，但与宿梅双等（2005）研究所得的K_{cbend}值（0.79）较接近。张强等（2015）认为，作物系数与干旱胁迫系数呈负指数函数关系，较低的土壤含水率会导致较低的作物系数值。樊引琴和蔡焕杰（2002）的试验中，生育后期无灌水，降水量仅约为35mm，而宿梅双等（2005）的试验中生育后期的降水量和灌水量总和约为85mm，与本研究生育中期和生育后期所作处理的水分状况较接近（2013~2014年生育中期平均灌水量为84mm，2014~2015年生育后期平均灌水量为106 mm），因此本研究较高的K_{cbend}值可能是灌水后较高的土壤含水率造成的。

为了验证参数校正结果的准确性，用校正后的参数模拟2013~2014年和2014~2015年非充分灌溉的16个处理，将冬小麦蒸发蒸腾量的模拟值与水量平衡法计算值进行对比。进行2013~2014年和2014~2015年所有处理模型参数校验时的误差统计量见表6-5。本节选用的b、R^2、RMSE、AAE和d_{IA}是Rosa等（2012）推荐的误差统计量，新增NSE和RSR是标准化的误差统计量。b表示模拟值和实测值的线性吻合程度。Willmott（1981）认为，b在应用过程中假设实测值是准确的，模拟值和实测值的差异均来自于模拟值的误差。而在实际中，测量误差难以避免，这就对b评价模型误差的准确度造成了一定的影响。R^2表示模拟值和实测值的共线性（collinearity）吻合程度（Moriasi et al.，2007），但Legates等（1999）认为，R^2对模拟值和实测值之间的数值差异不敏感。如果模拟值和实测值之间存在一定的相关关系，此时虽然有较高的R^2值，但如果模拟值和实测值的拟合线距离1∶1线较远，则仅依靠R^2还不能说明模拟精度一定高，需要另外可以表示模拟值和实测值之间数值差异的误差统计量。NSE表示剩余方差（residual variance）和实测值方差（measured data variance）的相对关系（Nash，1970），反映模拟值和实测值的拟合线相比于1∶1线的吻合程度（Moriasi et al.，2007），可以直接反映模拟值和实测值之间的数值差异。从表6-5可以看出，各处理的NSE值均小于R^2值，这表明仅靠R^2判断模拟值和实测值的差异，有可能夸大模型的准确度，引进NSE是必要的。RMSE、AAE均是表示模拟值和实测值误差的统计量，它们的单位与原数据的单位相同，在表示模拟值和实测值差异的同时，也有利于对数据进一步分析（Moriasi et al.，2007）。但 RMSE、AAE 同样有其局限性，虽然人们通常认为 RMSE、AAE 值越小代表模拟精度越高（Moriasi et al.，2007），但在不同的研究背景下，数据的测量技术、测量精度、可接受的误差范围不尽相同，这就需要将误差统计量标准化，给出统一的标准化误差统计量范围。Legates 等（1999）为此提出了"均方根误差/观测值标准差比率"（RSR）的概念，它是均方根误差对观测值标准差的标准化形式，消除了因数据类型不同对误差判断的影响。RMSE 和 AAE 与 RSR 相结合，可以从绝对尺度和相对尺度综合评价误差的大小。d_{IA} 表示模拟值和实测值在均值与方差上的差异，但由于计算过程中平方项的存在，对极值的响应较敏感（Legates et al.，1999），因此也需要与其他误差统计量配合使用。综上，为了综合评价模拟值和实测值的共线性、数值差异、绝对尺度误差、相对尺度误差，R^2、RMSE、NSE 和 RSR 应着重计算。从表 6-5 也可以看出，参数的验证情况良好，各处理 b 为 0.867 ~ 1.224；R^2 为 0.770 ~ 0.948；RMSE 为 0.398 ~ 0.810mm/d；AAE 为 0.321 ~ 0.572mm/d；NSE 为 0.603 ~ 0.935；RSR 为 0.245 ~ 0.607；d_{IA} 为 0.919 ~ 0.982。以上结果说明经参数校验后的 SIMDualKc 模型可以较好地模拟非充分灌溉条件下冬小麦蒸发蒸腾量的变化过程。

表 6-5　冬小麦蒸发蒸腾量模拟值与实测值误差统计量

生长季	处理	b	R^2	RMSE /（mm/d）	AAE /（mm/d）	NSE	RSR	d_{IA}
2013 ~ 2014 年	T1	0.899	0.819	0.688	0.546	0.813	0.431	0.949
	T2	1.106	0.948	0.489	0.358	0.907	0.295	0.977
	T3	0.945	0.932	0.398	0.321	0.935	0.245	0.982
	T4	1.017	0.871	0.577	0.426	0.868	0.351	0.966
	T5	0.940	0.902	0.548	0.471	0.903	0.301	0.972
	T6	1.005	0.850	0.674	0.470	0.843	0.381	0.957
	T7	1.208	0.797	0.810	0.572	0.603	0.607	0.919
	T8	1.108	0.831	0.621	0.478	0.769	0.462	0.946
	T9	0.895	0.873	0.663	0.451	0.888	0.342	0.961
2014 ~ 2015 年	F1	0.867	0.868	0.654	0.505	0.856	0.378	0.955
	F2	1.062	0.806	0.564	0.465	0.772	0.460	0.943
	F3	1.032	0.820	0.482	0.423	0.789	0.439	0.941
	F4	1.224	0.945	0.515	0.386	0.800	0.431	0.960
	F5	1.062	0.770	0.525	0.459	0.724	0.506	0.929
	F6	0.945	0.862	0.494	0.413	0.857	0.366	0.956
	F7	1.084	0.875	0.467	0.370	0.838	0.390	0.961
	F8	1.063	0.790	0.570	0.454	0.750	0.483	0.938
	F9	1.079	0.824	0.513	0.409	0.776	0.455	0.944

6.2.2 冬小麦全生育期蒸发蒸腾量变化

不同水分处理的 2013～2014 年和 2014～2015 年冬小麦蒸发蒸腾量的模拟结果见表 6-6。各处理蒸发蒸腾量的阶段值和全生育期变化趋势基本相同，以 2013～2014 年的 T1 为例。从图 6-1（a）可以看出，从播种开始，冬小麦的日蒸发蒸腾量逐渐增大，在播种后第 176 天（生长发育期）达到第 1 个高峰，日蒸发蒸腾量为 4.67 mm/d；从生长发育期开始，冬小麦的拔节、抽穗过程对水分的需求量大，日蒸发蒸腾量在播种后第 204 天（生育中期）达到最高峰，为 6.82 mm/d；从生育后期开始直至成熟，冬小麦的叶萎蔫变黄，植株蒸腾强度显著降低，日蒸发蒸腾量在此阶段逐渐减小。除每次灌水后的短暂增加外，冬小麦的日蒸发蒸腾量在全生育期表现出先增大后减小的趋势。从各生育期来看，冬小麦生育初期、生长发育期、生育中期和生育后期的日平均蒸发蒸腾量分别为 0.58mm/d、2.00mm/d、3.62mm/d 和 3.88mm/d。生育中期和生育后期对应冬小麦拔节—抽穗—灌浆—成熟期，是冬小麦营养生长和生殖生长最旺盛的时期，所以蒸发蒸腾的强度大。从不同水分处理来看，2013～2014 年和 2014～2015 年冬小麦生育中期与生育后期蒸发蒸腾量之和分别占全生育期蒸发蒸腾总量的 49.8%～55% 和 49.9%～54.4%，该阶段同时也是冬小麦产量形成的关键时期。

表 6-6 不同处理冬小麦不同生育期蒸发蒸腾量和土壤蒸发比例

生长季	处理	生育初期		生长发育期		生育中期		生育后期		全生育期	
		ET_c /mm	E/ET_c /%	ET_c /mm	E/ET_c /%	ET_c /mm	E/ET_c /%	ET_c /mm	E/ET_c /%	ET_c /mm	E/ET_c /%
2013～2014 年	T1	75.05	79.71	99.84	26.58	101.39	2.03	108.56	2.48	384.84	23.67
	T2	75.84	79.52	98.92	25.59	104.22	1.93	93.07	1.94	372.05	24.04
	T3	76.36	80.02	99.61	26.33	94.05	2.07	80.70	2.33	350.71	25.99
	T4	76.73	80.12	99.62	26.48	101.40	2.00	86.53	2.22	364.28	25.20
	T5	72.89	79.16	97.63	28.98	99.68	2.30	108.67	1.66	378.88	23.78
	T6	76.27	79.99	99.09	26.06	95.96	1.99	92.65	2.61	363.98	25.05
	T7	72.89	79.16	99.82	26.67	102.59	2.08	96.87	3.04	372.16	24.02
	T8	74.75	79.03	99.83	26.61	100.58	2.08	85.53	2.38	360.69	24.89
	T9	75.12	79.13	99.57	26.39	94.37	2.05	105.35	2.18	374.42	24.02
2014～2015 年	F1	108.79	83.05	81.99	16.30	128.08	2.31	83.39	11.91	402.24	28.24
	F2	96.27	80.75	79.67	15.96	115.44	2.52	75.94	11.66	367.31	27.83
	F3	93.16	81.05	74.44	14.89	96.22	2.91	75.05	14.41	338.88	29.57
	F4	100.14	81.69	79.43	16.12	122.79	2.41	75.08	9.20	377.43	27.68
	F5	100.14	81.69	79.12	15.80	105.59	2.53	72.96	11.12	357.81	29.37
	F6	101.19	82.09	75.40	15.78	114.19	2.69	79.27	12.79	370.04	29.23
	F7	93.16	81.05	78.54	16.00	114.26	2.58	74.72	12.31	360.68	27.79
	F8	89.34	79.97	78.54	15.72	120.68	2.58	79.26	11.20	367.82	26.04
	F9	94.04	81.46	74.05	15.35	106.47	2.75	76.77	13.83	351.32	28.89

注：ET_c 和 E 分别表示冬小麦的蒸发蒸腾量和土壤蒸发量

6.2.3 土壤蒸发的模拟

用 SIMDualKc 模型模拟了 2013～2014 年和 2014～2015 年各处理的土壤蒸发量，对比模拟值和微型蒸渗仪实测值，为了不对蒸渗仪的测量造成扰动，T1 和 F1 未埋设微型蒸渗仪，T4 因微型蒸渗仪后期漏土，仅保留生育初期的一部分数据。2013～2014 年 T2 和 T3 及 2014～2015 年 F2 和 F3 的土壤蒸发量模拟值和实测值的对比如图 6-2 所示，各处理的结果见表 6-6，误差统计结果见表 6-7。

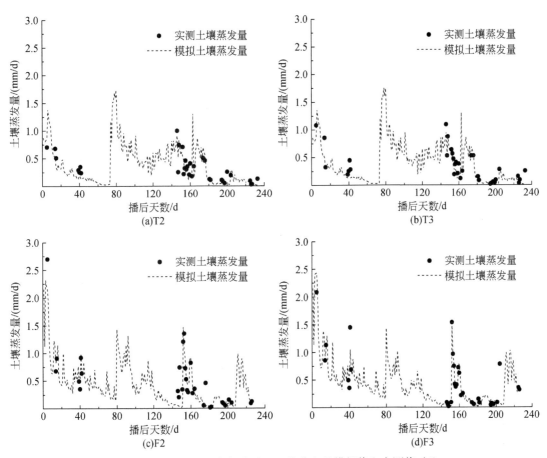

图 6-2 2013～2015 年部分处理土壤蒸发量模拟值和实测值对比

表 6-7 2013～2015 年土壤蒸发量模拟值与实测值误差统计量

生长季	处理	b	R^2	RMSE /(mm/d)	AAE /(mm/d)	NSE	RSR	d_{1A}
2013～2014 年	T2	0.916	0.776	0.109	0.085	0.701	0.540	0.931
	T3	0.704	0.957	0.207	0.122	0.698	0.544	0.889
	T4	0.733	0.864	0.236	0.127	0.872	0.451	0.995

生长季	处理	b	R^2	RMSE /（mm/d）	AAE /（mm/d）	NSE	RSR	d_{1A}
	T5	0.724	0.759	0.248	0.118	0.720	0.552	0.900
	T6	0.717	0.763	0.238	0.138	0.718	0.525	0.897
2013～2014 年	T7	0.818	0.781	0.176	0.105	0.764	0.486	0.930
	T8	0.782	0.782	0.191	0.147	0.755	0.505	0.925
	T9	0.788	0.762	0.192	0.161	0.716	0.557	0.919
	F2	0.918	0.835	0.204	0.124	0.835	0.400	0.954
	F3	0.980	0.896	0.168	0.099	0.880	0.341	0.972
	F4	0.851	0.929	0.180	0.113	0.904	0.305	0.972
2014～2015 年	F5	0.717	0.785	0.361	0.124	0.737	0.505	0.910
	F6	0.739	0.805	0.319	0.157	0.739	0.503	0.920
	F7	0.720	0.747	0.360	0.171	0.675	0.561	0.900
	F8	0.755	0.719	0.314	0.172	0.645	0.586	0.901
	F9	0.816	0.742	0.292	0.162	0.658	0.575	0.916

从图 6-2 可以看出，土壤蒸发量的模拟值和实测值吻合度较高。大部分实测值高于模拟值，赵娜娜等（2012）认为可能是蒸发筒壁的增温效应所致，但 Evett 等（1995）认为 PVC 材料的蒸发筒壁对筒内土壤的增温效应并不明显。Klocke 等（1990）认为，蒸发筒内由于不种植作物而缺少根系吸水，致使蒸发筒内土壤含水率高于外部，从而造成测量值偏高，本研究中实测值偏高可能是这一原因导致的。另外蒸发筒埋设在植株行间，地表裸露较多也可能导致测量值偏大。从图 6-2 还可以看出，微型蒸渗仪的实测值较模拟值波动大，可能是测量扰动或刮风使得蒸发筒内土体减少从而造成的误差。各处理土壤蒸发量的模拟值和实测值的 b 为 0.704～0.980、R^2 为 0.719～0.957、RMSE 为 0.109～0.361 mm/d、AAE 为 0.085～0.172 mm/d、NSE 为 0.645～0.904、RSR 为 0.305～0.586，d_{1A} 为 0.889～0.995（表 6-7），各误差统计量均在合理的范围内，说明经参数校验的 SIMDualKc 模型可以较准确地模拟冬小麦农田的土壤蒸发，模拟结果可用于预测土壤蒸发的变化趋势。

6.2.4　不同灌水条件下的土壤蒸发比例

以 T1 为例分析冬小麦全生育期土壤蒸发比例。生育初期冬小麦幼苗矮小，地面覆盖度小于 10%，大部分农田处于裸露状态，土壤蒸发量在蒸发蒸腾量中占绝大部分，土壤蒸发比例可达 79.71%；越冬期后，冬小麦开始返青，地面覆盖度增大，土壤蒸发比例减小，生长发育期的土壤蒸发比例仅为 26.58%；从生育中期开始，冬小麦开始拔节，植株蒸发蒸腾强度变大，逐渐成为蒸发蒸腾过程的主导。经历抽穗—灌浆—成熟期的过程，植株蒸发蒸腾的增强和蒸发层土壤水分的消耗使得土壤蒸发比例持续减小，生育中期和生育后期的土壤蒸发比例分别只有 2.03% 和 2.48%。由表 6-6 的结果可知，冬小麦全生育期土壤蒸发比例呈现出生育中期<生育后期<生长发育期<生育初期的规律，这与赵娜娜等（2012）的研究结果一致。土壤蒸发比例在冬小麦全生育期的变化规律与地面覆盖度的变化规律一致，说明地面覆盖度是土壤蒸发比例的主要影响因子之一。土壤蒸发比例在每次灌水后均会有大幅度的增加，3 次灌水后土壤蒸发比例分别由 43% 增加到 87%、5.9% 增加到 32%、0.7% 增加到 42%，增加幅度依次为 44%、26.1%、41.3%，这说明灌水后短时间内土壤蒸发比例变化很大，且在生育初期和生育中期的增幅较大。导致这一现象的原因是：生育初期的地面覆盖度较小，大面积的裸露农田被充分湿润后，土壤蒸发会大幅度增加；生育中期的地面覆盖度虽然在 90% 左右，但是由于此时的气温和太阳辐射量均较高，土壤蒸发也会因灌水量的增加而大幅度增加。与生育初期和生育中期相比，生长发育期的地面覆盖度、气温和太阳辐射量均处于中等水平，灌水后的土壤蒸发受它们的影响不剧烈。

2013～2014 年和 2014～2015 年各处理的土壤蒸发比例为 23.67%～29.57%（表 6-6）。Kang 等（2003）研究表明，冬小麦全生育期的土壤蒸发比例为 33%，高于本研究所得的值。Chen 等（2010）研究表明，较大的植株密度会降低土壤蒸发比例，本研究播种量为 357 万株/hm²，大于 Kang 等（2003）研究中的 200 万株/hm²，可能是植株密度的不同导致了两者土壤蒸发的差异。2013～2014 年各处理生长发育期土壤蒸发比例的平均值比 2014～2015 年的平均值大 10.86%。2013～2014 年和 2014～2015 年生长发育期的灌水量差异不大，土壤蒸发比例的不同可能是前一个生育期灌水量的不同导致的。2014～2015 年生育初期灌水量仅为 2013～2014 年的 54%，进入越冬期后，冬小麦生长缓慢，耗水强度明显减弱，2013～2014 年和 2014～2015 年冬灌后至生长发育期的平均蒸发蒸腾强度分别为 0.85mm/d 和 0.72 mm/d。2014～2015 年由于冬灌水量较少，导致生长发育期开始时可利用的土壤贮水量也较少，造成土壤蒸发比例较低。分析 2013～2014 年和 2014～2015 年各处理的土壤蒸发可以看到，各生育期的灌水水平对该阶段土壤蒸发的影响并不大，从全生育期来看，虽然各处理全生育期灌水总量相差较大，但全生育期土壤蒸发比例却相差很小，2013～2014 年和 2014～2015 年各处理全生育期土壤蒸发比例最大分别相差 2.32% 和 3.53%。

上述研究表明，灌水对土壤蒸发比例的影响仅限于灌水后一段时间内，充分灌溉和非充分灌溉对土壤蒸发比例的影响并不大。王健等（2004）在对夏玉米田土壤蒸发的研究也发现了类似的规律，在减少灌水量的情况下，低灌水年的玉米蒸发蒸腾量（356.26 mm）显著低于高灌水年的蒸发蒸腾量（415.51 mm），但土壤蒸发比例没有显著差异。造成这一现象可能的原因是，高水处理的作物生长状况优于低水处理的作物，较大的植株蒸腾量抵消了一部分因灌水而增加的土壤蒸发比例，从而使得各处理土壤蒸发比例差异不显著。

6.2.5 土壤蒸发比例及影响因子

影响参考作物蒸发蒸腾量的主要因子是气象因子，气象因子之间存在很强的交互作用，只研究单个因子对蒸发蒸腾的影响不够全面。为了探究影响土壤蒸发比例的各因子之间的交互作用情况，选取气象因子 [最低气温（X_1）、最高气温（X_2）、平均相对湿度

（X_3）、2 m 处风速（X_4）、太阳辐射量（X_5）］和作物因子［地面覆盖度（X_6）］，采用通径分析方法分析各因子对土壤蒸发的直接作用和间接作用，得到了各因子对土壤蒸发比例的间接作用系数（IIC）、总间接作用系数（TIIC）、直接作用系数（DIC）和总作用系数（TIC），通径分析结果见表6-8。

表6-8　土壤蒸发比例影响因子通径分析结果

| 因子 | 间接作用系数 | | | | | | 总间接作用系数 | 直接作用系数 | 总作用系数 |
	X_1	X_2	X_3	X_4	X_5	X_6			
X_1		-0.198	-0.028	0.024	-0.071	-0.563	-0.836	0.162	-0.674
X_2	0.130		0.021	0.046	-0.121	-0.525	-0.448	-0.247	-0.695
X_3	0.030	0.035		-0.009	0.019	-0.115	-0.040	-0.150	-0.190
X_4	0.038	-0.110	0.012		-0.123	-0.290	-0.473	0.103	-0.370
X_5	0.068	-0.175	0.017	0.074		-0.475	-0.492	-0.170	-0.662
X_6	0.129	-0.183	-0.024	0.042	-0.114		-0.150	-0.707	-0.857

从通径分析的结果可知，各气象因子和作物因子均不同程度地影响土壤蒸发比例，但就直接作用来说，最高气温、太阳辐射量和地面覆盖度对土壤蒸发的直接作用明显高于其他因子，三者的直接作用系数分别为-0.247、-0.170 和-0.707。太阳辐射是蒸发的能量来源，蒸发的持续进行有赖于蒸发面持续接收太阳辐射，但太阳辐射同时也为蒸腾作用提供能量，并且随着作物的生长，蒸腾速率会远大于蒸发速率。例如，T1 生育初期的蒸发速率和蒸腾速率分别为 0.46mm/d 和 0.12 mm/d，而在生育中期，蒸发速率和蒸腾速率则分别为 0.08mm/d 和 3.54 mm/d，此时蒸发速率远小于蒸腾速率，因此，太阳辐射量对蒸腾的正效应强于对土壤蒸发的正效应。最高气温对土壤蒸发比例的负效应的原理与太阳辐射量相同。当地面覆盖度较大时，大量辐射能被作物冠层截获，可用于蒸发的能量就变得很少，且作物冠层茂密，蒸腾速率大，因此地面覆盖度对土壤蒸发比例有较强的负效应。除以上 3 个因子外，饱和水汽压差影响蒸发的速度，饱和水汽压差越大，蒸发的能量梯度越大，蒸发速度越快，较大的平均相对湿度会导致较小的饱和水汽压差，因此平均相对湿度对土壤蒸发比例有较强的负效应，它的直接作用系数为-0.150。

总的来说，对土壤蒸发比例影响最大的因子是地面覆盖度，它对土壤蒸发比例的总作用系数为-0.857。地面覆盖度同时也影响其他因子对土壤蒸发比例的作用，最高气温和太阳辐射量通过地面覆盖度对土壤蒸发的间接作用系数分别为-0.525 和-0.475，加强了它们本身对土壤蒸发比例的负效应。有风时，湍流加强，土壤蒸发面上的水汽随湍流的扩散速度会加快，因此风速对土壤蒸发比例有正效应（直接作用系数为 0.103）。但当冠层较密时，风速对蒸发面的影响也十分有限。综合来看，2 m 处风速对土壤蒸发的总作用系数为-0.370。

综合通径分析结果，影响土壤蒸发比例的主要因子有太阳辐射量、平均相对湿度和地面覆盖度，其中对土壤蒸发比例影响最大的因子是地面覆盖度，它除了自身影响外，还能通过影响其他因子来影响土壤蒸发比例。用 T2 的数据建立 f_c 与 E/ET_c 关系式：

$$E/\mathrm{ET}_c = \mathrm{e}^{0.201-4.744f_c}, \quad R^2 = 0.867 \quad (P=0.01) \tag{6-1}$$

用 2013～2014 年和 2014～2015 年不同处理的数据验证回归方程的有效性，以 T2 和 F2 为例，拟合曲线如图 6-3 所示，各处理拟合曲线的决定系数（R^2）见表 6-9。

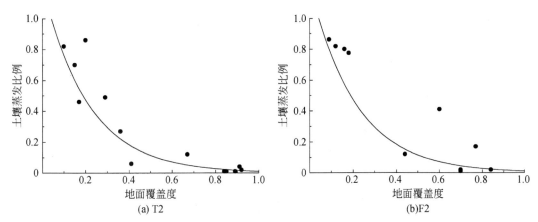

图 6-3　2013～2014 年和 2014～2015 年冬小麦农田土壤蒸发比例与地面覆盖度的关系

表 6-9　土壤蒸发比例回归方程决定系数

生长季	处理	决定系数 R^2
	T2	0.867**
	T3	0.902**
	T4	0.821**
	T5	0.808**
2013～2014 年	T6	0.807**
	T7	0.797**
	T8	0.855**
	T9	0.895**
	F2	0.851**
	F3	0.808**
	F4	0.865**
	F5	0.842**
2014～2015 年	F6	0.721**
	F7	0.827**
	F8	0.842**
	F9	0.752**

** 表示相关性在 0.01 水平上显著

用式（6-1）预测各处理的土壤蒸发比例，决定系数为 0.721～0.902（$P=0.01$），说明回归方程对土壤蒸发比例的预测效果较好。该回归方程在计算土壤蒸发量（E）时只有蒸发蒸腾量（ET_c）和地面覆盖度（f_c）两个输入变量，蒸发蒸腾量可以用蒸渗仪或水量平衡等方法得到，地面覆盖的测定方法也较简便，可以方便地计算土壤蒸发量。

6.3 不同水分处理的冬小麦生长动态模拟

6.3.1 CSM-CERES-Wheat 模型参数校正及验证

在应用作物模型进行决策制定之前，需要率定作物品种的参数，将其本地化。本研究采用 DSSAT4.6 中自带的 GLUE（generalized likelihood uncertainty estimation，广义似然不确定性估计）参数调试程序对冬小麦品种"小堰 22"进行参数率定（He et al.，2010）。与试错法不同，GLUE 用蒙特卡罗抽样法，从遗传参数的先验分布中取样，建立一个高斯函数，估计模拟值和实测值之间的似然值，似然值越大代表模拟值和实测值越接近，说明遗传参数的取值越合理。GLUE 在运行时，对物候期参数（P1V、P1D 和 P5）和作物生长参数（G1、G2、G3 和 PHINT）分别进行估计，每一轮的估计，程序运行都不应低于 3000次，低于 3000 次的估计过程可能会导致遗传参数校正结果的不准确（He et al.，2009）。表 6-10 为 2011~2013 年和 2013~2015 年冬小麦"小堰 22"遗传参数校正结果。

表 6-10 CERES-Wheat 模型遗传参数定义及校正值

参数	定义	单位	2011~2013 年值	2013~2015 年值
P1V	春化敏感系数	degree-days	6.62	30~45.14
P1D	光周期敏感系数	—	81.37	78.13
P5	灌浆期系数	℃·d	572.10	615.1
G1	籽粒数系数	#/g	23.30	25.03
G2	标准籽粒重系数	mg	33.70	38.33
G3	成熟期标准无胁迫茎穗重	g	1.55	1.401
PHINT	出叶间隔特性参数	℃·d	97.20	95

6.3.2 CSM-CERES-Wheat 模型参数验证方法

分别应用 2011~2012 年和 2012~2013 年两个生长季中未参加参数校正的处理对校正后的 CSM-CERES-Wheat 模型进行评价。采用模型评价中应用较多的统计量归一化均方根误差 RMSEn 和一致性指数 d 来评价模拟值与实测值的相对差异程度。RMSEn 和 d 的表达式为

$$RMSEn = \sqrt{\frac{\sum_{i=1}^{n}(P_i - Q_i)^2}{n}} \tag{6-2}$$

$$d = 1 - \frac{\sum\limits_{i=1}^{n} (P_i - Q_i)^2}{\sum\limits_{i=1}^{n} (|P_i - Q| + |Q_i - Q|)^2} \tag{6-3}$$

式中，P_i 为第 i 个模拟值；Q_i 为第 i 个实测值；Q 为实测值的平均值；n 为统计样本数。

一般认为，RMSEn 值越小，d 值越大，模拟值与实测值的差异越小，即模型的模拟结果越准确、越可靠。RMSEn<10%，表明模拟结果非常好；10%<RMSEn<20%，表明模拟结果较好；20%<RMSEn<30%，表明模拟结果一般；RMSEn>30%，表明模拟结果较差（Jamieson et al.，2001）。

6.3.3 CERES-Wheat 模型评价

通过模拟不同水分条件下的冬小麦物候期、生育期生物量累积、叶面积指数、成熟期地上生物量以及籽粒产量，并将其与试验的实测数据进行对比来对 CERES-Wheat 模型进行评价。CSM-CERES-Wheat 模型对冬小麦播种—开花期、播种—成熟期、成熟期地上生物量以及籽粒产量的模拟如图 6-4 所示。播种—开花期模拟值与实测值的 R^2 和 RMSEn

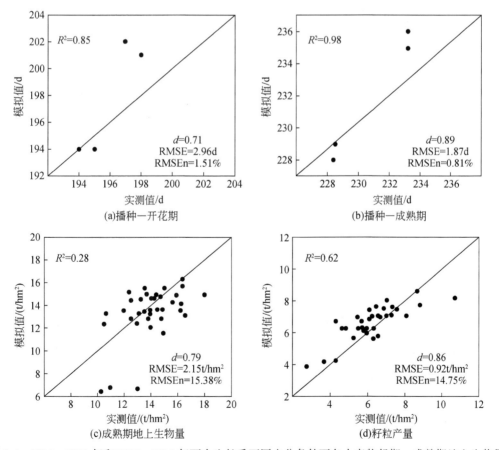

图 6-4 2011~2012 年和 2012~2013 年两个生长季不同水分条件下冬小麦物候期、成熟期地上生物量

分别为 0.85 和 1.51%，播种—成熟期 R^2 和 RMSEn 分别为 0.98 和 0.81%。2011～2012 年和 2012～2013 年两个生长季，模型对冬小麦成熟期地上生物量的模拟值与实测值的 RMSE 和 RMSEn 分别为 2.15 t/hm² 和 15.38%，籽粒产量的模拟值与实测值的 RMSE 和 RMSEn 分别为 0.92 t/hm² 和 14.75%。尽管模型对地上生物量及籽粒产量的模拟误差略高于对物候期的模拟，但整体模拟结果较好。

用经参数校正的 CERES-Wheat 模型对 2013～2014 年和 2014～2015 年冬小麦播种—开花期、播种—成熟期和成熟期地上生物量和籽粒产量进行模拟，比较模拟值和实测值之间的差异，结果见表 6-11。从模型模拟的结果来看，经遗传参数校正后的 CERES-Wheat 模型对冬小麦成熟期的模拟精度最高，模拟值和实测值的相对误差为 -1.70%～0.45%；对开花期的模拟精度次之，相对误差为 1.06%～5.24%；再次是籽粒产量，相对误差为 -7.25%～13.84%；对成熟期地上生物量的模拟精度最低，相对误差为 -14.08%～14.39%，各指标相对误差均在 ±15% 的区间内。各处理播种—开花期的模拟值普遍比实测值推迟 2～10 d，而播种—成熟期的模拟值大多比实测值提前 2～4 d。这是由于干旱胁迫导致作物物候期的提前，本节对冬小麦播种—开花期和播种—成熟期的模拟结果，可能是由于模型低估了开花期干旱胁迫，而高估了成熟期干旱胁迫。

6.3.4　CSM-CERES-Wheat 模型对冬小麦生长动态模拟

6.3.4.1　蒸发蒸腾量模拟

用 CERES-Wheat 模型模拟 2013～2014 年和 2014～2015 年不同处理冬小麦日蒸发蒸腾量的变化情况，T1 和 F1 的模拟结果如图 6-5 所示，各处理日蒸发蒸腾量模拟值和实测值的误差统计结果见表 6-12。从图 6-5 可以看出，CERES-Wheat 模型模拟的冬小麦蒸发蒸腾量与蒸渗仪实测值具有较高的吻合度。各处理蒸发蒸腾量模拟值和实测值的 b 为 0.841～1.121、R^2 为 0.652～0.951、RMSE 为 0.543～0.756 mm/d、AAE 为 0.488～0.682 mm/d、

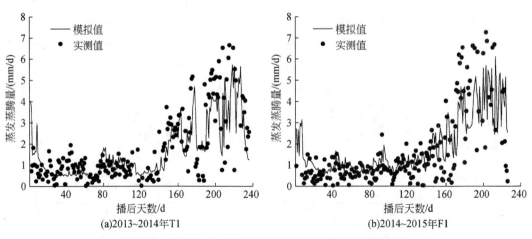

图 6-5　T1 和 F1 冬小麦蒸发蒸腾量模拟值和实测值对比

表6-11 CERES-Wheat 模型遗传参数校验结果

生长季		播种—开花期			播种—成熟期			成熟期地上生物量			籽粒产量		
		实测值/d	模拟值/d	相对误差/%	实测值/d	模拟值/d	相对误差/%	实测值/(kg/hm²)	模拟值/(kg/hm²)	相对误差/%	实测值/(kg/hm²)	模拟值/(kg/hm²)	相对误差/%
2013~2014年	T1	195	201	3.08	234	231	-1.28	20 104.75	17 274	-14.08	6 717.24	6 800	1.23
	T2	195	201	3.08	235	231	-1.70	16 607.59	15 272	-8.04	6 241.05	6 311	1.12
	T3	193	201	4.15	233	231	-0.86	13 453.80	13 339	-0.85	4 686.48	4 826	2.98
	T4	195	201	3.08	233	231	-0.86	13 749.53	15 182	10.42	5 683.25	5 654	-0.51
	T5	194	201	3.61	233	231	-0.86	15 745.90	16 251	3.21	5 841.84	5 925	1.42
	T6	194	201	3.61	233	231	-0.86	14 126.68	14 267	0.99	5 882.07	5 758	-2.11
	T7	195	201	3.08	232	231	-0.43	15 310.50	15 784	3.09	5 886.02	5 866	-0.34
	T8	195	201	3.08	232	231	-0.43	15 050.96	13 927	-7.47	5 692.49	5 754	1.08
	T9	191	201	5.24	232	231	-0.43	14 188.00	14 950	5.37	5 008.08	5 259	5.01
2014~2015年	F1	188	190	1.06	223	221	-0.90	20 104.75	18 669	-7.14	6 985.26	7 029	0.63
	F2	188	193	2.66	223	221	-0.90	16 607.59	16 292	-1.90	5 618.58	5 824	3.66
	F3	187	193	3.21	220	221	0.45	13 453.80	13 707	1.88	4 348.48	4 728	8.73
	F4	188	193	2.66	223	221	-0.90	15 749.53	17 187	9.13	5 774.16	6 194	7.27
	F5	186	191	2.69	223	221	-0.90	15 745.90	15 473	-1.73	5 884.18	5 938	0.91
	F6	188	193	2.66	223	221	-0.90	14 126.68	16 160	14.39	5 029.67	5 726	13.84
	F7	188	193	2.66	222	221	-0.45	15 310.50	15 667	2.33	5 432.45	5 548	2.13
	F8	188	193	2.66	223	221	-0.90	15 050.96	16 470	9.43	5 583.67	5 785	3.61
	F9	186	190	2.15	223	221	-0.90	14 188.00	14 820	4.45	5 581.67	5 177	-7.25

NSE 为 0.612 ~ 0.850、RSR 为 0.387 ~ 0.623：d_{IA} 为 0.895 ~ 0.954。NSE 和 RSR 的值均在极好和良好的范围内，各误差统计量值均在合理的范围内，说明 CERES-Wheat 模型可以较准确地模拟不同水分条件下冬小麦蒸发蒸腾量的变化过程。

表 6-12 冬小麦蒸发蒸腾量模拟值与实测值误差统计量

生长季	处理	b	R^2	RMSE /(mm/d)	AAE /(mm/d)	NSE	RSR	d_{IA}
2013 ~ 2014 年	T1	0.841	0.722	0.713	0.573	0.720	0.529	0.909
	T2	1.047	0.743	0.681	0.642	0.722	0.527	0.927
	T3	1.112	0.814	0.665	0.567	0.778	0.471	0.947
	T4	0.978	0.741	0.741	0.630	0.796	0.452	0.943
	T5	0.878	0.856	0.679	0.554	0.830	0.413	0.944
	T6	1.022	0.818	0.666	0.587	0.816	0.429	0.949
	T7	0.980	0.733	0.675	0.543	0.727	0.522	0.922
	T8	0.906	0.951	0.748	0.682	0.839	0.401	0.952
	T9	0.901	0.804	0.756	0.643	0.791	0.457	0.931
2014 ~ 2015 年	F1	0.917	0.773	0.704	0.568	0.772	0.478	0.929
	F2	0.991	0.676	0.673	0.594	0.671	0.574	0.900
	F3	0.971	0.860	0.611	0.541	0.850	0.387	0.954
	F4	1.104	0.652	0.653	0.541	0.612	0.623	0.895
	F5	1.121	0.674	0.638	0.584	0.621	0.615	0.903
	F6	1.074	0.670	0.552	0.494	0.655	0.588	0.901
	F7	0.964	0.753	0.577	0.529	0.752	0.498	0.922
	F8	0.986	0.803	0.543	0.488	0.801	0.446	0.938
	F9	0.990	0.709	0.593	0.494	0.709	0.540	0.910

6.3.4.2 干物质模拟

用 CERES-Wheat 模型模拟 2013 ~ 2014 年和 2014 ~ 2015 年不同处理冬小麦地上部干物质的积累过程，模拟结果如图 6-6 所示，模拟值和实测值的误差统计结果见表 6-13。各处理地上部干物质模拟值和实测值的 b 为 0.814 ~ 0.985、R^2 为 0.814 ~ 0.943、RMSE 为 1242.107 ~ 2968.344 kg/hm^2、AAE 为 1056.970 ~ 2505.613 kg/hm^2、NSE 为 0.750 ~ 0.922、RSR 为 0.279 ~ 0.500、d_{IA} 为 0.905 ~ 0.976。各误差统计量值均在合理的范围内，说明 CERES-Wheat 模型可以较准确地模拟不同水分条件下冬小麦地上部干物质的积累过程。

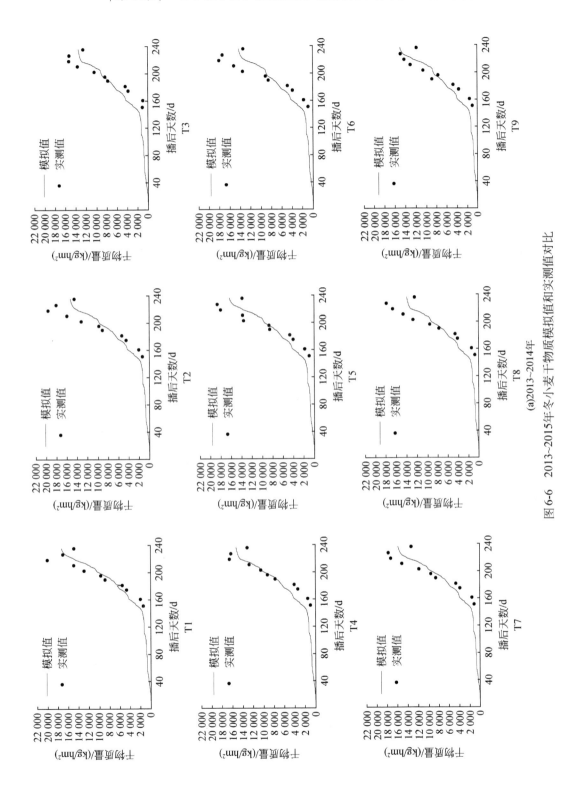

图6-6 2013~2015年冬小麦干物质模拟值和实测值对比

(a)2013~2014年

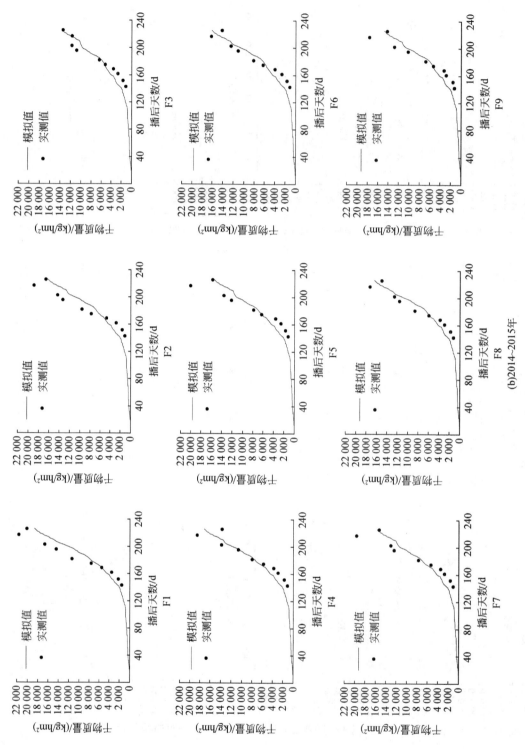

图6-6 2013~2015年冬小麦干物质模拟值和实测值对比（续）

表 6-13　冬小麦地上部干物质模拟值与实测值误差统计量

生长季	处理	b	R^2	RMSE /(kg/hm^2)	AAE /(kg/hm^2)	NSE	RSR	d_{IA}
	T1	0.894	0.865	2332.738	1837.691	0.849	0.389	0.952
	T2	0.821	0.830	2858.201	2366.909	0.783	0.465	0.922
	T3	0.918	0.925	2009.109	1754.855	0.847	0.391	0.945
	T4	0.985	0.927	1728.647	1438.552	0.898	0.319	0.968
2013~2014年	T5	0.880	0.866	2514.575	2241.414	0.825	0.418	0.939
	T6	0.814	0.814	2968.344	2505.613	0.750	0.500	0.905
	T7	0.901	0.894	2168.503	2026.895	0.860	0.374	0.954
	T8	0.845	0.878	2550.263	2261.591	0.805	0.442	0.928
	T9	0.959	0.845	1962.019	1795.808	0.834	0.407	0.948
	F1	0.826	0.898	2546.382	2077.593	0.871	0.359	0.959
	F2	0.840	0.895	2322.759	2001.086	0.858	0.377	0.953
	F3	0.967	0.943	1242.107	1056.970	0.922	0.279	0.976
	F4	0.984	0.903	1826.043	1523.269	0.896	0.322	0.969
2014~2015年	F5	0.840	0.917	2476.344	1827.991	0.843	0.396	0.944
	F6	0.961	0.919	1554.375	1490.931	0.910	0.300	0.974
	F7	0.865	0.927	2259.349	1742.135	0.866	0.367	0.953
	F8	0.928	0.931	1596.510	1452.426	0.916	0.290	0.975
	F9	0.888	0.932	1883.435	1506.583	0.883	0.342	0.954

分析全生育期模拟值和实测值的变化情况可以看出，开花期前地上部干物质的模拟值普遍高于实测值，而开花后地上部干物质的模拟值多低于实测值。这说明模型低估了开花前缺水对冬小麦地上部干物质积累的抑制作用，而高估了开花后缺水对冬小麦地上部干物质积累的抑制作用。本研究中出现的低估开花前水分胁迫和高估开花后水分胁迫的现象，可能是由于 RWUEDP1 的预设值不合理。另外，冬小麦地上部干物质的实测值在接近成熟时，有下降的趋势，而模拟值的这种趋势不明显。造成这种现象的原因可能是，冬小麦在接近成熟时，同化作用逐渐减弱，呼吸作物开始占据主导，而模型没有考虑这一过程。

6.3.4.3　土壤含水率模拟

用 CERES-Wheat 模型模拟 2013~2014 年和 2014~2015 年不同处理冬小麦土壤含水率的变化过程。有研究表明，0~40 cm 是冬小麦根系分布的主要深度（王淑芬等，2006），该深度的土壤水分状况对冬小麦的生长影响最大，姚宁等（2015）在本地区进行 CERES-Wheat 模型的验证时，也选取 0~40 cm 的土壤含水率进行验证，取得了良好的效果。因此，本节采用 0~40 cm 的深度对模型模拟土壤含水率的效果进行评价。土壤含水率的模拟结果如图 6-7 所示，模拟值和实测值的误差统计结果见表 6-14。各处理 0~40 cm 平均土壤含水率模拟值和实测值的 b 为 0.927~1.015、R^2 为 0.586~0.848、RMSE 为 0.020~0.032 cm^3/cm^3、AAE 为 0.017~0.023 cm^3/cm^3、NSE 为 0.385~0.827、RSR 为 0.416~0.784、d_{IA} 为 0.876~0.964。各误差统计量值基本在合理的范围内，说明 CERES-Wheat 模型可以较准确地模拟不同水分条件下冬小麦土壤含水率的变化过程。

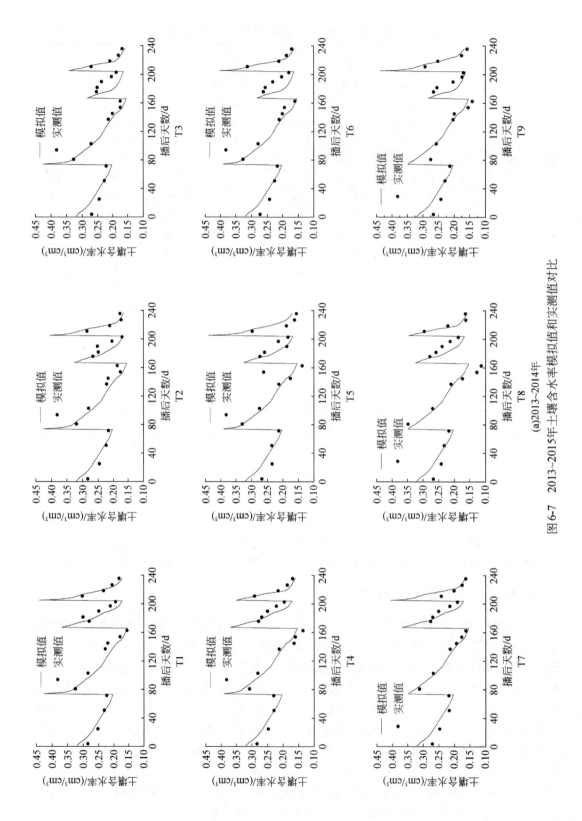

(a)2013~2014年

图6-7　2013~2015年土壤含水率模拟值和实测值对比

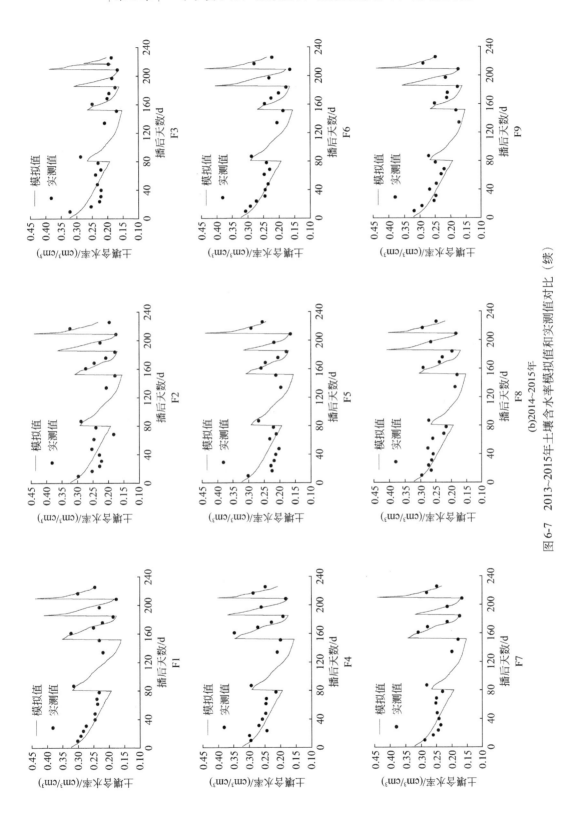

图6-7 2013~2015年土壤含水率模拟值和实测值对比（续）

表 6-14　不同处理冬小麦土壤含水率模拟值与实测值误差统计量

生长季	处理	b	R^2	RMSE/ (cm^3/cm^3)	AAE/ (cm^3/cm^3)	NSE	RSR	d_{1A}
2013～2014 年	T1	0.966	0.778	0.021	0.017	0.827	0.416	0.964
	T2	0.972	0.820	0.023	0.018	0.707	0.541	0.940
	T3	0.950	0.746	0.027	0.020	0.546	0.674	0.913
	T4	0.982	0.848	0.020	0.017	0.819	0.425	0.957
	T5	0.988	0.645	0.032	0.023	0.593	0.638	0.897
	T6	0.948	0.743	0.027	0.019	0.621	0.616	0.920
	T7	1.015	0.586	0.024	0.018	0.721	0.528	0.941
	T8	0.968	0.774	0.027	0.022	0.774	0.476	0.934
	T9	1.004	0.737	0.027	0.019	0.628	0.610	0.919
2014～2015 年	F1	0.952	0.716	0.025	0.019	0.571	0.655	0.907
	F2	0.987	0.651	0.025	0.022	0.617	0.619	0.906
	F3	0.967	0.654	0.024	0.022	0.578	0.649	0.894
	F4	0.927	0.720	0.025	0.022	0.600	0.633	0.911
	F5	1.008	0.685	0.026	0.021	0.385	0.784	0.876
	F6	0.961	0.738	0.023	0.020	0.603	0.630	0.915
	F7	0.963	0.765	0.023	0.019	0.664	0.579	0.926
	F8	0.932	0.745	0.023	0.020	0.568	0.658	0.913
	F9	0.950	0.754	0.023	0.020	0.670	0.574	0.926

6.3.5　CSM-CERES-Wheat 模型的应用

6.3.5.1　播种日期和灌水量的设置

用 1984～2013 年的历史气象数据对冬小麦不同播种日期的生长进行模拟，并对模拟得到的产量、灌水量、蒸发蒸腾量、水分利用效率以及灌溉水分利用效率进行分析。利用 DSSAT4.6 中的季节性分析（seasonal analysis）模块对不同灌水量及播种密度的 7 个不同播种日期情况进行模拟，来优化关中地区冬小麦的最佳播种日期。

由于不同年份的降水量不同，无法准确地控制灌水日期及灌水量，因此将模型中的灌溉管理设置为自动灌水。三个灌水水平分别为：①当 50 cm 深度土壤含水率达到田间持水量的 80%；②当 50 cm 深度土壤含水率达到田间持水量的 50%；③雨养。模型需要的其他田间管理措施以及土壤参数等与试验的实际实施情况相同。设置不同播种日期间隔为 10 天，播种日期为 8 月 27 日～10 月 27 日。

6.3.5.2 不同生长季冬小麦籽粒产量预测

CSM-CERES-Wheat 模型中季节性分析模块用来进行播期优化，确定关中地区冬小麦的最佳播种日期。图 6-8 为基于长序列的历史气象数据模拟的不同播种日期下冬小麦产量，为 $4.1 \sim 11.3$ t/hm^2。对于不同的情景模式，模型模拟的产量趋势相同，并且随着播种日期的推迟，产量降低的风险增大。当播种日期从 8 月 27 日推迟至 9 月 7 日时，籽粒产量以 76kg/（hm$^2 \cdot$ d）的速率从 8.69t/hm^2 增加至 9.45t/hm^2。然而，当播种日期从 9 月 7 日推迟至 10 月 27 日，籽粒产量以 70kg/（hm$^2 \cdot$ d）的速率从 9.45t/hm^2 减少至 5.89t/hm^2。一般情况下，当播种日期为 9 月 7 日时，可以获得最大产量，产量值甚至高于当地的正常播种日期（10 月 1 ~ 15 日），与 2012 ~ 2013 年获得的实际产量相比，模型模拟获得的产量要高出 5.5% ~ 122.8%。在试验相同播种日期下模型模拟获得的产量与试验获得的实际产量的误差为 -25.2% ~ 60.7%。在两种播种日期的不同情景模式下，产生误差较大的情景模式均为雨养情况，表明模型对雨养或者水分亏缺严重情况下的作物产量模拟结果精度较低，这一模块仍需要改进。模型模拟产量最低的播种日期为 8 月，其原因可能是该时期的最高气温较高，达到 $32.2 \sim 39.3$℃，导致作物发育加速，使作物冬前生长量过大，最终导致产量降低。另外，在充分灌水和轻度水分亏缺的情景模式下，模型模拟获得的产量值并未有较大差异，而雨养情景模式下产量要显著低于另外两种情景模式。例如，在 9 月 7 日的播种日期情况下，情景 PD$_1$+W$_L$、PD$_2$+W$_L$ 和 PD$_3$+W$_L$ 的产量比情景 PD$_1$+W$_M$、PD$_2$+W$_M$ 和 PD$_3$+W$_M$ 的产量分别降低 30.0%、31.6% 和 35.1%。这里 PD$_1$ 为密播播种密度；PD$_2$ 为适宜播种密度；PD$_3$ 为稀播播种密度；W$_H$ 为充分灌水水平；W$_M$ 为中度水分亏缺；W$_L$ 为重度水分亏缺。

6.3.5.3 不同生长季灌水量的模拟预测

通过模型模拟得到各情景模式 8 月 27 日 ~ 10 月 27 日冬小麦在生育期内获得的降水量分别为 283.3 mm（PD$_1$+W$_H$）、263.9 mm（PD$_1$+W$_M$）、246.5 mm（PD$_1$+W$_L$）、221.0 mm（PD$_2$+W$_H$）、209.3 mm（PD$_2$+W$_M$）、196.6 mm（PD$_2$+W$_L$）、189.1 mm（PD$_3$+W$_H$）、182.7 mm（PD$_3$+W$_M$）和 176.0 mm（PD$_3$+W$_L$）。另外，模型模拟在不同播种日期及不同情景模式下的灌水量情况见表 6-15。模型中将灌水设置为自动模式，当土壤含水量降低到田间持水量的一定比例时，即进行自动灌水。模拟结果表明，从 8 月 27 日开始，灌水量随着播种日期的推移而逐渐增多，至 9 月 27 日时，灌水量最大，最高达到 330 mm。与 2012 ~ 2013 年实际灌水水平相比，该播种日期及不同情景模式下灌水量要比其他高出 31.2% ~ 126.2%。此后，冬小麦生育期内的灌水量逐渐减少，充分灌水情景模式冬小麦生育期的灌水量要高于轻度水分亏缺情景模式。然而，水分亏缺情景模式的冬小麦产量基本与充分灌水情景模式下的冬小麦产量相同（图 6-8），结果表明轻度亏缺的灌水量即可满足冬小麦在整个生育期内的需水量要求。类似地，Zhang 等（2010）通过研究不同水分处理情况下的 26 种不同品种冬小麦的水分利用效率，表明充分灌溉处理并不是产量最大及水分利用效率最高的处理。

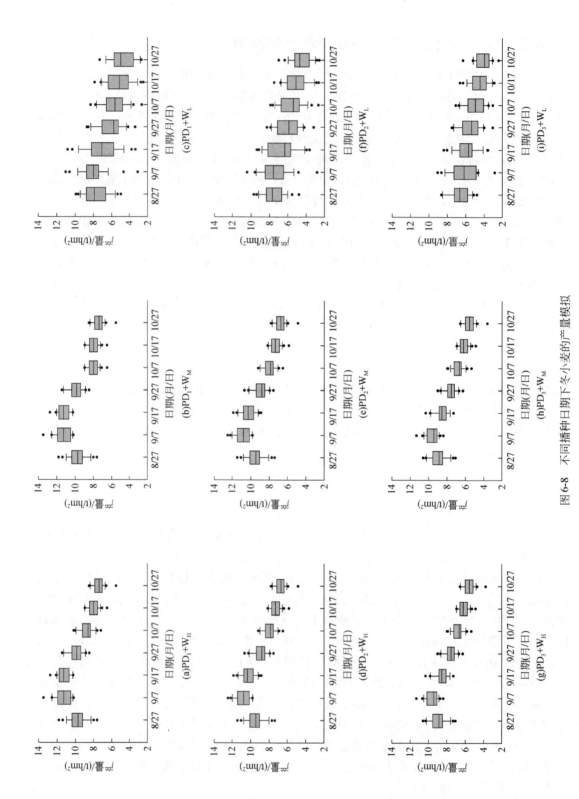

图 6-8 不同播种日期下冬小麦的产量模拟

表6-15 不同播种日期及不同情景模式下冬小麦生育期内灌水量的模拟 （单位：mm）

情景模式	灌水量						
	8月27日	9月7日	9月17日	9月27日	10月7日	10月17日	10月27日
PD_1+W_H	273.7	300.1	324.9	328.9	326.0	322.3	316.2
PD_1+W_M	250.6	276.1	297.1	305.4	293.0	280.4	276.3
PD_1+W_L	0	0	0	0	0	0	0
PD_2+W_H	265.2	300.8	320.6	317.4	311.7	305.8	300.4
PD_2+W_M	243.0	276.6	296.1	292.4	272.2	259.7	250.0
PD_2+W_L	0	0	0	0	0	0	0
PD_3+W_H	261.2	294.5	305.9	295.2	284.4	278.3	268.2
PD_3+W_M	239.3	269.9	276.0	259.6	239.1	225.6	210.6
PD_3+W_L	0	0	0	0	0	0	0

6.3.5.4 不同生长季水分利用效率和灌溉水分利用效率

水分利用效率（WUE）被定义为模型模拟的产量与生育期内的蒸发蒸腾量的比值，灌溉水分利用效率（IWUE）被定义为由灌溉所产生的增长的产量与灌水量的比值。由表6-16可知，在播种日期9月7日及9月17日，不同情景模式的WUE及IWUE均较高。与9月17日相比，尽管9月7日播种的冬小麦产量较高，但是前者的IWUE更高，说明9月17日播种，可以提高灌溉水的利用效率。同样的，Farré和Faci（2009）认为，IWUE指标实际上比WUE更有意义，因为作物在生育期内的蒸发蒸腾量并不是全部用来产生产量。同时，从经济效益角度来考虑，产量与灌水量的关系比产量与作物蒸发蒸腾量的关系更加重要。

播种日期是通过冬小麦生育期内的温度和光照条件的改变影响最终产量（Shan，2001）。一方面，播种日期过早由于高温的影响，冬小麦生长迅速，在越冬期前发育过快，导致冬小麦在越冬期容易受到霜冻的影响，造成最终籽粒产量降低。另一方面，播种日期过早将会增强作物对太阳辐射的截获，使其干物质累积量增大（Stapper and Harris，1989）。然而，若播种期过晚，冬小麦将会在越冬期后分蘖不足，并且在生育早期发育缓慢而生育末期发育迅速，导致冬小麦穗数较小且穗粒数少，使成熟期的籽粒产量降低（Zhu et al.，2000）。一般情况，在一定的播种日期范围内，小麦的穗数随着播种期的推迟而减少，而小麦的每穗的穗粒数则随着播种期的推迟而增大（Li et al.，2001）。因此，增加冬小麦的种植密度是在晚播情况下提高小麦穗数的主要方法。播种密度对冬小麦的生长发育有显著影响，尤其是对冬小麦的分蘖数以及穗数，而最终对冬小麦的产量产生影响（Liu et al.，2009）。

表6-16 不同播种日期、情景模式下冬小麦生育期内水分利用效率及灌溉水分利用效率模拟

[单位: $kg/(hm^2 \cdot mm)$]

情景模式	8月27日		9月7日		9月17日		9月27日		10月7日		10月17日		10月27日	
	WUE	IWUE	WUE	IWUE	WUE	IWUE	WUE	IWUE	WUE	IWUE	WUE	IWUE	WUE	IWUE
PD_1+W_H	21.0	7.9	23.5	11.2	23.3	12.9	20.8	11.6	19.1	9.4	18.3	8.9	17.5	8.4
PD_1+W_M	21.1	8.5	23.6	12.2	23.4	14.1	21.1	12.5	19.6	10.4	18.8	10.3	18.2	9.6
PD_1+W_L	22.0	—	23.5	—	21.6	—	19.4	—	18.8	—	17.9	—	17.3	—
PD_2+W_H	20.7	7.3	22.7	11.4	21.5	11.6	19.2	9.7	18.0	7.7	17.1	7.6	16.4	7.3
PD_2+W_M	20.8	6.8	22.8	13.0	21.7	15.1	19.5	13.9	18.5	11.5	17.8	11.9	17.2	11.5
PD_2+W_L	22.2	—	22.0	—	20.3	—	18.8	—	18.6	—	17.5	—	16.6	—
PD_3+W_H	19.6	8.6	20.4	11.5	18.2	8.6	16.9	7.1	15.9	6.2	15.0	5.9	14.2	5.3
PD_3+W_M	19.7	9.4	20.5	12.5	18.5	9.6	17.4	8.1	16.6	7.4	15.9	7.3	15.2	6.8
PD_3+W_L	19.6	—	18.7	—	18.3	—	17.7	—	16.9	—	16.0	—	15.3	—

通过以上季节性分析，模型模拟得到关中地区冬小麦品种"小堰22"的最佳播种日期为9月17日。而在关中地区，冬小麦一般在夏玉米收获后播种，因此，冬小麦的播种日期也较大程度上取决于夏玉米的收获日期。夏玉米的收获日期一般在9月末或10月初，然而模型模拟得到的最佳播种日期比当地的正常情况下的实际播种日期几乎早20天左右，并且对不同情景模式下的产量预测值非常高，甚至对雨养情景模式下的产量预测也很高。造成这种情况的原因可能是该作物模型对"小堰22"越冬期的时间模拟不准确。在实际情况下，"小堰22"的播种日期可以比模型模拟的日期推迟，在10月上旬播种。

6.4 CERES-Wheat模型中两种蒸发蒸腾量估算方法比较

6.4.1 生育期累积蒸发蒸腾量

由于已对模型模拟的冬小麦物候期、生物量以及产量数据进行了校正，因此使用2011～2012年和2012～2013年蒸渗仪（充分灌水处理）实测的蒸发蒸腾量对模型模拟的结果进行评价。分别用PT（Priestley-Taylor）方法和FAO-56 PM（Penman-Monteith）两种方法模拟的蒸发蒸腾量与大型称重式蒸渗仪实测的蒸发蒸腾量值进行比较。2011～2012年生长季，蒸渗仪的实测值、PT和FAO-56 PM方法的模拟值分别为341.9mm、338.0mm和342.5mm。2012～2013年生长季，蒸渗仪的实测值、PT方法和FAO-56 PM方法的模拟值分别为384.7mm、371.8mm和391.6mm。

图6-9为2011～2012年和2012～2013年两个生长季的实测和模拟的累积蒸发蒸腾量。从图6-9可以看出，模型模拟的冬小麦蒸发蒸腾量与蒸渗仪实测值的吻合度较好，且模型对2012～2013年生长季的模拟结果较2011～2012年生长季好，用PT方法模拟的累积蒸发蒸腾量值均小于蒸渗仪的实测值。对于FAO-56 PM方法，在2011～2012年模拟的累积

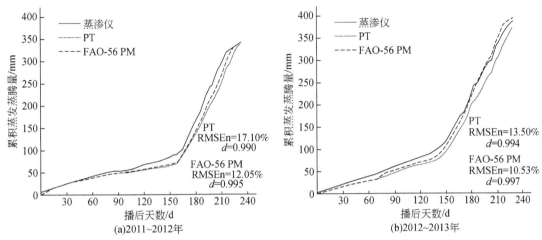

图6-9　2011~2012年和2012~2013年生长季PT和FAO-56 PM方法模拟累积蒸发蒸腾量

蒸发蒸腾量值小于蒸渗仪的实测值。而在2012~2013年，FAO-56 PM方法模拟的累积蒸发蒸腾量值从播种后188天开始高于蒸渗仪的实测值。在两个生长季用FAO-56 PM方法模拟的累积蒸发蒸腾量值与蒸渗仪实测值的吻合度均比PT方法好，且PT方法模拟的累积蒸发蒸腾量值小于FAO-56 PM方法的模拟值。两种方法的主要误差来自于ET_0之间的差异（Utset et al.，2004），并且造成这种误差的主要原因是：①PT方法与FAO-56 PM方法相比，没有考虑空气动力学方面的影响（刘晓英等，2003），FAO-56 PM方法中空气动力项与辐射项的比值是影响PT方法结果的重要因子，且二者呈显著负相关，该比值越小，PT方法的应用效果相对越好，反之，该比值越大，应用效果越差（刘晓英等，2003）；②基于PT方法模拟得到的下渗量值要高于FAO-56 PM方法的模拟值（Utset et al.，2004），因此，计算得到的蒸发蒸腾量值较小。

表6-17为2011~2012年和2012~2013年两个生长季PT方法和FAO-56 PM方法模拟不同水分处理累积蒸发蒸腾量的模拟值比较。由表6-17可以看出，PT方法的模拟值均小于FAO-56 PM方法的模拟值。

表6-17　2011~2012年和2012~2013年生长季PT方法和FAO-56 PM方法模拟
不同水分处理累积蒸发蒸腾量

处理	2011~2012年			处理	2012~2013年		
	PT模拟值/mm	FAO-56 PM模拟值/mm	相对误差/%		PT模拟值/mm	FAO-56 PM模拟值/mm	相对误差/%
HMM	325.50	328.13	-2.63	HMMM	327.30	330.41	-3.11
HLLL	298.65	300.07	-1.43	HLLL	289.88	290.05	-0.17
MML	298.54	299.72	-1.18	MHML	316.03	317.91	-1.88
MLH	311.50	313.27	-1.77	MMLH	314.43	315.03	-0.61
MHM	325.72	328.12	-2.40	MLHM	313.94	315.36	-1.43
LLM	283.75	283.80	-0.05	LHLM	302.41	303.53	-1.13
LHL	297.99	298.60	-0.61	LMHL	302.86	303.05	-0.19
LMH	310.83	311.98	-1.15	LLMH	299.21	300.49	-1.28

6.4.2 逐日蒸发蒸腾量

在冬小麦的生育期内，用PT方法和FAO-56 PM方法模拟的逐日蒸发蒸腾量与蒸渗仪实测值存在误差，但整体趋势一致（图6-10）。2011～2012年生长季，蒸渗仪实测值、PT方法和FAO-56 PM方法模拟值分别为1.461mm/d、1.444 mm/d和1.463 mm/d。2012～2013年生长季，蒸渗仪实测值、PT方法和FAO-56 PM方法模拟值分别为1.680 mm/d、1.623 mm/d和1.710 mm/d。假设蒸渗仪实测数据准确，则使用两种方法模拟误差均在4%以内。由图6-10还可以看出，在冬小麦的生育期前期，用PT方法和FAO-56 PM方法模拟的蒸发蒸腾量略小于蒸渗仪实测值，且PT方法模拟的蒸发蒸腾量波动范围要小于FAO-56 PM方法；而在生育期后期两种方法的模拟值均比实测值大。造成该情况的原因可能是在冬小麦生长后期对应的生育期为抽穗—灌浆—成熟期，此阶段为冬小麦生殖生长的旺盛时期，模型模拟的蒸发蒸腾强度比实际大。

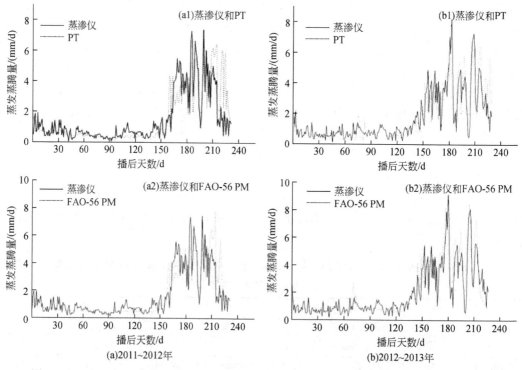

图6-10 2011～2012年和2012～2013年生长季PT和FAO-56PM方法模拟逐日蒸发蒸腾量

模型对蒸发蒸腾量模拟的精确度直接影响模型对作物地上生物量、产量指标等的模拟结果。本节用CSM-CERES-Wheat模型基于PT和FAO-56 PM两种估算冬小麦蒸发蒸腾量的方法进行模拟研究，结果表明，用PT方法估算的蒸发蒸腾量值小于FAO-56 PM方法。例如，在2011～2012年和2012～2013年两个生长季，PT方法比FAO-56 PM方法模拟的蒸发蒸腾量分别低1.3%和5.0%。这与Anothai等（2013）的研究结果类似，他们用

CERES-Maize 模型模拟的蒸发蒸腾量与波文比能量平衡仪器的实测值对比, 结果表明 FAO-56 PM 方法的模拟结果比 PT 方法的准确性更高, 并且模型用 PT 方法的模拟结果比用 FAO-56 PM 方法模拟的蒸发蒸腾量小 3.8% ~ 8.5%。而与 Dugas 和 Aninsworth(1985)使用两种方法的模拟结果误差较大, 他们将 CERES 模型中的 PT 方法替换为 FAO-56 PM 方法, 得到在高粱生育期内, PT 方法模拟结果比 FAO-56 PM 方法小 42% ~ 70%; 在小麦全生育期内, PT 方法模拟结果比 FAO-56 PM 方法小 60% ~ 81%; 在玉米全生育期内, PT 方法模拟结果比 FAO-56 PM 方法小 35% ~ 46%。造成误差较大的原因可能是试验处于相对湿度较高的地区, 而 PT 方法没有考虑相对湿度的影响, 当相对湿度明显增加时, PT 方法计算结果偏大(闫浩芳, 2008)。

6.4.3 PT 和 FAO-56 PM 方法对冬小麦土壤含水率模拟

为了评价 CERES-Wheat 模型用 PT 和 FAO-56 PM 两种蒸发蒸腾量方法对土壤含水量的模拟情况, 用 2011 ~ 2012 年 HHH 处理和 2012 ~ 2013 年 HHHH 处理不同土层深度(0 ~ 20 cm、20 ~ 40 cm、40 ~ 60 cm、60 ~ 80 cm、80 ~ 100 cm)的土壤含水率对模型的模拟结果进行验证, 土层的动态模拟结果如图 6-11 所示。由图 6-11 可以看出, 模型用两种方法对不同土层深度的土壤含水率模拟值变化趋势与观测值一致, 大部分观测值都在模拟曲线上, 说明对土壤水分模拟结果较好。用 PT 方法模拟的 2011 ~ 2012 年 HHH 处理以及 2012 ~ 2013 年 HHHH 处理 0 ~ 20 cm 土层深度的 RMSEn 和 d 值分别为 41.0%、0.30 以及 36.4%、0.45, 模拟结果较差, 然而, 20 cm 以下土层深度模型模拟结果较好。

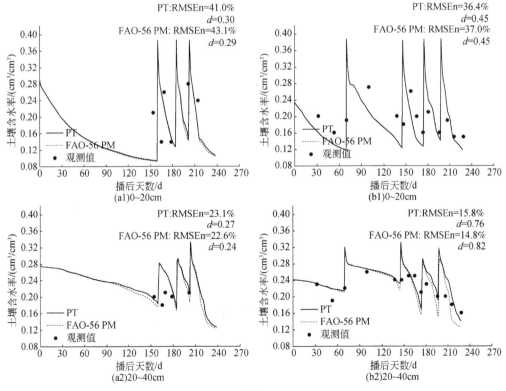

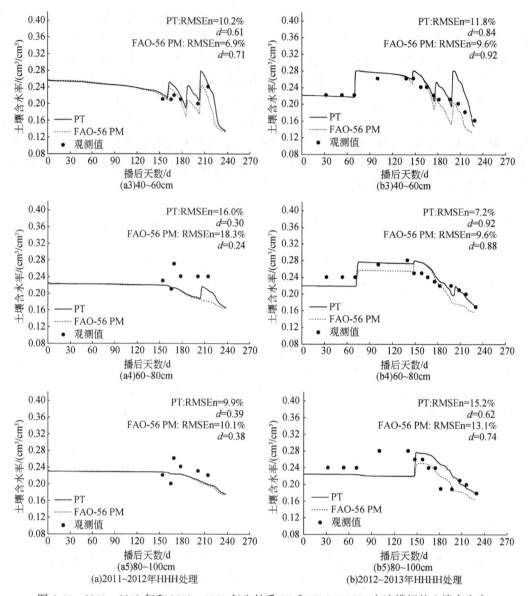

图 6-11　2011～2012 年和 2012～2013 年生长季 PT 和 FAO-56 PM 方法模拟的土壤含水率

　　用 FAO-56 PM 方法的模拟结果与 PT 方法类似，对 0～20 cm 土层深度的土壤含水率模拟精度较低，从 20～40 cm 土层深度开始，模型模拟的精度提高。一般来说，模型用 FAO-56 PM 方法在 0～20cm、20～40cm 以及 40～60 cm 土层深度的模拟结果比 PT 方法的模拟结果好，而对较深土层（60～80 和 80～100 cm）的模拟则表现为用 PT 方法的模拟结果略好。从图 6-11 还可以看出，表层（0～20 cm）的土壤含水率变化波动较大，基本从 40 cm 后土壤含水率波动变小，并且无论是 PT 方法还是 FAO-56 PM 方法均可较准确地模拟不同土层深度土壤含水率的变化情况。PT 方法和 FAO-56 PM 方法的模拟结果与实测值的吻合度基本一致，但是整体模拟结果为 PT 方法模拟的土壤含水率值高于 FAO-56 PM 方法的模拟结果。造成这种结果的原因是 PT 方法模拟的蒸发蒸腾量要低于 FAO-56 PM 方法，PT 方法模拟的作物根系吸水较大。

6.4.4 PT 和 FAO-56 PM 方法对冬小麦物候期及地上生物量、籽粒产量模拟

6.4.4.1 对物候期模拟验证

用校正后的模型模拟了不同水分处理的物候期。2011～2012 年生长季，模型对冬小麦开花时间的模拟值与观测值相差 3 天，成熟时间的模拟值与观测值相差 2 天。模型对开花期的模拟值与实测值的 RMSEn 为 1.52%，成熟期的模拟值与实测值的 RMSEn 为 0.85%。2012～2013 年生长季，模型对冬小麦开花时间的模拟值与观测值相差 -1 天，成熟时间的模拟值与观测值相差 -2 天。模型对开花期的模拟值与实测值的 RMSEn 为 0.18%，成熟期的模拟值与实测值的 RMSEn 为 0.31%，模拟结果较好。总体而言，模型对 2012～2013 年生长季物候期的模拟结果要好于 2011～2012 年生长季。而基于 PT 方法和 FAO-56 PM 方法对冬小麦物候期的模拟结果相同。这是因为 CERES-Wheat 模型中物候期的计算是由积温、光周期以及春化因子三个因子决定的，目前并没有考虑不同水分情况对物候期的影响。因此，模型中不同的蒸发蒸腾量计算方法对物候期的模拟结果没有影响。另外，在冬小麦的同一生育期内，模型对不同处理的开花期与成熟期的模拟结果均相同。

6.4.4.2 成熟期地上生物量模拟验证

基于 PT 方法对 2011～2012 年和 2012～2013 年生长季不同水分处理的冬小麦生物量的模拟结果见表 6-18。在 2011～2012 年生长季，模型的模拟值与实测值的差异范围为 -21.89%～-0.42%，且模拟值小于实测值，其 RMSEn 和 d 分别为 15.02% 和 0.52。RMSEn 值为 10%～20%，表明模拟结果较好。在 2012～2013 年生长季，模型的模拟值与实测值的差异范围为 -16.15%～19.48%，远大于 2011～2012 年生长季，且模型对不同处理生物量的模拟既有高估也有低估的情况，其 RMSEn 和 d 分别为 12.12% 和 0.54，表明模拟结果也较好。总体来说，PT 方法对两个生长季的地上生物量模拟，2012～2013 年生长季的模拟结果要略好于 2011～2012 年生长季。

表 6-18 CSM-CERES-Wheat 模型基于两种蒸发蒸腾量计算方法对 2011～2012 年和 2012～2013 年生长季不同水分处理条件下冬小麦地上生物量的模拟值与实测值

| 处理 | 2011～2012 年 | | | | | 处理 | 2012～2013 年 | | | | |
| | 地上生物量/(t/hm²) | | | 差异/% | | | 地上生物量/(t/hm²) | | | 差异/% | |
	PT 模拟	FAO-56 PM 模拟	实测值	PT 模拟	FAO-56 PM 模拟		PT 模拟	FAO-56 PM 模拟	实测值	PT 模拟	FAO-56 PM 模拟
HMM	14.04	12.94	15.92	-11.78	-18.72	HMMM	14.48	12.18	15.64	-7.42	-22.16
HLLL	12.26	11.38	13.55	-9.52	-16.03	HLL	12.27	9.86	13.96	-12.11	-29.37
MML	12.27	11.32	13.95	-12.03	-18.91	MHML	13.74	11.67	11.99	14.58	-2.61

处理	地上生物量/(t/hm²)			差异/%		处理	地上生物量/(t/hm²)			差异/%	
	2011～2012 年						2012～2013 年				
	PT 模拟	FAO-56 PM 模拟	实测值	PT 模拟	FAO-56 PM 模拟		PT 模拟	FAO-56 PM 模拟	实测值	PT 模拟	FAO-56 PM 模拟
MLH	13.19	12.12	14.74	-10.52	-17.78	MMLH	13.83	11.23	14.47	-4.40	-22.37
MHM	14.10	12.91	18.06	-21.89	-28.52	MLHM	13.60	10.97	16.22	-16.15	-32.36
LLM	11.41	10.51	13.82	-17.48	-23.97	LHLM	13.08	10.74	12.52	4.49	-14.21
LHL	12.15	11.23	14.88	-18.37	-24.50	LMHL	12.99	10.51	14.79	-12.17	-28.97
LMH	13.13	12.08	13.18	-0.42	-8.38	LLMH	12.51	10.15	10.47	19.48	-3.06
RMSEn /%				15.02	21.34	RMSEn /%				12.12	24.19
d				0.52	0.43					0.54	0.47

在 2011～2012 年生长季，基于 FAO-56 PM 方法得到的模拟值与实测值的差异范围为 -28.52%～-8.38%，且模拟值小于实测值，RMSEn 和 d 分别为 21.34% 和 0.43。RMSEn 值为 20%～30%，表明模拟结果一般。在 2012～2013 年生长季，模型的模拟值与实测值的差异范围为 -32.36%～-2.61%，与 PT 方法相同，远大于 2011～2012 年生长季，模拟值均小于实测值，RMSEn 和 d 分别为 24.19% 和 0.47，表明模拟结果一般。与 PT 方法模拟结果相反，FAO-56 PM 方法对两个生长季的地上生物量模拟，2011～2012 年生长季的模拟结果要略好于 2012～2013 年生长季。

CERES-Wheat 模型基于不同的蒸发蒸腾量公式得到不同地上生物量及产量的模拟结果，其原因是模型对蒸发蒸腾量和土壤水分动态模拟的结果不同，从而导致水分胁迫因子不同，最终造成模拟结果的差异。在 2011～2012 年和 2012～2013 年生长季，使用 PT 方法比 FAO-56 PM 方法模拟的蒸发蒸腾量分别低 1.3% 和 5.0%，导致模拟的土壤含水率较高，最后使模型模拟的地上生物量及产量偏高（Shouse et al.，1980；刘晓英等，2003）。因此，基于这两种蒸发蒸腾量的计算方法，模型对成熟期地上生物量及产量的模拟结果总体表现为 PT 方法的模拟值要均高于 FAO-56 PM 方法。在 2011～2012 年和 2012～2013 年的两个生长季，PT 方法对冬小麦成熟期地上生物量的模拟值比 FAO-56 PM 方法分别高出 7.75%～9.27% 和 17.65%～24.44%，PT 方法对冬小麦产量的模拟值比 FAO-56 PM 方法分别高出 3.51%～17.44% 和 6.61%～31.47%。在本研究中，用 PT 方法的模拟结果比 FAO-56 PM 方法模拟结果吻合度好。这可能与模型的校正参数有关，参数校正后的模型模拟的地上生物量及产量值均略低于实测值，而 PT 方法模拟的产量值高于 FAO-56 PM 方法的模拟值，因此与实测值更接近，导致模拟结果的吻合度更高。而 Anothai 等（2013）基于这两种方法用 CSM-CERES-Maize 模型对玉米的地上生物量及产量进行模拟时，表现为 FAO-56 PM 方法的模拟结果较 PT 方法好。

CERES-Wheat 模型对不同水分处理情况的地上生物量的模拟结果均不相同，用 PT 方法模拟地上生物量，2011～2012 年和 2012～2013 年生长季分别为 11.41～14.10 t/hm² 和 12.51～14.48 t/hm²。用 FAO-56 PM 方法模拟地上生物量，2011～2012 年和 2012～2013

年生长季分别为 10.51 ~ 12.94 t /hm² 和 9.86 ~ 12.18 t /hm²。模型对大多数处理的地上生物量模拟值均小于实测值。这可能是遮雨棚下的小区试验，没有降水量的输入，模型在模拟过程出现水分胁迫，模拟的地上生物量值较小，或是由于作物遗传参数的选择导致模型的模拟值较小。类似地，Singh 等（2008）通过对不同水氮处理下的 CERES-Wheat 模型以及 CropSyst 模型的研究，指出 CERES-Wheat 模型对地上生物量的模拟结果并不理想，该模型对所有不同水氮处理下的地上生物量模拟值均低于实测值。基于 PT 方法和 FAO-56 PM 方法对地上生物量的模拟情况，误差较大的情况均出现在 MLHM 处理的模拟结果中，两种方法的模拟值均显著低于实测值。其原因可能是 MLHM 处理在生育期的前期有中度到重度的水分胁迫，而在拔节期复水后，冬小麦快速生长，而 CERRES-Wheat 模型没有准确模拟。因此，该模块还需要进一步改进。

6.4.4.3　产量模拟验证

基于 PT 方法对 2011 ~ 2012 年和 2012 ~ 2013 年生长季不同水分处理的产量的模拟结果见表 6-19。在 2011 ~ 2012 年生长季，模型的模拟值与实测值的差异范围为 -8.24% ~ 10.22%，且模拟值仅在 LHL 和 LMH 两个水分胁迫较为严重的处理中高于实测值，其余处理的模拟值均小于实测值。模型对于各处理的模拟值与实测值的 RMSEn 和 d 分别为 6.12% 和 0.94。RMSEn 值小于 10%，表明模拟结果非常好。在 2012 ~ 2013 年生长季，模型的模拟值与实测值的差异范围为 -2.97% ~ 46.7%，远大于 2011 ~ 2012 年生长季，其 RMSEn 和 d 分别为 17.74% 和 0.47，RMSEn 值为 10% ~ 20%，表明模拟结果较好。总体来说，PT 方法对两个生长季的产量模拟，2011 ~ 2012 年生长季的模拟结果要明显好于 2012 ~ 2013 生长季。

基于 FAO-56 PM 方法对 2011 ~ 2012 生长季不同水分亏缺产量的模拟结果比基于 PT 方法的模拟结果略差，而对 2012 ~ 2013 生长季产量的模拟结果要略好于 PT 方法。在 2011 ~ 2012 年生长季，模型的模拟值与实测值的差异范围为 -18.51% ~ -3.05%，模拟值均小于实测值，RMSEn 和 d 分别为 14.63% 和 0.70。RMSEn 值为 10% ~ 20%，表明模拟结果较好。在 2012 ~ 2013 年生长季，模型的模拟值与实测值的差异范围为 -24.93% ~ 16.49%，与 PT 方法相同，远大于 2011 ~ 2012 年生长季，其 RMSEn 和 d 分别为 16.21% 和 0.57，表明模拟结果非常好。总体来说 FAO-56 PM 方法对两个生长季产量的模拟，2011 ~ 2012 年生长季的模拟结果要好于 2012 ~ 2013 年生长季。

CERES-Wheat 模型对不同水分处理下的产量模拟结果不相同，基于 PT 方法模拟产量的范围 2011 ~ 2012 年和 2012 ~ 2013 年生长季分别为 4.84 ~ 6.97 t/hm² 和 6.32 ~ 7.83 t/hm²。基于 FAO-56 PM 方法模拟产量的范围 2011 ~ 2012 年和 2012 ~ 2013 年生长季分别为 4.44 ~ 5.98 t/hm² 和 4.95 ~ 6.51t/hm²。PT 方法和 FAO-56 PM 方法的冬小麦产量的模拟值与实测值的 RMSEn 分别为 11.80% 和 15.42%，表明模拟结果较好。Ji 等（2014）通过校正后的 CSM-CERES-Wheat 模型的作物参数，对关中地区冬小麦产量和地上生物量的模拟值与实测值的 RMSEn 为 5.71% 和 7.77%，表明模拟结果非常好；Xiong 等（2008）通过对 CERES-Wheat 模型参数校正对中国 34 个地区的春小麦（114 个生长季）以及 107 个地区的冬小麦（321 个生长季）产量模拟，模拟值与实测值的 RMSEn 为 22.8%，模拟值与农户调查值的 RMSEn 为 27%，表明模拟结果一般。以上研究表明，CSM-CERES-Wheat 模型在不同的气候、土壤等条件下均表现良好。

表 6-19 CSM-CERES-Wheat 模型基于两种蒸发蒸腾量计算方法对 2011～2012 年和 2012～2013 年两个生长季不同水分处理条件下冬小麦产量的模拟值与实测值

| 处理 | 2011～2012 年 | | | | | 处理 | 2012～2013 年 | | | | |
| | 产量/(t/hm²) | | | 差异/% | | | 产量/(t/hm²) | | | 差异/% | |
	PT 模拟	FAO-56 PM 模拟	实测值	PT 模拟	FAO-56 PM 模拟		PT 模拟	FAO-56 PM 模拟	实测值	PT 模拟	FAO-56 PM 模拟
HMM	6.97	5.98	7.02	-0.73	-14.84	HMMM	7.83	6.51	6.44	21.66	1.10
HLLL	5.45	5.27	5.90	-7.58	-10.71	HLLL	6.54	5.62	6.31	3.54	-10.98
MML	5.43	4.99	5.82	-6.64	-14.22	MHML	6.86	6.43	5.52	24.19	16.49
MLH	6.39	5.50	6.65	-3.96	-17.30	MMLH	7.23	5.75	6.86	5.34	-16.11
MHM	6.90	5.93	7.27	-5.1	-18.51	MLHM	7.22	5.49	7.31	-1.30	-24.93
LLM	4.84	4.44	5.27	-8.24	-15.76	LHLM	7.01	5.82	5.69	23.25	2.27
LHL	5.31	4.67	4.81	10.22	-3.05	LMHL	6.35	5.18	6.54	-2.97	-20.78
LMH	6.44	5.49	6.09	5.82	-9.90	LLMH	6.32	4.95	4.30	46.70	14.99
RMSEn /%				6.12	14.63	RMSEn /%				17.74	16.21
d				0.94	0.70					0.47	0.57

6.5 冬小麦灌水上、下限的模拟

6.5.1 冬小麦不同灌水上限及灌水下限的模拟方案

作物不同生育期对应不同的灌水下限（梁宗锁等，1998；蔡焕杰等，2000；孟兆江等，2003；彭世彰和徐俊增，2009），现有研究认为冬小麦适宜的灌水下限为 60%～65% 的田间持水量，具体到某一地区可能会有所不同。针对灌水上限，也有学者进行了详细研究（佟长福等，2015；周始威等，2016）。研究一般仅对作物生育期进行了简单划分，且没有将灌水上限和灌水下限进行组合。为此，本研究的模拟试验针对冬小麦不同的生育阶段设置不同的灌水上限，以占田间持水量的比例记，共 5 个水平，即 100%、95%、90%、85% 和 80%。计划湿润层深度苗—返青期设定为 40cm，返青—抽穗期设定为 60cm，抽穗—成熟期设定为 80cm。灌水下限设置 3 个水平，分别为田间持水量的 65%、60% 和 55%。不同的灌水上限和生育阶段经正交组合得到 25 个处理，且分别对应 3 个灌水下限，合计 75 个处理，模拟试验处理见表 6-20～表 6-22。

表 6-20　灌水下限为 65% 田间持水量的模拟试验

处理	苗—越冬期	越冬—返青期	返青—拔节期	拔节—抽穗期	抽穗—灌浆期	灌浆—成熟期
L1S1	100	100	100	100	100	100
L1S2	100	95	95	95	95	95
L1S3	100	90	90	90	90	90
L1S4	100	85	85	85	85	85
L1S5	100	80	80	80	80	80
L1S6	95	100	95	90	85	80
L1S7	95	95	90	85	80	100
L1S8	95	90	85	80	100	95
L1S9	95	85	80	100	95	90
L1S10	95	80	100	95	90	85
L1S11	90	100	90	80	95	85
L1S12	90	95	85	100	90	80
L1S13	90	90	80	95	85	100
L1S14	90	85	100	90	80	95
L1S15	90	80	95	85	100	90
L1S16	85	100	85	95	80	90
L1S17	85	95	80	90	100	85
L1S18	85	90	100	85	95	80
L1S19	85	85	95	80	90	100
L1S20	85	80	90	100	85	95
L1S21	80	100	80	85	90	95
L1S22	80	95	100	80	85	90
L1S23	80	90	95	100	80	85
L1S24	80	85	90	95	100	80
L1S25	80	80	85	90	95	100

注：L1 表示灌水下限为田间持水量的 65%，表中数字表示灌水上限为田间持水量的比例（%）

表 6-21　灌水下限为 60% 田间持水量的模拟试验

处理	苗—越冬期	越冬—返青期	返青—拔节期	拔节—抽穗期	抽穗—灌浆期	灌浆—成熟期
L2S1	100	100	100	100	100	100
L2S2	100	95	95	95	95	95
L2S3	100	90	90	90	90	90
L2S4	100	85	85	85	85	85
L2S5	100	80	80	80	80	80
L2S6	95	100	95	90	85	80
L2S7	95	95	90	85	80	100
L2S8	95	90	85	80	100	95
L2S9	95	85	80	100	95	90
L2S10	95	80	100	95	90	85

处理	苗—越冬期	越冬—返青期	返青—拔节期	拔节—抽穗期	抽穗—灌浆期	灌浆—成熟期
L2S11	90	100	90	80	95	85
L2S12	90	95	85	100	90	80
L2S13	90	90	80	95	85	100
L2S14	90	85	100	90	80	95
L2S15	90	80	95	85	100	90
L2S16	85	100	85	95	80	90
L2S17	85	95	80	90	100	85
L2S18	85	90	100	85	95	80
L2S19	85	85	95	80	90	100
L2S20	85	80	90	100	85	95
L2S21	80	100	80	85	90	95
L2S22	80	95	100	80	85	90
L2S23	80	90	95	100	80	85
L2S24	80	85	90	95	100	80
L2S25	80	80	85	90	95	100

注：L2 表示灌水下限为田间持水量的 60%，表中数字表示灌水上限为田间持水量的比例（%）

表 6-22　灌水下限为 55% 田间持水量的模拟试验

处理	苗—越冬期	越冬—返青期	返青—拔节期	拔节—抽穗期	抽穗—灌浆期	灌浆—成熟期
L3S1	100	100	100	100	100	100
L3S2	100	95	95	95	95	95
L3S3	100	90	90	90	90	90
L3S4	100	85	85	85	85	85
L3S5	100	80	80	80	80	80
L3S6	95	100	95	90	85	80
L3S7	95	95	90	85	80	100
L3S8	95	90	85	80	100	95
L3S9	95	85	80	100	95	90
L3S10	95	80	100	95	90	85
L3S11	90	100	90	80	95	85
L3S12	90	95	85	100	90	80
L3S13	90	90	80	95	85	100
L3S14	90	85	100	90	80	95
L3S15	90	80	95	85	100	90
L3S16	85	100	85	95	80	90
L3S17	85	95	80	90	100	85
L3S18	85	90	100	85	95	80
L3S19	85	85	95	80	90	100

续表

处理	苗—越冬期	越冬—返青期	返青—拔节期	拔节—抽穗期	抽穗—灌浆期	灌浆—成熟期
L3S20	85	80	90	100	85	95
L3S21	80	100	80	85	90	95
L3S22	80	95	100	80	85	90
L3S23	80	90	95	100	80	85
L3S24	80	85	90	95	100	80
L3S25	80	80	85	90	95	100

注：L3 表示灌水下限为田间持水量的 55%，表中数字表示灌水上限为田间持水量的比例（%）

在进行模拟试验时，先假定不灌水，通过模型输出的土壤水分结果，确定土壤含水率到灌水下限的日期，并根据该日期对应的计划湿润层深度和灌水上限，计算本次灌水所需的灌水量，计算方法见式（6-4）。计算得到第 1 次灌水的灌水量后，将此灌水量作为田间管理数据，输入模型，继续模拟土壤含水率的变化，并按照上述方法确定第 2 次灌水的灌水日期和灌水量，直到冬小麦成熟为止。

$$I = Z_r \times (\theta_U - \theta_L) \tag{6-4}$$

式中，I 为当次灌水的灌水量（mm）；Z_r 为当次灌水日对应的计划湿润层深度（mm）；θ_U 和 θ_L 分别为当次灌水日对应的灌水上限和灌水下限。

对灌溉制度进行评价时，应以节水高产为目标，且灌水不宜太频繁，以提高灌溉制度的可操作性。因此，较好的灌溉制度应以较少的灌水次数和较少的灌水量，获得较高的籽粒产量。在定量描述产量和水分的关系时，水分利用效率（WUE）是常用的指标，它描述的是产量与作物耗水量之间的定量关系。而对灌溉制度进行评价时，产量与灌水量之间的定量关系往往更加直观，本研究则采用籽粒灌溉水利用效率（GIWUE）的概念（周始威等，2016）。

$$GIWUE = \frac{Y}{10I} \tag{6-5}$$

式中，Y 为冬小麦的籽粒产量（kg/hm²）；I 为全生育期灌水量（mm）。GIWUE 为籽粒灌溉水利用效率（kg/m³）。

三种不同灌水下限各处理的灌水次数、灌水量、籽粒产量和籽粒灌溉水利用效率见表 6-23。

表 6-23 不同灌水下限不同处理灌水次数、灌水量、籽粒产量和籽粒灌溉水利用效率

处理	灌水次数			灌水量/mm			籽粒产量/（kg/hm²）			籽粒灌溉水利用效率/（kg/m³）		
	65%	60%	55%	65%	60%	55%	65%	60%	55%	65%	60%	55%
L1/L2/L3S1	5	4	4	348.73	348.23	386.71	6640	6512	6203	1.90	1.87	1.60
L1/L2/L3S2	6	5	4	387.31	350.96	347	6611	6613	6097	1.71	1.88	1.76
L1/L2/L3S3	7	6	4	385.61	358.31	301.55	6665	6665	5939	1.73	1.86	1.97
L1/L2/L3S4	8	7	5	357.37	367.92	299.55	6663	6602	6128	1.86	1.79	2.05

处理	灌水次数			灌水量/mm			籽粒产量/(kg/hm²)			籽粒灌溉水利用效率/(kg/m³)		
	65%	60%	55%	65%	60%	55%	65%	60%	55%	65%	60%	55%
L1/L2/L3S5	9	8	6	327.19	324.46	298.05	6654	6544	6083	2.03	2.02	2.04
L1/L2/L3S6	7	5	4	331.8	292.96	278.18	6665	6658	6054	2.01	2.27	2.18
L1/L2/L3S7	7	5	4	396.09	305.11	302.59	6665	6543	5934	1.68	2.14	1.96
L1/L2/L3S8	7	6	5	349.28	362.18	368.68	6654	6589	6086	1.91	1.82	1.65
L1/L2/L3S9	7	6	5	343.71	346.55	353.67	6665	6648	6247	1.94	1.92	1.77
L1/L2/L3S10	8	7	5	378.5	374.3	317.43	6644	6568	6087	1.76	1.75	1.92
L1/L2/L3S11	7	5	5	354.9	316.46	319.98	6665	6628	6185	1.88	2.09	1.93
L1/L2/L3S12	7	5	4	330.8	306.39	303	6663	6654	6167	2.01	2.17	2.04
L1/L2/L3S13	7	5	4	405.3	324.79	293.65	6665	6530	5885	1.64	2.01	2.00
L1/L2/L3S14	8	6	5	408.55	392.09	322.8	6664	6627	6177	1.63	1.69	1.91
L1/L2/L3S15	7	7	5	337.46	361.34	339.71	6647	6638	5927	1.97	1.84	1.74
L1/L2/L3S16	7	5	4	347.82	338.34	298.91	6663	6630	6139	1.92	1.96	2.05
L1/L2/L3S17	7	5	4	354.74	327.9	320.83	6665	6558	5990	1.88	2.00	1.87
L1/L2/L3S18	8	6	4	364.17	327.88	310.21	6665	6665	6108	1.83	2.03	1.97
L1/L2/L3S19	7	6	5	338.58	364.34	342.92	6649	6632	6036	1.96	1.82	1.76
L1/L2/L3S20	8	6	5	345.39	313.1	341.22	6661	6651	6138	1.93	2.12	1.80
L1/L2/L3S21	7	5	4	346.01	319.2	321.65	6665	6556	5986	1.93	2.05	1.86
L1/L2/L3S22	9	6	5	383.2	327.43	339.6	6665	6658	6103	1.74	2.03	1.80
L1/L2/L3S23	8	6	4	379.02	337.79	273.46	6665	6560	5988	1.76	1.94	2.19
L1/L2/L3S24	8	6	5	339.39	303.41	344.85	6216	6629	6246	1.83	2.18	1.81
L1/L2/L3S25	9	7	5	408.23	388.66	363.02	6654	6662	5960	1.63	1.71	1.64

注：L1、L2 和 L3 分别表示灌水下限为田间持水量的 65%、60% 和 55%

6.5.2 灌水下限对灌水次数、灌水量、籽粒产量和籽粒灌溉水利用效率的影响

从模拟结果（表 6-23）可知，不同灌水下限的处理下，灌水次数、灌水量、籽粒产量和籽粒灌溉水利用效率均有较大差异。L1S22 的灌水次数高达 9 次，而 L2S1 等 13 个处理的灌水次数仅有 4 次，且灌水次数随灌水下限的降低，有明显减少的趋势，L1、L2 和 L3 的平均灌水次数分别为 8 次、6 次和 5 次。L1、L2 和 L3 的平均灌水量分别为 361.97mm、339.20mm 和 323.57mm，也随灌水下限的降低而减少。由于灌水上限一定，较高的灌水下限会导致灌水频繁进行，从而导致上述灌水次数和灌水量与灌水下限呈正相关关系。L1、L2 和 L3 的平均籽粒产量分别为 6639.92kg/hm²、6608.80kg/hm² 和 6075.72kg/hm²，

籽粒产量随灌水下限的降低有下降趋势。牟洪臣等（2015）和周始威等（2016）的研究均表明，灌水次数的增加有利于冬小麦的分蘖和穗生长，从而有利于产量的增加。周始威等（2016）通过降低灌水上限来增加灌水次数，从而达到增产的目的，本研究表明，适当提高灌水下限也可以获得相同的结果。L1、L2 和 L3 的平均籽粒灌溉水利用效率分别为 1.84kg/m³、1.96 kg/m³ 和 1.89 kg/m³，籽粒灌溉水利用效率没有呈现与籽粒产量一致的变化趋势，说明在本研究条件下，高产和节水是不同步的，需要对籽粒灌溉水利用效率的影响因素做进一步的研究。从方差分析的结果来看，灌水下限对灌水次数、灌水量、籽粒产量和籽粒灌溉水利用效率的影响都达到了显著或极显著水平，说明在制定冬小麦灌溉制度时，应该确定合适的灌水下限。从籽粒产量模拟的结果来看，L3 作为灌水下限时减产较为严重，L1 和 L2 可以作为高产的灌水下限。

6.5.3 灌水上限对灌水次数、灌水量、籽粒产量和籽粒水利用效率的影响

在同一灌水下限处理下，按照各生育阶段的灌水上限，对灌水次数、灌水量和籽粒灌溉水利用效率做方差分析计算 F 值，结果见表6-24。从方差分析可知，灌水上限对灌水次数、灌水量、籽粒产量和籽粒灌溉水利用效率的影响，取决于灌水下限的设定。在 L1 水平下，各生育阶段的灌水上限对灌水次数、灌水量、籽粒产量和籽粒灌溉水利用效率均无显著影响，而在 L2 和 L3 水平下，某一生育阶段的灌水上限对各因素有显著或极显著的影响。造成这一结果的可能原因是，较高的灌水下限会导致灌水频繁，冬小麦始终处于水分供应充足的状态，各因素对灌水上限的响应不明显。在 L2 水平下，越冬—返青期的灌水上限对灌水次数有极显著的影响；在 L3 水平下，越冬—返青期和拔节—抽穗期的灌水上限分别对灌水次数有极显著和显著的影响，且较低的灌水上限对应较高的灌水次数。拔节—抽穗期和返青—拔节期的水分敏感性高，冬小麦对水分的需求大，此时较低的灌水上限相比较高的灌水上限，灌水频繁，因此这两个阶段的灌水上限对灌水次数的影响最大。在 L2 水平下，灌浆—成熟期的灌水上限对籽粒产量和籽粒灌溉水利用效率有显著影响。在 L3 水平下，越冬—返青期的灌水上限对籽粒产量有显著的影响，抽穗—灌浆期和灌浆—成熟期的灌水上限对籽粒灌溉水利用效率分别有极显著和显著的影响。综上，在本研究条件下，越冬—返青期、抽穗—灌浆期、灌浆—成熟期等几个生育阶段的灌水上限对冬小麦籽粒产量和籽粒灌溉水利用效率的影响最大，均是水分敏感的几个时期。为了获得较高的籽粒产量，同时兼顾籽粒灌溉水利用效率，高产省水的灌水组合为 L2S12，即灌水下限为 60%，苗—越冬期、越冬—返青期、返青—拔节期、拔节—抽穗期、抽穗—灌浆期和灌浆—成熟期的灌水上限分别为 90%、95%、85%、100%、90% 和 80%。按照该组合进行灌水，越冬—返青期灌水 46.78mm，返青—拔节期灌水 46.57 mm，拔节—抽穗期灌水 78.66 mm，抽穗—灌浆期灌水 80.67 mm，灌浆—成熟期灌水 53.71 mm，共进行 5 次灌水，灌水量为 306.39 mm，灌水次数和灌水量较符合当地冬小麦生产实际（模拟状态未考虑降水量）。

表 6-24　灌水下限对灌水次数、灌水量、籽粒产量和灌溉水利用效率的影响

灌水下限	灌水上限	灌水次数	灌水量	籽粒产量	灌溉水利用效率
L1	苗—越冬期	1.410	0.445	0.884	0.641
	越冬—返青期	2.576	1.107	0.922	1.141
	返青—拔节期	0.319	0.572	0.841	0.756
	拔节—抽穗期	0.556	1.242	1.334	1.530
	抽穗—灌浆期	1.098	0.916	1.165	0.583
	灌浆—成熟期	0.556	1.950	0.884	1.498
L2	苗—越冬期	0.208	0.245	0.447	0.338
	越冬—返青期	14.231 **	1.795	0.269	1.537
	返青—拔节期	0.102	1.749	1.371	1.539
	拔节—抽穗期	0.556	0.380	0.453	0.225
	抽穗—灌浆期	0.102	0.418	1.566	0.449
	灌浆—成熟期	0.435	1.964	2.466 *	2.512 *
L3	苗—越冬期	0.100	0.123	0.070	0.090
	越冬—返青期	7.750 **	0.504	2.498 *	0.466
	返青—拔节期	0.100	0.326	1.023	0.179
	拔节—抽穗期	2.286 *	0.412	1.586	0.198
	抽穗—灌浆期	0.100	4.503 **	0.373	4.334 **
	灌浆—成熟期	0.100	1.879	1.046	2.814 *

＊表示相关性在 0.05 水平上显著，＊＊表示相关性在 0.01 水平上显著

　　基于 CERES-Wheat 模型，进行的不同灌水上限及灌水下限组合的冬小麦灌水模拟试验表明，灌水下限对冬小麦灌水次数、灌水量、籽粒产量和籽粒灌溉水利用效率的影响显著。较高的灌水下限有利于较高籽粒产量的获得，但同时也会造成灌水频繁及灌水量偏大，不利于提高籽粒灌溉水利用效率。为避免严重减产，冬小麦适宜的灌水下限应设定为田间持水量的 60% ~ 65%；灌水上限对冬小麦灌水次数、灌水量、籽粒产量和籽粒灌溉水利用效率的影响程度与对应的灌水下限有关。较高的灌水下限使得冬小麦长期处于水分充足的状态，造成灌水上限对各指标的影响不显著；在冬小麦的越冬—返青期、拔节—抽穗期和抽穗—灌浆期等需水关键期保证灌水上限为 90% 以上的田间持水量，可促进产量的形成，并有助于提高籽粒灌溉水利用效率。

6.6　冬小麦物候期及产量对气候变化的响应

6.6.1　2020 ~ 2100 年关中地区降水量变化预测

　　图 6-12 ~ 图 6-14 分别为宝鸡、武功、渭南地区在不同典型浓度路径（RCP4.5、

RCP6.0 和 RCP8.5）情景模式下，预测的 2020 年、2030 年、2040 年、2050 年、2060 年、2070 年、2080 年、2090 年及 2100 年在 BCC- CSM1-1、CSIRO- MK3-6-0、GFDL- CM3、HADCM3 及 MRI- CGCM3 五种模型下的降水量与基准时段（1961~1990 年）的变化情况。

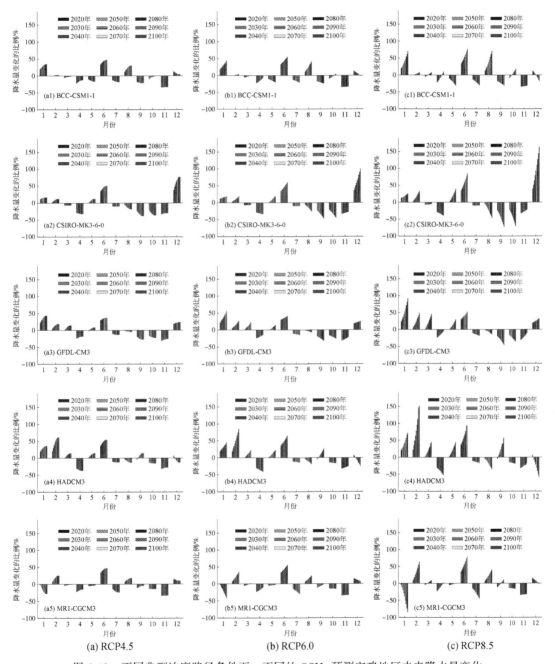

图 6-12　不同典型浓度路径条件下，不同的 GCMs 预测宝鸡地区未来降水量变化

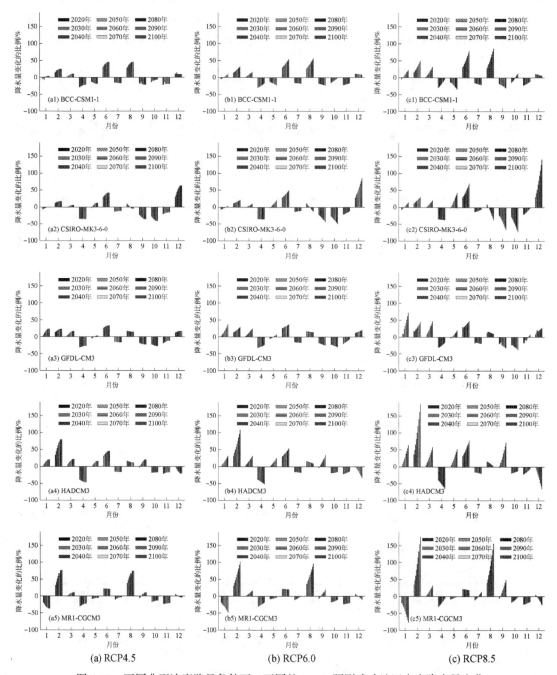

图 6-13　不同典型浓度路径条件下，不同的 GCMs 预测武功地区未来降水量变化

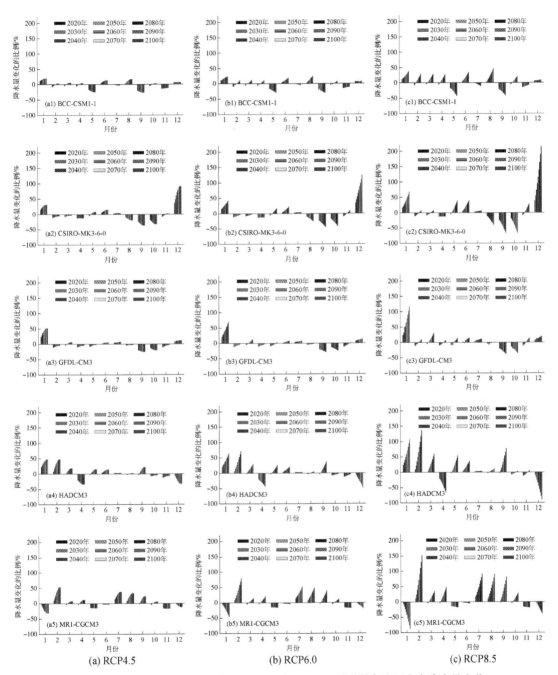

(a) RCP4.5   (b) RCP6.0   (c) RCP8.5

图 6-14　不同典型浓度路径条件下，不同的 GCMs 预测渭南地区未来降水量变化

典型浓度路径为 RCP4.5 情景模式下［图 6-12（a）、图 6-13（a）和图 6-14（a）］，不同年份预测的降水量变化趋势相同，但随着预测年份序列的增长，变化范围增大。典型浓度路径为 RCP6.0 及 RCP8.5 情景模式下，不同模型的预测结果与 RCP4.5 情景模式预测结果的变化趋势相同，但是模型预测降水量的变化幅度随着辐射强迫的增大而增大。同时需要注意的是，当模型预测在某个月份的降水量值大于基准时段，但是随着年份序列的推移，降水量增加的幅度逐渐减小时，在某一特定年份，RCP6.0 或者 RCP8.5 的典型浓度路径情景模式下，模型模拟得到该月的降水量可能会低于基准时段的值。例如，RCP4.5 典型浓度路径情景模式下，BCC-CSM1-1 模型预测 2020～2100 年模型的降水量均高于基准时段，但是随着时间的推移，高出的幅度逐渐减小，因此，在 RCP8.5 典型浓度路径情景模式下，模型预测从 2060 年开始 12 月的降水量将低于基准时段的降水量。

关中地区未来气候变化总体趋势为：降水量在 2 月、6 月和 12 月普遍增多，在 4 月、9 月和 10 月减少。其中，宝鸡地区降水量变化最大，其次是武功地区，而渭南地区降水量变化较其他两个地区最小。五个 GCMs 模型预测三个地区的整体降水量变化趋势相类似，在降水量变化较基准时段的差异值略有不同。同一种 GCM 对同一地区不同年份降水量变化趋势相同，但变化幅度随着典型浓度路径辐射强迫的增大而增大。

6.6.2　2020～2100 年关中地区太阳辐射变化情况预测

图 6-15～图 6-17 分别为宝鸡、武功、渭南地区在不同典型浓度路径（RCP4.5、RCP6.0 和 RCP8.5）情景模式下，预测的 2020 年、2030 年、2040 年、2050 年、2060 年、2070 年、2080 年、2090 年和 2100 年在 BCC-CSM1-1、CSIRO-MK3-6-0、GFDL-CM3、HADCM3 及 MRI-CGCM3 五种模型下的太阳辐射与基准时段（1961～1990 年）的变化情况。

典型浓度路径为 RCP4.5 情景模式下［图 6-15（a）］，2020～2100 年宝鸡地区太阳辐射变化不大。随着辐射强迫增大，即典型浓度路径为 RCP6.0 与 RCP8.5 情景模式下，BCC-CSM1-1 模型预测结果与 RCP4.5 情景模式下预测结果均相同，而其他模型的预测结果变化幅度均增大。

典型浓度路径为 RCP4.5 情景模式下［图 6-16（a）］，2020～2100 年武功地区太阳辐射变化较宝鸡地区大，且太阳辐射与基准时段相比总体呈降低趋势。在典型浓度路径为 RCP6.0 与 RCP8.5 情景模式下，BCC-CSM1-1 模型预测结果与 RCP4.5 均相同，MIR-CGCM3 模型预测结果与 RCP4.5 情景模式下预测结果基本无变化，而其他模型的预测结果变化幅度均增大，且 HADCM3 模型预测结果变化幅度最大。

典型浓度路径为 RCP4.5 情景模式下［图 6-17（a）］，2020～2100 年渭南地区太阳辐射变化不大。在典型浓度路径为 RCP6.0 与 RCP8.5 情景模式下，BCC-CSM1-1 模型预测结果与 RCP4.5 情景模式下预测结果均相同，而其他模型的预测结果变化幅度均增大，且 HADCM3 模型预测结果变化幅度最大。

宝鸡与渭南地区太阳辐射变化较基准时段呈增大趋势，而武功地区与之完全相反，不同 GCMs 预测武功地区未来太阳辐射呈大幅度减小趋势。另外，在对宝鸡和渭南地区气候变化的预测中，HADCM3 模型预测情况与其他 GCMs 预测结果相反。

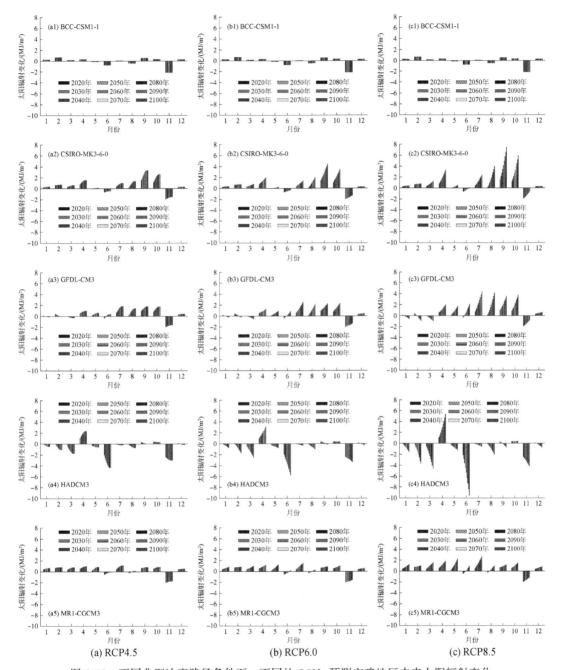

图 6-15　不同典型浓度路径条件下，不同的 GCMs 预测宝鸡地区未来太阳辐射变化

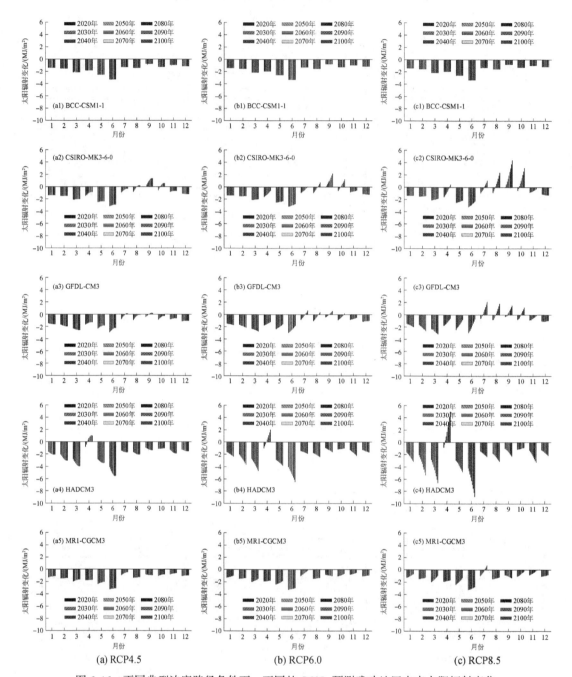

图 6-16　不同典型浓度路径条件下，不同的 GCMs 预测武功地区未来太阳辐射变化

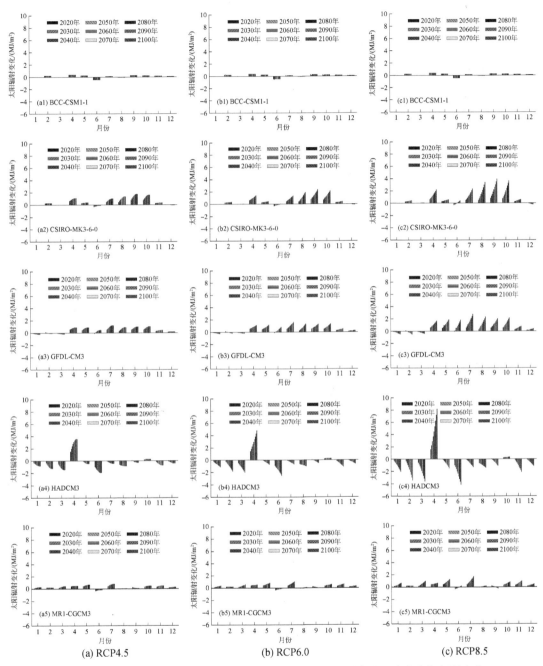

图 6-17　不同典型浓度路径条件下，不同的 GCMs 预测渭南地区未来太阳辐射变化

6.6.3　2020～2100 年关中地区温度变化情况

气候变化影响温度的变化。图 6-18～图 6-23 分别为宝鸡、武功、渭南地区在不同典型

浓度路径（RCP4.5、RCP6.0 和 RCP8.5）情景模式下，预测的 2020 年、2030 年、2040 年、2050 年、2060 年、2070 年、2080 年、2090 年和 2100 年在 BCC-CSM1-1、CSIRO-MK3-6-0、GFDL-CM3、HADCM3 及 MRI-CGCM3 五种模型下的最高气温、最低气温与基准时段（1961~1990 年）的变化情况。

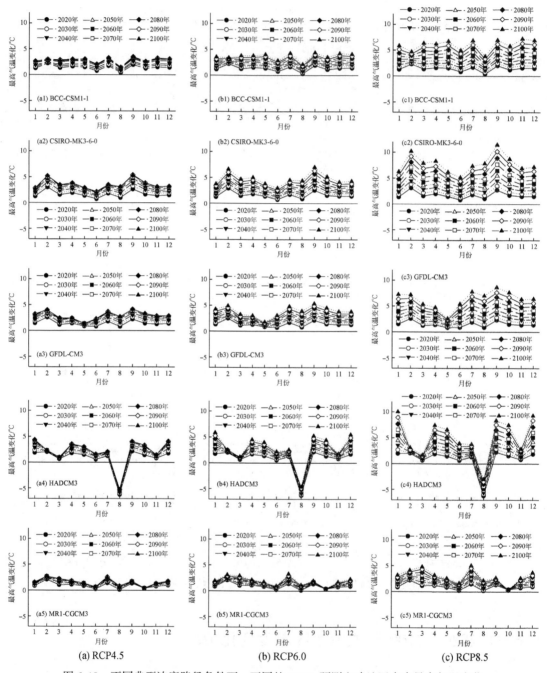

图 6-18　不同典型浓度路径条件下，不同的 GCMs 预测宝鸡地区未来最高气温变化

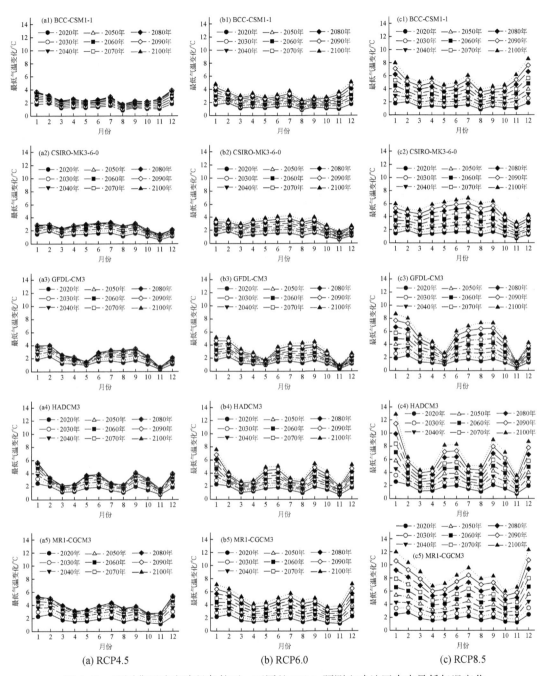

图 6-19　不同典型浓度路径条件下，不同的 GCMs 预测宝鸡地区未来最低气温变化

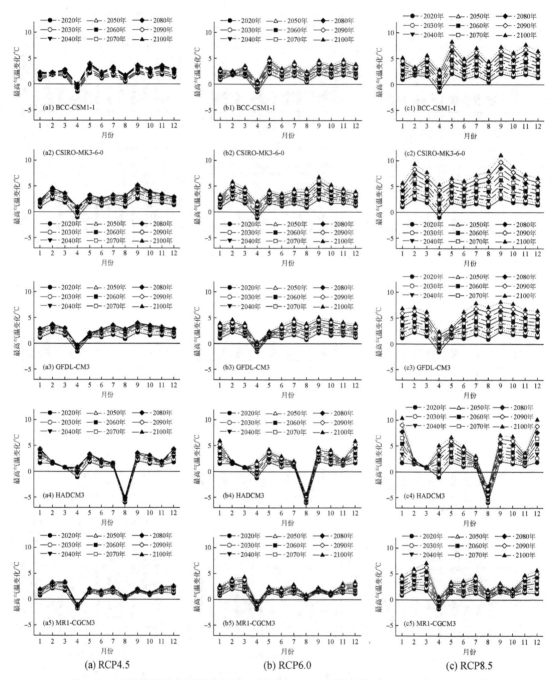

图 6-20　不同典型浓度路径条件下，不同的 GCMs 预测武功地区未来最高气温变化

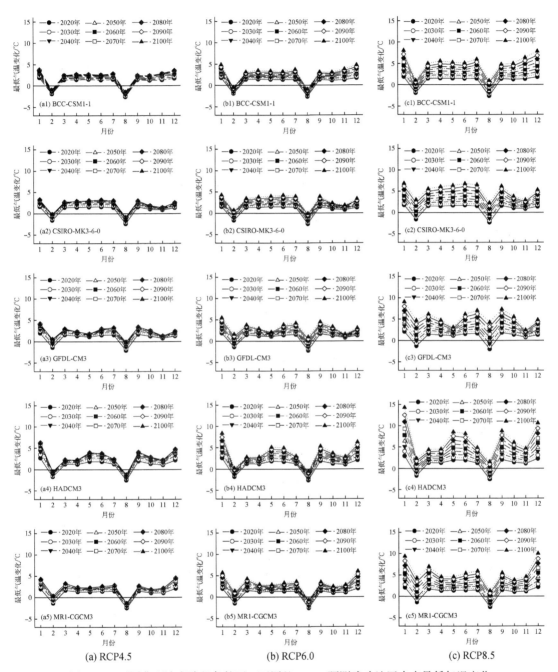

图 6-21　不同典型浓度路径条件下，不同的 GCMs 预测武功地区未来最低气温变化

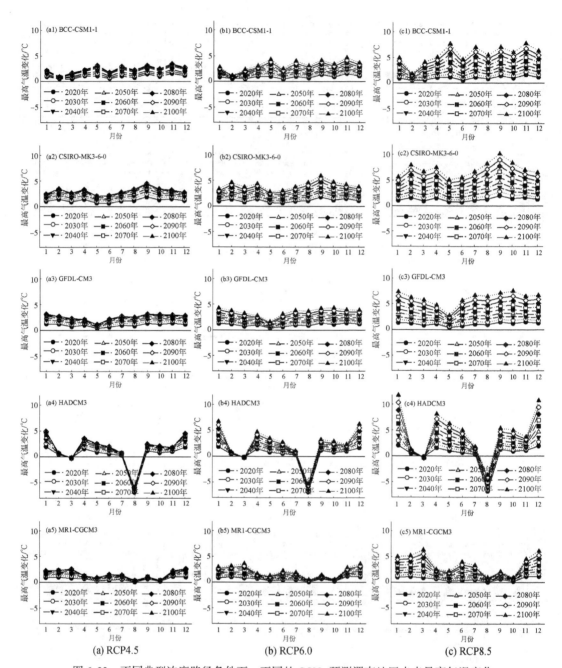

(a) RCP4.5　　　　　　　(b) RCP6.0　　　　　　　(c) RCP8.5

图 6-22　不同典型浓度路径条件下，不同的 GCMs 预测渭南地区未来最高气温变化

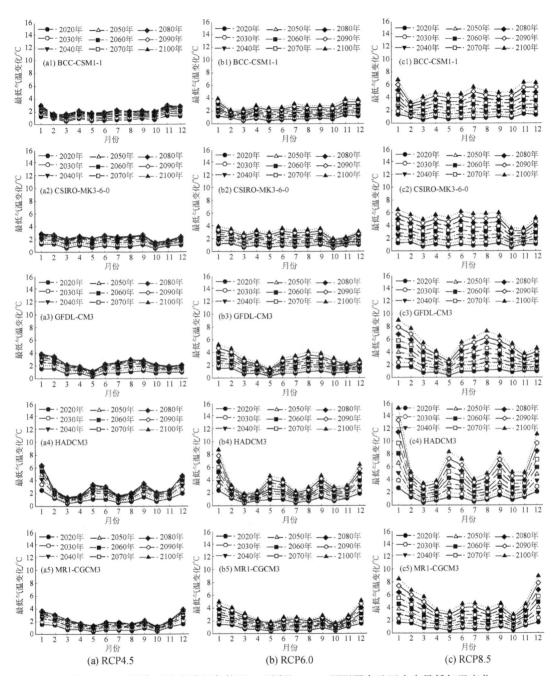

图 6-23　不同典型浓度路径条件下，不同的 GCMs 预测渭南地区未来最低气温变化

由图 6-18 可以看出，宝鸡地区不同情景模式下 BCC-CSM1-1、CSIRO-MK3-6-0、GFDL-CM3 和 MRI-CGCM3 模型预测的 2020~2100 年每个月的最高气温均高于基准时段，预测结果趋势相同，即未来气候变化情景模式下，月平均最高气温增大。但不同模式的上升幅度，温度升高最多和温度变化最低的月份不尽相同。但 HADCM3 模型与其他模型预测结果差异较大，该模型预测 2020~2100 年 8 月的平均最高气温将比基准时段大幅度下降，其下降范围分别为 -6.3~-5.3℃（RCP4.5）、-6.3~-4.7℃（RCP 6.0）、-6.2~-3.0℃（RCP8.5），其他月份的最高气温较基准时段均增高。

由图 6-19 可以看出，不同模型预测的不同辐射情景模式下宝鸡地区最低气温变化均高于基准时段，且不同月份的平均最低气温变化幅度大于最高气温的变化幅度。5 个 GCMs 的预测结果趋势大体相同，RCP4.5 情景模式下上升幅度比基准时段高 0.3~5.6℃；RCP6.0 情景模式下上升幅度比基准时段高 0.3~7.6℃；RCP8.5 情景模式下上升幅度比基准时段高 0.7~12.9℃，且 HADCM3 模型预测结果变化幅度最大。

由图 6-20 可以看出，除 HADCM3 模型外，其他模型对不同情景模式下 2020~2100 年武功地区最高气温的模拟情况相似。在 RCP4.5 情景模式下，4 个 GCMs 预测武功地区的月平均最高气温与基准时段变化范围为 -1.8~5.1℃；在 RCP6.0 情景模式下，4 个 GCMs 预测武功地区的月平均最高气温与基准时段变化范围为 -1.9~6.7℃；在 RCP8.5 情景模式下，4 个 GCMs 预测武功地区的月平均最高气温与基准时段变化范围为 -1.8~11℃。

与宝鸡地区不同，武功地区 2020~2100 年 4 月的平均最高气温较基准时段低，随着年份推移逐渐升高，但是不同 GCMs 预测得到的月平均最高气温高于基准时段的年份各不相同。HADCM3 模型预测武功地区 2020~2100 年 8 月的平均最高气温比基准时段大幅度下降，下降范围为 -6.0~-5.1℃（RCP4.5）、-6.0~-4.4℃（RCP6.0）、-5.9~-2.9℃（RCP8.5）。同样，HADCM3 模型预测个别年份 4 月的平均最高气温低于基准时段，但是随着年份推移至 2100 年，月平均最高气温均高于基准时段。所有模型在 RCP4.5 和 RCP6.0 情景模式下不同年份预测的最高气温变化差异较小，在 RCP8.5 情景模式下，预测的月平均最高气温与基准时段的变化幅度较大，且不同年份之间的差异逐渐显著。

由图 6-21 可以看出，5 个 GCMs 对武功地区未来最低气温变化的预测趋势均相似，包括 HADCM3 模型。2 月和 8 月的平均最低气温低于基准时段，其他月份的最低气温均较基准时段高。最低气温增大幅度最大的为 1 月和 12 月。另外，在 RCP8.5 情景模式下，月平均最低气温上升幅度非常大，其中 HADCM3 模型预测 2100 年 1 月的平均最低气温较基准时段上升 12.9℃，意味着该时段 1 月的平均最低气温达到 8.88℃，而基准时段 1 月的平均最低气温为全年最低，仅有 -4℃。

由图 6-22 可以看出，BCC-CSM1-1、CSIRO-MK3-6-0 和 GFDLCM3 模型对不同情景模式下渭南地区 2020~2100 年月平均最高温度的模拟情况相似。在 RCP4.5 情景模式下，3 个 GCMs 预测渭南地区的月平均最高气温与基准时段变化范围为 0.5~4.4℃；在 RCP6.0 情景模式下，3 个 GCMs 预测渭南地区的月平均最高气温与基准时段变化范围为 0.5~5.9℃；在 RCP8.5 情景模式下，3 个 GCMs 预测渭南地区的月平均最高气温与基准时段变化范围为 0.5~10.1℃，该 3 个模型预测 2020~2100 年渭南地区的月平均最高气温均高于基准时段的月平均最高气温。HADCM3 模型预测渭南地区 2020~2100 年 8 月的平均最高气温比基准时段大幅度下降，下降范围为 -6.9 ~ -5.9℃（RCP4.5）、-6.9 ~ -5.3℃（RCP6.0）和 -6.8 ~ -3.7℃（RCP8.5）。另外，HADCM3 模型预测 3 月的平均最高气温低于基准时段，但是变化幅度较小，变化范围为 -0.5 ~ -0.2℃。MRI-CGCM3 模型预测渭南地区 2020 ~ 2100 年不同情景模式下月最高气温与基准时段相比变化幅度较小，仅为 0.2 ~ 2.6℃（RCP4.5）、0.2 ~ 3.6℃（RCP6.0）和 0.2 ~ 6.4℃（RCP8.5）。所有模型在 RCP4.5 和 RCP6.0 情景模式下不同年份预测的最高气温变化差异较小，在 RCP8.5 情景模式下预测的月平均最高气温与基准时段的变化幅度较大，且不同年份之间的差异较大。

由图 6-23 可以看出，5 个 GCMs 对渭南地区未来最低气温变化的预测趋势相似，所有月份的最低气温均较基准时段高，最低气温增大幅度最大的为 1 月和 12 月，特别是 HADCM3 模型对月平均最低气温模拟在 5 个 GCMs 中最大。

6.6.4　历史时期关中地区冬小麦物候期及产量的模拟

气候变化对冬小麦的影响既包括宏观方面（如作物布局、作物种植制度等）也包括微观层面（如土壤水分、土壤养分、作物物候期及作物产量等）（王学春，2011）。气候变化对我国小麦产量的影响也一直受学术界和政府部门的广泛关注。潘根兴等（2011）研究表明气候变暖对小麦物候期的影响主要表现在春季物候期提前，小麦整体的生育期缩短，且冬小麦北界明显北移。另外，已有研究指出，若不考虑二氧化碳的肥效情况，我国小麦在未来减产的可能性较大（熊伟等，2006；Chaves et al.，2009；Piao et al.，2010）。然而，就区域而言，中国各地区小麦产量受气候变化的影响也不尽相同（杨绚等，2014）。本节利用不同典型浓度路径情景模式下，根据不同 GCMs 预测的 2020 ~ 2100 年宝鸡、武功、渭南地区平均月降水量、太阳辐射、最高温和最低温的变化情况，结合 CSM-CERES-Wheat 模型，预测在雨养条件下，关中地区在 2020 ~ 2100 年不同情景模式下冬小麦成熟期、生育期内蒸发蒸腾量以及产量对气候变化的响应。

基于 6.2 节率定和校正的 CERES-Wheat 模型，将"小堰 22"作为主要冬小麦作物品种，模拟其对关中地区气候变化的响应情况。选用 1984 ~ 2013 年作为基准时段，将 1984 ~ 2013 年宝鸡、武功及渭南地区的气象资料输入 CSM-CERES-Wheat 模型中，根据 6.2 节的研究结果，将播种日期设置为 10 月 7 日，播种密度为 340 万株/m^2，其他农田管理措施在所有场景中与当地农民传统措施保持一致，施肥水平与试验设置相同，灌水情况设置为雨养，分别模拟三个地区 1984 ~ 2013 年平均小麦的成熟期时间、生育期内蒸发蒸腾量以及产量。

6.6.5　冬小麦成熟期对气候变化的响应

图 6-24 ~ 图 6-26 分别为宝鸡、武功、渭南地区在不同典型浓度路径（RCP4.5、RCP6.0 和 RCP8.5）情景模式下，采用 CSM-CERES-Wheat 模型模拟 2020 年、2030 年、2040 年、2050 年、2060 年、2070 年、2080 年、2090 年和 2100 年在 BCC-CSM1-1、CSIRO-MK3-6-0、GFDL-CM3、HADCM3 及 MRI-CGCM3 五种模型下冬小麦成熟期时间与基准时段（1984 ~ 2013 年）的变化情况。

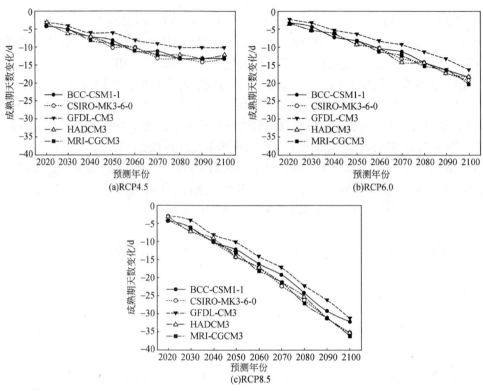

图 6-24　不同典型浓度路径条件下，不同的 GCMs 预测宝鸡地区未来冬小麦成熟期变化

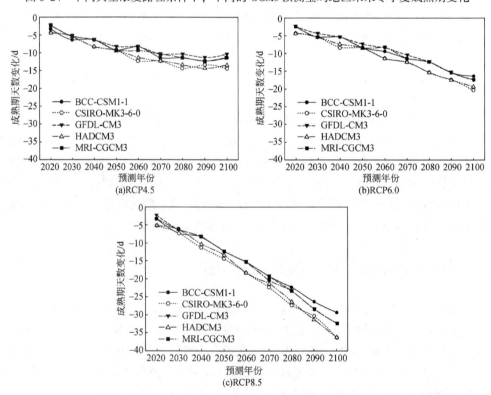

图 6-25　不同典型浓度路径条件下，不同的 GCMs 预测武功地区未来冬小麦成熟期变化

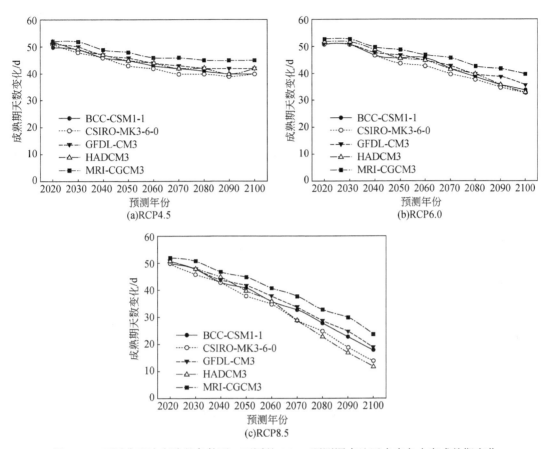

图 6-26 不同典型浓度路径条件下，不同的 GCMs 预测渭南地区未来冬小麦成熟期变化

图 6-24 和图 6-25 对宝鸡和武功地区的模拟结果表明，不同情景模式下冬小麦成熟期时间较基准时段均呈减小趋势。宝鸡和武功在典型浓度路径为 RCP4.5 情景模式下成熟期较基准时段分别减少 3.6～12.4 天和 3.3～12.1 天，在典型浓度路径为 RCP6.0 情景模式下成熟期较基准时段分别减少 3.0～18.4 天和 3.1～17.9 天，在典型浓度路径为 RCP8.5 情景模式下成熟期较基准时段分别减少 3.8～34.0 天和 3.9～33.3 天。3 种情景模式下，两地分别以 0.0～0.2d/a 和 0.1～0.2d/a（RCP4.5），0.1～0.2d/a 和 0.1～0.3d/a（RCP6.0），以及 0.2～0.5d/a 和 0.3～0.4d/a（RCP8.5）的速率递减。两地差异不大。在 5 个 GCMs 中，以 GFDL-CM3 模型预测冬小麦成熟期天数较基准时段变化最小，而 CSIRO-MK3-6-0 模型预测冬小麦成熟期天数较基准时段变化最大。

图 6-26 对渭南地区的模拟结果表明，该地区与宝鸡及武功地区的模拟结果差异较大，冬小麦成熟期时间较基准时段呈增大趋势，且增大幅度较大。在典型浓度路径为 RCP4.5 情景模式下增大 41.0～51.0 天，在典型浓度路径为 RCP6.0 情景模式下增大 35.0～51.4 天，在典型浓度路径为 RCP8.5 情景模式下增大 17.2～50.6 天。3 种情景模式下，渭南地区分别以 0.1～0.3d/a（RCP4.5）、0.1～0.3d/a（RCP6.0）以及 0.3～0.5d/a（RCP8.5）的速率呈递增趋势。在 5 个 GCMs 中，以模型 CSIRO-MK3-6-0 预测冬

小麦成熟期天数较基准时段变化最小，而 MIR-CGCM3 模型预测冬小麦成熟期天数较基准时段变化最大。

6.6.6　冬小麦生育期内蒸发蒸腾量对气候变化的响应

宝鸡、武功和渭南地区在 1984～2013 年冬小麦生育期内蒸发蒸腾量的平均值分别为 311.98mm、280.5mm 和 356.3mm。受气候变化条件影响，模型模拟得到 2020～2100 年冬小麦生育期内蒸发蒸腾量也发生较大变化。图 6-27 所示为宝鸡、武功和渭南地区冬小麦生育期内蒸发蒸腾量变化情况。宝鸡地区冬小麦未来时段生育期内蒸发蒸腾量较基准时段变化范围为-41.8～22.3 mm；在 RCP 4.5 和 RCP 6.0 情景模式下，冬小麦未来时段生育期内蒸发蒸腾量均高于基准时段，且随着时间推移呈降低趋势。武功地区冬小麦生育期内蒸发蒸腾量变化情况与宝鸡地区类似，生育期内蒸发蒸腾量较基准时段变化范围为-6.1～31.5 mm。在 21 世纪前期，利用模型模拟得到不同典型浓度路径下冬小麦生育期内蒸发蒸腾量基本相同，并从 2050 年开始逐渐产生差异。总体来说，不同情景模式下武功地区未来时段冬小麦生育期内蒸发蒸腾量基本高于基准时段。

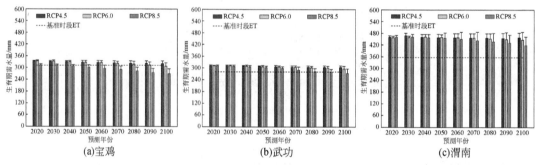

图 6-27　不同典型浓度路径情景模式下，宝鸡、武功及渭南地区未来时段冬小麦生育期内蒸发蒸腾量变化

与以上两个地区不同，渭南地区冬小麦在不同情景模式下未来时段生育期内蒸发蒸腾量均远远高于基准时段，其变化范围为 61.98～109.84 mm。其原因是 CERES-Wheat 模型模拟得到渭南地区冬小麦在未来时段成熟期时间增长，冬小麦的蒸发蒸腾量增加。总体而言，宝鸡、武功和渭南地区未来时段冬小麦生育期内的蒸发蒸腾量较基准时段高，随着典型浓度路径浓度增加，生育期内蒸发蒸腾量呈减小趋势。

6.6.7　冬小麦产量对气候变化的响应

图 6-28～图 6-30 分别为宝鸡、武功和渭南地区在不同典型浓度路径情景模式下，采用 CSM-CERES-Wheat 模型模拟 2020 年、2030 年、2040 年、2050 年、2060 年、2070 年、2080 年、2090 年和 2100 年在 BCC-CSM1-1、CSIRO-MK3-6-0、GFDL-CM3、HADCM3 及 MRI-CGCM3 五种模型下冬小麦产量与基准时段（1984～2013 年）的变化情况。

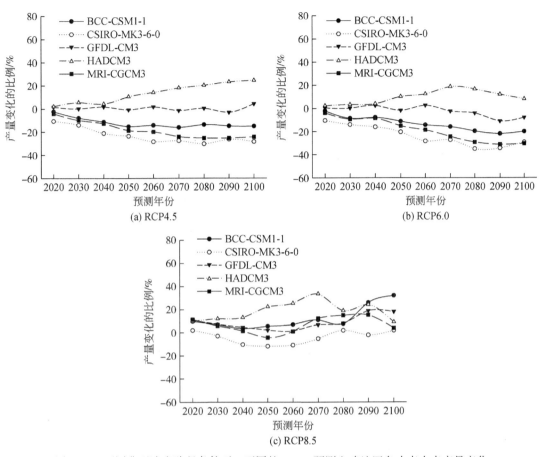

图 6-28　不同典型浓度路径条件下，不同的 GCMs 预测宝鸡地区冬小麦未来产量变化

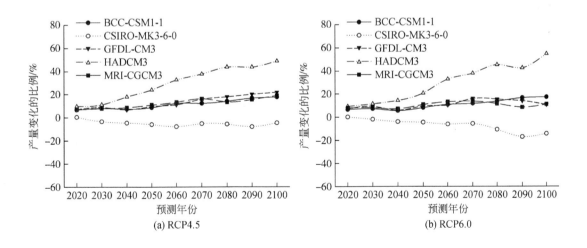

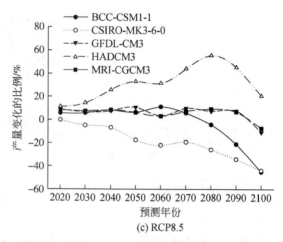

(c) RCP8.5

图 6-29　不同典型浓度路径条件下，不同的 GCMs 预测武功地区冬小麦未来产量变化

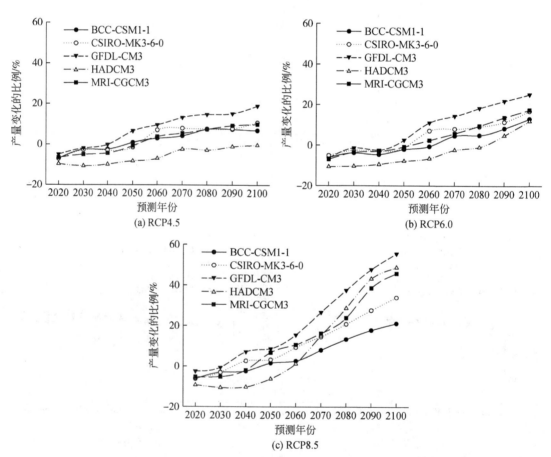

(a) RCP4.5　　　　　　　　　　　　　　　(b) RCP6.0

(c) RCP8.5

图 6-30　不同典型浓度路径条件下，不同的 GCMs 预测渭南地区冬小麦未来产量变化

图 6-28 为宝鸡地区的模拟结果。在典型浓度路径为 RCP4.5 情景模式下，不同 GCMs

预测 2020~2100 年平均产量变化结果分别为 -7.1%（BCC-CSM1-1）、-19.4%（CSIRO-MK3-6-0）、-0.5%（GFDL-CM3）、9.6%（HADCM3）和 -13.4%（MRI-CGCM3）。其中，HADCM3 模型模拟得到未来时段宝鸡地区产量随着时间推移逐渐增大，其他模型模拟得到未来时段宝鸡地区产量有波动，但整体趋势是小于基准时段的产量值。在典型浓度路径为 RCP6.0 情景模式下，不同 GCMs 预测 2020~2100 年平均产量变化结果为 -8.1%（BCC-CSM1-1）、-20.8%（CSIRO-MK3-6-0）、-1.9%（GFDL-CM3）、8.7%（HADCM3）和 -15.5%（MRI-CGCM3），同样是 HADCM3 模型模拟得到未来时段宝鸡地区产量随着时间推移逐渐增大，其他模型模拟得到未来时段宝鸡地区产量整体趋势也是小于基准时段的产量值，且 CSIRO-MK3-6-0 和 MRI-CGCM3 模型模拟得到未来时段宝鸡地区产量较基准时段减小幅度较大，最低产量分别在 2090 和 2100 年，降低 30% 和 29.2%；RCP8.5 与 RCP4.5 和 RCP6.0 情景模式下模拟结果差异较大，BCC-CSM1-1、CSIRO-MK3-6-0、GFDL-CM3、HADCM3 和 MRI-CGCM3 模型预测产量的变化分别为 -1.3%~34.9%、-14.2%~12.4%、-4.7%~11.6%、-1.0%~21.0% 和 -6.8%~4.1%。

图 6-29 为武功地区的模拟结果。与宝鸡地区不同，武功地区产量变化波动较大，且不同 GCMs 预测冬小麦在 2020~2100 年产量较基准时段整体呈上升趋势。在典型浓度路径为 RCP4.5 情景模式下，不同 GCMs 预测 2020~2100 年平均产量变化结果为 11.5%（BCC-CSM1-1）、-5.0%（CSIRO-MK3-6-0）、13.3%（GFDL-CM3）、29.94%（HADCM3）和 12.4%（MRI-CGCM3），其中，CSIRO-MK3-6-0 模型模拟得到未来时段武功地区产量随着时间推移逐渐减小，增产幅度最大的为 HADCM3 模型，2100 年较基准时段增产 48.7%。在典型浓度路径为 RCP6.0 情景模式下，不同 GCMs 预测 2020~2100 年平均产量变化结果分别为 10.8%（BCC-CSM1-1）、-7.2%（CSIRO-MK3-6-0）、11.0%（GFDL-CM3）、29.9%（HADCM3）和 10.2%（MRI-CGCM3），同样是 CSIRO-MK3-6-0 模型得到未来时段武功地区产量随着时间推移逐渐减小，增产幅度最大的仍为 HADCM3 模型，2100 年较基准时段增产 54.7%。在典型浓度路径为 RCP8.5 情景模式下，武功地区的产量预测与 RCP4.5 和 RCP6.0 情景模式下模拟情况的差异较大，不同 GCMs 预测的未来时段产量波动较大，BCC-CSM1-1、CSIRO-MK3-6-0、GFDL-CM3、HADCM3 和 MRI-CGCM3 模型预测产量的变化分别为 -45.2%~11.1%、-44.0%~-0.1%、-10.7%~10.8%、11.3%~55.6% 和 -7.4%~9.3%。随着时间推移，不同 GCMs 预测产量有稳步降低或先增高后降低两种情况，其中 CSIRO-MK3-6-0 模型的减产幅度最大，HADCM3 模型的增产幅度最大。

图 6-30 为渭南地区的模拟结果。与其他两个地区不同，渭南地区产量变化整体呈上升趋势。在典型浓度路径为 RCP4.5 情景模式下，不同 GCMs 预测 2020~2100 年平均产量变化结果分别为 2.0%（BCC-CSM1-1）、3.0%（CSIRO-MK3-6-0）、8.0%（GFDL-CM3）、-5.8%（HADCM3）和 2.2%（MRI-CGCM3）。其中，HADCM3 模型模拟得到未来时段渭南地区产量随着时间推移逐渐增大，但是整体预测产量较基准时段低，而其他模型模拟得到未来时段渭南地区产量高于基准时段。在典型浓度路径为 RCP6.0 情景模式下，不同 GCMs 预测 2020~2100 年产量变化范围分别为 -6.1%~13.1%（BCC-CSM1-1）、-5.1%~16.9%（CSIRO-MK3-6-0）、-6.4%~25.1%（GFDL-CM3）、-10.7%~12.0%（HADCM3）和 -7.0%~17.5%（MRI-CGCM3）。同样是 HADCM3 模型模拟得到未来时段渭南地区产量

低于基准时段，但是产量随着时间推移逐渐增大，并且从 2090 年开始预测产量高于基准时段。在 RCP8.5 情景模式与 RCP4.5 和 RCP6.0 情景模式下模拟情况差异较大，不同 GCMs 预测未来时段产量波动较大，BCC-CSM1-1、CSIRO-MK3-6-0、GFDL-CM3、HADCM3 和 MRI-CGCM3 模型预测产量的变化分别为 -6.3% ~ 21.2%、-5.9% ~ 34.0%、-2.6% ~ 55.7%、-9.3% ~ 48.9% 和 -5.4% ~ 45.9%。其中 GFDL-CM3 模型预测冬小麦产量增幅较大，平均增幅达到 21.8%。与其他两个地区不同，不同典型浓度路径情景模式下，渭南地区产量随着时间推移均呈增加趋势。

气候变暖是气候变化的最明显特征之一，同时极端气候包括最高温度和最低温度的出现及出现频率也是气候变化的明显特征。冬小麦属于喜凉作物，当冬小麦生育期内的最高气温超过 32 ℃后，冬小麦产量会显著降低，且品质随之变劣（蔡剑和姜东，2011）。温度过低或过高都会造成冬小麦的产量降低，并且温度升高对冬小麦减产影响更加严重。

本研究中，与武功和渭南地区相比，宝鸡地区的产量减小趋势较为严重。除了 HADCM3 模型预测产量较基准时段大，其他模型预测产量均低于基准时段的平均产量，并且仅仅在高端稳定（RCP8.5）情景模式下，从 2070 年开始预测产量逐渐高于基准时段。造成这种结果的原因可能是宝鸡地区温度变化幅度较大，尤其是 12 月和 1 月的温度增幅较大。而该时段为冬小麦生育期内的越冬时期，温度增幅过大导致冬小麦生育前期发育过快，分蘖速度增大，越冬前高峰苗提早形成，导致成穗率下降，最终影响冬小麦的产量。

降水也是影响冬小麦生长发育和产量高低的重要气象因素之一。关中地区的降水季节性分布不均，而冬小麦各个生育期对降水量的需求不同，冬小麦生育前期和生育后期降水对产量的形成影响不大，而生育中期，如拔节期和开花期的降水对小麦最终的籽粒产量影响显著。

冬小麦同时属于喜光作物，大量研究表明，光照强度与冬小麦产量的形成也有重要的相关性（Demotes-Mainard and Jeuffroy，2004）。许多研究结果表明，在过去的 50 年，到达地球表面的太阳辐射显著下降，尤其是黄淮海和长江中下游的麦区（杨羡敏等，2005）。该地区的一些研究表明，弱光降低了小麦的干物质积累，对最终籽粒产量产生影响，导致产量下降（贺明荣等，2001；牟会荣，2009）。本研究中，不同情景模式下，宝鸡与武功地区的冬小麦成熟期均缩短，在典型浓度路径 RCP8.5 情景模式下，MIR-CGCM3 模型预测宝鸡地区 2100 年冬小麦成熟期缩短至 199 天，HADCM3 模型预测武功地区 2100 年冬小麦成熟期缩短至 197 天。而渭南地区与另外两个地区相反，冬小麦的成熟期呈增长趋势，且最长增至 288 天。因此，渭南地区冬小麦产量呈增加趋势，且增幅较大，而其他两个地区的产量均有不同程度的降低。造成这种差异的原因可能是太阳辐射变化。

本研究中，关中地区从西至东，宝鸡、武功及渭南地区冬小麦对未来不同情景模式下气候变化的响应不尽相同。宝鸡和武功地区冬小麦生育期天数减少主要是由温度升高引起，在 RCP4.5 及 RCP6.0 情景模式下，宝鸡地区冬小麦产量呈降低趋势，且随着时间推移，下降幅度增大。然而，在 RCP8.5 情景模式下，冬小麦产量整体呈增加趋势，最大增长幅度较基准时段增加 13.0%。武功地区冬小麦产量整体呈增加趋势，增长幅度为 20%，渭南地区冬小麦产量增加幅度最大，最高可达 41%，且随着年际变化，小麦增产的程度增大。杨绚等（2014）研究表明，除长江流域以南的地区外，雨养小麦产量相对于基准时段在全国大部分地区均为增产趋势。

6.7 小 结

本章基于陕西杨凌西北农林科技大学旱区节水农业研究院试验小区的冬小麦试验,对 SIMDualKc 模型进行了参数校正和验证,研究了关中地区冬小麦蒸发蒸腾量的变化规律。应用试验数据对 CERES-Wheat 作物模型参数进行调试,使其本土化。基于作物模型,得到了最优灌水与播种密度的组合,并对关中地区的播期进行优化。同时,应用 CMIP5 中不同的全球环流模式预测了不同典型浓度路径情景下关中地区未来气候变化情况,将预测结果与作物模型结合,模拟了关中地区冬小麦对未来气候变化的响应。主要结论如下。

1) SIMDualKc 模型可以比较准确地模拟关中地区冬小麦蒸发蒸腾量的变化过程,发育初期以土壤蒸发为主,土壤蒸发占蒸发蒸腾量的比例在 80% 左右,随着冬小麦的生长,土壤蒸发逐渐减小,发育中期和发育后期的土壤蒸发比例仅为 2% ~3%。

2) 不同水分条件下,CERES-Wheat 模型模拟的冬小麦物候期、叶面积指数、成熟期地上生物量和产量与实测值的吻合度较高,模拟值与实测值的均方根误差小于 15.38%。但是模型对冬小麦生育期内累积生物量的模拟结果较差,尤其对叶片干物质累积的模拟值与实测值的 RMSEn 超过 70%。不同水分处理对冬小麦的生物量、叶面积指数及最终产量的影响较大,在不同的密度和水分结合的处理中,高播种密度及轻度水分亏缺最终获得的产量最大。通过季节性分析并结合关中地区的播种模式,该地区的最佳播种日期为 10 月 7日左右,具体情况应根据当年的农艺措施及气候条件调整。

3) CERES-Wheat 模型用两种估算蒸散量的方法对冬小麦充分灌水条件下的累积蒸发蒸腾量、逐日蒸发蒸腾量及土壤含水率的模拟结果与大型称重式蒸渗仪的实测结果吻合度较好。基于两种方法对冬小麦两个生育期逐日蒸发蒸腾量的模拟值与实测值的误差在 4%以内。两种方法均对 0 ~20cm 土层深度的土壤含水率模拟精度较低,从 20 ~40cm 土层深度开始,模型的模拟精度提高。由于 CERES 作物模型没有考虑水分对作物物候期的影响,因此不同的蒸发蒸腾公式对物候期的模拟结果没有影响。模型基于两种方法对冬小麦生物量和产量的模拟精度较高,模拟值与实测值的 RMSEn 低于 23%。总体而言,模型基于FAO-56 PM 方法模拟累积蒸发蒸腾量及逐日蒸发蒸腾量结果较 PT 方法的模拟结果高,而FAO-56PM 方法的土壤含水率模拟值低于 PT 方法,FAO-56 PM 方法的模拟精度略高于 PT方法。在气象资料充足的情况下,建议使用 FAO-56 PM 方法进行模拟,若气象资料缺失,可以用 PT 方法替代。

4) 灌水下限对冬小麦灌水次数、灌水量、籽粒产量和籽粒灌溉水利用效率的影响显著。较高的灌水下限有利于获得较高的籽粒产量,但同时也会造成灌水频繁及灌水量偏大,不利于籽粒灌溉水利用效率的提高。经模拟优化,控水条件下冬小麦高产节水的灌水方案为,灌水下限 60% 田间持水量。

5) 关中地区未来气候变化总体趋势是降水量在 2 月、6 月和 12 月普遍增多,在 4 月、9 月和 10 月减少。宝鸡地区和渭南地区太阳辐射变化较基准时段呈增大趋势,而武功地区与之相反,不同 GCMs 预测武功地区未来太阳辐射呈大幅度减小趋势。关中地区未来气候变暖趋势明显，宝鸡、武功和渭南地区最高气温和最低气温均呈上升趋势。

6）气候变化情景模式下，宝鸡和武功地区未来冬小麦的成熟期均缩短，而渭南地区变化情况与之相反，成熟期增长。宝鸡和武功地区产量变化随着时间序列推移均呈波动趋势，而渭南地区产量变化随着时间序列推移呈稳定增长趋势。

第7章 冬小麦水氮产量效应、产差与灌溉预报

冬小麦水氮因子限制的研究很多，但是在不同年份如何合理调配水氮组合，以及在特殊条件（有遮雨棚，作物不受降水影响）下水氮如何合理组合，或者是水氮和品种的合理搭配是否能增产等问题仍有待解决。因此，单产的提高需要把重心放在选用合理的品种、适宜的播期、播种密度、灌溉和施肥等科学合理的管理措施上。潜在产量和实际获得产量之间的差值为产差（Suryawanshi and Gaikwad，1984）。若要增产，就需要找出引起产差的原因，缩短实际产量与潜在产量的距离，从而达到增产的目的。然而，潜在产量往往无法真正通过实际生产或试验中获得。Lobell 等（2009）归纳出三种获得潜在产量的方法：模型模拟潜在产量、试验产量最大值和农民产量最大值。冬小麦在很多地区仍有不同程度的增长空间，而且冬小麦的增长仍需要进一步合理调整施肥、灌溉等管理措施，合理选用冬小麦品种，并有效地结合覆膜、秸秆覆盖等农艺措施。

本章通过冬小麦水氮因素的三个生长季的试验，分析了不同水氮条件下冬小麦各生长阶段的耗水规律和吸氮规律以及与产量的关系。应用试验数据和文献数据对 CERES-Wheat 作物模型进行了校正和验证，使其本地化。并基于这一模型，进行了气候、水氮对产量影响的量化；同时，进行了关中地区冬小麦长时间序列灌溉制度的优化。

7.1 试验方案

以冬小麦品种"小偃 22"作为试验研究材料。人工播种，行距为 15cm。试验设计 3 个水分阶段，每个生育阶段设置 3 个灌水水平：充分灌水（控制在田间持水量的 70%～80%，用 F 表示）、轻度亏缺（控制在田间持水量的 60%～70%，用 L 表示）和中度亏缺（控制在田间持水量的 50%～60%，用 M 表示）。施氮水平设低氮（low nitrogen，LN）、中氮（medium nitrogen，MN）和高氮（high nitrogen，HN）3 个水平，施用量分别为 90kg/hm²、135kg/hm² 和 180kg/hm²，磷肥（P_2O_5）施用量为 150kg/hm²，肥料选用尿素（含 N 46%）和过磷酸钙（含 P_2O_5 16%），施肥为一次性基施。本试验采用正交设计，共设 9 个处理，3 次重复。其中对照处理（CK）全生育期为充分灌溉、高氮。试验设计见表 7-1。

表 7-1 2009～2012 年冬小麦不同施氮和水分处理

处理	氮	I	II	III
CK	HN	F	F	F
T2	MN	F	M	L

续表

处理	氮	I	II	III
T3	LN	F	L	M
T4	HN	L	L	F
T5	MN	L	M	M
T6	LN	L	F	L
T7	HN	M	F	M
T8	MN	M	L	L
T9	LN	M	M	F

注：2009～2010 年所有处理施氮量均为高氮；I 为 2009～2011 年的 12 月 1～30 日（播种—拔节期）；II 为 2010～2012 年的 3 月 20 日～4 月 5 日（拔节—抽穗期）；III 为 2010～2012 年的 5 月 15 日～6 月 5 日（抽穗—成熟期）

7.2 不同水氮对冬小麦耗水的影响

7.2.1 不同水氮对冬小麦阶段耗水量、耗水模数和耗水强度的影响

表 7-2～表 7-4 为 2009～2012 年冬小麦不同水氮处理在播种—拔节期、拔节—抽穗期、抽穗—收获期三个阶段的耗水量、耗水模数和耗水强度。不同水氮处理下的总耗水量和阶段耗水量存在一定的差异，但并未随水氮的变化而呈现出规律性变化。CK 的总耗水量最大，但是各处理在三个生长季各生育阶段的耗水量不同。

表 7-2　2009～2012 年不同水氮条件下冬小麦阶段耗水量　　（单位：mm）

生长季	处理	耗水量		
		播种—拔节期	拔节—抽穗期	抽穗—成熟期
2009～2010 年	CK	153.82±25.97ab	102.36±8.97a	136.83±12.77a
	T2	149.62±20.20ab	87.23±11.93ab	130.14±15.59ab
	T3	159.38±14.08a	98.04±15.89ab	121.59±7.04abc
	T4	133.42±9.49abcd	81.66±16.47ab	127.92±14.30ab
	T5	137.29±7.43abc	86.46±9.47ab	108.26±15.48bc
	T6	150.62±17.51ab	87.96±7.34ab	102.42±11.25c
	T7	114.08±7.60cd	97.81±7.56ab	134.10±12.70ab
	T8	125.38±11.88bcd	91.71±11.08ab	122.92±14.09abc
	T9	106.62±13.12d	79.32±12.84b	134.06±15.32ab

续表

生长季	处理	耗水量		
		播种—拔节期	拔节—抽穗期	抽穗—成熟期
2010~2011 年	CK	153.65±6.64a	109.65±10.96a	171.70±19.61a
	T2	132.58±8.95ab	100.71±12.17ab	147.71±11.71a
	T3	138.35±7.14ab	93.82±9.07abc	150.82±14.55a
	T4	142.99±13.38ab	92.51±10.67abc	160.51±17.14a
	T5	138.98±16.64c	87.61±14.44abc	118.41±10.59a
	T6	132.51±19.03ab	102.75±11.91ab	161.75±13.35a
	T7	132.18±12.60ab	91.64±10.06abc	155.18±6.43a
	T8	123.35±6.04ab	86.14±11.51bc	157.50±15.40a
	T9	125.88±12.79bc	75.13±11.75c	135.99±8.67a
2011~2012 年	CK	134.10±9.14abc	106.60±12.03a	140.30±18.76a
	T2	148.48±8.90a	75.22±11.62cd	144.31±13.44a
	T3	136.48±13.85abc	105.79±6.50a	132.73±10.40a
	T4	127.13±6.87bcd	89.77±1.93abc	153.09±18.38a
	T5	117.00±9.04cd	84.00±17.58bcd	158.00±12.40a
	T6	134.38±16.25abc	95.90±8.34ab	139.72±11.70a
	T7	147.82±12.87ab	75.66±7.73cd	135.52±13.50a
	T8	109.45±13.46de	71.32±7.64d	150.24±19.67a
	T9	91.18±1.96e	69.10±4.94d	137.72±14.56a

注：不同小写字母表示在同一列中数据间差异显著

表 7-3　2009~2012 年不同水氮条件下冬小麦阶段耗水模数　　　（单位:%）

生长季	处理	耗水模数		
		播种—拔节期	拔节—抽穗期	抽穗—成熟期
2009~2010 年	CK	39.1	26.0	34.9
	T2	40.8	23.8	35.4
	T3	42.1	25.9	32.0
	T4	38.9	23.8	37.3
	T5	41.4	26.0	32.6
	T6	44.2	25.8	30.0
	T7	33.0	28.3	38.7
	T8	36.9	27.0	36.1
	T9	33.3	24.8	41.9

生长季	处理	耗水模数		
		播种—拔节期	拔节—抽穗期	抽穗—成熟期
2010～2011年	CK	35.3	25.2	39.5
	T2	34.8	26.4	38.8
	T3	36.1	24.5	39.4
	T4	36.1	23.4	40.5
	T5	40.3	25.4	34.3
	T6	33.4	25.9	40.7
	T7	34.9	24.2	40.9
	T8	33.6	23.5	42.9
	T9	37.4	22.3	40.3
2011～2012年	CK	35.2	28.0	36.8
	T2	40.3	20.4	39.3
	T3	36.4	28.2	35.4
	T4	34.4	24.3	41.3
	T5	32.6	23.4	44.0
	T6	36.3	25.9	37.8
	T7	41.2	21.1	37.7
	T8	33.1	21.5	45.4
	T9	30.6	23.2	46.2

表7-4　2009～2012年不同水氮条件下冬小麦阶段耗水强度　（单位：mm/d）

生长季	处理	耗水强度		
		播种—拔节期	拔节—抽穗期	抽穗—成熟期
2009～2010年	CK	1.01±0.17	2.92±0.26	3.11±0.29
	T2	0.98±0.13	2.49±0.34	2.96±0.35
	T3	1.04±0.09	2.80±0.45	2.76±0.16
	T4	0.87±0.06	2.33±0.47	2.91±0.32
	T5	0.90±0.05	2.47±0.27	2.46±0.35
	T6	0.98±0.11	2.51±0.21	2.33±0.26
	T7	0.75±0.05	2.79±0.22	3.05±0.29
	T8	0.82±0.08	2.62±0.32	2.79±0.32
	T9	0.70±0.09	2.27±0.37	3.05±0.35

生长季	处理	耗水强度		
		播种—拔节期	拔节—抽穗期	抽穗—成熟期
2010~2011 年	CK	1.00±0.04	3.13±0.31	3.90±0.45
	T2	0.87±0.06	2.88±0.35	3.36±0.27
	T3	0.90±0.05	2.68±0.26	3.43±0.33
	T4	0.93±0.09	2.64±0.30	3.65±0.39
	T5	0.91±0.11	2.50±0.41	2.69±0.24
	T6	0.87±0.12	2.94±0.34	3.68±0.30
	T7	0.86±0.08	2.62±0.29	3.53±0.15
	T8	0.81±0.04	2.46±0.33	3.58±0.35
	T9	0.82±0.08	2.15±0.34	3.09±0.20
2011~2012 年	CK	0.88±0.06	3.05±0.34	3.19±0.43
	T2	0.97±0.06	2.15±0.33	3.28±0.31
	T3	0.89±0.09	3.02±0.19	3.02±0.24
	T4	0.83±0.04	2.56±0.06	3.48±0.42
	T5	0.76±0.06	2.40±0.50	3.59±0.28
	T6	0.88±0.11	2.74±0.24	3.18±0.27
	T7	0.97±0.08	2.16±0.22	3.08±0.31
	T8	0.72±0.09	2.04±0.33	3.41±0.45
	T9	0.60±0.01	1.97±0.14	3.13±0.33

2009~2010 年，CK、T2 和 T3 第一阶段（播种—拔节期）的灌水水平为 CK（FFF）> T2（FML）= T3（FLM），但是，三个处理的耗水量差异不显著（$P > 0.05$）。在这一阶段，与 CK 相比，T7、T8 和 T9 处理的耗水量显著减小（$P < 0.05$）；第二阶段（拔节—抽穗）仅 T9 处理的耗水量较 CK 差异显著（$P < 0.05$）；第三阶段（抽穗—收获期）则与前两个阶段完全不同，T5 和 T6 较 CK 显著降低。与 2009~2010 年不同，2010~2011 年第一阶段 CK 的耗水量与 T5 和 T9 处理的耗水量差异显著（$P < 0.05$）；第二阶段各处理耗水量与 2009~2010 年生长季类似；第三阶段各处理间差异不显著（$P > 0.05$）。2011~2012 年第一阶段 T8 和 T9 的耗水量与 CK 差异显著（$P < 0.05$）；第二阶段除 T3、T4 和 T6 较 CK 显著降低；第三阶段与 2010~2011 年的对应阶段差异显著性一致。

由 2009~2010 年第一阶段的前 6 个处理比较可见，分蘖前期灌水水平为充分灌水或轻度亏缺各处理的耗水量差异不显著，而中度亏缺各处理的耗水量显著降低。这说明分蘖前期的灌水水平为轻度亏缺时，该阶段的耗水量基本不受影响。当各处理间施氮不同（2010~2011 年和 2011~2012 年）时，耗水量受灌水的影响会改变，如该阶段的 T7 和 T8。除 T9 外，拔节初期的水分胁迫对耗水量的影响不显著。2011~2012 年却完全不同；分蘖前期的灌水水平和拔节初期的灌水水平皆对播种—拔节期和拔节—抽穗期耗水有显著影响，这说明灌溉对耗水量的作用受气候的影响。生长末期的水分胁迫对耗水量的影响在三个阶段都不显著。

播种—拔节期的耗水强度最小，而耗水强度最大时期基本集中在抽穗—收获期。播种—拔节期的耗水强度基本都小于1mm/d，后两个阶段耗水强度皆大于1mm/d。CK在三个生长季的灌水水平和施氮量一致，但是其耗水强度不同，这是因为每年的太阳辐射、气温、风速和空气湿度等气候因子变化。在2009~2010年，仅T6拔节—抽穗期的耗水强度相对抽穗—收获期的大外，其他处理的耗水强度在抽穗—收获期最大。这是由于进入拔节期后，随着茎的发育叶面积显著增加，同时太阳辐射强度增大、气温升高，耗水强度迅速增加。抽穗灌浆期的耗水强度达到最大（居辉和周殿玺，1998），灌浆成熟期冬小麦自身生理活性放缓，叶片也开始老化，其蒸腾减小，但是由于此时期温度在持续升高，棵间蒸发增大，故抽穗—收获期的耗水强度较拔节—抽穗期大。

7.2.2 耗水量与冬小麦产量的关系

水氮对冬小麦生长产生的效应有三种：叠加效应、协同效应和拮抗效应。那么，不同水氮条件下的耗水量和吸氮量对冬小麦产量产生的效应也会出现这三种效应。

在不同生长季，不同水氮条件下冬小麦的耗水量与产量的关系不同（图7-1）。在各处理施氮量都相同的情况下（2009~2010年），耗水量与产量的关系曲线为开口向下的抛物线，决定数R^2达到0.82；但在各处理施氮量不同的情况下（2010~2011年和2011~2012年），耗水量与产量的关系曲线改变，耗水量和产量的相关指数都降低。高水高氮（CK），耗水量最大；中水高氮（T3，2009~2010年）和中水低氮（T3，2010~2011年和2011~2012年）的耗水量较大；低水高氮（T8，2009~2010年）和低水中氮（T8，2010~2011和2011~2012年）的耗水量较小。高水高氮（CK）在2010~2011年和2011~2012年两生长季的产量最高（叠加效应）；中水高氮（T7）的产量较高（协同效应）；低水高氮（T8，2009~2010年）和低水中氮（T8，2010~2011年和2011~2012年）的产量较低（拮抗效应）。这也进一步印证了水分充足时，高施氮量能有效提高产量和水分利用效率（刘晓宏等，2006），而且干旱胁迫会抑制氮肥作用的发挥（沈荣开和穆金元，2001；翟丙年和李生秀，2003）。

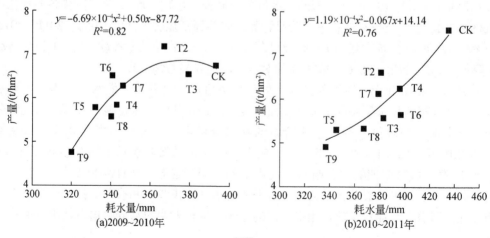

(a)2009~2010年   (b)2010~2011年

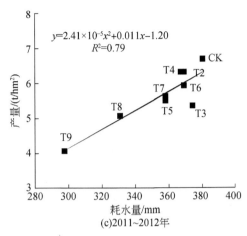

图 7-1　2009 ~ 2012 年不同水氮条件下产量与耗水量的关系

7.2.3　耗水量和冠层氮累积量与冬小麦产量的关系

本试验有遮雨棚，因此，此处用耗水量代表水分。施入的氮肥仅是小麦生长的来源之一，除此外，还有土壤中的氮，此处用冠层氮累积量来代表氮。水和氮除单个因子对产量有影响外，还有水氮交互对产量的影响。就是说，水氮与产量的关系为非线性关系。本研究采用式（7-1）来表征这一关系：

$$y = ax_1^2 + bx_1 + cx_1x_2 + dx_2 + ex_2^2 + f \tag{7-1}$$

式中，y 为产量（t/hm²）；x_1 为耗水量（mm）；x_2 为冠层氮累积量（kg/hm²）。

由式（7-1）可以看出，水分与产量的关系曲线呈向下的抛物线，这与之前的诸多研究结论一致（Sepaskhah and Akbari，2005；Sepaskhah et al.，2006；Sun et al.，2006）。而氮与产量的关系却不同于 Eck（1988）和 Sepaskhah 等（2006）的研究，他们的研究表明氮与产量的关系为向下的抛物线。这一方面可能是因为回归方程的数据较少，另一方面可能是因为本试验施氮水平设定范围较小，施氮水平间隔较小。

7.3　不同水氮下对冬小麦生长动态模拟

7.3.1　数据与方法

7.3.1.1　CERES-Wheat 模型参数校正方法

在应用作物模型进行模拟之前，需要将品种参数本地化。为了估算 "小偃 22" 的品种参数，模型提供了 GLUE 模块（He et al.，2011；Mertens et al.，2004）。GLUE 采用由先验分布和高斯似然函数得来的蒙特卡罗抽样法来确定最佳的遗传参数（Jones et al.，

2010）。首先，用 GLUE 模块对物候参数进行 3000 次模拟运行；其次，对生长参数进行 3000 次的运行；最后，用试差法（trial-and-error method）（Mavromatis et al.，2001）来确定 GLUE 模块校验的参数是否可以接受，如果可以接受，就停止运行。另外，采用不同播种日期和不同生长年份的观测值来校正品种参数比在有限制条件下得出的值可靠（Hundal and Kaur，1997）。除此之外，在没有任何胁迫，即在适宜条件下，作物模型的模拟结果较为满意（Timsina and Humphreys，2006）。因此，用 2009～2012 年三个生长季中的 CK 来校正参数。

7.3.1.2 敏感性分析法

敏感性分析分为全局敏感性分析和局部敏感性分析。本研究选择局部敏感性分析以便于了解单个因子对籽粒产量、地上生物量、最大叶面积指数、冠层氮累积量和蒸发蒸腾量的直接影响（表 7-5）。在试验的基础上，采用无交互式的一次改变一个因子来进行敏感性分析。选择的参数包括可控的和试验中测定的田间管理参数。可人为控制的参数包括播种日期、播种密度、播种深度和种植行间距、施氮量、施氮日期、施氮深度、灌水定额和灌水日期。除此之外，还包括试验中测得的土壤参数，即初始土壤含水量（S_{H_2O}）、播种时的铵态氮含量（S_{NH_4}）、播种时的硝态氮含量（S_{NO_3}）、凋萎系数（S_{LLL}）、田间持水量（S_{DUL}）、土壤饱和含水量（S_{SAT}）和土壤反射率（S_{ALB}）以及土壤导水率（S_{SKS}）。输入值的变化对输出值的敏感性的相对值 δ 表示为

$$\delta = \frac{\Delta O / O}{\Delta I / I} \tag{7-2}$$

式中，$\Delta O / O$ 输出值的相对变化率；$\Delta I / I$ 为输入值的相对变化率。

表 7-5 输入参数的敏感性分析

参数		定义	单位	原值
田间管理参数	PDATE	播种日期		2009 年 10 月 17 日
	PPOP	播种密度	棵/m²	395
	PLDP	播种深度	cm	5
	PLRS	种植行间距	cm	15
	FAMN	施氮量	kg/hm²	180
	FDATE	施氮日期		2009 年 10 月 17 日
	FDEP	施氮深度	cm	10
	IRVAL	灌水定额	mm	303（total）
	IDATE	灌水日期		all date
土壤参数	S_{H_2O}	初始土壤含水量	cm³/cm³	0.24
	S_{NH_4}	播种时的铵态氮含量	g/Mg	0.77
	S_{NO_3}	播种时的硝态氮含量	g/Mg	11.69
	S_{LLL}	凋萎系数	cm³/cm³	0.12

参数		定义	单位	原值
土壤参数	S_{DUL}	田间持水量	cm^3/cm^3	0.28
	S_{SAT}	土壤饱和含水量	cm^3/cm^3	0.47
	S_{ALB}	土壤反照率	%	17
	S_{SKS}	土壤导水率	cm/h	0.10

注：d 表示天数；total 表示冬小麦整个生育期的灌水定额；all date 表示冬小麦整个生育期的所有灌水日期

输入值的变动为输入值的−10%、−5%、5% 和 10%，用相应的输出值来估算敏感值。而与日期有关的输入值的变动为输入值的−10 天、−5 天、5 天和 10 天。检测的输出因子为最大叶面积指数、蒸发蒸腾量、冠层氮累积量、地上生物量和籽粒产量。

7.3.1.3　CERES-Wheat 模型验证方法

应用 2009~2012 年三个生长季内 T2~T9 的 24 个处理来对校正过的 CERES-Wheat 模型进行评价。用来解释模拟结果优劣的统计方法较多，如绝对差、归一化均方根误差（Timsina and Humphreys，2006）、相关系数的平方（R^2）和吻合度系数（d）（Willmott，1982）。本研究采用模型评价中应用较多的统计量 NRMSE 和 d（Singh et al.，2008；Timsina and Humphreys，2006）来评价模拟结果的优劣。NRMSE 和 d 的表达式如下。

$$\mathrm{NRMSE} = \frac{\left[n^{-1}\sum_{i=1}^{n}(P_i - O_i)^2\right]^{0.5}}{\bar{O}} \tag{7-3}$$

$$d = 1 - \left[\frac{\sum_{i=1}^{n}(P_i - O_i)^2}{\sum_{i=1}^{n}(|P'_i| + |O'_i|)^2}\right] \tag{7-4}$$

式中，P_i 为第 i 个模拟值；O_i 为第 i 个实测值；$P'_i = P_i - \bar{O}$；$O'_i = O_i - \bar{O}$；$\bar{O}$ 为实测值的平均值；n 为模拟值与实测值的个数。

本研究中采用回归分析来分析模拟值与实测值的吻合度。此外，用 NRMSE 评判模拟结果优劣的标准为：非常好（NRMSE<10%），较好（10%<NRMSE<20%），一般（20%<NRMSE<30%）和较差（NRMSE>30%）（Dettori et al.，2011）。

7.3.2　CERES-Wheat 模型参数校正

"小偃22"遗传参数校正结果见表7-6。P1V（春化敏感系数）、P1D（光周期敏感系数）和 P5（灌浆期系数）影响作物生物进程；G1（籽粒数系数）、G2（标准籽粒重系数）和 G3（拔节末期标准茎穗重系数）影响作物产量；P5（出叶间隔特性参数）既影响作物生物进程又影响作物产量。"小偃22"属于半冬性品种，该品种的春化作用在 0~7℃下持续 15~35 天。P1V 的估算值为 25.53 天。除 P5 外，其他遗传参数都在冬小麦已有研究的遗传参数范围内（Rosenzweig et al.，1999；Langensiepen et al.，2008；Xiong et al.，

2008）。P5 大于诸多小麦遗传参数估测值中的最大值（P5＝544℃ · d），此值根据 Jones 等（2010）和 Langensiepen 等（2008）从 CERES-Wheat 3.5 到 CERES-Wheat 4.5 的转换公式得出，P5 分别为 544℃ · d 和 556℃ · d。根据 Rosenzweig 等（1999）和 Xiong 等（2008）的研究，将 PHINT 设定为 95.00℃ · d。

表7-6 2009～2012年试验品种冬小麦"小偃22"遗传参数率定结果

参数	值	单位	定义
P1V	25.53	d	春化敏感系数
P1D	32.01	%	光周期敏感系数
P5	610.6	℃ · d	灌浆期系数
G1	24.16	#/g	籽粒数系数
G2	35.54	mg/(kernel · day)	标准籽粒重系数
G3	1.592	g	拔节末期标准茎穗重系数
PHINT	95.00	℃ · d	出叶间隔特性参数

表7-7 为 CERES-Wheat 模型校正结果。2009～2012 年开花期的模拟值和实测值分别相差 0 天、-6 天和 0 天。三个生长季的成熟期实测值为 231～232 天，其模拟值比实测值提前1～8天。冬小麦籽粒产量的实测值与模拟值的吻合度较好（绝对差<8%）。与籽粒产量相比，成熟期地上生物量和最大叶面积指数的模拟值与实测值的绝对差较大，但都小于 15%。

表7-7 2009～2012年校正模型的实测值与模拟值的比较

参数	生长季	模拟值	实测值	差值
开花期/d	2009～2010 年	190	190	0
	2010～2011 年	184	190	-6
	2011～2012 年	189	189	0
成熟期/d	2009～2010 年	230	231	-1
	2010～2011 年	223	231	-8
	2011～2012 年	227	232	-5
籽粒产量/(t/hm²)	2009～2010 年	6.88	6.78	0.10 (1.42%)
	2010～2011 年	7.74	7.58	0.16 (2.06%)
	2011～2012 年	6.48	6.69	-0.48 (-7.13%)
成熟期地上生物量/(kg/hm²)	2009～2010 年	12.53	10.97	1.56 (14.18%)
	2010～2011 年	14.70	13.49	1.21 (8.93%)
	2011～2012 年	10.85	11.79	-0.95 (-8.02%)
最大叶面积指数	2009～2010 年	5.8	5.4	0.4 (7.41%)
	2010～2011 年	6.6	6.17	0.63 (10.21%)
	2011～2012 年	4.9	5.7	-0.8 (-14.04%)

7.3.3 敏感性分析

基于 2009～2010 年输入参数，进行籽粒产量、最大叶面积指数、地上生物量、冠层氮累积量和蒸发蒸腾量对田间管理参数和土壤参数的敏感性分析（图 7-2）。敏感性分析表明，籽粒产量对田间持水量最敏感，其次为播种密度、播种时的硝态氮含量、灌水定额和凋萎系数，其他参数对籽粒产量的影响很小。这一结果与 Bert 等（2007）、DeJonge 等（2012）、He 等（2010）和 Wallach 等（2001）的研究结果类似，但也有不同，如 DeJonge 等（2012）和 He 等（2010）得出籽粒产量对凋萎系数的敏感性高于对田间持水量的敏感性。这可能归因于他们研究的作物与本研究不同。

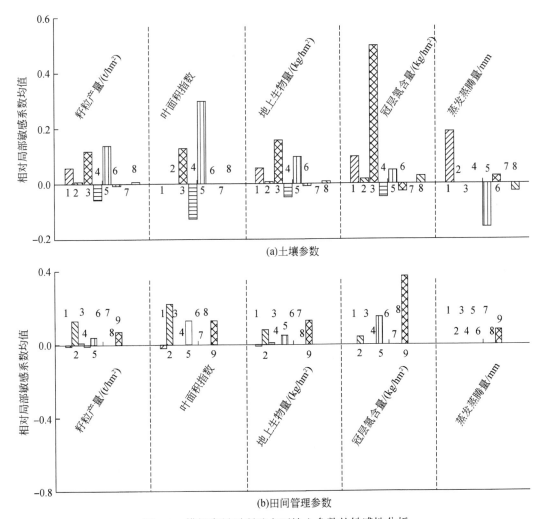

图 7-2　模拟产量对所选主要输入参数的敏感性分析

注：（a）土壤参数。其中，1 为初始土壤含水量；2 为播种时的土壤铵态氮含量；3 为播种时的硝态氮含量；4 为凋萎系数；5 为田间持水量；6 为土壤反射率；7 为土壤饱和含水量；8 为土壤导水率。（b）田间管理参数。1 为播种日期；2 为播种密度；3 为播种深度；4 为种植行间距；5 为施氮量；6 为施氮深度；7 为施氮日期；8 为灌水日期；9 为灌水定额

与其他参数相比，最大叶面积指数对田间持水量和播种密度的敏感值变化较大。不同于籽粒产量和最大叶面积指数，地上生物量主要受播种时的硝态氮含量影响，其次为灌水定额和田间持水量。除此之外，施氮量对地上生物量的影响相对较大。叶面积是生物量形成的主要影响因子，它随着播种密度和养分供应量的变化而发生改变（Novoa and Loomis，1981），且氮含量对地上生物量影响显著（Di Paolo and Rinaldi，2008）。播种日期、施氮日期和灌水日期对籽粒产量、地上生物量和最大叶面积指数都有不同程度的影响。倘若播种日期提前 10 天，最大叶面积指数增加 14%，籽粒产量和地上生物量分别增加 13% 和10%；倘若播种日期推迟 10 天，最大叶面积指数降低 19%，籽粒产量和地上生物量分别降低 6% 和12%。这一结果与 Aggarwal 和 Kalra（1994）以及 Ehdaie 和 Waines（2001）的结果一致，他们的研究表明播种日期推迟会导致籽粒产量急剧下降；播种日期提前营养生长时间就会延长，植株累积更多的生物量。

与地上部生物量类似，冠层氮累积量主要受播种时的硝态氮含量和灌水定额的影响，二者的相对敏感值分别为 50% 和 37%。氮素利用效率与施氮量和土壤含水量呈线性关系（Di Paolo and Rinaldi，2008），这是因为用于作物生长的部分氮来自于硝态氮，那么硝态氮自然与冠层氮累积量有着密切的关系。毫无疑问，蒸发蒸腾量与水分相关的参数密切相关，对其影响最大的参数为初始土壤含水量和田间持水量。播种日期对冠层氮累积量和蒸发蒸腾量的影响较小。尽管播种日期的变化导致作物生长季的变化，但是蒸发蒸腾量却没有相同的变化趋势，这是因为蒸发蒸腾量还受到叶面积指数的影响（Arora et al.，2007）。

7.3.4 CERES-Wheat 模型评价

通过模拟不同水氮条件下地上生物量、籽粒产量、叶面积指数、蒸发蒸腾量、水分利用效率评价 CERES-Wheat 模型。

7.3.4.1 地上生物量和籽粒产量

籽粒产量和收获时期的地上生物量如图 7-3 所示。不同水氮条件下 2009~2010 年、2010~2011 年和 2011~2012 年三个生长季籽粒产量的实测值为 4.05~7.18t/hm²。模拟值与实测值的 RMSE 为 0.33t/hm²，NRMSE、d 和 R^2 分别为 5.71%、0.93 和 0.78。收获时期的地上生物量的实测值为 8.23~12.75t/hm²，其模拟值与实测值的吻合度非常好，相应的 NRMSE 为 0.83t/hm²，NRMSE、d 和 R^2 分别为 7.77%、0.90 和 0.80。由此可见，本研究中籽粒产量和地上生物量实测值与模拟值的吻合度显然比 Palosuo 等（2011）、Singh 等（2008）和 Yang 等（2006）得出的吻合度高。

7.3.4.2 叶面积指数

图 7-4 为 2009~2012 年三个生长季内各处理的叶面积指数（LAI）日模拟值和实测值。由图 7-4 可以看出，2011~2012 年各处理模拟值与实测值的吻合度最好，NRMSE 为12.94%；而 2010~2011 年生长季各处理的 NRMSE 最大，为 18.48%。更为重要的是，LAI 并没有随灌水量的增加而增加，如 2009~2010 年冬小麦生长中后期的 LAI（T5）>

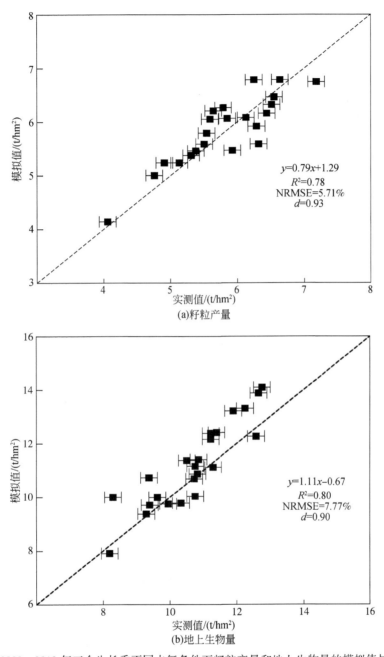

图 7-3 2009~2012 年三个生长季不同水氮条件下籽粒产量和地上生物量的模拟值与实测值

LAI（T4），而 T5 的灌水量为 141mm，T4 的灌水量为 223mm（表 7-6）。然而，除 T5 和 T6 外，LAI 会随着施氮量的增加而增加。这可能是由于灌溉促进了冬小麦对氮的吸收（Cossani et al.，2012）。

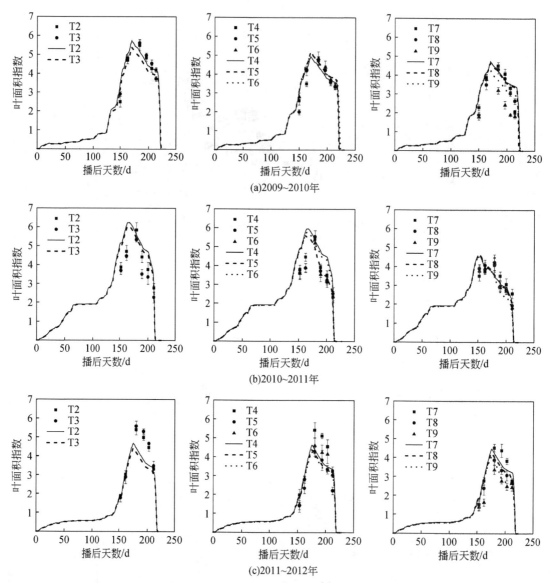

图 7-4　2009～2012 年三个生长季叶面积指数的模拟值和实测值

注：垂线表示标准偏差

图 7-4 中 2009～2010 年与 2010～2011 年 LAI 大于 2011～2012 年 LAI，这说明 LAI 受水氮交互作用的影响。在营养生长期，高施氮量会导致较高的耗水量，而要保证产量在小范围内浮动，在低水的情况下，应施以低氮（Aggarwal and Kalra，1994）。LAI 是水氮对产量影响的纽带，水氮直接影响 LAI，而 LAI 将这一影响直接传递给产量（Arora et al.，2007）。除此之外，三个生长季内相同处理对应的 LAI 有一致的关系：LAI（2010～2011 年）>LAI（2009～2010 年）>LAI（2011～2012 年），这主要是由于三个生长季内的日照时数不同（Bert et al.，2007）。

7.3.4.3 蒸发蒸腾量

表 7-8 显示, 2009~2010 年、2010~2011 年和 2011~2012 年三个生长季 ET 的实测值分别为 320~393mm、337~435mm 和 298~381mm, 其模拟值与实测值相应的 NRMSE 分别为 4.02%、7.61% 和 3.75%。尽管 2009~2010 年 ET 模拟值有的小浮动, 但其模拟值与实测值随水氮的变化有类似的趋势。在 2010~2011 年和 2011~2012 年, 各处理施氮量不同, 但是 ET 随灌水量变化趋势一致, 胡玉昆等 (2009) 也得出了类似的结论。另外, 比较 2009~2010 年和 2011~2012 年各处理表明, 低灌水定额下, 灌水对 ET 的影响会受到不同施氮量的影响。ET 包括植株蒸腾和棵间蒸发两部分, 棵间蒸发受天气和地面覆盖度的影响, 而植株蒸腾主要受 LAI 的影响 (Arora et al., 2007)。2010~2011 年 LAI 值较高是此生长季内 ET 较高的原因, 这也就是说 LAI 受到天气的影响, 同时还影响天气对 ET 的作用。

表 7-8 2009~2012 年蒸发蒸腾量的模拟值和实测值

生长季	处理	降水量/mm	灌水量/mm	蒸发蒸腾量/mm		冠层氮累积量/(kg/hm²)	
				模拟值	实测值	模拟值	实测值
2009~2010 年	CK	123	303		393		
	T2		238	358	367	—	—
	T3		221	348	379	—	—
	T4		223	340	343	—	—
	T5		141	327	332	—	—
	T6		236	340	341	—	—
	T7		182	322	346	—	—
	T8		168	325	340	—	—
	T9		182	323	320	—	—
2010~2011 年	CK	44	396		435		185.3
	T2		326	415	381	159.7	172.2
	T3		275	409	383	140.5	173.3
	T4		325	415	396	157.9	171.0
	T5		245	381	345	126.9	161.2
	T6		334	415	397	146.3	150.1
	T7		275	387	379	134.2	150.1
	T8		259	378	367	123.8	147.1
	T9		253	356	337	116.3	125.1

生长季	处理	降水量/mm	灌水量/mm	蒸发蒸腾量/mm		冠层氮累积量/(kg/hm²)	
				模拟值	实测值	模拟值	实测值
2011~2012年	CK	106	305		381		151.2
	T2		257	358	368	129.2	109.2
	T3		286	358	375	129.5	101.2
	T4		302	351	370	156.7	121.3
	T5		258	345	359	133.2	92.4
	T6		264	350	370	128.6	111.3
	T7		266	340	359	154.9	116.5
	T8		211	324	331	124.9	98.4
	T9		197	310	298	106.8	82.5

7.3.4.4 水分利用效率

表 7-9 为不同水氮条件下 2009~2012 年三个生长季内 WUE 的模拟值和实测值。三个生长季内 WUE 模拟值和实测值的 NRMSE 为 5%~8%，吻合度很好。2010~2012 年随着施氮量的增加，WUE 增加，这主要归因于产量的增加。在 2009~2010 年生长季，WUE 的实测值随灌水量的增加没有固定的变化趋势，这可能是因为不同时期的水分亏缺对产量和灌溉有不同的影响，如 T4 和 T5。

表 7-9 2009~2012 年水分利用效率的模拟值与实测值 　　　[单位：kg/(hm²·mm)]

处理	水分利用效率					
	2009~2010年		2010~2011年		2011~2012年	
	模拟值	实测值	模拟值	实测值	模拟值	实测值
T2	19.19	19.56	16.18	17.43	15.62	17.17
T3	18.90	111.49	14.13	14.49	15.30	14.33
T4	18.16	17.08	16.15	15.77	17.56	17.40
T5	19.55	17.45	13.93	15.38	16.19	15.32
T6	18.96	19.11	14.81	14.24	15.63	16.01
T7	18.74	18.14	15.44	16.19	17.79	15.60
T8	18.15	16.37	14.06	14.50	16.12	15.35
T9	15.87	14.86	14.46	14.55	13.34	13.60

7.4　水氮限制条件下冬小麦产差分析

水和氮是冬小麦生长的两个关键因素，气候不仅影响这两个因子的输入时间和输入量，还影响冬小麦的生长，从而影响最终的产量。本节假定试验条件下的产量与实际生产中特定条件下的产量相同,将产差定义为潜在产量与试验产量的差值。据此,计算2009~2012年三个生长季在水氮限制条件下的产差。应用CERES-Wheat模型分析气候对水和氮的影响以及三者对冬小麦产量的影响。

7.4.1 数据与方法

7.4.1.1 方案设定

假定试验的5个灌溉日期是12月15日、3月1日、4月1日、4月20日和5月10日,分别代表分蘖前期、分蘖后期、拔节期、孕穗期和灌浆期。采用施氮量范围较大,且间隔成等差数列,基于2009~2010年的试验设定如下的灌水施氮方案。

方案1:5个灌水水平,即1次灌水、2次灌水、3次灌水、4次灌水和5次灌水,每次灌水定额为60mm,采用全面设计,并设无灌溉为对照(表7-10)。

表7-10 2009~2012年用于模拟的假定灌溉处理 （单位:mm)

处理	灌水定额				
	12月15日	3月1日	4月1日	4月20日	5月10日
1					
2	60				
3		60			
4			60		
5				60	
6					60
7	60	60			
8	60		60		
9	60			60	
10	60				60
11		60	60		
12		60		60	
13		60			60
14			60	60	
15			60		60
16				60	60
17	60	60	60		
18	60	60		60	
19	60	60			60
20	60		60	60	
21	60		60		60

处理	灌水定额				
	12月15日	3月1日	4月1日	4月20日	5月10日
22	60			60	60
23		60	60	60	
24		60	60		60
25		60		60	60
26			60	60	60
27	60	60	60	60	
28	60	60	60		60
29	60	60		60	60
30	60		60	60	60
31		60	60	60	60
32	60	60	60	60	60

方案2：5个施氮水平，即60kg/hm²、120kg/hm²、180kg/hm²、240kg/hm²、300kg/hm²，在播种时施入，并设无氮施入为对照。

方案3：6个灌水水平，即无灌溉、1次灌水、2次灌水、3次灌水、4次灌水和5次灌水，每次灌水定额为60mm；6个施氮水平，即0kg/hm²、60kg/hm²、120kg/hm²、180kg/hm²、240kg/hm²、300kg/hm²，在播种时施入；水氮结合采用全面设计。

方案4：6个灌水水平，即无灌溉、1次灌水、2次灌水、3次灌水、4次灌水和5次灌水，每次灌水定额为60mm；6个施氮水平，即0kg/hm²、60kg/hm²、120kg/hm²、180kg/hm²、240kg/hm²、300kg/hm²，在播种时施入；灌溉设5个处理（处理2、处理7、处理17、处理27和处理32）。

7.4.1.2 贡献率的估算

在施氮和灌溉相同的条件下，以1955～2012年模拟产量的均值所对应年份的产量为基准气候产量（$Y_{C基}$），其他产量与其比较得出三个因子对产量的贡献率。计算公式如下。

$$\delta_{C_i} = \frac{Y_{C_i I_j N_k} - Y_{C_{基} I_j N_k}}{Y_{C_{基} I_j N_k}} \times 100\% \quad (j = k, \ i = 0, \ 1, \ \cdots, \ 56) \tag{7-5}$$

$$\delta_{I_j} = \frac{Y_{C_i I_j N_0} - Y_{C_i I_0 N_0}}{Y_{C_i I_0 N_0}} \times 100\% \quad (j = 0, \ 1, \ \cdots, \ 5) \tag{7-6}$$

$$\delta_{N_k} = \frac{Y_{C_i I_0 N_k} - Y_{C_i I_0 N_0}}{Y_{C_i I_0 N_0}} \times 100\% \quad (k = 0, \ 1, \ \cdots, \ 5) \tag{7-7}$$

式中，$C_{基}$为模拟产量对应的年份序号；Y_{C_i}为水氮都相同的处理对应的产量，Y_{I_j}为同一生长季相同施氮条件下不同灌溉对应的产量；Y_{N_k}为同年相同灌溉条件下不同施氮对应的产量；δ_C为气候对产量的贡献率，δ_I为灌溉对产量的贡献率，δ_N为施氮对产量的贡献率。

7.4.1.3 CERES-Wheat 模型变量设置

当仅有水分为变量时，设定"XBuild/Simulation Options/Options"中的"Water"为"Yes"，其他的都为"No"。当仅有氮为变量时，设定"XBuild/Simulation Options/Options"中的"Nitrogen"为"Yes"，其他的都为"No"。当同时考虑水和氮时，设定"XBuild/Simulation Options/Options"中的"Water"和"Nitrogen"为"Yes"，其他的皆为"No"。在进行长时间序列的模拟时，设定"XBuild/Simulation Options/General/Runs"中的"Years"为58，"Replications"为3。

7.4.2 不同生长季气候因子

表7-11为2009~2012年冬小麦三个生长季的降水量、太阳辐射量、有效积温和日温差（日最高最低温度之差）。2009~2010年生长季的降水量与2010~2011年的相近，而2011~2012年的降水量（195.1mm）则比前两个生长季少。2010~2011年的太阳辐射量（2624.1MJ/m²）是三个生长季中最大的，比2009~2010年和2011~2012年分别大353.3MJ/m²和446.9MJ/m²。三个生长季的有效积温基本相同，但是日温差却不同，温差范围为0~23℃。2009~2010年和2010~2011年日温差大于11℃的天数分别占总天数的42%和48%，2011~2012年日温差大于11℃的天数仅占总天数的29%。

表 7-11　2009~2012 年三个生长季的气候条件

气候因子	2009~2010 年	2010~2011 年	2011~2012 年
降水量/mm	217.2	216.6	195.1
太阳辐射量/(MJ/m²)	2270.8	2624.1	2177.2
有效积温/℃	1472.9	1473.5	1473.4
日温差/℃	1.3~22.5	1.7~22.7	0.6~21.6

7.4.3 不同生长季灌溉和施氮对冬小麦产量的影响

不同水氮条件下冬小麦的实测产量见表7-12。很显然，2009~2010年各处理冬小麦产量由于灌水的不同而各异。灌水水平相同的处理，产量因施氮的不同而变化。灌水、施氮以及二者的相互作用对产量的影响显著。在2010~2012年，与施氮对产量的作用（$P>0.01$）相比，灌溉对产量的影响（$P<0.01$）更大。尽管三个生长季内的CK灌水施氮水平相同，但是由于气候的不同而使产量各异。以日均温差为例，随着日均温差的增大，对应的产量会增加。这是因为白天温度高有利于光合速率的提高，而晚上低温则抑制了呼吸的损耗，有利于有机物的累积，从而提高产量（张荣铣和方志伟，1994；吴姝等，1998）。

表 7-12　产量对不同灌水和施氮的响应　　　　（单位：t/hm²）

处理	2009~2010 年产量	2010~2011 年产量	2011~2012 年产量
CK	6.78±0.12	7.59±0.13	6.69±0.11
T2	7.18±0.21	6.64±0.19	6.32±0.14
T3	6.55±0.21	5.55±0.20	5.37±0.13
T4	5.86±0.21	6.25±0.24	6.34±0.15
T5	5.79±0.16	5.31±0.13	5.50±0.26
T6	6.52±0.11	5.66±0.21	5.92±0.21
T7	6.29±0.19	6.14±0.12	5.60±0.12
T8	5.57±0.07	5.32±0.21	5.08±0.19
T9	4.75±0.16	4.90±0.20	4.05±0.13
I	0.059	0.001	0.004
N	—	0.045	0.091
I×N	—	<0.001	0.013

7.4.4　不同生长季水氮限制条件下冬小麦的产差

在 2009~2012 年，不同水氮组合条件下冬小麦的产差各异（表 7-13）。在没有氮限制的条件下，如 2009~2010 年，产差相对较小，为 0.59~3.02t/hm²。

表 7-13　2009~2012 年冬小麦产差　　　　（单位：t/hm²）

处理	产差		
	2009~2010 年	2010~2011 年	2011~2012 年
CK	0.99	2.68	0.39
T2	0.59	3.63	0.76
T3	1.22	4.72	1.71
T4	1.91	4.02	0.74
T5	1.98	4.96	1.58
T6	1.25	4.61	1.16
T7	1.48	4.13	1.48
T8	2.20	4.95	2.00
T9	3.02	5.37	3.03

在有氮限制的条件下，产差为 2.68~5.37t/hm²（2010~2011 年）和 0.39~3.03t/hm²（2011~2012 年）。除此之外，可以看出 T9 的产量与最大产量间的差值在三个生长季皆为最大。这说明 T9 的水氮组合产量效应较差，在选择水氮方案时，应剔除 T9。同时可知，优化组合水和氮可达到缩小冬小麦产差的目的。

7.4.5 气候、灌溉和施氮对冬小麦产量影响的分析

7.4.5.1 灌溉对冬小麦产量影响的模拟

适宜的供水通常情况下由产量和水分利用效率来评价。方案1中各处理的评价见表7-14。处理1~5（不同生育期1次灌溉）2009~2010年的产量和水分利用效率预测值为各处理平均值。所有处理的产量和水分利用效率基本上都不同，这是由于不同生育期灌水对冬小麦影响不同。除此之外，表征不确定性的统计量标准偏差（standard deviation，SD）也不同。2009~2010年各处理产量和水分利用效率的 SD 值排序皆为：$I_{60}>I_{120}>I_{180}>I_{240}$。这一规律同样适用于2011~2012年，但是并不适用于2010~2011年，这归因于气候因子、参数值以及残差带来的不确定性（Wallach et al.，2012）。2009~2010年和2011~2012年两个生长季中的 I_{60} 95% 的置信区间几乎涵盖了其他的所有处理，但2010~2011年的情况则不同。这一结果表明不同生长季的最优灌溉制度依赖于当季的气候。三个生长季无灌溉处理的产量和水分利用效率最低。

表 7-14 2009~2012 年假定灌水处理评价结果

生长季	方案	产量/(t/hm²)			水分利用效率/[kg/(hm²·mm)]		
		平均值	标准差	95% 的置信区间	平均值	标准差	95% 的置信区间
2009~2010 年	I_0	5.67	—	—	19.42	—	—
	I_{60}	6.44	0.88	5.35~7.52	20.84	1.97	18.39~23.28
	I_{120}	6.96	0.70	6.45~7.46	21.85	1.56	20.73~22.96
	I_{180}	7.27	0.42	6.97~7.57	22.42	0.88	21.79~23.04
	I_{240}	7.42	0.06	7.34~7.49	22.61	0.25	22.29~22.92
	I_{300}	7.45	—	—	22.49	—	—
2010~2011 年	I_0	3.58	—	—	14.42	—	—
	I_{60}	5.07	1.22	3.55~6.58	17.66	3.60	13.19~22.13
	I_{120}	6.50	1.25	5.61~7.39	20.10	3.10	17.88~22.31
	I_{180}	7.89	1.78	6.62~9.17	22.42	3.48	19.93~24.91
	I_{240}	9.57	0.82	8.55~10.58	24.72	1.62	22.72~26.73
	I_{300}	10.76	—	—	26.43	—	—
2011~2012 年	I_0	4.67	—	—	15.65	—	—
	I_{60}	5.90	0.86	4.83~6.97	17.75	2.22	14.99~20.51
	I_{120}	6.89	0.61	6.45~7.32	19.35	1.45	18.32~20.39
	I_{180}	7.22	0.18	7.09~7.35	19.78	0.47	19.44~20.11
	I_{240}	7.28	0	7.28~7.28	19.86	0.083	19.76~19.96
	I_{300}	7.28	—	—	19.78	—	—

注：I_0、I_{60}、I_{120}、I_{180}、I_{240} 和 I_{300} 分别对应 0mm、60mm、120mm、180mm、240mm、300mm 的灌溉水平

2010～2011 年产量和水分利用效率随灌水量的增加而增加（表 7-12）。在生产实践中，多水年或在湿润的土壤条件下，高水分投入会降低授粉率，加重病虫害，从而导致减产。但是，动态模型不考虑授粉和病虫害的具体情况，这有可能产生较大的误差（Lobell et al.，2007）。同时，冬小麦生长受天气的影响较大（Alexandrov and Hoogenboom，2000）。

7.4.5.2 施氮对冬小麦产量影响的模拟

产量和边际产量（marginal yield，MP）用来评价适宜的施氮量。边际产量可表达为

$$MP = \frac{\Delta Y}{\Delta X} \tag{7-8}$$

式中，ΔX 为氮肥施入的增加量；ΔY 为增加的施氮量对应的产量增加量。

表 7-15 为 2009～2012 年三个生长季产量和边际产量的变化趋势。随着施氮量的增加产量增加。但是，在 2009～2010 年，当施氮量大于 240kg/hm² ，增加施氮量会极大地降低边际产量。因此，大于 240kg/hm² 的施氮量不予考虑。2009～2010 年施氮量为 120kg/hm² 较不施氮的产量增加 9.67%。若继续增加施氮，产量也会随之增加，当施氮量为 240kg/hm² 时，产量增加 17%。与之对应的边际产量则相反，从 120kg/hm² 到 240kg/hm² ，边际产量逐次降低。从 120kg/hm² 到 240kg/hm² ，2010～2011 年相应产量的增长率为 22.67%～42.92%，边际产量增加 3.61%～11.21%；而 2011～2012 年相应产量的增长率为 8.54%～12.43%，而边际产量的增长率-46.87%～-4.88%。这一结果（施氮量为 120～180kg/hm² ）与 Zhu 和 Chen（2002）得出的结论类似。

表 7-15 2009～2012 年假定氮处理下的产量和边际产量

生长季	施氮量 /(kg/hm²)	吸氮量 /(kg/hm²)	产量 /(t/hm²)	产量的 增长率/%	边际产量 /(t/hm²)	边际产量的 增长率/%
2009～2010 年	0	151	5.51	—	—	—
	60	169	5.79	5.10	15.61	—
	120	181	6.04	9.67	21.00	34.53
	180	193	6.27	13.74	18.67	19.58
	240	204	6.45	17.00	16.36	4.83
	300	213	6.54	18.64	10.00	-35.94
2010～2011 年	0	156	5.76	—	—	—
	60	174	6.51	12.96	41.50	—
	120	187	7.07	22.67	43.00	3.61
	180	200	7.67	33.08	46.15	11.21
	240	213	8.24	42.92	43.62	5.10
	300	224	8.54	48.23	27.82	-32.97

生长季	施氮量 /(kg/hm²)	吸氮量 /(kg/hm²)	产量 /(t/hm²)	产量的 增长率/%	边际产量 /(t/hm²)	边际产量的 增长率/%
	0	182	5.86	—	—	—
	60	201	6.18	5.34	16.47	—
2011～2012 年	120	213	6.37	8.54	15.67	-4.88
	180	225	6.52	11.24	13.17	-20.06
	240	233	6.59	12.43	8.75	-46.87
	300	241	6.63	13.08	4.75	-71.16

7.4.5.3 水氮耦合对冬小麦产量影响的模拟

图 7-5 为水氮和产量关系的一种二维图表达方式，即等值线图。该图能够更好地反映水氮的交互作用，并确定获得最高产量的最佳水氮组合。从图 7-5 可以看出，当考虑水氮耦合时，灌溉起正协同作用，水氮耦合效应显著。

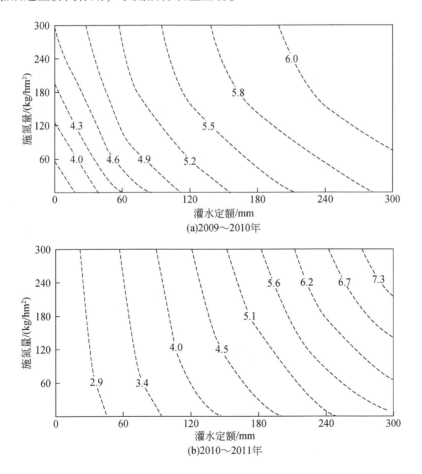

(a)2009～2010年

(b)2010～2011年

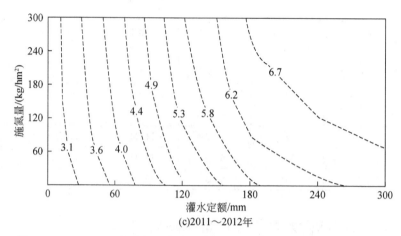

图 7-5　2009～2012 年水氮对冬小麦产量（t/hm²）交互作用的等值线图

气候因子，如太阳辐射、平均气温和降水始终处于变化状态，2009～2012 年三个生长季的产量随之变化。然而，本研究试验的重心主要在水氮对产量的影响上，而不是水氮结合气候对产量的影响。尽管水氮交互对产量有正效应，但是这并不意味着同时增加水氮就可以获得高产。由图 7-5（a）可知，当灌水定额为 300mm 时，施氮量为 120kg/hm² 的产量为 6.19t/hm²，施氮量为 180kg/hm² 的产量为 6.28t/hm²，施氮量为 240kg/hm² 的产量为 6.32t/hm²。这表明施氮量增加 50%（从 60kg/hm² 到 120kg/hm²）会引起 1.46%（0.09t/hm²）的产量增加率；而施氮量增加 100%，即在 120kg/hm² 基础上增加 120kg/hm²，产量增加 2.12%（0.13t/hm²）。当施氮量为 300kg/hm² 时，灌水定额为 120mm、180mm 和 300mm 的产量皆为 6.33t/hm²。图 7-5（c）的模拟结果与图 11-5（a）的类似，但图 11-5（b）却与前两者不同。除此之外，不同的水氮组合可获得相同的产量。例如，在 2009～2010 年，灌水定额为 159mm 和施氮量为 180kg/hm² 时与灌水定额为 176mm 和施氮量为 120kg/hm² 时收获相同的产量，为 6.0t/hm²。水氮组合的比较表明，施氮量从 180kg/hm² 降低到 60kg/hm² 时，降低施氮量对产量的负效应可由增加 17mm 灌水量来抵消，以保证产量稳定在降低前的 5.5t/hm²。

等值线的斜率表明灌水定额对产量的影响大于施氮量。例如，当施氮量为 180kg/hm² 时，灌水定额从 0mm 增加到 300mm 时，产量增加 47.2%。然而，将灌水定额固定在 180mm，施氮量从 0kg/hm² 增加到 300kg/hm² 时，产量增加 8.9%。

同时，水氮施入仍需要气象条件的配合，基于这些信息来确定水氮施入量和施入时间。

7.4.5.4　水氮和气候对冬小麦产量影响的模拟

模拟的 6 个灌溉水平 0mm（I_0）、60mm（I_{60}）、120mm（I_{120}）、180mm（I_{180}）、240mm（I_{240}）和 300mm（I_{300}）和 6 个施氮水平 0kg/hm²（N_0）、60kg/hm²（N_{60}）、120kg/hm²（N_{120}）、180kg/hm²（N_{180}）、240kg/hm²（N_{240}）和 300kg/hm²（N_{300}）对应产量的累积概率分布曲线如图 7-6 所示。图 7-6 表明，在没有施氮和灌水的情况下产量低于 4t/hm²。在没有灌水的情况下，增加施氮量会使这一概率降低，但仍然大于 70%。这进一步印证了灌

溉对小麦生长的重要性。当灌水量和施氮量都大于或等于 180mm 和 180kg/hm² 时，产量都大于 4t/hm²。除此之外，若施氮量增加，I_{120} 这条线上小于 6.0t/hm² 的产量会变长。这说明获得高产施氮是必不可少的。

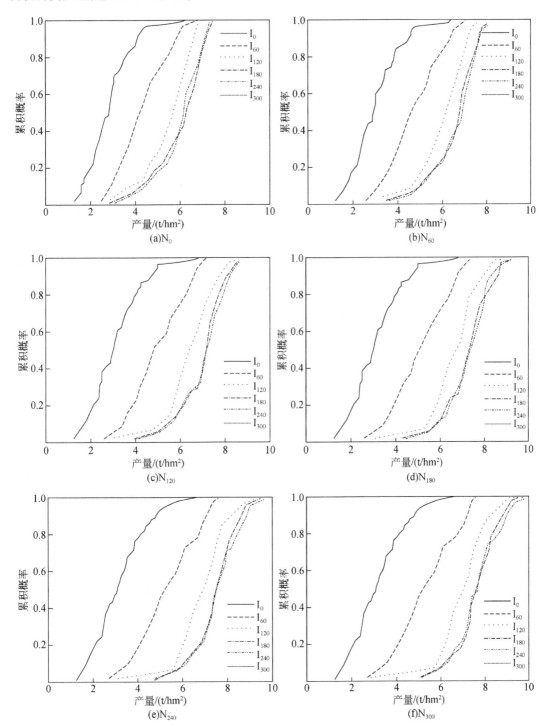

图 7-6　不同水氮条件下冬小麦产量长序列（57 个生长季）累积概率模拟值

图 7-6 也表明，产量曲线生长季间跨度大，这是由于气候变化，尤其是该地区的太阳辐射和气温变化。产量中值（累积概率为50%）在没有施氮的情况下会随灌水量的增加而增加：I_0（2.8t/hm²）、I_{60}（4.1t/hm²）、I_{120}（5.7t/hm²）、I_{180}（6.1t/hm²）和I_{240}（6.4t/hm²），而后在I_{300}降低为6.3t/hm²，这一趋势同样适用于其他施氮水平。在没有灌水的情况下，产量中值从2.7t/hm²到3.0t/hm²缓慢增长。而且，I_0和I_{300}对应产量的最大值与最小值之差会随着施氮量的增加而变大。

灌水定额大于120mm时所有方案的累积概率分布曲线基本都不同。采用I_{240}对应的方案总是能获得最高产量。这表明I_{240}是获得高产的方案。这些结果也进一步表明水氮对产量有交互作用。

气候、灌溉和施氮对产量的影响程度有必要进行综合比较。在I_{180}水平下，施氮量从0kg/hm²增加到300kg/hm²时，所有生长季的产量增长率为3.6%~91.2%。在N_{180}水平下，灌水量从0mm增加到300mm时，所有生长季的产量增长率为-7.7%~499.8%。这说明灌溉和气候对产量的交互作用大于施氮和气候；灌溉对产量的作用受气候的影响要大于施氮。模拟结果也进一步说明气候驱动下的产量在波动，且有下降的趋势（Liu and Luo，2010；Lobell et al.，2005），水氮的施入并不能减轻气候引起的产量变化。

7.4.5.5 冬小麦产量与气候因子的关系

气候变化对年际的产量变化有直接的影响（Qian et al.，2009）。选取6个主要的气候因子，太阳辐射、降水、最高气温、最低气温、相对湿度和风速，来评价在无灌溉和施氮的情况下以及有灌溉和施氮的情况下气候对产量的影响。产量与气候因子的回归系数（R）见表7-16。在所有预设条件下，风速和最低气温与产量相关性不显著。无施氮和灌溉情况下（I_0N_0）产量与降水的相关性极显著，其次为最高气温和相对湿度。这一关系同样适用于I_0N_{180}。对于$I_{180}N_0$，仅相对湿度与产量极显著相关，最高气温和降水与产量显著相关。对于$I_{180}N_{180}$，相对湿度与产量极显著相关，最高温度和太阳辐射与产量显著相关。

当有灌溉时，降水和相对湿度与产量负相关，而温度和太阳辐射与产量正相关；若无灌溉，则相反。相对湿度和最高温度是影响小麦产量的关键气候因子，尤其是相对湿度。相对湿度高会降低蒸发蒸腾量，相反则会增加蒸发蒸腾量，蒸发蒸腾会影响作物干物质和养分的迁移。因此，相对湿度对产量有重要作用（Hoffman et al.，1978）。在无灌溉和施氮或是仅有二者之一的情况下，降水是影响小麦产量的主导因子。然而，太阳辐射却是有灌溉和施氮情况下小麦产量的关键气候影响因子。这归因于有灌溉时，小麦需水来源不仅限于降水，且降水对最高温度和太阳辐射有很大影响（Yu et al.，2013）。

表 7-16　2009~2012 年不同水氮条件下模拟产量与气候因子的相关关系

指标	产量/(t/hm²)	降水	风速	相对湿度	最低温度	最高温度	太阳辐射
I_0N_0							
R		0.58 **	0.09	0.42 **	0.07	0.44 **	0.18
斜率		9.80	191.56	115.39	-92.91	-476.71	-0.70
平均值	2.87	205	1.6	69	3.4	13.8	2455

指标	产量/(t/hm²)	降水	风速	相对湿度	最低温度	最高温度	太阳辐射
$I_{180}N_0$							
R		0.29*	0.08	0.37**	0.12	0.33*	0.17
斜率		−5.08	−174.19	−105.09	164.72	363.18	0.66
平均值	5.99	205	1.6	69	3.4	13.8	2455
I_0N_{180}							
R		0.58**	0.07	0.47**	0.06	0.45**	0.21
斜率		11.73	199.54	158.78	−96.44	−579.34	−0.97
平均值	3.21	205	1.6	69	3.4	13.8	2455
$I_{180}N_{180}$							
R		0.19	0.08	0.38**	0.16	0.33*	0.27*
斜率		−3.131	163.44	−101.83	202.86	341.67	1.01
平均值	7.29	205	1.6	69	3.4	13.8	2455

* 表明在 0.05 水平下相关性显著；** 表明在 0.01 水平下相关性极显著

7.4.6 水氮和气候对冬小麦产量的贡献

产量的变化归因于水氮和气候等的变化（Mueller et al.，2012），但是，水氮及气候对产量的贡献显然不同（图 7-7）。在无施氮的情况下，灌溉对产量的贡献会随着生长季的不同而变化，且随着灌水量的增加，贡献率变动幅度变大，贡献率为 −26.6% ~ 454.3%。这说明气候会影响灌溉对产量的贡献。施氮对产量的贡献率会随生长季的不同而变化，且随着施氮量的增加变化范围增大，但与灌溉相比，其值较小，贡献率为 −2.6% ~ 49.8%。在无灌溉和施氮的情况下，气候变化对产量的贡献率为 −55.7% ~ 118.7%；在无灌溉有施氮的情况下，贡献率变化范围与之相近；在有灌溉无施氮的情况下，贡献率变化范围缩小（−51.4% ~ 25.0%）；在有施氮有灌溉的情况下，贡献率波动范围进一步缩小，为 −39.7% ~ 28.5%。可见，气候对产量的贡献率受施氮的影响小，水或水氮两因子会削弱气候对产量的贡献率。

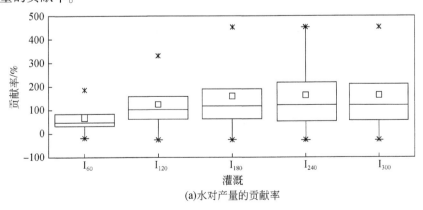

(a)水对产量的贡献率

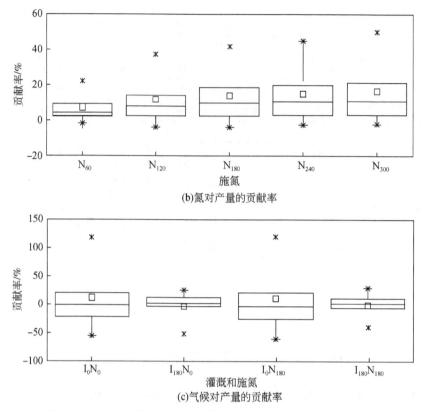

(b)氮对产量的贡献率

(c)气候对产量的贡献率

图 7-7　不同生长季不同水氮条件下水、氮和气候对产量的贡献率

7.5　水分限制条件下冬小麦产差分析

2009～2012 年的试验是在遮雨棚下进行的，避免了降水对试验的影响，同时该试验灌溉采用的是上下限控制，当土壤含水量下降到下限时灌水，并灌水到上限，这与实际生产不同。因此，本节同时引入了与生产实践相同的田间试验，即为本课题组 2003～2004 年和 2007～2008 年的试验，而且这两个生长季的灌水定额和灌水日期也与生产试验相同。将冬小麦的产差定义为潜在产量与试验产量的差值，应用 CERES-Wheat 模型分析不同生长季冬小麦的产量，并通过产量和水分利用效率反推出灌溉制度。

7.5.1　数据与方法

7.5.1.1　试验数据

2003～2004 年和 2007～2008 年的两组试验与 2009～2012 年的试验地点相同。2003～2004 年冬小麦生育期的降水量、有效积温和太阳辐射分别为 178.7mm、2130.4℃ 和 2573.6MJ/m² ；2007～2008 年冬小麦生育期的降水量、有效积温和太阳辐射分别为

108.2mm、1898.4℃和2381.2MJ/m²。2003~2004年和2007~2008年的播种日期分别为2003年10月18日和2007年10月20日,收获日期分别为2004年6月4日和2008年6月4日。二者的播种密度分别为100kg/hm²和135kg/hm²。设三个灌水水平,整个生育期无灌溉为对照处理,2003~2004年的重复次数为3次,2007~2008年的重复次数为4次(表7-17)。另外,2003~2004年试验没有施氮,2007~2008年试验施氮量为256.5kg/hm²。

表 7-17 2003~2004 年和 2007~2008 年不同灌水定额和灌水日期 (单位:mm)

处理	灌水定额				
	2003年12月24日	2004年4月15日	2004年5月5日	2008年1月3日	2008年5月1日
T0	0	0	0	0	0
T1	75	0	0	75	0
T2	75	45	0	75	45
T3	75	45	45	75	60
T4	75	60	0	75	75
T5	75	60	45		
T6	75	75	0		
T7	75	75	45		

2003~2004年和2007~2008年两个生长季试验所有处理的数据作为 CERES-Wheat 模型的输入值,模拟的产量和蒸发蒸腾量与实测值进行比较。用 NRMSE 来评价模拟值与实测值的吻合度。

7.5.1.2 灌溉制度优劣的评价方法

通常用产量、WUE 和收益来衡量灌溉制度的优劣,本研究仅考虑产量和 WUE。二者的量纲不同,于是应用归一化法将二者转化为 [0,1] 的无量纲值。

$$Y_{i(0-1)} = \frac{Y_i - Y_{min}}{Y_{max} - Y_{min}} \tag{7-9}$$

$$W_{i(0-1)} = \frac{W_i - W_{min}}{W_{max} - W_{min}} \tag{7-10}$$

式中,$Y_{i(0-1)}$ 第 i 处理产量的归一化值;Y_i 第 i 个处理产量;Y_{max} 和 Y_{min} 第 i 个处理所在生长季内所有处理产量的最大值和最小值;$W_{i(0-1)}$ 第 i 个处理 WUE 的归一化值;W_i 第 i 个处理WUE;W_{max} 和 W_{min} 为第 i 个处理所在生长季内所有处理 WUE 的最大值和最小值。

于是,最优灌溉定额就可以用产量和 WUE 的归一化值,并赋予各自相应的权重,表达式为

$$I_i = \max[aY_{i(0-1)} + bW_{i(0-1)}] \tag{7-11}$$

式中,I_i 为冬小麦每个生长季最优灌溉定额对应的归一化值;a 和 b 为产量和 WUE 的权重。本研究尝试用归一化法将产量和 WUE 转化为一个无量纲的值。因此,将 (a,b) 设定为 (0.2,0.8)、(0.3,0.7)、(0.4,0.6)、(0.5,05)、(0.6,0.4)、(0.7,0.3)、(0.8,0.2)。

7.5.2 冬小麦产量和蒸发蒸腾量的模拟值和实测值

表 7-18 为 2003～2004 年和 2007～2008 年两组试验对应产量和 ET 的模拟值和实测值，2003～2004 年产量的模拟值和实测值吻合度较好，NRMSE 分别为 15.91%（2003～2004年）和 16.49%（2007～2008 年）。两者 ET 的模拟结果非常好，2003～2004 年的 NRMSE 为 6.25%，2007～2008 年的 NRNSE 为 9.06%。2003～2004 年模拟产量最大值对应的处理为 T5，实测产量最大值对应的处理为 T6；而 WUE 模拟和实测的最大值分别为 16.62kg/（$hm^2 \cdot mm$）（T6）和 17.59kg/（$hm^2 \cdot mm$）（T1）。2007～2008 年模拟和实测产量的最大值也不同，模拟最大值为 7.14t/hm^2，对应的处理为 T3，实测最大值为 8.28t/hm^2，对应处理为 T4；T1 对应最大的 WUE 模拟值，而 T2 对应最大的 WUE 实测值。

表 7-18 不同生长季冬小麦的产量、水分利用效率和二者的归一化值

生长季	处理	产量/（t/hm^2）		ET/mm		WUE/[kg/（$hm^2 \cdot mm$）]		归一化值（0.6, 0.4）	
		模拟值	实测值	模拟值	实测值	模拟值	实测值	模拟值	实测值
2003～2004 年	T0	2.14	4.01	244	228	8.66	17.58	0.20	0.40
	T1	4.71	5.10	322	290	14.62	17.60	0.78	0.73
	T2	5.63	5.43	359	351	15.67	15.45	0.52	0.58
	T3	5.98	5.98	377	371	15.86	16.11	0.62	0.82
	T4	5.86	5.06	365	331	16.04	15.28	0.65	0.45
	T5	6.19	5.13	380	363	16.28	14.13	0.79	0.34
	T6	6.10	6.00	367	342	16.62	17.54	0.82	0.99
	T7	6.15	5.75	390	386	15.77	14.89	0.62	0.61
	NRMSE	15.91%		6.25%					
2007～2008 年	T0	3.75	5.85	273	219	13.73	26.73	0	0.34
	T1	7.06	7.95	314	289	22.50	27.51	0.99	0.92
	T2	7.12	7.90	347	342	20.52	23.09	0.81	0.58
	T3	7.14	7.93	344	358	20.77	22.15	0.83	0.51
	T4	7.10	8.28	345	362	20.58	22.86	0.82	0.65
	NRMSE	16.49%		9.06%					

生长季	处理	归一化值（0.5, 0.5）		归一化值（0.4, 0.6）		归一化值（0.7, 0.3）		归一化值（0.3, 0.7）	
		模拟值	实测值	模拟值	实测值	模拟值	实测值	模拟值	实测值
2003～2004 年	T0	0.25	0.50	0.30	0.60	0.15	0.30	0.35	0.70
	T1	0.82	0.77	0.85	0.82	0.75	0.68	0.89	0.86
	T2	0.43	0.55	0.34	0.51	0.60	0.61	0.26	0.48
	T3	0.54	0.78	0.46	0.74	0.70	0.86	0.37	0.69
	T4	0.59	0.43	0.52	0.41	0.72	0.47	0.46	0.39
	T5	0.74	0.28	0.68	0.23	0.84	0.39	0.63	0.17
	T6	0.78	0.99	0.74	0.99	0.86	0.99	0.70	0.99
	T7	0.53	0.55	0.43	0.48	0.71	0.68	0.34	0.42

生长季	处理	归一化值 (0.5, 0.5)		归一化值 (0.4, 0.6)		归一化值 (0.7, 0.3)		归一化值 (0.3, 0.7)	
		模拟值	实测值	模拟值	实测值	模拟值	实测值	模拟值	实测值
2007~2008 年	T0	0	0.43	0	0.51	0	0.26	0	0.60
	T1	0.99	0.93	0.99	0.95	0.98	0.90	0.99	0.96
	T2	0.77	0.51	0.72	0.44	0.86	0.64	0.67	0.38
	T3	0.78	0.43	0.74	0.34	0.87	0.60	0.70	0.26
	T4	0.78	0.57	0.74	0.48	0.86	0.74	0.69	0.39

7.5.3 水分限制条件下冬小麦的产差

灌水量不同、产量不同，产差亦不同（表 7-19）。在仅有降水的条件下，产差最大，如 2003~2004 年和 2007~2008 年的 T0。产差不随灌水量的增加而减少，如 2003~2004 年的 T4 和 T5 以及 2007~2008 年的 T2。2003~2004 年试验条件下的产差为 2.25~4.24t/hm²，2007~2008 年试验条件下的产差为 1.08~3.51t/hm²。在 2003~2004 年和 2007~2008 年试验处理的基础上可通过改变灌水日期，优化灌溉制度，提高产量，缩小产差。

表 7-19　2003~2004 年和 2007~2008 年冬小麦的产差　　　（单位：t/hm²）

处理	2003~2004 年产差	处理	2007~2008 年产差
T0	4.24	T0	3.51
T1	3.15	T1	1.41
T2	2.82	T2	1.46
T3	2.27	T3	1.43
T4	3.19	T4	1.08
T5	3.12		
T6	2.25		
T7	2.50		

7.5.4 冬小麦灌溉制度的优化

将 2003~2004 年中 T6 和 2007~2008 年中 T1 的灌溉日期提前或推后 5 天（表 7-20），以此来寻求更优的灌溉制度（拥有更大的产量和 WUE）。产量和 WUE 随灌溉日期的改变而有所变化（图 7-8）。在 2003~2004 年生长季，T6e 是试验和假定处理中产量和 WUE 皆为最大的处理 [图 7-8 (a) 和图 7-8 (b)]。而 2007~2008 年的 T1 无论提前或推后灌溉日期，产量都不变，WUE 仅有微小变化。因此，T6e 是 2003~2004 年所有处理中的最优处理，即将 T6 处理的灌溉日期都提前 5 天；无论灌溉日期提前或推后，T1 仍是 2007~2008 年所有处理中的最优处理。但是，基于冬小麦的生长状况，其灌溉日期的改变需要检验，因为生长季的温度不同，会引起物候期的变化（Tao et al.，2014）。

表7-20 2003～2004年的T6处理和2007～2008年的T1处理灌溉日期的变化

生长季	处理	灌溉日期		
		12月24日	4月15日	5月5日
2003～2004年	T6a	提前5天	75mm	0
	T6b	推后5天	75mm	0
	T6c	75mm	提前5天	0
	T6d	75mm	推后5天	0
	T6e	提前5天	提前5天	0
	T6f	推后5天	推后5天	0
	T6g	提前5天	推后5天	0
	T6h	推后5天	提前5天	0

生长季	处理	灌溉日期	
		1月3日	5月1日
2007～2008年	T1a	提前5天	0
	T1b	推后5天	0

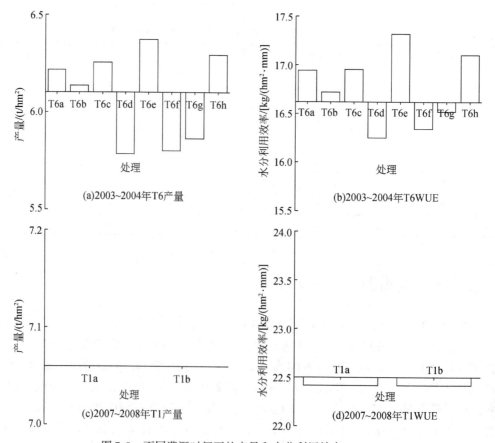

图7-8 不同灌溉时间下的产量和水分利用效率（WUE）

7.6 冬小麦灌溉预报

7.6.1 土壤墒情实时预报模拟模型

农田土壤墒情预报是进行灌溉预报的基础和关键，土壤水分的动态模拟和预测一直是热点研究问题，实时预报是一种动态预报，是以实时的土壤含水状况、实时的天气预报情况、作物的实时生长状况为基础进行的预报。

以土壤计划湿润层内水量平衡方程为基础，即根据一定时段内输入和输出的土壤水分来确定水分的变化情况。本研究中忽略深层渗漏量，水量平衡方程的要素包括降水、地表径流、地下水补给量、灌水量、时段内的作物需水量。

$$W_2 = W_1 + W_r + I + P + G - ET_a - R \tag{7-12}$$

式中，W_2、W_1 分别为时段初和时段末土壤计划湿润层内的贮水量（mm）；W_r 为时段内由于计划湿润层的增加而增加的水量（mm）；I 为灌水量（mm）；P 为时段内的降水量（mm）；G 为地下水补给量（mm）；ET_a 为时段内的作物需水量（mm）；R 为地表径流量（mm）。

此地冬小麦生育期内的降水量不大，一般不会产生地表径流，因此，排除地表径流的影响，即 $R=0$。

7.6.1.1 水量平衡方程中参数的确定

（1）土壤含水量

水量平衡方程中与土壤含水率相关的变量有三个：预报时段初的土壤贮水量（W_1）、任一预报时间 t 的土壤贮水量（W_2）和预报时段结束由于土壤计划湿润层增加而增加的水量（W_r），通过土壤含水率可以计算得到这三个参数。

通过田间实测资料可以得到预报时段初土层内的平均土壤含水率 θ_w（重量含水率），土壤的初始贮水量 W_{11} 可由式（7-13）计算：

$$W_1 = 10 \times \gamma \times \theta_w \times H \tag{7-13}$$

式中，θ_w 为计划湿润层的平均重量含水率；γ 为土壤干容重（g/cm³）；H 为计划湿润层深度（cm）。

在冬小麦整个生育期内，计划湿润层深度随着生育阶段的增加而不断增加，由于计划湿润层深度的增加，可利用的原有土壤贮水量也会增加，其增加的水量 W_r 可用式（7-14）计算：

$$W_r = 10(H_2 - H_1)\theta_w \gamma \tag{7-14}$$

式中，H_1 为计划湿润层在预报时段初时的深度（cm）；H_2 为计划湿润层在预报时段末时的深度（cm）；θ_w 为增加土层深度的平均重量含水率；γ 为土壤干容重（g/cm³）。

（2）有效降水量

通常情况下，作物生长所需水分的主要来源是降水，所以一个地区自然生长条件下的作物水分状况很大程度上取决于降水状况。在降水较少的地区，作物生长所需的水分主要靠灌溉补充。而在降水较多的地区，很多情况下降水就可以满足作物正常发育所要求的需水量，只有在降水不足时才会补充灌溉。我国北方的大部分地区，即在作物整个生长发育期内虽然有一定的降水，但是降水又不能完全满足作物整个生育阶段的生长需要，需要为作物补充一定的水量，其补充的多少与降水状况有着密切的关系（段爱旺等，2004）。

对于旱作物，有效降水量是指可以用以作物蒸发蒸腾需要的那部分降水量，它不包括地表径流和深层渗漏至根区以下的部分，同时也不包括淋洗盐分所需的那部分渗漏量。有效降水量一般用次降水量乘以入渗系数计算：

$$P = \alpha P_0 \tag{7-15}$$

式中，P_0 为次降水量；P 为有效降水量；α 为降水入渗系数，其值与单次降水量、降水强度、降水延续时间、地面覆盖及地形、土壤性质等因素有关。国内经验一般认为当次降水量小于 50mm 时，α 为 1.0；当次降水量为 50～150mm 时，α 为 0.8～0.75；当次降水量大于 150mm 时，α 为 0.7（刘战东等，2007）。

（3）计划湿润层深度的确定

土壤计划湿润层深度是指在对旱作物进行灌溉时，计划调节控制土壤水分的土层深度。土壤计划湿润层深度主要取决于作物的生长状况以及作物根系活动层深度，同时也与土壤结构、性质和肥力状况以及土壤的微生物活动和地下水埋深等因素有关。一般生长发育初期土壤计划湿润层深度要比根系活动层深度大一些，大多数情况下土壤计划湿润层深度在 30～40cm。随着作物的生长发育和根系不断向下延伸，土壤计划湿润层深度也随之增加；作物生长末期，作物根系活力减弱，生长发育停止，死根和坏根的量增加，作物根系对水分的需求也在不断减少，土壤计划湿润层深度不再继续增加，一般不超过 0.8～1.0m。根据相关资料，冬小麦不同生长发育阶段的土壤计划湿润层深度可采用表 7-21 中的数值。

表 7-21　冬小麦土壤不同生育期计划湿润层深度　　　（单位：cm）

指标	苗期	越冬期	返青期	拔节期	抽穗期	灌浆期
土壤计划湿润层深度	40	40	60	60	80	80

（4）土壤适宜含水率及其上下限

土壤适宜含水率与作物所处生育阶段的需水要求、作物种类、土壤特点等有关，土壤适宜含水率是确定灌溉制度的重要依据。保证作物正常生长发育不受水分胁迫的前提是土壤含水率应控制在允许的最大土壤含水率和最小土壤含水率之间。一般来说，冬小麦生育期内保持的土壤最大含水率是田间持水率，最小含水率应大于凋萎系数。根据相关资料和种植经验，不同灌水处理条件下冬小麦各个生育期土壤含水率下限控制见表 7-22 和表 7-23。

表 7-22　充分灌溉处理冬小麦土壤含水率控制下限（占田间持水量的比例）　　（单位：%）

指标	苗期	越冬期	返青期	拔节期	抽穗期	灌浆期
土壤含水率	65	65	65	70	75	65

表 7-23　非充分灌溉处理冬小麦土壤含水率控制下限（占田间持水量的比例）　　（单位：%）

指标	苗期	越冬期	返青期	拔节期	抽穗期	灌浆期
土壤含水率	65	65	55	50	50	50

7.6.1.2　作物需水量预报

作物需水量是预报灌水日期和灌水量的主要依据，作物需水量预报的精度直接影响灌水日期和灌水量的预报精度。对于充分灌溉来说，作物需水量即为参考作物蒸发蒸腾量与作物系数的乘积，非充分灌溉时不考虑土壤含水率的影响，具体计算方法见第 3 章。

7.6.1.3　灌水日期和灌水量的预报

作物为满足正常生长发育的需要，任意时段内的土壤计划湿润层内贮水量需要经常维持在一定适宜的范围内，实时灌溉预报中灌溉指标采用冬小麦不同生育阶段的适宜含水率下限值为灌溉警戒线，对于冬小麦充分灌溉和非充分灌溉其下限值是不同的，具体见表 7-22 和 7-23。冬小麦的灌水日期即为计划湿润层内的土壤含水率下降至该生育阶段的适宜含水率下限值时的日期。灌水量的计算公式为

$$I = 1000(\theta_j - \theta_{\min})H\gamma \tag{7-16}$$

式中，I 为灌水量（mm）；θ_j 为田间持水率；$\theta_{\min}$ 为作物生育期适宜含水率下限值；H 为计划湿润层深度（cm）；γ 为土壤干容重（g/cm^3）。

7.6.1.4　土壤含水率的实时预报修正

实时灌溉预报的核心是土壤含水率的预测，实时灌溉预报要准确了解初始状态和把握实时状态。在本研究中土壤含水率是每七天测定一次，每次试验的实测结果便是每次预报开始时的初始含水率，即每次田间试验实测得到土壤含水率后，此次实测土壤含水率便是下次预测的基础依据，以此确定下次的土壤含水率。

7.6.2　冬小麦实时灌溉预报系统开发

灌溉预报的关键是预报未来时段内的土壤含水率状况，为以后的灌溉计划提供决策支持。

7.6.2.1　预报系统介绍

本系统采用目前最常用的作物系数法，对冬小麦的需水量进行实时预测，并通过水量平衡方程实现土壤含水量的实时预报，为灌溉管理层和决策者提供直观的可视化决策依

据，指导灌区做到适时适量灌溉，提高灌区灌溉水资源的利用率。

（1）主要功能

冬小麦实时灌溉预报系统主要包括以下四个方面的功能：①预报某时段内的参考作物需水量 ET_{0i}；②预报某时段内的平均作物系数 K_{ci}；③预报某时段内的作物需水量 ET_{ai}；④预报某时段内的土壤含水量 θ；⑤对比用户设定的不同灌水处理的灌水下限值，决定是否灌水。如果预报的土壤含水率低于灌水下限就需要灌水并计算出灌水量，如果高于灌水下限则不需要灌水。

（2）技术特点

基于 . NET Framework 4.5 开发的 Windows Form 应用程序，使用 Access 建立后台数据库和 Access Database Engine 数据库引擎，在不需要安装 Microsoft Office 办公套件的前提下，可执行文件与数据库在同一目录下即可直接连接。

采用面向对象的程序设计语言 C#. NET 进行编程，系统可扩展性强；可以预报作物未来几天的耗水量及土壤墒情；自动抓取互联网上 7 天的天气预报情况。

（3）运行环境

为运行该预测系统，所要求的硬件设备的最小（建议）配置为 2.0GHz CPU、512MB内存。所需要的支持软件和框架有①Windows XP 7/8；②Access Database Engine；③. NET Framework 4.5。在运行本预测系统之前应先安装上述软件。由于 . NET Framework 4.5 不支持 Windows XP 操作系统，使用 Windows 7/8 操作系统。

（4）数据库

本系统使用 Access 数据库，具有安装便捷，使用简单的特点。对于本系统将数据库文件 wheat. accdb 放到可执行文件 Wheat_Alpha. exe 同路径下即可，安装 Access Database Engine，预测系统会自动与数据库连接，无需其他烦琐操作。

7.6.2.2　预报系统使用说明

解压并安装 Access Database Engine 和 . NET Framework 4.5 后双击可执行文件 Wheat_Alpha. exe 将弹出如图 7-9 所示窗口。

在初始界面有可供用户选择的预报区域、新增地域、参数设置和降雨数据补充等。选定预报区域之后单击下一步。在初始界面用户可以根据试验情况选择不同的灌水处理，参考作物蒸发蒸腾量的预报模型有三种可供选择，可根据不同的需要进行选择。下面以充分灌溉条件下的 FAO 56 Penman-Monteith （PM）公式为例介绍。

预报开始时间默认是当天，通过控件可以选择冬小麦播种时间。预报开始时土壤含水率可以手动输入，也可以通过上下箭头调整（图 7-10）。

播种时间选定，预报开始时土壤含水率（占土干重%）确定之后，单击预测 7 天。预报结果显示界面弹出消息框告诉用户下一次灌溉的日期，以及灌水量（图 7-11）。

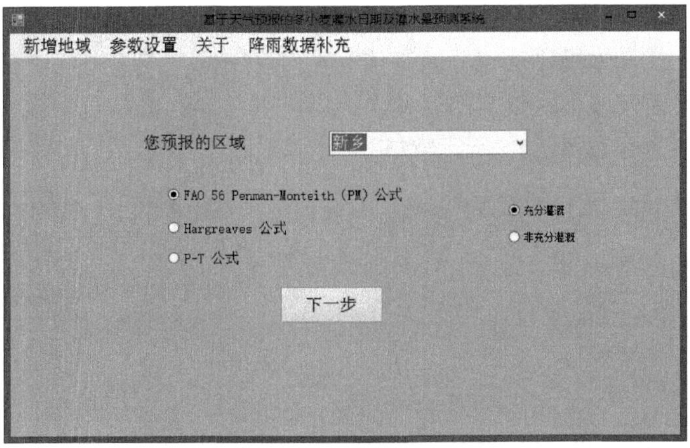

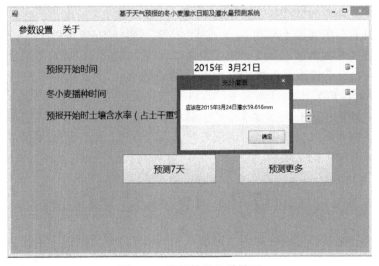

图 7-9　预报初始界面

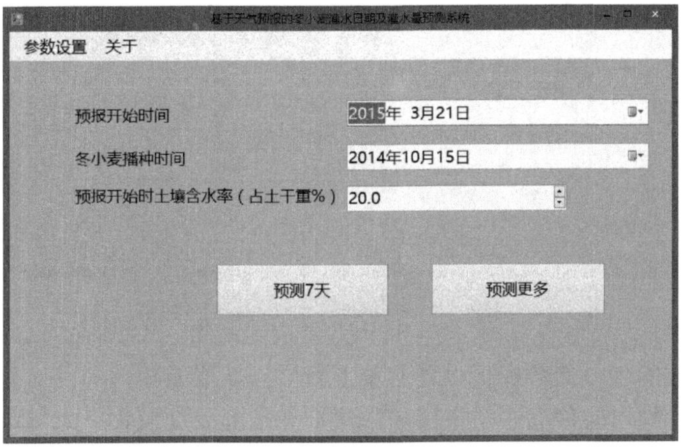

图 7-10　预报时间界面

图 7-11　预报结果显示界面

本软件提供了灌溉是否充分的选择，如选择 FAO 56 Penman-Monteith（PM）公式在非充分灌溉情况下，其具体操作和充分灌溉情况类似。

如果需要预报的区域不在设定的区域内，用户可以自行选择新增预报地域，在初始界面单击新增地域，弹出如图 7-12 所示窗口。

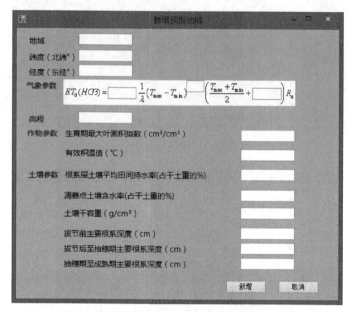

图 7-12　新增区域参数设置界面

在对新增地域的各项参数进行设置后单击新增，新增成功，即可对新增地域进行灌溉预报。天气预报中给出的信息中关于降雨数据补充的部分是包含在天气类型中的，需要用户根据气象规范转化成具体的降水量，转化后添加入预报系统中。在路径中寻找符合格式规范的 Excel 文件，单击打开，导入数据成功。

该预报系统整体界面性能稳定，结构合理，具备开放性和可维护操作性特点，计算过程简便快捷，具有一定的理论基础。

建立冬小麦实时灌溉预报系统，主要包括以下四个方面的功能：①预报某时段内的参考作物需水量 ET_{0i}；②预报某时段内的平均作物系数 K_{ci}；③预报某时段内的作物需水量 ET_{ai}；④预报某时段内的土壤含水量 θ；⑤对比用户设定的不同灌水处理的灌水下限值，决定是否灌水。如果预报的土壤含水率低于灌水下限就需要灌水并计算出灌水量，如果高于灌水下限则不需要灌水。预报系统界面友好，预报方便快捷。天气预报可以在网上自动抓取，省去了人工输入的烦琐。

7.7　小　　结

本章以冬小麦生长不可或缺的两个因子——水和氮进行为期三个生长季的试验，分析了不同水氮条件下冬小麦各生长阶段的耗水规律和吸氮规律以及与产量的关系。应用试验数据和文献数据对 CERES-Wheat 作物模型进行了校正和验证，使其本地化。并基于这一模型，进行了气候、水和氮对产量影响的量化；同时，进行了关中地区冬小麦灌溉制度的优化。

1）不同水氮条件下，冬小麦拔节—抽穗期和抽穗—收获期两个生长季的耗水模数在 0.55 以上。播种—拔节期的耗水强度小于 1mm/d，拔节—抽穗期和抽穗—收获期的耗水强度皆大于 1mm/d。在 2009~2010 年和 2010~2011 年两个生长季，分蘖前期的灌水水平为轻度亏缺时，播种—拔节期的耗水量基本不受影响；分蘖前期中度亏缺和拔节初期中度亏缺组合的处理对耗水量影响显著，其他组合的处理对耗水量不显著。当各处理施氮不同时，耗水量和产量的关系会改变，且相关指数会降低。高水高氮组合的总耗水量最大，其次是中水高氮和中水低氮，最后是低水高氮和低水中氮。高水与高中氮组合可获得较高产量，而低水高中氮组合获得的产量较低。

2）不同水氮条件下，地上生物量、籽粒产量、叶面积指数、蒸发蒸腾量和冠层氮含量的实测值与 CERES-Wheat 模型的模拟值吻合度较高。但是，与水相关的模拟结果优于与氮相关的模拟结果。水分利用效率随着灌水量和施氮量的增加而增加。籽粒产量、最大叶面积指数和蒸发蒸腾量最敏感的参数是土壤含水量，而地上生物量和冠层氮含量最敏感的参数则是播种时的土壤硝态氮含量。

3）2009~2012 年试验条件下的产差为 0.39~5.37t/hm²。在不同生长季，灌溉制度不同，施氮播种时的量为 120~180kg/hm²，灌溉对产量的影响大于施氮对产量的影响。当考虑气候时，灌溉和气候对产量的贡献要大于施氮和气候对产量的影响。而且，产量对灌溉的响应受气候的影响要大于对施氮的响应。灌溉和施氮对产量的贡献率会随它们的增加而变化，贡献率相对变化范围分别为 6%~246% 和 1%~46%，而气候变化对产量变化的贡献率为-60%~120%。但是，水氮影响气候对产量的贡献率，水或水氮组合会削弱气候对产量的贡献率。

4）2003~2004 年冬小麦试验条件下的产差为 2.25~4.24t/hm²，2007~2008 年冬小麦试验条件下的产差为 1.08~3.51t/hm²。应用 2003~2004 年和 2007~2008 年的试验数据结合 CERES-Wheat 模型优化了冬小麦生长季的灌溉制度。12 月 24 日提前 5 天灌水量为 75mm 和 4 月 15 日提前 5 天灌水量为 75mm 是 2003~2004 年降水年型的最优灌溉制度；而 2007~2008 年降水年型的最优灌溉制度是 1 月 3 日灌水量为 75mm。

第8章　灌区主要作物需水量与灌溉制度研究

根据作物的需水规律,将有限的灌溉水量在作物生育期内进行合理分配,采用科学合理的灌溉制度,对农作物进行适时适量灌水,可以提高作物产量和效益。通过泾惠渠灌区(渠井双灌的现代化灌区)田间小区试验,研究了冬小麦和夏玉米的需水量、灌溉制度和施肥方案。采取理论研究与试验验证相结合的方法,研究了冬小麦辣椒不同套种模式下,冬小麦辣椒的作物产量、水分利用效率、生理生态效应及土壤水分消耗规律,提出了冬小麦辣椒间套作适宜种植模式及高效节水灌溉模式。

8.1　试　验　方　案

试验在泾惠渠灌区桥底镇直 15 斗和西北农林科技大学灌溉试验站进行。

8.1.1　泾惠渠灌区试验

试验于 2012 年 10 月~2014 年 6 月在陕西省泾惠渠灌区进行,试验地点位于咸阳市泾阳县桥底镇。灌区属大陆性半干旱季风气候,多年平均降水量为 538.9mm,年蒸发量为 1212mm,总日照时数为 2200h,多年平均气温为 13.4℃,地下水位埋深在 10m 以下。灌区的土壤总养分≥45%,N:P:K 为 15:25:5,施用量为 40kg/亩。

8.1.1.1　井灌区灌溉制度试验设计

井灌区试验的机井出水量为 80m³/h。冬小麦品种为"西农 979",供试田块规格为 160m×2.8m,共 12 块,畦长为东西走向。根据当地农作习惯及降雨情况,在冬小麦播种后统一灌压茬水(苗期水,播后 24 天),压茬水不做水分处理,灌水定额为 900m³/hm²。试验共设 6 个处理(表 8-1),灌水时期分别在越冬期、返青期和灌浆期,灌水定额均为 900m³/hm²。各处理 3 次重复,采用畦灌灌水方式。

表 8-1　冬小麦不同生育期灌水的试验设计　　　　（单位：m³/hm²）

处理	灌溉总定额	灌水定额			
		苗期	越冬期	返青期	灌浆期
M1	900	900	0	0	0
M2	1800	900	0	900	0
M3	2700	900	900	900	0
M4	2700	900	0	900	900
M5	2700	900	900	0	900
M6	3600	900	900	900	900

8.1.1.2 渠灌区灌溉制度试验设计

渠灌区试验在泾阳县桥底镇进行。渠道流量为40L/s，冬小麦品种为"西农979"。分为3个灌水时期，灌水定额均为900m³/hm²。冬小麦播种后灌压茬水，压茬水不做水分处理。试验共设6个处理（表8-2），各处理3次重复。

表8-2 冬小麦不同灌溉制度试验设计表　　　（单位：m³/hm²）

处理	灌溉总定额	灌水定额		
		越冬期	返青期	灌浆期
T1	0	0	0	0
T2	900	0	900	0
T3	1800	900	900	0
T4	1800	0	900	900
T5	1800	900	0	900
T6	2700	900	900	900

8.1.1.3 渠灌区冬小麦水氮效应试验设计

试验为两因素完全组合设计。

灌水水平设置，参考泾惠渠灌区160m及240m典型畦长的灌水定额，设灌水定额为90mm（W_{90}）和120mm（W_{120}）两个水平；施氮水平设置，底肥施氮量设60kg/hm²（N_{60}）和120kg/hm²（N_{120}）两个水平，追肥施氮量设0kg/hm²（N_0）、60kg/hm²（N_{60}）和120kg/hm²（N_{120}）三个水平；试验设两个对照处理，分别为$W_{90}N_{0/0}$和$W_{120}N_{0/0}$。各处理均重复3次。灌水施肥组合方案见表8-3。

表8-3 渠灌区冬小麦水氮效应试验设计方案

处理	灌水定额/mm	底肥施氮量/（kg/hm²）	追肥施氮量/（kg/hm²）
$W_{90}N_{0/0}$	90	0	0
$W_{90}N_{60/0}$	90	60	0
$W_{90}N_{120/0}$	90	120	0
$W_{90}N_{60/60}$	90	60	60
$W_{90}N_{120/60}$	90	120	60
$W_{90}N_{60/120}$	90	60	120
$W_{90}N_{120/120}$	90	120	120
$W_{120}N_{0/0}$	120	0	0
$W_{120}N_{60/0}$	120	60	0
$W_{120}N_{120/0}$	120	120	0
$W_{120}N_{60/60}$	120	60	60

处理	灌水定额/mm	底肥施氮量/(kg/hm^2)	追肥施氮量/(kg/hm^2)
$W_{120}N_{120/60}$	120	120	60
$W_{120}N_{60/120}$	120	60	120
$W_{120}N_{120/120}$	120	120	120

8.1.1.4 井灌区冬小麦和夏玉米水氮耦合试验设计

冬小麦灌水量设三个水平，分别为低水（W1）、中水（W2）和高水（W3）；施氮量亦设三个水平，分别为 N1（120kg/hm^2）、N2（160kg/hm^2）和 N3（200kg/hm^2）。共 9 个处理，各处理均 3 次重复，见表 8-4。

表 8-4 冬小麦水氮耦合试验处理设置

处理	施氮量/(kg/hm^2)	灌水定额/mm					灌水次数	灌溉定额/mm
		播种—越冬期	越冬—返青期	返青—拔节期	拔节—抽穗期	抽穗—灌浆期		
W1N1	120	80			80		2	160
W2N1		80	80		80		3	240
W3N1		80	80		80	80	4	320
W1N2	160	80			80		2	160
W2N2		80	80		80		3	240
W3N2		80	80		80	80	4	320
W1N3	200	80			80		2	160
W2N3		80	80		80		3	240
W3N3		80	80		80	80	4	320

夏玉米试验灌溉方式采用畦灌，灌水量设计两个水平，即低水（W1）和高水（W2），生育期灌溉定额为 180mm 和 270mm。施氮量设有 N1（100kg/hm^2）、N2（180kg/hm^2）和 N3（260kg/hm^2）三个水平。共 6 个处理，各处理均 3 次重复，见表 8-5。

表 8-5 夏玉米水氮耦合试验处理设置

处理	施氮量/(kg/hm^2)	灌水定额/mm				灌水次数	灌溉定额/mm
		播种—拔节期	拔节—抽雄期	抽雄—灌浆期	灌浆成熟期		
W1N1	100	90		90		2	180
W2N1		90	90	90		3	270
W1N2	180	90		90		2	180
W2N2		90	90	90		3	270
W1N3	260	90		90		2	180
W2N3		90	90	90		3	270

8.1.2 冬小麦辣椒间作套种试验设计

试验于 2008 年 10 月～2009 年 10 月在西北农林科技大学灌溉试验站进行。在冬小麦种植之前,对试验地进行整理,将试验地分成相同的小区,小区面积为 60m²,各小区之间起垄,每个小区东西宽 6m,南北长 10m,小区布置如图 8-1 所示。各小区的施肥水平与该地区大田施肥水平一致,且做到肥力均等。冬小麦品种采用"小堰 22",均于第一年 10 月中旬播种小麦,行距为 18cm,提前按试验方案在相应的麦行中留出空行,在第二年 5 月上旬将育好的辣椒苗移栽到预留行中,辣椒株距为 25cm,每穴 2～3 株,冬小麦于 2009 年 6 月上旬成熟收获。灌水方法为沟灌,采用水表控制灌水量。

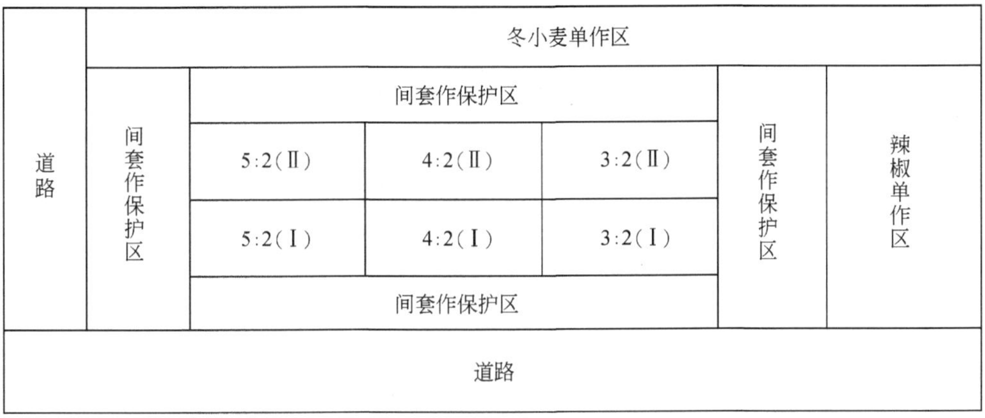

		冬小麦单作区				
道路	间套作保护区	间套作保护区			间套作保护区	辣椒单作区
		5:2(Ⅱ)	4:2(Ⅱ)	3:2(Ⅱ)		
		5:2(Ⅰ)	4:2(Ⅰ)	3:2(Ⅰ)		
		间套作保护区				
道路						

图 8-1 试验区平面示意图

采用的三种间套作种植模式,见表 8-6。各模式均种植五行作物,边上两行为保护行,中间三行为试验处理。单作时冬小麦行距同间作,辣椒单作的株距为 25cm,行距为 50cm。

表 8-6 冬小麦辣椒间套作种植模式 (单位:cm)

种植方式(带型)	空带	小麦行宽	预留行宽
模式Ⅰ(5:2模式)	120	75	45
模式Ⅱ(4:2模式)	120	60	60
模式Ⅲ(3:2模式)	120	45	75

根据相关研究成果,设置 3 种灌水水平,分别为标准灌水定额(60mm)、1/2 标准灌水定额(30mm)和不灌水(0mm)。同时设辣椒和冬小麦对照(CK),灌水处理为充分供水(60mm),各处理重复 3 次,共 11 个处理,试验方案见表 8-7。各灌水水平通过灌水定额来控制。

表 8-7 试验灌水方案设计表

处理		带型	坐果期灌水定额/mm
间套作	T1	3 : 2 模式	0
	T2	3 : 2 模式	30
	T3	3 : 2 模式	60
	T4	4 : 2 模式	0
	T5	4 : 2 模式	30
	T6	4 : 2 模式	60
	T7	5 : 2 模式	0
	T8	5 : 2 模式	30
	T9	5 : 2 模式	60
单作	CK1（辣椒）	50×25	60
	CK2（冬小麦）		

8.2 泾惠渠灌区井灌区不同生育期灌水对冬小麦耗水量的影响

8.2.1 不同生育期灌水处理 0~100cm 土壤贮水量变化

各处理在播种前、每次灌水前后和收获时取土测定 0~100cm 土壤贮水量。由表 8-8 冬小麦不同灌水处理 0~100cm 土壤贮水量变化可以看出，播种时土壤贮水量各处理相差不大。从收获时各处理土壤贮水量来看，全生育期不灌水处理（M1）土壤贮水量最小，比返青期灌水处理（M2）小 13.9%，比越冬期+返青期灌水处理（M3）小 41.4%，比返青期+灌浆期灌水处理（M4）小 67.2%，比越冬期+灌浆期灌水处理（M5）小 55.0%，比全生育期灌水处理（M6）小 40.4%。说明灌溉使冬小麦收获时土壤贮水量增加，灌水量相同时，在返青期和灌浆期灌水显著增加了收获时土壤贮水量。对于全生育期灌水处理（M6），由于生育期灌水充足，土壤耗水较其他处理大。

表 8-8 冬小麦不同灌水处理 0~100cm 土壤贮水量变化 （单位：m³/hm²）

处理	播种前	越冬期		返青期		灌浆期		收获时
		灌前（1月7日）	灌后（1月11日）	灌前（3月9日）	灌后（3月13日）	灌前（5月5日）	灌后（5月9日）	
M1	3240.75	—	—	—	—	—	—	2169.20
M2	3481.45	—	—	2840.55	3269.75	—	—	2470.80
M3	3314.70	3263.95	3572.80	3343.70	3506.10	—	—	3068.20
M4	2779.65	—	—	2666.55	3648.20	2782.55	3907.75	3627.90

处理	播种前	越冬期		返青期		灌浆期		收获时
		灌前 (1月7日)	灌后 (1月11日)	灌前 (3月9日)	灌后 (3月13日)	灌前 (5月5日)	灌后 (5月9日)	
M5	3146.5	3062.4	3575.70	—	—	2214.15	3503.20	3362.55
M6	3007.3	2799.95	3234.95	2769.5	3352.40	2138.75	3259.60	3045.00

返青期灌水处理（M2），返青期灌水使土壤贮水量增加15.1%；越冬期+返青期灌水处理（M3），越冬期灌水使土壤贮水量增加9.5%，返青期灌水使土壤贮水量增加4.9%；返青期+灌浆期灌水处理（M4），返青期灌水使土壤贮水量增加36.8%，灌浆期灌水使土壤贮水量增加40.4%；越冬期+灌浆期灌水处理（M5），越冬期灌水增加土壤贮水量16.8%，灌浆期灌水使土壤贮水量增加58.2%；全生育期灌水处理（M6），越冬期灌水使土壤贮水量增加15.5%，返青期灌水使土壤贮水量增加21%，灌浆期灌水使土壤贮水量增加52.7%。说明在播种前土壤贮水量差异不大的情况下，越冬期灌水对土壤贮水量的增加影响相对较小，平均值为14%；在越冬期不灌水，返青期进行水分补给，土壤贮水量平均增加26%，比越冬期与返青期均灌水土壤贮水量的增加值大。邓振镛等（2011）认为土壤贮水量增大能够促进冬小麦产量形成，且土壤贮水量与千粒重成正比。因此从土壤贮水量增加的程度来看，返青期+灌浆期灌水处理（M4）为较优的灌溉制度。

8.2.2 不同生育期灌水处理0~100cm土壤含水率变化

在畦灌条件下，灌溉水通过重力从土壤表层逐层湿润土壤，将0~100cm土层分为5层，分别为0~20cm、20~40cm、40~60cm、60~80cm和80~100cm，图8-2为不同生育期灌水各土层土壤含水率变化。由图8-2可以看出，土壤水分在0~100cm均有变动，土壤含水率受灌水次数和冬小麦耗水影响呈现一定的规律。灌水后0~20cm土壤含水率增幅最大，其次为20~40cm，80~100cm土壤含水率增幅最小。对于全生育不灌水处理（M1），除了在播种后24天受灌水影响土壤含水率增大外，后期一直未进行灌溉，土壤含水率持续下降；在2013年5月，降水量达到106mm，降水使土壤上层土壤含水率增加，主要集中在20~60cm土层，由于表层蒸发较大，0~20cm土壤含水率变化不大。对于返青期灌水处理（M2），土壤含水率变化出现3个峰值，第1个峰值出现在播种后24天的灌水；第2个峰值出现在播种后149天的灌水，灌水后土层含水率按照20~40cm>40~60cm>80~100cm>0~20cm>60~80cm的顺序递减；第3个峰值出现在2013年5月106mm的降水。同样，越冬期+返青期灌水处理（M3）有4个峰值，各峰值变幅较小。对于返青期+灌浆期灌水处理（M4），灌浆期灌水日期与2013年5月降水日期基本重合，出现3个峰值，此期间土壤含水率增幅较大。越冬期+灌浆期灌水处理（M5），在越冬—灌浆期前土壤含水率迅速下降，降幅较大，在灌浆期灌水后，土壤含水率恢复。全生育期灌水处理（M6）出现4个峰值，为4次灌水时期。

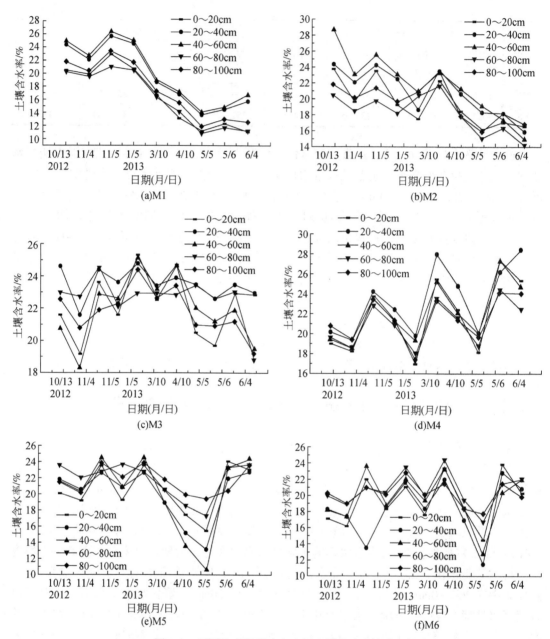

图 8-2　不同生育期灌水各土层土壤含水率变化

8.2.3　不同灌水处理冬小麦耗水量与耗水强度

利用前后两次土壤含水率的测定结果，根据水量平衡方程计算冬小麦的实际耗水量，各生育期耗水情况见表 8-9。

表 8-9　不同灌水处理冬小麦各生育阶段耗水量和耗水强度

生育阶段	M1			M2			M3		
	阶段耗水量 /(m³/hm²)	耗水模系数 /%	日耗水量 /[m³/(hm²·d)]	阶段耗水量 /(m³/hm²)	耗水模系数 /%	日耗水量 /[m³/(hm²·d)]	阶段耗水量 /(m³/hm²)	耗水模系数 /%	日耗水量 /[m³/(hm²·d)]
播种—返青期	536.43	12.98c	0.36	673.93	12.99c	0.45	1863.74	36.94a	1.25
返青—拔节期	249.94	6.05b	0.78	1221.69	23.55a	3.82	1298.90	25.74a	4.06
拔节—灌浆期	1360.84	32.95ab	5.44	1538.26	29.65ab	6.15	1102.48	21.85bc	4.41
灌浆—成熟期	1983.56	48.02a	6.61	1754.05	33.81a	5.85	780.73	15.47c	2.60

生育阶段	M4			M5			M6		
	阶段耗水量 /(m³/hm²)	耗水模系数 /%	日耗水量 /[m³/(hm²·d)]	阶段耗水量 /(m³/hm²)	耗水模系数 /%	日耗水量 /[m³/(hm²·d)]	阶段耗水量 /(m³/hm²)	耗水模系数 /%	日耗水量 /[m³/(hm²·d)]
播种—返青期	762.36	19.07c	0.51	1679.18	36.83ab	1.13	1569.59	25.01b	1.05
返青—拔节期	1256.17	31.42a	3.93	506.00	11.10b	1.58	1119.30	17.84a	3.50
拔节—灌浆期	1054.04	26.36c	4.22	1538.26	29.65ab	4.44	1541.14	24.56a	6.16
灌浆—成熟期	925.98	23.16bc	3.09	1264.37	27.73bc	4.20	2045.02	32.59a	6.82

注：表中小写字母表示不同生育阶段之间的差异显著性（$P<0.05$）

由表 8-9 可以看出，在不同生育期灌水条件下，冬小麦播种—返青期耗水模系数表现为越冬期+返青期灌水处理（M3）、越冬期+灌浆期灌水处理（M5）和全生育期灌水处理（M6）大于全生育期不灌水处理（M1）、返青期灌水处理（M2）和返青期灌水处理+灌浆期灌水处理（M4）；返青—拔节期耗水模系数表现为返青期灌水处理（M2）、越冬期+返青期灌水处理（M3）、返青期+灌浆期灌水处理（M4）和全生育期灌水处理（M6）大于全生育期不灌水处理（M1）和越冬期+灌浆期灌水处理（M5）；拔节—灌浆期耗水模系数表现差异不大；灌浆—成熟期耗水模系数表现为全生育期不灌水处理（M1）、返青期灌水处理（M2）和全生育期灌水处理（M6）大于越冬期+返青期灌水处理（M3）、返青期+灌浆期灌水处理（M4）和返青期+灌浆期灌水处理（M5）。受灌浆—成熟期降水影响，地表蒸发较大，日耗水量基本表现为拔节—灌浆期、灌浆—成熟期大于返青—拔节期，播种—返青期日耗水量最小。

以上结果表明，播种—返青期降水较小，越冬期灌水成为影响冬小麦阶段耗水量、日耗水量和耗水模系数的关键；返青—拔节期植株生长发育加快，耗水量增加，但降水量仅为 28mm，此阶段灌水能显著增加冬小麦阶段耗水量、日耗水量和耗水模系数，此阶段不灌水处理的耗水量显著小于其他处理；拔节—灌浆期，冬小麦生长进入最旺盛阶段，由于此阶段降水量达 106mm，足以满足冬小麦生长发育，未进行灌溉，各处理阶段耗水量、日耗水量和耗水模系数差异不大；进入灌浆—成熟期，因返青期灌水处理造成的土壤贮水、灌浆期灌水处理及降水的影响，返青期灌水处理（M2）和全生育期灌水处理（M6）在此阶段耗水量、日耗水量和耗水模系数较大。

8.2.4 灌水均匀度对冬小麦产量的影响

灌水均匀度是评价灌溉质量好坏的重要指标，影响作物的生长和产量。为探究灌水均匀度与产量关系，在灌溉前后对土壤含水率进行测定，计算灌水均匀度，同一处理灌水均匀度取各次灌水均匀度得平均值。表 8-10 为不同处理 3 次重复下的灌水均匀度和冬小麦产量，重复之间灌水均匀度的差异主要是由田面不平整造成的。由表 8-10 可以看出，在相同处理下，灌水均匀度越高，对应的产量越高，返青期灌水处理（M2）的最低产量比最高产量低 8.44%，灌水均匀度相差 30%；越冬期+返青期灌水处理（M3）的最低产量比最高产量低 4.24%，灌水均匀度相差 6%；返青期+灌浆期灌水处理（M4）的最低产量比最高产量低 17.88%，灌水均匀度相差 3%；越冬期+灌浆期灌水处理（M5）的最低产量比最高产量低 12.41%，灌水均匀度相差 20%；全生育期灌水处理（M6）的最低产量比最高产量低 8.23%，灌水均匀度相差 5%。

表 8-10 不同灌水均匀度及冬小麦产量

处理	3 次重复	灌水均匀度/%	产量/（kg/hm²）
M2	M2-1	59	5669.02
	M2-2	76	5868.03
	M2-3	89	6148.04
M3	M3-1	76	5382.83
	M3-2	70	5163.93
	M3-3	73	5274.88
M4	M4-1	90	6539.20
	M4-2	87	5626.64
	M4-3	90	6632.82
M5	M5-1	87	5697.62
	M5-2	67	5068.57
	M5-3	76	5239.61
M6	M6-1	69	6822.24
	M6-2	73	7087.13
	M6-3	68	6548.05

对各处理灌水均匀度与产量进行线性拟合，结果见表 8-11。由表 8-11 可知，各处理灌水均匀度与产量呈良好的线性相关，灌水均匀度增大产量随之增大，说明在相同灌溉制度条件下提高灌水均匀度是保证高产的重要因素。

表 8-11 灌水均匀度与冬小麦产量的相关性

处理	拟合方程	相关系数 R^2
M2	$Y = 4\ 718.73 + 1\ 575.40U$	0.940 0
M3	$Y = 2\ 610.59 + 3\ 648.33U$	0.999 8
M4	$Y = -22\ 195 + 31\ 979U$	0.985 8
M5	$Y = -22\ 195 + 31\ 979U$	0.921 2
M6	$Y = 103.89 + 9\ 593.21U$	0.773 2

注：Y 表示产量（kg/hm²）；U 表示灌水均匀度（%）

8.3 泾惠渠灌区渠灌区不同灌水处理对冬小麦耗水量的影响

8.3.1 不同灌溉处理下 0～200cm 土壤贮水量变化

在冬小麦整个生育期内，各处理在播种前、每次灌水前后及收获时，在每块试验田沿长度方向每隔 50m 取土用烘干法测定 0～200cm 土壤贮水量，表 8-12 是冬小麦不同灌水处理下 0～200cm 土壤贮水量变化。灌水量对冬小麦收获时土壤贮水量影响显著，不灌溉处理（T1）土壤贮水量最小。在同样亏水处理下，当灌溉定额为 180mm 时，在返青—拔节期和灌浆期进行水分补给对收获时土壤贮水量的影响较大。返青期不灌水处理的（T5）收获时土壤贮水量与越冬期不灌水处理（T4）土壤贮水量基本相当，说明越冬期灌水和返青期灌水对收获时土壤水分影响效果基本一致。

表 8-12 冬小麦不同灌水处理下 0～200cm 土层贮水量变化　　　（单位：m³/hm²）

生长季	处理	播种前（10 月 12 日）	越冬期		返青期		灌浆期		收获时（6 月 5 日）
			灌前（1 月 7 日）	灌后（1 月 11 日）	灌前（3 月 9 日）	灌后（3 月 13 日）	灌前（5 月 5 日）	灌后（5 月 9 日）	
2012～2013 年	T1	5321	—	—	—	—	—	—	4068
	T2	5208	—	—	5019	5872	—	—	4671
	T3	5122	5525	5888	5568	6315	—	—	4995
	T4	5562	—	—	5408	6089	4868	5913	5826
	T5	5101	5100	5705	—	—	4375	5571	5574
	T6	5632	4833	5359	4809	5423	4242	5574	4970

生长季	处理	播种前（10月15日）	越冬期		返青期		灌浆期		收获时（6月8日）
			灌前（1月11日）	灌后（1月16日）	灌前（3月15日）	灌后（3月18日）	灌前（5月10日）	灌后（5月13日）	
2013～2014年	T1	5079	—	—	—	—	—	—	4033
	T2	5466	—	—	4300	4784	—	—	4054
	T3	5414	5960	6728	4640	5514	—	—	4320
	T4	5366	—	—	3890	4539	4068	4913	3850
	T5	5926	6214	6857	—	—	4221	5125	4018
	T6	5933	6095	6753	4702	5323	4285	5426	4305

在灌水定额相同的情况下，越冬期灌水对土壤贮水量的增加值最少；越冬期不灌水，返青期灌水，土壤贮水量增加较大；灌浆期灌水对 0～200cm 土层贮水量增加最大，最大超过了 100mm。

8.3.2　不同灌水处理冬小麦阶段耗水量与耗水强度

利用播种前、每次灌水前后和收获后的实测土壤含水率，结合降水资料，依据水量平衡方程计算 2012～2013 年和 2013～2014 年冬小麦在各个生育阶段实际耗水量，见表 8-13 和表 8-14。由表 8-13 和表 8-14 可以看出，在水分控制下，从播种—返青—拔节期耗水量均较少。

表 8-13　2012～2013 年不同灌水处理冬小麦各生育阶段耗水量

处理	指标	播种—返青—拔节期	返青—拔节—灌浆期	灌浆—成熟期
T1	$CA/(m^3/hm^2)$	806.6	1360.8	1993.6
	$CP/\%$	13.9	32.7	47.9
	$CD/[m^3/(hm^2 \cdot d)]$	4.89	28.35	66.45
T2	$CA/(m^3/hm^2)$	1395.62	1338.26	1624.05
	$CP/\%$	32.1	30.7	37.3
	$CD/[m^3/(hm^2 \cdot d)]$	8.46	27.88	54.14
T3	$CA/(m^3/hm^2)$	2951.84	1101.43	780.73
	$CP/\%$	61.1	22.8	16.2
	$CD/[m^3/(hm^2 \cdot d)]$	17.89	22.94	26.02
T4	$CA/(m^3/hm^2)$	2218.5	1154	1025.9
	$CP/\%$	50.4	26.2	23.3
	$CD/[m^3/(hm^2 \cdot d)]$	13.44	24.04	34.2

处理	指标	播种—返青—拔节期	返青—拔节—灌浆期	灌浆—成熟期
T5	CA/(m³/hm²)	2075.2	916.26	1264.4
	CP/%	35.9	21.5	0.297
	CD/[m³/(hm²·d)]	12.77	19.09	42.15
T6	CA/(m³/hm²)	2688.89	1541.1	2045
	CP/%	43	24.5	32.6
	CD/[m³/(hm²·d)]	16.3	32.11	68.16

注：CA 代表阶段耗水量；CP 代表耗水模系数；CD 代表日耗水量。下同

表8-14　2013~2014 年不同灌水处理冬小麦各生育阶段耗水量

处理	指标	播种—返青—拔节期	返青—拔节—灌浆期	灌浆—成熟期
T1	CA/(m³/hm²)	1032	1253	1325
	CP/%	28.6	34.7	36.7
	CD/[m³/(hm²·d)]	6.25	26.1	44.16
T2	CA/(m³/hm²)	1796.6	1304	1775.4
	CP/%	36.8	26.7	36.4
	CD/[m³/(hm²·d)]	10.88	27.17	59.18
T3	CA/(m³/hm²)	2892	1144	840
	CP/%	52.9	20.9	26.1
	CD/[m³/(hm²·d)]	17.52	23.83	47.6
T4	CA/(m³/hm²)	2051	1688	1241
	CP/%	41.2	33.9	24.9
	CD/[m³/(hm²·d)]	12.63	35.17	41.37
T5	CA/(m³/hm²)	2214	1742.5	1434
	CP/%	41.1	32.3	26.6
	CD/[m³/(hm²·d)]	13.42	36.3	47.8
T6	CA/(m³/hm²)	2776	2120	1101
	CP/%	46.3	35.4	18.4
	CD/[m³/(hm²·d)]	16.82	44.17	36.7

播种—返青—拔节期冬小麦植株小、降水较少、气温较低、地面蒸发小，日耗水量小，冬灌对此阶段冬小麦的耗水量影响显著。返青—拔节—灌浆期，植株生长发育快，需水量大，但降水量偏少，此阶段灌水处理下冬小麦的耗水量明显增加，但返青—拔节期不灌水比全生育期灌水处理要小。4 月底冬小麦进入拔节—灌浆期，此时是冬小麦发育最迅速的时期，需水量很大，但是此阶段 2012~2013 年和 2013~2014 年的降水量都接近了100mm，基本可以满足冬小麦的水分需求，因此，可不进行灌溉；收获期由于前期各个灌水处理的不同处理和自然降水的影响，冬小麦该生育阶段消耗的水量和耗水模数表现为返

青期灌水（T2）和全生育期灌水（T6）较大。

8.3.3 不同灌水处理冬小麦全生育期耗水量与产量关系

图 8-3 和图 8-4 分别为 2012～2013 年和 2013～2014 年冬小麦产量与全生育期耗水量之间的关系。通过对耗水量与籽粒产量数据进行拟合，两年整个生育期耗水量与产量回归方程分别为

$$y = -0.0003x^2 + 4.0854x - 5887.6 \tag{8-1}$$
$$y = -0.0002x^2 + 2.4681x - 1176.4 \tag{8-2}$$

式中，y 为冬小麦产量（kg/hm²）；x 为冬小麦全生育期耗水量（m³/hm²）。决定系数 R^2 分别为 0.7033 和 0.6998。

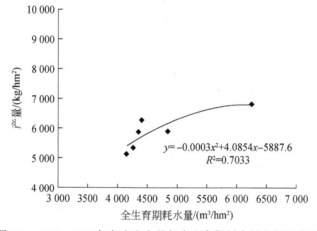

图 8-3　2012～2013 年冬小麦产量与全生育期耗水量之间的关系

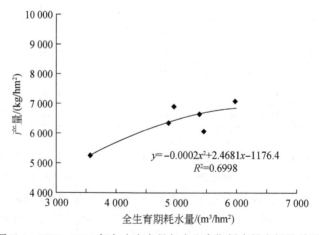

图 8-4　2013～2014 年冬小麦产量与全生育期耗水量之间的关系

8.4 泾惠渠灌区不同水氮供应对冬小麦需水量的影响

8.4.1 水氮供应对冬小麦土壤水分垂直分布的影响

8.4.1.1 水氮供应对播前土壤水分垂直分布的影响

由图 8-5 可以看出，冬小麦播前 W_{90} 及 W_{120} 的土壤含水率均随土壤深度的增加呈增加趋势，W_{90} 和 W_{120} 的土壤含水率在 $0 \sim 200 cm$ 土层的变化范围分别为 $16.5\% \sim 22.5\%$ 和 $15.7\% \sim 22.3\%$。$0 \sim 200 cm$ 的土层中，W_{90} 的初始平均土壤含水率为 19.19%；W_{120} 的初始平均土壤含水率为 19.47%。两个水分处理的初始土壤含水率接近。

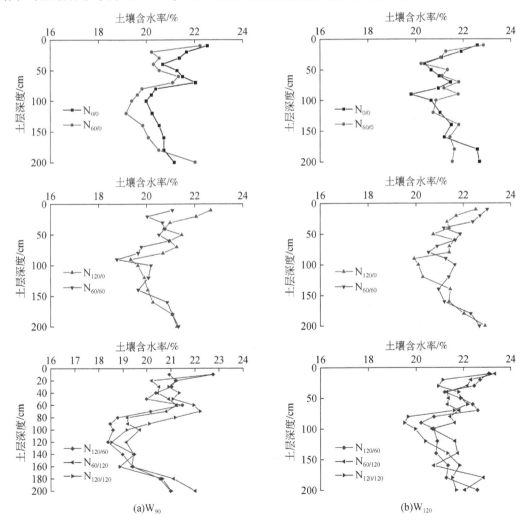

(a)W_{90} (b)W_{120}

图 8-5 水氮供应对冬小麦播前土壤水分垂直分布的影响

8.4.1.2　水氮供应对分蘖期土壤水分垂直分布的影响

由图8-6可以看出，冬小麦分蘖期 W_{90} 及 W_{120} 的土壤含水率在0～200cm 深度的分布呈倒"3"形。由于取土前有少量降水导致0～20cm 深度土壤含水率较高，0～40cm 深度土壤含水率呈减小趋势，40～60cm 深度内土壤含水率略有增加，60～90cm 深度土壤含水率显著降低，90～200cm 深度土壤含水率逐渐增加。由于分蘖期根系较浅，冬小麦的生长所需的水分主要来自这一深度，20～60cm 深度土壤含水率较低。

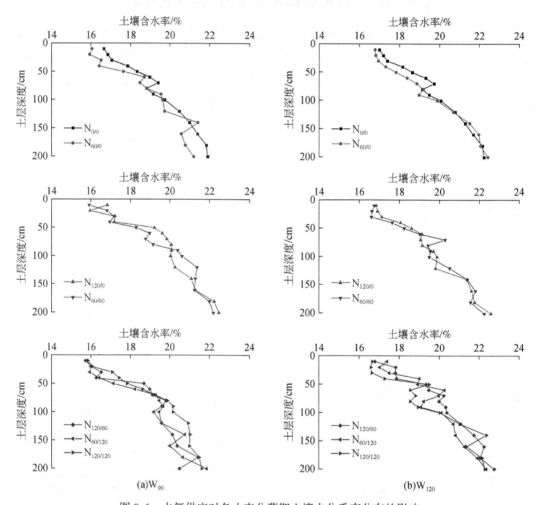

(a)W_{90}　　　　　　　　(b)W_{120}

图8-6　水氮供应对冬小麦分蘖期土壤水分垂直分布的影响

W_{90} 灌水定额条件下各施氮处理的平均土壤含水率为20.50%，显著低于 W_{120} 灌水定额条件下的各施氮处理的平均土壤含水率（21.62%）。但各施氮处理间的土壤含水率差异不显著。

8.4.1.3 水氮供应对越冬期土壤水分垂直分布的影响

由图 8-7 可以看出，与分蘖期相比，由于 1 月 8 日的越冬期灌水，越冬期 W_{90} 及 W_{120} 的土壤含水率显著增加，在 0~200cm 深度土壤含水率的分布呈倒 "3" 形。其中，0~20cm 深度土壤含水率呈减小趋势，20~40cm 深度土壤含水率呈增加趋势，40~90cm 深度土壤含水率显著降低，90~200cm 深度土壤含水率逐渐增加。随着时间的推移，根系扎深显著增加，使冬小麦对 60~90cm 深度的土壤水分吸收作用增强，从而降低该深度的土壤含水率。

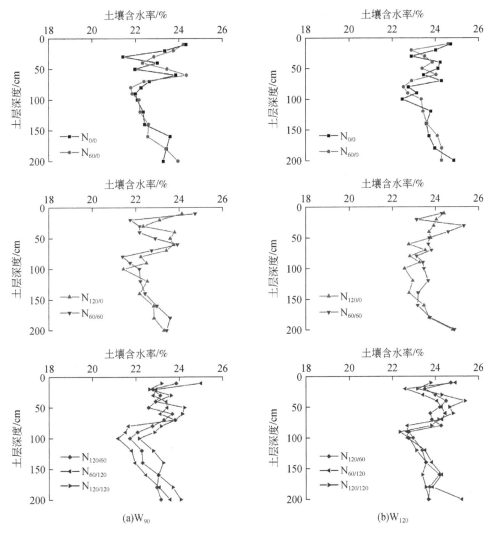

图 8-7 水氮供应对冬小麦越冬期土壤水分垂直分布的影响

W_{90} 灌水定额条件下各施氮处理的平均土壤含水率为 22.96%，显著低于 W_{120} 灌水定额条件下的各施氮处理的平均土壤含水率（23.88%）。但各施氮处理间的含水率差异不显著，这是由于冬小麦前期生长差异不显著，对土壤中的水分吸收利用差异也不显著。

8.4.1.4 水氮供应对返青期土壤水分垂直分布的影响

由图8-8可以看出，冬小麦返青期W_{90}及W_{120}的土壤含水率在0～200cm的土层随深度的增加呈先增加后减小的趋势。W_{90}灌水定额条件下，水分在60～100cm深度出现峰值；W_{120}灌水定额条件下，水分在30～90cm深度出现峰值；90～200cm深度土壤含水率逐渐增加。

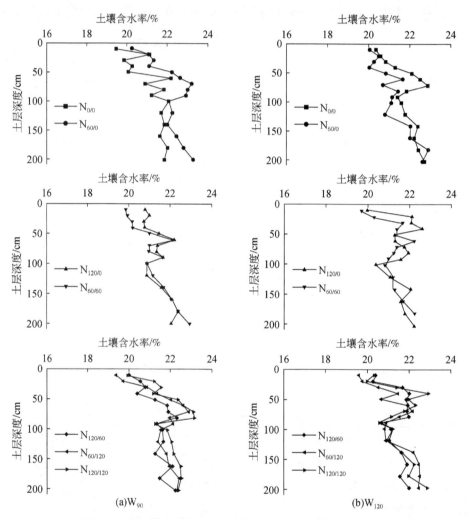

图8-8 水氮供应对冬小麦返青期土壤水分垂直分布的影响

W_{90}灌水定额条件下各施氮处理的平均土壤含水率为21.52%；W_{120}灌水定额条件下各施氮处理的平均土壤含水率为21.44%，两水分处理的土壤含水率差异不显著。

在W_{90}及W_{120}中，$N_{60/0}$的土壤含水率大体上低于$N_{0/0}$，$N_{60/60}$的土壤含水率大体上低于$N_{120/0}$，$N_{120/60}$、$N_{60/120}$及$N_{120/120}$的土壤含水率差异不显著。说明施氮有利于促进作物的生长，从而促进作物对土壤水分的吸收利用，进而降低土壤含水率；同时，当施氮总量达到120kg/hm²时，分次施氮与氮肥一次性施入相比更有利于作物生长，对土壤水分的吸收利用多。

8.4.1.5 水氮供应对拔节期土壤水分垂直分布的影响

由图 8-9 可以看出,与返青期相比,拔节期灌水使土壤中的含水率显著提高。W_{90} 及 W_{120} 的土壤含水率在 $0 \sim 200cm$ 深度的分布呈倒"3"形。4 月 3 日的灌水使 $0 \sim 70cm$ 深度土壤水率升高。W_{90} 灌水定额条件下各施氮处理的土壤含水率均显著低于 W_{120} 灌水定额条件下施氮处理的土壤含水率。W_{90} 和 W_{120} 灌水定额各施氮处理的平均土壤含水率分别为 21.31% 和 22.32%,提高灌水定额能够有效提高土壤含水率。

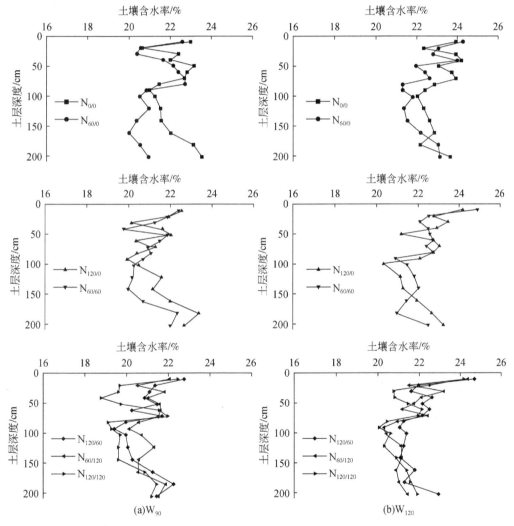

图 8-9 水氮供应对冬小麦拔节期土壤水分垂直分布的影响

W_{90} 及 W_{120} 中,各施氮处理的土壤含水率大体上低于不施氮处理 $N_{0/0}$,且随着施氮总量的提高,$0 \sim 200cm$ 深度的平均土壤含水率降低。W_{90} 各施氮处理的平均土壤含水率较 $N_{0/0}$ 降低 0.64% $\sim$ 1.92%;W_{120} 各施氮处理的平均土壤含水率较 $N_{0/0}$ 降低 0.67% $\sim$ 2.01%。说明适当提高施氮量有利于作物对水分的吸收利用,进而降低土壤含水率。

当施氮总量为 120kg/hm² 时，$N_{60/60}$ 的土壤含水率显著低于 $N_{120/0}$ 的土壤含水率；当施氮总量为 180kg/hm² 时，$N_{60/120}$ 的土壤含水率显著低于 $N_{120/60}$ 的土壤含水率。说明当施氮总量一定时，适当调整氮肥基施和追施所占比例，有利于提高冬小麦对土壤水分的吸收利用，降低土壤含水率。

8.4.1.6　水氮供应对抽穗期土壤水分垂直分布的影响

由图 8-10 可以看出，W_{90} 及 W_{120} 的土壤含水率在 0～200cm 深度的分布呈倒 "3" 形。4 月 18～25 日的降水使 0～70cm 深度土壤含水率升高。W_{90} 灌水定额条件下各施氮处理的土壤含水率均显著低于 W_{120} 灌水定额条件下各施氮处理的土壤含水率。W_{90} 和 W_{120} 灌水定额条件下，各施氮处理的平均土壤含水率分别为 21.69% 和 22.78%，提高灌水定额增加了土壤含水率。

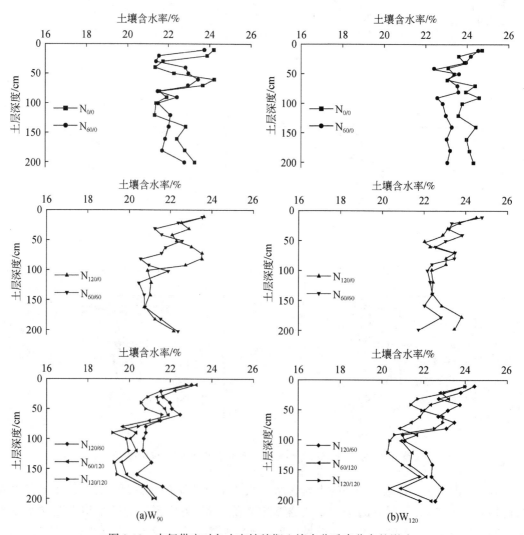

(a)W_{90}　　　　　　　　　　(b)W_{120}

图 8-10　水氮供应对冬小麦抽穗期土壤水分垂直分布的影响

W_{90} 及 W_{120} 中，各施氮处理的土壤含水率大体上低于不施氮处理 $N_{0/0}$，且随着施氮总量的提高，$0 \sim 200$cm 深度的平均土壤含水率降低。W_{90} 各施氮处理的平均土壤含水率较 $N_{0/0}$ 降低 $0.65\% \sim 2.60\%$；W_{120} 各施氮处理的平均土壤含水率较 $N_{0/0}$ 降低 $0.69\% \sim 2.74\%$，适当提高施氮量有利于作物对水分的吸收利用，进而降低土壤含水率。

8.4.1.7 水氮供应对灌浆期土壤水分垂直分布的影响

由图 8-11 可以看出，W_{90} 及 W_{120} 的土壤含水率在 $0 \sim 200$cm 深度的分布呈先降低再升高的趋势，在 $20 \sim 40$cm 深内最低。5 月 10 日的降水使 $0 \sim 40$cm 深度土壤含水率升高。W_{90} 灌水定额条件下各施氮处理的土壤含水率均显著低于 W_{120} 灌水定额条件下各施氮处理的土壤含水率，W_{90} 和 W_{120} 灌水定额条件下各施氮处理的平均土壤含水率分别为 17.82% 和 19.34%。各施氮处理的土壤含水率均显著低于不施氮处理 $N_{0/0}$，且随着施氮总量的提高，$0 \sim 200$cm 深度的平均土壤含水率降低。W_{90} 和 W_{120} 各施氮处理平均含水率较 $N_{0/0}$ 分别降低 $0.54\% \sim 2.50\%$ 和 $0.58\% \sim 2.70\%$，表明适当提高施氮量有利于作物对水分的吸收利用。

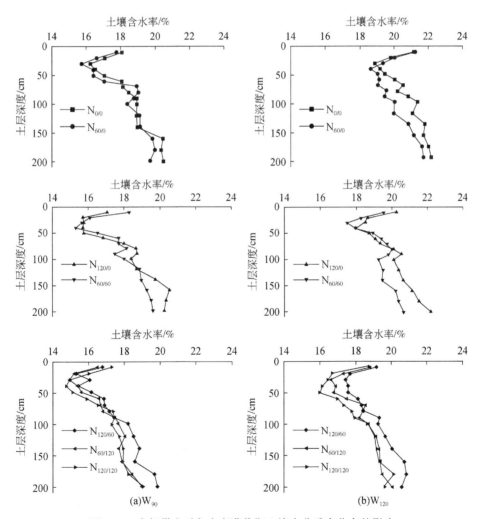

图 8-11　水氮供应对冬小麦灌浆期土壤水分垂直分布的影响

8.4.1.8 水氮供应对成熟期土壤水分垂直分布的影响

由图 8-12 可以看出，W_{90} 及 W_{120} 的土壤含水率在 0～200cm 深度的分布呈先降低再升高的趋势，在 20～60cm 深度最低。W_{90} 灌水定额条件下各施氮处理的土壤含水率均显著低于 W_{120} 灌水定额条件下各施氮处理的土壤含水率，W_{90} 和 W_{120} 灌水定额条件下各施氮处理的平均土壤含水率分别为 15.99% 和 17.60%。W_{90} 和 W_{120} 灌水定额条件下各施氮处理的土壤含水率均显著低于不施氮处理 $N_{0/0}$，且随着施氮总量的提高，0～200cm 深度的土壤平均含水率降低。W_{90} 和 W_{120} 灌水定额条件下各施氮处理的平均含水率较 $N_{0/0}$ 分别降低 0.48%～2.56% 和 0.53%～-2.82%，说明适当提高施氮量有利于作物对水分的吸收利用。

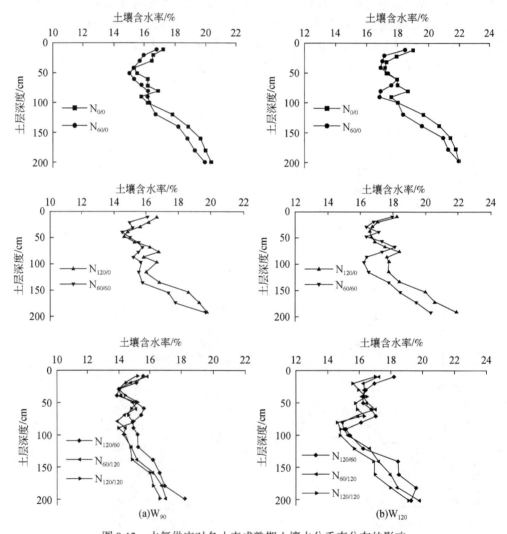

图 8-12 水氮供应对冬小麦成熟期土壤水分垂直分布的影响

8.4.2 水氮供应对 0～200cm 土壤贮水量的影响

由表 8-15 可以看出，播前 0～200cm 的土壤贮水量为 551.41～590.06mm，各处理初始土壤贮水量差异不显著，基本一致；分蘖期，10 月 22 日的灌水使 W_{120} 0～200cm 的土壤贮水量显著高于 W_{90} 对应的各施氮处理；越冬期，1 月 5 日的灌水使 W_{120} 0～200cm 的土壤贮水量显著高于 W_{90} 处理对应的各施氮处理。灌水定额一定的条件下，由于冬小麦分蘖期和越冬期植株较小，根系对水分的吸收利用较低，各施氮处理的冬小麦 0～200cm 的土壤贮水量差异不显著。

表 8-15　水氮供应对 0～200cm 土壤贮水量的影响　　　　（单位：mm）

处理	播前	分蘖期	越冬期	返青期	拔节期	抽穗期	灌浆期	成熟期
$W_{90}N_{0/0}$	570.07 bcd	602.55 bcd	658.19 d	641.55 a	638.65 bcd	650.05 de	541.29 de	512.81 cd
$W_{90}N_{60/0}$	554.37 cd	588.07 de	660.51 bcd	614.05 b	627.56 cde	641.10 e	534.00 e	496.68 de
$W_{90}N_{120/0}$	576.87 ab	597.13 cd	659.21 cd	619.09 b	625.11 cde	631.99 ef	532.53 ef	489.51 ef
$W_{90}N_{60/60}$	574.66 ab	587.77 de	655.37 d	616.41 b	610.14 fg	617.94 ef	523.46 ef	469.48 gh
$W_{90}N_{120/60}$	552.63 d	572.29 e	656.92 d	616.85 b	602.88 gh	616.32 fg	514.62 fg	454.79 hi
$W_{90}N_{60/120}$	551.41 d	585.99 de	654.49 d	623.73 ab	608.28 fg	599.17 gh	496.74 gh	439.61 ej
$W_{90}N_{120/120}$	567.64 bcd	588.61 de	671.63 abc	634.27 ab	585.19 h	589.25 h	495.87 h	435.51 j
$W_{120}N_{0/0}$	579.57 ab	616.33 abc	684.98 a	631.42 ab	663.14 a	690.87 a	604.83 a	559.73 a
$W_{120}N_{60/0}$	573.77 ab	615.62 abc	681.21 abc	617.16 b	646.73 ab	670.62 b	586.59 b	546.56 ab
$W_{120}N_{120/0}$	573.40 abc	616.60 abc	676.38 abc	620.10 b	642.90 abc	665.28 b	583.31 b	537.93 b
$W_{120}N_{60/60}$	573.29 abc	624.98 a	684.59 a	616.98 b	637.38 bcd	657.11 c	563.19 c	514.70 c
$W_{120}N_{120/60}$	590.06 a	621.42 ab	684.50 a	620.21 b	632.96 bcd	651.12 cd	557.61 cd	500.08 cde
$W_{120}N_{60/120}$	579.61 ab	626.68 a	687.38 a	620.75 ab	620.12 def	627.70 e	537.24 e	488.79 ef
$W_{120}N_{120/120}$	575.87 ab	612.43 abc	681.94 ab	624.36 ab	616.81 ef	619.26 ef	529.45 ef	473.75 fg

注：不同小写字母表示在同一列中数据间差异显著

拔节—成熟期，W_{120} 0～200cm 的土壤贮水量大体上高于 W_{90} 对应的各施氮处理，高灌水定额提高了冬小麦拔节期 0～200cm 的土壤贮水量。在各生长阶段，W_{90} 及 W_{120} 的土壤贮水量均随着施氮总量的提高而降低，提高施氮量降低了 0～200cm 的土壤贮水量。两种灌水定额处理下，施氮总量相同时，不同的基施与追施比例影响土壤贮水量，因此，调节氮肥基施与追施的比例，可以调节冬小麦拔节期 0～200cm 的土壤贮水量。

8.4.3 水氮供应对冬小麦全生育期耗水量的影响

由表 8-16 可以看出，W_{90} 灌水定额条件下各施氮处理的冬小麦全生育期耗水量均显著低于 W_{120}，差值为 38.12～82.13mm，说明提高灌水定额增加了冬小麦的全生育期耗水量。

表 8-16　水氮供应对冬小麦全生育期耗水量的影响 　　　（单位：mm）

处理	耗水量	处理	耗水量
$W_{90}N_{0/0}$	492.76h	$W_{120}N_{0/0}$	545.35def
$W_{90}N_{60/0}$	493.19h	$W_{120}N_{60/0}$	552.71cde
$W_{90}N_{120/0}$	522.86g	$W_{120}N_{120/0}$	560.98cd
$W_{90}N_{60/60}$	540.68efg	$W_{120}N_{60/60}$	584.09b
$W_{90}N_{120/60}$	533.34fg	$W_{120}N_{120/60}$	615.47a
$W_{90}N_{60/120}$	547.30def	$W_{120}N_{60/120}$	616.32a
$W_{90}N_{120/120}$	567.62bc	$W_{120}N_{120/120}$	627.62a

注：不同小写字母表示在同一列中数据间差异显著

W_{90} 及 W_{120} 的冬小麦全生育期耗水量随着施氮总量的增加而增加。W_{90} 中，除 $N_{60/0}$ 外，各施氮处理的冬小麦全生育期耗水量与 $N_{0/0}$ 相比，增加了 30.10 ~ 74.86mm；W_{120} 中，除 $N_{60/0}$ 及 $N_{120/0}$ 外，各施氮处理的冬小麦全生育期耗水量与 $N_{0/0}$ 相比，增加了 38.75 ~ 82.27mm。说明提高施氮总量增加了冬小麦全生育期耗水量。

W_{90} 灌水定额条件下，施氮总量为 120kg/hm^2 时，$N_{60/60}$ 的冬小麦全生育期耗水量与 $N_{120/0}$ 差异不显著；施氮总量为 180kg/hm^2 时，$N_{120/60}$ 的冬小麦全生育期耗水量与 $N_{60/120}$ 差异不显著。W_{120} 灌水定额条件下，施氮总量为 120kg/hm^2 时，$N_{60/60}$ 的冬小麦全生育期耗水量显著高于 $N_{120/0}$；施氮总量为 180kg/hm^2 时，$N_{120/60}$ 的冬小麦全生育期耗水量与 $N_{60/120}$ 差异不显著。说明氮肥基施与追施的比例影响冬小麦全生育期耗水量。

8.4.4　水氮供应对冬小麦水分利用效率的影响

由表 8-17 可以看出，W_{90} 灌水定额条件下各施氮处理的冬小麦水分利用效率均显著高于 W_{120}，差值为 0.87 ~ 2.52kg/（hm^2·mm），说明提高灌水定额不利于冬小麦水分利用效率的提高。

表 8-17　水氮供应对冬小麦全生育期水分利用效率的影响

［单位：kg/（hm^2·mm）］

处理	水分利用效率	处理	水分利用效率
$W_{90}N_{0/0}$	11.35f	$W_{120}N_{0/0}$	10.48g
$W_{90}N_{60/0}$	13.96ab	$W_{120}N_{60/0}$	11.76e
$W_{90}N_{120/0}$	13.67c	$W_{120}N_{120/0}$	12.03d
$W_{90}N_{60/60}$	13.81bc	$W_{120}N_{60/60}$	12.36d
$W_{90}N_{120/60}$	14.07a	$W_{120}N_{120/60}$	11.55f
$W_{90}N_{60/120}$	13.95ab	$W_{120}N_{60/120}$	12.01d
$W_{90}N_{120/120}$	13.93ab	$W_{120}N_{120/120}$	12.01d

注：不同小写字母表示在同一列中数据间差异显著

W$_{90}$ 及 W$_{120}$ 的冬小麦水分利用效率随着施氮总量的增加而提高。W$_{90}$ 和 W$_{120}$ 灌水定额条件下各施氮处理的冬小麦水分利用效率与 N$_{0/0}$ 相比分别增加了 2.32 ～ 2.72kg/（hm^2·mm）和 1.07 ～ 1.55kg/（hm^2·mm），说明提高施氮总量有利于提高冬小麦水分利用效率。W$_{90}$ 灌水定额条件下，施氮总量为 120kg/hm^2 时，N$_{60/60}$ 的水分利用效率与 N$_{120/0}$ 处理差异不显著；施氮总量为 180kg/hm^2 时，N$_{120/60}$ 的水分利用效率与 N$_{60/120}$ 差异不显著。W$_{120}$ 灌水定额条件下，施氮总量为 120kg/hm^2 时，N$_{60/60}$ 的水分利用效率与 N$_{120/0}$ 差异不显著；施氮总量为 180kg/hm^2 时，N$_{120/60}$ 的水分利用效率显著高于 N$_{60/120}$。

8.5 不同水氮耦合对冬小麦、夏玉米需水量的影响

8.5.1 水氮耦合对冬小麦、夏玉米生育期土壤水分垂直分布的影响

8.5.1.1 水氮耦合对冬小麦生育期土壤水分垂直分布的影响

（1）播前土壤水分垂直分布

由图 8-13 可以看出，播前各处理冬小麦土壤含水率垂直分布几乎呈随深度增加而递增的趋势，表层土壤含水率约为 16.2%，200cm 处的土壤含水率约为 20%。

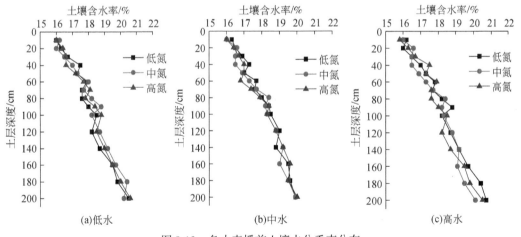

图 8-13　冬小麦播前土壤水分垂直分布

（2）播种—越冬期土壤水分垂直分布

由图 8-14 可以看出，在冬小麦播种后对 9 个处理进行了灌水，以确保其尽快地扎根生长。在低水和高水处理模式下，水分垂直分布大致呈倒 "3" 形，土壤含水率随深度的增加先减小后增大，随后减小再增大，在 30 ～ 50cm 和 90 ～ 120cm 深度分别出现土壤含水率

的两个极小值，在 60~90cm 深度出现土壤含水率的一个极大值。0~10cm 深度土壤含水率较高，主要是灌水后地表湿润并且在此阶段内有少量降水；在 10~50cm 深度土壤含水率降低，是由于苗期冬小麦扎根较浅，这一土壤层的水分多被植物吸收利用。不同水分处理和施氮处理的土壤含水率差异不显著。

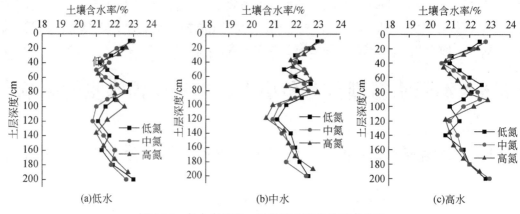

图 8-14 冬小麦播种—越冬期土壤水分垂直分布

（3）越冬—返青期土壤水分垂直分布

由图 8-15 可以看出，越冬—返青期，低、中和高水处理的土壤含水率平均值分别为 17.42%、21.08% 和 21.59%，低水处理已接近 16.8% 的土壤含水率下限，说明有必要在这一时期进行一次灌水。低、中和高氮处理的含水率均值为 19.64%、19.18% 和 19.03%，平均土壤含水率随施氮量的增加而减小，说明合理施氮量有利于作物对土壤水分的吸收。

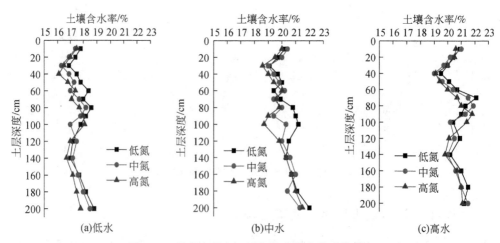

图 8-15 冬小麦越冬—返青期土壤水分垂直分布

（4）返青—拔节期土壤水分垂直分布

由图 8-16 可以看出，冬小麦返青—拔节期的土壤含水率垂直分布与播种—越冬期和越冬—返青期不同，各处理的土壤含水率大致随土壤深度的增加先增大后减小再增大，是一个正"3"形。在高水处理中，在 40~60cm 深度出现土壤含水率峰值，在中水和低水处理中，土壤在 70~100cm 深度出现土壤含水率峰值。各处理在 100cm~200cm 深度土壤含水率基本呈增大的趋势。

低、中和高水处理的平均土壤含水率分别为 17.64%、19.12% 和 19.40%，低水处理的平均土壤含水率明显小于中水和高水处理，这是由于中水和高水处理均在越冬—返青期进行了灌水。中水和高水处理之间平均土壤含水率差异不显著。

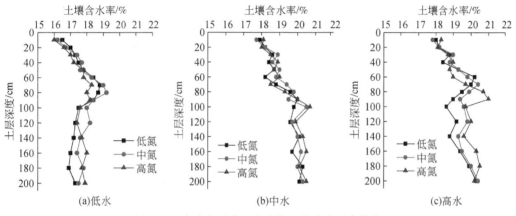

图 8-16　冬小麦返青—拔节期土壤水分垂直分布

（5）拔节—抽穗期土壤水分垂直分布

由图 8-17 可以看出，拔节—抽穗期灌水使土壤含水率明显升高。各处理的土壤含水率在垂直分布上呈倒"3"形。低水处理下的平均土壤含水率为 20.51%，明显低于中水和高水处理的平均土壤含水率（21.92% 和 22.38%），主要是由于上一时期低水处理没有灌水，土壤较为干燥，冬小麦处于一定程度的水分亏缺状态且冬小麦在这一时期需水量较大，这一时期的灌水迅速被植物吸收利用。中水和高水处理下土壤含水率随施氮量的增加而降低，说明适当的提高施氮量有利于作物对水分的吸收。中水处理各施氮处理的平均土壤含水率较高水处理降低 0.42%~1.14%，中水处理是较为合理的水分处理方式。

低、中和高氮处理的平均土壤含水率分别为 22.23%、21.48% 和 21.34%，高氮处理的土壤含水率均值仅比低氮处理低 0.65%，差异很小，说明高氮处理较之于中氮处理对冬小麦水分利用效果不明显，中氮处理是较为合理的方式。

（6）抽穗—灌浆期土壤水分垂直分布

由图 8-18 可以看出，低水和高水处理下土壤含水率垂直分布大致呈倒"3"形，中水处理下土壤含水率垂直分布无此规律。高水处理的土壤含水率明显大于低水和中水处理，

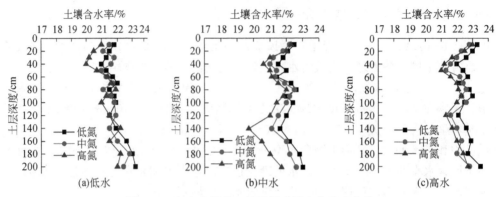

图8-17 冬小麦拔节—抽穗期土壤水分垂直分布

这是由于按照当地农民的传统灌水习惯，高水处理在这一时期要进行一次灌水。低水和高水处理下平均土壤含水率分别为17.84%和18.35%，较上一时期相同处理分别下降2.67%和3.56%，中水处理的均值降幅更大，说明这一时期中水处理的土壤水分更多地被冬小麦吸收利用。

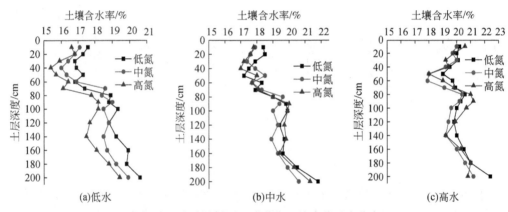

图8-18 冬小麦抽穗—灌浆期土壤水分垂直分布

高水中氮处理的平均土壤含水率均值高水高氮处理，中水高氮处理的平均土壤含水率和中水中氮处理几乎相同，这与土壤含水率随施氮量的增加而减小的普遍规律不一致，说明中水高氮和高水高氮处理一定程度上抑制了冬小麦对土壤水分的吸收，水氮施用模式不够合理。

（7）灌浆—成熟期土壤水分垂直分布

由图8-19可以看出，高水处理下土壤含水率垂直分布呈明显的倒"3"形，低水和中水处理下土壤含水率垂直分布规律不太明显。低、中和高水处理下冬小麦平均土壤含水率分别为17.05%、18.51%和19.29%，其中低水处理的平均土壤含水率要显著低于中水和高水处理，低水处理的平均土壤含水率已接近土壤含水率下限16.8%，说明该处理模式下水分亏缺较为明显，应该增加一次灌水量。低水和高水处理的平均土壤含水率较上一时期分别下降 0.69% 和提高 0.06%，主要是这一时期出现一次降水，而低水处理的冬小麦水分亏缺较为明显，降水量不足以弥补冬小麦需水量，中水处理基本弥补了冬小麦需水量。

中水高氮和中水中氮处理的土壤含水率为 18.83% 和 18.09%，高氮处理的土壤含水率反而较高，高氮并没能促进冬小麦对土壤水分的吸收，仅从作物吸水考虑，中水中氮处理较为合理。

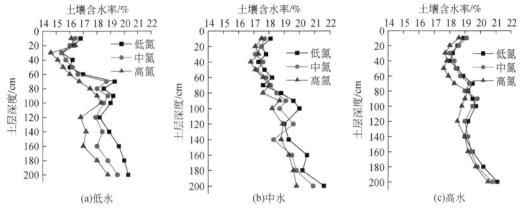

图 8-19　冬小麦灌浆—成熟期土壤水分垂直分布

8.5.1.2　水氮耦合对夏玉米生育期土壤水分垂直分布的影响

（1）播前土壤水分垂直分布

由图 8-20 可以看出，夏玉米播前，各处理的土壤含水率呈随土层深度增加而增大的趋势。由于 6 月气温升高，表土水分蒸发较快，表层的土壤含水率约为 15%。夏玉米生长初期根部主要分布在表层，表层不足以提供充足的水分。深层的土壤含水率较高，为 19% ~ 20%，说明深层的土壤含水率较好。6 个处理的平均土壤含水率分布在 16.85% ~ 17.51%，各处理间土壤含水率差异很小。

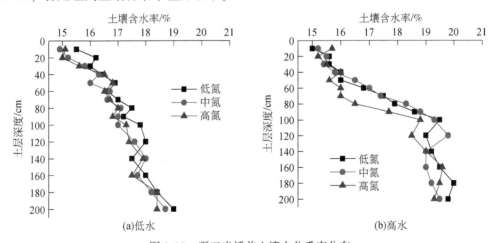

图 8-20　夏玉米播前土壤水分垂直分布

（2）播种—拔节期土壤水分垂直分布

因 6 月初降水量较小，为保证夏玉米在生长初期的水分需求，在播种—拔节期各处理均进行了一次灌水。由图 8-21 可以看出，各处理的土壤含水率垂直变化大致呈先减小后增加的趋势。在 10~60cm 深度土壤含水率逐渐减小，极小值出现在 40~60cm 深度，主要是由于该生育期夏玉米根系较浅，大量吸收此深度内的土壤水分，造成其土壤含水率的减小。在 80~120cm 深度，由于灌溉水的下渗，土壤含水率增加，在 140~180cm 深度，土壤含水率虽也增大，但增幅减弱，180~200cm 深度内土壤含水率基本维持在 21.5~23.0%。

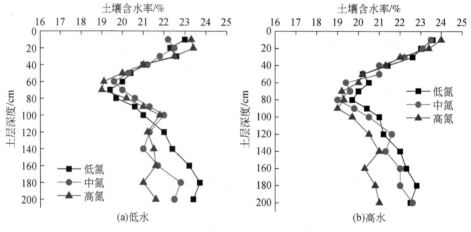

图 8-21　夏玉米播种—拔节期土壤水分垂直分布

由于该生育期均进行了灌水，低水和高水处理的平均土壤含水率分别为 21.45% 和 21.26%，差别很小。同一灌水模式下，土壤含水率随着施氮量的增加而减小，说明适当增加施氮量能促进夏玉米对水分的吸收。

（3）拔节—抽雄期土壤水分垂直分布

由图 8-22 可以看出，低水和高水处理下土壤含水率垂直变化大致呈倒"3"形。极小值出现在 80~100cm 深度，相比于播种—拔节期，极小值出现深度加深，主要是由于在这一生育期夏玉米已经生长了两个月左右的时间，根系在这一土层深度吸取较多的土壤水分。

低水和高水处理在该生育期的平均土壤含水率分别为 17.11% 和 20.25%，差异显著。低水处理在这一生育期没有进行灌水，土壤含水率接近设定的下限，加之进入 8 月，温度升高，夏玉米需水量也较大，应当进行一次灌水。高水处理在这一生育期进行了一次灌水，但土壤含水率相比于上一生育期的灌水稍有下降，主要是这一生育期温度升高使得作物蒸腾和土壤蒸发加快。低水处理下，土壤含水率随着施氮量的增加而减小，但高水处理下，高氮处理的土壤含水率高于中氮处理 0.55%。

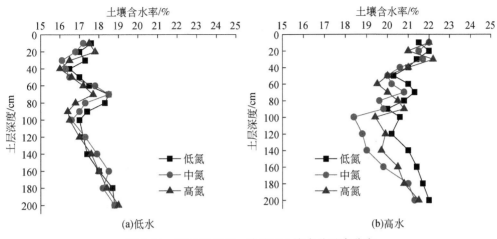

图 8-22　夏玉米拔节—抽雄期土壤水分垂直分布

（4）抽雄—灌浆期土壤水分垂直分布

由图 8-23 可以看出，低水和高水处理下土壤含水率垂直变化大致呈倒"3"形。极小值出现在 100~120cm 深度，相比于上一生育期，极小值出现深度进一步加深，主要是由于在这一生育期夏玉米已经生长了 3 个月左右的时间，根系更多地在这一土层深度吸取土壤水分。

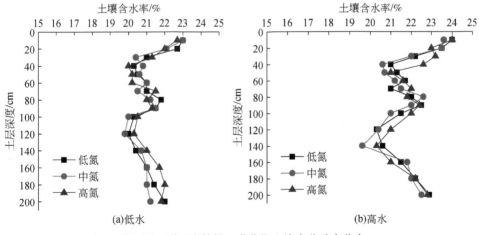

图 8-23　夏玉米抽雄—灌浆期土壤水分垂直分布

由于这一生育期均进行了一次灌水，低水和高水处理在该生育期的平均土壤含水率分别为 21.11% 和 21.86%，差异不显著。高水处理的土壤含水率较之上一生育期灌水提高了 1.66%，主要是进入 8 月降水量增多，导致灌水后 10~50cm 的土壤含水率高于上一生育期。低、中和高氮处理下的平均土壤含水率分别为 21.83%、20.92% 和 21.46%，中高氮处理低于低氮处理，说明合理增加氮肥施用量可以促进夏玉米吸收土壤水分，但高氮处理的平均土壤含水率高于中氮 0.54%，说明继续增加施氮量可能造成水氮比例失衡，不利于夏玉米的生长。

（5）灌浆—成熟期土壤水分垂直分布

由图 8-24 可以看出，低水和高水处理下土壤含水率垂直变化大致呈倒"3"形。极小值出现在 120～140cm 深度，相比于上一生育期，极小值点出现深度进一步加深，主要是由于在这一生育期夏玉米主根系进一步向下生长。140～200cm 深度土壤含水率增幅较大，说明这一生育期夏玉米的需水量较小，生长较上一生育期放缓，深层的土壤含水率较高。

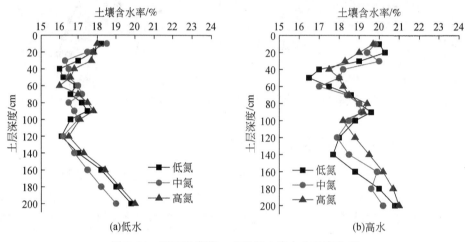

图 8-24　夏玉米灌浆—成熟期土壤水分垂直分布

低水和高水处理在该生育期的平均土壤含水率分别为 17.46% 和 18.95%，土壤含水率均可满足作物的用水要求，且差异显著，主要是因为高水处理之前进行了一次灌水，在其他条件相似的情况下，土壤贮水量较低水处理高。中氮和高氮处理下的平均土壤含水率分别为 18.03% 和 18.71%，高氮处理并没能促进夏玉米这一生育期对水分的吸收利用。

8.5.2　水氮耦合对冬小麦、夏玉米水分利用效率的影响

8.5.2.1　水氮耦合对冬小麦水分利用效率的影响

由表 8-18 可以看出，冬小麦低、中和高水处理的平均耗水量分别为 432mm、482mm 和 543mm，平均耗水量随灌溉定额的增加而增大，且差异性显著，说明提高灌水定额会引起耗水量的增大。低、中和高氮处理的平均耗水量分别为 475mm、482mm 和 493mm，平均耗水量随施氮量的增加而增大，但差异不显著，说明提高施氮量也会引起耗水量的增加，但氮素的影响不如水分大。

冬小麦低、中和高水处理的平均水分利用效率分别为 13.45kg/（hm² · mm）、13.94kg/（hm² · mm） 和 12.47kg/（hm² · mm），中水处理的水分利用效率最高，比低水和高水处理增加了 3.64%～15.88%，中水处理在保证产量的同时有效地节约了灌溉水。低水处理的水分利用效率较高，和中水处理相比差异性不显著，虽节约了灌溉水但增产效益

较低。

低、中和高氮处理的平均水分利用效率为 13.15kg/（hm² · mm）、13.08kg/（hm² · mm）和 12.96kg/（hm² · mm），水分利用效率递减，但两两之间的差异不显著。中水高氮处理（W2N3）的水分利用效率最高，达到 14.35kg/（hm² · mm），仅比中水低氮处理（W2N2）高出 1.97%，但却多用了 25% 的氮肥，说明氮肥增产的效益未能得到充分发挥。

表 8-18　冬小麦各处理耗水量和水分利用效率

处理	生育期耗水量/mm	产量/（kg/hm²）	水分利用效率/［kg/（hm² · mm）］
W1N1	425	5803.80c	13.63ab
W1N2	437	5845.50bc	13.40ab
W1N3	435	5824.28c	13.31abc
W2N1	470	6066.36bc	12.90bc
W2N2	490	6894.47a	14.07a
W2N3	486	6980.74a	14.35a
W3N1	531	6388.22bc	11.94c
W3N2	545	6756.41b	12.60bc
W3N3	553	6860.00a	12.67bc

注：不同小写字母表示在同一列数据中差异显著

8.5.2.2　水氮耦合对夏玉米水分利用效率的影响

由表 8-19 可以看出，夏玉米低水和高水处理的平均耗水量分别为 416mm 和 533mm，平均耗水量随灌溉定额的增加而增大，且差异性显著，说明提高灌溉定额会引起耗水量的增大。低、中和高氮处理的平均耗水量分别为 455mm、469mm 和 460mm，平均耗水量随施氮量的增加先增大后减小，但两两之间差异不显著，说明在一定范围内，提高施氮量会提高夏玉米耗水量，但超过一定量后氮素反而会抑制夏玉米的水分吸收利用。

表 8-19　夏玉米各处理耗水量和水分利用效率

处理	生育期耗水量/mm	产量/（kg/hm²）	水分利用效率/［kg/（hm² · mm）］
T1	408	8 942b	21.9abc
T2	502	9 574ab	19.1c
T3	417	10 531a	25.2a
T4	520	10 610a	20.5bc
T5	422	9 925ab	23.5ab
T6	517	10 585ab	20.5bc

注：不同小写字母表示在同一列数据中差异显著

夏玉米低水和高水处理的平均水分利用效率分别为 23.5kg/（hm² · mm）和 20.1kg/（hm² · mm），差异显著。同一施氮量条件下，低水处理的水分利用效率比高水处理的大，其中低水中氮（T3）水分利用效率最高，在保证产量的同时有效节约了灌溉水，低水高氮（T4）虽然产量最高，但水分利用率较低，一定程度上造成了灌溉水的浪费。高水低氮处理（T2）的产量和水分利用效率均较低，是不太合理的水肥施用模式。

低、中和高氮处理的平均水分利用效率分别为 20.5kg/（hm² · mm）、22.8kg/（hm² · mm）和 22.1kg/（hm² · mm），水分利用效率先增加后减小，但两两之间差异不显著。

8.6　不同干旱年型泾惠渠灌区冬小麦和夏玉米灌溉需水量

8.6.1　作物需水量和灌溉需水量的计算

8.6.1.1　作物需水量

作物需水量的计算采用参考作物蒸发蒸腾量法，参考作物蒸发蒸腾量采用 PM 公式计算。泾惠渠灌区作物系数的选取参考《陕西省作物需水量及分区灌溉模式》（陕西省水利水土保持厅，1992），见表 8-20。

表 8-20　灌区主要作物历年平均作物系数

月份	冬小麦	夏玉米
1	1.621	
2	1.13	
3	0.86	
4	0.965	
5	0.873	
6		0.507
7		0.955
8		1.384
9		1.865
10	0.982	
11	1.825	
12	1.671	

8.6.1.2　灌溉需水量的计算

灌溉需水量采用水量平衡法计算，对于任意一个时段，时段内的水量变化可表示为

$$\Delta W = W_r + P_e + K + I - \mathrm{ET}_c \tag{8-3}$$

式中，ΔW 为某时段内土壤计划湿润层内的贮水量；W_r 为计划湿润层增加带来的附加水分；P_e 为计划湿润层内的有效降水量；K 为某时段内的地下水补给；I 为灌水量；ET_c 为

作物需水量。

如果考虑年灌溉需水量，W_r 可以忽略不计。泾惠渠灌区地下水埋深普遍较深，地下水补给 K 可以忽略不计。由式（8-3）可得到某作物的年灌溉需水量。

$$I = \mathrm{ET}_c - P_e \tag{8-4}$$

式中有效降水量利用美国农业部（United States Department of Agriculture，USDA）水土保持局的方法计算。

$$P_e = P \times (125 - 0.1 \times P)/125, \quad P \leqslant 250\mathrm{mm} \tag{8-5}$$

$$P_e = 125 + 0.1 \times P, \quad P > 250\mathrm{mm} \tag{8-6}$$

式中，P 为总降水量。

8.6.2　灌区主要作物需水量年际变化与水分亏缺

8.6.2.1　灌区主要作物需水量的年际变化

计算泾惠渠灌区冬小麦和夏玉米作物需水量，并绘制了两种作物全生育期需水量，如图 8-25 所示。从计算结果的统计数据来看，灌区冬小麦全生育期多年平均需水量为 419.77mm，整体在 366~481mm 波动。从图 8-25（a）需水量趋势线可以看出，冬小麦作物需水量变化可以分为三个阶段：1962~1973 年，冬小麦需水量呈上升趋势，上升速率为 16.261mm/10a；1974~1996 年，冬小麦需水量呈递减趋势，下降速率为 28.940mm/10a；1997~2001 年，冬小麦需水量再次开始回升，上升速率为 50.740mm/10a。灌区冬小麦需水量年际变化差异明显，需水量最大值出现在 1966 年，为 484.41mm，最小值出现在 1996 年，为 366.08mm，两者相差 115.33mm。

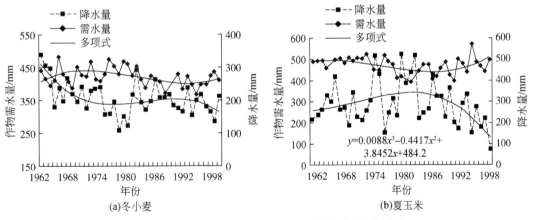

图 8-25　灌区主要作物需水量和生育期降水量年际变化

图 8-25（b）是夏玉米全生育需水量年际变化曲线。从图 8-25（b）中可以看出，夏玉米需水量趋势线也可以分为三个阶段：1962~1967 年，夏玉米需水量呈现了短暂的上升趋势，上升速率为 9.665mm/10a；1968~1989 年夏玉米需水量整体出现了下降，下降速率

为 42.03mm/10a；1990～2001 年夏玉米需水量又开始出现上升趋势，上升速率为 32.397mm/10a。夏玉米多年平均需水量为 395～570mm，年际变化较大。夏玉米全生育期多年平均需水量为 467.93mm，比冬小麦全生育期多年平均需水量高 48.15mm。

整体来看，两种作物需水量的多年变化趋势是一样的，仅在具体阶段划分有所区别。

8.6.2.2　灌区主要作物生育期水分亏缺分析

由图 8-25 中的生育期降水量曲线可以看出，两种作物多数年份的自然降水都无法满足作物需水的要求。从作物整个生育期考虑，作物水分亏缺量为作物需水量和生育期降水量的差值，表 8-21 为灌区冬小麦和夏玉米生育期平均水分亏缺量的多年平均值。可以看出，冬小麦和夏玉米在各月份的需水量都无法通过降水得到满足。冬小麦全生育期平均缺水总量为 216.13mm，为需水量的一半以上。夏玉米缺水情况没有冬小麦严重，全生育期平均缺水总量为 159.00mm。泾惠渠灌区主要作物的需水量均不能通过自然降水满足，灌溉是灌区产量保证的必要措施。

表 8-21　灌区冬小麦和夏玉米生育期平均水分亏缺量的多年平均值（单位：mm）

月份	降水量	冬小麦		夏玉米	
		需水量 ET_c	缺水量	需水量 ET_c	缺水量
1	5.60	36.86	31.26		
2	8.86	35.37	26.51		
3	21.85	45.04	23.19		
4	37.89	68.86	30.96		
5	50.20	83.30	33.10		
6	51.78			61.21	9.43
7	86.35			115.60	29.25
8	82.64			155.53	72.88
9	88.15			135.59	47.44
10	51.31	52.53	1.22		
11	22.99	59.09	36.10		
12	4.93	38.73	33.80		
合计		419.77	216.13	467.93	159.00

8.6.3　灌溉需水量分析

8.6.3.1　干旱年型的划分与需水量

作物生育期水分亏缺存在趋势性变化，这种变化主要为气候干旱的影响。因此，选取干旱程度作为典型年的划分标准，采用标准化降水指数（standardized precipitation index，

SPI）进行干旱年份的划分。

对于具体作物而言，生育期的干旱情况更具有实际意义。因此，以作物生育期为时间尺度，计算逐年的生育期 SPI 值，并根据 SPI 判定的干旱程度来定义干旱年型。按照 SPI 的标准，干旱类型分为轻旱、中旱、重旱和极旱。鉴于灌区极旱出现年份很少，将之与重旱合并，将干旱年型划分为轻旱、中旱和重旱。这里仅讨论出现干旱年份的灌区冬小麦和夏玉米的需水量。表 8-22 为不同干旱年型冬小麦和夏玉米需水量和灌溉需水量。

表 8-22　不同干旱年型冬小麦和夏玉米需水量和灌溉需水量 （单位：mm）

作物	需水量	轻旱	中旱	重旱
冬小麦	作物需水量 ET_c	417.41	421.63	454.97
	灌溉需水量	234.44	253.59	335.50
夏玉米	作物需水量 ET_c	467.41	469.31	512.60
	灌溉需水量	267.68	269.94	399.77

8.6.3.2　冬小麦的灌溉需水量

计算冬小麦生育期内的 SPI 值，并进行干旱年份的划分。对干旱程度相同年份的作物需水量进行平均，结果如图 8-26 所示。泾惠渠灌区冬小麦的作物需水量总体趋势是一致的。从播种开始，在苗期需水量出现短时上升，随后一直下降，直到越冬期达到最低。之后随着返青期的到来，植株迅速生长，作物需水量也逐渐增加直至抽穗成熟期达到顶峰，冬小麦全生育期多年平均需水量为 419.77mm。

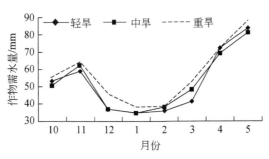

图 8-26　不同干旱年型冬小麦需水量

从图 8-26 中可以看出，冬小麦需水量随着干旱程度的增加有上升趋势，这种趋势在重旱年体现较为明显。重旱年在需水量上的差异主要体现在播种—越冬期，时段需水量为 242.31mm，比中旱年同期高 19mm。轻旱、中旱和重旱年冬小麦全生育期需水量分别为 417.41mm、421.63mm 和 454.97mm，轻旱和中旱年总需水量仅差 4.18mm。在冬小麦生长过程中，轻旱和中旱年的需水量在越冬期过后的 2 月和 3 月差异较大，其余时段平均差异在 2.0mm 左右。

图 8-27 是灌区冬小麦不同干旱年型灌溉需水量。冬小麦灌溉需水量呈现的整体趋势与作物需水量基本一致。10～11 月灌溉需水量处于上升阶段，之后的两个月灌溉需求开始

减小，1～3月基本保持稳定，3～5月灌溉需水量又开始出现增大趋势。值得注意的是，灌溉需水量曲线呈现的波动程度没有作物需水量剧烈。

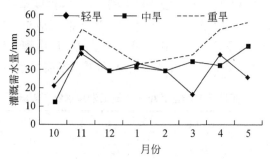

图 8-27　不同干旱年型冬小麦灌溉需水量

与作物需水量相比，冬小麦不同干旱年型灌溉需水量之间的差异明显。轻旱、中旱和重旱年冬小麦全生育期灌溉需水量分别为234.44mm、253.59mm和335.50mm。重旱年除了1月外，各月灌溉需水量都远高于轻旱和中旱年。轻旱年和中旱年的灌溉需水量差异从播种时的10月直至越冬期结束都不明显，2～5月由于降水的差异开始明显，二者的灌溉需水量也开始产生差距。

综上所述，在轻旱和中旱年，返青期的灌溉水量差异不大，返青期后，中旱年需要加大灌水量；重旱年在越冬前应进行灌溉，返青期后也应加大灌溉量。灌区冬小麦灌溉需水量在11月和5月处于最大。冬小麦在这两个月处于分蘖和抽穗期，需水强度大，不论是什么年型，这两个月的灌水量应该得到保证。

8.6.3.3　夏玉米的灌溉需水量

夏玉米不同干旱年型的作物需水量如图8-28所示。可以看出，不同干旱年型的夏玉米的作物需水量曲线变化一样，整体趋势为单峰曲线。从播种后随着作物的快速生长和温度的升高，作物需水量开始增加，到8月作物开始成熟达到峰值，之后开始减小。

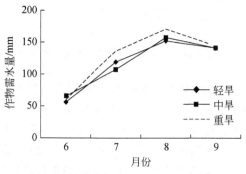

图 8-28　不同干旱年型夏玉米需水量

在轻旱、中旱和重旱年夏玉米全生育期需水量分别为467.41mm、469.31mm和512.60mm，需水量随着干旱程度的增加而增大。与冬小麦类似，夏玉米轻旱和中旱年整体需水量差异不大，重旱年需水量明显较高。重旱年需水量在 7 ~ 8 月与轻旱和中旱年差异最大，6 月和 9 月需水量与轻旱和中旱持平。

图 8-29 是夏玉米不同干旱年型灌溉需水量。灌溉需水量与作物需水量变化趋势一致，呈现出峰值在 8 月的单峰曲线。夏玉米生育期处在灌区降水最丰沛的时段，不同干旱年型之间的降水差异大，导致不同干旱年型灌溉需水量差异大。轻旱年灌溉需水量为 267.68mm，相当于轻旱年作物需水量的 57%；中旱年灌溉需水量为 269.94mm，相当于中旱年作物需水量的 60%；重旱年灌溉需水量为 399.77mm，相当于重旱年作物需水量的 78%。夏玉米各干旱年型不同月份的灌溉需水量差异较冬小麦更为明显，中旱年平均每月灌溉需水量比轻旱年高 7.32mm，重旱年平均每月灌溉需水量比中旱年高 25.71mm。

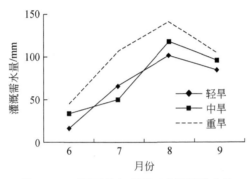

图 8-29　不同干旱年型夏玉米灌溉需水量

夏玉米轻旱、中旱、重旱年全生育期灌溉需水量差异较大。8 月夏玉米处于拔节—抽穗期，需水量最大，属于需水临界期，这一时期的灌溉影响较大，应该优先得到满足。

8.7　冬小麦辣椒间套作条件下作物需水规律与灌溉制度

冬小麦与辣椒间套作是陕西关中西部的一种种植方式，冬小麦辣椒间套作种植以一年为一个完整生育期，即当年的 10 月中旬到次年的 9 月下旬。冬小麦生育期一般为当年的 10 月中旬到次年的 6 月上旬，可以将冬小麦的生长发育分为四个阶段，依次为苗期、拔节期、抽穗期、灌浆成熟期；辣椒生长期一般为 5 月上旬到 9 月下旬，也可分为四个生长阶段，即苗期、开花—坐果期、结果盛期、采收后期。

经实地考察，陕西冬小麦辣椒间作套种大多数采用 3∶2、4∶2、5∶2 和 6∶2 四种种植模式，即在 120 ~ 140cm 宽的带幅上，播种 3 ~ 6 行冬小麦，在各自的预留行中栽植 2 行辣椒。小麦收获前的 5 月上旬将辣椒苗移栽到冬小麦行间的空白地带上。间套作种植冬小麦生长期由于空行的存在，可以有效地发挥边际效应从而达到增产的效果。

冬小麦与辣椒间套作条件下有约 1 个月的共生期，共生期辣椒苗较小，小麦可以遮挡强烈的光照，有利于辣椒苗移栽后的缓苗，同时还有利于减少病虫危害。

8.7.1 冬小麦辣椒间套作种植模式下作物耗水规律

8.7.1.1 冬小麦辣椒间套作种植各生育阶段耗水量

冬小麦辣椒间套种由于共生期的存在，共生期作物的蒸发蒸腾量由两种作物（小麦和辣椒）组成，在耗水量计算中，对冬小麦和辣椒苗期的耗水量分别进行了计算。

利用测定的土壤含水率计算作物蒸腾蒸发量：

$$ET_{1-2} = 10 \sum_{i=1}^{n} \gamma_i H_i (W_{i1} - W_{i2}) + M + P + K - C \tag{8-7}$$

式中，ET_{1-2} 为阶段蒸发蒸腾量（mm）；i 为土壤层次号数；n 为土壤层次总数目；γ_i 为第 i 层的土壤干容重（g/cm）；H_i 为第 i 层的土壤厚度（cm）；W_{i1} 为第 i 层土壤在计算时段初的含水率（干土重的比例）；W_{i2} 为第 i 层土壤在计算时段末的含水率（干土重的比例）；M 为时段内的灌水量（mm）；P 为时段内的降水量（mm）；K 为时段内的地下水补给量（在有测坑的条件下 $K=0$）（mm）；C 为时段内的排水量（地表排水和地下排水之和）(mm)。

根据试验规范，若地下水埋深大于 3.5m 时可以忽略地下水的补给。研究区地下水埋深在 80m 以下，取 $K=0$。旱作物一般不考虑深层渗漏量，故 $C=0$，式（8-7）变为

$$ET_{1-2} = 10 \sum_{i=1}^{n} r_i H_i (W_{i1} - W_{i2}) + M + P \tag{8-8}$$

根据试验区内实测的土壤含水率变化及作物生育期内的灌水量计算的冬小麦和辣椒耗水量结果见表 8-23 和表 8-24。

表 8-23 不同间套作模式下冬小麦各生育阶段的耗水量比较

生育期	耗水指标	CK2	3：2 模式	4：2 模式	5：2 模式
苗期（142 天） （10 月 15 日至次年 3 月 6 日）	耗水量/mm	162.37	151.23	153.36	156.60
	耗水强度/(mm/d)	1.14	1.07	1.08	1.10
拔节期（35 天） （3 月 7 日~4 月 10 日）	耗水量/mm	47.03	39.90	40.70	43.90
	耗水强度/(mm/d)	1.34	1.14	1.16	1.25
抽穗期（23 天） （4 月 11 日~5 月 3 日）	耗水量/mm	48.60	46.60	45.80	47.50
	耗水强度/(mm/d)	2.11	2.03	1.99	2.07
灌浆成熟期（34 天） （5 月 4 日~6 月 6 日）	耗水量/mm	99.50	90.00	93.00	95.40
	耗水强度/(mm/d)	2.93	2.65	2.74	2.81
全生育期（234 天） （10 月 15 日至次年 6 月 6 日）	耗水量/mm	357.50	327.73	332.86	343.40
	耗水强度/(mm/d)	1.53	1.40	1.42	1.47

表 8-24 不同间套作模式和灌水处理下辣椒各生育阶段的耗水量比较

处理	耗水指标	辣椒苗期 （5 月 21 日～ 6 月 6 日， 共生 17 天）	开花—坐果期 （6 月 7 日～ 7 月 20 日， 45 天）	结果盛期 （7 月 21 日～ 8 月 25 日， 36 天）	采收后期 （8 月 26 日～ 9 月 29 日， 35 天）	全生育期 （5 月 21 日～ 9 月 29 日， 133 天）
T1（3∶2 模式）	耗水量/mm	86.9	113.1	155.3	89.2	444.5
	耗水强度/（mm/d）	5.11	2.51	4.31	2.55	3.34
T2（3∶2 模式）	耗水量/mm	84.3	135.9	157.1	90	467.3
	耗水强度/（mm/d）	4.96	3.02	4.36	2.57	3.51
T3（3∶2 模式）	耗水量/mm	88.4	148.2	152.7	95.6	484.9
	耗水强度/（mm/d）	5.2	3.29	4.24	2.73	3.65
T4（4∶2 模式）	耗水量/mm	81.5	118.7	142.6	89.6	432.4
	耗水强度/（mm/d）	4.79	2.64	3.96	2.56	3.25
T5（4∶2 模式）	耗水量/mm	80.2	132.6	146.4	88.8	448
	耗水强度/（mm/d）	4.72	2.95	4.07	2.54	3.37
T6（4∶2 模式）	耗水量/mm	88.8	143.6	153.7	88.6	474.7
	耗水强度/（mm/d）	5.22	3.19	4.27	2.53	3.57
T7（5∶2 模式）	耗水量/mm	86	111.8	152.4	87.8	438
	耗水强度/（mm/d）	5.06	2.48	4.23	2.51	3.29
T8（5∶2 模式）	耗水量/mm	84.7	135.5	152.9	89.2	462.3
	耗水强度/（mm/d）	4.98	3.01	4.25	2.55	3.48
T9（5∶2 模式）	耗水量/mm	83.3	144.7	158.6	87.4	474
	耗水强度/（mm/d）	4.9	3.22	4.41	2.5	3.56
CK1	耗水量/mm	86.9	150.7	160.7	91.8	490.1
	耗水强度/（mm/d）	5.11	3.35	4.46	2.62	3.68

由表 8-23 可知，不同种植模式下冬小麦全生育期内耗水量和耗水强度均不相同。模式Ⅲ（3∶2 模式）的耗水量和耗水强度均为最小；随着冬小麦行数的增多，模式Ⅱ（4∶2 模式）、模式Ⅰ（5∶2 模式）和冬小麦单作（CK2）的耗水量和耗水强度均在增大，总耗水量和耗水强度都是 CK2 最大，即冬小麦间套作可以降低冬小麦的耗水量。同时，各模式下不同生育阶段耗水量的变化趋势基本相同。冬小麦耗水强度在不同种植模式之间表现出相似的规律，不同生育阶段的耗水强度表现为：灌浆成熟期>抽穗期>拔节期>苗期。

由表 8-24 可知，辣椒总的耗水量与总的灌水量成正比。就全生育期看，耗水量依次为 CK1>T3>T6>T9>T2>T8>T5>T1>T7>T4。辣椒苗期由于是与冬小麦共生，并且由于此时气温较高，棵间蒸发很大，耗水量达到了 85mm 左右，占全生育期耗水量的 20% 左右。开花—坐果期由于进行了水分处理，各处理的耗水量差异主要发生在此阶段。此阶段耗水量为 111.8～150.7mm，不同种植模式间的耗水量差异不明显，而不同灌水量之间的耗水量差异显著。耗水量最大的生育阶段是结果盛期，耗水量达到了 150mm 左右，占全生育耗水量的 30% 左右。采收后期，由于辣椒植株已经不再进行生殖和营养生长，耗水量相对有所下降。而且为了防止有新的枝条再开花，此阶段也不需要再给辣椒灌水，此阶段辣椒的耗水量为 90mm 左右，占全生育期耗水量的 20% 左右。

8.7.1.2　冬小麦辣椒间套作下耗水强度的变化规律

由表 8-23 和表 8-24 计算出了间套作和单作种植下冬小麦、辣椒各生育阶段的耗水强度，如图 8-30 所示。

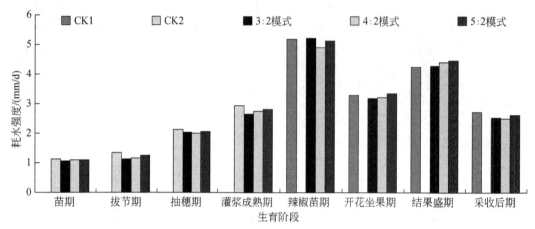

图 8-30　不同种植模式下冬小麦辣椒耗水强度的分析

从图 8-30 不同种植模式之间比较可以看出，随着冬小麦种植密度的增大，即小麦行数的增加，耗水强度也在增大，CK2 的耗水强度要高于各间套作模式；各间套作模式总体呈现出模式Ⅰ（5∶2 模式）＞模式Ⅱ（4∶2 模式）＞模式Ⅲ（3∶2 模式）。冬小麦在播种—返青期的需水量相对较小，间套作条件下的耗水强度为 1.10～1.14mm/d，而 CK2 可达到 1.5mm/d 左右；在返青后的拔节期由于蒸发蒸腾量有所增加，不同种植模式下耗水强度有所增加，为 1.14～1.34mm/d；抽穗期冬小麦日耗水强度由于叶面指数的增大和气温的上升，CK2 可以达到 2.11mm/d；在灌浆成熟期，不同种植模式的耗水强度均达到最大值。

在辣椒苗期，即冬小麦和辣椒的共生期，此时气温高，两种作物共同的耗水强度达到了最大值，为 4.72～5.11mm/d。冬小麦收割后，间作辣椒和单作辣椒的耗水强度相差不大，这是由于冬小麦收割后，辣椒均是两行种植，间作下辣椒不再受冬小麦的遮阴保护，耗水强度跟单作相差不大。辣椒的耗水强度在开花—坐果期略有下降，为 3.51～3.35mm/d，这是由于该生育阶段对辣椒地进行了一次中耕松土，把麦茬行间的土培在辣椒苗上，减小了空地上无效的蒸发；在结果盛期，随着气温达到一年中的最高值，辣椒进入需水高峰期，耗水强度为 4.0～4.4mm/d；采收后期由于降水增多，植株逐渐枯老，耗水强度渐降为 2.5mm/d 左右。

8.7.2 不同种植模式对农田微环境的影响

冬小麦辣椒共生期形成了两种作物的复合群体，田间生态条件和微环境状况均有所改变。此时既要考虑冬小麦后期的生态环境，又要兼顾辣椒的移栽与管理，使之最大限度地避免和减少两种作物之间的竞争，发挥各自的边行效益，以提高两种作物的经济效益和对土地的利用率。通过试验数据，分析了间套作种植条件下冬小麦辣椒行间微环境（冬小麦行间光合有效辐射、地温、不同高度风速及内部温度和湿度的变化情况）的变化。

8.7.2.1 不同种植模式下冬小麦光合有效辐射

光是作物最基本生活因素之一，种植模式影响农作物生存的微环境，通过对单作和间套作种植模式下冬小麦辣椒的生长情况及作物冠层光合有效辐射入射和透射的观测，分析了光合有效辐射截获量在冬小麦辣椒不同配置方式下的日变化规律。

由于冬小麦和辣椒的立体种植，光合有效辐射强度受冬小麦不同播幅和预留行宽窄的影响很大。通过对共生期光合有效辐射在冬小麦辣椒生态系统和单作辣椒生态系统的对比分析发现，冬小麦套种辣椒后，辣椒行上的光合有效辐射在一定程度上有所减弱，而投射到麦行上的光合有效辐射较单作有所增加。

图 8-31 为冬小麦辣椒共生期间 5 月 25 日（晴天）所测的不同间套作模式下光合有效辐射的日变化。从图 8-31（a）和图 8-31（b）可以看出，光合有效辐射具有十分明显的日变化特征，无论是冬小麦单作还是冬小麦辣椒间套作，从 8：00 开始，光合有效辐射强度持续上升，在 12：00 左右达到了一天中最大值。同时，由于种植模式不同光合有效辐射强度的大小差异明显。麦行上冠层（距离冠层 10cm 处）的光合有效辐射表现为，模式Ⅲ（3：2 模式）>模式Ⅱ（4：2 模式）>模式Ⅰ（5：2 模式）>小麦单作，而麦行间地面的光合有效辐射基本相同。从图 8-31（c）和（d）可以看出，辣椒行上冠层和辣椒行间地面的光合有效辐射均表现为，辣椒单作>模式Ⅲ（3：2 模式）>模式Ⅱ（4：2 模式）>模式Ⅰ（5：2 模式），并随着预留行的变窄而减弱。这是由于冬小麦辣椒共生期内辣椒处于缓苗期，植株矮小，辣椒苗接收到的光合有效辐射主要受小麦遮挡的影响，另外，光合有效辐射在 12：00 最强，差异最明显，对此时刻所测值做方差分析见表 8-25。

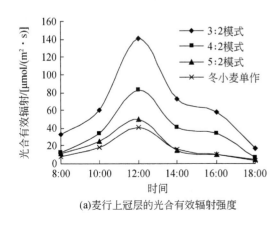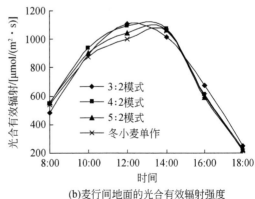

(a)麦行上冠层的光合有效辐射强度　(b)麦行间地面的光合有效辐射强度

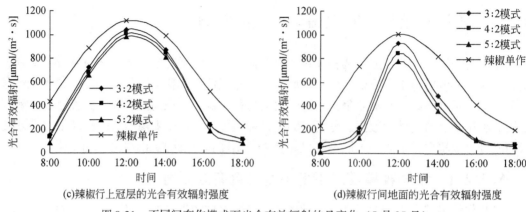

(c)辣椒行上冠层的光合有效辐射强度   (d)辣椒行间地面的光合有效辐射强度

图 8-31　不同间套作模式下光合有效辐射的日变化（5 月 25 日）

表 8-25　不同间套作模式下光合有效辐射的显著性分析

[单位：$\mu mol/(m^2 \cdot s)$]

带型	麦行上冠层光合有效辐射强度	麦行间地面光合有效辐射强度	辣椒行上冠层光合有效辐射强度	辣椒行间地面光合有效辐射强度
3：2 模式	1107.33aA	140.33aA	1035.33abAB	930.00bB
4：2 模式	1092.33aAB	82.33bB	1005.33bAB	842.33bcBC
5：2 模式	1045.33abAB	50.00cB	974.67bB	771.33cC
小麦单作	998.67bB	41.37cB		
辣椒单作			1115.33aA	1107.33aA

注：大写英文字母、小写英文字母分别代表在 0.01 和 0.05 水平上差异显著

方差分析表明，由于小麦的对预留行和辣椒的遮阴作用，辣椒行间地面的光合有效辐射强度和麦行间地面（距离地面 10cm 处）的光合有效辐射强度与种植模式呈显著性差异。这说明光合有效辐射强度受种植模式的影响明显。

8.7.2.2　不同种植模式对地温的影响

土壤温度不仅可以直接影响植物根系及幼苗的生长，同时还可以对土壤水分和养分的迁移与转化有着直接或间接影响。土壤温度主要取决于太阳辐射，间套作改变了冠层内的光分布，使得土壤温度变化与单作有所不同。

图 8-32 给出冬小麦辣椒共生期 5 月 25 日（晴天）不同深度的地温日变化。同冬小麦单作相比，地温也发生很大变化，特别是在冬小麦辣椒的共生期。在共生期由于冬小麦的遮挡，而辣椒苗较小，使得麦行和辣椒行的地温较冬小麦单作发生了变化。

从图 8-32 可以看出，地表以下 20cm 深度内地温在一天内的波动幅度较大，从日出后近地表处的地温开始升温，随着气温的上升而上升，并保持较高的温度直到 18：00 左右，但地温的最大值要比太阳辐射最大的时间滞后。在 14：00 左右表层地温最高，而 15cm 以下土壤最高温度出现的时间要延后些。另外，不同种植模式间地温存在差异。

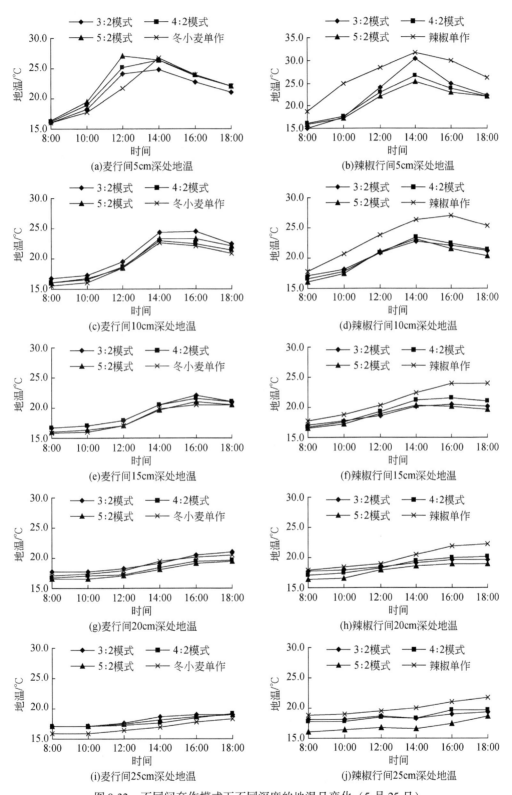

图 8-32 不同间套作模式下不同深度的地温日变化（5 月 25 日）

随着冬小麦行数的变多，日平均地温相应减小。间套作和冬小麦单作行间的地温总体表现为：模式Ⅲ（3∶2模式）>模式Ⅱ（4∶2模式）>模式Ⅰ（5∶2模式）>小麦单作，模式Ⅰ（5∶2模式）与单作小麦的地温基本相同。辣椒行间的地温较辣椒单作的地温明显降低，这主要是由于受冬小麦的遮挡，预留行越窄冬小麦对辣椒行的遮挡越严重，地温也较低，即随着预留行宽度变化表现出一定的规律。

另外，从垂直剖面上看，5~25cm，随着土壤深度的增加，地温逐渐降低，但在不同的点上，温度的变化又存在差异。因为冬小麦辣椒共生期冬小麦已经进入成熟期，冬小麦稠密冠层和秸秆不仅挡住了进入麦行的土壤热量，而且在夜间空气温度较低时又十分明显地阻挡了地表向大气的长波辐射，故麦行间不同深度的地温变化幅度不大。而辣椒行间的情况则有所不同，在5月辣椒处于幼苗阶段，辣椒行基本上属于空地，白天直接暴露在太阳下，而夜晚也没有很好的遮挡，白天获得大量的热量在夜晚散失，因此，裸地不同深度的地温变化比较剧烈。

由表8-26可以看出，冬小麦自返青后，由于存在预留行，间套作冬小麦麦行间地温与单作开始出现差异，预留行地表较冬小麦单作行间接收了大量辐射，故预留行的地温明显高于冬小麦单作行间。这种影响也使得间套作田麦行间的地温高于单作田，对冬小麦生长有利。随着冬小麦生育期的推进，间套作冬小麦对预留行的遮阴逐渐变重，间套作田麦行间和单作田麦行间地温差异变小。冬小麦单独生长期不同种植模式对地温变化的影响不尽相同，冬小麦间套作种植可以调节田间地温，通过选择适当的种植模式和间作行距，改善麦行间地温，满足冬小麦对温度的需要。

表8-26 不同生长阶段不同种植模式下日平均地温随埋深的变化 （单位：℃）

生育期	带型	5cm	10cm	15cm	20cm	25cm	平均值
小麦返青— 拔节期	3∶2模式空行间	19.00	16.67	14.68	13.39	13.16	15.38bB
	4∶2模式空行间	18.92	16.47	14.63	13.25	13.04	15.26bB
	5∶2模式空行间	18.73	16.33	14.61	13.96	12.65	15.25bB
小麦返青— 拔节期	裸地	22.32	18.32	15.93	14.23	13.97	16.95aA
	3∶2模式麦行间	15.81	14.60	13.18	12.79	12.37	13.75aA
	4∶2模式麦行间	16.05	14.67	13.68	12.51	11.34	13.65aA
	5∶2模式麦行间	16.18	14.70	13.56	12.21	11.17	13.56aAB
	小麦单作行间	16.05	13.58	13.02	12.13	11.23	13.20bB
小麦拔节— 灌浆期	3∶2模式空行间	21.96	20.14	18.30	16.92	16.46	18.76bB
	4∶2模式空行间	21.63	19.29	17.83	16.65	15.55	18.19cC
	5∶2模式空行间	21.56	19.44	17.17	16.59	15.20	17.99cC
	裸地	28.24	23.71	20.95	19.07	18.78	22.15aA
	3∶2模式麦行间	18.57	17.28	15.96	15.75	15.54	16.62aA
	4∶2模式麦行间	18.64	17.04	15.78	14.84	14.71	16.20bB
	5∶2模式麦行间	19.03	16.66	15.66	14.66	13.82	15.97cB
	小麦单作行间	18.39	16.68	15.64	15.64	14.02	16.07bcB

续表

生育期	带型	5cm	10cm	15cm	20cm	25cm	平均值
冬小麦辣椒 共生期	3∶2模式辣行间	24.66	22.55	20.61	20.30	19.08	21.44bB
	4∶2模式辣行间	24.44	22.18	20.79	19.44	19.17	21.20bB
	5∶2模式辣行间	23.96	22.23	20.25	19.17	19.07	20.94cB
	辣椒单作间	28.87	25.61	23.13	21.64	21.43	24.14aA
	3∶2模式麦行间	23.49	22.16	20.43	20.04	19.74	21.17aA
	4∶2模式麦行间	23.33	21.26	20.32	19.73	19.04	20.74abA
	5∶2模式麦行间	24.14	21.35	20.17	19.21	18.08	20.59abA
	小麦单作间	22.93	20.84	19.83	20.12	18.13	20.37bA

注：大写英文字母、小写英文字母分别代表在0.01和0.05水平上差异显著

灌浆后期为冬小麦辣椒共生期，间套作田内小麦对辣椒行的遮阴达到最大。这一时期，由于辣椒苗较小，对地表的遮阴很小，辣椒单作冠层接收的光合有效辐射和裸地相差不大，故辣椒单作行间的地温明显高于间套作辣椒行。同时，随着气温的升高，辣椒行间的地温与麦行间也较前期都相应地升高，由于冬小麦的遮挡作用，间作田辣椒苗可以躲过高温的灼烧，有利于苗期的缓苗，起到了降温保墒的作用。

8.7.2.3 不同种植模式对冠层内外不同高度风速的影响

从图8-33不同种植模式下冠层内外不同高度风速的日变化可以看出，三种种植模式下，距地面75cm处的风速明显高于50cm处和25cm处。对于不同种植模式，75cm处的风速在各模式间差异不是很大，这是因为75cm处所测风速为冬小麦冠层以上，基本不受麦行间宽窄的影响。但25cm和50cm处的风速在不同种植模式间有很大的差异，具体表现为，模式Ⅲ（3∶2模式）50cm处整点时刻的平均风速是模式Ⅱ（4∶2模式）的1.3倍，是模式Ⅰ（5∶2模式）的1.7倍；模式Ⅲ（3∶2模式）25cm处整点时刻的累计风速是模式Ⅱ（4∶2模式）的2.15倍，是模式Ⅰ（5∶2模式）的2.11倍，不同种植模式间风速差异性随高度的上升而变小。由此可以得出，间套作种植模式下预留行间的风速受行间距和冠层以下高度的影响比较明显，由于风速的差异，进一步会影响冠层内部温度和湿度以及CO_2交换量，这方面的研究还有待进行。

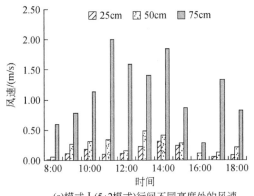

(a)模式Ⅰ(5∶2模式)行间不同高度处的风速

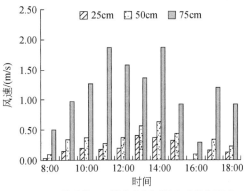

(b)模式Ⅱ(4∶2模式)行间不同高度处的风速

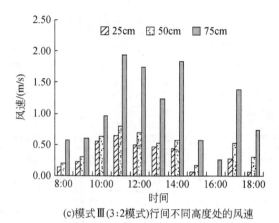

(c)模式Ⅲ(3:2模式)行间不同高度处的风速

图 8-33　不同种植模式下冠层内外不同高度风速的日变化

8.7.2.4　冬小麦辣椒共生期冬小麦冠层及内部温度和湿度变化

图 8-34 为 5 月 25 日测得的不同种植模式冠层内外温湿度（温度和湿度）的日变化。观测结果表明，间套作系统中冠层内部的气温日变化规律与对照田基本一致，最高气温出现在 14：00 左右，整体表现为，模式Ⅲ（3:2 模式）>模式Ⅱ（4:2 模式）>模式Ⅰ（5:2 模式）>对照，且在上午（9：00～12：00）差异显著。而间套作系统内的空气相对湿度随时间变化呈现出从高到低再到高的现象，一天之中，早上气温较低，光照较弱，相对湿度较大，随后逐渐减小，最小值出现在 14：00 时左右。间套作系统白天各个时刻的空气相对湿度比对照都要低，表现为，模式Ⅲ（3:2 模式）<模式Ⅱ（4:2模式）<模式Ⅰ（5:2 模式）<对照，这是由于随着间套作间距的变宽，进入麦行间的光照增多，而且风速也增大，有利于空气交换，降低了冠层内部的空气相对湿度。

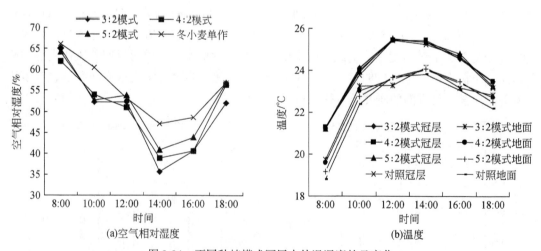

(a)空气相对湿度　　　　　　　　　　　　(b)温度

图 8-34　不同种植模式冠层内外温湿度的日变化

8.7.3 不同种植模式对冬小麦辣椒生长和产量的影响

8.7.3.1 不同种植模式对冬小麦株高的影响

图 8-35 为不同植模式冬小麦的株高在返青—收获期的变化规律，5 月 2 日之前，冬小麦的株高是不断增加的，增长速度为 1cm/d 左右。当增加到一定程度后，在 5 月 9 日左右，会趋于稳定，即由营养生长转为生殖生长。由于有空行带的存在，间套作冬小麦可以吸收更多的养分和水分，株高表现出一定的边行优势，三种间套作模式的冬小麦株高在生长期一直要高于冬小麦单作。而间套作的三种模式下冬小麦的株高差异不是很明显，3∶2 模式略有优势。由此可以看出，种植方式会影响植株的生长。

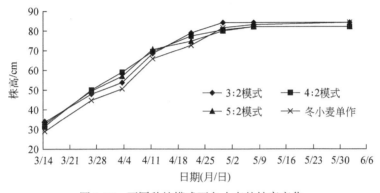

图 8-35 不同种植模式下冬小麦的株高变化

在试验过程中，冬小麦单作不仅从试验数据上表现出和其他小区存在明显的差异，从直观上看，单作小区内冬小麦生长稀疏，叶片短小，茎秆柔弱，穗长较短，有显著的早熟现象，因此不同间套作模式对冬小麦生长的影响较为明显。

8.7.3.2 不同种植模式对冬小麦叶面积指数的影响

叶面积指数反映作物群体的大小。图 8-36 是不同种植模式下冬小麦在拔节期叶面积指数的变化曲线。从图 8-36 可以看出，不同种植模式下的叶面积指数有很大差异，3 月 14 日~4 月 15 日单作和间套作的叶面积指数均在不断增加，不同种植模式随着冬小麦行数的增加叶面积指数增大，即冬小麦单作>模式 I（5∶2 模式）>模式 II（4∶2 模式）>模式 III（3∶2 模式）。在冬小麦辣椒共生期，作物耗水量较大，导致冬小麦一些叶子的卷曲和早衰，测得叶面积指数的数据变小。另外从图 8-36 中也可以看出，冬小麦单作时的叶面积指数最先出现最大值，这是因为冬小麦单作条件下，麦行间距小，拔节后期冬小麦植株密，进入冠层内部的光合有效辐射大幅度下降。而在间作条件下，由于有空行，太阳光可以从侧面进入冬小麦冠层内部，相应地延缓了叶面积指数最大值出现的时间。在冬小麦的生育后期，模式 I（5∶2 模式）叶面积指数明显高于冬小麦单作，而模式 III（3∶2 模式）和模式 II（4∶2 模式）由于预留行较宽，叶面积指数下降幅度较大。由叶面积指数的变化可以看出，不同种植模式对作物群体自身结构的影响很大，合理的种植结构有利于作物在整个生育期出现适宜的叶面积指数。

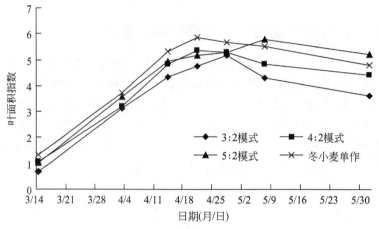

图 8-36　不同种植模式下冬小麦叶面积指数的变化

8.7.3.3　不同种植模式对辣椒茎粗的影响

茎粗是辣椒形态指标之一，由图 8-37 可以看出，在结果盛期之前，辣椒茎粗随生育期的推后而增大；采收后期，茎粗基本不再变化或略微减小。由图 8-37 还可以看出，苗期辣椒茎粗的增速大于开花坐果期和结果盛期，是辣椒茎粗增速最快的时期。模式Ⅰ（5∶2 模式）辣椒的茎粗一直较其他处理低。辣椒单作的茎粗较其他处理增长快，而且优势非常明显，虽然在开花坐果期对辣椒进行了灌水处理，但总体趋势上，辣椒茎粗表现为辣椒单作>模式Ⅰ（5∶2 模式）>模式Ⅱ（4∶2 模式）>模式Ⅲ（3∶2 模式）。

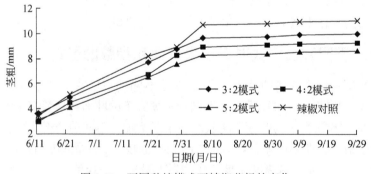

图 8-37　不同种植模式下辣椒茎粗的变化

8.7.3.4　不同种植模式对冬小麦产量的影响

表 8-27 为冬小麦辣椒间套作三种不同种植模式下冬小麦产量构成分析。冬小麦产量为带幅内实测值及扣除空行的产量。由表 8-27 可以看出，模式Ⅰ（5∶2 模式）冬小麦的穗长和单穗粒数低于模式Ⅲ（3∶2 模式），但模式Ⅰ（5∶2 模式）的有效穗数和千粒重

要明显大于模式Ⅲ（3∶2 模式）。模式Ⅰ（5∶2 模式）冬小麦的产量略高于小麦单作，但差异不明显。三种间作模式相比较，模式Ⅰ（5∶2 模式）的边行优势明显。试验结果表明，对于模式Ⅲ（3∶2 模式）和模式Ⅱ（4∶2 模式），边行优势的增产量不足以弥补由于空行太宽所造成的减产，所以三种间作模式下，模式Ⅰ（5∶2 模式）冬小麦不仅没有减产反而比小麦单作增加了0.7%。

表 8-27 不同种植模式冬小麦的产量构成

带型	穗长/cm	单穗粒数/(粒/穗)	有效穗数/(穗/m²)	千粒重/g	产量/(kg/hm²)	增减产量/(kg/hm²)	增减产率/%
3∶2 模式	6.9	46	470.0	35.7125	5562.8	−1306.5	−19.0
4∶2 模式	7.02	45.4	539.6	36.6375	6152.3	−717.0	−10.4
5∶2 模式	6.73	44.2	584.2	38.8875	6914.2	44.9	0.7
小麦单作	6.4	33.5	606.3	36.0375	6869.3	0.0	0.0

8.7.4 不同灌水处理对辣椒蒸腾及品质的影响

8.7.4.1 不同灌水处理对辣椒叶片蒸腾速率的影响

蒸腾作用是作物的气孔向外界扩散水分的过程。叶片蒸腾速率是作物单位叶面积在单位时间内蒸腾的水量 $[\text{mmol}/(\text{m}^2 \cdot \text{s})]$。图 8-38 为不同处理在开花坐果灌水后的第 6 天（7 月 16 日）的蒸腾速率日变化情况。从 8∶00 开始观测，18∶00 结束。每隔2h 采集一次。每次测各处理的 3 片辣椒叶子。辣椒叶片取冠层下第二层的成熟叶片，且每次尽量一致。

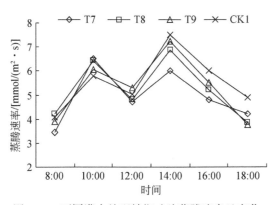

图 8-38 不同灌水处理辣椒叶片蒸腾速率日变化

从图 8-38 可以看出，各处理的蒸腾速率基本上呈双峰曲线，叶片蒸腾存在明显的"午休"现象。充分灌溉（CK1）的蒸腾速率与其他处理差异显著，在开花坐果期不灌水的 T1（3∶2 模式）、T4（4∶2 模式）和 T7（5∶2 模式）最小，其他处理的蒸腾速率也有一定差异，整体上各模式下的蒸腾速率与灌水量成正比，灌水量是影响辣椒蒸腾速率的一个重要因素。

8.7.4.2 不同天气条件对辣椒茎液流的影响

茎液流日变化过程反映了作物蒸腾活动的变化规律，采用 Dynamax 包裹式茎液流测量系统测定辣椒茎液流，探头型号为 SGA-3。在有代表性的天气条件下（7 月 22 日为雨天，7 月 24 日为晴天，7 月 25 日为阴天）对辣椒苗的茎液流速率每隔 30min 进行一次全天采集，时间为 0：00～23：30。图 8-39 为不同天气条件下辣椒茎液流日变化。

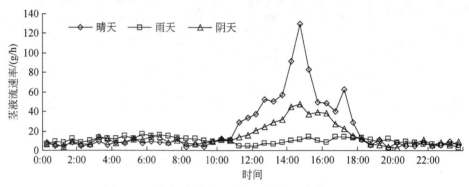

图 8-39   不同天气条件下辣椒茎液流日变化（CK1）

由图 8-39 可以看出，辣椒茎液流速率的变化曲线为波动状曲线，晴天的茎液流速率明显高于阴天和雨天。辣椒茎液流速率具有很强的日变化规律。夜间茎液流速率无论晴天还是阴天都较相对平稳，从 8：00 左右，茎液流速率开始出现小幅度的上升，在 10：00 左右晴天天气条件下，辣椒的茎液流速率不断加强，随着光照和气温的升高，茎液流速率逐渐增大，茎液流速率的最大值出现在 14：30 左右，高达 129.83g/h，之后蒸腾开始减弱，茎液流速率也逐渐下降，在 18：30 左右茎流降至 5.32g/h，且保持稳定。在阴天天气条件下，茎液流速率峰值明显低于晴天，为 44.8g/h；在雨天天气条件下，茎液流速率变化幅度不大，均保持在 20g/h 以下。

对不同天气条件下茎液流数据的分析可以得出，茎液流速率在夜晚变化趋势相似，保持稳定较小的状态，而白天的茎液流速率变化差异很大，茎液流速率晴天要明显大于阴天和雨天，天气状况对辣椒茎液流速率的影响大。与叶片蒸腾速率的变化（图 8-38）不同，茎液流没有显示出明显的午休现象，这可能是由于部分水分储存在植株体内。

8.7.4.3 不同灌水处理辣椒产量和水分利用效率

表 8-28 为 2009 年试验各处理的灌水量、耗水量、辣椒产量、灌溉水利用效率与水分利用效率。

表 8-28   不同灌水处理辣椒产量和水分利用效率

处理	灌水量/mm	耗水量/（m³/hm²）	辣椒产量/（kg/hm²）	灌溉水利用效率/（kg/m³）	水分利用效率/（kg/m³）
CK1	120	4 901	32 930	27.44	6.72

处理	灌水量/mm	耗水量 /（m³/hm²）	辣椒产量 /（kg/hm²）	灌溉水利用效率 /（kg/m³）	水分利用效率 /（kg/m³）
T1（3∶2 模式）	60	4 445	29 440	49.07	6.62
T2（3∶2 模式）	90	4 673	31 610	35.12	6.76
T3（3∶2 模式）	120	4 849	32 080	26.73	6.62
T4（4∶2 模式）	60	4 324	29 010	48.35	6.71
T5（4∶2 模式）	90	4 480	31 050	34.50	6.93
T6（4∶2 模式）	120	4 747	31 580	26.32	6.65
T7（5∶3 模式）	60	4 380	29 110	48.52	6.65
T8（5∶3 模式）	90	4 623	30 920	34.36	6.69
T9（5∶3 模式）	120	4 740	31 150	25.96	6.57

从表 8-28 中数据可以看出，灌水量的不同，辣椒的灌溉水利用效率和水分利用效率均呈现出一定的规律。开花坐果期灌水量为 30mm 的 T2、T5 和 T8 水分利用效率均为不同灌水处理中的最大，不灌水处理 T1、T4 和 T7 的水分利用效率与标准灌水量（60mm）T3、T6 和 T9 的接近。所以在产量水平不大幅度减少的情况下，1/2 标准灌水量处理可以有效地提高水分利用效率。同样，灌溉水利用效率也表现出同样的规律，灌水量最大的 T3、T6 和 T9，灌溉水利用效率最小。辣椒单作（CK1）虽然耗水量最大，但由于产量上的优势也表现出较高的水分利用效率。综上，过多的灌水量会降低作物水分利用效率。

8.7.4.4 不同灌水处理对辣椒品质的影响

随着人们生活水平的提高，对作物品质的要求也越来越高。研究表明，灌溉对作物品质有一定的影响，在作物生长的某个阶段适度亏水，在不降低产量的情况下可改善作物的品质。2009 年 9 月 13 日对试验地不同处理辣椒取样，测定的不同种植模式和灌水处理的辣椒品质见表 8-29。

表 8-29 不同种植模式和灌水处理对辣椒品质

处理	可溶性蛋白质含量 /（mg·g/FW）	维生素 C 含量 /（mg·100g/FW）	可溶性固形物 /%	可溶性总糖 /%	干物质 /%
CK1	7.18	133.32	5.26	5.21	16.49
T1（3∶2 模式）	7.91	145.54	7.17	6.34	15.60
T2（3∶2 模式）	7.49	142.97	6.86	5.72	16.11
T3（3∶2 模式）	7.19	134.60	7.08	5.47	16.11
T4（4∶2 模式）	7.77	147.85	6.31	5.23	15.46
T5（4∶2 模式）	7.62	143.40	5.64	5.09	16.06
T6（4∶2 模式）	7.34	142.12	5.43	4.93	16.37
T7（5∶2 模式）	8.04	151.60	7.24	7.16	15.82

处理	可溶性蛋白质含量 /（mg·g/FW）	维生素 C 含量 /（mg·100g/FW）	可溶性固形物 /%	可溶性总糖 /%	干物质 /%
T8（5∶2 模式）	7.37	144.65	6.81	6.51	16.19
T9（5∶2 模式）	7.26	142.90	6.29	5.28	16.26

由表 8-29 可以看出，不同的种植模式对辣椒的可溶性蛋白质含量、维生素 C 含量、可溶性固形物、可溶性总糖、干物质都有很大的影响。以整个生育期都灌水条件下的品质作比较，可溶性蛋白质含量、维生素 C 含量、可溶性固形物和可溶性总糖明显低于间套作，干物质量辣椒单作要高于间套作。间套作种植模式均可提高维生素 C、可溶性蛋白质的含量。

由表 8-29 及图 8-40 可以看出，不同灌水水平对辣椒的可溶性蛋白质、维生素 C、可溶性固形物、干物质都有很大的影响。辣椒的可溶性固形物和可溶性总糖对灌溉的响应程度较低，而维生素 C 含量、可溶性蛋白质含量和干物质对开花坐果期灌溉调控的响应程度较高。说明辣椒果实品质受开花坐果期水分供应的影响较大。不同灌水处理均表现出，可溶性蛋白质含量和维生素 C 含量均随耗水量的增大而下降，而干物质随耗水量的增多而增多，呈二次曲线。灌水处理对三种种植模式下辣椒的品质有影响，从种植模式和灌水处理两个因素来比较，灌水对辣椒品质的影响要大于种植模式。在开花坐果期实施 1/2 标准灌水量，可保证在不减产的同时，明显提高果实维生素 C 含量和可溶性蛋白质含量。

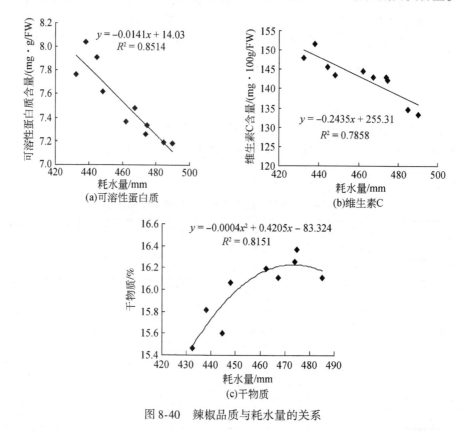

图 8-40　辣椒品质与耗水量的关系

8.7.5 冬小麦辣椒不同种植模式的效益分析

依据冬小麦辣椒间套作试验数据和试验站内冬小麦和夏玉米的产量数据，并调查当地不同种植模式下所需要的人工、种子、农业、化肥等费用的支出，对不同种植模式进行效益分析。

根据当地农民的种植习惯，选取了以下三种种植模式，分别为：冬小麦-夏玉米、冬小麦与线辣椒的间套作和线辣椒单作。

冬小麦-夏玉米是陕西关中大部分地区采用的种植模式。冬小麦的生长周期从第一年的10月中旬到次年的6月上旬，当冬小麦收割完后，对麦茬进行翻耕，随后在翻耕完的麦茬上种植夏玉米，夏玉米在10月初成熟收获。

冬小麦与辣椒的间套作是陕西关中西部采用的一种种植模式。冬小麦的生长周期也从第一年的10月中旬到次年的6月上旬，不同的是冬小麦和辣椒有一定的共生期，而且辣椒要提前育苗，在5月上旬要将育好的辣椒苗移栽到冬小麦行间，移栽之前要对冬小麦行进行松土，故此种植方式需要投入较多的劳力。辣椒在10月上旬一般会收获完毕。

辣椒单作种植模式。相对于前两种种植模式，辣椒单作是专业菜农为了辣椒能提前上市采用的一种种植模式，没有形成规模化。辣椒单作于4月上旬播种，生长周期大约为7个月。由于辣椒是多次采收作物，相对来说也需投入较多的劳力。

8.7.5.1 不同种植模式下的费用计算

通过调查当地农民的实际投入以及生产过程中的水电费、人工费及灌水量，对各费用的单价进行统一，见表8-30。

表 8-30 不同种植模式的消耗与单价表

处理	套种带幅/cm	带型	水电费/(元/m³)	人工费/(元/工日)	灌水量/(m³/hm²)	工日/(个/hm²)
T1	120	3∶2 模式	0.3	30	600	280
T2	120	3∶2 模式	0.3	30	900	290
T3	120	3∶2 模式	0.3	30	1200	300
T4	120	4∶2 模式	0.3	30	600	280
T5	120	4∶2 模式	0.3	30	900	290
T6	120	4∶2 模式	0.3	30	1200	300
T7	120	5∶2 模式	0.3	30	600	280
T8	120	5∶2 模式	0.3	30	900	290
T9	120	5∶2 模式	0.3	30	1200	300
CK1	50	辣椒单作	0.3	30	600	270
CK3	120	冬小麦-夏玉米	0.3	30	1200	80

由于种植模式不同，各处理所消耗的水电、人工及其他费用均有差异，对不同处理模

式下的费用进行分类计算，其结果见表8-31。

表8-31　不同种植模式的费用计算表

处理	水电费 /(元/hm²)	劳务费 /(元/hm²)	化肥费 /(元/hm²)	种子费 /(元/hm²)	农药费 /(元/hm²)	其他费用 /(元/hm²)	费用合计 /(万元/hm²)
T1	180	8400	2000	325	400	150	1.16
T2	270	8700	2000	325	400	150	1.20
T3	360	9000	2000	325	400	150	1.24
T4	180	8400	2000	375	400	150	1.17
T5	270	8700	2000	375	400	150	1.21
T6	360	9000	2000	375	400	150	1.25
T7	180	8400	2000	425	400	150	1.17
T8	270	8700	2000	425	400	150	1.21
T9	360	9000	2000	425	400	150	1.25
CK1	180	8100	1500	450	225	120	1.11
CK3	360	2400	1800	600	300	150	0.54

8.7.5.2　效益计算与分析

通过对当年当地冬小麦、夏玉米和辣椒的市场单价调查，得到的单价为：夏小麦和夏玉米为1.50元/kg，辣椒为2.0元/kg。

不同种植模式下的总产值由冬小麦、夏玉米和辣椒的产量和单价计算，不同处理模式下的净效益为其总产值减去相应的费用合计，计算结果见表8-32。

表8-32　不同处理净效益计算表

处理	冬小麦产量 /(t/hm²)	夏玉米产量 /(t/hm²)	辣椒产量 /(t/hm²)	总产值 /(万元/hm²)	费用合计 /(万元/hm²)	净效益 /(万元/hm²)	效益位次
T1	5.56		29.44	6.72	1.16	5.56	8
T2	5.56		31.61	7.16	1.20	5.95	5
T3	5.56		32.08	7.25	1.24	6.01	3
T4	6.15		29.01	6.72	1.17	5.56	9
T5	6.15		31.05	7.13	1.21	5.93	6
T6	6.15		31.58	7.24	1.25	5.99	4
T7	6.91		29.11	6.86	1.17	5.69	7
T8	6.91		30.92	7.22	1.21	6.01	2
T9	6.91		31.15	7.27	1.25	6.02	1
CK3			32.93	6.59	1.11	5.47	10
CK1	6.88	9.75		2.49	0.54	1.96	11

由表 8-32 可以看出，不同处理中净效益最高的为 T9，而效益和费用合计最低的是冬小麦与夏玉米复种（CK3），两种种植模式相差 5.06 万元/hm²。而三种小麦辣椒间套作的种植模式中，1/2 标准灌水量表现出明显的效益优势，而不灌水处理下的净效益会明显下降。另外，辣椒单作（CK1）也表现出较好的净效益，达到 5.47 万元/hm²。

综合考虑冬小麦的产量、辣椒的耗水量、产量和水分利用效率，以及各个模式下的净效益，推荐关中地区的冬小麦辣椒间套作采用模式 I（5∶2 模式）种植模式，即在 120cm 的宽幅上种植 5 行小麦，预留 45cm 种辣椒。对冬小麦灌一水（60mm 冬灌）产量可达 6914.2kg/hm²。而对于辣椒，在开花坐果期采用 1/2 标准灌水量处理虽然产量和净效益会受到一定的影响，但水分利用效率可以达到达 6.69kg/m³（T8）。可以起到很好的节水效果。

8.8 小 结

1）作物全生育期消耗的水量与最终产量间存在良好的相关关系。相同灌水量情况下，灌水均匀度越高，对应的产量越大，各处理灌水均匀度与产量呈良好的线性关系。

2）井灌灌水定额为 90mm 与灌水定额为 120mm 的处理相比，降低了冬小麦全生育期耗水量，提高了水分利用效率。适当增加氮肥施用量，可提高冬小麦的水分利用效率，本试验条件下，为保证水分利用效率较高，$N_{60/120}$ 是较为合理的施氮模式。

3）适当增加氮肥施用总量，有利于促进冬小麦吸收利用土壤水分，但施氮量过高会抑制冬小麦对水分的吸收利用。综合考虑冬小麦产量、耗水量和水分利用效率，本试验条件下以中水中氮处理（W2N2）及中水高氮处理（W2N3）较为合理；夏玉米全生育期耗水量随灌溉定额的增加而增大，低水处理模式在节约灌溉用水提高水分利用效率的同时，平均产量也较高，是较为合理的灌水模式。夏玉米的水分利用效率随着施氮总量的增加先增加后减小，低水中氮处理是较为合理的水肥模式。

4）通过分析冬小麦辣椒间套作种植模式下作物产量、水分利用效率、生理生态及耗水量规律得出冬小麦辣椒间套作最优种植模式及高效节水灌溉模式。辣椒开花坐果期灌水量为 30mm 的处理水分利用效率最大，在产量水平不大幅度减少的情况下，可以有效地提高水分利用效率。综合考虑冬小麦产量、辣椒的耗水量、产量和水分利用效率，以及不同处理模式下的净效益，推荐关中地区的冬小麦辣椒间套作采用模式 I（5∶2 式），即在 120cm 的宽幅上种植 5 行小麦，预留 45cm 种辣椒。

第 9 章 泾惠渠灌区地面灌溉农田土壤水氮时空分布及其对冬小麦产量的影响

水氮是影响作物产量的主要因素，地面灌溉技术参数影响田间水分和氮素分布，从而影响作物产量。通过研究不同改水成数和不同畦长设置条件下冬小麦全生育期土壤贮水量的变化、土壤水氮时空分布、灌水前后土壤水氮的垂直分布、水氮对作物产量的影响，获得以灌水均匀度为指标，选择最优的改水成数和畦田规格。

9.1 试 验 方 案

试验于 2013 年 6 月~2014 年 6 月在陕西省泾惠渠灌区泾阳县桥底镇开展。灌溉水为泾惠渠渠水。试验区面积为 2hm² 左右，试验区原田块长度为 235m，畦宽为 2.3~4.8m，坡度为 0.0017~0.0053m/m。土壤类型为灌淤土，种植作物为冬小麦，品种为"西农979"。试验期间冬小麦生长期间降水量如图 9-1 所示，冬小麦播种—拔节期降水量较少，拔节期后降水集中。

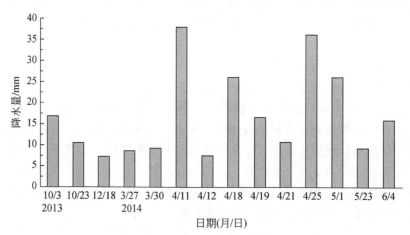

图 9-1 冬小麦生长期间降水量

灌区土壤中氮含量较低，仅为 0.089%，对研究土壤硝态氮的转化运移无显著影响。田块粗糙系数、入渗系数、坡度等数据见表 9-1。试验地块粗糙系数平均在 0.1 左右，入渗系数在 150mm/h 左右，坡度在 0.004m/m 左右。

表 9-1　试验验田块基本数据

处理	改水成数	粗糙系数 n	入渗系数 K/(mm/h)	坡度 S_0/(m/m)
L80	W1	0.195	103.54	0.0049
	W2	0.152	163.44	0.0049
	W3	0.067	125.16	0.0043
L120	W1	0.104	154.16	0.0036
	W2	0.137	222.5	0.0036
	W3	0.093	82.26	0.0038
L240	W1	0.125	145.39	0.0040
	W2	0.119	156.34	0.0036
	W3	0.181	115.14	0.0039

注：L80、L120 和 L240 分别表示畦长为 80m、120m 和 240m；W1、W2 和 W3 分别表示七成改水、八成改水和九成改水

试验设置 80m（L80）、120m（L120）、240m（L240）三个畦长水平，每个畦长条件下设置七成改水（W1）、八成改水（W2）、九成改水（W3）三个改水成数处理。按灌溉时水流方向分前段、中段和后段进行分区域研究。80m 田块前段距离畦首 10m，后段距离畦尾 20m；120m 田块前段距离畦首 20m，后段距离畦尾 30m；240m 田块前段距离畦首 40m，后段距离畦尾 30m，中段区域为地块中间，波动为 ±5m。

冬小麦于 2013 年 10 月 6 日播种，2014 年 6 月 13 日收获，种植密度相同。播种前将上一季夏玉米秸秆粉碎还田，撒施氮肥（换算为纯氮）195kg/hm²，拔节期灌水前追肥 50kg/hm²。参照当地习惯灌水时间及灌水次数，冬小麦灌三次水，即出苗水（10 月 8 日）、越冬水（1 月 10 日）、拔节水（4 月 3 日）。试验设计地块分布情况如图 9-2 所示。

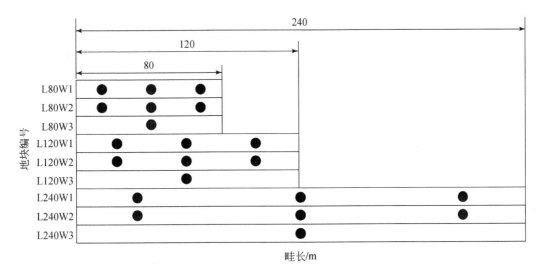

图 9-2　试验地块分布示意图

采用土钻法取土，用于测量土壤含水量和土壤中氮素含量。灌水前后于畦首、畦中、

畦尾各选取一点取土 0～100cm 深度每隔 10cm 取一个样，100～200cm 深度每隔 20cm 取一个样。全生育期内共取土 7 次。采用烘干法测定土壤含水量，用连续流动分析仪测定土壤中氮素含量。

$$硝态氮含量 = 测定值 × 土壤容重 × 土层厚度 \tag{9-1}$$

灌水均匀度及硝态氮含量均匀度计算公式为

$$CU_s = 1 - \frac{\sum_{i=1}^{N} |\theta_i - \bar{\theta}|}{N\bar{\theta}} \tag{9-2}$$

式中，CU_s 为土壤含水率或硝态氮含量的克里斯琴森均匀系数；θ_i 为沿畦长方向各点的土壤含水率或硝态氮含量；$\bar{\theta}$ 为沿畦长方向各点的平均土壤含水量或硝态氮含量；N 为沿畦长方向测点数。

9.2 冬小麦农田土壤水分全生育期的变化

9.2.1 全生育期冬小麦耗水量变化

2013 年冬小麦播前土壤贮水量约为 500mm，经苗期灌水后土壤贮水量有小幅度增加，苗—越冬期降水量为 28.1mm，这个阶段冬小麦耗水少，苗—越冬期总耗水量为 111.4mm，耗水主要来源为灌溉水，占总耗水量的 96.0% 左右，其次为降水，占 25.2% 总耗水量的左右（表 9-2）。

表 9-2 不同生育期冬小麦总耗水量及不同耗水来源和比例

生育期	总耗水量/mm	灌溉水		降水		土壤贮水消耗量	
		数量/mm	比例/%	数量/mm	比例/%	数量/mm	比例/%
苗—越冬期	111.4	106.9	96.0	28.1	25.2	-23.6	-21.2
越冬—拔节期	161.3	112.0	69.4	15.0	9.3	34.3	21.3
拔节—收获期	283.5	130.0	45.9	122.5	43.2	31.0	10.9
全生育期	556.2	348.9	62.7	165.6	29.8	41.7	7.5

随生育进程的推进，冬小麦进入生殖生长阶段，耗水急剧增加，越冬—拔节期冬小麦总耗水量为 161.3mm，其中，灌溉水占总耗水量的 69.4%，降水占总耗水量的 9.3%，土壤贮水消耗量占总耗水量的 21.3%（表 9-2）。此阶段是冬小麦需水与耗水需求矛盾较大，冬小麦对土壤贮水量依赖程度大。

拔节—收获期，气温升高，作物蒸腾加大，耗水量进一步加大。拔节—收获期是冬小麦全生育期耗水量最大的时期，总耗水量为 283.5mm，其中，灌溉水占总耗水量的 45.9%，降水占总耗水量的 43.2%，土壤贮水消耗量占总耗水量的 10.9%，降水量和土壤贮水消耗量所占比例差异性明显。尽管全生育期降水量达 165.6mm，但仍难以满足作物需水，土壤贮水消耗量明显，至收获时土壤贮水量达到全生育期最低值。

9.2.2 全生育期冬土壤贮水量变化

9.2.2.1 不同改水成数土壤贮水量变化

土壤贮水量是指一定土层厚度的土壤总含水量。表 9-3 给出了不同处理条件下播种—收获期的土壤贮水量。从表 9-3 中可以看出，同一畦长时，随着改水成数的增加，土壤贮水量大体上呈增大趋势；随着畦长的增大，同一时期土壤贮水量大体上也增大，这是因为较大畦长灌水量增长幅度大。

表 9-3　不同处理全生育期土壤贮水量　　　　（单位：mm）

处理	改水成数	播种后天数						
		1 天	20 天	98 天	103 天	177 天	184 天	249 天
L80	W1	506.9	547.7	462.0	584.8	497.6	533.7	478.8
	W2	495.2	573.9	546.5	605.4	544.5	599.0	461.0
	W3	504.2	573.8	562.4	654.8	556.3	604.1	468.4
L120	W1	501.9	588.5	498.4	571.9	470.0	503.4	408.2
	W2	517.0	601.1	537.2	621.0	540.7	603.1	438.3
	W3	521.9	668.9	533.3	595.9	555.7	635.6	486.4
L240	W1	569.5	617.2	609.8	662.5	560.4	647.8	482.1
	W2	575.2	645.2	596.9	673.5	586.4	667.4	435.4
	W3	580.7	671.3	608.9	681.0	568.0	653.1	489.5

在 80m 畦长条件下（图 9-3），苗—越冬期，W2 和 W3 土壤贮水量无显著差异，W1 明显较低，改水成数对越冬—拔节期土壤贮水量有显著影响。表现为改水成数越大，土壤贮水量越大，土壤贮水量为 W3>W2>W1，而土壤贮水量增量为 W1>W3>W2，这可能是因

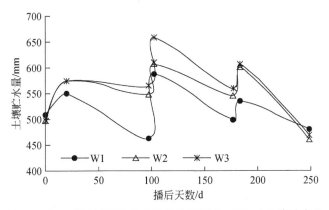

图 9-3　80m 畦长不同改水成数各生育期 0～200cm 土壤贮水量

为畦长较短、改水成数较小的情况下，灌水质量较高，灌水均匀度较高，土壤贮水量增量相对较高，W3 较 W2 和 W1 分别高出 8% 和 11%；拔节—收获期 W2 与 W3 土壤贮水量无显著差异，W1 土壤贮水量显著低于 W2、W3。

在 120m 畦长条件下（图 9-4），苗—越冬期灌水后平均土壤贮水量较 80m 畦长高出54.3mm，越冬—拔节期土壤贮水量与 80cm 畦长无显著差异。苗—越冬期 W3 土壤贮水量达到 668.9mm，土壤贮水量增加幅度显著高于 W2、W1。土壤水分增加可以促进冬小麦生长发育，导致土壤贮水消耗量随之增加，所以苗期灌水后至越冬期灌水前 W3 土壤贮水量与 W2 接近，土壤贮水消耗量大；拔节—收获期各处理间差异显著，土壤贮水量为 W3>W2>W1，土壤贮水消耗过程中 W3、W2 耗水强度一致，W1 耗水强度较低。

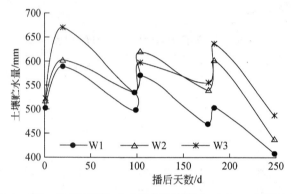

图 9-4　120m 畦长不同改水成数各生育期 0～200cm 土壤贮水量

在 240m 畦长条件下（图 9-5），苗—越冬期灌水后平均土壤贮水量较 80m 畦长和120m 畦长分别高出 79.4mm 和 25.1mm，越冬—拔节期灌水后平均土壤贮水量较 80m 畦长和 120m 畦长分别高出 57.3mm 和 76.1mm，拔节—收获期灌水后平均土壤贮水量较 80m畦长和 120m 畦长分别高出 77.1mm 和 110mm。从越冬灌水前至收获期不同改水成数的土壤贮水量无显著差异。

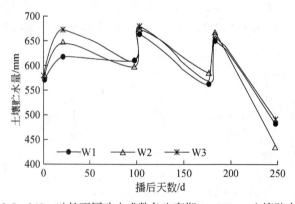

图 9-5　240m 畦长不同改水成数各生育期 0～200cm 土壤贮水量

上述结果表明，同一畦长时，改水成数增大，土壤贮水量增大，在同一生育期内作物耗水量也相应增加；畦长越长，灌水后土壤贮水量增加幅度越大，拔节期尤为明显。

9.2.2.2 畦田不同部位土壤贮水量变化

由表9-4可以看出，当畦长一定时，土壤贮水量从畦首至畦尾呈现增大趋势，80m畦长和120m畦长田块在同一位置时土壤贮水量差异不显著，240m畦长在同一位置时土壤贮水量显著高于较短畦长处理。

表9-4 畦田不同部位全生育期土壤贮水量 （单位：mm）

处理	部位	土壤贮水量						
		1天	20天	98天	103天	177天	184天	249天
L80	畦首	474.4	543.9	525.5	586.9	448.4	509.9	461.0
	畦中	486.0	570.0	546.5	605.4	544.6	570.1	485.8
	畦尾	556.1	637.8	596.9	645.2	562.0	618.0	473.1
L120	畦首	488.2	526.2	516.8	566.0	465.6	503.4	476.2
	畦中	571.5	614.9	533.3	595.9	519.4	580.1	520.1
	畦尾	591.9	663.1	605.0	654.4	545.1	663.4	537.1
L240	畦首	526.0	608.3	601.0	682.8	579.8	661.0	492.6
	畦中	510.2	603.8	608.9	681.0	568.0	653.1	455.5
	畦尾	534.7	633.6	626.1	689.9	575.1	693.4	519.0

在80m畦长条件下（图9-6），播前畦尾土壤贮水量高于畦首和畦中，畦尾土壤贮水量为556mm，畦中和畦尾分别为486mm和474mm，这可能是因为上茬夏玉米灌水后畦尾水流汇集，夏玉米畦尾耗水量与畦首、畦中差异不大，收获后导致残留土壤贮水量高。畦尾在各个时期土壤贮水量均显著大于畦首和畦中，收获前土壤贮水量达到全生育期最低值，在475mm左右。

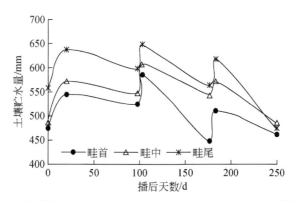

图9-6 80m畦长条件下畦首、畦中、畦尾各生育期0～200cm土壤贮水量变化

在120m畦长条件下（图9-7），与80m畦长相比，播前土壤贮水量畦中和畦尾增加较为显著，畦中土壤贮水量为571mm，畦尾土壤贮水量为591mm，这是因为随畦长增大，在到达同一改水成数时，长畦比短畦水流时间长，灌水量增加，水流到达畦尾时畦中水分已大量入渗，畦尾则水流汇集，较长时间不消退，畦尾土壤贮水量增大明显。各生育期灌水畦尾的土壤贮水量均高于畦中和畦首。

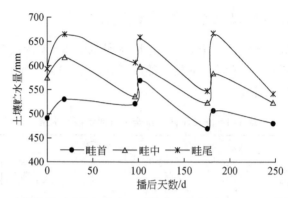

图 9-7　120m 畦长条件下畦首、畦中、畦尾各生育期 0～200cm 土壤贮水量的变化

在 240m 畦长条件下（图 9-8），畦首和畦中在各个生育期土壤贮水量无显著性差异，畦尾在苗—越冬期和拔节灌水后与畦首和畦中土壤贮水量差异较大。越冬灌水后至拔节灌水前差异不显著，收获后土壤贮水量表现为畦尾>畦中>畦首。与 80m 和 120m 畦长相比，120m 畦长各生育期土壤贮水量均有大幅度增加，苗期灌水 240m 畦长较 80m 和 120m 畦长土壤贮水量分别增加 16.6% 和 82.6%，在相同入畦流量下，这是因为随着畦长增大灌水时间增长，灌水量显著增加，土壤贮水量亦大幅度增加。

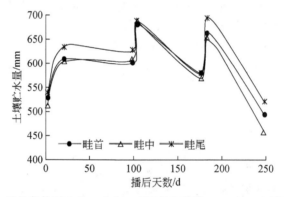

图 9-8　240m 畦长条件下畦首、畦中、畦尾各生育期 0～200cm 土壤贮水量的变化

结果表明，同一畦长时各生育期土壤贮水量基本表现出畦尾>畦中>畦首，且随着畦长的增加，土壤贮水量呈增加趋势，这与不同改水成数处理条件下变化趋势基本相同。在不同畦长的情况下，应该改变改水成数，使水分分布更加均匀。同时也表明，畦长过大，灌水定额也会随之显著增大。

9.2.3　全生育期土壤含水量时空分布

9.2.3.1　不同改水成数土壤含水量时空分布

如图 9-9 所示，W1 土壤含水量时空变化幅度较大，0～100cm 土层深度表现最为突出；W2 土壤剖面含水率时空变化幅度较小；W3 各生育期土壤剖面含水量时空变化幅度最大，但各剖面土壤含水量均较大，垂直剖面土壤含水量在冬小麦各生育期分布相对均匀。随着改水成数的增加，土壤含水量增大区向土壤剖面深层逐渐增大。

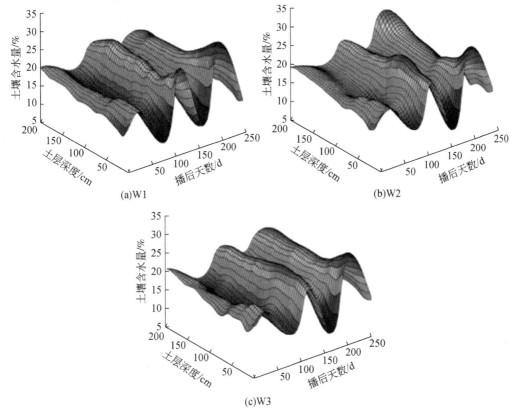

图 9-9　不同改水成数全生育期土壤含水量时空分布

各处理土壤剖面含水量苗期最低，且各土层土壤含水量分布均匀，灌水前后峰值小，这主要是由于播前在 0～100cm 土层剖面上土壤含水量均较小。灌水后两周取土表明，这一时间段内土壤水分在水势梯度的作用下向土层深处移动，湿润深层土体。苗期 W3 0～60cm 土层土壤含水量略高于 W1 和 W2。

越冬前 W1 0～40cm 土层土壤含水量显著低于 W2 和 W3，这主要是由于该处理七成改水、且灌水定额较小。越冬期灌水后 W1 0～40cm 土层土壤含水量显著增加，60～100cm 土层呈现凹陷；W2 40～100cm 土层土壤含水量显著增大，形成峰值；W3 峰值下移，0～100cm 土层土壤含水量均大幅度增加。越冬灌水后土壤含水量较高，以满足冬小麦拔节前后的耗水需求。

拔节期 W1 100～200cm 土层土壤含水量在各处理中最低，虽然改水成数小，灌水量少，有利于节水，但是若出现干旱年，拔节期、抽穗期降水量少，土壤深层含水量低时，不利于作物利用深层土壤水；W2 60～100cm 土层土壤含水量较低，而 100～200cm 土层土壤含水量较大，这可能是因为冬小麦根系在这一时期内生长旺盛，根长增长至 60cm，根系吸水强度大，使得拔节期灌水后垂直剖面出现"凸凹凸"的现象。拔节—收获期土壤含水量各个处理未见明显差异；W3垂直剖面土壤含水量均较大，有利于满足拔节后冬小麦对水分的需求。

研究表明，改水成数对土壤含水量时空分布影响较大，改水成数越大，全生育期土壤含水量增量越大，而变化幅度越小。随着生育期的推进，改水成数对土壤含水量分布影响越显著，拔节期较苗期土壤含水量垂直分布不均。各处理苗期 0～200cm 土层土壤含水量无显著差异，越冬期 0～100cm 土层土壤含水量差异较大，拔节期 0～200cm 土层土壤含水量差异显著。

9.2.3.2　畦田不同部位土壤含水量时空分布

取各个畦长处理与各不同改水成数处理畦田不同部位的土壤含水量平均值，其分布如图 9-10 所示。畦田不同部位，各个生育期土壤含水量均为畦首<畦中<畦尾，这是因为水流推进过程受田面平整度的影响较大，试验田地面平整情况不是十分良好，灌水过程中，灌溉水先填充上游畦段的局部凹坑和田面倒坡，水流推进缓慢，当推进至固定改水成数时，水流在中上游推进速度加快，推进至畦尾时使得畦尾水流汇集，畦尾易形成深层渗漏。同时也说明为减少深层渗漏、提高灌水均匀度和田间水利用系数，在畦灌时还可以采用更小的改水成数。土壤含水量最大值出现在越冬期灌水后 40～100cm 土层深度与拔节期灌水后 0～60cm 土层深度。

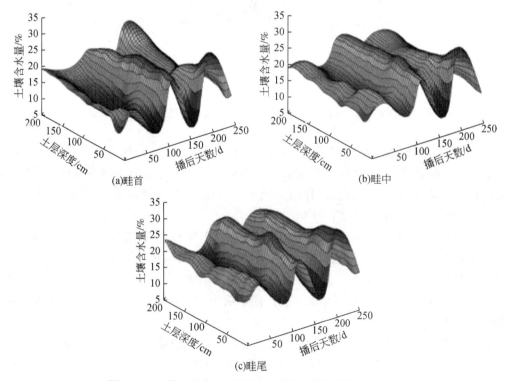

图 9-10　畦首、畦中、畦尾全生育期土壤含水量时空分布

畦田不同部位土壤含水量见表 9-5。苗期灌水后，0~40cm 土层土壤含水量增加幅度最大，畦首、畦中和畦尾土壤含水量分别增长 30%、30% 和 26%，40~100cm 土层土壤含水量增大幅度为畦首>畦中>畦尾，分别增长 24%、23% 和 21%。

表 9-5   畦田不同部位土壤含水量

部位	土层深度/cm	土壤含水量/%						
		1 天	20 天	98 天	103 天	177 天	184 天	249 天
畦首	0~40	14.13	18.31	17.75	22.02	13.87	19.99	14.19
	40~100	16.00	19.79	18.88	21.72	17.76	19.02	15.06
	100~200	17.05	19.4	18.27	20.34	17.51	19.52	16.03
畦中	0~40	16.75	21.75	19.92	22.99	16.32	22.40	15.36
	40~100	16.94	20.83	20.33	22.79	20.67	22.11	16.88
	100~200	19.03	20.40	19.78	22.10	20.22	20.94	18.13
畦尾	0~40	18.00	22.75	20.40	23.61	17.59	23.64	16.72
	40~100	18.75	22.71	22.20	25.26	19.32	22.94	17.29
	100~200	20.55	21.95	20.60	23.37	20.30	22.67	19.43

越冬灌水后只有畦首的表层土壤含水量增长幅度较大，这可能是由于灌水前表层土壤含水量较低所致。畦首、畦中和畦尾该次灌水后土壤含水量较均匀，在 22% 左右，土壤含水量增长幅度在 14% 左右。说明越冬期灌水质量较高，水分分布较为均匀。

拔节灌水前，畦首耗水量显著高于畦中和畦尾，畦首 0~40cm 土层土壤含水量降至 13.87%，畦首、畦中和畦尾 0~40cm 土层土壤含水量分别减少 37%、29% 和 25%；40~100cm 土层土壤含水量分别减少 18%、9% 和 24%；畦中土壤含水量减少幅度较小。拔节灌水后畦首土壤含水量仍然显著低于畦中和畦尾，由于拔节期冬小麦生长旺盛，对灌水时水流推进形成阻力，水流推进至固定改水成数时，上游大量壅水，停水后余水较多向下流动，致使中下游水流汇集，形成深层渗漏，所以畦首土壤含水量在 19% 左右，畦中和畦尾土壤含水量均在 22% 左右。

至收获期，土壤含水率到达全生育期最低值，由于拔节后降水量充足，作物对土壤水分消耗基本一致，呈现出畦首、畦中和畦尾土壤含水量减少 30% 左右。

结果表明，受灌水时壅水影响，土壤含水量时空分布起伏较小，在各个生育期畦尾土壤含水量均大于畦中和畦首。土壤含水量最大值出现在越冬期灌水后 40~100cm 土层深度与拔节期灌水后 0~60cm 土层深度。

9.2.4   灌水前后土壤水分垂直分布

灌溉水在畦田推进过程中，一部分垂直入渗到土体中，另一部分灌水畦田不同部位往前推进。在不同的畦田规格条件下，水流推进速度和入渗时间不同，导致灌溉水在田间分布的不同，存在有些地方灌水不够，有些地方因灌水入渗时间长而造成深层渗漏，这些均影响到灌水均匀度。1.0m 以内土层，土壤水分受灌溉水的补给，水分变化幅度大。而在没有水分补给的情况下，土壤水分又易蒸发，形成缺水状态，因此，表层土壤含水量的变化较大。

9.2.4.1 不同改水成数土壤水分垂直分布

（1）苗期

苗期不同改水成数灌水前后土壤含水量分布曲线如图 9-11 ～图 9-13 所示，其中同一深度处土壤含水量为畦首、畦中和畦尾处土壤含水量的平均值。

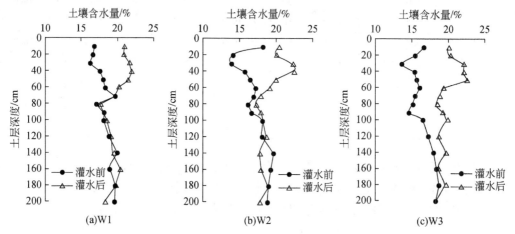

图 9-11　苗期 80m 畦长不同改水成数灌水前后土壤含水量分布曲线

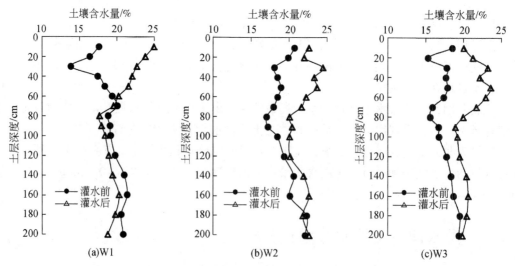

图 9-12　苗期 120m 畦长不同改水成数灌水前后土壤含水量分布曲线

由图 9-11 可以看出，80m 畦长条件下，W1 0 ～70cm 土层灌水后土壤含水量较灌水前

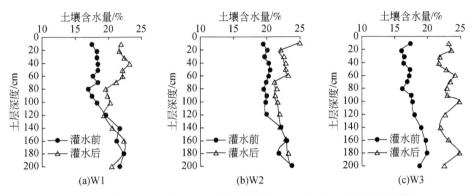

图 9-13　苗期 240m 畦长不同改水成数灌水前后土壤含水量分布曲线

明显增加,增加 15.2%;W2 0~100cm 土层灌水后土壤含水量较灌水前增加显著,增加 19.2%;W3 土壤含水量增加深度明显影响到 140cm 土层,0~140cm 土层灌水后土壤含水量较灌水前增加 31%。W1、W2 和 W3 100~200cm 土层灌水后土壤含水量较灌水前分别增加 2.1%、4.7% 和 9.2%。

由图 9-12 可以看出,在 120m 畦长条件下,W1 0~60cm 土层灌水后土壤含水量较灌水前明显增加,增加 11%;W2 0~120cm 土层灌水后土壤含水量较灌水前增加显著,增加 19%;W3 土壤含水量增加深度明显影响到 200cm 土层,0~200cm 土层灌水后土壤含水量较灌水前增加 28%。W1、W2 和 W3 100~200cm 土层灌水后土壤含水量较灌水前分别增加 4.3%、5.9% 和 7.7%。

由图 9-13 可以看出,在 240m 畦长条件下,W1 0~120cm 土层灌水后土壤含水量较灌水前明显增加,增加 11%;W2 0~140cm 土层灌水后土壤含水量较灌水前增加 17%;W3 土壤含水量增加深度明显影响到 200cm 土层,0~200cm 土层灌水后土壤含水量较灌水前增加 31%。W1、W2 和 W3 100~200cm 土层灌水后土壤含水量较灌水前分别增加 1%、2.8% 和 21%。

结果表明,改水成数的增大对深层土壤含水量提高影响幅度较大,七成改水时,只能影响到中上层土壤含水量,上层土壤剖面水分含量增加较多;八成改水时,灌溉水对土壤剖面的影响深度有所增加,九成改水时,灌溉水对入渗水分的影响明显达到 200cm 土层深度,各个土层剖面水分较灌水前均有较大幅度的增加,这是因为入渗过程中土壤水分会发生后期交汇,土壤侧渗受周边水压力的影响,侧渗量减小,垂直入渗量增大。畦长越长,改水成数对深层土壤含水量影响越显著,120m 和 240m 畦长灌水后发生深层渗漏。

(2)越冬期

越冬期不同改水成数灌水前后土壤含水量分布曲线如图 9-14~图 9-16 所示。

由图 9-14 可以看出,在 80m 畦长条件下,灌水前 0~40cm 土层土壤含水量 W1、W2 和 W3 分别为 17.1%、18.3% 和 19.5%;40~120cm 土层土壤含水量 W1、W2 和 W3 分别为 16.1%、19.0% 和 19.4%。灌水后 W1、W2 和 W3 120~200cm 土层土壤含水量较灌水前明显增加,分别增加 17.6%、20.1% 和 33.1%。

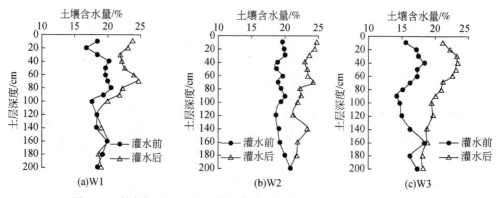

图 9-14　越冬期 80m 畦长不同改水成数灌水前后土壤含水量分布曲线

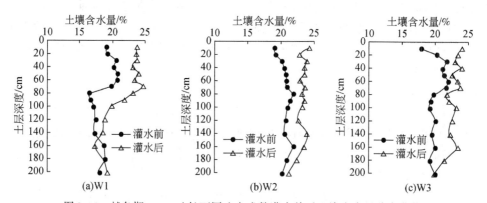

图 9-15　越冬期 120m 畦长不同改水成数灌水前后土壤含水量分布曲线

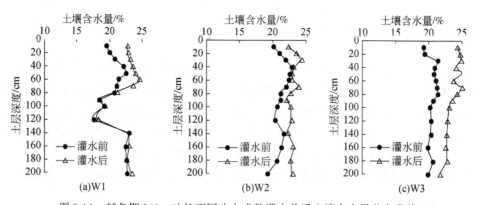

图 9-16　越冬期 240m 畦长不同改水成数灌水前后土壤含水量分布曲线

由图 9-15 可以看出，在 120m 畦长条件下，灌水前 0～40cm 土层土壤含水量 W1、W2 和 W3 分别为 17.1%、18.3% 和 19.5%，与 80m 畦长无差异；40～120cm 土层土壤含水量 W1、W2 和 W3 分别为 19.5%、19.5% 和 20.1%，与 80m 畦长相比有所增大。灌水后 W1、W2 和 W3 各土层剖面土壤含水量较灌水前均明显增加，0～200cm 土层土壤含水量较灌水前分别增加 12.4%、15.3% 和 12.7%。

由图9-16可以看出，在240m畦长条件下，W1 80～120cm土层土壤含水量显著低于W2、W3，W3较W1和W2 0～200cm土层土壤含水量分别增加43%和46%。

综上所述，越冬期灌水，改水成数越大，对深层土壤含水量影响幅度越大。灌水前0～20cm土层土壤含水量显著低于其他土层，灌水后0～60cm土层土壤含水量曲线向右突出，说明灌溉水在0～60cm土层入渗使土壤达到田间持水量后向下入渗。越冬期120m畦长较80m畦长灌水前后中上层土壤含水量变化幅度较小，畦长越长，改水成数对土壤含水量影响越不显著。

（3）拔节期

图9-17～图9-19为拔节期不同改水成数灌水前后土壤含水量分布曲线，拔节前期根系主要集中在40cm以上，部分向下延伸，受根系吸水的影响，拔节期灌水前后土壤含水量图形呈现出"Y"字形。

由图9-17可以看出，在80m畦长条件下，W1 0～40cm土层灌水后土壤含水量较灌水前明显增加，增加12.3%；W2 0～80cm土层灌水后土壤含水量较灌水前增加15.3%；W3土壤含水量增加深度明显影响到140cm土层，0～140cm土层灌水后土壤含水量较灌水前增加35%。

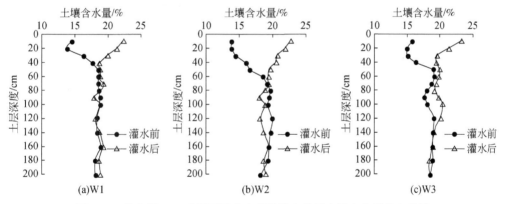

图9-17　拔节期80m畦长不同改水成数灌水前后土壤含水量分布曲线

由图9-18可以看出，在120m畦长条件下，W1 0～50cm土层灌水后土壤含水量较灌水前明显增加，增加24.1%；W2 0～80cm土层灌水后土壤含水量较灌水前增加29.1%；W3土壤含水量增加深度明显影响到80cm土层，0～80cm土层灌水后土壤含水量较灌水前增加41%。

由图9-19可以看出，在240m畦长条件下，不同改水成数土壤水分入渗深度均较大，且产生深层渗漏。

综上所述，对于较大畦长应采取较小的改水成数，使得改水后水流能刚好到达畦尾。相同改水成数，畦长越短，灌水定额越小，在拔节期灌水入渗至100cm最为合适，这样不仅使冬小麦根系所处土层在需水关键期保持较大的土壤含水量，而且在干旱少雨时，土壤水分能够被作物吸收利用。

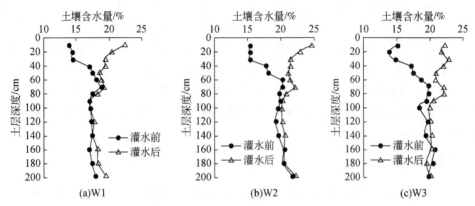

图9-18　拔节期120m畦长不同改水成数灌水前后土壤含水量分布曲线

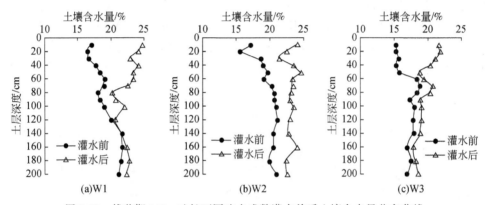

图9-19　拔节期240m畦长不同改水成数灌水前后土壤含水量分布曲线

9.2.4.2　畦田不同部位水分垂直分布

苗期，畦田不同部位土壤含水量垂直分布如图9-20所示。灌水前0~100cm土层土壤含水量均接近15%，100~200cm土层土壤含水量在20%左右，灌水后畦首0~60cm土层土壤含水量较灌水前明显增加，增加18%；畦中0~140cm土层灌水后土壤含水量较灌水前明显增加，增加22%；畦尾由于水流汇集，各个土层土壤含水量均有较大幅度的增加，0~200cm土层土壤含水量较灌水前增加17.3%，灌溉水已经发生深层渗漏。畦长越长，水流推进至畦尾的时间越长，在相同的入畦流量下，灌水量则越大，水流在畦尾汇集的时间和水量显著增大，而发生深层渗漏。因此，畦长越短越有利于水分的合理分布。

越冬期，畦田不同部位土壤含水量垂直分布如图9-21所示。与苗期相比，越冬期灌水前土壤含水量较高，且100cm以上土层土壤含水量曲线呈现出向右突出趋势，土壤含水量在20%左右变化。0~40cm土层土壤含水量较小，是因为越冬前冬小麦根系对水分的吸收利用仅处于土壤表层。该次灌水后畦首、畦中和畦尾土壤含水量增大幅度差异不显著，土壤含水量分别增大了16%、12%和14%。灌溉水入渗深度较大，畦首、畦中和畦尾灌溉水分渗至180cm、200cm和200cm，畦中和畦尾发生深层渗漏。

拔节期，畦田不同部位土壤含水量垂直分布如图9-22所示。拔节期灌水前后土壤含水量分布曲线呈现出"Y"形。

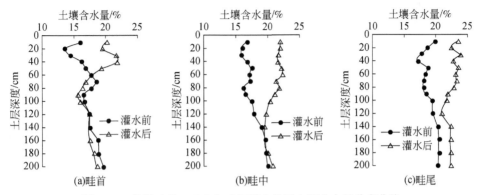

图 9-20　苗期畦首、畦中和畦尾灌水前后土壤含水量分布曲线

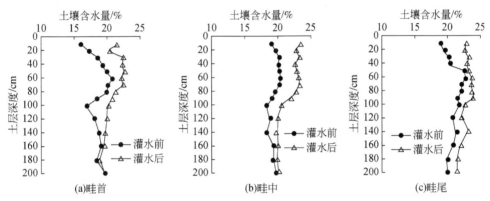

图 9-21　越冬期畦首、畦中和畦尾灌水前后土壤含水量分布曲线

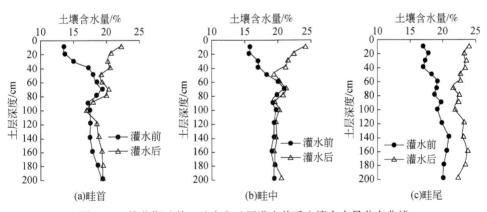

图 9-22　拔节期畦首、畦中和畦尾灌水前后土壤含水量分布曲线

　　灌水前在80cm处土壤含水量有明显拐点，且0~80cm土层土壤含水量随深度从10%逐渐增加至20%左右，在100cm土层以下保持在18%左右。这是因为拔节期冬小麦根系生长发达，虽大部分根系集中在40cm左右，但最长的根须能够伸长至200cm土层，中层

土壤水分被冬小麦吸收利用。

因此,畦田不同部位灌水入渗深度由畦首至畦尾逐渐加深,越冬期和拔节期灌水量大时,畦尾发生深层渗漏,灌溉水损失严重。

9.2.5 畦灌灌水均匀度

合理的地面畦灌技术是提高灌水质量、减少因过量灌溉产生深层渗漏的重要保障。对地面灌溉灌水技术要素进行优化组合,才能保证地面灌水的高质量。畦田灌溉中,水流运动同时在两个方向上进行,即垂向的地表积水入渗过程和沿畦面的地表水流运动。在灌溉的初始阶段,上中游畦段的地面微地形条件会滞留或阻碍水流的推进,畦块间的平整精度差异越大,入渗分布间的差别就越明显。随着灌水过程的延续,上中游畦段内的局部凹坑或田面倒坡被水充满(填),表土已达到稳定入渗状态,使入畦水流向下游的快速推进,减弱了由于田面不平整引起的入渗水深分布的非均匀性(李益农等,2001a)。较快的水流推进速度和较慢的水流消退过程又会导致相对较长的受水时间。受水时间上存在的差异可以引起田面水量空间分布的失衡,带来较差的灌水均匀性。

按照灌水技术规范,灌水均匀度一般应达到80%,本节通过对畦长和改水成数对灌水均匀度的影响统计,得出畦长在80m(L80)、120m(L120)、240m(L240)和七成改水(W1)、八成改水(W2)、九成改水(W3)时的灌水均匀度,见表9-6。

表9-6 不同改水成数灌水均匀度

改水成数	苗期	越冬期	拔节期
W1	0.768a	0.852a	0.809a
W2	0.718a	0.753ab	0.727a
W3	0.662a	0.638b	0.615b

注:不同小写字母表示在同一列中数据间差异显著

随着生育期的推进,灌水均匀度受改水成数的影响加剧,苗期3种改水成数处理无显著性差异;越冬期W1和W2无显著差异,W1和W3差异性显著;拔节期W1、W2无显著差异而它们和W3差异性显著。

由表9-7可以看出,随着畦长的增加,灌水灌水均匀度呈现出"低—高—低"的趋势,L240与L80在各生育期均存在显著性差异,而L80和L120灌水均匀度差异性不显著。

表9-7 不同畦长灌水均匀度

处理	苗期	越冬期	拔节期
L80	0.628a	0.769a	0.714a
L120	0.745a	0.804a	0.742a
L240	0.675b	0.671b	0.695b

注:不同小写字母表示在同一列中数据间差异显著

结合冬小麦生育期三次灌水畦长和改水成数关系图（图 9-23）可以看出，当畦长一定时，随着改水成数的增大，灌水均匀度呈减小趋势，W1 灌水均匀度最大。这主要是因为畦长一定时，随着改水成数的增大，入畦水流在畦尾汇集，畦尾土壤含水量较高，降低了灌水均匀度。

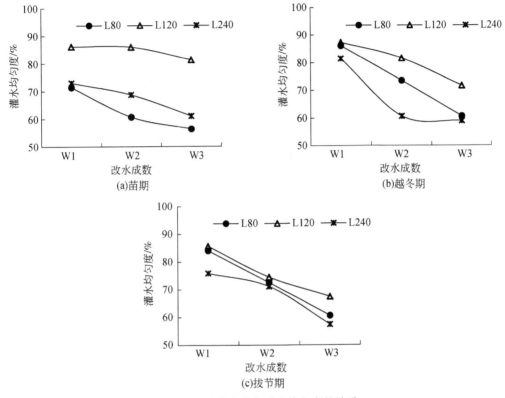

图 9-23　改水成数与灌水均匀度的关系

对比各生育期灌水均匀度，越冬期灌水均匀度较苗期灌水和拔节期灌水均匀度要大一些，各处理灌水均匀度平均为 75%。苗期灌水均匀度较小是因为地面平整度较差，加之秸秆还田后秸秆对畦灌水流有明显的阻滞作用，秸秆容易随水漂移、壅积；越冬期，田间秸秆能够被植株锁定，不再随水流漂移而是聚集在一定范围内漂移，对水流推进的阻滞作用显著小于苗期灌水。拔节期植株已长至 40cm，小麦种植密度又较大，对水流形成阻力，推进缓慢，加之土地干旱，畦田中上游入渗量大，造成深层渗漏，灌水均匀度降低。

综上所述，畦灌灌水均匀度在一定范围内随畦长的增大呈现出先增大后减小的规律，畦长超过 150m 后，灌水均匀度将显著降低。灌水均匀度随改水成数的增大而减小，W1 灌水均匀度最大。随着生育期的推进，灌水均匀度受改水成数的影响加剧。

9.3　冬小麦土壤硝态氮含量全生育期变化

灌水量和施氮量是影响土壤中硝态氮分布的两个最重要因子，灌溉量过多不仅造成深层渗漏，还会使硝态氮在土层深处累积，引起环境问题。

9.3.1 硝态氮累积量全生育期变化特性

9.3.1.1 不同改水成数硝态氮累积量变化

播前土壤硝态氮累积量平均为 520kg/hm², 播后撒施化肥, 换算成纯氮为 195kg/hm², 土壤硝态氮累积量最大出现在苗期灌水施肥后, 见表 9-8。苗期 W1、W2 和 W3 0~200cm 土层土壤硝态氮累积量较播前分别增加了 176.5kg/hm²、159.9kg/hm²、179.0kg/hm²。由于改水成数越大, 土壤越容易发生深层渗漏, 灌溉水将溶于水中的硝态氮淋洗至 200cm 土层以下, 冬小麦根系大部分分布在 60cm 以上, 对深层的氮素无法利用, 造成氮素损失, 所以随着改水成数的增加, 土壤硝态氮累积量呈减小趋势, 越冬灌水 W3 土壤硝态氮累积量变化量显著低于 W1、W2。越冬—拔节期灌水前土壤氮素大量消耗, 土壤硝态氮累积量降至最小。拔节期追肥后, W1、W2、W3 0~200cm 土层土壤硝态氮累积量分别为 135.9kg/hm²、122.6kg/hm²、111.8kg/hm²。

表 9-8 不同改水成数 0~200cm 土层土壤硝态氮累积量变化量

（单位：kg/hm²）

改水成数	播种后天数					
	1~52 天	52~130 天	130~135 天	135~211 天	211~218 天	218~288 天
W1	176.5	−124.4	−28.9	−396.9	135.9	−55.7
W2	159.9	−202.5	−14.5	−361.9	122.6	−35.4
W3	179.0	−213.4	−91.0	−262.9	111.8	−44.3

图 9-24 显示, 全生育期 0~40cm 土层土壤硝态氮累积量 W1 最高。越冬期灌水后, 受改水成数的影响, 灌水量成为影响淋溶的重要因素。同时淋溶的发生与冬小麦的生长时期密切相关, 拔节前冬小麦根长在 40cm 左右, 对 0~40cm 土层土壤硝态氮大量吸收, 上层氮素累积量呈下降趋势, 拔节后冬小麦到达生殖生长期, 需要吸收更多氮素来维持籽粒、茎秆和叶片等的生长, 故拔节期 0~40cm 土层土壤硝态氮大幅度减少, W1、W2 和 W3 0~40cm 土层土壤硝态氮累积量分别为 95.1kg/hm²、82.9kg/hm²、61.1kg/hm², 与苗期施肥灌水后 0~40cm 土层硝态氮累积量相比分别减少了 77%、81% 和 82%。扬花后植物吸收氮素减少, 收获期土壤硝态氮累积量较拔节期增大。

图 9-25 显示, 40~100cm 土层土壤硝态氮累积量 W2 较 W1 和 W3 多, 播前 W1、W2 和 W3 40~100cm 土层土壤硝态氮累积量分别为 138.7kg/hm²、145.7kg/hm² 和 137.3kg/hm², 施肥灌水后较灌前土壤硝态氮累积量分别增加 18%、29% 和 33%。越冬期灌水前后土壤硝态氮累积量表现为 W2>W1>W3, 灌后较灌前土壤硝态氮累积量分别减少 7%、4% 和 20%, 说明 W3 使得越冬期灌水 40~100cm 土层氮素大量减少, 可能运移至深层。拔节期追施灌水后, 土壤硝态氮累积量表现为 W2>W3>W1, 但各处理间差异不显著。收获期 W3 较 W1、W2 土壤硝态氮累积量增加显著。

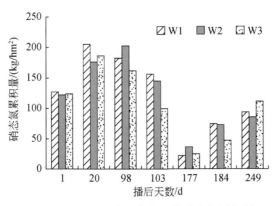

图 9-24　0~40cm 各生育期土壤硝态氮累积量

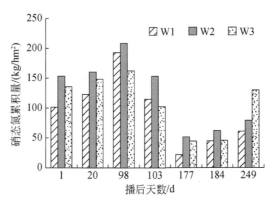

图 9-25　40~100cm 各生育期土壤硝态氮累积量

图 9-26 显示，100~200cm 土层 W3 土壤硝态氮累积量在每次灌水后都显著高于 W1 和 W2，苗期灌后 W3 土壤硝态氮累积量增加 10%，越冬期灌后 W3 土壤硝态氮累积量增加 22%，拔节期灌后 W3 土壤硝态氮累积量增加 77%，这说明，W3 使硝态氮大量运移，氮素淋出根系活动层，在土壤剖面底层累积，在灌水量大或降水较多时淋出土层，不利于冬小麦吸收利用。苗期灌水前后各处理土壤硝态氮累积变化不大，从越冬期至冬小麦进入生殖生长开始，深层土壤硝态氮也出现减少趋势，这意味着在冬小麦氮素需求强烈时期，土层深处的土壤硝态氮也可以随着水分在毛细管力作用下向上运移，以供作物利用。拔节期后降水量较大，深层土壤对拔节期施肥响应不敏感，而深层土壤硝态氮却在降水入渗作用下大量淋出 200cm 土层，使得拔节—收获期，100~200cm 土层土壤硝态氮累积量未见显著变化。

上述表明，全生育期 0~40cm 土层土壤硝态氮累积量 W1 最高，受改水成数和小麦生长时期的影响，拔节期 0~40cm 土层土壤硝态氮大幅度减少。40~100cm 土层土壤硝态氮累积量在各生育期均为 W2 最大，100~200cm 土层 W3 在灌水后土壤硝态氮累积量显著高于 W1 和 W2，且从越冬期开始深层土壤硝态氮也出现减少趋势，拔节期为冬小麦氮素需求强烈时期。

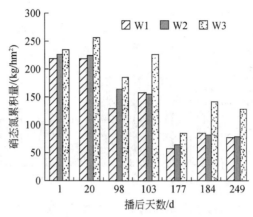

图 9-26   100～200cm 各生育期土壤硝态氮累积量

9.3.1.2   畦田不同部位土壤硝态氮累积量变化

畦田不同部位土壤硝态氮的分布受畦长影响不大，主要影响因素为灌水量和灌水均匀度等。对各个地块畦田不同部位取点测得的土壤硝态氮累积量取平均，得到如图 9-27 所示的畦首、畦中、畦尾的土壤硝态氮累积量季节性变化分布图。

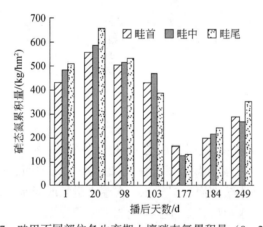

图 9-27   畦田不同部位各生育期土壤硝态氮累积量（0～200cm）

由图 9-27 可以看出，畦首除了越冬期外，各时期土壤硝态氮累积量均较畦中和畦尾大。播前畦首土壤硝态氮累积量较少，仅为 443kg/hm²，畦中和畦尾相差不大。畦首、畦中和畦尾的土壤硝态氮累积量总体上呈现出苗期施肥灌水后达到最大值，随着生殖生长的进行，土壤硝态氮累积量逐渐降低，拔节灌水前降至最小，拔节期追肥灌水后，土壤硝态氮累积量有所增加。收获时土壤剖面中的土壤硝态氮累积量代表了氮残留量，畦尾显著高于畦首和畦中。

由表 9-9 可以看出，苗期施肥灌水后畦首、畦中和畦尾土壤硝态氮累积量分别较播前增加 132.2kg/hm²、103.2kg/hm² 和 152.0kg/hm²，增长率分别为 30%、21% 和 29%。畦中增长较小，可能是因为与畦首相比，畦首距离渠道进水口较近，撒施在表层的化肥极有可能随水流的推进被运输至畦尾沉积下来，加上畦尾水流汇集，入渗深度较大，土壤硝态氮累积量增多。

苗期灌水后至越冬灌水前，是小麦吸氮的一个重要时期，畦首、畦中和畦尾的土壤硝态氮累积量分别减少 64.4kg/hm²、74.1kg/hm² 和 124.2kg/hm²，畦首和畦中土壤硝态氮消耗相差不大，畦尾显著较高畦尾较畦首和畦中高出 93% 和 67%。这是因为，畦尾水肥供应充足，冬小麦在冬前就比畦首和畦中生长旺盛，对土壤氮素吸收利用亦较高，这一现象并非对冬小麦形成高产有利，冬前植株生长过高，在倒春寒到来时，植株易冻死冻伤，从而造成减产。

表 9-9　0~200cm 土层土壤硝态氮累积变化量　（单位：kg/hm²）

部位	播种后天数					
	1~52d	53~130d	131~135d	136~211d	212~218d	219~288d
畦首	132.2	−64.4	−61.7	−278.2	41.6	87.7
畦中	103.2	−74.1	−44.1	−247.0	95.5	57.3
畦尾	152.0	−124.2	−152.1	−253.1	104.3	111.2

越冬期灌水使畦首、畦中和畦尾的土壤硝态氮累积量分别减少 61.7kg/hm²、44.1kg/hm² 和 152.1kg/hm²。灌水量是引起越冬期土壤硝态氮累积量减少的原因，无论是改水成数过大还是畦长过长，灌水量大，使得水流在畦尾大量汇集，土壤硝态氮随水分运移至 200cm 以下土层。由此可以看出，缩短畦长，减少改水成数可以有效降低土壤硝态氮淋洗损失。

冬小麦在拔节期氮素在植株体内累积量最大，土壤硝态氮累积量降至最低，因此拔节灌水前追施化肥 50kg/hm²。畦中和畦尾土壤硝态氮累积量增加显著高于畦首，畦首、畦中和畦尾的土壤硝态氮累积量分别增加 41.6kg/hm²、95.5kg/hm² 和 104.3kg/hm²。在需水关键期，水分不充足的情况下，土壤硝态氮可以随水分向上迁移至根系活动层吸收利用，在水分充足时，则会随灌溉降水向下迁移，淋出 200cm 土层。

冬小麦进入抽穗期后，营养器官对氮素需求有所降低，籽粒氮素大部分由叶片、叶鞘和茎秆等提供，对土壤氮素吸收不明显。收获时畦首、畦中和畦尾的土壤硝态氮累积量分别为 87.7kg/hm²、57.3kg/hm² 和 111.2kg/hm²。畦尾土壤硝态氮残留显著大于畦首和畦中，在下一次雨季来临时，这些氮具有淋失风险，造成氮肥损失。

综上所述，畦尾水流汇集，撒施在表层的化肥会随水流的推进被运输至畦尾沉积下来，加上水分入渗深度较大，土壤硝态氮累积量增多，同时由于畦尾水肥供应充足，畦尾冬小麦比畦首和畦中生长旺盛，对土壤氮素吸收利用量也较大。

9.3.2　全生育期土壤硝态氮含量垂直剖面分布

9.3.2.1　不同改水成数土壤硝态氮含量时空分布

不同改水成数土壤硝态氮在全生育期的时空分布特性如图 9-28 所示。三个处理对比可以看出，W1 较 W2 和 W3 土壤硝态氮空间变化较为平缓，说明改水成数小时，土壤硝态氮空间分布相对均匀。苗期灌水后至拔节前期 0~100cm 土层土壤硝态氮含量达到最大值，且 W3>W2>W1，收获前期土壤硝态氮含量有小幅度增大。W3 在各个生育期深层土壤硝态氮含量均较高。硝态氮在土壤剖面上分布总体表现出四个分区（即硝态氮增大区、硝态氮减小区、硝态氮二次增大区、硝态氮二次减小区），畦灌土壤剖面上层硝态氮集中分布区减小，在土壤剖面深层出现一个相对较小的硝态氮二次集中分布区。

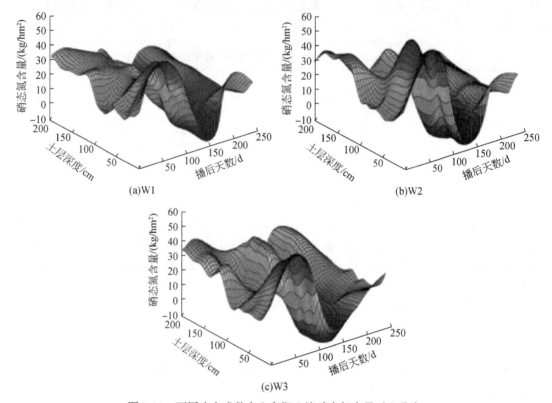

图 9-28　不同改水成数全生育期土壤硝态氮含量时空分布

9.3.2.2　畦田不同部位土壤硝态氮含量时空分布

畦田不同部位土壤硝态氮在全生育期的剖面分布特性如图 9-29 所示。可以看出，畦首土壤硝态氮随时间推进变化比较平缓，与畦首相比，畦中土壤硝态氮含量在 0~40cm 土层季节性变化减小，100cm 以下土层土壤硝态氮含量季节性变化加大，特别是苗—越冬期有显著增加，拔节后畦中土壤硝态氮含量变化较为平缓。畦尾土壤硝态氮在全生育期各个土层变化均较大，100cm 以下土层土壤硝态氮含量从高到低变化明显。

播前畦首和畦尾的土壤硝态氮累积峰均在 120~140cm 土层处。在苗期灌水的影响下，畦首受灌水的淋洗效应较小，累积峰未出现明显转移；畦中累积峰向深层移动，0~40cm 土层土壤硝态氮出现低谷，而 140~160cm 土层处形成较大氮素累积峰；畦尾深层处的累积峰在灌水作用下运移至 180cm 处。在越冬期灌水时，该峰值继续向下转移，即将运移出

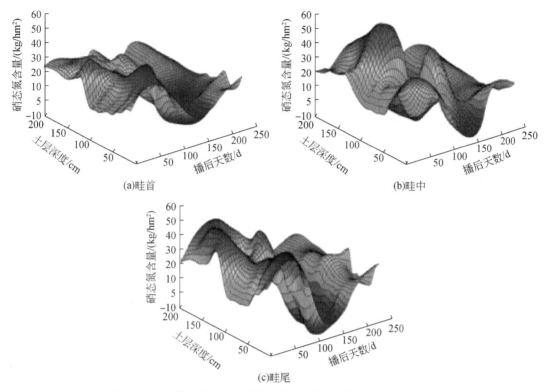

图 9-29　畦首、畦中、畦尾全生育期土壤硝态氮含量时空分布

200cm 土层。由此可以看出，畦尾土壤硝态氮淋失风险显著高于畦首。拔节期土壤硝态氮含量低谷值接近，收获时，畦首、畦中和畦尾在 160cm 以下土层土壤硝态氮含量无显著差异，0～100cm 土层土壤硝态氮含量逐渐增加，且畦尾在 100cm 深度处形成小型氮素累积峰，这可能使灌水冲洗后造成氮素淋失，不利于氮肥利用。

土壤中硝酸根离子不易被土壤胶体吸附，畦尾入渗水量大造成大量氮素在未被吸收利用时运移至深处，因此，改善畦灌的改水成数和畦田规格有利于氮素在土壤剖面合理分布。

综上所述，W1 较 W2 和 W3 土壤硝态氮时空变化平缓。畦首土壤硝态氮随时间推进变化比较平缓，畦中苗—越冬期 100cm 以下土层土壤硝态氮含量季节性变化加大，畦尾在全生育期各个土层变化均较大。畦尾土壤硝态氮淋失风险显著高于畦首。

9.3.3　全生育期土壤硝态氮运移及淋失率

以冬小麦 40cm 深为根系活动层确定土壤硝态氮的运移量，由表 9-10 可以看出，随着改水成数的增加，土壤硝态氮运移深度逐渐加深，苗期运移出 40cm 土层的土壤硝态氮含量增多，W1、W2 和 W3 分别为 37kg/hm²、43kg/hm² 和 54kg/hm²，淋失率分别为 72%、84% 和 95%。由于硝酸根离子带负电荷，受到土壤胶质体和腐殖质所带负电荷的排斥，不易被土壤吸附，而硝酸根离子又易溶于水，所以灌水定额大时，土壤中硝态氮随水流入渗而被淋洗向下运移，根系吸收层土壤硝态氮含量减少，氮素淋溶较深，100cm以下土层土壤硝态氮累积量大，过多的氮淋洗至根系活动层之外，不能被作物吸收利用，所以W3淋失率较大。越冬期运移量为负值，说明灌水后土壤硝态氮含量减少，这与越冬期未施肥有关，越冬期土壤硝态氮淋失率在全生育期中较小。拔节期W2和W3土壤硝态氮运移深度到达180cm和200cm，W3淋失率高达83%。

表9-10　全生育期不同改水成数硝态氮运移及淋失

生育期	改水成数	运移深度/cm	运移量/（mg/hm²）	淋失率/%
苗期	W1	60	37	72
	W2	80	43	84
	W3	100	54	95
越冬期	W1	100	−10	28
	W2	120	−42	36
	W3	140	−28	51
拔节期	W1	100	23	42
	W2	180	36	52
	W3	200	44	83

由表9-11可以看出，从畦首至畦尾土壤硝态氮运移深度加深，运移量增大，淋失率也增大。各生育期畦尾淋失率较畦首均高出100%，拔节期灌水畦尾土壤硝态氮运移至200cm土层，淋失率高达95%，这意味着氮素随水分运至根系活动层以外，对作物来说属于氮素损失部分。畦尾土壤硝态氮淋失率高主要是受改水成数与畦长的影响，缩短畦长且减小改水成数可以有效减少氮素淋失。

表9-11　全生育期畦田不同部位硝态氮运移及淋失率

生育期	部位	运移深度/cm	运移量/（mg/hm²）	淋失率/%
苗期	畦首	60	28	33
	畦中	80	29	36
	畦尾	100	38	72
越冬期	畦首	100	−13	27
	畦中	140	−24	36
	畦尾	160	−38	68
拔节期	畦首	120	15	24
	畦中	180	17	55
	畦尾	200	31	95

9.3.4 灌水前后土壤硝态氮垂直分布

不同改水成数苗期灌水前后土壤硝态氮垂直分布如图9-30所示。

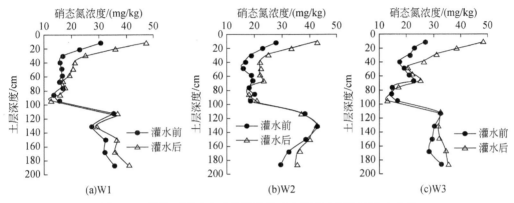

图9-30 苗期不同改水成数灌水前后土壤硝态氮浓度分布曲线

苗期，灌水前后0～80cm土层土壤硝态氮含量随深度的增加变化幅度较大，而80～200cm土层灌水前灌水后土壤硝态氮含量很接近，这说明灌水对上层土壤硝态氮含量影响较大，对深层土壤硝态氮含量影响不显著。

越冬期，灌水前后土壤硝态氮垂直分布如图9-31所示。

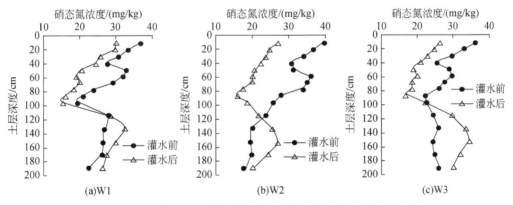

图9-31 越冬期不同改水成数灌水前后土壤硝态氮浓度分布曲线

灌水前0～40cm土层土壤硝态氮大量消耗，在40～80cm土层中形成硝态氮累积峰。灌水后W1 0～100cm土层土壤硝态氮含量显著高于W2和W3，而不同改水成数下越冬期100～200cm土层土壤硝态氮较苗期有不同程度的增加，且灌水后W3最大土壤硝态氮含量峰值较W1和W2所在土层深度深，最大土壤硝态氮含量峰值所在位置分别为140cm和160cm，W1、W2、W3平均土壤硝态氮含量分别较灌水前增加0.5%、3.7%和19.5%。说明改水成数越大，灌溉水携带硝态氮向深层迁移量越大，即硝态氮在土体中大量累积在遇到较强降水和灌水时会导致其向下淋溶损失。

拔节期灌水前后土壤硝态氮垂直分布如图9-32所示。

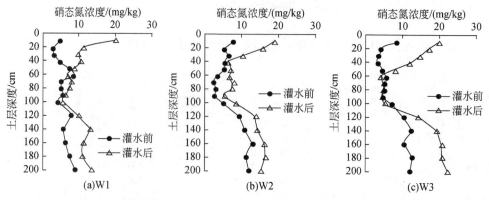

图9-32　拔节期不同改水成数灌水前后土壤硝态氮浓度分布曲线

拔节期是小麦对氮素需求最大时期，如果土壤氮供应量不能满足冬小麦生长发育，冬小麦就会减产，品质亦会降低。灌水前土壤硝态氮含量降至最低，在拔节期灌水前实施追肥50kg/hm²，以满足冬小麦对氮素的大量吸收利用需求。

由图9-32可以看出，灌水前土壤硝态氮含量无显著性差异，越冬—拔节期100cm以下土层中氮含量减少，一方面冬小麦可吸收少量70~80cm及土壤较深层次的硝态氮，另一方面，该段时间降水量较大，深层氮素随水分淋洗至200cm土层外。0~40cm土层土壤硝态氮消耗明显，灌水后W3 100cm以下土层土壤硝态氮峰值显著高于W1和W2，100cm以下土层W1、W2和W3平均土壤硝态氮含量分别较灌前增加23%、36%和59%，这是由于在拔节期补充了氮元素，使土壤溶液中硝态氮浓度增加。拔节期前后降水量较大，在强降水或灌溉后，硝态氮随水分运移到土壤下层，造成土壤硝态氮浓度增大。入渗水量越大，土壤硝态氮运移出0~200cm土层浓度越高，这意味着改水成数较小的小灌水量处理，土壤硝态氮损失作用减弱。

9.3.5　土壤硝态氮残留量

播前和收后土壤硝态氮含量是在W1、W2和W3以及各畦长下测得的平均值，如图9-33所示。在冬小麦收获期，0~200cm土壤硝态氮残留量分别为242kg/hm²、296kg/hm²和364kg/hm²。

与播前土壤硝态氮分布相比，冬小麦收获期，由当季施肥、土壤氮素矿化、作物生长吸收及降水共同作用下，土壤硝态氮主要分布在0~40cm土层。由播前与收获期0~40cm土壤硝态氮残留量的差值求得不同施氮量下当季硝态氮残留量W1、W2和W3分别为61.2kg/hm²、28.7kg/hm²和17.4kg/hm²。随改水成数增加，0~200cm土层当季累积量增大，而增大改水成数对产量增加无正面作用，因而，减小改水成数，减少灌水量可以减少硝态氮淋溶风险，W1是较为合理的技术参数。

综上所述，随着改水成数的增加，硝态氮运移深度逐渐加深，且灌水后W1、W2和W3土壤硝态氮含量峰值所在位置依次加深；运移出40cm土层的土壤硝态氮含量增多，

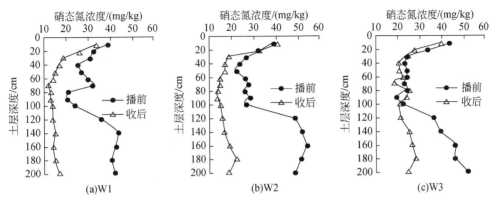

图9-33　不同改水成数播前和收后土壤硝态氮含量分布曲线

淋失率增大。随着生育期的推进，苗—拔节期土壤硝态氮淋失率逐渐增大。从畦首至畦尾土壤硝态氮运移深度加深，运移量增大，淋失率也增大，缩短畦长且减小改水成数可以有效减少氮素淋失。灌水对上层土壤硝态氮含量影响较大，收获期硝态氮残留主要分布在0~40cm土层，改水成数增加，当季残留量增大。

9.3.6　畦灌土壤硝态氮含量的均匀性

不同改水成数土壤硝态氮分布的均匀度见表9-12。由表9-12可以看出，W1和W2各生育期土壤硝态氮均匀度之间无显著差异；除越冬期外，W1和W3处理硝态氮均匀度均存在显著性差异，苗期和拔节期W1土壤硝态氮均匀度分别比W3高17%和15%。

表9-12　不同改水成数土壤硝态氮均匀度

改水成数	苗期	越冬期	拔节期
W1	0.704a	0.777a	0.661a
W2	0.663a	0.733a	0.626a
W3	0.601b	0.699a	0.570b

注：不同小写字母表示在同一列中数据间差异显著

不同畦长的土壤硝态氮分布均匀度见表9-13。由表9-13可以看出，随着畦长的增加，土壤硝态氮均匀度大体呈减小趋势，各生育期L80和L240土壤硝态氮均匀度均存在显著差异，L80较L240土壤硝态氮均匀度分别高出21%、24%和7%；越冬期L120和L240土壤硝态氮均匀度无显著差异，拔节期L80和L120土壤硝态氮均匀度无显著差异。

表9-13　不同畦长硝态氮均匀度

处理	苗期	越冬期	拔节期
L80	0.714a	0.819a	0.603a
L120	0.665ab	0.733b	0.692a
L240	0.589b	0.657b	0.563b

注：不同小写字母表示在同一列中数据间差异显著

土壤硝态氮均匀度受施肥后灌水的影响较大，苗期土壤硝态氮在畦田不同部位分布均匀性较差，越冬期土壤硝态氮含量均匀度在各个生育期最大，越冬期土壤硝态氮均匀度较苗期和拔节期分别高出12.2%和15.9%，这可能是因为播前化肥撒施后土地翻耕，加上上茬夏玉米收获后深层土体中硝态氮含量一致性差导致苗期土壤硝态氮均匀度较低。越冬期氮素深入土体，灌水对氮素的影响不局限于肥料冲刷，由于土壤胶体与土壤硝态氮均带负电荷，两者相互排斥，更多影响均匀度的是灌溉水入渗过程中带动硝态氮下移。拔节期追肥，仍采用表面撒施的方式，灌水水流推进过程中易携带化肥向畦尾移动，灌溉水在畦尾汇集，氮素在畦尾沉积量越大，导致畦田不同部位土壤硝态氮均匀度降低。土壤硝态氮的空间分布均匀度状况与改水成数、畦田规格、播前肥料的撒施均匀度、土壤上季作物收获后氮素残留状况以及作物生长状况有关。

图9-34表示不同改水成数土壤硝态氮分布均匀度。由图9-34可以看出，土壤硝态氮均匀度随着改水成数的增大而增大，均匀性与土壤含水量的均匀性变化趋势一致，这体现出土壤硝态氮随水分运移的特性。苗期与越冬期呈现出随着畦长的增大土壤硝态氮均匀性逐渐减小，拔节期L120土壤硝态氮含量均匀度最大，这可能是因为L120田面平整精度较好，灌水均匀度良好，所以硝态氮含量均匀度也较高。

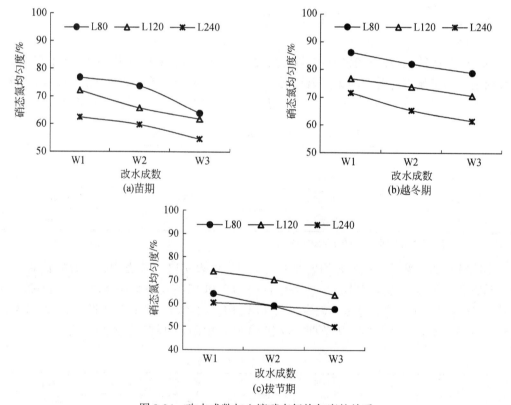

图9-34　改水成数与土壤硝态氮均匀度的关系

综上所述，W1和W2各生育期土壤硝态氮均匀度之间无显著差异，土壤硝态氮均匀度随着改水成数的增大而增大；L80和L240土壤硝态氮均匀度均存在显著差异，随着畦长的增大土壤硝态氮均匀性系数逐渐减小；苗期与拔节期施肥，灌水水流推进过程中易携带化肥向畦尾移动，灌溉水在畦尾汇集，氮素在畦尾沉积量越大，导致畦田不同部位土壤硝态氮均匀度降低。

9.4　冬小麦产量与土壤硝态氮含量的关系

9.4.1　不同改水成数冬小麦产量及构成因素

在收获期分别对冬小麦株数、穗粒数和产量进行了测定。不同改水成数冬小麦产量构成及其差异的检验结果见表 9-14。可以看出，W1 与 W3 的产量存在显著性差异，W3 较W1 增产 12.3kg/亩；各处理千粒重无显著性差异；W1 与 W2 株数无显著性差异；各处理间穗粒数为 W3>W2>W1，且差异性显著。研究表明，只有灌水量减少到一定程度才会对冬小麦的生长和产量造成不利影响，冬小麦节水潜力较大。

表 9-14　不同改水成数冬小麦产量构成

改水成数	产量/(kg/亩)	千粒重/g	株数/(株/m²)	穗粒数/粒
W1	430.6a	48.16a	579a	26.4a
W2	436.9a	47.72a	581a	28.5b
W3	442.9b	47.11a	682b	30.7c

注：不同小写字母表示在同一列中数据间差异显著

由图 9-35 可以看出，随着改水成数的增大产量呈现增大趋势，畦长越短，产量越大。L80、L120 和 L240 产量随不同改水成数线性变化，其拟合方程分别为

$$y = 3.516x + 477.12 \tag{9-3}$$
$$y = 3.4977x + 412.74 \tag{9-4}$$
$$y = 11.441x + 383.8 \tag{9-5}$$

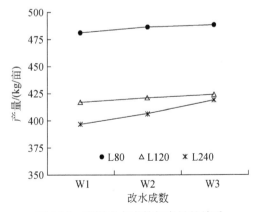

图 9-35　不同改水成数与产量的关系

L80 和 L120 拟合直线斜率小，接近水平线，表明产量受改水成数的影响较小，L240 产量受改水成数影响较大，产量明显较低。

由图 9-36 可以看出，随着改水成数的增加千粒重减小，L240 千粒重最大，L120 千粒重最小。L80、L120 和 L240 千粒重随改水成数线性变化，其拟合方程分别为

$$y=-0.7667x+49.095 \tag{9-6}$$

$$y=-0.472x+48.05 \tag{9-7}$$

$$y=-0.3368x+49.016 \tag{9-8}$$

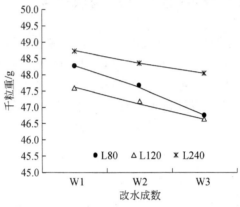

图 9-36　不同改水成数与千粒重的关系

各畦长拟合方程直线斜率无显著差异，说明畦长对冬小麦千粒重的影响无显著性差异。

由图 9-37 可以看出，随着改水成数的增大株数呈现增大趋势，L240 株数多于 L80 和 L120。各畦长株数随改水成数线性变化，其拟合方程分别为

$$y=33.475x+549.57 \tag{9-9}$$

$$y=42x+541 \tag{9-10}$$

$$y=48.4x+552.47 \tag{9-11}$$

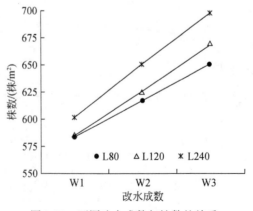

图 9-37　不同改水成数与株数的关系

随着畦长的增加，改水成数对株数的影响越显著，说明灌水量增加能够促进冬小麦植株营养生长，节间伸长，分蘖增多，成穗率高，易形成植株高、密度大的群体结构。

由图9-38可以看出，随着改水成数的增大，穗粒数呈现增大趋势，三种畦长均为W3穗粒数达到最大；L80穗粒数高于L120和L240，且L80受改水成数影响较大。各畦长穗粒数随不同改水成数线性变化，其拟合方程分别为

$$y = 2.9x + 23.52 \tag{9-12}$$
$$y = 1.98x + 24.673 \tag{9-13}$$
$$y = 1.55x + 24.507 \tag{9-14}$$

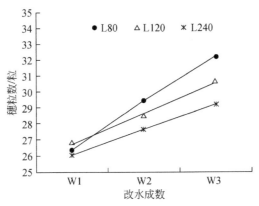

图9-38 不同改水成数与穗粒数的关系

9.4.2 畦田不同部位冬小麦产量及构成要素

对不同处理畦首、畦中和畦尾冬小麦产量及其构成要素进行测定，测定结果见表9-15。

表9-15 畦首、畦中、畦尾冬小麦产量构成

部位	产量/(kg/亩)	千粒重/g	株数/(株/m²)	穗粒数/粒
畦首	442.6a	48.01a	647a	29.2a
畦中	426.4ab	47.80b	620a	29.5a
畦尾	403.3b	47.31c	617a	30.8a

注：不同小写字母表示在同一列中数据间差异显著

由表9-15可以看出，畦田不同部位畦首、畦中和畦尾产量逐渐减小，畦首和畦尾存在显著性差异，畦首产量较畦尾高15.3%；畦田不同部位千粒重存在显著性差异，畦首>畦中>畦尾；株数和穗粒数无显著性差异。

由图9-39可以看出，从畦首至畦尾产量呈现减小趋势，L80产量最大，L120产量最低。L80、L120和L240产量随改水成数线性变化，其拟合方程分别为

$$y = -9.2239x + 488.78 \tag{9-15}$$
$$y = -37.815x + 468.96 \tag{9-16}$$

$$y = -24.982x + 456.86 \tag{9-17}$$

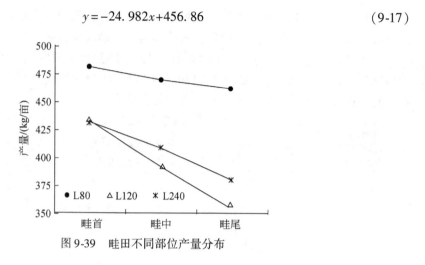

图 9-39　畦田不同部位产量分布

由图 9-40 可以看出，L80 从畦首至畦尾千粒重总体上呈增加趋势，畦田不同部位变化不大；L120 和 L240 不同部位千粒重逐渐减小，畦尾显著低于畦首。

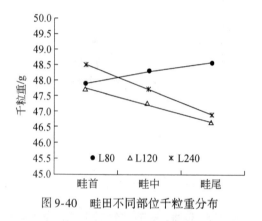

图 9-40　畦田不同部位千粒重分布

由图 9-41 可以看出，从畦首至畦尾株数总体上呈抛物线分布，L80 株数显著高于L120 和 L240，且三者均是畦中株数较多，畦首和畦尾株数少。

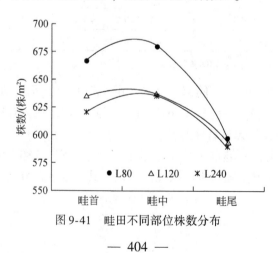

图 9-41　畦田不同部位株数分布

由图9-42可以看出，从畦首至畦尾小麦穗粒数总体上呈增加趋势，且畦尾较畦首增加幅度较大。畦长越长，小麦穗粒数平均值越大，L240较L80平均值高出5%。

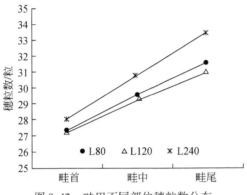

图 9-42　畦田不同部位穗粒数分布

综上所述，随着改水成数的增大，产量呈现增大趋势，W1与W3产量存在显著性差异，L240产量受改水成数影响较大；随着改水成数的增加，千粒重减少、株数增大、穗粒数增大；畦田不同部位畦首、畦中和畦尾产量逐渐减小，畦首和畦尾存在显著性差异，畦田不同部位千粒重减小并存在显著差异，株数减小、穗粒数增大，且无显著差异；L80时，畦首、畦中和畦尾空间变化差异的影响不大。

9.4.3　土壤含水量与产量因素关系

不同深度、不同生育期的土壤含水量与冬小麦各个产量要素相关系数见表9-16。

表 9-16　各层次土壤含水量与各产量因素之间的相关系数

生育期	土层深度/cm	产量/(kg/亩)	千粒重/g	株数/(株/m²)	穗粒数/粒
	0~40	0.858 *	0.785 *	1.000 *	0.809 *
苗期	40~100	0.970 *	0.993 **	0.781 **	0.558
	100~200	0.730 *	0.812 **	0.773 *	0.342
	0~40	0.768 *	0.716	0.591 *	0.890 *
越冬期	40~100	0.314	0.679 *	0.689 *	0.825
	100~200	0.693 *	0.601 *	0.229	0.606
	0~40	0.957 **	0.699 **	0.858 *	0.743 *
拔节期	40~100	0.977 **	0.512 **	0.808 **	0.674 *
	100~200	0.983 **	0.350 *	0.502	0.557 *
	0~40	0.529 *	0.315	0.308	0.988 *
收获期	40~100	−0.196	0.320	0.427	0.825
	100~200	−0.435	0.346 *	0.205	0.799

* 表示差异显著（$P<0.05$），** 表示差异极显著（$P<0.01$）

0~40cm和100~200cm土层土壤含水量与产量相关性较为显著，除苗期与拔节期外，产量与中层土壤含水量相关性未达到显著水平。拔节期各个土层含水量均与产量的相关性达极显著水平。成熟期土壤含水量对产量产生弱的负效应，说明土壤含水量对产量的影响重要性减弱，或者是受到其他不利天气条件的影响。

千粒重和全生育期不同深度土壤含水量呈现出正相关关系，苗期、越冬期和拔节期 40～100cm 和 100～200cm 土层的土壤含水量与千粒重的相关性均达显著水平 ($P<0.05$)，其中苗期和拔节期土壤含水量与千粒重呈极显著直线相关。生长前期土壤含水量与千粒重的相关显著性大于生长后期，且随着土层深度增加，相关性愈小。

生育前期 0～40cm 和 40～100cm 土层的土壤含水量与株数相关性显著，深度愈深，相关性愈小，收获期各个土层土壤含水量与株数相关性未达到显著水平。

全生育期 0～40cm 土层土壤含水量与穗粒数呈显著相关，拔节期各个土层土壤含水量与穗粒数的相关性均达显著水平 ($P<0.05$)，随着土层的加深，相关系数变小，说明穗粒数对深层土壤含水量的影响反应不敏感。

综上所述，苗期和拔节期各个土层土壤含水量对冬小麦产量因数的影响较大，越冬期次之，成熟期最小。因此，在灌溉制度制定和田间管理过程中应抓住苗期和拔节期这两个关键生长阶段，创造有利的土壤水分环境，以期达到冬小麦高产的目的。在各个土层壤含水量中，0～40cm 土层土壤含水量在生殖生长前对冬小麦产量因素影响最大，40～100cm 土层土壤含水量在冬小麦拔节后显现出重要作用。

9.4.4　土壤硝态氮含量与产量因素关系

不同深度、不同生育期的土壤硝态氮含量与冬小麦产量构成要素相关系数见表 9-17。

表 9-17　各层次土壤硝态氮含量与各产量因素之间的相关系数

生育期	土层深度/cm	产量/(kg/亩)	千粒重/g	株数/(株/m²)	穗粒数/粒
苗期	0～40	0.992**	1.000**	0.893**	0.793*
	40～100	0.456*	0.567*	0.658*	0.639*
	100～200	0.278	0.152	0.307	0.274
越冬期	0～40	0.769**	0.929**	0.981**	0.888**
	40～100	0.531*	0.490	0.887*	0.707*
	100～200	0.373	0.418	0.610	0.607
拔节期	0～40	0.977**	0.852**	0.907**	0.973**
	40～100	0.741*	0.459	0.558*	0.831**
	100～200	0.364	0.482	0.579	0.713
收获期	0～40	0.816**	0.960**	0.886**	0.886**
	40～100	0.522	0.627	0.513	0.780*
	100～200	0.305	0.211	0.421	0.507

＊表示差异显著 ($P<0.05$)，＊＊表示差异极显著 ($P<0.01$)

产量与 0~40cm 土层土壤硝态氮含量相关性极为显著，40~100cm 土层次之，相关性达显著水平。产量与苗期与拔节期 0~40cm 土层土壤硝态氮含量相关系数达到 0.9，说明这两个时期亩产量受土壤硝态氮含量影响较大。产量与拔节期 40~100cm 以上土层土壤硝态氮含量相关系数均较大，说明土壤硝态氮含量在拔节期对产量有关键作用。100~200cm 土层土壤硝态氮含量与产量相关关系在各时期均未达到显著水平，进一步说明作物对深层土壤硝态氮利用率低。

千粒重和全生育期不同深度土壤硝态氮含量呈现正相关关系，0~40cm 土层土壤硝态氮含量与千粒重相关系数接近 1，达到极显著相关关系。苗期与拔节期 40~100cm 土层土壤硝态氮含量与千粒重达到相关关系，但相关系数较 0~40cm 土层小。越冬期和成熟期 40~100cm 土层土壤硝态氮含量与千粒重的相关性均未达显著水平，各生育期 100~200cm 土层土壤硝态氮含量与千粒重相关系数较小，且未达到显著水平。

除收获期 40~100cm 土层外，各生育期 0~40cm 和 40~100cm 土层土壤硝态氮含量与株数相关性显著，土层深度愈深，相关系数越小，其中越冬期 0~40cm 土层土壤硝态氮含量与株数的相关系数达到 0.981，收获期土壤硝态氮含量与株数相关性小，因为分蘖形成的关键期是越冬—返青期。

苗期 0~40cm 和 40~100cm 土层土壤硝态氮含量与穗粒数的相关系数较小，但也达到显著水平，这是因为苗期土壤硝态氮含量决定了冬小麦出苗的基本生长状况，而穗粒数的形成时期主要在拔节后。越冬期、拔节期和收获期 0~40cm 土层土壤硝态氮含量与穗粒数呈极显著相关，且相关系数较大。各生育期 100~200cm 土层土壤硝态氮含量对穗粒数的贡献值较小，说明穗粒数对深层土壤硝态氮含量反应不敏感。

综上所述，土壤垂直剖面硝态氮含量与产量及其构成要素的影响相关系数从地表至深层逐渐减小。与土壤含水量对产量构成要素相关关系不同的是，深层土壤硝态氮含量与产量构成要素之间相关关系均较小，且没有达到显著水平，这说明，在作物生长过程中，深层土壤水分在毛细管力作用下能够上升至根系活动层被吸收利用，或者冬小麦较深根系发挥吸水功能，而对深层土壤硝态氮直接吸收利用量少，所以，土壤深层硝态氮对产量及其构成要素的贡献不大。综合硝态氮自身易被淋洗的特点，在选择灌水技术参数和畦田规格时应当考虑到土壤硝态氮淋失问题，尽量在保证水流能够到达畦尾的条件下选择较小的改水成数与畦田长度。

9.5 小 结

通过分析不同改水成数和不同畦长设置条件下冬小麦全生育期土壤贮水量的变化，土壤水氮时空分布，灌水前后土壤水氮的垂直分布，不同畦长水氮产量变化的研究表明：

1) 同一畦长时各生育期土壤贮水量均表现出畦尾>畦中>畦首，且随着畦长的增加，土壤贮水量呈增加趋势，这与不同改水成数处理条件下变化趋势基本相同。由于冬小麦从苗期生长到成熟，植株逐渐增高、叶面积指数逐渐增大，水分消耗逐渐增加，土壤贮水量呈下降趋势，所以灌水后土壤贮水量显著增加，至下一灌水时期前土壤贮水量因作物消耗减少。

2）W1 和 W2 各生育期土壤硝态氮均匀度之间无显著差异，土壤硝态氮均匀度随着改水成数的增大而增大；L80 和 L240 土壤硝态氮均匀度均存在显著差异，随着畦长的增大土壤硝态氮均匀性系数逐渐减小；苗期与拔节期施肥，灌水水流推进过程中易携带化肥向畦尾移动，灌溉水在畦尾汇集，氮素在畦尾沉积量大，导致畦田不同部位土壤硝态氮均匀度降低。越冬期土壤硝态氮均匀度较苗期和拔节期高。

3）随着改水成数的增大产量呈现增大趋势，W1 与 W3 产量存在显著性差异，L240 产量受改水成数影响较大；随着改水成数的增加，千粒重减少、株数增大、穗粒数增大；畦田中畦首、畦中和畦尾产量逐渐减小，畦首和畦尾存在显著性差异。

4）土壤垂直剖面硝态氮含量与产量及其构成要素的影响相关系数从地表至深层逐渐减小。土壤深层硝态氮对产量及其构成要素的贡献不大。为减少深层土壤硝态氮淋失，适当减小畦田长度，并尽量在保证水流能够到达畦尾的条件下选择较小的改水成数。

第10章 泾惠渠灌区地面灌溉技术参数与田间工程技术

畦灌是大田作物广泛采用的一种灌水方法，其灌水质量评价及合理的灌水技术参数优化组合一直是人们长期研究的重要课题。土壤入渗特性研究大多是利用双环入渗仪进行土壤点状入渗试验，供试面积小，结果往往具有明显的点状或局部特征，受土壤特性空间变异性的影响，难以反映小区整体的变化情况。影响大田土壤水分入渗特性的因素主要有土壤质地、土壤结构、土壤含水量和土壤有机质等。由于农作物的生长等因素影响，在冬小麦夏玉米轮作周期内，田面综合糙率系数也存在明显的时空变异性。在这种变异条件下，灌溉效果也必然发生较大的变化，采用相同的灌水技术参数则显著降低了畦灌灌溉质量。

本章采用理论分析、田间试验研究以及数值模拟相结合的研究方法，利用地面灌溉模拟软件 WinSRFR 对泾惠渠灌区不同灌水时期土壤入渗参数及田面综合糙率系数进行优化反求，同时利用 WinSRFR 模型和二次回归正交设计相结合，研究不同生育期不同灌水定额下泾惠渠灌区地面灌溉合理灌水技术参数。以建设生态型灌区的标准对灌区田间道路、斗农渠规格、畦长和畦宽、田间量水设施、田间林网规格提出了泾惠渠灌区的田间工程技术，通过数据模拟，提出了田间半圆柱形量水槽及施工方案。

10.1 试 验 方 案

试验在泾惠渠灌区桥底镇直14斗进行，试验设置了80m、120m和160m三个畦田长度，畦田具体布置如图10-1所示。泾惠渠灌区土壤物理参数见表10-1。畦灌试验时间为2012年10月~2015年6月。

试验区面积共2hm²左右，试验区原田块长度为235m，畦宽为2.3~4.8m，坡度为0.0017~0.0053m/m。灌水前分别测量每个畦田的宽度、坡度、土壤入渗参数，灌水时测量流量、畦田内水流推进、消退和水深。

（1）土壤入渗参数的测定

土壤入渗参数采用双环入渗仪测量。

（2）入畦流量测量

通过斗渠上无喉道量水槽测量，并使用LS45A型旋杯式流速仪在农渠上校正。

（3）水流推进、消退数据和水深的测量

灌水前沿灌水方向每隔10m插一面小旗子作为标记，灌水时观测和记录水流推进和消

—409—

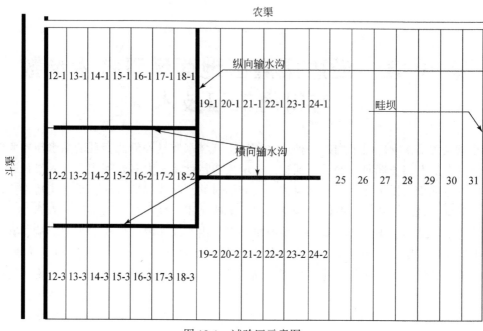

图 10-1　试验区示意图

退到达各测点的时间。水深的测量在小旗子附近插一塑料直尺,灌水时每隔 5～10min 观测一次每个测点的水深变化。

(4) 坡度的测量

每块畦田的坡度通过水准测量仪测高程计算得到。

(5) 土壤含水量测定

土壤含水量采用 TRIM-TDR 水分测量仪和烘干法测量,测量深度为 2m。

(6) 土壤容重测定

采用环刀法测 200cm 土层深度的干容重,每 10cm 三次重复取样,最后取 200cm 内土层容重的平均值为试验田的容重。

表 10-1　泾惠渠灌区土壤物理参数表

土层厚度/cm	土壤颗粒体积分数/%			土壤质地
	黏粒	粉砂粒	砂粒	
0～30	23.9	45.6	30.5	粉砂质黏壤土
30～60	21.4	49.7	28.9	粉砂质黏壤土
60～100	22.8	48.7	28.5	粉砂质黏壤土

（7）作物生理、生态指标和产量的测量

试验田上种植冬小麦和夏玉米，对于每个畦田，分别测量作物的株高、茎粗、叶面积指数、覆盖度等指标，每个生育期测量一次。收获后测量地上部分和地下部分干物质及产量。

（8）气象数据和降水量的测量

采用泾阳气象站和三原气象站的数据。

10.2　土壤入渗参数及田面综合糙率系数优化求解

畦灌作为最主要的灌水方式，田面综合糙率系数和土壤入渗参数是地面灌溉优化设计、评价灌水质量的重要指标。田面综合糙率系数的获取包括曼宁公式法、灌溉模拟模型优化反求法等；土壤入渗参数的获取包括田间试验测定、基于水量平衡原理的灌水资料直接估算和借助灌溉模拟模型优化反求三种方式。本研究采用曼宁公式法直接测定田面综合糙率系数，借助灌溉模拟模型 SRFR 对田面入渗参数进行优化求解。

10.2.1　田面综合糙率系数求解

畦灌水流运动过程中，田面综合糙率系数 n 的确定是一个比较复杂的问题。影响田面综合糙率系数大小的因素较多，包括土壤质地、田面粗糙程度、作物疏密及长势情况等。同时，在不同灌水季节和田间耕作情况下，田面综合糙率系数差别较大。美国农业部水土保持局基于大量田间试验，将田面综合糙率分为 5 种情况，见表 10-2。

表 10-2　不同作物种植情况下田面综合糙率系数

指标	裸地	小的粮食作物	苜蓿类播撒作物	长畦密植作物	纵横交错的密植作物
n	0.04	0.10	0.15	0.20	0.25

这种田面综合糙率系数分类方法考虑了作物种植情况，但没有考虑不同灌季和田块平整精度的影响。鉴于以上，本研究选取曼宁公式通过对灌溉水面特征的概化，进行灌区田面综合糙率系数的求解，曼宁公式为

$$n = \frac{J^{0.5}h^{1.67}}{q} \tag{10-1}$$

式中，n 为田面综合糙率系数；J 为田块坡度（m/m）；h 为畦首处水深（m）；q 为田间实测单宽流量 [L/(s·m)]。求解结果见表 10-3。

表 10-3   泾惠渠灌区不同灌水时期田面综合糙率系数平均值

灌水日期	田面综合糙率系数 n	灌水日期	田面综合糙率系数 n
2013 年 6 月 16 日	0.09	2014 年 6 月 16 日	0.08
2013 年 8 月 16 日	0.08	2014 年 7 月 25 日	0.07
2013 年 10 月 20 日	0.06	2014 年 11 月 3 日	0.05
2014 年 1 月 11 日	0.11	2015 年 1 月 14 日	0.09
2014 年 4 月 2 日	0.20	2015 年 3 月 11 日	0.18

10.2.2   土壤入渗参数求解

采用 WinSRFR4.1 模型中的灌溉分析评价模块进行土壤入渗参数的优化反求。该模型提供了两种推求方法：①根据水量平衡原理，由实测的水流推进及消退数据对入渗参数进行反求（Merriam-Keller post-irrigation volume balance analysis）；②采用田间两点法，即仅仅依据沿畦长方向的两个位置的水流推进实测数据进行土壤入渗参数估算（Elliot-Walker two-point method analysis）。由于两点法波动性较大，因此利用第一种方法对土壤入渗参数进行优化反求。

由于本试验畦灌过程较短，因此选取考斯加科夫（Kostiakov）土壤入渗模型进行土壤入渗参数变化规律研究，公式如下：

$$I_t = K \times t^{\alpha} \tag{10-2}$$

式中，t 为受水时间；I_t 为 t 时刻土壤累积入渗量（mm）；K 为入渗系数；α 为入渗指数。

选用 WinSRFR4.1 模型对地面灌溉水流运动过程进行模拟时，水流运动模型选为零惯量模型（Zero-Ineria）：

$$\frac{\partial A}{\partial t} + \frac{\partial Q}{\partial \chi} + \frac{\partial Z}{\partial t} = 0 \tag{10-3}$$

$$\frac{\partial \gamma}{\partial \chi} = S_0 - S_f \tag{10-4}$$

式中，A 为过水断面的面积（m²）；t 为灌水时间；Q 为任意 t 时刻进入田块水流流量（m³/s）；χ 为水流推进距离（m）；Z 为单位面积上的累积入渗量（m³）；γ 为水深（m）；S_0 为地面坡度；S_f 为水流阻力坡降。

10.2.3   土壤入渗参数及糙率系数年变化规律

土壤入渗性能主要受耕作层土壤容重及土壤含水量的影响，土壤容重本质上是土壤紧实程度的间接反映，主要受土粒密度和土壤孔隙两方面的影响，从而影响了农田土壤水分入渗性能；田间土壤含水量的变化导致湿润区内入渗水流平均势梯度的不同，在一定程度上影响了农田土壤水分入渗性能。2013 年 6 月～2015 年 6 月冬小麦夏玉米复种体系下不同灌水时期以及降水前后测量的耕作层土壤容重变化如图 10-2 所示。

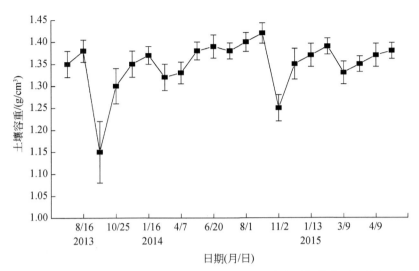

图 10-2　2013～2015 年冬小麦夏玉米复种体系下不同灌水时期耕作层土壤容重变化

夏玉米播种方式是留茬免耕播种，对地表土壤结构破坏性较小，经过前期冬小麦地灌水降水等压实作用，夏玉米地有较紧实、稳定的土壤结构，耕作层土壤容重较大，此时期（2013 年 6 月 15 日）夏玉米耕作层土壤容重达到 $1.35g/cm^3$，土壤含水量约为 17%，为了保证夏玉米正常出苗率，2013 年 6 月 16 日进行了夏玉米第 1 次灌水。而此后时期干旱少雨，夏玉米遮阴率低，表土较易形成干土层，此时期土壤水分的消耗主要是在干土层以下的界面以水汽扩散的形式进行，耕作层土壤结构相对保持稳定，容重变化不大。之后又经过几次降水的压实作用，因此到第 2 次灌水前（2013 年 8 月 15 日），耕作层土壤容重增加至 $1.38g/cm^3$，土壤含水量约为 16.9%。2013 年 10 月初夏玉米收割后，由于实行了秸秆还田以及土壤深翻等农艺措施，使得冬小麦前期耕作层土壤结构遭到破坏，变得比较疏松。到冬小麦第 1 次灌水前（2013 年 10 月 17 日）耕作层土壤容重达到最小值为 $1.15g/cm^3$。2013 年 10 月 20 日进行了冬小麦第 1 次灌水，此时土壤耗水较大，灌溉过程中地表土壤结构再次被破坏。冬小麦耕作层土壤逐渐密实，灌水过后（2013 年 10 月 28 日）土壤容重增加至 $1.29g/cm^3$。且随着后续的几次降水对地表的压实作用，耕作层土壤容重持续增大，到冬灌前（2014 年 1 月 8 日）达到 $1.35g/cm^3$，此时土壤含水量为 19%。为了保证冬小麦能够顺利越冬，2014 年 1 月初，对冬小麦进行了第 2 次灌水，灌水过后土壤容重稍稍增加。随后冬小麦地表温度逐渐降低，蒸发蒸腾降至最低。春天表土层逐渐升温，加之冬小麦返青后根系生长较快，使得耕作层土壤容重较之前有所减小。这段时期水分消耗主要以植株蒸腾为主，且降水较少，地表很难形成较厚的干土层，结构较为稳定，到第 3 次灌水（2014 年 4 月 1 日）前，耕作层土壤容重为 $1.32g/cm^3$。之后经过了一段长时间的持续降水，对耕作层土壤的压实作用较为明显，降水结束后（2014 年 6 月 2 日）土壤容重增加至 $1.38g/cm^3$，2014 年 6 月初冬小麦收获。2014 年 6 月～2015 年 6 月进行了第 2 年试验，土壤结构变化规律与第 1 年变化类似。特别说明的是，由于夏玉米后期降水时间较长，降水量较大，夏玉米收获时，土壤含水量较大，冬小麦采用了浅耕播种技术，此时耕作层土壤容重较前一年有所增大。泾惠渠灌区不同灌水时期入渗参数值变化如图 10-3 所示。

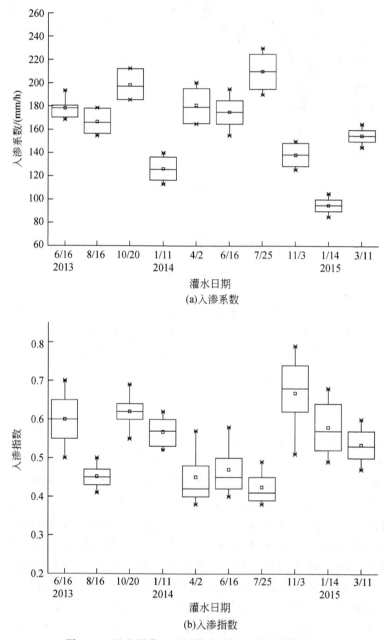

(a)入渗系数

(b)入渗指数

图 10-3　泾惠渠灌区不同灌水时期入渗参数值变化

依据试验结果，应用数理统计方法建立了考斯加科夫土壤入渗模型中入渗系数 K、入渗指数 α 与土壤容重 γ_d、土壤质量含水量 θ_m 间的经验模型。并对其偏回归系数值进行了检验。回归分析及方程检验结果见表10-4。

表10-4 入渗系数 K、入渗指数 α 与土壤容重 γ_d、土壤质量含水量 θ_m 之间回归方程及偏回归系数检验

参数	回归方程	校正 R^2	偏回归系数	P 值
入渗系数 K	$K = -138.8\ln\gamma_d - 422.09\ln\theta_m - 536.5$	0.846	$a = -138.8$	0.001
			$b = -422.09$	0.02
			$c = -536.5$	0.002
入渗指数 α	$\alpha = -0.873\ln\gamma_d + 0.741\ln\theta_m + 2.074$	0.741	$a = -0.873$	0.01
			$b = 0.74$	0.006
			$c = 2.074$	0.00

随着土壤容重 γ_d 的增大，土壤入渗系数 K 逐渐减小，入渗指数 α 逐渐减小。耕作层土壤容重越小，即土壤结构越疏松，疏松土壤孔隙率比较大，连通性较好，对入渗水分运动的阻力较小，因而灌溉水进入田间后的第一个单位时间入渗量大，表现为土壤入渗系数 K 增大。而对于较大的土壤容重，表现为土壤密实度增加，孔隙率减小，孔隙连通性差，表现为灌溉水进入田间后在第一个单位时间内入渗量小。随着土壤容重 γ_d 的增加，考斯加科夫土壤入渗模型入渗系数 K 值越小；入渗指数 α 的大小决定于由土体湿润而引起的土壤结构的改变。大部分学者研究认为，在土壤质地不变的情况下入渗指数 α 保持不变。而在田间由于耕作措施以及灌溉、降水等作用对耕作层土壤扰动较大，破坏了土壤本身的结构，因此，在土壤质地不变的情况下，由于土壤容重的变化也会导致经验入渗指数 α 的变化较大。李卓等（2009）认为，容重较小的土壤，大孔隙较多，土壤内部连通性较好。当灌溉水进入田间，土粒遇水作用膨胀后，土壤孔隙内部的气体可以较快地排放出来，从而有效减小了入渗过程中的气相阻力，入渗能力的衰减速度减慢。

土壤入渗系数 K 随土壤含水量的增大而减小，其可能原因是，在开始入渗后的很短时间内，水分很快会使地表一定厚度内的土壤达到准饱和，在过水面积一定的情况下，入渗通量取决于势梯度，而势梯度的大小主要取决于土壤含水量。土壤含水量越高，入渗水势梯度越小，入渗通量也就越小。因此，土壤含水量越高，则土壤经验入渗系数 K 越小。相应地，当土壤含水量较大时，土壤内部孔隙率变小，土壤内部的连通性较差，气相阻力变大，入渗能力降低，水分填充土壤孔隙的能力降低，从而入渗能力的衰减速度相应地变小；当土壤含水量较小时，土壤内部孔隙率变大，入渗能力增大，水分将很快地填充到土壤内部孔隙中。之后，随着孔隙率变小，气相阻力增大，土壤入渗能力逐渐减小。因此，入渗能力的衰减速度随着土壤含水量的减小而增大，即入渗指数 α 随着土壤含水量的增大而增大。

10.3 畦灌灌水质量影响因素分析与评价

10.3.1 灌水质量评价指标

畦灌灌水质量评价指标通常包括灌水效率 E_a、灌水均匀度 E_d 及储水效率 E_s，各灌水质量评价指标表达式如下。

$$E_a = \frac{W_s}{W_f} \times 100\% \tag{10-5}$$

$$E_d = \frac{Z_{min}}{Z_{av}} \times 100\% \tag{10-6}$$

$$E_s = \frac{W_s}{W_n} \times 100\% \tag{10-7}$$

式中，W_s 为灌后储存于土壤计划湿润层中的水量（mm）；W_f 为灌入田间的总水量（mm）；W_n 为计划湿润层理论需水量（mm）；Z_{av} 为整个畦（沟）长的平均入渗深度（m）；Z_{min} 为田间入渗水量最少部分田块的平均入渗水深（m），通常用入渗最少的 1/4 畦（沟）长的平均入渗水深来表示。Z_{av} 可以表示为

$$Z_{av} = \frac{\int_0^L Z dx}{L} \tag{10-8}$$

式中，Z 为单位面积累积入渗量（m）；L 为畦（沟）长（m）。

10.3.2 灌水质量影响因素分析

影响地面灌水质量的变异性因素很多，主要因素可分为自然性能因素（土壤质地、入渗性能、田面综合糙率系数、作物种类等）及灌水技术因素（田块长度、田块宽度、灌水流量、灌水时间或改水成数等），这些因素的变化和波动都影响灌水质量。

10.3.2.1 土壤入渗参数及糙率系数对灌水质量的影响分析

（1）入渗系数对灌水效果的影响

入渗系数（K）对水流推进过程和消退过程都有显著影响［图 10-4（a）和图 10-4（b）］，随着入渗系数的增大，水流在向畦田下游推进的时候，入渗速率变大，水流推进速度减慢，时间增加，入渗量变大，水流推进曲线变陡，而水流消退曲线逐渐变得平缓，尾部积水消退加快。当入渗系数较小时，入渗速率也较小，水流推进很快，田面受水时间不足，造成畦田上游段入渗量达不到计划灌水量，同时大量灌溉水积累在畦尾，使得入渗量过大和积水短时间难以消退。当入渗系数增大到合适值时，如 $K = 150$mm/h 左右时，入渗速率适中，水流推进不是很快，田面受水时间较为充分，入渗量满足灌水需求，同时畦尾积水

也不是很多。随着入渗系数继续增大，入渗速率变得过大，使得水流推进很慢，田面受水时间过长，造成畦田上游段深层渗漏过多，而畦田下游段相对较少，以至不能满足灌水要求［图10-4（c）］。灌水效率和灌水均匀度随入渗系数增大先增加再减小，并且灌水均匀度的敏感性大于灌水效率，而储水效率先逐渐增大然后稳定在100%最后又减小。这是由于入渗系数较小时，入渗速率较小而水流推进较快，灌溉水入渗不足在畦尾大量聚集，造成3个灌水指标均较低，当入渗系数 $K=150mm/h$ 左右时，入渗速率和水流推进速度适中，田面受水时间较充分且相对均匀，使得灌水质量达到最高，而当入渗系数较大时，水流推进较慢而入渗速率较大，使畦田上游段入渗水量过大并导致大量深层渗漏但畦尾受水不足，造成灌水效率和灌水均匀度较低而储水效率也开始下降［图10-4（d）］。

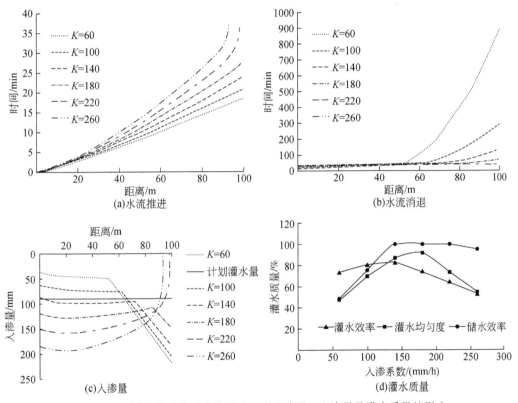

图10-4　不同入渗系数对水流推进、水流消退、入渗量及灌水质量的影响

（2）入渗指数对灌水效果的影响

入渗指数（α）对水流推进过程和水流消退过程都有显著影响。由于水流推进较快，整个过程小于1h，所以随着入渗指数的增大，水流在向畦田下游推进的时候，入渗速率变小，水流推进速度加快，水流推进曲线变缓，入渗时间减小，入渗量变小，而同时水流消退曲线逐渐变得平缓，尾部积水消退加快，这是由于时间大于1h，入渗指数大，入渗量大［图10-5（a）和图10-5（b）］。入渗指数对水分入渗量影响很大，随着入渗指数增大，入渗量由远超计划灌水量到达不到灌水要求，这是由于入渗指数变

大，使 1h 内的入渗速率变小，水流推进加快，造成受水时间减少和不足，从而畦田入渗量也减少和不足［图 10-5（c）］。灌水效率和灌水均匀度先随入渗指数增大而增加，然后再随入渗指数增大而减小，储水效率先保持不变最后随入渗指数增大而减少。当入渗指数较小时，水流推进慢，再加上畦田受水时间长和入渗速度快，造成整块畦田入渗量过大且畦尾积水很大，所以灌水效率及灌水均匀度不高。当入渗指数适中时，整个畦田受水时间均匀且入渗量减小，因此灌水均匀度和灌水效率提高，而当入渗指数过大时，水流过快，整块畦田上游段入渗量不足，达不到灌水要求，同时又在畦尾产生深层渗漏，造成灌水效率、灌水均匀度和储水效率都降低［图 10-5（d）］。

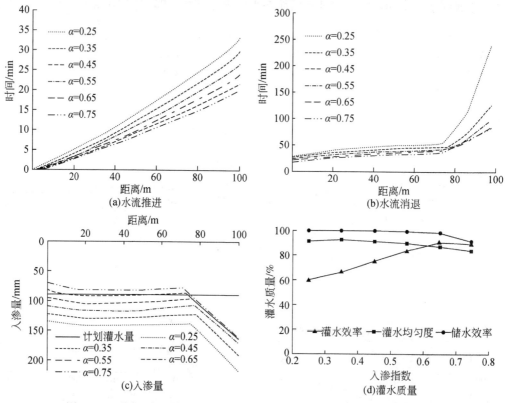

图 10-5　不同入渗指数对水流推进、水流消退、入渗量及灌水质量的影响

（3）糙率系数对灌水效果的影响

随着糙率系数（n）的变大，田面水流推进过程受到的阻力会加大，水流推进的时间变长，水流消退的时间也随着增加；随着糙率系数的增大，水流推进曲线变陡，而水流消退曲线尤其是畦尾积水越来越多，表明当糙率系数增大时，整个畦田上水分入渗时间会增加，并且畦尾部分的深层渗漏量会快速增大［图 10-6（a）和图 10-6（b）］。当糙率系数较小时，水流受到的田面阻力较小，水流快速流向畦田下游部分，快速到达改水的距离，造成整个畦田上水流停留时间较短，入渗深度处达不到需水要求。随着糙率系数的增大，水流受到的田面阻力增大，水流在畦田田面停留的时间会增长，逐渐达到灌水要

求。当糙率系数继续增大时，水流会在上游部分产生深层渗漏，同时，在畦尾也造成大量积水 [图 10-6（c）]。随糙率系数的增大，灌水效率持续下降，灌水均匀度先增加，在 $n=0.1$ 左右达到最大，之后又逐渐降低，而储水效率先快速增加而在 $n=0.1$ 后逐渐趋于 100%。这是因为当糙率系数较小时，灌溉水流受到的田面阻力较小，水流推进很快，很快到达改水控制点，造成畦田田面受水短，灌水量不足和畦田尾部更加欠水，出现灌水均匀度和储水效率较低而灌水效率很高。当糙率系数较大时，水流阻力加大，水流推进缓慢，畦田受水时间增加，入渗量增加，整个畦田深层渗漏量增加，造成灌水效率和灌水均匀度降低。灌水效率下降的幅度大于灌水均匀度，说明灌水效率对糙率系数的敏感性大于灌水均匀度 [图 10-6（d）]。

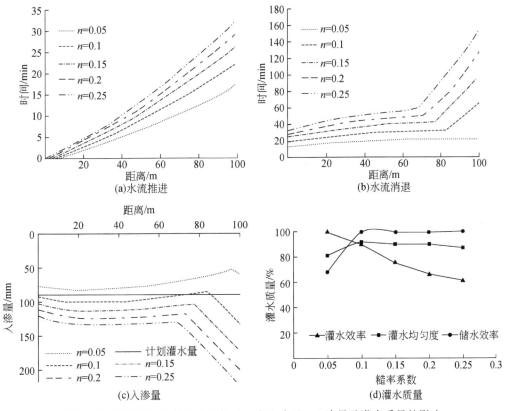

图 10-6　不同糙率系数对水流推进、水流消退、入渗量及灌水质量的影响

10.3.2.2　畦田规格对灌水质量的影响

（1）畦长对灌水效果的影响

畦长（L）对水流推进过程几乎没有影响。畦田长度对水流消退过程的影响较为明显，主要表现为水流消退的时间随着畦长的增加逐渐增加，使畦田的入渗量不断增加 [图 10-7（a）和图 10-7（b）]。当畦田长度较短时，灌溉水在畦田上游段入渗较少，甚至达不到需水要求，

但是在畦田下游段会产生深层渗漏。当畦田长度变长时，入渗量逐渐大于灌水定额，并在上游段产生较大的深层渗漏，同时在畦尾产生大量积水。因此，畦田长度的变化对土壤水分入渗分布有重要的影响，应结合其他灌水技术参数选则合理的畦长范围［图10-7（c）］。当入渗能力不变时，在相同的流量、坡度和糙率系数下，灌水效率随着畦田长度的增长而逐渐降低，灌水均匀度和储水效率都是先随着畦田长度的增长而增大，但随后，灌水均匀度缓慢减小，而储水效率保持不变。此外，畦田长度对灌水效率的影响比对灌水均匀度及储水效率的影响大［图10-7（d）］。

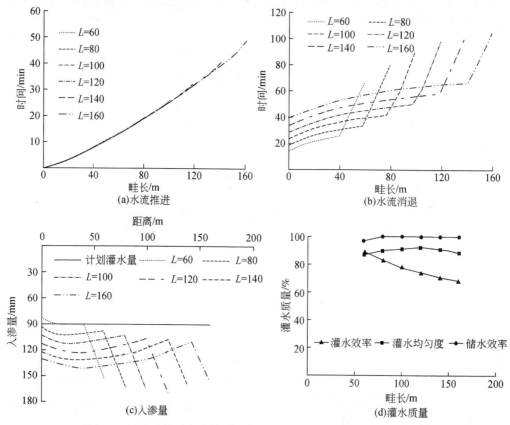

图 10-7　不同畦长对水流推进、水流消退、入渗量及灌水质量的影响

（2）畦宽对灌水效果的影响

对于研究区域，入畦流量为 30～40L/s，当畦宽变化时，最终也体现在单宽流量的变化上，为了避免重复，把畦宽对田面水流运动、土壤水分入渗以及灌水质量的影响合并到单宽流量对田面水流运动、土壤水分入渗以及灌水质量的影响中。

（3）畦田坡度对灌水质量的影响

畦田坡度对灌水质量的影响如图 10-8 所示，在其他条件一定时，在选定的畦田坡度范围内，储水效率没有明显变化且满足灌水量的要求，随着畦田坡度增大，灌水效率缓慢增加，而灌水均匀度则先随坡度的增大而增大，之后又随坡度的增大而减小，并且，灌水效率随田面坡度变化的程度大于灌水均匀度随田面坡度变化的程度。

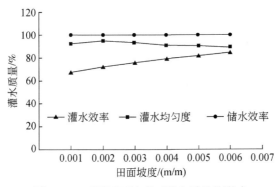

图 10-8　不同田面坡度对灌水质量的影响

10.3.2.3　管理参数对灌水质量的影响

（1）单宽流量对灌水效果的影响

单宽流量（q）对水流推进的过程影响明显，单宽流量大，水流推进快，随着单宽流量加大，水流推进曲线逐渐变缓，即水流到达畦尾所用的时间减少；但是当流量到达一定程度后［如 q 大于 11L/（m·s）］，影响减弱［图 10-9（a）］。单宽流量对水流消退的过程影响不是很显著，水流消退曲线比较均匀，随着单宽流量越大，除因为设置的改水成数偏大，造成尾部积水消退较慢外，畦田其他部位水流消退时间变短［图 10-9（b）］；流量较小时，灌溉水会在畦田上游部分产生较大的渗漏，但畦田下游部分达不到灌水要求，这是因为单宽流量小，水流速度慢，在畦田上游部分滞留时间较长，产生较大的渗漏，而畦田下游部分入渗时间相应较短，因此，畦尾部分没有达到计划灌水量；随着单宽流量的加大，畦田上水量的入渗逐渐变得均匀，但是当单宽流量增大到 11L/（m·s）时，畦田的上游部分入渗深度逐渐减少，并且畦田下游段深层渗漏逐渐增加［图 10-9（c）］。当其他条件都不变时，灌水效率、灌水均匀度及储水效率都是先随单宽流量加大而增大，其后，又随着单宽流量的增大而减小。单宽流量对灌水均匀度和储水效率的影响比对灌水效率的影响明显［图 10-9（d）］。

（2）改水成数对灌水效果的影响

改水成数（G）对水流推进影响不显著，只有当 $G<0.7$ 时，在改水之后水流推进曲线出现分散，当 $G>0.7$ 时，水流推进曲线几乎一致［图 10-10（a）］。改水成数对水流消退曲线的影响显著，主要表现为随着改水成数增大，入畦水量增多，消退时间和入渗量增加，畦尾深层渗漏量加大［图 10-10（b）］。改水成数对畦田水分入渗的分布影响较大。当改水成数较小时，灌水时间较短，入畦水量不足，造成畦尾灌水不足；当改水成数合适时，如 $G=0.7$ 左右，水分入渗量分布比较均匀，深层渗漏量也较少；当改水成数过大时，

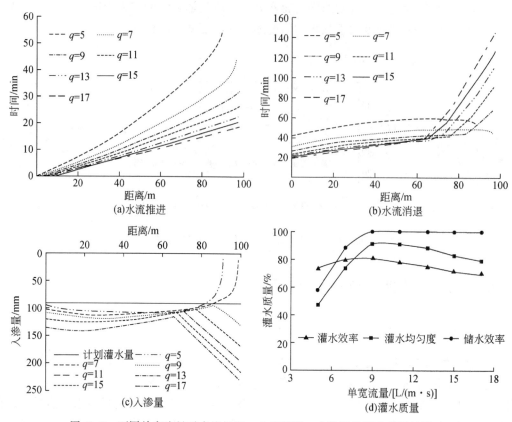

图 10-9　不同单宽流量对水流推进、水流消退、入渗量及灌水质量的影响

使得整块畦田入渗量过多且畦尾大量积水，均匀度降低［图 10-10（c）］。灌水效率随改水成数增加逐渐降低，这是由于随改水成数增大，入畦水量不断增加，使得深层渗漏量增加。灌水均匀度先随改水成数增加而增加，然后随改水成数增加又降低，这是因为当改水成数较小时，灌水时间短，造成畦尾灌水量不足；当改水成数合适时，在 $G=0.7$ 左右，水分入渗量分布比较均匀，因而灌水均匀度高；当改水成数过大时，使得畦尾聚集大量积水，深层渗漏严重，均匀度降低。储水效率随改水成数增加而增加最后保持不变，是由于

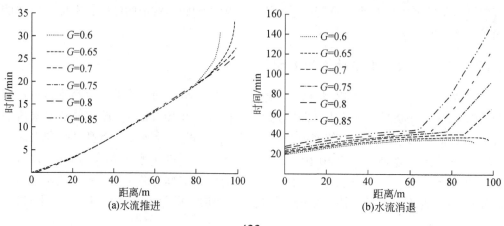

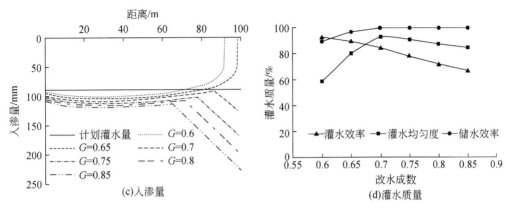

图 10-10 不同改水成数对水流推进、水流消退、入渗量及灌水质量的影响

改水成数较小时，畦尾灌水量不足，水分欠缺，当改水成数增大时，整块畦田开始产生渗漏，灌水量都是十分充足 [图 10-10 (d)]。

10.4 泾惠渠灌区地面灌溉合理灌水技术参数

10.4.1 不同灌水时期灌水质量变异性评价

10.4.1.1 土壤入渗参数及田面综合糙率系数的时间变异性

为了探究冬小麦夏玉米复种周期内的变异特征，引入变异系数 CV 评价模型土壤入渗参数及田面综合糙率系数的时间变异性。当 CV≤0.1 时，为弱变异性；当 −0.1<CV<1.0 时，为中等变异性；当 CV≥1.0 时，为强变异性。由表 10-5 可以看出，2013～2014 年和 2014～2015 年两个复种周期内入渗系数 K 最大值分别为 199.4mm/h 和 208.0mm/h，最小值分别为 126.1mm/h 和 95.8mm/h，CV 分别为 0.16 和 0.27，均达到了中等变异性；入渗指数 α 最大值分别为 0.62 和 0.66，最小值分别为 0.45 和 0.43，CV 分别为 0.15 和 0.18，均达到了中等变异性；田面综合糙率系数 n 最大值分别为 0.20 和 0.18，最小值分别为 0.06 和 0.05，CV 分别为 0.50 和 0.51，均达到了中等变异性。

表 10-5 泾惠渠灌区不同灌水时期土壤入渗参数及田面综合糙率系数优化值

轮作周期	灌水时间	入渗系数 K/(mm/h)	入渗指数 α	田面综合糙率系数 n
2013～2014 年	2013 年 6 月 16 日	178.3	0.60	0.09
	2013 年 8 月 16 日	166.5	0.45	0.08
	2013 年 10 月 20 日	199.4	0.62	0.06
	2014 年 1 月 11 日	126.1	0.57	0.11
	2014 年 4 月 2 日	180.4	0.45	0.20
变异系数 CV		0.16	0.15	0.50

轮作周期	灌水时间	入渗系数 $K/$(mm/h)	入渗指数 α	田面综合糙率系数 n
2014~2015 年	2014 年 6 月 16 日	175.0	0.47	0.08
	2014 年 7 月 25 日	208.0	0.43	0.07
	2014 年 11 月 3 日	138.0	0.66	0.05
	2015 年 1 月 14 日	95.8	0.58	0.09
	2015 年 3 月 11 日	155.0	0.53	0.18
变异系数 CV		0.27	0.18	0.51

10.4.1.2 土壤入渗参数及田面综合糙率系数时间变异性对畦灌过程的影响

在生产实践中，土壤入渗参数及田面综合糙率系数等因子往往是同时变化的，为了研究这种变异性对灌水质量的影响作用，有必要更深入地在入渗参数及田面综合糙率系数的变异作用下，研究其对畦灌过程及畦灌质量的影响。由于田间实际灌水过程中，灌水流量很难保持一致，因此我们利用 WinSRFR4.1 对泾惠渠灌区不同灌水时期田块畦灌过程进行模拟，模拟时控制灌水流量及其他因素保持不变。模拟地块长度为 120m，宽为 4m，地面坡度为 0.003m/m，计划灌水定额为 100mm，采用八成改水法。

（1）土壤入渗参数及田面综合糙率系数时间变异性对畦灌过程的影响

图 10-11 反映了 2013~2014 年和 2014~2015 年两个复种周期内，土壤入渗参数及田面综合糙率系数的时间变异性对水流推进时间、水流消退时间及土壤受水时间的影响。受土壤入渗参数及田面综合糙率系数的综合影响，灌溉水流推进到畦尾部的时间差异较明显，2013~2014 年和 2014~2015 年两个复种周期内不同灌水时期的推进时间值分别在 24~43min 和 15~34min 变化 [图 10-11（a）和图 10-11（b）]；水流消退时间变化在前期差异性较小，受畦尾部不同积水程度的影响，灌溉水流消退至 100m 之后差异性较明显，直至畦尾部积水消失时两个复种周期内消退时间值分别在 3~145.5min 和 9~219.7min 剧烈变化 [图 10-11（c）和图 10-11（d）]；土壤受水时间即灌溉水流消退时间与推进时间的差值，受灌溉水流推进及消退过程的共同作用，2 个复种周期内的差异较明显 [图 10-11（e）和图 10-11（f）]。随着土壤入渗参数的增加，水流在向畦田下游推进的过程中，入渗速率变大，水流推进速度减慢，土壤受水时间减小，土壤入渗参数较小时，入渗速率小，水流推进较快，同时大量灌溉水积累在畦尾，使得水流短时间内难以消退；入渗参数增大，水流推进时，入渗速率变小，水流推进速度加快，土壤受水时间减少，同时水分入渗量减少，水流消退速度加快；随着田面综合糙率系数的增加，田面水流推进过程阻力加大，水流推进速度减慢，土壤受水时间增加，水流消退时间加大。

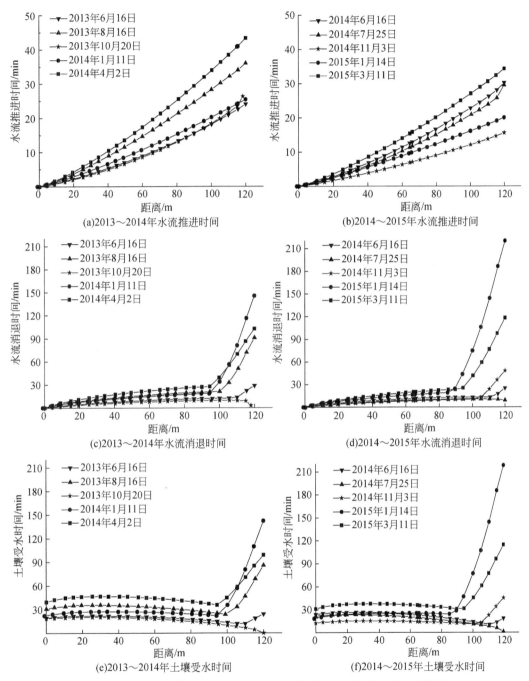

图 10-11　土壤入渗参数及田面综合糙率系数时间变异性对畦灌过程的影响

图 10-12 显示了土壤入渗参数及田面综合糙率系数时间变异性分别对水流推进过程、水流消退过程及土壤受水时间沿畦长方向各点的变异系数值的变化规律。土壤入渗参数及田面综合糙率系数的时间变异性对水流推进过程、水流消退过程及土壤受水时间影响的变异程度均达到了中等变异水平以上。其中，水流消退过程及土壤受水时间的变异程度较大

且在畦尾部均达到了极高的变异水平。其原因主要是，在相同的单宽流量及改水成数下，不同的土壤入渗参数及田面综合糙率系数的组合导致不同灌水时期土壤水分入渗不均匀性的加剧，土壤入渗参数大且田面综合糙率系数较大时，深层渗漏量较大，并且在畦尾部产生较多的积水，土壤入渗参数小且田面综合糙率系数也较小时，深层渗漏量较少甚至无深层渗漏量，畦尾部产生较少积水，从而使得这种变异程度加剧。

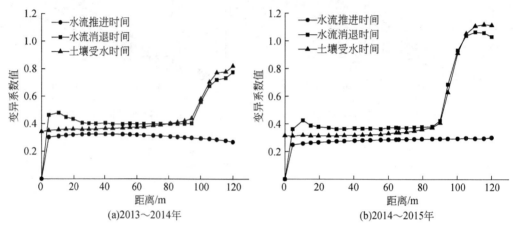

图 10-12　土壤入渗参数及田面综合糙率系数时间变异性对畦灌过程沿畦长方向的变异程度

（2）土壤入渗参数及田面综合糙率系数时间变异性对畦灌质量的影响

土壤入渗参数及田面综合糙率系数的时间变异性对畦田水流推进、水流消退及土壤受水时间的影响直接导致土壤入渗水量的分布，从而直接影响畦灌质量。

图 10-13 是在相同单宽流量及改水成数下，对 2013～2014 年和 2014～2015 年两个复种周期内不同灌水时期模拟的土壤入渗量在土壤中沿畦长方向的分布图，可以较为直观地显示出灌溉水进入田间后沿畦长方向不同位置的水分分布状况。在计划灌水量为 100mm 以及当地常见的灌水流量、改水成数条件设定下，有 3 次灌水（2014 年 1 月 14 日、2014 年 11 月 3 日、2015 年 1 月 14 日）沿畦长方向前半段水分分布明显不足，而在畦尾又造成了较严重的深层渗漏；3 次灌水（2013 年 8 月 16 日、2014 年 4 月 2 日、2015 年 3 月 11 日）沿畦长方向均造成了严重的深层渗漏量；2 次灌水（2014 年 7 月 25 日、2014 年 6 月 16 日）则在前半段造成了较严重的深层渗漏，后半段又明显灌水不足。可以看出，由于土壤入渗参数及田面综合糙率系数的时间变异性影响，在保持灌水流量及改水成数不变的情况下，冬小麦夏玉米复种周期内不同灌水时期畦田灌水水量分布不均。

在其他条件保持一致的条件下，土壤入渗参数及田面综合糙率系数的时间变异性对灌水质量指标值的影响较大，均呈现中等变异程度。在 2013～2014 年和 2014～2015 年两个复种周期内，对储水效率的影响程度均最大，极差值及变异系数值分别为 46%、0.24 和 51%、0.32；对灌水均匀度及灌水效率的影响程度则相对较小，如 2013～2014 年灌水均匀度及灌水效率极差值及变异系数值分别为 22%、0.13 和 37%、0.19（表 10-6）。观察同一次灌水的灌水质量评价指标值的大小可以看出，在相同的灌水技术参数组合下（单宽

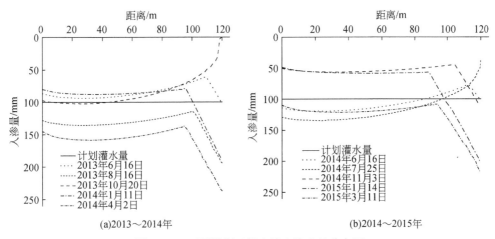

(a)2013～2014年　　　　　　　　(b)2014～2015年

图 10-13　不同灌溉时期土壤入渗水量分布图

流量及改水成数保持不变），只有 2014 年 1 月 11 日的灌水质量较高，达到了令人满意的效果，即灌水效率 E_a、灌水均匀度 E_d 及储水效率 E_s 均达到了 80% 以上，其余 9 次灌水质量均较差，大大降低了灌区水资源的利用效率。因此，针对土壤入渗参数及田面综合糙率系数的时间变异性，有必要对不同灌水时期进行灌水技术参数的优化组合研究。

表 10-6　2013～2015 年不同灌水时期灌水质量指标值及其统计特征值表

灌水日期	单宽流量 $q/[L/(s \cdot m)]$	改水成数	灌水效率 $E_a/\%$	灌水均匀度 $E_d/\%$	储水效率 $E_s/\%$
2013 年 6 月 16 日	10	0.8	100	71	71
2013 年 8 月 16 日	10	0.8	75	85	100
2013 年 10 月 20 日	10	0.8	99	64	54
2014 年 1 月 11 日	10	0.8	92	83	80
2014 年 4 月 2 日	10	0.8	63	86	100
统计特征值	极差值		37	22	46
	变异系数		0.19	0.13	0.24
2014 年 6 月 16 日	10	0.8	100	65	61
2014 年 7 月 25 日	10	0.8	82	75	87
2014 年 11 月 3 日	10	0.8	99	78	49
2015 年 1 月 14 日	10	0.8	87	72	54
2015 年 3 月 11 日	10	0.8	78	88	100
统计特征值	极差值		22	23	51
	变异系数		0.11	0.11	0.32

10.4.1.3　不同灌水时期灌水技术参数优化组合

（1）畦田规格

畦田规格主要指畦田的长度、宽度和田面坡度，畦田规格的大小对灌水质量、灌水效率等影响很大。畦宽主要取决于入畦流量、田面横向坡度、农机具的宽度、土地平整程度以及种植技术等因素。在我国，一般认为常规畦灌畦宽为 2~3m，最大不超过 4m，泾惠渠灌区的实际畦田宽度一般为 2~4m。畦长的确定应该考虑土壤质地、畦田纵向坡降、灌水定额以及农机条件等因素。而畦田规格一旦确定，一般不会随着时间而变化，由此本书针对泾惠渠灌区畦田长度不一的情况，分别对其进行优化，从而获得适用于不同规格的灌水技术参数优化组合。本节设定 60m、120m、180m 三个畦田长度，灌区田面坡度参照当地较为常见的坡度，即 0.003m/m。

（2）不同灌水时期灌水定额设定

根据当地降水条件及当地农民灌水经验，在冬小麦夏玉米复种体系下，灌水次数一般设定为 5 次，即夏玉米苗期（6 月中旬），拔节—抽雄期（7~8 月）；冬小麦苗期（10 月中旬），越冬期（1 月），返青—拔节期（3~4 月）。不同作物不同生理期需水量不同，参照陕西关中粮作冬小麦、夏玉米一年两作高产节水灌溉方案（康绍忠和蔡焕杰，1996）以及当地实际条件，对夏玉米和冬小麦不同灌水时期进行灌水定额设计，见表 10-7。

表 10-7　泾惠渠灌区不同灌水时期设计灌水定额　　　　　　　　　（单位：mm）

作物种类	灌水时期	灌水定额
夏玉米	苗期	80
	拔节—抽雄期	100
冬小麦	苗期	60
	越冬期	60
	返青—拔节期	100

（3）入畦单宽流量

入畦单宽流量的大小不仅直接影响畦灌灌水效率，同时还会影响对地表是否造成侵蚀和横向的水流扩散，因此，为了确保灌溉效果，单宽流量的大小应该在适宜的范围之内。美国农业部水土保持局建议，对于非草皮类的作物，如苜蓿、冬小麦，为防止土壤侵蚀，保证灌溉水不横向扩散，最大单宽流量和最小单宽流量分别为

$$q_{max} = 0.18 S_0^{-0.75} \tag{10-9}$$

$$q_{min} = \frac{0.006 S_0^{-0.5}}{n} \tag{10-10}$$

式中，q_{max} 为最大入畦单宽流量 [L/(m·s)]；S_0 为畦田纵向坡降；q_{min} 为最小入畦单宽流量 [L/(m·s)]；n 为田面综合糙率系数。

试验区内畦田纵向坡降为 0.003 左右，考虑泾惠渠灌区的实际情况，对泾惠渠灌区入畦单宽流量 q 及改水成数 G 取值为

$$3L/(m·s) \leqslant q \leqslant 14L/(m·s)$$
$$6 \leqslant G \leqslant 9 \tag{10-11}$$

10.4.1.4　灌水技术参数优化

利用 WinSRFR4.1 模型对灌水技术参数进行优化设计时，需要输入以下参数值。

1）田面参数：畦田长度、宽度、坡度、不同灌水时期土壤入渗参数及田面综合糙率系数。其中畦长设为 60m、120m、180m，畦宽为 4m，田面纵向坡降为 0.003，不同灌水时期土壤入渗参数及田面综合糙率系数输入见 10.4.1.2。

2）灌水参数：不同灌水时期设计灌溉定额（表 10-7），入畦流量 q，改水成数 G。

具体方法：将单宽流量 q 及改水成数 G 按 0.5 水平进行划分，即 q [3L/（m·s）、3.5L/（m·s）、4L/（m·s）、4.5L/（m·s）、5L/（m·s）、5.5L/（m·s）、6L/（m·s）、6.5L/（m·s）、7L/（m·s）、7.5L/（m·s）、8L/（m·s）、8.5L/（m·s）、9L/（m·s）、9.5L/（m·s）、10L/（m·s）、10.5L/（m·s）、11L/（m·s）、11.5L/（m·s）、12L/（m·s）、12.5L/（m·s）、13L/（m·s）、13.5L/（m·s）、14L/（m·s）]；G（0.6、0.65、0.7、0.75、0.8、0.85、0.9、0.95）。利用 WinSRFR 模型对灌水技术参数进行模拟优化时，按单宽流量及改水成数从小到大进行模拟的原则，输入田面参数及灌水参数，对模型输出参数；对灌水质量评价指标进行观测，当灌水效率 E_a、灌水均匀度 E_d、储水效率 E_s 均达到 80% 以上，同时深层渗漏量最小时的单宽流量及改水成数组合为最优的参数组合。具体优化结果见表 10-8，可以看出，在冬小麦夏玉米复种周期内，针对不同畦长、不同灌水时期、灌水定额条件下，技术参数优化组合后，灌水效果大部分较好。

表 10-8　泾惠渠灌区不同灌水时期灌水技术要素优化组合

轮作周期	灌水日期	计划灌水量/mm	畦长/m	模拟优化值		灌水质量评价指标/%		
				单宽流量 q /[L/（m·s）]	改水成数	灌水效率 E_a	灌水均匀度 E_d	储水效率 E_s
2013～2014 年	2013 年 6 月 16 日	80	60	7	0.8	100	91	85
			120	9	0.8	80	82	100
			180	13	0.8	72	86	100
	2013 年 8 月 16 日	100	60	7	0.8	100	91	82
			120	9	0.8	86	88	100
			180	12	0.75	80	83	100
	2013 年 10 月 20 日	60	60	7	0.8	89	80	85
			120	14	0.8	80	80	98
			180	14	0.8	56	77	100
2014～2015 年	2014 年 1 月 11 日	60	60	7	0.7	95	91	93
			120	9	0.65	83	89	100
			180	13	0.6	75	88	100
	2014 年 4 月 2 日	100	60	8	0.75	82	93	100
			120	14	0.7	71	88	100
			180	14	0.7	60	90	100

续表

轮作周期	灌水日期	计划灌水量/mm	畦长/m	模拟优化值		灌水质量评价指标/%		
				单宽流量 q /[L/(m·s)]	改水成数	灌水效率 E_a	灌水均匀度 E_d	储水效率 E_s
2014~2015年	2014年6月16日	80	60	8	0.8	91	92	100
			120	11	0.8	82	82	99
			180	14	0.8	73	80	100
	2014年7月25日	100	60	8	0.8	92	88	94
			120	12	0.8	80	81	100
			180	14	0.8	70	78	100
	2014年11月3日	60	60	4	0.9	100	86	80
			120	8	0.8	93	84	88
			180	13	0.7	91	85	91
	2015年1月14日	60	60	3	0.8	100	89	80
			120	5	0.8	86	88	100
			180	9	0.65	89	89	98
	2015年3月11日	100	60	7	0.7	100	90	82
			120	9	0.7	86	80	89
			180	14	0.65	78	86	100

畦长为60m时，在2013~2014年复种周期内，土壤入渗参数及田面综合糙率系数的时间变异性对其灌水质量的影响较小，在不同灌水时期，优化灌水单宽流量为7~8L/(m·s)，改水成数为7~8成，各灌水质量评价指标均达到80%以上；2014~2015年轮作周期内，除冬小麦苗期及越冬期灌水单宽流量优化较小为3~4L/(m·s)外，其余灌水时期优化单宽流量为7~8L/(m·s)，改水成数为7~8成，灌溉效果较好。

畦长为120m时，土壤入渗参数及田面综合糙率系数的时间变异性对灌水质量的影响较大，不同灌水时期优化灌溉单宽流量及改水成数差异性较大，但总体来说，优化的不同灌水时期灌水技术参数，灌水效果较好，灌水质量评价指标能达到80%以上。

畦长为180m时，土壤入渗参数及田面综合糙率系数的时间变异性对灌水质量的影响则更为显著。为了获得较优的灌溉效果，所优化的灌水单宽流量大部分均达到了13~14L/(m·s)（合理的单宽流量上限值）。从表10-8可以看出，当灌水均匀度及储水效率指标值均达到80%以上时，畦田灌水效率却比较低。

10.4.2　基于回归设计的畦灌技术参数优化

采用灌水效率、储水效率和灌水均匀度的几何平均值作为灌水质量的评价指标，同时采用回归设计进行畦灌灌水技术参数优化。

国内外学者对畦灌灌水技术参数优化进行了大量研究，提出了许多方法（Zerihun et al. ，1996；李益农等，2001a；史学斌，2005；郝和平等，2009；马娟娟等，2010；王维汉等，2010；聂卫波等，2012；缴锡云等，2013）。众多学者虽然对灌水技术参数组合进行了大量研究，但大多数研究仅以灌水效率和灌水均匀度作为控制目标进行分析和优化，其评价和优化有一定的片面性。此外，绝大部分的研究是基于作物某一生育期在一定灌水定额下的一次灌水试验进行评价和优化的，没有考虑作物不同生育期有关灌水参数的时空变化和需水量变化，灌水质量评价和优化不够全面和完整。基于此，本节定义了灌水质量综合指标，并以陕西泾惠渠灌区 2013～2014 年的冬小麦不同生育期的灌水试验为基础，采用 WinSRFR 4.1 软件模拟和 Design-Expert 8 二次回归正交设计相结合的方法，构建不同生育期和不同灌水定额下的灌水质量综合指标优化模型，以畦长、单宽流量和改水成数为控制变量，利用 Design-Expert 8 中 Optimization 模块得到研究区域内相应组合条件下的优化灌水技术参数组合。

灌水质量综合指标 E_m 为

$$E_m = \sqrt[3]{E_a E_d E_s} \tag{10-12}$$

式中，E_a 为灌水效率；E_d 为灌水均匀度；E_s 为储水效率。

10.4.2.1 二次回归正交试验设计

研究表明，自然参数存在时空变异性，如果根据某一次灌水或某一生育期的几次灌水所求的参数来进行灌水技术参数的优化，势必造成灌水质量的波动甚至降低以致不合格（Playan et al. ，1996；Or and Silva，1996；Zappata et al. ，2000；白美健等，2005，2006）。冬小麦各生育期的计划湿润层不同，考虑到水文年的不同以及节水灌溉的需要，在灌溉农业要求越来越精细的情况下，需要依据不同生育期参数针对高低不同的灌水定额分别进行优化分析。

地面灌溉的工程设计、运行管理和性能评价及回归方程的建立都需要用到大量的参数，主要有技术参数（包括单宽流量、畦长、改水成数）和自然参数（包括入渗系数、入渗指数、糙率系数和田面坡度等）两类。技术参数和田面坡度根据 2013～2014 年由在陕西泾惠渠灌区的灌溉试验中进行测量和调查统计而得，其余自然参数由每次灌水试验而得。试验区种植作物为冬小麦，土壤类型为黏壤土，单宽流量 q 为 6～18L/（m·s），畦长 L 为 60～240m，畦宽为 2～5m，改水成数 G 为 0.6～1，田面坡度 S 为 0.0017～0.0053，平均为 0.0037。以冬小麦各生育期的自然参数的平均值作为相应生育期的自然参数的设计值，其中，田面坡度取 0.0037，而把单宽流量、畦长和改水成数作为可控的自变量进行二次回归正交设计，见表 10-9，共 23 试验点，其中因子点 8 个，星号点 6 个，中心点 9 个，星号臂 $\gamma = 1.682$。

表 10-9 二次回归正交设计试验方案及模拟结果

试验点	试验方案				模拟计算结果			
	类型	L/m	q/[L/(m·s)]	G	E_a/%	E_d/%	E_s/%	E_m/%
1	因子点	96.5	8.43	0.68	94	31	79	61

试验点	试验方案				模拟计算结果			
	类型	L/m	$q/[L/(m \cdot s)]$	G	$E_a/\%$	$E_d/\%$	$E_s/\%$	$E_m/\%$
2	因子点	203.5	8.43	0.68	62	7	78	32
3	因子点	96.5	15.57	0.68	100	87	90	92
4	因子点	203.5	15.57	0.68	78	49	89	70
5	因子点	96.5	8.43	0.92	76	89	100	88
6	因子点	203.5	8.43	0.92	49	74	100	71
7	因子点	96.5	15.57	0.92	76	82	100	85
8	因子点	203.5	15.57	0.92	58	88	100	80
9	星号点	60.0	12.00	0.8	97	90	88	92
10	星号点	240.0	12.00	0.8	59	58	94	69
11	星号点	150.0	6.00	0.8	57	34	87	55
12	星号点	150.0	18.00	0.8	78	89	100	89
13	星号点	150.0	12.00	0.6	89	12	76	43
14	星号点	150.0	12.00	1	57	87	100	79
15	中心点	150.0	12.00	0.8	80	76	96	84
16	中心点	150.0	12.00	0.8	81	78	99	85
17	中心点	150.0	12.00	0.8	78	79	97	84
18	中心点	150.0	12.00	0.8	76	82	100	85
19	中心点	150.0	12.00	0.8	77	77	100	84
20	中心点	150.0	12.00	0.8	76	78	100	84
21	中心点	150.0	12.00	0.8	82	78	97	85
22	中心点	150.0	12.00	0.8	77	75	98	83
23	中心点	150.0	12.00	0.8	79	77	99	85

表 10-9 所示的是冬小麦越冬期灌水定额为 90mm 时的二次回归正交设计试验方案和模拟计算结果，其他生育期和不同灌水定额水平下的试验方案和模拟结果与之类似。中心点重复 9 次，以 WinSRFR4.1 模拟所得灌水质量为基础值，设误差限为 3 个灌水指标的 5%，利用 Matlab7.0 产生 −1 ～ 1 的 9 个正态随机数，则各重复值为基础值加误差限与随机数的乘积，当其大于 1 时，取值为 1。

利用 WinSRFR4.1 对各生育期的畦灌试验方案进行灌水过程模拟。根据模拟的灌水质量结果，利用 Design-Expert 8 中的 Analysis 模块进行二次回归分析和检验，得出的二次回归方程均具有很高的拟合度，回归系数绝大多数达到极显著性水平，故所建立的回归方程优化模型可以用来计算、评价和优化灌水质量。舍去显著性大于 0.05 的因子，可以分别得到 70mm、90mm 和 110mm 灌水定额下灌水质量综合指标 E_{m1}、E_{m2} 和 E_{m3} 的回归方程，见式（10-13）～式（10-15），可以看出，除了 q、$q \times G$ 和 q^2 因子没显著差别外，回归方程其他因子均有显著差别，说明有必要分别考虑不同生育期不同灌水定额下的灌水质量评价和参数组合优化。

$$E_{m1} = (-428.52 - 0.824L + 23.239q + 998.063G + 0.008Lq$$
$$+ 0.664LG - 18.264qG - 0.304q^2 - 507.504G^2) \tag{10-13}$$

$$E_{m2} = (-475.71 - 0.642L + 23.008q + 1084.337G + 0.011Lq$$
$$+ 0.576LG - 18.295qG - 0.309q^2 - 544.819G^2) \tag{10-14}$$

$$E_{m3} = (-529.59 - 0.387L + 22.168q + 1168.659G + 0.018Lq$$
$$+ 0.402LG - 18.387qG - 0.0009L^2 - 0.312q^2 - 569.252G^2) \tag{10-15}$$

类似地，可以得出冬小麦越冬期和返青—拔节期的不同灌水定额下灌水质量综合指标的回归方程优化模型，其拟合度均大于 0.87。

10.4.2.2　灌水技术参数优化

式（10-13）～式（10-15）为目标函数，利用 Design-Expert 8 的 Optimization 模块针对冬小麦不同生育期的三个灌水定额 M，设置 5 个代表畦长，分别求其优化单宽流量和改水成数组合，并计算该技术参数组合下的灌水质量，结果见表 10-10。

表 10-10　不同生育期不同灌水定额下典型畦长的灌水技术参数及灌水质量

生育期	技术参数				模拟灌水质量			灌水质量综合指标 E_m		
	M/mm	L/m	q/[L/(m·s)]	G	E_a/%	E_d/%	E_s/%	模拟值/%	计算值/%	误差/%
苗期	70	60	9	0.8	88	90	100	93	93	0.00
		100	12	0.83	68	90	100	85	87	2.35
		140	12	0.86	57	88	100	79	81	2.53
		180	12	0.88	49	86	100	75	77	2.67
		220	12	0.91	42	85	100	71	73	2.82
	90	60	9.5	0.85	97	91	93	94	95	1.06
		100	12	0.84	88	90	100	93	92	1.08
		140	12	0.86	73	88	100	86	88	2.33
		180	12	0.88	63	86	100	82	84	2.44
		220	12	0.9	55	84	100	77	78	1.30
	110	60	11.5	0.83	98	89	80	89	93	4.49
		100	12	0.86	96	90	94	93	94	1.08
		140	12	0.87	88	88	100	92	93	1.09
		180	12	0.89	76	87	100	87	89	2.30
		220	12	0.9	67	84	100	83	83	0.00

续表

生育期	技术参数				模拟灌水质量			灌水质量综合指标 E_m		
	M/mm	L/m	q/[L/(m·s)]	G	E_a/%	E_d/%	E_s/%	模拟值/%	计算值/%	误差/%
越冬期	70	60	10	0.66	97	94	100	97	93	4.12
		100	12	0.64	85	93	100	92	88	4.35
		140	12	0.69	71	92	100	87	84	3.45
		180	12	0.75	60	90	100	81	78	3.70
		220	12	0.8	52	89	100	77	76	1.30
	90	60	10.5	0.7	97	89	84	90	92	2.22
		100	12	0.68	96	92	96	95	93	2.11
		140	12	0.72	87	91	100	92	88	4.35
		180	12	0.75	77	90	100	88	85	3.41
		220	12	0.79	68	89	100	85	83	2.35
	110	60	7	0.92	93	83	86	87	90	3.45
		100	7.5	0.9	89	87	97	91	91	0.00
		140	12	0.78	92	88	95	92	91	1.09
		180	12	0.77	91	90	99	93	91	2.15
		220	12	0.77	86	89	100	91	89	2.20
拔节期	70	60	11.5	0.71	55	91	100	79	77	2.53
		100	12	0.73	45	92	100	75	73	2.67
		140	12	0.76	39	92	100	71	70	1.41
		180	12	0.79	34	91	100	68	67	1.47
		220	12	0.83	30	90	100	65	65	0.00
	90	60	9.7	0.75	69	92	100	86	83	3.49
		100	12	0.74	57	92	100	81	79	2.47
		140	12	0.77	50	92	100	77	76	1.30
		180	12	0.8	44	91	100	74	73	1.35
		220	12	0.83	39	90	100	71	71	0.00
	110	60	10.5	0.76	81	89	100	90	87	3.33
		100	12	0.74	70	92	100	86	84	2.33
		140	12	0.77	61	92	100	82	81	1.22
		180	12	0.8	53	91	100	78	78	0.00
		220	12	0.83	48	90	100	76	75	1.32

由表 10-10 可以看出，灌水质量综合指标的二次回归方程对灌水质量的预测值精确度很高，最大误差为 4.49%，说明采用 Design-Expert 8 进行回归方程拟合和优化是可靠的和准确的。随着畦长的增大，单宽流量增大直至达到最大允许单宽流量，灌水质量降低，尤其是当畦长大于 140m 时，即使是优化的技术参数组合下其灌水效率也显著降低，而畦长

过小时，为了达到较高的储水效率和灌水均匀度会使储水效率降低，达不到作物需水要求。从冬小麦的整个生育期来看，返青期之后的灌水质量显著下降，这主要是由于返青之后冬小麦的分蘖和拔节使得糙率系数显著变大，水流水推进速度明显降低，为了使畦尾达到灌水定额，要求灌水时间过长，灌水效率大幅度下降造成综合质量指标下降。综合考虑不同生育期和不同灌水定额水平，取合理畦长为 80～120m，此时优化技术参数组合可以达到很好的灌水效果。

考虑到灌区畦田规格不同的实际情况和节水改造的实际需求，分别取畦长为 80m、100m 和 120m，在灌水定额为 70mm、90mm 和 110mm 3 个水平下，利用 Design-Expert 8 优化可得到不同生育期不同畦长不同灌水定额平下的技术参数组合，结果见表 10-11。

由表 10-11 可见，在畦长 80～120m，优化单宽流量为 7～12L/(m·s)，改水成数为 0.65～0.90，而优化方案灌水质量的回归方程计算值和 SRFR 模型计算值的最大误差为 5.49%，同时优化方案技术参数组合区域基本处于较高的灌水质量水平，因此这些优化方案组合具有较高的灌水质量和稳定性。

表 10-11   不同生育期不同畦长不同灌水定额下优化灌水技术参数组合及灌水质量

生育期	技术参数				模拟灌水质量			灌水质量综合指标 E_m		
	M/mm	L/m	q/[L/(m·s)]	G	E_a/%	E_d/%	E_s/%	模拟值/%	计算值/%	误差/%
苗期	70	80	11	0.75	85	85	100	90	90	0.00
		100	12	0.78	74	88	100	87	88	1.15
		120	12	0.82	65	88	100	83	84	1.20
	90	80	10	0.85	93	91	100	95	94	1.05
		100	11	0.85	85	90	100	91	93	2.20
		120	12	0.85	79	89	100	89	90	1.12
	110	80	12	0.90	93	87	89	90	94	4.44
		100	12	0.88	95	90	95	93	94	1.08
		120	12	0.86	94	89	98	94	94	0.00
越冬期	70	80	10	0.66	91	93	100	95	91	4.21
		100	11	0.65	86	91	100	92	87	5.43
		120	12	0.67	81	93	100	91	86	5.49
	90	80	10	0.72	97	92	97	95	90	5.26
		100	10	0.76	92	90	100	94	89	5.32
		120	10	0.75	89	91	100	93	88	5.38
	110	80	7	0.90	93	87	91	90	92	2.22
		100	7.5	0.90	91	88	97	92	91	1.09
		120	10	0.83	91	87	95	91	91	0.00

生育期	技术参数				模拟灌水质量			灌水质量综合指标 E_m		
	M/mm	L/m	q/[L/(m·s)]	G	E_a/%	E_d/%	E_s/%	模拟值/%	计算值/%	误差/%
拔节期	70	80	12	0.7	51	93	100	78	75	3.85
		100	12	0.73	45	92	100	75	73	2.67
		120	12	0.75	42	92	100	73	71	2.74
	90	80	12	0.72	63	92	100	83	80	3.61
		100	12	0.75	57	91	100	80	79	1.25
		120	12	0.78	51	90	100	77	77	0.00
	110	80	12	0.72	77	92	100	89	86	3.37
		100	12	0.74	70	92	100	86	84	2.33
		120	12	0.77	63	91	100	83	82	1.20

10.4.2.3 优化方案的验证

针对以上优化方案，选择与其优化参数类似的畦田，进行实测值和模拟值的对比验证，以 23-1#畦田为例（畦长 $L=150$m，畦宽 $W=2.9$m，畦田坡度 $S=0.0039$，入渗参数和糙率系数采用各生育期对应值），冬小麦全生育期共有三次灌水，每次灌溉的计划灌水量、实测入渗量和模拟入渗量的对比如图 10-14 所示。

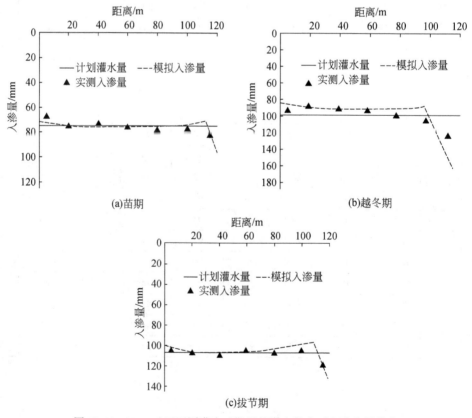

(a)苗期

(b)越冬期

(c)拔节期

图 10-14 23-1#畦田不同灌水时期最优灌水技术下入渗水量分布

10.4.3 基于田间土壤水氮分布的最优灌水畦长优化

10.4.3.1 田间水分分布情况

(1) 土壤含水量

以夏玉米为例，在每次灌水前三天内及后三天内分别取土样一次，通过试验测得畦田各测点处 0~200cm 不同深度土层的土壤含水量。对同一畦田中相同深度的不同测点处的土壤含水量求平均值，近似代替该深度土层内的畦田平均土壤含水量。

从图 10-15（a1）~图 10-15（a3）中可以看出，播种期灌水前，随着土层深度的增加，各土层土壤含水量呈现递增趋势；灌水后，随着土层深度的增加，各土层土壤含水量总体呈现逐渐下降的趋势。另外，与灌水前相比，灌水后 0~160cm 土层土壤含水量大幅度上升，其中 0~100cm 土层土壤含水量上升幅度很大，各土层的土壤含水量显著升高。在 0~100cm 土层，80m 畦长下土壤含水量上升 56.58%，120m 畦长下土壤含水量上升47.74%，240m 畦长下土壤含水量上升 41.80%；在 160cm 以下的土层中，灌水前后土壤含水量变化不大，基本处于同一水平。在拔节—抽雄期进行夏玉米全生育期内的第二次灌水。由于所采集土样时受到降水的影响，不同畦长条件下的各畦田地表的土壤含水量均受到降水和灌水的双重影响，但是由于与灌水量相比，降水量较小且在时间上较分散，所以随着土层深度的增加，降水对土壤含水量的影响逐渐减小，灌水量逐渐成为了影响土壤含水量的主要因素。拔节—抽雄期灌水前，除 0~20cm 土层土壤含水量略高外，20cm 以下各土层土壤含水量变化情况大致相同，均呈现随着土层深度的增加土壤含水量逐渐升高的变化趋势；灌水后，0~120cm 土层土壤含水量大体呈现出随着土层深度的增加而逐渐减小的变化趋势，在 120~200cm 土层土壤含水量相对变化很小或基本不变，维持在一定水平。另外，与灌水前相比，灌水后的 0~120cm 土层土壤含水量有了较大提高，其中 0~80cm 土层土壤含水量升高较为显著，80m 畦长下土壤含水量上升 43.72%，120m 畦长下土壤含水量上升 41.57%，240m 畦长下土壤含水量上升 46.64%；120~200cm 土层土壤含水量在灌水前后变化不大，基本处于同一水平 [图 10-15（b1）~图 10-15（b3）]。在灌浆期开始后进行夏玉米全生育期内的第三次灌水。由于在拔节—抽雄期灌水到灌浆灌水期间降水量较少且时间分布较分散，与灌水量相比可忽略不计，灌水前后田间土壤含水量的变化主要以灌水为主要影响因素。在灌浆期灌水前后，土壤含水量随着土层深度的增加而发生变化，在灌浆期灌水前，畦田上层土壤含水量较小，具体表现为 0~100cm 土层土壤含水量随着土层深度的增加而逐渐增大且递增幅度较大，100~200cm 土层土壤含水量随着土层深度的增加而略有变化，变化幅度较小，基本维持在一定水平而有所波动；灌水后，0~200cm 土层土壤含水量呈现出随着土层深度的增加而逐渐减小的趋势。另外，从灌水前后对比来看，灌浆期灌水后，0~100cm 土层土壤含水量明显上升，80m 畦长下土壤含水量上升 35.03%，120m 畦长下土壤含水量上升 33.90%，240m 畦长下土壤含水量上升 36.96%；100~200cm 土层土壤含水量变化不明显，灌水前后基本处于同一水平。

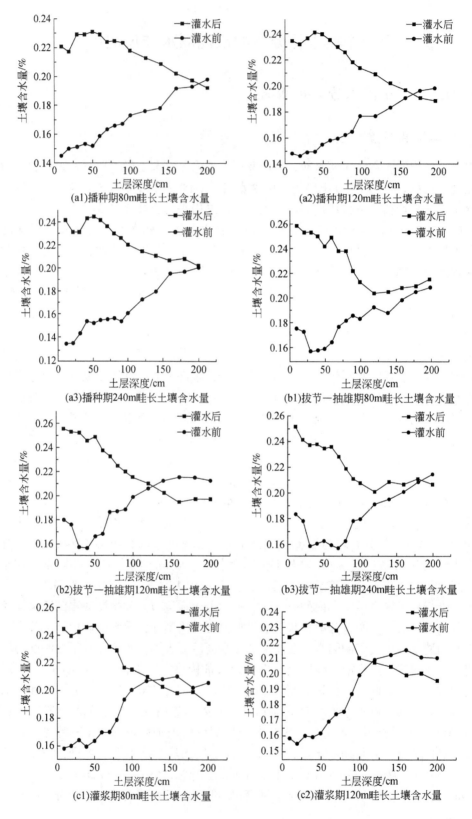

(a1)播种期80m畦长土壤含水量

(a2)播种期120m畦长土壤含水量

(a3)播种期240m畦长土壤含水量

(b1)拔节—抽雄期80m畦长土壤含水量

(b2)拔节—抽雄期120m畦长土壤含水量

(b3)拔节—抽雄期240m畦长土壤含水量

(c1)灌浆期80m畦长土壤含水量

(c2)灌浆期120m畦长土壤含水量

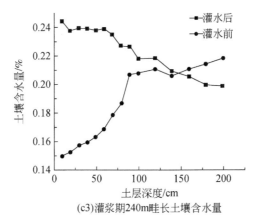

(c3)灌浆期240m畦长土壤含水量

图 10-15　不同时期灌水各畦长不同深度土层的土壤含水量

（2）灌水前后土壤贮水量变化规律

表 10-12 为每次灌水前后，各不同畦长条件下土壤贮水量情况。其中，灌水前、灌水后土壤贮水量表示灌水前、后畦田中 0～200cm 土层土壤贮水量；水分上升率表示灌水后土壤贮水量与灌水前相比上升的比例。

表 10-12　灌水前后土壤贮水量情况

指标	播种期			拔节—抽雄期			灌浆期		
畦长/m	240	120	80	240	120	80	240	120	80
灌水后土壤贮水量/mm	500	504	511	508	517	529	516	501	511
灌水前土壤贮水量/mm	378	384	387	408	432	416	428	422	421
水分上升率/%	32.28	31.25	32.04	24.51	19.68	27.16	20.56	18.72	21.38

从表 10-12 中可以看出，与其他两次灌水相比，播种期灌水前后不同畦长条件下的土壤贮水量变化均较为明显，土壤贮水量提升幅度较大；除播种期灌水后 240m 畦长的 0～200cm 土层土壤贮水量上升幅度较大外，其他生育期灌水前后 0～200cm 土层土壤贮水量的水分上升率均表现为：80m 畦长>240m 畦长>120m 畦长。

通过分析可知，夏玉米播种前畦田干旱情况比较严重，田间水分含量较低，播种期灌水后，畦田土壤贮水量得到补充，灌水前后相比变化较大。另外，通过对不同畦长畦田间灌水前后土壤贮水量变化情况相比较可知，各次灌水后土壤贮水量上升率呈现 80m 畦长>240m 畦长>120m 畦长的规律。

（3）灌水量情况

随畦长的变化，灌水量也会发生变化。一般来说，随着畦长的增大，灌水量也会有所增加。本节根据测得的数据，以柱状图的形式反映具体的变化情况，如图 10-16 所示。在不同畦长下各块畦田的改水成数均设置为七成改水的条件下，在每次灌水时，随着畦长的增加，灌水量也随之增加，且其增加幅度与畦长的增加幅度相比更大。图 10-16 表明，在改水成数确定时，随着畦长的增大，灌水量显著增加。这表明，长畦畦田不利于节水灌溉，短畦更有利于节水灌溉。

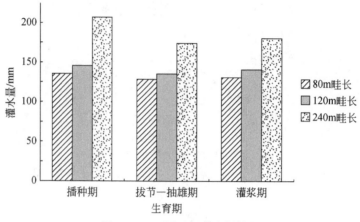

图 10-16　不同畦长灌水量情况

（4）灌溉水利用效率

提高灌溉水利用效率作为节水灌溉的一个重要环节，对于减少农业灌溉用水、提高单方水产量具有重要意义。表 10-13 所示在各灌水时期下，不同畦长畦田的灌溉水利用效率。其中，土壤贮水增量表示不同畦长的各畦田中每次灌水前后畦田土壤贮水量的变化量；灌水量表示每次灌水从畦首灌入田间的总水量，即灌水定额。

表 10-13　灌溉水利用效率

指标	播种期			拔节—抽雄期			灌浆期		
畦长/m	240	120	80	240	120	80	240	120	80
土壤贮水增量/mm	122	120	124	100	85	113	88	79	90
灌水量/mm	207	145	135	173	135	128	180	140	130
灌溉水利用效率/%	58.94	82.76	91.85	57.80	62.96	88.28	48.89	56.43	69.23

灌水定额通过测定并记录入畦流量、改水时间和畦田面积，用水深来表示，计算公式为

$$H = \frac{Q \times t}{s} \tag{10-16}$$

式中，H 为灌水定额（mm）；Q 为入畦流量（L/s），通过流速仪测定斗渠中的水流平均流速，并近似估算过水断面面积，计算出入畦流量；t 为改水时间（s），用秒表测定；s 为各块畦田的面积（m²）。

在夏玉米全生育期内的三次灌水中，播种期灌水的灌水量最大，同时灌溉水利用效率也最高；与拔节—抽雄期灌水相比，灌浆期灌水的灌水量较大，但是灌溉水利用效率较低。在相同灌水时期下，不同畦长的畦田灌溉水利用效率表现为：80m 畦长>120m 畦长>

240m 畦长。在播种期灌水前，由于降水量较少且畦田较长一段时间内未进行灌溉，田间土壤含水量较低，干旱情况较严重，所以播种期灌水量大且灌溉水利用效率高。后期由于降水影响且灌水间隔较短，田间土壤含水量并未达到严重干旱程度，所以灌溉水利用效率较低。从不同畦长条件下灌溉水利用效率的对比分析可知，短畦有利于提高灌溉水利用效率，畦长越短灌溉水利用效率越高。

10.4.3.2 田间土壤氮素分布情况

（1）土壤硝态氮时空分布情况

从图 10-17 中可以看出，在播种期灌水前，0～30cm 土层土壤硝态氮含量较高，30cm 以下土层土壤硝态氮含量均偏低，除 120～140cm 土层土壤硝态氮含量略高外，其他各土层土壤硝态氮含量相差基本不大。灌水后，0～100cm 土层土壤硝态氮含量明显升高，80m 畦长下土壤硝态氮含量上升 46.25%，120m 畦长下土壤硝态氮含量上升 51.57%，240m 畦长下土壤硝态氮含量上升 42.82%。100～200cm 土层土壤硝态氮含量基本不变，仍然保持在较低水平。拔节—抽雄期灌水之前，不同畦长条件下的土壤硝态氮含量沿土层深度的方向大致呈现下降趋势，其中，0～50cm 土层土壤硝态氮含量变化幅度较大，50cm 土层以下土壤硝态氮含量变化幅度较小。灌水后，土壤硝态氮含量沿土层深度方向的变化情况大致呈现出先减小后增大再减小的变化趋势，表现为，从地表往下土壤硝态氮含量逐渐减小，在 100～160cm 土层土壤硝态氮含量有所升高，在 160cm 以下的土层土壤硝态氮含量又开始逐渐减小。另外，与灌水前相比，灌水后，0～80cm 土层土壤硝态氮含量有所降低，其中 0～30cm 土层变化较为明显；与灌水前相比，灌水后，100cm 以下土层土壤硝态氮含量有所增加，80m 畦长下土壤硝态氮含量上升 27.82%，120m 畦长下土壤硝态氮含量上升 32.94%，240m 畦长下土壤硝态氮含量上升 44.08%。灌浆期灌水之前，不同畦长条件下的土壤硝态氮含量沿土层深度方向的变化情况大致呈现出先减小后增大再减小的变化趋势，其中，0～60cm 土层中，土壤硝态氮含量随着土层深度的增加逐渐减小；60～160cm 土层中，土壤硝态氮含量随着土层深度的增加有较大幅度的升高；160cm 以下土层中，土壤硝态氮含量随着土层深度的增加急剧减小。灌水后，土壤硝态氮含量沿土层深度方向的变化情况大致呈现出先减小后增大的变化趋势，表现为，随着土层深度的增加，0～60cm 土层土壤硝态氮含量呈现减小趋势，60～200cm 土层土壤硝态氮含量呈现增大趋势。另外，与灌水前相比，灌水后 0～160cm 土层中的土壤硝态氮含量均有所下降，80m 畦长下土壤硝态氮含量下降 16.68%，120m 畦长下土壤硝态氮含量下降 19.80%，240m 畦长下土壤硝态氮含量下降 22.38%。

（2）土壤硝态氮积累量

在夏玉米的全生育期内，氮肥的施用量十分重要，氮肥施用量太少则可能会造成农作物减产，而氮肥施用量过多不仅会造成土壤硝态氮累积，在灌水以及降水量比较大的情况下可能会淋溶进入地下水，影响地下水质，而且过量的氮肥会造成土壤板结，破坏土壤的团粒结构，对土质造成较大影响。通过分析夏玉米全生育期内各阶段土壤硝态氮含量的变

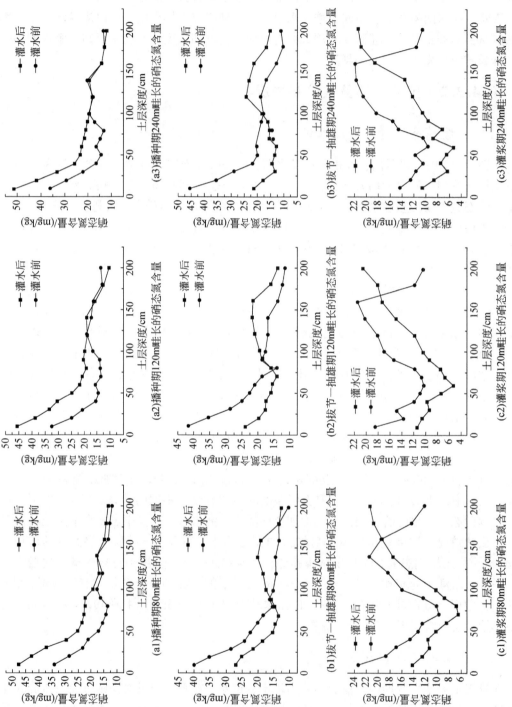

图 10-17　不同灌水时期不同畦长条件不同土层深度的硝态氮含量

化，可以得到氮素的吸收利用效率以及氮素淋溶变化规律。

在夏玉米播种前，土壤硝态氮含量已经处于较高水平，从播种期灌水前施入 $300kg/hm^2$ 的氮肥后，全生育期内不再进行施肥。在夏玉米全生育期内，土壤硝态氮含量逐渐减小，到收获期时达到最小值，且该值低于夏玉米播种前的土壤硝态氮含量。这说明，与夏玉米播种前土壤硝态氮积累量相比，夏玉米收获后土壤硝态氮积累量有所下降（表 10-14）。

表 10-14　试验田块土壤硝态氮含量情况表

| 畦长/m | 土壤硝态氮含量/(kg/hm^2) | | | | | | |
| | 播种期 | | 拔节—抽雄期 | | 灌浆期 | | 收获期 |
	灌水前	灌水后	灌水前	灌水后	灌水前	灌水后	
80	538.57	712.99	609.68	540.77	475.26	387.64	365.33
120	517.87	688.00	617.17	528.36	455.26	357.12	304.25
240	539.74	699.90	635.90	520.02	428.55	332.63	289.34

（3）氮素淋溶

在氮素投入量过大的情况下，田间土壤中的氮素不能被当季作物完全吸收利用，在降水量或灌水量较大时，无机氮素溶入水中随水流下渗进入作物根区以下及更深的土壤中，造成氮素淋溶，对地下水安全造成威胁。通过对夏玉米全生育期内三次灌水前后土壤硝态氮变化量进行分析，将各次灌水前后土壤硝态氮含量变化值占灌水前土壤硝态氮含量的比作为各灌水引起的硝态氮淋溶率，可以对比分析出不同畦长条件下氮素淋溶的情况。

从不同生育期的灌水情况来看，不同畦长条件下均表现为，拔节—抽雄期灌水引起的硝态氮淋溶率最小，播种期灌水引起的硝态氮淋溶率略大，灌浆期灌水引起的硝态氮淋溶率最大，且比前两次灌水导致的硝态氮淋溶率大得多；从畦长角度来看，各生育期灌水引起的硝态氮淋溶变化规律表现为，80m 畦长<120m 畦长<240m 畦长（表 10-15）。在夏玉米的各时期灌水中，灌浆期灌水造成的硝态氮淋溶情况较为严重，播种期灌水及拔节—抽雄期灌水造成的硝态氮淋溶情况较为接近，播种期灌水造成的硝态氮淋溶量略大；在不同畦长条件下，夏玉米各时期灌水引起的硝态氮淋溶情况随着畦长的增加逐渐加剧。

表 10-15　硝态氮淋溶率

| 畦长/m | 硝态氮淋溶率/% | | |
	播种期	拔节—抽雄期	灌浆期
80	12.69	11.49	16.68
120	14.66	13.74	19.80
240	16.65	15.57	22.38

（4）氮素有效利用率

氮素有效利用率是反映作物对田间氮素利用率的指标，提高氮素有效利用率不仅可以减少氮肥的施用量，减少农业投入成本，而且可以减少田间氮素残留，降低氮素淋溶对地下水以及环境的污染。通过研究各生育期内不同畦长条件下硝态氮含量变化情况，近似估算各生育期内夏玉米植株对田间硝态氮的吸收利用情况，可以分析出全生育期内夏玉米对田间硝态氮的利用效率。

由于在夏玉米全生育期内降水量较少且分布较分散，对硝态氮淋溶影响不大，本节将各生育期内硝态氮变化量近似估算为夏玉米植株对硝态氮的吸收利用量，硝态氮有效利用率通过夏玉米全生育期内硝态氮变化总量在播种—收获期硝态氮变化值中所占的比例来反映。

各生育期内硝态氮变化量表现为，灌浆—收获期，不同畦长条件下硝态氮变化量均较小；而在播种—拔节期以及抽雄—灌浆期硝态氮变化量减少较多，在不同畦长条件下变化情况有所不同，具体表现为，80m 畦长下，播种—拔节期硝态氮变化量减少较多；240m 畦长下，抽雄—灌浆期硝态氮变化量减少较多；120m 畦长下，播种—拔节期和抽雄—灌浆期硝态氮变化量基本相同。在夏玉米全生育期内，不同畦长下全生育期内硝态氮变化总量基本相同，均在 190～200kg/hm² 。另外，不同畦长条件下的硝态氮有效利用率情况表现为，80m 畦长>120m 畦长>240m 畦长 （表 10-16）。

表 10-16　硝态氮含量变化情况及有效利用率

畦长/m	播种—收获期硝态氮变化值/（kg/hm²）	各生育期内硝态氮变化量/（kg/hm²）			全生育期内硝态氮变化总量/（kg/hm²）	硝态氮有效利用率/%
		播种—拔节期	抽雄—灌浆期	灌浆—收获期		
80	473.24	103.31	65.51	22.31	191.14	40.39
120	513.62	70.83	73.10	52.87	196.80	38.32
240	550.40	64.00	91.47	43.29	198.76	36.11

通过分析可知，夏玉米播种—灌浆期主要进行营养生长，而且生长速度较快，对氮素的需求量较大，所以土壤硝态氮含量减少较为明显；在进入灌浆期以后，植株的生长速度逐渐减缓，主要进行籽粒灌浆，对氮素的需求量减少，土壤硝态氮含量的减少值较小。在氮素有效利用率方面，随着畦长的增大，硝态氮有效利用效率逐渐减小。

10.4.3.3　产量分布变化情况

在畦长一定的条件下，通过试验测得各测点处的百粒重、产量及测点控制面积 （以畦田中某一测点处数据作为某一段畦田的平均数据的该段畦田的面积），并通过计算得到每个测点处单位面积的产量及畦田中各测点控制段总产量，具体数据情况见表 10-17。

表 10-17　各测点处夏玉米产量情况

畦长/m	测点处	百粒重/g	测点产量/g	单位面积产量 /(g/m²)	测点控制面积/m²	测点控制段 总产量/kg
80	1 号	33.79	2779.45	990.63	74.67	73.97
	2 号	35.12	3108.20	1105.65	74.67	82.56
	3 号	35.00	2810.05	1005.62	74.67	75.09
120	1 号	34.40	2249.64	927.06	75.00	69.53
	2 号	35.48	2505.78	1006.26	75.00	75.47
	3 号	34.64	2869.95	1216.58	75.00	91.24
	4 号	31.85	2496.20	1011.52	75.00	75.86
240	1 号	32.20	2607.32	902.16	138.72	125.15
	2 号	35.40	3077.96	1064.89	138.72	147.72
	3 号	32.11	2615.40	904.32	138.72	125.45
	4 号	34.50	3234.71	1119.17	138.72	155.25
	5 号	35.26	2910.02	1007.00	138.72	139.69

80m 畦长条件下，2 号测点处夏玉米单位面积产量及测点控制段总产量均显著高于 1 号测点处和 3 号测点处，2 号测点处和 3 号测点处夏玉米百粒重没有明显差别，均高于 1 号测点处夏玉米百粒重。

120m 畦长条件下，在测点处夏玉米单位面积产量及测点控制段总产量方面，3 号测点处显著高于其他测点处，1 号测点处处于最低水平，2 号测点处和 4 号测点处水平相差不大。在夏玉米百粒重指标方面，2 号测点处高于其他测点处，1 号测点处和 3 号测点处相差不大，处于中等水平，4 号测点处夏玉米百粒重最小。

240m 畦长条件下，在测点处夏玉米单位面积产量及测点控制段总产量方面，4 号测点处显著高于其他测点处，1 号测点处和 3 号测点处相差不大，处于最低水平，2 号测点处略高于 5 号测点处。在夏玉米百粒重指标方面，2 号测点处和 5 号测点处较高且相差不大，4 号测点处次之，1 号测点处和 3 号测点处相近且处于最低水平。

通过分析可知，80m 畦长条件下，畦田中段部分的总产量相对较高，畦田端部总产量相对较低；120m 畦长条件下，距畦首 3/4 畦长处，即畦田的中后段部分的总产量较高；240m 畦长条件下，距畦首 4/5 畦长处，即畦田的中后段部分的总产量较高。

在不同畦长条件下，测得各块畦田总面积，并根据各测点处单位面积产量及测点控制面积，加权计算出畦田总产量，进而计算出不同畦长的畦田单位面积产量，对各块畦田中夏玉米测点控制段总产量均匀度进行对比分析，用克里斯琴森均匀系数进行描述。具体数据情况见表 10-18。

表 10-18　不同畦长条件下畦田产量情况表

畦长/m	畦田总面积 /m²	畦田总产量 /kg	畦田单位面积 产量/(g/m²)	测点控制段总 总产量均匀度
80	224.00	231.61	1033.97	0.9538
120	300.00	312.21	1040.35	0.9153
240	693.60	693.26	999.51	0.9229

在不同畦长条件下，120m 畦长的畦田在单位面积产量方面高于 80m 和 240m 畦长的畦田，80m 畦长的畦田在测点控制段总产量均匀度方面显著高于 120m 和 240m 畦长的畦田。两者结合来看，80m 畦长条件下的畦田单位面积产量与 120m 畦长条件下相比略有不足，但是沿畦长方向测点控制段总产量均匀度要好得多；240m 畦长条件下，畦田单位面积产量和沿畦长方向测点控制段总产量均匀度均较低。

10.4.3.4　最优畦长确定

从灌溉水利用效率角度来看，通过研究不同畦长条件下的畦田中灌溉水利用情况，分析不同畦长条件下各灌水前后的土壤水分时空分布变化情况，灌溉水利用效率随着畦长的变化规律为：80m 畦长>120m 畦长>240m 畦长。

从硝态氮有效利用率角度来看，通过不同畦长条件下硝态氮的时空分布变化情况，不同畦长条件下不同土层深度的硝态氮沿畦长方向的积累量、氮素淋溶情况，得到硝态氮有效利用率随着畦长的变化规律为：80m 畦长>120m 畦长>240m 畦长。

从产量角度来看，通过研究不同畦长条件下畦田的产量情况，分析了不同畦长条件下的总产量、单位面积产量以及产量分布情况，总结出产量随着畦长的变化规律为：120m 畦长>80m 畦长>240m 畦长。

综合考虑，80m 畦长的畦田在籽粒产量略有减少的情况下，具有较高的灌溉水利用效率和硝态氮有效利用率。

10.5　田间工程技术

生态型泾惠渠灌区的田间工程技术包括田间道路布局、斗农渠布置和规格、畦田规格、田间量水技术等。

10.5.1　田间道路布局

泾惠渠现有田间道路多为 2~4m，已经不能满足现代农业机械化耕作要求。为满足灌区现代农业发展和生态建设要求，主干道路规划为宽 5m 的混凝土硬化路面，其中两侧各 0.5m 的路肩。田间支道为宽度 4m 的砂石硬化路面，其中两侧各 0.5m 的路肩。田间道路一侧布置斗渠，斗渠采用 U 形渠道，断面采用 D60 和 D50。斗渠两侧渠堤宽度为 60cm，田间生产道路两侧种植国槐或红花槐，树的间距为 5m。

10.5.2　斗农渠布置和规格

根据斗农渠控制面积、地形、渠道流量，水质特点，结合泾惠渠灌区多年来实践经验，斗农渠沿道路布置。斗农渠结构采用 U 形断面，现浇混凝土结构。渠道糙率系数为 0.015，斗渠比降为 1/1000~1/400，农渠比降为 1/1500~1/800。渠道全部采用 C15 混凝土现浇，混凝土抗冻标号为 F50，抗渗标号为 W4，衬砌厚度为 6~8cm，每 5m 预留伸缩缝，采用聚氯乙烯胶泥填缝。填方渠道外边坡坡比为 1:1。渠道渠堤宽度：D30 渠堤宽度为 40cm，D40、D50 渠堤宽度为 60cm，D60 渠堤宽度为 100cm。

10.5.3　畦田规格

畦田规格包括畦田长度（畦长）、畦田宽度（畦宽）以及田面比降和单宽流量。畦田规格受水源供水情况、土壤质地、地形坡度、土地平整等状况的影响。畦长取决于地面坡度、土壤透水性、入畦流量及土地平整程度，畦宽取决于地形、土壤、入畦流量大小，同时还取决于机械耕作的要求。目前，泾惠渠灌区畦长为 50~300m，畦宽一般为 2~4m，田面坡度为 0.001~0.003。结合泾惠渠秸秆还田农艺技术、节水灌溉技术和生态灌区建设要求，通过不同畦长、单宽流量进行模拟计算，确定泾惠渠适宜的畦田规格：畦长为 90~120m，畦宽为 2~4m。在此条件下，冬小麦产量可达到 422kg/亩，夏玉米产量可达到 515kg/亩。

10.5.4　田间量水技术

田间量水技术是一项基础的、关键性的技术，是灌区管理部门进行正确引水、输水和水量调配的主要手段。本研究采用试验和数值模拟的方法，对量水设施圆头量水柱在 U 形渠道中用以测流的水力性能，为其在灌区小型 U 形渠道中的推广及使用进行了试验研究。

通过试验研究圆头量水柱用于不同底坡的 U 形渠道的情况，观测不同收缩比的圆头量水柱在 U 形渠道不同底坡、不同流量下的水流形态，实测各个工况下典型位置处的流速、水深、水面线等水力参数，并对其进行理论分析。对 U 形渠道圆头量水柱三维水流运动进行数值模拟，在较大尺寸范围内探讨圆头量水柱的水力性能。在物理模型试验和数值仿真模拟研究的基础上，建立一套较为完整的、适用范围较广的、具有较高临界淹没度的圆头量水柱的标准化测流计算方法。

10.6　泾惠渠灌区田间量水技术

灌区量水是实行计划用水和准确引水、输水、配水、灌水的关键技术方法，但目前量水技术尚不能完全满足灌区量水工作的需要。半圆柱形量水槽具有测流精度高，临界淹没度高，水头损失小，结构简单，施工方便等优点。对于半圆柱形量水槽，已有研究均是针对矩形渠道的，U 形渠道在水力条件和结构上具有诸多优点，近几十年以来，逐渐成为灌区中小型渠道及田间末级渠道的主要结构形式，因此需要对 U 形渠道半圆柱形量水槽进行深入研究。

10.6.1 半圆柱形量水槽的测流原理

半圆柱形量水槽属于文丘里槽，其利用安装在渠道两侧与渠道中心线保持垂直的两个相同尺寸的半圆柱体缩窄渠道过流断面，水流在槽前为缓流，当水流经过该槽时在喉口断面形成收缩水流，产生临界水深，达到临界流状态，而后转入急流状态与下游水流衔接。下游水深的改变在相对范围内对上游水深无干扰，从而形成较为稳定的上游水位流量关系，通过测量上游水位计算得到渠道流量。

10.6.1.1 渠道上游横截面积

根据图 10-18 所示几何关系，可计算底弧中心角弧度 θ 以及渠底弧高 h。

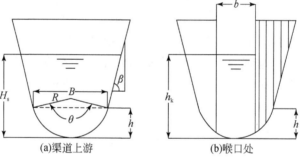

(a)渠道上游　　　　　　　(b)喉口处

图 10-18　U 形渠道半圆柱形量水槽横断面示意图

注：H_s 为渠道水深；h 为渠底弧高；θ 为渠底弧中心角弧度；B 为底弧弓形弦长；R 为底弧半径；h_k 为临界水深；b 为喉口宽度

$$\theta = 2\arcsin\frac{B}{2R} \tag{10-17}$$

$$h = R\left(1 - \sin\frac{\theta}{2}\right) = R - \frac{RB}{2} \tag{10-18}$$

渠道内水深分两种情况，一种情况为渠道水深 H_s 大于渠底弧高 h，另一种情况为渠道水深 H_s 小于渠底弧高 h。一般情况下，渠道水深 H_s 大于渠底弧高 h。

当渠道水深 H_s>渠底弧高 h 时，水面位于弧形上，此时渠道横截面积 A_0 等于底弧弓形面积 A_2 加上弓形以上的梯形面积 A_3。

$$A_2 = \frac{\theta}{2}R^2 - \frac{1}{2}R^2\sin\theta = R^2\arcsin\frac{B}{2R} - \frac{B}{4}\sqrt{4R^2 - B^2} \tag{10-19}$$

$$A_3 = \left(H_s - R + \frac{RB}{2}\right)\left[b + \frac{\left(H_s - R + \frac{RB}{2}\right)}{\tan\beta}\right] \tag{10-20}$$

$$A_0 = A_2 + A_3$$

$$= R^2 \arcsin \frac{B}{2R} - \frac{B}{4}\sqrt{4R^2 - B^2} + \left(H_s - R + \frac{RB}{2}\right)\left[\frac{H_s - R + \frac{RB}{2}}{B + \frac{}{\tan\beta}}\right] \quad (10\text{-}21)$$

式中，B 为底弧弓形弦长（cm）；R 为底弧半径（cm）；β 为 U 形侧墙与水平方向夹角。

10.6.1.2　喉口处横截面积

假定喉口处水深为临界水深，喉口处横截面积 A_0 等于底弧弓形面积 A_1 加上弓形以上的矩形面积 A_2，则：

$$A_1 = b\,(h_k - a) = b\left(h_k - R + \sqrt{R^2 - \frac{b^2}{4}}\right) \quad (10\text{-}22)$$

$$A_2 = R^2 \arcsin \frac{b}{2R} - \frac{b}{4}\sqrt{4R^2 - b^2} \quad (10\text{-}23)$$

$$A_0 = A_1 + A_2 = b\left(h_k - R + \sqrt{R^2 - \frac{b^2}{4}}\right) + R^2 \arcsin \frac{b}{2R} - \frac{b}{4}\sqrt{4R^2 - b^2} \quad (10\text{-}24)$$

对于底坎式的半圆柱形量水槽，喉口处横截面积为矩形，其表达式为

$$A_0 = bh_k \quad (10\text{-}25)$$

10.6.1.3　临界水深的计算

根据巴赫米吉夫的最小比能理论，即当渠道形状、尺寸以及渠内流量均确定时，喉口处水深是相对于对断面比能为最小时的水深，称作临界水深 h_k。如图 10-19 所示。

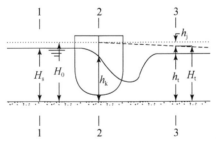

图 10-19　U 形渠道半圆柱形量水槽纵断面示意图

注：H_0 为上游总水头（m）；H_s 为上游水深（m）；h_k 为喉口临界水深（m）；
H_t 为下游水深（m）；h_j 为水头损失；h_t 为断面水深（m）

渠道断面比能 E_s 的表达式一般为

$$E_s = h + \frac{\alpha v^2}{2g} = h + \frac{\alpha Q^2}{2gA^2} \quad (10\text{-}26)$$

式中，α 为动能修正系数（假定流速分布均匀，等于 1）；v 为水流流速（m/s）；g 为重力加速度（m/s²）；A 为渠道断面面积（m²）；Q 为过水断面流量（m³/s）。

根据临界水深的定义，当水流到达喉口处时具有最小断面比能，即 $\dfrac{\mathrm{d}E_s}{\mathrm{d}h} = 0$，由上式求

导可得

$$A_k = \frac{\alpha v_k^2}{g} b = \frac{\alpha b Q^2}{A_k^2 g} = \sqrt[3]{\frac{\alpha b Q^2}{g}} \tag{10-27}$$

根据式（10-27），可得

$$h_k = \frac{\sqrt[3]{\frac{\alpha b Q^2}{g}} + \frac{b}{4}\sqrt{4R^2 - \frac{b^2}{4}} - R^2 \arcsin\frac{b}{2R}}{b} + R - \sqrt{R^2 - \frac{b^2}{4}} \tag{10-28}$$

对于底坎式的半圆柱形量水槽，根据式（10-32），临界水深表达式为

$$h_k = \frac{Q^{\frac{2}{3}}}{g^{\frac{1}{3}} b^{\frac{2}{3}}} \tag{10-29}$$

10.6.1.4 流量系数表达式

半圆柱形量水槽喉口处水流流态为自由出流，根据能量方程，假定流速分布均匀，渠道上游断面的总水头为

$$H_0 = H_s + \frac{\alpha_s v_s^2}{2g} \tag{10-30}$$

式中，H_0 为上游总水头（m）；H_s 为上游水深（m）；v_s 为上游水流流速（m/s）；α_s 为动能修正系数（假定流速分布均匀，等于 1）。

假定上游断面和临界流断面的能量损失忽略不计，建立上游断面 1—1 与临界留横断面 2—2 的能量方程，得

$$H_0 = h_k + \frac{v_k^2}{2g\varphi^2} = h_k + \frac{Q^2}{2g\varphi^2 A_k^2} \tag{10-31}$$

式中，h_k 为临界水深；A_k 为临界留横断面面积；φ 为流速系数。

由式（10-31）可得

$$Q = \varphi A_k \sqrt{2g\ (H_0 - h_k)} \tag{10-32}$$

令 $\lambda = b/2R$，将式（10-32）代入式（10-31）得

$$H_0 = \frac{1 + 2\varphi^2}{2\varphi^2} \frac{v_k^2}{g} + R\ (1 - \sqrt{1 - \lambda^2})\ - \frac{R^2}{b}\ (\arcsin\lambda - \lambda\sqrt{1 - \lambda^2}) \tag{10-33}$$

将式（10-33）代入式（10-30）可得临界水深与上游水头的关系：

$$h_k = \frac{2\varphi^2}{1 + 2\varphi^2}\left[H_0 - R\ (1 - \sqrt{1 - \lambda^2})\ + \frac{R^2}{b}\ (\arcsin\lambda - \lambda\sqrt{1 - \lambda^2})\right]$$
$$+ R\ (1 - \sqrt{1 - \lambda^2})\ - \frac{R^2}{b}\ (\arcsin\lambda - \lambda\sqrt{1 - \lambda^2}) \tag{10-34}$$

将式（10-32）和式（10-33）代入式（10-34），得到 U 形渠道半圆柱形量水槽的流量公式为

$$Q = \frac{2\varphi^2}{(1 + 2\varphi^2)^{\frac{3}{2}}} b\sqrt{2g} H_0^{\frac{3}{2}}\left[1 - \frac{R}{H_0}\ (1 - \sqrt{1 - \lambda^2})\ + \frac{R^2}{bH_0}\ (\arcsin\lambda - \lambda\sqrt{1 - \lambda^2})\right]^{\frac{3}{2}} \tag{10-35}$$

并与自由出流状态下堰流测流公式 $Q = mb\sqrt{2g} H_0^{\frac{3}{2}}$ 对比可得到 U 形渠道半圆柱形量水

槽的流量系数理论公式为

$$m = \frac{2\varphi^2}{(1+2\varphi^2)^{\frac{3}{2}}}\left[1 - \frac{R}{H_0}\left(1-\sqrt{1-\lambda^2}\right) + \frac{R^2}{bH_0}\left(\arcsin\lambda - \lambda\sqrt{1-\lambda^2}\right)\right]^{\frac{3}{2}} \tag{10-36}$$

将式（10-35）代入式（10-36）可得到流速系数的表达式为

$$\varphi = \left[\frac{h_k - R\left(1-\sqrt{1-\lambda^2}\right) + \frac{R^2}{b}\left(\arcsin\lambda - \lambda\sqrt{1-\lambda^2}\right)}{2\left(H_0 - h_k\right)}\right]^{\frac{1}{2}} \tag{10-37}$$

将式（10-37）代入式（10-36）得

$$m = \frac{1}{\sqrt{2}}\left[h_k - R + \left(\frac{1}{2} - \frac{1}{4H_0}\right)\sqrt{4R^2 - b^2} + \frac{R^2}{H_0}\arcsin\frac{b}{2R}\right]^{\frac{3}{2}} \tag{10-38}$$

通过对半圆柱形量水槽的测流理论计算，可以发现半圆柱形量水槽的过流流量与渠道的尺寸、喉口宽度、上游水头以及临界水深有关。当量水槽尺寸一定时，即底弧半径 R 与喉口宽度 b 一定，只需求出上游水头和临界水深便可算得过槽流量。上游水头与临界水深存在一定的内在联系，可以通过试验数据的分析来找出相关关系，从而得到 U 形渠道半圆柱形量水槽的测流公式。本节将从另外一种角度推求 U 形渠道半圆柱形量水槽的测流公式。

10.6.1.5　量纲分析法表达式

通过对半圆柱形量水槽测流公式的理论分析以及试验数据的处理发现，过流流量 Q 的主要影响因素包括上游水深、喉口临界水深、喉口宽度、重力加速度、液体密度等，得到如下关系式：

$$Q = \varphi\left(b, g, \rho, H_s, h_k\right) \tag{10-39}$$

式中，Q 为流量（m^3/s）；b 为喉口宽度（m）；g 为重力加速度（m/s^2）；ρ 为液体密度（kg/m^3）；H_s 为上游水深（m）；h_k 为喉口临界水深（m）。

根据量纲分析法的一般步骤，确定物理量个数 $n = 6$，应用 π 定理对式（10-39）变形，表示成如下函数关系式：

$$f\left(b, g, \rho, Q, H_s, h_k\right) = 0 \tag{10-40}$$

选取喉口宽度、重力加速度、液体密度 3 个相互独立的物理量为基本物理量，即 $m = 3$。喉口宽度 b 的量纲为 $[L]$，重力加速度 g 的量纲为 $[L/T^2]$，液体密度 ρ 的量纲为 $[M/L^3]$，分别为几何学量、运动学量和动力学量。因此无量纲数 π 应该有 $n - m = 3$ 个，无量纲数的方程为

$$F\left(\pi_1, \pi_2, \pi_3\right) = 0 \tag{10-41}$$

无量纲数 π 表达式分别为

$$\pi_1 = \frac{Q}{b^{a_1}g^{b_1}\rho^{c_1}}, \quad \pi_2 = \frac{H_s}{b^{a_2}g^{b_2}\rho^{c_2}}, \quad \pi_3 = \frac{h_k}{b^{a_3}g^{b_3}\rho^{c_3}} \tag{10-42}$$

根据量纲和谐原理，确定各 π 项的指数。

对于 π_1，其量纲式为

$$[Q] = [b]^{a_1}[g]^{b_1}[\rho]^{c_1} \tag{10-43}$$

选择长度 $[L]$、时间 $[T]$、质量 $[M]$ 作为基本量纲，式（10-43）可写为

$$[L^3/T] = [L]^{a_1}[L/T^2]^{b_1}[M/L^3]^{c_1} \tag{10-44}$$

分别使等式两边长度、时间、质量纲量的指数相等，由待定系数法联立求解得

$$\begin{cases} [L]: a_1+b_1-3c_1=3 \\ [T]: -2b_1=-1 \\ [M]: c_1=0 \end{cases} \tag{10-45}$$

对于底坎式 U 形渠道半圆柱形量水槽，由式（17-13）可得 $\pi_1=\left(\dfrac{h_k}{b}\right)^{\frac{3}{2}}$，因此，式（10-41）可化为

$$F\left(\frac{H_s}{b},\ \frac{h_k}{b}\right)=0 \tag{10-46}$$

可写为

$$\frac{h_k}{b}=\varphi\left(\frac{H_s}{b}\right) \tag{10-47}$$

通过量纲分析，建立了上游水深和临界水深的函数关系式，可以此为基础推导出具有量纲和谐形式的半圆柱形量水槽测流公式。

10.6.2 半圆柱形量水槽技术参数

10.6.2.1 临界水深与上游水深关系

根据推导的 U 形渠道半圆柱形量水槽临界水深计算公式可分别计算出不同收缩比、不同流量情况下的临界水深 h_k，经过处理得到不同收缩比 ε 情况下临界水深 h_k 与上游水深 H_s 的关系（图10-20）。

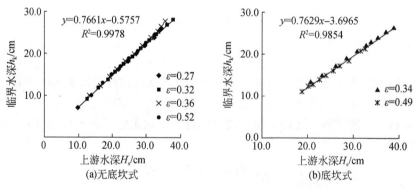

图10-20　临界水深 h_k 与上游水深 H_s 的关系

临界水深与上游水深线性关系非常明显呈现极好的线性相关性，通过拟合得到 D40 和 D60 渠道下上游水深与临界水深相关性系数和线性关系式分别为

D40：$h_k=0.732h+0.002$，$R^2=0.998$

D60：$h_k=0.766h+0.021$，$R^2=0.999$

10.6.2.2　临界水深与上游水头关系

上游水头与上游水深存在一定关系。将计算得到上游水头与上游水深数据进行模拟得到上游水头的计算公式为

$$H_0 = 1.026H_s + 0.317, \quad R^2 = 0.997$$

计算 D40 和 D60 两种规格 U 形渠道下半圆柱形量水槽不同收缩比不同流量下的量水槽上游水头 H，将其数值与试验所测得拟合得到 D40 和 D60 渠道下上游水深与临界水深相关性系数和线性关系式分别为

$$D40: H = 1.050h + 0.002, \quad R^2 = 0.999$$
$$D60: H = 1.035h + 0.002, \quad R^2 = 0.999$$

10.6.2.3　上游水深与流量的关系

上游水深是 U 形渠道半圆柱形量水槽水力性能的重要影响因素，由于渠道水流受半圆柱形量水槽的影响，上游水位会升高。由 6 种不同收缩比（$\varepsilon = 0.27$、$\varepsilon = 0.32$、$\varepsilon = 0.34$、$\varepsilon = 0.36$、$\varepsilon = 0.49$、$\varepsilon = 0.52$）情况下测得的上游水位与流量数据模拟表明，收缩比和流量对上游水深的影响较大，且不受渠道的水力条件改变。当半圆柱形量水槽收缩比一定时，上游水深随流量的增大而增加，但上游水深与流量的关系不是简单的线性关系；当流量一定时，收缩比的大小会影响喉口的宽度，从而影响上游水深，选择过小收缩比或者过高底坎的半圆柱形量水槽会造成上游水深过高。因此，在一定流量范围内需要选择合适的半圆柱形量水槽型号。

10.6.2.4　流量公式的建立

将底坎式的半圆柱形量水槽的试验数据分别计算得到 H_s/b 与 h_k/b 进行比较，发现 H_s/b 与 h_k/b 的值呈现出非常好的线性关系，并且与半圆柱形量水槽的收缩比无关。

将上游水深 H_s 和临界水深 h_k 的函数关系式（10-47）化作显式为

$$\frac{h_k}{b} = a\left(\frac{H_s}{b}\right)^n \tag{10-48}$$

由式（10-47）可将式（10-48）化作带流量的显函数公式：

$$Q = a^{\frac{3}{2}} g^{\frac{1}{2}} b^{(2.5-1.5n)} H_s^{1.5n} \tag{10-49}$$

式中，a、n 为常数，可通过拟合得到；b 为喉口宽度（m）；H_s 为以渠底为基准的上游水深（m）；Q 为渠道过流流量（m³/s）；g 为重力加速度（m/s²）。

对试验数据进行分析，拟合得到系数 $a = 0.5922$、$n = 1.1535$，相关系数 $R^2 = 0.998$。代入式（10-49）得到 D40 U 形渠道自由出流状态下底坎式半圆柱形量水槽流量的相关经验公式：

$$Q = 0.4638\sqrt{g}\, b^{0.7698} H_s^{1.7302} \tag{10-50}$$

将无底坎式半圆柱形量水槽 4 种不同收缩比（$\varepsilon = 0.27$、$\varepsilon = 0.32$、$\varepsilon = 0.36$、$\varepsilon = 0.52$）的试验数据分别计算得到 H_s/b 与 h_k/b 的值，绘制于图 10-21 中。发现 H_s/b 与 h_k/b 的值同样呈现出非常好的线性关系。

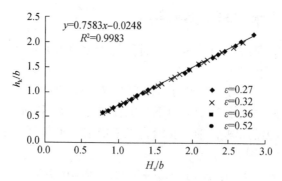

图 10-21　h_k/b 与 H_s/b 的关系（无底坎式）

同理可拟合得到系数 $a=0.6349$、$n=1.1516$，相关系数 $R^2=0.996$。代入式（10-50）得到 D40 U 形渠道自由出流状态下半圆柱形量水槽流量的相关经验公式：

$$Q=0.5059\sqrt{g}\,b^{0.7727}H_s^{1.7273} \tag{10-51}$$

以上得出的流量公式量纲和谐，仅需测得上游水深 H_s 以及喉口宽度 b 便可求得过槽流量。

将式（10-49）两边取对数，得

$$\ln\left[\frac{h_k}{b}\right]=\ln\left[\frac{Q^{2/3}}{g^{1/3}b^{5/3}}\right]=\ln(\partial)\ +n\ln\left[\frac{h}{b}\right] \tag{10-52}$$

对试验数据进行分析，拟合得到 $a=0.6150$、$n=1.1763$。

将 $a=0.6150$、$n=1.1763$ 代入式（10-52），得

$$Q=0.6150^{3/2}g^{1/2}b^{0.7355}h^{1.7645} \tag{10-53}$$

10.6.2.5　测流精度分析

测流精度是衡量量水槽测流性能好坏的主要指标之一。以实测流量为对比得到测流公式的测流精度。相对误差 δ 的计算公式为

$$\delta=\left|\frac{Q-Q_s}{Q_s}\right|\times100\% \tag{10-54}$$

式中，Q 为计算流量（L/s）；Q_s 为实测流量（L/s）。

将无底坎式半圆柱形量水槽的计算流量与实测流量进行对比表明，收缩比为 0.27 ~ 0.52，计算流量与实测流量之间具有较高的吻合程度，最大相对误差不超过 8.22%，最小相对误差为 0.02%，平均误差仅为 2.42%。

将底坎式半圆柱形量水槽的计算流量与实测流量进行对比表明，计算流量与实测流量之间同样具有较高的吻合度，最大相对误差不超过 3.81%，最小相对误差为 0.06%，平均误差仅为 1.43%。

通过量纲分析建立的测流公式包含了流量和流速因素，减小了综合系数的误差，精度满足测流要求。该公式简单实用，无需烦琐的计算，可用于自由出流状态下的 U 形渠道半圆柱形量水槽测流。

对于 D40 和 D60 U 形渠道半圆柱形量水槽，将实测流量与计算流量进行了测流误差分

析，结果表明，量水槽的实测流量与计算流量极为接近，最小相对误差为 0.10%，平均误差仅为 3.54%，满足灌区量水设备精度小于 5%。不同渠道下相同收缩比的量水槽（$\varepsilon = 0.36$，$\varepsilon = 0.52$），D60 渠道半圆柱形量水槽误差相比 D40 渠道的要低。D60 渠道半圆柱形量水槽误差相对于 D40 要低，即量水精度要高。对于两种渠道，在收缩比 ε 为 0.48 ~ 0.59 时，量水精度要高。

10.6.2.6　上游弗劳德数

弗劳德数 Fr（Froude number）是代表水流惯性力与重力作用之比的无量纲参数，在具有自由液面或密度分层的流动中是十分重要的相似准则数，其计算公式为

$$Fr = \frac{v}{\sqrt{gh}} = \sqrt{2\frac{\dfrac{v^2}{2g}}{h}} \tag{10-55}$$

通过对弗劳德数的计算可判定明渠水流流态。当水流为缓流时，重力作用大于惯性力作用，Fr<1；当水流为临界流时，重力作用等于惯性力作用，Fr=1；当水流为急流时，惯性力作用占上风，Fr>1。

在渠道量水工作中，行近渠内水流流速不应过大，以免造成水流形成柱形波影响测针的读数。根据灌溉渠道系统量水规范，为了保证测流精度，行近渠内水流弗劳德数 Fr 不应大于 0.5。

根据式（10-55）计算得到了不同收缩比下流量与上游弗劳德数 Fr 的关系，如图 10-22 所示。

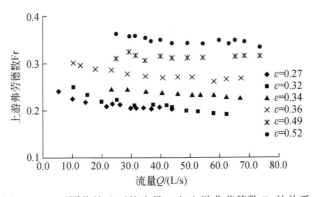

图 10-22　不同收缩比下的流量 Q 与上游弗劳德数 Fr 的关系

由图 10-22 可以看出，上游弗劳德数为 0.2 ~ 0.4。当收缩比一定时，上游弗劳德数随流量的增加而减小，但减小趋势不明显。上游弗劳德数与半圆柱形量水槽的收缩比有关，当流量一定时，上游弗劳德数随收缩比的增大而增大，表明收缩比越大，流速水头越大，惯性力作用相比重力作用也越大。从以上结果可得，所选择的收缩比在试验流量范围内满足上游弗劳德数 Fr 不大于 0.5 的要求，符合测流规范的要求。

由于 U 形渠道的过水断面面积并非水深的线性函数，弗劳德数 Fr 与流量有关，随流量的增大而减小，但线性关系不是很明显。

10. 6. 2. 7　临界淹没度

利用半圆柱形量水槽量水时，淹没出流对测流的精度有较大影响，应尽量保证半圆柱形量水槽在水流流态为自由出流状况下工作。对于半圆柱形量水槽，当上游水深不受下游水深的变化影响时，是自由出流状态；当下游水深的变化影响上游水深时，是淹没出流状态。临界淹没度指当过槽水流为临界状态，即下游水深的改变即将影响上游水深时，下游水深与上游水深的比值：

$$S_{cr} = \frac{H_t}{H_s} \tag{10-56}$$

式中，S_{cr} 为临界淹没度；H_s 和 H_t 分别为临界状态下上游和下游水深（cm）。

为了测得半圆柱形量水槽的淹没度，试验中利用遮挡物控制渠道下游出口，从而调节下游水深，并观察上游水深变化。上游水位不受影响条件下的最大下游水深与对应的上游水深的比值则为临界淹没度。

在收缩比一定的情况下，临界淹没度随着流量的增大而减小。不同收缩比时，U 形渠道半圆柱形量水槽的临界淹没度的变化范围为 0.72 ~ 0.91，大部分点的范围集中在 0.72 ~ 0.85，平均值为 0.78。这表明半圆柱形量水槽在该试验收缩比范围内具有较宽的自由出流范围，不易造成淹没出流。

10. 6. 2. 8　壅水高度

由于半圆柱形量水槽使过水断面发生了收缩，必定会对上游造成一定的壅水。若壅水高度过大，超过渠道设计值时，会造成水流的溢出，影响渠道的运行甚至造成渠道的破坏。过大的壅水高度可能使渠道进水口受到影响。因此，壅水高度也是衡量量水槽测流性能好坏的重要指标。

将两种不同形式的半圆柱形量水槽的试验数据进行处理，分别得到无底坎式和底坎式半圆柱形量水槽不同收缩比时流量与壅水高度关系。在试验流量范围内，壅水高度不超过12cm，壅水高度随收缩比的增大而减小，增大收缩比可以减小壅水高度，从而减小水头损失。收缩比一定时，随着流量的增大，壅水高度也逐渐增大，如果以壅水高度不超过10cm 为参考，U 形渠道半圆柱形量水槽的合适收缩比为 0.36 ~ 0.52。

对试验中不同规格渠道、不同尺寸、不同流量下所测数据进行计算，表明壅水高度与流量、收缩比有关。同种渠道同一收缩比，流量愈大，壅水高度也愈大。同一规格渠道同一流量，壅水高度随收缩比的增大而减小，结合上文试验得出的收缩比较大时测流精度也较高的结论，因此在实际应用过程中应选择较大收缩比量水槽。

收缩比相同，流量不变的情况下，D60 渠道下量水槽上游壅水高度大于 D40 渠道。因此可以初步得出半圆柱形量水槽更适用于小规格 D40 渠道的结论。

10. 6. 2. 9　水头损失

水头损失同样也是判断量水槽性能的重要指标。水流经过半圆柱形量水槽，由于受半圆柱体影响，将发生水跃和水跌两种局部水力现象而改变水流的流态，对能量产生较大的损失。因此，在选择合适尺寸的半圆柱形量水槽时，应考虑水头损失因素，因此需要对不同收缩比的半圆柱形量水槽水头损失进行分析。

水头损失分为局部水头损失和沿程水头损失，半圆柱形量水槽过槽水流产生水头损失的原因主要是半圆柱体使过流断面发生了收缩，因此局部水头损失远大于沿程水头损失，故在计算中只考虑局部水头损失。

如图 10-23 所示，取距离量水槽上游 7m 处平稳水流 1—1 断面与距量水槽较远处下游水流平稳 2—2 断面列能量方程：

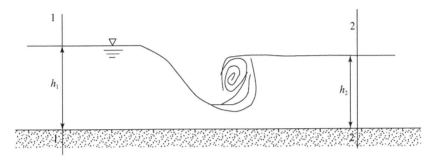

图 10-23　能量损失计算示意图

$$H_0 = H_s + \frac{\alpha_1 v_1^2}{2g} = H_t + \frac{\alpha_2 v_2^2}{2g} + h_j \qquad (10\text{-}57)$$

$$h_j = H_s - H_t + \frac{v_1^2 - v_2^2}{2g} \qquad (10\text{-}58)$$

$$h_j = \Delta h + \frac{\left(\dfrac{Q}{A_1}\right)^2 - \left(\dfrac{Q}{A_2}\right)^2}{2g} \qquad (10\text{-}59)$$

式中，H_0 为上游断面总水头（m）；H_s、H_t 分别为上、下游断面水深（m）；h_j 为水头损失；v_1、v_2 分别为上、下游水流流速（m/s）；A_1、A_2 分别为上、下游断面面积（m²）；Q 为流量（m³/s）；Δh 为同一参考面的上下游水位差；α_1、α_2 为动能修正系数（假定流速分布均匀，等于 1）。

将试验数据代入式（10-59）计算得出不同收缩比情况下的水头损失，绘制成图 10-24。

图 10-24 表明，收缩比和流量对水头损失有较大的影响。当流量一定时，水头损失随着收缩比的增大而减小，因为收缩比的增大，上下游水位差减小，因此，水头损失也随之减小。在一定收缩比情况下，水头损失随着流量的增大而增加，这是由于流量的变化对局部水头产生影响。但收缩比为 0.36～0.52 时，水头损失加大的幅度呈逐渐减小趋势，因此，应选择收缩比为 0.36～0.52 的半圆柱形量水槽进行测流。经过计算，收缩比为 0.36、0.49、0.52 的半圆柱形量水槽平均水头损失分别占其总水头的 15.56%、12.21%、8.13%，好于其他 3 种收缩比（收缩比为 0.27、0.32、0.34 的半圆柱形量水槽平均水头损失分别占其总水头的 25.27%、21.51%、23.65%），更进一步验证了 U 形渠道半圆柱形量水槽的合适收缩比为 0.36～0.52。

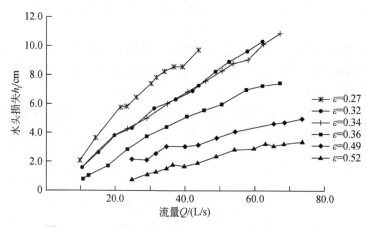

图 10-24 不同收缩比下的流量 Q 与水头损失 h_j 的关系

10.6.3　U 形渠道半圆柱形量水槽数值模拟

目前对于量水槽的研究、设计主要采用模型试验方法，本节在 D40 U 形渠道上选取了 6 种收缩比的半圆柱形量水槽进行模型试验，试验流量为 10.13～73.79L/s。传统的模型试验方法试验量大、效率低，而且资金投入较大。近年来，随着 CFD 技术的发展，使用数值模拟的方法研究量水槽水流能够大大提高量水槽的研发效率。因此，本书采用了 Flow-3D 数值模拟软件对 U 形渠道半圆柱形量水槽过槽水流进行模拟，将试验结果与模拟结果进行对比，验证模型的可靠性，并通过模拟结果了解过槽水流的断面流速等特性，对 U 形渠道半圆柱形量水槽的选型及其性能的研究提供理论依据。

10.6.3.1　数值模拟方法

Flow-3D 软件是一款简单易用、功能强大、应用范围广泛的自由液面流体模拟工具，用户仅需要通过该软件便可在短时间内完成从建模、边界条件设定到前处理，模拟计算以及后处理的所有过程，无需再添购其他模组。该软件可以定义多重模型，如通用移动物件（GMO）、紊流和非牛顿黏性流、热传导、多相流、气体动力学、水力冲积、表面张力等，应用这些模型可广泛模拟分析多重热流现象。凭借其应用能精确预测自由液面模型的 Tru VOF 法以及独有的能精确描述几何外形的 Favor 技术，该软件对实际工程问题的仿真模拟具有很高的精度和效率，被广泛应用于水利工程、环境工程、海岸船舶工程以及航天工程等工程领域。

10.6.3.2　量水槽模型的建立

（1）三维模型的建立

根据 U 形渠道半圆柱形量水槽的模型，利用 CAD 制图软件在 D40 的 U 形渠道模型上分别建立不同收缩比的半圆柱形量水槽三维模型。取沿渠道长为 x 轴，水流流向为正；沿

渠道宽为 y 轴，自右向左为正；沿渠道高为 z 轴，自下而上为正；因为渠道本身具有一定宽度，为了便于后期的计算，选择渠道入水口断面渠底中心点分别向右下偏移 500mm 为坐标轴原点。将绘制成的三维模型存为 STL 文件后导入 Flow-3D 软件，导入时设置模型的性质为固体，因为 Flow-3D 软件中默认单位为 CGS（centimeter gram second），需要将导入的模型文件单位转换成厘米。

（2）网格划分

采用数值模拟时，其有限体积法需要将连续区域进行离散，区域离散就是将有限个离散点来代替连续区域，因此，需要将计算域划分成相互不重叠的多个小区域，即网格。网格的划分对数值模拟计算准确性和效率性有着非常大的影响，网格划分的方法选择以及划分的单元大小是决定网格划分质量的关键因素。

在 Flow-3D 软件中，对于网格的生成提供的方法是 Multi-block 与 Favor 技术相结合。Multi-block 被称为多块结构化网格技术，Multi-block 技术可根据不同的试验工况，将模型划分成为一定数量的模块单元，生成若干个矩形的网格单元覆盖整个模型的计算区域，网格单元之间可以相互嵌套或者链接，并且可以设定独立的边界条件互不干扰。这种多块结构化网格技术可以在进行复杂模型的网格划分时，在不影响其他计算区域网格划分的情况下，对模型计算域局部的网格进行加密处理。Favor 技术是通过矩形计算网格单元中没有被物体占据的面积和体积的比值来描述复杂的几何形状，因此可以很高效地避免边界出现锯齿状的不平整区域，使网格能够完整地描述几何形状。两种技术的结合在降低网格划分难度的同时大大提高了模拟计算的效率。

本研究中，因实际渠道长度为 35m，量水槽下游段较长，为了减少计算机模拟计算时间，同时满足模拟计算精度要求，数值模拟计算选取的 D40 U 形渠道长 12m（上游 5m，下游取 7m），半圆柱形量水槽喉口位于渠道 5m 处。因本模型结构比较简单，统一的单元网格尺寸能够很好地描述半圆柱形量水槽的几何外形，故无需对局部网格进行加密处理，采用六面体网格对计算域进行剖分，每个单元网格的尺寸为 2cm×2cm×2cm，共划分 $4.4×10^5$ 个网格。

（3）边界条件

从某种意义上说，数值计算求解的过程就是将数据从计算域边界扩展到计算域内部的过程。因此，边界条件的设定决定着数值计算的结果，选择合理的边界条件对于计算流场的解是十分重要的。

根据试验的具体情况，所建立的 U 形渠道半圆柱形量水槽模型边界条件做如下设置：渠道上游进口（X-min）设为流量边界条件（volume flow rate），根据试验设定不同进口流量，不设置流体高度和流动方向，设置体积分数为 1；渠道下游末端出口（X-max）为自由出流边界（outflow）；上部空气进口（Z-max）设为对称进口边界（symmetry），默认为零流动边界区域，即无流体经过该边界；渠道左右壁面（Y-min、Y-max）以及底部（Z-min）设置为固壁边界（wall）。

（4）参数设置步骤

将建立的三维模型导入 Flow-3D 中，先进行网格划分，然后对网格化的模型进行各项参数的设置。

1）Flow-3D 软件中有不同的终止条件，本研究选择完成时间作为终止条件，即流体将保持持续性的运动直至达到设定的时间。为了使槽内紊流发展充分，同时节省计算时间，在一般设置选项（General）中将完成时间（Finish time）设置为 300s。

2）因为所选用的是经 VOF 法而改进的 True VOF 法，只计算含有液体的单元而不计算含有气体的控制单元，在计算对象中只有一相，因此，选择 One fluid。在界面追踪选项（Interface tracking）中选择 Free surface or sharp interface。流体性质（Flow mode）选择不可压缩性（Incompressible）。

3）在物理设置中选择重力（Gravity）和紊流模型（Viscosity and turbulence）。在重力模型中设置各坐标的重力加速度。在紊流模型中设置流体属性为牛顿流体，紊流计算模型为 RNG k-ε 双方程模型，并计算模型的紊流混合长度（turbulent mixing length，TLEN）。紊流混合长度的主要作用是定义紊流黏性系数、描述紊流涡旋特征长度以及限制紊流耗散率，在运算中为了避免能量的过大损耗，一般情况下其值定义为该模型特征长度的 0.07 倍。量水槽模型的特征长度为水力半径 R，故计算公式为

$$TLEN = 0.07R \tag{10-60}$$

将不同收缩比的数据代入式（10-60）可得到对应的紊流混合长度，见表 10-19。

表 10-19　半圆柱形量水槽数值计算参数表

序号	收缩比 ε	实测上游水深 H_s/cm	过水面积 A/m²	湿周 X/m	水力半径 R/m	断面平均流速 u_m/(m/s)	TLEN/cm
1		17.2	0.0517	0.5726	0.0903	0.3977	0.6318
2	0.27	26.51	0.0909	0.7645	0.1189	0.4780	0.8325
3		30.03	0.1069	0.8371	0.1277	0.5012	0.8939
4		21.31	0.0685	0.6573	0.1042	0.4376	0.7292
5	0.32	27.31	0.0945	0.7810	0.1210	0.4835	0.8470
6		32.47	0.1183	0.8873	0.1333	0.5158	0.9334
7		13.37	0.0368	0.4932	0.0746	0.3503	0.5224
8		19.27	0.0600	0.6153	0.0976	0.4189	0.6830
9	0.36	24.6	0.0825	0.7251	0.1138	0.4641	0.7966
10		28.76	0.1011	0.8109	0.1246	0.4931	0.8724
11		33.27	0.1221	0.9038	0.1351	0.5204	0.9458
12		35.74	0.1341	0.9547	0.1405	0.5340	0.9832

序号	收缩比 ε	实测上游水深 H_s/cm	过水面积 A/m²	湿周 X/m	水力半径 R/m	断面平均流速 u_m/(m/s)	TLEN/cm
13		17.44	0.0526	0.5775	0.0911	0.4003	0.6380
14		19.98	0.0629	0.6299	0.0999	0.4256	0.6995
15	0.52	22.15	0.0720	0.6746	0.1067	0.4447	0.7472
16		24.54	0.0823	0.7239	0.1136	0.4637	0.7955
17		27.72	0.0963	0.7894	0.1220	0.4863	0.8543
18		30.18	0.1076	0.8401	0.1281	0.5021	0.8964

4）在数值计算选项（Numerics）中设定初始时间步长（Initial time step）为 1×10^{-6}，最小时间步长（Minmum time step）为 1×10^{-14}。

5）完成参数设置后，在模拟选项（Similate）中选择对模型进行预处理（Preprocess Similation），如果提示错误，返回上述步骤检查设置，如果提示无错误，直接进行模拟运算（Run Similation）。

10.6.3.3 数值模拟的结果对比

对 4 种收缩比（$\varepsilon = 0.27$、$\varepsilon = 0.32$、$\varepsilon = 0.36$、$\varepsilon = 0.52$）的量水槽进行了不同流量下的模拟，将获得的 18 种工况下的模拟结果与试验结果进行了对比，以检验相关模型的合理性。

（1）过流流态

通过数值模拟，对过槽水流的流态进行可视化处理，得到其过流流态三维图形，并与实际观测到的流态进行对比，如图 10-25 所示。由图 10-25 可以看出，实测过流流态与模拟过流流态基本一致，半圆柱形量水槽上游水面较为平稳，水流经过量水槽后开始跌落，然后在喉口下游出现强烈紊动，形成菱形波，经过一段距离逐渐趋于平稳。

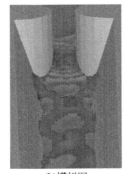

(a)实测照片　　　　　(b)模拟图

图 10-25　过流流态实测照片与模拟图对比

（2）纵剖面水面线

提取渠道中心线纵剖面处的水深，将模拟值与实测值得到的纵剖面水面线变化规律进行对比分析。在流量一定时，量水槽上游水流处于缓流状态，水面平缓，水流经过喉口处（纵向距离 $x=500\mathrm{cm}$）后，由于量水槽侧收影响水面急剧下跌，水流由缓流变为急流，并在喉口下游产生水跃，水流处于强力的紊动状态，水面线波动较大，随后水面逐渐恢复平缓，水流处于缓流状态。在不同流量 Q、不同收缩比 ε 情况下，半圆柱形量水槽中心纵剖面水面线位置的模拟值与实测值在水流较为稳定的上、下游流段比较接近，相对误差最大为 3.92%，相对误差最小为 0.16%，平均相对误差为 1.40%。表明 True VOF 法可以较好地追踪自由液面，利用 Flow-3D 软件对半圆柱形量水槽进行数值模拟结果总体上是合理的。

（3）上游水深

表 10-20 为四种收缩比（$\varepsilon=0.27$、$\varepsilon=0.32$、$\varepsilon=0.36$、$\varepsilon=0.52$）的实测与模拟值结果对比，从表 10-20 中可以看出，上游水深的模拟值和实测值比较接近，实测值与模拟值的相对误差最大为 4.04%，相对误差最小为 0.09%，平均相对误差为 1.48%，该模型对于上游水深的模拟计算具有良好的精度。

表 10-20　实测与模拟值结果对比

序号	收缩比 ε	流量 $Q/(\mathrm{L/s})$	实测上游水深 H_s/cm	模拟上游水深 H_s/cm	相对误差/%
1		14.63	17.2	17.18	0.12
2	0.27	30.25	26.51	25.93	2.19
3		37.06	30.03	29.57	1.53
4		25.01	21.31	20.75	2.63
5	0.32	37.54	27.31	26.35	3.52
6		48.7	32.47	32.01	1.42
7		12.54	13.37	13.22	1.12
8		23.54	19.27	18.98	1.50
9	0.36	34.98	24.6	24.03	2.32
10		45.83	28.76	28.67	0.31
11		57.93	33.27	33.3	0.09
12		67.23	35.74	35.59	0.42
13		24.95	17.44	17.56	0.69
14		31.72	19.98	20.01	0.15
15	0.52	36.84	22.15	22.03	0.54
16		43.88	24.54	24.32	0.90
17		54.33	27.72	26.87	3.07
18		63.13	30.18	28.96	4.04

（4）断面流速

运用数值模拟的方法获得与物理模型试验相同工况下的模拟结果，对比验证试验与模拟情况下的流场流态、驻点处横断面流速分布、纵剖面流速分布，结果表明二者十分吻合，驻点处横断面最大流速模拟值与实测值相对误差仅为 1.51%，纵剖面最大流速的实测值与模拟值的相对误差仅为 0.45%。研究表明，数值模拟可以很好地模拟流场的详细信息，与实测值非常吻合，可以作为量水研究的工具和方法。

10.6.4 半圆柱形量水槽标准化设计和制作工艺

为便于半圆柱形量水槽在田间应用推广，并提高制模精度，减小实际应用中的系统误差，对半圆柱形量水槽标准化设计与制作工艺进行了研究。

10.6.4.1 制作材料的选择

量水槽表面光滑度与制作材料有关。一般采用的材料有混凝土、有机玻璃、钢材、塑料制品。有机玻璃和钢材表面光滑度最高，但造价相对较高；塑料制品在阳光下容易变形老化，一般不采用；混凝土是水工结构制模中最常用的一种材料，虽然表面光滑度较其他材料稍低，但一般可以采用纯水泥抹面达到要求。综上所述采用两种材料：一种是采用不锈钢铁皮；一种是采用混凝土。

10.6.4.2 量水槽模具设计

由于 U 形渠道半圆柱形量水槽是对称结构，只需制作出一侧结构，其三维实体图如图 10-26（b）所示。将三维实体图曲面展开得到图 10-26（a）。因此根据图 10-26（a）形式制作不锈钢曲面板，其实线与虚线围成部分在安装时与渠道面贴合，起固定作用，一般预留 10cm。根据渠道规格，选定收缩比，即可制作出面板。

(a)曲面展开图　　　　(b)三维立体图

图 10-26　曲面与模型

10.6.4.3 量水槽的安装

将制作好的不锈钢面板折合成图 10-27（b）所示的曲面，并安装在渠道顺直段某处，采用环氧树脂 AB 胶水对贴合处进行黏合，必要时可以用钢钉。对面板与 U 形渠道内壁围成的空心部分可以浇筑混凝土以便长期使用，如若只是暂时，也可以用较细的沙砾进行填充，量测完即可撤除此量水槽，对渠道无损伤。

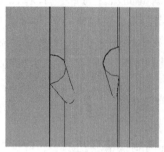 

(a)三维线框图　　　　　　　　(b)实体图

图 10-27　U 形渠道半圆柱形量水槽安装图

系统分析各工况下圆头量水柱在 U 形渠道中测流的水面线、上游壅水高度、临界淹没度、测流精度、水头损失等水力性能因素，认为圆头量水柱的最优体型参数选择方式为：适宜喉口收缩比为 $0.50 \leq \varepsilon \leq 0.70$，具体选择时应视渠道底坡大小而定，底坡较小的渠道应选取较大的喉口收缩比；底坡较大的渠道应选取较小的喉口收缩比；适宜柱长宽比 λ 为：$3/2 \sim 2$，并随喉口收缩比的减小可相应增大，但不宜超过 $5/2$；长宽比随底坡的选择规律与喉口收缩比随底坡的变化规律相一致。

综合物理模型试验与数值模拟试验的结果分析，给出 U 形渠道圆头量水柱适宜体型参数（表 10-21）。

表 10-21　U 形渠道圆头量水柱适宜体型参数（20~40L/s）

渠道底坡 i	渠道尺寸	1/500	1/800	1/1000	1/1200	1/1500	1/2000	1/2500	1/3000	1/5000
ULY-D100	D30H40A06	+（a）	+（a）	+（a）	+（a）	+（a）	+（b）	+（b）	+（c）	+（c）
	D30H40A14	+（a）	+（a）	+（a）	+（a）	+（a）	+（b）	+（b）	+（c）	+（c）
ULY-D120	D30H40A06	+（a）	+（a）	+（a）	+（a）	+（a）	+（b）	+（b）	+（b）	+（b）
	D30H40A14	+（a）	+（a）	+（a）	+（a）	+（a）	+（b）	+（b）	+（b）	+（b）
	D40H45A06						+（b）	+（b）	+（b）	+（b）
	D40H45A14						+（b）	+（b）	+（b）	+（b）
ULY-D150	D30H40A06	+（a）	+（a）	+（a）	+（a）	+（a）	+（b）	+（b）	+（b）	+（b）
	D30H40A14	+（a）	+（a）	+（a）	+（a）	+（a）	+（b）	+（b）	+（b）	+（b）
	D40H45A06	+（a）	+（a）	+（a）	+（a）	+（a）	+（b）	+（b）	+（c）	+（c）
	D40H45A14	+（a）	+（a）	+（a）	+（a）	+（a）	+（b）	+（b）	+（c）	+（c）
ULY-D175	D40H45A06	+（a）	+（a）	+（a）	+（a）	+（a）	+（b）	+（b）	+（b）	+（b）
	D40H45A14	+（a）	+（a）	+（a）	+（a）	+（a）	+（b）	+（b）	+（b）	+（b）

渠道底坡 i	渠道尺寸	1/500	1/800	1/1000	1/1200	1/1500	1/2000	1/2500	1/3000	1/5000
ULY-D200	D40H45A14	+(a)	+(a)	+(a)	+(a)	+(a)	+(b)	+(b)	+(b)	+(b)
	D60H60A06	+(a)	+(a)	+(a)	+(a)	+(b)	+(b)	+(b)	+(b)	+(b)
	D60H60A14	+(a)	+(a)	+(a)	+(a)	+(a)	+(b)	+(b)	+(b)	+(b)
ULY-D225	D60H60A06	+(a)	+(a)	+(a)	+(a)	+(a)	+(b)	+(b)	+(b)	+(b)
	D60H60A14	+(a)	+(a)	+(a)	+(a)	+(a)	+(b)	+(b)	+(b)	+(b)
ULY-D250	D60H60A06	+(a)	+(a)	+(a)	+(a)	+(b)	+(b)	+(c)	+(c)	+(c)
	D60H60A14	+(a)	+(a)	+(a)	+(a)	+(b)	+(b)	+(c)	+(c)	+(c)
ULY-D275	D60H60A06	+(a)	+(a)	+(a)	+(a)	+(b)	+(b)	+(b)	+(c)	+(c)
	D60H60A14	+(a)	+(a)	+(a)	+(a)	+(b)	+(b)	+(b)	+(c)	+(c)
ULY-D300	D60H60A06	+(a)	+(a)	+(a)	+(b)	+(b)	+(b)	+(b)	+(c)	+(c)
	D60H60A14	+(a)	+(a)	+(a)	+(b)	+(b)	+(b)	+(c)	+(c)	+(c)

注：+代表适用于该断面尺寸的 U 形渠道；（ ）括号内数值代表适宜长宽比 λ，代号 a 表示长宽比为 3/2，b 表示长宽比为 2，c 表示长宽比为 5/2。在应用圆头量水柱进行 U 形渠道测流时，需根据本研究得出的适宜参数选择范围选取相应型号的圆头量水柱

U 形渠道半圆柱形量水槽具有流量公式简便、便于群众掌握、水力性能优越、结构简单、施工方便、模板制作简单等优点，因此，半圆柱形量水槽在灌区具有推广的价值。

10.7 小 结

通过田间试验和数值模拟相结合，对泾惠渠灌区地面灌溉技术参数和田间工程技术进行了研究，结果表明：

1）土壤入渗系数 K 值随土壤含水率的增大而减小，土壤含水率越高，入渗水势梯度越小，入渗通量也就越小。入渗能力的衰减速度随着土壤含水率的减小而增大，即入渗指数 α 随着土壤含水率的增大而增大。

2）入渗系数、入渗指数和糙率系数对灌水效果都有影响。入渗系数对水流推进过程和消退过程都有显著影响。泾惠渠灌区土壤入渗系数 $K=150\text{mm/hm}^2$ 时，入渗速率和水流推进速度适中，田面受水时间较充分且相对均匀，使得灌水质量达到最高。

3）畦田参数畦长、坡度、单宽流量和改水成数对灌水效果均有影响。在相同的流量、坡度和糙率下，灌水效率随着畦田长度的增长而逐渐降低，灌水均匀度和储水效率都是先随着畦田长度的增长而增大，但随后，均匀度缓慢减小，而储水效率保持不变。畦田长度对灌水效率的影响比对灌水均匀度及储水效率的影响大。随着畦田坡度增大，灌水的效率缓慢增加，而灌水的均匀度则先随坡度的增大而增大，之后又随坡度的增大而减小，并且灌水效率随田面坡度变化的程度大于灌水均匀度随田面坡度变化的程度。单宽流量对水流的推进过程影响明显，单宽流量大，水流推进快，随着单宽流量加大，水流推进曲线逐渐变缓，即水流到达畦尾所用的时间减少；但是当流量到达 11L/（m·s）时，影响减弱。单宽流量对灌水均匀度和储水效率的影响比对灌水效率的影响明显。当改水成数为 7 成左

右，水分入渗量分布比较均匀，因而灌水均匀度高。

4）不同生育期不同畦长条件下土壤硝态氮淋溶表现为：①从畦长分析：80m 畦长>120m 畦长>240m 畦长；②从产量分析：120m 畦长>80m 畦长>240m 畦长。综合考虑，80m 畦长的畦田在籽粒产量略有减少的情况下，具有较高的灌溉水利用效率和硝态氮有效利用率。

5）泾惠渠田间工程技术为：主干道路为宽 5m 的混凝土硬化路面，田间支道为宽度 4m 的砂石硬化路面，田间道路一侧布置斗渠。斗渠采用 U 型渠道，断面采用 D60 和 D50。斗农渠结构采用 U 型断面，现浇混凝土结构。渠道糙率系数为 0.015，斗渠比降采用 1/400~1/1000，农渠比降采用 1/800~1/1500。泾惠渠畦田规格为：畦长 90~120m，畦宽 2~4m。在此条件下，冬小麦产量可达到 422kg/亩，夏玉米达到 515 kg/亩。

6）泾惠渠灌区田间量水设施采用半圆柱形量水槽效果较好。在满足测流精度规范要求的条件下，收缩比越大，其测流精度就越高，应选择较大收缩比；流量一定，收缩比越大，其水头损失和壅水高度也越小。

第11章 泾惠渠灌区地下水时空分布与合理开发利用

北方部分灌区由于地下水长期超采，引起地下水位持续下降，灌区水资源的可持续利用面临严峻的挑战。系统研究灌区地下水环境演化时空差异规律，提出合理的节水措施与建议，对灌区农业水资源科学管理实践具有重要意义。地统计学是基于传统统计学发展起来的空间分析方法，ArcGIS与地统计学相结合，可以弥补利用经典统计方法在结构与过程分析方面的一些不足。目前对灌区地下水环境演化时空分布研究比较少，大多数集中在流域尺度方面，本章利用泾惠渠灌区不同时段的地下水位动态长观测资料和水质资料，利用地统计学理论及GIS技术，分析灌区农业节水对地下水空间分布的影响，地下水位的时空分布规律，以及灌区地下水合理开采模式，为促进和推动灌区科学稳步发展提供理论依据。

11.1 灌区地下水循环要素演变规律分析

灌区水文循环与气候、降水、地表径流及岩土等特性息息相关，其中任何一个要素的改变都会引起水循环系统的变化。近年来人类的水事活动已成为影响灌区水循环不容忽视的因素（程旭学等，2008），如节水改造、种植结构调整、水土保持、水利工程兴建等行为都不同程度地通过某些方面对水循环系统发生作用。水循环要素在理论上讲基本都可以观测，然而由于受到各种因素的制约及影响，对灌区水循环过程进行大范围和较为系统的观测是很困难的。在泾惠渠灌区的水循环系统中，较长时间序列观测资料有降水、蒸发和河川径流等，因此，仅对降水、蒸发和河川径流等水循环要素进行分析。

11.1.1 降水序列的趋势变化

11.1.1.1 降水年际变化特征

由泾惠渠灌区各站1953~2011年气象水文资料的年均值，得到泾惠渠灌区多年平均降水量统计特征值（表11-1）。图11-1为泾惠渠区年降水量变化趋势，由图11-1可知，泾惠渠灌区降水量的多年平均值为512.5mm，降水量为187.0~881.1mm，最小值出现在2001年为187.0mm，最大值出现在1954年为881.1mm，最大值和最小值之比为4.71。其中线性趋势线表明降水量随时间呈下降趋势。图11-2为泾惠渠灌区年降水量距平曲线，从图11-2中可以看出，灌区多年降水量的正负距平大致持平，降水偏少时期和降水偏多时期呈现周期性交替。在20世纪90年代后期进入一个新的降水量减少期。

表 11-1　泾惠渠灌区多年平均降水量统计特征值

统计量	样本总数/个	最大值/mm	最小值/mm	平均值/mm	标准差 σ	变差系数 C_v	偏度系数 C_s
降水量	59	881.1	187.0	512.5	135.7	0.2648	0.5965

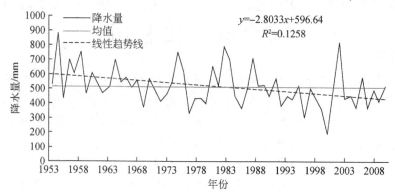

图 11-1　泾惠渠灌区年降水量变化趋势

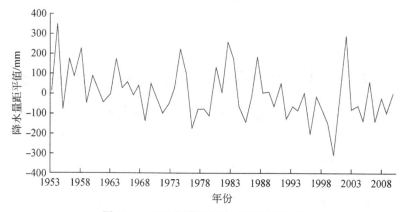

图 11-2　泾惠渠灌区年降水量距平曲线

11.1.1.2　突变特征

为了判断泾惠渠灌区年降水量的显著下降趋势是否是因为突变产生的，采用 Mann-Kendall（M-K）法、CRAMER 法、滑动 t 法、YAMAMOTO 法和 Pettitt 法等检验，对降水量时间序列进行了突变分析，如图 11-3 ~ 图 11-7 所示。

图 11-3 中 UF 表示顺序变化曲线，UB 表示逆序变化曲线，两条临界线 $u = \pm2.5758$，表示 95% 可信度，显著性水平为 0.05。若 UF 或 UB 大于零，则表示降水量时间序列呈上升趋势，反之，则表示降水量时间序列呈下降趋势，当 UF 或 UB 超出临界线，则表明下降或上升趋势显著。由图 11-3 可知，灌区年平均降水量从 1976 年开始出现下降，而 1998 年开始显著下降。因为 UF、UB 两条变化曲线分别在 1969 年、1976 年、1984 年左右相交，即灌区年降水量突变的时间约为 1969 年、1976 年、1984 年，表明在 20 世纪 70 年代后期灌区年降水量产生了突发性的下降变化，下降幅度约为 45.20mm，降水量经历"少—多—少"的变化过程。

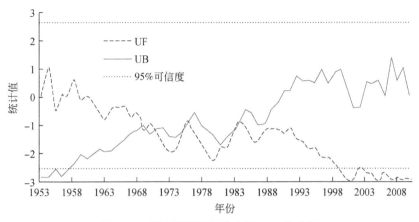

图 11-3　泾惠渠灌区年降水量 M-K 法检测

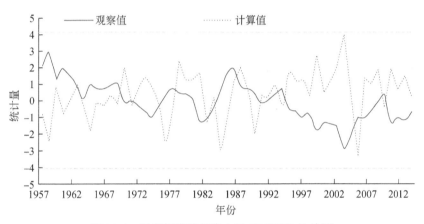

图 11-4　泾惠渠灌区年降水量 CRAMER 法检测

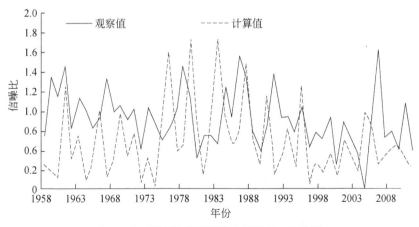

图 11-5　泾惠渠灌区年降水量滑动 t 法检测

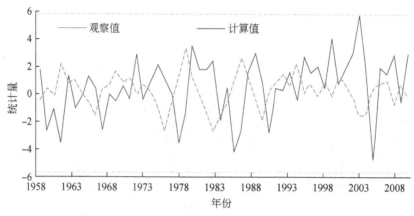

图 11-6　泾惠渠灌区年降水量 YAMAMOTO 法检测

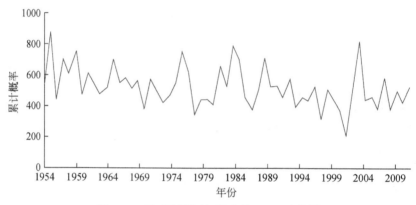

图 11-7　泾惠渠灌区年降水量 Pettitt 法检测

由图 11-4 和图 11-5 可知，灌区年降水量从 1969 年开始下降，1976 年开始有所回升，1984 年再开始下降，灌区年降水量的突变时间约为 1971 年、1976 年、1984 年，最大下降幅度约为 50.08mm。由图 11-6 和图 11-7 可知，灌区年降水量从 1979 年开始上升，1984 年开始下降，灌区年降水量的突变时间约为 1979 年、1984 年，最大下降幅度约为 48.93mm。

综合分析比较，各种方法的灌区年降水量发生突变的时间较为接近，降水量减少是对全球气候变暖背景下季风势力增强的响应。

11.1.1.3　时空分布特征

根据灌区 1953～2011 年的不同县区年降水量资料，利用 ArcGIS 中的统计模块分析了各县区降水量年内分布和降水量不同灌季分布。各县区降水量主要分布在 6～9 月，占总降水量的 70% 以上，降水量年内分布极为不均。富平、阎良、三原、临潼等地区冬灌季节降水量相对较多，高陵、泾阳两地区冬灌季节降水量相对较少，夏灌季节富平、阎良、临潼降水量相对较少。

11.1.2 蒸发序列的趋势变化

11.1.2.1 蒸发年际变化特征

由泾惠渠灌区各站 1955~2000 年气象水文资料的年均值，得到泾惠渠灌区多年蒸发量统计特征值（表 11-2），图 11-8 和图 11-9 为泾惠渠区年蒸发量变化趋势和距平曲线。由图 11-8 和图 11-9 可知，泾惠渠灌区年蒸发量的平均值为 1140.2mm，蒸发量为 794.2~1678.0mm，最小值出现在 1993 年，为 794.2mm，最大值出现在 1997 年，为 1678.0mm，最大值和最小值之比为 2.112。其中线性趋势线表明，蒸发量大致随时间呈下降趋势。从图 11-9 中可以看出，灌区多年蒸发量的正负距平值大致持平，蒸发偏少时期和偏多时期呈现周期性的交替。在 20 世纪 90 年代后期蒸发量出现增加趋势。蒸发量的影响因素主要有气温、风速、饱和水汽压、太阳辐射等，一般温度越高、湿度越小、风速越大、气压越低，蒸发量就越大；反之，则蒸发量就越小。根据水文气象资料统计分析，泾惠渠灌区蒸发量减小，应该不是气温下降、地面蒸发量增加和空气湿度增加的影响结果，而应该归因于日照减少、风速减弱。

表 11-2 泾惠渠灌区多年蒸发量统计特征值

统计量	样本总数/个	最大值/mm	最小值/mm	平均值/mm	标准差 σ	变差系数 C_v	偏度系数 C_s
蒸发量	46	1678	794.2	1140.2	202.2	0.0162	0.4606

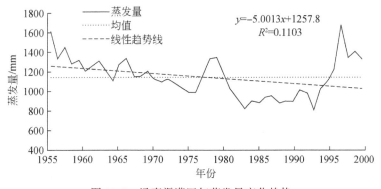

图 11-8 泾惠渠灌区年蒸发量变化趋势

图 11-9 泾惠渠灌区年蒸发量距平曲线

11.1.2.2 突变特征

采用 Mann-Kendall（M-K）法、CRAMER 法、滑动 t 法、YAMAMOTO 法和 Pettitt 法等检验，对蒸发量时间序列进行了突变分析得出图 11-10 ~ 图 11-14。图 11-10 中 UF 表示顺序变化曲线，UB 表示逆序变化曲线，两条临界线 u = ±2.5758，表示 95% 可信度，显著性水平为 0.05。若 UF 或 UB 大于零，则表示蒸发量时间序列呈上升趋势，反之，则表示蒸发量时间序列呈下降趋势，当 UF 或 UB 超出临界线，则表明下降或上升趋势显著。

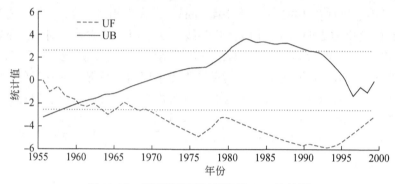

图 11-10 泾惠渠灌区年蒸发量 M-K 法检测

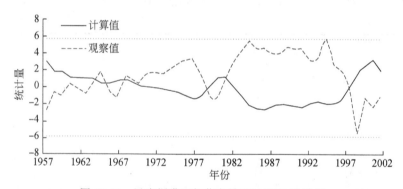

图 11-11 泾惠渠灌区年蒸发量 CRAMER 法检测

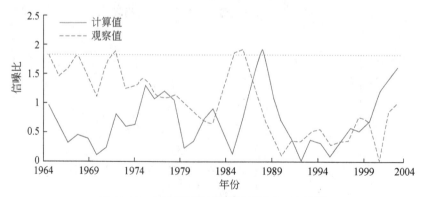

图 11-12 泾惠渠灌区年蒸发量滑动 t 法检测

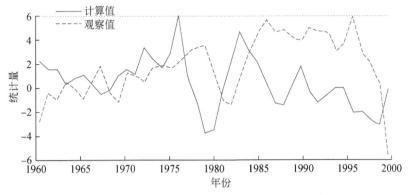

图 11-13　泾惠渠灌区年蒸发量 YAMAMOTO 法检测

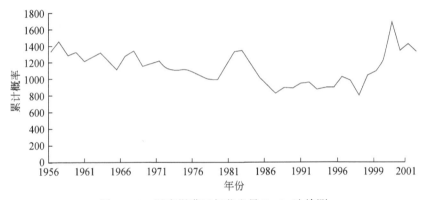

图 11-14　泾惠渠灌区年蒸发量 Pettitt 法检测

由图 11-10 可知，灌区年蒸发量从 1967 年开始出现下降，而 1969 年开始显著下降。因为 UF、UB 两条变化曲线分别在 1967 年、1969 年左右相交，即灌区年蒸发量突变的时间约为 1969 年、1976 年，表明在 20 世纪 70 年代灌区年蒸发量产生了突发性的下降变化，下降幅度约为 228.4mm，蒸发量呈递减变化趋势。由图 11-11 和图 11-12 可知，灌区年蒸发量从 1967 年开始下降，1976 年开始剧降，1994 年开始回升，灌区年蒸发量的突变时间约为 1967 年、1976 年、1994 年，最大下降幅度约为 385.2mm。由图 11-13 和图 11-14 可知，灌区年蒸发量从 1976 年开始下降，1994 年开始上升，灌区蒸发量的突变时间约为 1976 年、1994 年，最大下降幅度约为 551.3mm。

综合分析比较，各种方法的灌区年蒸发量发生突变的时间较为接近，灌区蒸发量经历先减少后增加的变化过程。

11.1.2.3　时空分布特征

根据灌区 1953~2011 年的不同县区年蒸发量资料，利用 ArcGIS 中的统计模块分析了灌区各县区蒸发量年内分布和蒸发量不同灌季分布。表明灌区各县区蒸发量较大月份主要是 5~8 月，占总蒸发量 60% 以上，蒸发量年内分布不均。其中富平、阎良、三原、泾阳等地区夏灌时期蒸发量相对较大，冬灌时期蒸发量相对较少，临潼、阎良两地区冬灌时期蒸发量相对少些，夏灌季节高陵、临潼蒸发量相对较大。

11.1.3 径流及其他气象因子序列的趋势变化

11.1.3.1 径流序列的趋势变化

根据泾河景村水文站 1953～2000 年的径流资料，通过 R/S 法检验分析，泾河年径流系列 R/S 分析的结果如图 11-15 所示。泾河径流序列 Hurst 指数为 0.7086，大于 0.5，表明泾河年径流序列具有较强的持续性相关结构，即未来的增量与过去的增量呈正相关，未来的变化趋势可能与过去变化趋势大致相同，未来一段时间内泾河年径流变化和过去保持一致，呈减少趋势。泾河年径流量从 1976 年开始出现下降，而 1998 年开始显著下降，1998 年为气温升高转折点，因此气温升高和降水减少所表现的气候变化可能是年径流减少的主要原因之一。

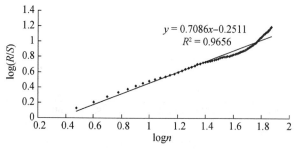

图 11-15　泾河年径流系列 R/S 分析

注：R/S 为重标极差；n 为区间数。下同

11.1.3.2 其他气象因子序列的趋势变化

根据泾惠渠灌区气象站 1953～2000 年的气象资料，利用 R/S 法对灌区气象因子长期变化趋势进行检验，并将各时段的月平均气温（$\overline{T}$）、最高气温（T_{max}）、最低气温（T_{min}）、日照时数（hr）、相对湿度（RH）、风速（u）、降水（P）、蒸发（E）等气象因子的趋势检验结果列于表 11-3 中。灌区的降水量、蒸发量及其他气象因子系列 R/S 变化的持续性分析如图 11-16～图 11-18 所示。

表 11-3　泾惠渠灌区水循环要素的 Hurst 指数

T_{max}	T_{min}	$\overline{T}$	RH	u	hr	P	E	R
0.4691	0.3931	0.3924	0.6538	0.7097	0.5747	0.6632	0.4766	0.7086

灌区的年最低温度、最高温度、月平均气温和蒸发量的 Hurst 指数均小于 0.50，说明四者出现了反持续性特征，将来变化总体的趋势与过去相反。灌区月平均气温、最低气温

和最高气温呈增加趋势，风速、日照时数和相对湿度呈减少趋势，这表明灌区气候呈暖干趋势发展。

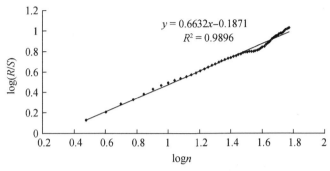

图 11-16　泾惠渠灌区降水量系列 R/S 分析

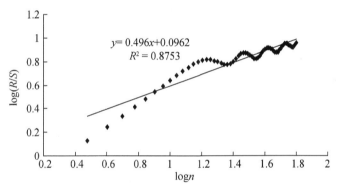

图 11-17　泾惠渠灌区蒸发量系列 R/S 分析

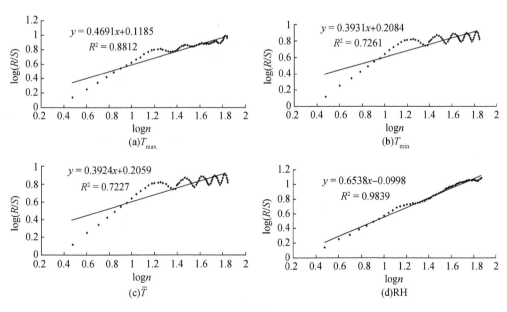

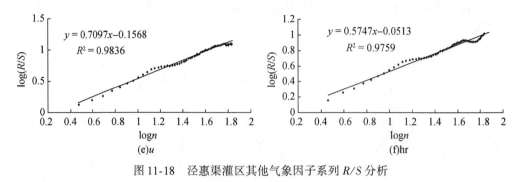

图 11-18　泾惠渠灌区其他气象因子系列 R/S 分析

11.2　灌区农业节水对地下水影响分析

泾惠渠灌区地下水的补给主要来自降水和灌溉水的垂向入渗补给，占总补给量的 80% ~ 90%。渠道衬砌工程节水和田间节水是两项重要的灌溉节水措施。干支斗渠道衬砌可以直接减少输水渠道的渗漏量，灌区农业节水对地下水有直接影响。

11.2.1　灌区渠系节水工程对地下水影响

11.2.1.1　灌区输水渠系工程

泾惠渠灌区干支渠渠道情况见表 11-4。灌区总干渠由渠首至山西庄分水闸，北干渠由山西庄分水闸经杨府至三原西关分水闸，南干渠由山西庄分水闸东南行，经泾阳县北宝丰至磨子桥分水闸，十支渠由总干渠在石桥镇西官苗村附近设闸分水，向南接原干支渠东行至西城坊村（叶遇春，1991）。

表 11-4　泾惠渠灌区干支渠渠道情况

渠系名称		长度/km	断面/m		流量/(m³/s)		利用率/%		斗渠数	有效灌溉面积/万亩
			底宽	渠深	设计	加大	大	小		
总干渠		21.205	7.5	3.7	46.0	50.0	96	90	25	17.5367
北干系统	北干上段	4.660	5.0	2.8	13.0	17.0	98	96	16	3.3500
	北干下段	8.354	4.0	2.5	8.0	10.0	96	92	16	2.7176
	一支渠	43.580	2.1~3.0	1.7~2.5	6.0	8.0	74	69	67	14.7368
	二支渠	15.022	1.1~3.0	1.2~1.5	1.5	2.5	88	82	29	4.9801
	三支渠	18.990	1.5	1.6	2.0	2.5	90	85	39	6.9008
	北干分渠	18.500	1.2	1.6	2.0	2.5	89	83	18	5.4544

渠系名称			长度/km	断面/m		流量/（m³/s）		利用率/%		斗渠数	有效灌溉面积/万亩
				底宽	渠深	设计	加大	大	小		
南干系统	南干渠		19.900	6.1~7.0	2.1~2.8	23.5	27.0	95	91	32	7.1381
	南一干上段		6.273	5.0	2.7	12.5	16.0	98	94	10	1.5576
	南一干下段		12.335	3.5	2.3	6.0	8.5	90	85	22	8.9616
	四支渠	总支	16.861	3.0	2.3	2.5	4.5	88	83	37	9.5446
		分支	10.010	1.2	1.4						
	四支过清	总支	8.751	2.0	1.4	2.5	3.0	75	71	36	8.8322
		北支	8.200	1.0	1.4		1.5	88	84		
		南支	9.750	1.5	1.4		2.0	88	83		
		分支	9.000	1.0	1.5		1.0	87	81		
	五支渠		19.553	3.0	2.0	3.0	4.0	85	81	31	8.7838
	六支渠		15.210	1.5	1.5	1.5	2.0	84	80	21	4.2995
	南二干	干渠	7.710	3.5	2.2	8.0	10.0	97	92	25	8.0750
		分渠	11.628	1.5	1.3						
	七支渠上段		22.930	2.0	1.5	2.0	2.5	92	88	37	5.3707
	七支渠下段							84	78		
	八支渠		6.500	1.0	1.2	1.0	1.5	96	92	12	1.6656
	九支渠		23.620	2.0~2.5	1.1~1.9	3.0	4.0	85	81	41	7.4072
	九支分支		7.000								
十支渠	上		27.230	2.0	1.7	2.5	3.0	98	89.9	29	6.9954
	下							96	80.8		

11.2.1.2 灌区排水渠系工程

灌区有雪河、仁村、泾永、陇西、大寨、滩张、清河北 7 个排水系统，可控制的排水面积为 68 667hm²，干沟共 10 条，长 118.7km，支沟共 75 条，长 377.1km，干支沟建筑物共 1913 座。排水沟按照十年一遇日降水量为 79mm 设计，其产生的地表径流量一日排完，十年一遇 3 日降水量为 112.2mm，7~12 日排至地表 1.0m 以下。

11.2.1.3 灌区渠系水利用系数

早期土渠道渗漏量占渠首年引水量的 39.3%~41.8%，经过混凝土衬砌防渗效果明显，全灌区按总干、干、支、斗四级渠道推算，全部衬砌后，渠系水利用率可由 59% 提高到 85.5%，在灌区年引水量 1.5 亿~2 亿 m³ 的情况下，年可增加田间有效灌溉水量 0.5 亿~0.7 亿 m³。同时渠道衬砌减少了深层渗漏、增大流量、减少糙率，提高了渠道挟沙能力。节水改造前后渠道水利用系数见表 11-5。

表 11-5　泾惠渠灌区节水改造前后渠道水利用系数表

渠道名称	节水改造前衬砌率/%	节水改造前渠道水利用系数	节水改造后衬砌率/%	节水改造后渠道水利用系数	提高值/%
总干渠	100	0.93	100	0.93	1
南干渠	100	0.93	100	0.93	1
南一干上段	100	0.94	100	0.95	1
南一干下段	5.9	0.88	100	0.95	8
五支渠	0	0.83	50	0.85	5
六支渠	17.3	0.82	50	0.86	4
四支渠	78.6	0.92	100	0.95	3
四支过清	0	0.73	100	0.88	15
南二干	90.7	0.93	100	0.94	1
七支渠	60	0.85	100	0.90	5
八支渠	0	0.8	60	0.9	10
九支渠	0	0.83	100	0.9	7
北干渠	100	0.95	100	0.96	1
一支渠	22	0.71	100	0.958	24.8
二支渠	56	0.85	56	0.85	0
北干分渠	65	0.83	65	0.83	0
三支渠	88.6	0.88	100	0.9	2
十支渠	9	0.83	100	0.9	7
其他分渠	0	0.8	90	0.85	5

11.2.1.4　灌区渠系节水对地下水影响

　　泾惠渠灌区农田灌溉入渗是地下水的主要补给源之一，潜水蒸发是地下水的主要排泄通道。灌区地下水位随季节而变化，渠道衬砌节水改造工程实施后，灌区地下水补给量明显下降，节水量即对地下水补给减少量，渠系衬砌节水改造前后年引水量、年节水量如图 11-19 所示。

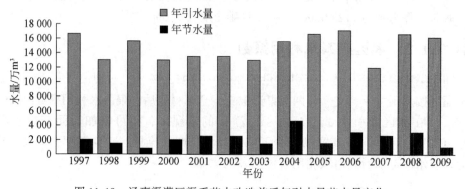

图 11-19　泾惠渠灌区渠系节水改造前后年引水量节水量变化

11.2.2 灌区田间节水工程对地下水影响

11.2.2.1 灌区田间节水工程

泾惠渠灌区目前仍然以传统的地面灌溉为主。在水资源合理利用方面，有井渠双灌的经验，但缺乏统一的规划调配，而且田间工程不配套，渠道水得不到有效利用。因此，需要结合灌区渠井双灌的特点，因地制宜地发展田间节水灌溉，使有限的水资源得到经济有效合理利用。田间工程以大畦改小畦、长畦改短畦、宽畦改窄畦、地边埂齐全、路边埂齐全"三改两全"地面灌溉为主，适当发展喷灌、微灌、低压管道灌溉等灌水技术。灌区节水改造前（1997 年）及节水改造后（2005 年、2010 年）节水灌溉面积见表 11-6，不同田间节水措施灌溉定额见表 11-7。

表 11-6　泾惠渠灌区节水改造前后节水灌溉面积统计表　　　（单位：hm²）

灌水方式	1997 年	2005 年	2010 年
畦灌	17 666.76	42 000.21	64 666.67
喷灌	0.00	4 666.69	8 666.67
微灌	0.00	2 000.01	4 000.00
低压管灌	0.00	8 666.71	11 666.67

表 11-7　泾惠渠灌区主要农作物节水灌溉定额

（灌溉定额单位：m³/hm²）

作物名称	水文年型/%	喷灌		滴灌（渗灌）		微喷灌		管灌		渠道衬砌	
		砂壤土	壤黏土	砂壤土	壤黏土	砂壤土	壤黏土	砂壤土	壤黏土	砂壤土	壤黏土
冬小麦	50	2700	2700					3450	3375	4275	3975
	75	3150	3150					3900	3750	4725	4350
夏玉米	50	525	525					600	600	750	675
	75	1050	1050					1200	1200	1500	1350
露地菜	50			7350	7350	7800	7800	8250	8100		
	75			7800	7800	8250	8250	8775	8550		
露地瓜类	50			2550	2550	2700	2700	2850	2775		
	75			2850	2850	3000	3000	3150	3075		
经济作物	50	2100	2100					2250	2175	2850	2550
	75	2400	2400					2550	2475	3150	2850
其他作物	50	1350	1350					1500	1425	1800	1650
	75	2100	2100					2250	2175	2775	2550

注：其他作物系指冬小麦、夏玉米以外的其他粮食作物；经济作物系指棉花、花生、大豆等油料作物；露地瓜类、露地菜为典型茬口的年灌溉定额

11.2.2.2 灌区田间节水对地下水影响

渠灌区主要采用 U 形渠道衬砌、低压管道灌溉、畦灌等节水灌溉措施，井灌区主要采用低压管道灌溉、喷灌、微灌等节水灌溉措施。

根据实际加权平均确定灌区不同灌溉方式综合灌溉定额，畦灌节水改造之前综合灌水定额为 $3480m^3/hm^2$，节水改造后综合灌水定额为 $2455m^3/hm^2$，喷灌综合灌水定额为 $2100m^3/hm^2$，微灌综合灌水定额为 $2250m^3/hm^2$，低压管道灌溉综合灌水定额为 $2175m^3/hm^2$。不同节水灌溉方式与传统灌溉相比节水量估算结果见表 11-8。根据历年地下水开采量统计资料分析，通过田间节水措施可以减少地下水开采量约 33.4%。

表 11-8　泾惠渠灌区渠系节水改造前后不同灌溉方式节水量估算

（单位：m^3/hm^2）

灌水方式	1997 年	2005 年	2010 年
畦灌	6148.03	5985.03	9215.00
喷灌	0.00	447.30	830.70
微灌	0.00	96.00	192.00
低压管灌	0.00	546.00	735.00

11.2.3　灌区农作物种植结构对地下水影响

11.2.3.1　灌区农作物种植结构

灌区主要作物以冬小麦、夏玉米等粮食作物为主，棉花、蔬菜等经济类作物为辅。1996~1998 年平均的粮食作物和经济作物种植比例为 0.76：0.24，作物种植面积为 15.84 万 hm^2，复种指数为 1.75。随着灌区社会经济发展，农作物种植结构逐步调整，粮食作物种植比例呈下降趋势，灌区是陕西省重要的粮食生产基地，粮食作物仍然占相当大的比例。果蔬类经济作物比例逐年递增，2005 年灌区的粮食、经济作物种植比例为 0.74：0.26，复种指数为 1.78，2010 年灌区粮食、经济作物种植比例为 0.7：0.3，复种指数为 1.83。灌区农作物种植结构见表 11-9。

表 11-9　泾惠渠灌区农作物种植结构

年份	指标	粮食作物				经济作物					
		冬小麦	夏杂	夏玉米	秋杂	油菜	棉花	蔬菜	果林	烤烟	其他
1997	面积/hm^2	68 733	333	66 533	1 133	1 000	4 867	5 333	6 933	1 000	2 533
	比例/%	76.1	0.4	73.7	1.3	1.1	5.4	5.9	7.7	1.1	2.8

年份	指标	粮食作物				经济作物					
		冬小麦	夏杂	夏玉米	秋杂	油菜	棉花	蔬菜	果林	烤烟	其他
2005	面积/hm²	66 867	933	64 400	1 533	1 267	5 133	8 467	7 867	1 267	3 133
	比例/%	74	1	71.3	1.7	1.4	5.7	9.4	8.7	1.4	3.5
2010	面积/hm²	63 267	1 200	61 533	1 800	1 467	5 267	5 733	9 133	2 333	6 933
	比例/%	70	1.1	68.1	2	1.6	5.8	13.7	10.1	2.6	7.7

11.2.3.2 灌区农作物灌溉制度

根据近 30 年的降水系列资料和灌区灌溉试验站不同作物耗水量试验资料，结合灌区灌溉实践，确定不同水平年农作物常规灌溉和节水灌溉的灌溉制度，见表 11-10 ~ 表 11-12。

表 11-10　泾惠渠灌区常规灌溉农作物（75%）灌溉制度

作物种类	灌溉次序	起始日期	截止日期	灌水天数/d	灌水定额 /(m³/hm²)	灌溉定额 /(m³/hm²)
冬小麦	1	12 月 1 日	1 月 20 日	50	900	2250
	2	3 月 1 日	3 月 30 日	30	750	
	3	4 月 11 日	5 月 10 日	30	600	
夏杂	1	11 月 11 日	12 月 10 日	30	750	1350
	2	2 月 21 日	3 月 10 日	20	600	
夏玉米	1	6 月 1 日	6 月 20 日	20	750	2100
	2	7 月 10 日	7 月 30 日	20	750	
	3	8 月 1 日	8 月 30 日	30	600	
棉花	1	2 月 20 日	3 月 19 日	30	750	1950
	2	7 月 1 日	7 月 20 日	20	600	
	3	7 月 26 日	8 月 19 日	25	600	
秋杂	1	7 月 25 日	8 月 14 日	20	600	1125
	2	8 月 15 日	8 月 30 日	15	525	
油菜	1	12 月 1 日	12 月 30 日	30	750	1350
	2	4 月 11 日	5 月 1 日	20	600	
果树	1	12 月 1 日	12 月 30 日	30	900	1800
	2	5 月 26 日	6 月 20 日	25	900	
烤烟	1	4 月 1 日	4 月 25 日	25	750	1650
	2	5 月 26 日	6 月 19 日	25	900	
其他	1	7 月 11 日	8 月 10 日	30	900	900

表 11-11　泾惠渠灌区节水灌溉农作物（75%）灌溉制度

作物种类	灌溉次序	起始日期	截止日期	灌水天数/d	灌水定额/（m³/hm²）	灌溉定额/（m³/hm²）
冬小麦	1	12 月 1 日	1 月 20 日	50	750	1950
	2	3 月 1 日	3 月 30 日	30	600	
	3	4 月 11 日	5 月 10 日	30	600	
夏杂	1	11 月 11 日	12 月 10 日	30	600	1125
	2	2 月 21 日	3 月 10 日	20	525	
夏玉米	1	6 月 1 日	6 月 20 日	20	600	1650
	2	7 月 10 日	7 月 30 日	20	525	
	3	8 月 1 日	8 月 30 日	30	525	
棉花	1	2 月 20 日	3 月 19 日	30	750	1800
	2	7 月 1 日	7 月 20 日	20	600	
	3	7 月 26 日	8 月 19 日	25	450	
秋杂	1	7 月 25 日	8 月 14 日	20	600	1050
	2	8 月 15 日	8 月 30 日	15	450	
油菜	1	12 月 1 日	12 月 30 日	30	600	1050
	2	4 月 11 日	5 月 1 日	20	450	
果树	1	12 月 1 日	12 月 30 日	30	750	1350
	2	5 月 26 日	6 月 20 日	25	600	
烤烟	1	4 月 1 日	4 月 25 日	25	750	1350
	2	5 月 26 日	6 月 19 日	25	600	
其他	1	7 月 11 日	8 月 10 日	30	750	750

表 11-12　泾惠渠灌区节水灌溉蔬菜（75%）灌溉制度

作物种类	灌溉次序	起始日期	截止日期	灌水天数/d	灌水定额/（m³/hm²）	灌溉定额/（m³/hm²）
春菜	3	12 月 1 日	12 月 10 日	10	20	80
	2	12 月 11 日	12 月 20 日	10	20	
	3	2 月 19 日	2 月 28 日	10	20	
	4	4 月 20 日	4 月 29 日	10	20	

续表

作物种类	灌溉次序	起始日期	截止日期	灌水天数/d	灌水定额 /(m³/hm²)	灌溉定额 /(m³/hm²)
夏菜	1	5 月 10 日	5 月 19 日	10	20	160
	2	5 月 21 日	5 月 30 日	10	20	
	3	6 月 1 日	6 月 10 日	10	20	
	4	6 月 11 日	6 月 20 日	10	20	
	5	6 月 21 日	6 月 30 日	10	20	
	6	7 月 1 日	7 月 10 日	10	20	
	7	7 月 11 日	7 月 21 日	10	20	
	8	8 月 10 日	8 月 19 日	10	20	
秋菜	1	8 月 10 日	8 月 19 日	10	20	20

11.2.3.3 灌区农作物灌溉用水量

2010 年灌区节水灌溉面积为 77 666.7 hm²，占总面积 85.98%，常规灌溉面积为 12 666.7 hm²，占总面积 14.02%，通过节水措施和管理水平提高措施，灌溉水利用系数达到 0.624，按 75% 保证率灌溉定额计算灌区年灌溉用水量见表 11-13。

表 11-13 泾惠渠灌区农作物年灌溉用水量估算   （单位：万 m³）

月份	1997 年		2005 年		2010 年	
	净灌溉用水量	毛灌溉用水量	净灌溉用水量	毛灌溉用水量	净灌溉用水量	毛灌溉用水量
1	2355	4555	2131	3656	1940	3109
2	226	437	312	535	381	611
3	4969	9611	4414	7571	3963	6351
4	2990	5783	3005	5154	3001	4809
5	1838	3555	1925	3302	1887	3024
6	5760	11142	5358	9190	5049	8092
7	5539	10714	4922	8442	4657	7463
8	4583	8864	4414	7572	4317	6919
9	0	0	0	0	0	0
10	0	0	0	0	0	0
11	71	137	120	206	145	233
12	5006	9683	4840	8302	4738	7593
合计	33337	64481	31441	53930	30079	48204

11.2.3.4 灌区农作物种植结构对地下水影响

近50年来泾惠渠区农作物种植结构的变化表现为粮食作物种植面积在2000年以前不断增大,2000年以后开始减小,冬小麦、夏玉米种植面积在粮食作物种植结构中所占的比例呈递减趋势,近年来基本达到稳定。分析冬小麦、夏玉米的种植面积和产量变化过程,冬小麦种植面积从1950年的16 066.67hm²增加到1965年的33 866.67hm²,增加2.1倍;夏玉米种植面积从1950年的5 866.67 hm²增加到1965年27 600.00 hm²,增加4.7倍;冬小麦种植面积从1966年的38 400.00hm²增加到1983年的55 600.00 hm²,增加1.45倍;夏玉米种植面积从1966年的36 800.00hm²增加到1983年的53 266.67hm²,增加1.45倍;相应地下水开采量随之增加。近年来冬小麦、夏玉米种植面积分别基本保持在65 200.00hm²、60 200.00hm²。同时因为灌区农田灌溉用水是地下水的主要消耗项,地下水与农作物灌溉用水量之间必然存在相关关系,1977~2010年冬小麦、夏玉米种植面积和地下水开采量如图11-20所示。

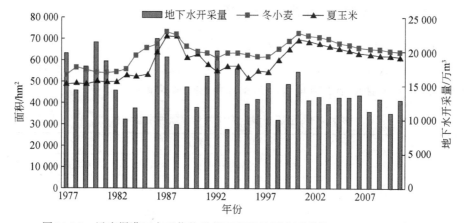

图11-20 泾惠渠灌区主要作物种植面积及地下水开采量（1977~2010年）

由图11-20可知,泾惠渠灌区冬小麦、夏玉米种植面积2000~2010年来略有减少,加之节水灌溉措施实施,农业灌溉用水量有所减少,地下水开采量呈递减趋势。

11.2.4 灌区地下水位变化驱动因子主成分分析

影响灌区地下水动态的因素主要有地下水补给、排泄和径流的自然因素与人为因素。自然因素包括气候、水文、地形、地貌、地质、土壤和植被等,灌区地下水开采和人工补给也使地下水位发生变化,由于地下水开采量增加,人为因素对灌区的地下水系统的补、径、排条件的影响变得更加突出。

根据泾惠渠灌区多年地下水观测资料,选取年降水量（X_1）、年蒸发量（X_2）、渠首引水量（X_3）、年地下水开采量（X_4）、井渠灌水比例（X_5）、田间灌溉用水量（X_6）、灌溉水利用系数（X_7）、灌溉面积（X_8）、平均地下水埋深（X_9）作为主要影响因子,进行地下水位变化驱动因子主成分分析,各年的指标值见表11-14。

表 11-14 泾惠渠灌区地下水变化驱动因子指标值

年份	X_1/mm	X_2/mm	X_3/万 m³	X_4/万 m³	X_5	X_6/万 m³	X_7	X_8/万 hm²	X_9/m
1977	323.6	1 126.4	54 200	19 700	0.363	22 546.39	0.510	46.83	3.60
1978	458.2	1 324.7	53 700	14 200	0.264	20 360.60	0.392	49.46	3.65
1979	443.6	1 345.5	55 500	17 600	0.317	17 258.29	0.419	47.12	3.71
1980	393.4	1 175.0	41 096	21 407	0.521	15 589.11	0.487	46.41	4.10
1981	654.8	1 020.4	37 290	18 584	0.498	13 525.48	0.445	39.32	3.89
1982	508.0	917.0	39 162	14 332	0.366	18 566.40	0.450	40.27	3.48
1983	791.2	820.3	24 656	10 159	0.409	10 569.15	0.564	44.90	3.61
1984	699.3	894.4	20 774	11 844	0.570	10 970.93	0.420	19.59	3.76
1985	447.2	882.8	20 615	10 439	0.506	10 847.82	0.446	16.37	4.38
1986	360.5	933.0	26 085	21 853	0.837	14 375.02	0.470	15.94	6.04
1987	476.9	950.6	20 022	19 240	0.960	11 650.77	0.470	33.94	7.08
1988	713.2	868.5	14 696	9 323	0.634	6 828.72	0.454	26.98	6.51
1989	512.2	892.3	19 957	14 825	0.742	10 464.82	0.432	17.93	6.79
1990	522.4	889.4	20 310	11 788	0.580	9 294.77	0.460	21.79	7.04
1991	443.2	1 014.1	20 345	16 482	0.810	10 272.58	0.444	20.01	7.86
1992	569.7	976.4	17 336	20 132	1.160	8 063.01	0.400	20.07	8.56
1993	374.5	794.2	14 914	8 517	0.571	8 415.23	0.450	17.16	8.75
1994	448.4	1 030.1	14 303	17 503	1.223	8 006.73	0.470	19.28	10.07
1995	416.9	1 085.8	13 345	12 360	0.926	3 146.68	0.467	8.33	11.89
1996	517.5	1 214.2	16 131	13 088	0.811	10 949.58	0.466	17.45	11.55
1997	295.6	1 678.0	16 085	15 353	0.955	9 692.43	0.532	13.98	11.92
1998	498.0	1 332.3	12 196	10 061	0.824	9 589.35	0.548	18.42	12.91
1999	428.8	1407.7	15 004	15 225	1.014	8 600.03	0.569	19.36	12.95
2000	358.9	1 612.0	12 389	16 984	1.371	7 298.10	0.452	19.41	12.97
2001	187.0	1 323.4	12 801	12 767	0.997	7 889.12	0.574	21.05	14.07
2002	464.9	1 448.6	12 817	13 443	1.049	8 870.58	0.523	21.71	15.17
2003	823.9	1 270.6	12 487	12 289	0.984	7 296.46	0.581	22.01	16.27
2004	422.4	1 313.0	14 917	13 311	0.892	9 347.93	0.539	21.24	17.37
2005	452.7	1 205.5	15 913	13 320	0.837	10 262.02	0.519	22.66	18.48
2006	368.0	1 243.2	16 197	13 701	0.846	10 046.99	0.532	21.24	19.56
2007	581.1	1 309.8	11 275	11 225	0.996	7 935.50	0.519	18.05	20.67
2008	363.6	1 204.8	16 076	12 940	0.805	10 822.12	0.571	23.12	21.76
2009	492.3	1 100.8	15 695	10 950	0.698	11 326.65	0.602	21.97	22.86
2010	408.0	1 273.5	16 076	12 940	0.805	12 259.94	0.612	22.64	23.96

以 9 个因子的 34 年指标值构成 9×34 的矩阵，利用 SPSS 13.0 软件进行主成分分析。其相关系数矩阵见表 11-15，规格化的特征向量矩阵见表 11-16，相关矩阵的特征值见表 11-17。

表 11-15 相关系数矩阵

因子	X_1	X_2	X_3	X_4	X_5	X_6	X_7	X_8	X_9
X_1	1	−0.1800	−0.128	−0.0968	−0.0285	−0.1727	−0.1057	0.4244	−0.0491
X_2	−0.4016	1	0.5998	−0.5216	0.6701	−0.0322	0.3340	−0.1375	0.1329
X_3	−0.0536	−0.0882	1	0.6165	−0.7064	0.3376	−0.5262	0.5748	−0.0154
X_4	−0.2837	0.0957	0.4645	1	0.869	0.2363	0.2681	−0.1683	−0.2593
X_5	−0.1887	0.4203	−0.7526	0.1155	1	−0.2274	−0.3855	0.2225	0.2351
X_6	−0.1478	−0.0527	0.9023	0.4296	−0.705	1	0.131	0.0235	0.2302
X_7	−0.1107	0.3837	−0.4063	−0.3046	0.2579	−0.2131	1	0.4771	0.5294
X_8	0.1554	−0.0882	0.8576	0.3290	−0.6801	0.7822	−0.1697	1	−0.1524
X_9	−0.2028	0.4838	−0.6238	−0.3361	0.5487	−0.4419	0.7288	−0.4979	1

表 11-16 规格化的特征向量

因子	X_1	X_2	X_3	X_4	X_5	X_6	X_7	X_8	X_9
X_1	0.0532	−0.5375	0.2029	0.737	−0.106	0.2314	−0.2414	−0.0235	0.0188
X_2	−0.1728	0.5522	0.0994	0.2418	−0.7146	−0.0778	−0.2144	−0.0601	−0.1746
X_3	0.4597	0.1936	0.0823	0.0059	−0.1131	0.1021	0.0014	−0.3808	0.7591
X_4	0.2057	0.3814	−0.5075	0.3964	0.4382	0.0647	−0.1401	−0.3248	−0.276
X_5	−0.3911	0.1546	−0.3925	0.3366	0.053	−0.0403	0.1952	0.508	0.5051
X_6	0.4135	0.2736	0.1877	−0.0822	0.1292	0.4042	−0.3468	0.6396	−0.0536
X_7	−0.2685	0.2341	0.5635	0.1361	0.4773	−0.4382	−0.305	−0.0469	0.1478
X_8	0.4088	0.1344	0.2813	0.3193	0.0046	−0.2815	0.6983	0.1764	−0.189
X_9	−0.388	0.2272	0.314	0.0261	0.1609	0.6996	0.3702	−0.2119	−0.0343

表 11-17 相关矩阵的特征值

因子	特征值	方差贡献率/%	累计方差贡献率/%
X_1	4.2132	46.8138	46.8138
X_2	1.8579	20.6428	67.4567
X_3	1.3136	14.5957	82.0523
X_4	0.6852	7.6137	89.6660
X_5	0.4816	5.3508	95.0168

续表

因子	特征值	方差贡献率/%	累计方差贡献率/%
X_6	0.2139	2.3767	97.3935
X_7	0.1407	1.5629	98.9564
X_8	0.0729	0.8098	99.7662
X_9	0.0210	0.2338	100

根据主成分分析原理，选取特征值累计方差贡献率大于 80%，或者特征值大于 1 的主成分，结合专业背景进行解释。由表 11-17 可知，前 5 个主成分所构成的信息量占总信息量的 95.0%，基本保留了原来的变量信息。

由于地下水位变化的各种因素之间存在错综复杂的联系，引入斜交因子解，即用相关因子对变量进行线性描述，使得到的新因子模型最大限度地反映实际问题。从主成分法提取方差极大正交旋转因子载荷矩阵及斜交参考因子结构矩阵见表 11-18 和表 11-19。

表 11-18　方差极大正交旋转因子载荷矩阵

因子	F_1	F_2	F_3	F_4	F_5
X_1	0.0065	−0.1489	−0.0778	0.9569	0.1907
X_2	−0.0559	0.0670	0.2575	−0.2051	−0.9356
X_3	0.9115	0.2023	−0.3152	−0.0581	−0.0228
X_4	0.2140	0.9321	−0.2026	−0.1659	−0.0617
X_5	−0.8400	0.3498	0.1932	−0.0478	−0.3202
X_6	0.9149	0.2059	−0.0860	−0.1741	0.0322
X_7	−0.0894	−0.1110	0.9528	−0.0173	−0.1295
X_8	0.9044	0.1914	−0.0661	0.2267	−0.0316
X_9	−0.4302	−0.1504	0.7501	−0.1373	−0.2889

表 11-19　斜交参考因子结构矩阵

因子	F_1	F_2	F_3	F_4	F_5
X_1	0.0531	−0.2959	−0.1517	0.9869	0.3924
X_2	−0.2047	0.2101	0.4566	−0.3766	−0.9854
X_3	0.9618	0.3274	−0.5280	−0.0262	0.1814
X_4	0.3096	0.9765	−0.3229	−0.2273	−0.1262
X_5	−0.8628	0.3000	0.4131	−0.1648	−0.5447
X_6	0.9187	0.3045	−0.3189	−0.1522	0.1408

因子	F_1	F_2	F_3	F_4	F_5
X_7	−0.3145	−0.2280	0.9574	−0.1157	−0.4087
X_8	0.9057	0.2424	−0.3051	0.2298	0.1494
X_9	−0.4223	−0.2208	0.8928	−0.2450	−0.5627

由表 11-18 和表 11-19 可以看出，第一主因子 F_1 在 X_3、X_5、X_6、X_8 这四个变量上有较大的负荷，这四个变量反映的信息量占总体 46.8%；第二主因子 F_2 在 X_4 上有较大载荷；第三主因子 F_3 在 X_7、X_9 上有较大载荷；第四主因子 F_4 在 X_1 上有较大载荷；第五主因子 F_5 在 X_2 上有较大载荷。

综上所述，基本可以认为渠首引水量和田间灌溉用水量的减少、年地下水开采量的增加是灌区地下水位下降变化驱动的主要因子，其次井渠灌水比例、灌溉水利用系数、年降水量等因子也不同程度影响地下水位变化。

11.3　灌区地下水埋深时空变化规律

11.3.1　灌区地下水埋深的观测与分析方法

11.3.1.1　观测孔分布

在泾惠渠灌区石桥、泾阳、杨府、三渠、三原、西张、陕西、高陵、彭李、张卜、栎阳、新市、楼底、阎良共 14 个灌溉管理站区域分布 93 个地下水长观孔，每月定期观测 6 次，分别为 1 日、6 日、11 日、16 日、21 日、26 日记录观测地下水位动态，地下水位观测孔的分布基本覆盖整个灌区。

11.3.1.2　地统计学方法

半变异函数（semi-variogram）又称半变差函数、半变异矩，是地质统计学中研究空间变异性的特有工具函数，用来表征随机变量的空间变异结构或空间连续性。半变异函数 $r(h)$ 的计算公式为

$$r(h) = \frac{1}{2N(h)} \sum_{i=1}^{N(h)} \left[Z(x_i) - Z(x_{i+h}) \right]^2 \qquad (11-1)$$

式中，$Z(x)$ 为区域化随机变量，是某参数 Z 在空间位置 x 处的值，并满足二阶平稳假设；h 为两样本点空间分隔距离；$Z(x_i)$、$Z(x_{i+h})$ 分别是区域化变量 $Z(x)$ 在空间位置 x_i 和 x_{i+h} 处的实测值；$N(h)$ 为间隔为 h 的样本点对数目。常用的半方差模型包括球形模型、高斯模型、线性模型和指数模型。本章运用不同理论变异函数模型，拟合灌区地下水位的试验变异函数值，通过比较，球形模型拟合效果最佳。球状模型公式为

$$r(h) = \begin{cases} 0 & h=0 \\ C_0+C_1\left(\dfrac{3h}{2a}-\dfrac{h^3}{2a^3}\right) & 0<h\leqslant a \\ C_0+C_1 & h>a \end{cases} \tag{11-2}$$

半变异函数有三个重要参数，分别为块金值 C_0（nuggest）、变程 a（range）和基台值 C_1（sill）。其中块金值 C_0 由测量误差和最小取样间距随机因素的变异性引起，块金方差较大表明较小尺度上的某一种过程不容忽视；变程 a 表示在某种观测尺度下，空间相关性的作用范围，其大小受观测尺度的限定。在变程范围内，样点间的距离越小，其空间相关性越大。当某点与已知点的距离大于变程时，区域化变量 $Z（x）$ 的空间相关性不存在，该点数据不能用于内插或外推。变程是区域化变量 $Z（x）$ 空间变异尺度或空间自相关尺度。块金方差与基台值之比称为基底效应，其表示空间变异程度，较大值的基底效应，说明随机误差引起的样本空间变异性程度较大，反之则说明由结构性因素引起的样本空间变异性程度较大，如果该值接近于1，说明该变量在整个尺度上变异是恒定的。

11.3.1.3 数据处理

收集灌区 1996~2000 年、2010 年 93 个浅层地下水观测井的水位资料和 2010 年地下水水质资料，观测孔呈均匀分布。采用各个观测井非灌溉期 9 月平均地下水位观测数据，利用 ArcGIS 9.3 及 GS+7.0 地统计分析软件，通过对地下水数据资料正态检验，剔除个别离群值，拟合球状模型变异函数曲线，以及交叉验证等系列步骤，得到灌区各年地下水埋深插值结果，据此分析灌区地下水埋深的空间分布特征。

11.3.2 灌区地下水埋深的时空分布特征

11.3.2.1 样本统计分析

对灌区的 93 个地下水长观孔水位数据资料进行统计分析，得出的统计特征值见表 11-20。灌区地下水埋深平均值、最大值和最小值在时间上变化不大。各年份地下水埋深变差系数 C_v 较大，说明地下水埋深在空间分布的差异较大；各年份地下水埋深的空间样本偏度系数 C_s 近似为 1，其峰度系数 K 近似为 5，表明地下水埋深空间样本不服从正态分布，主要原因是地下水埋深样本在空间分布上可能有部分异常点。剔除这些离群值，利用 Geostatistical Analyst 模块分析得到正态 Q-Q 图（图 11-21），使得 Q-Q 图上理论值的分布趋势和模拟直线总体趋势相一致时，说明数据近似服从正态分布假设。此外，如果在正态 Q-Q 图中数据没有显示出正态分布，那么在应用克里格插值法之前将数据进行转换，使其服从正态分布。

表 11-20 灌区各年份地下水埋深统计分析结果

年份	样本总数/个	最大值	最小值	平均值	σ	C_v	C_s	K
1996	93	30.53	2.01	11.05	4.2845	0.3878	1.3869	4.3576

年份	样本总数/个	最大值	最小值	平均值	σ	C_v	C_s	K
1997	93	35.76	2.75	12.59	4.8553	0.3855	1.3381	4.7189
1998	93	36.00	2.44	12.40	4.7835	0.3856	1.3821	5.6366
1999	93	34.96	1.95	12.53	4.8547	0.3875	1.0125	4.3564
2000	93	35.48	1.70	12.86	4.8603	0.3778	1.0457	4.572
2010	93	43.82	2.99	14.36	4.535	0.3248	1.3847	4.1256

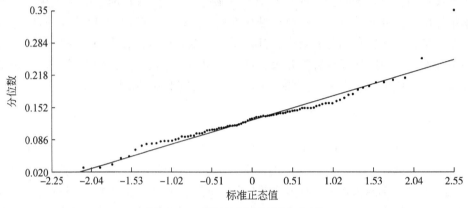

图 11-21　灌区地下水埋深 Q-Q 图

11.3.2.2　空间分布趋势分析

利用 Geostatistical Analyst 模块中趋势分析工具，建立以各年灌区地下水埋深样本值为高度的三维透视图，从不同视角分析地下水埋深采样数据集的全局趋势，寻找插值的最佳多项式。趋势分析图中的每一根竖棒分别代表了每一个数据点的值大小和位置。这些点又被投影到东西向和南北向的正交平面上，通过投影点作出一条最佳拟合线，并用它来模拟特定方向上存在的趋势。由图 11-22 可以看出，投影到东西向上的趋势线，从西往东呈阶梯状平滑过渡，而南北方向上，趋势线呈大 U 形。从图 11-22 中大致可以得知，灌区的地下水埋深为从西往东逐渐下降，南北方向上两边地下水埋深较大、中间埋深较小。趋势分析工具对观察样本的空间分布具有简单、直观的优势。

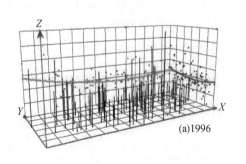

(a)1996

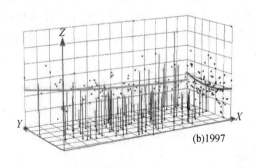

(b)1997

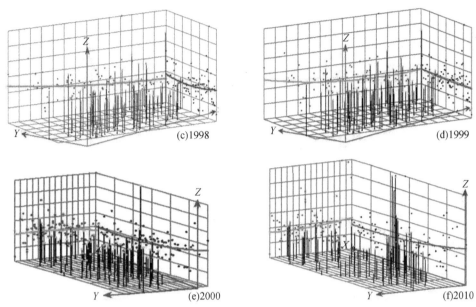

图 11-22　灌区地下水埋深空间分布趋势

11.3.2.3　空间变异特征分析

利用 GS+7.0 软件，对 93 个观测井地下水埋深资料计算样本半变异函数值，再绘出半变异函数云图（图 11-23）。通过分析可看出半变异函数符合球形模型，其相关参数见表 11-21。根据交叉实证法拟合模型参数值，其交叉证实的结果见表 11-22。

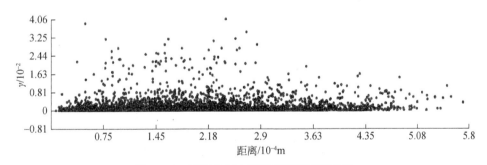

图 11-23　灌区地下水埋深半变异函数云图

表 11-21　灌区各年份地下水埋深球状模型参数

年份	长轴变程	短轴变程	长轴所在角度/°	块金值 C_0/m	偏基台 C_1/m	基台值 C_0+C_1	基底效应
1996	54 532.8	23 204.3	80.1	8.4553	15.511	23.966	0.353
1997	54 533.1	23 203.8	81.4	13.738	15.528	29.266	0.469
1998	54 534.0	23 202.8	79.7	12.019	17.034	29.053	0.414
1999	54 530.5	20 799.6	79.3	14.009	14.527	28.536	0.491

续表

年份	长轴变程	短轴变程	长轴所在角度/°	块金值 C_0/m	偏基台 C_1/m	基台值 C_0+C_1	基底效应
2000	54 531.6	23 201.2	82.3	12.581	17.38	29.961	0.420
2010	54 533.6	23 202.2	79.8	12.301	17.453	29.754	0.413

表 11-22　灌区各年份地下水埋深交叉证实统计值

预测误差	1996 年	1997 年	1998 年	1999 年	2000 年	2010 年
均值	-0.059 05	-0.050 81	-0.079 17	-0.055 7	-0.074 33	-0.014 56
均方根 RMS	4.074	4.609	4.581	4.799	4.782	4.634
平均标准误差	3.377	4.142	3.939	4.173	4.022	4.574
平均标准差	-0.010 82	-0.008 3	-0.012 7	-0.009 12	-0.012 17	-0.004 42
标准均方根	1.167	1.094	1.134	1.125	1.157	1.004

在搜索方向上的空间相关程度用变程来表示。从表 11-21 可以看出，在长轴方向上和短轴方向上变程逐年变化较小，长轴变程与短轴变程之比反映了样本空间异质性，其比值大于 1，说明样本具有较强的空间各向异性，这可能是由于灌区节水改造及农业种植结构调整造成了局部地区地下水埋深显著增加。长轴所在角度约为 80°，与灌区地下水流向大致相同，说明地下水埋深与地下水流向具有一定的相关性。1996 年地下水埋深块金值为 8.4553m，基台值为 15.511m，到 2010 年地下水埋深块金值为 12.301m，基台值为 17.453m，两者逐年呈增加趋势，表明地下水埋深不仅在随机尺度上变化增大，在结构性尺度上也呈增大趋势；1996 年基底效应为 0.353，到 2010 年基底效应为 0.413，逐年的基底效应均大于 0.250，说明地下水埋深样本空间相关程度呈减弱趋势，空间变异性增大，随机权重呈增大趋势。由表 11-22 数据可以看出，拟合的模型参数值及地下水埋深精度基本符合需求，说明对地下水埋深利用半变异函数建模是合理的，拟合效果及验证精度较为理想。

11.4　灌区适宜农业节水方案及地下水资源合理开采模式

节水改造改善了灌区灌溉条件，提高了灌区农业综合生产能力，缓解了当地水资源供需矛盾，但是，灌区实施节水改造后对区域水文循环系统也会产生一定的影响，其中大规模渠道衬砌减少了渠水对地下水的补给量，在提高渠系水利用系数的同时，也带来一系列问题，其中生态环境效应引起社会各界的广泛关注（杜丽娟等，2010）。但对于大型灌区节水改造对地下水系统影响模拟研究还比较少。研究泾惠渠灌区节水改造对地下水影响，可为灌区节水改造规划实施对地下水的影响进行合理评价提供科学依据，对减少节水改造实施产生的负面效应，促进灌区持续发展具有重要意义。

11.4.1 水文地质概念模型

泾惠渠灌区含水层主要为第四系全新统 Q_4 及上更新统 Q_3 中粗砂、沙砾石层构成的潜水含水层。中更新统 Q_2 及下更新统 Q_1 黏土、亚黏土因富水性差可视为相对隔水层。灌区地下水径流受整个第四系全新统 Q_4 及上更新统 Q_3 含水层控制。因此，泾惠渠灌区第四系含水层可概化为单层潜水含水层，模型中地下水径流量代表第四系全新统 Q_4 及上更新统 Q_3 含水层总径流量，中更新统 Q_2 及下更新统 Q_1 作为相对隔水底板。

11.4.2 地下水流数学模型

根据水文地质概念模型及资料的拥有程度，将研究区浅层地下水系统概化为单层潜水非稳定流含水层，可得到地下水流动微分方程及其定解问题（王贵玲等，2005）。

$$\begin{cases} \dfrac{\partial}{\partial x}\left(K\left(H-B\right)\dfrac{\partial H}{\partial x}\right)+\dfrac{\partial}{\partial y}\left(K\left(H-B\right)\dfrac{\partial H}{\partial y}\right)+w=S_y\dfrac{\partial H}{\partial t} & \left(x,y\right)\in G,\ t>0 \\ H\left(x,y,t\right)=H_0\left(x,y\right) & \left(x,y\right)\in G,\ t=0 \\ K\left(H-B\right)\dfrac{\partial H}{\partial n}\Big|_{\Gamma_2}=q\left(x,y,t\right) & \left(x,y\right)\in \Gamma_2,\ t>0 \end{cases} \quad (11\text{-}3)$$

式中，K 为含水层渗透系数（m/d）；$H\left(x,y,t\right)$ 为区内各点不同时刻的水位（m）；B 为区内各点含水层底板标高（m）；S_y 为给水度；t 为计算时间（d）；w 为含水层的源汇项（m^3/d）；G 为计算区；Γ_2 为第三类边界；$q\left(x,y,t\right)$ 为第三类边界的单位面积流量 $\left[m^3/\left(d\cdot m^2\right)\right]$。

11.4.2.1 初始条件

依据 1981 年 9 月的地下水长观孔统测水位资料，利用克里格插值法，确定灌区地下水流初始流场如图 11-24 所示。由于早期的地下水观测孔统测水位资料没有覆盖整个灌区，利用克里格插值法确定初始等水位线和实际等水位线有些不一致，根据水文地质条件进行修正后，基本反映了地下水实际流场，所以将 1981 年 9 月统测的地下水流场作为模型识别的初始流场。

11.4.2.2 边界条件

灌区承压水一般埋深在 100m 以下，为远源补给，一般不作为灌溉用水水源。潜水一般储存于第四纪全新统冲积层中，埋藏浅，易开采，分布广，其补给来源包括大气降水的垂直入渗补给、灌溉渠系及田间渗漏补给等，其次是水平方向的倾向补给和沿河岸边的河水渗入补给，后者对于前者，补给量甚少。潜水以径流的方式分别向清峪河、泾河及渭河排泄，仅在灌区中下游、沿泾河、渭河边缘地带、河水汛期高水位时，河水对潜水产生短暂的补给，其量极少。灌区西北部边界接受黄土台塬的侧向径流补给，设为第三类边界（给定流量边界）；东部、南部、中部的渭河、泾河及清峪河为主要的水平排泄，设为河流边界（刘燕和朱红艳，2011；贺屹，2011）。

11.4.3 地下水数值模拟模型

11.4.3.1 模型计算范围及剖分

选用有限差分法建立地下水数值模型。模拟分析软件选用 PMWIN（processing modflow）求解地下水运动的定解问题，PMWIN 是美国地质调查局（United States Geological Survey，USGS）开发的用于模拟和预报地下水系统的一个应用软件，它是一个以 Modflow 为核心的可以用来处理三维模型的软件。模型计算范围，北起黄土台塬，南至泾河、渭河，西界起 19 276km 线，东界至 19 351km 线，包括清惠渠灌区，扣除其内不建模的部分，模型总有效面积为 1513km²。以 1km 的均匀步长对模型进行剖分，其剖分网格实际上就是高斯-克吕格投影地图中的"公里网"。时间剖分以自然月为时间步长。

11.4.3.2 模型边界条件与地下水补、排要素的处理

（1）侧向补给处理

模型的计算区为第四系松散沉积物潜水含水层。为简化模型，北部黄土台塬洪流入渗放在模型北部边界上，其数量取多年平均值，忽略其随时间的变化。

（2）降水入渗补给

根据灌区水文地质图，结合不同地形地貌单元降水入渗补给系数的取值。综合考虑包气带的降水量、土质类型、下垫面条件及地下水位埋深等因素进行分区，确定模拟区降水入渗补给系数分区图；通过 1953~2000 年降水资料及 1981~2000 年地下水 93 个长观井水位资料统计分析，确定降水入渗补给系数。首先将所有面状、线状的源汇项数据分别换算成强度形式，其次通过叠加计算，再次换算成单个网格上强度，最后以 recharge 模块导入模型。

（3）田间灌溉渗漏补给及渠系渗漏补给

田间灌溉渗漏补给及渠系渗漏补给是模拟区地下水两种主要补给源。灌区渠道分布基本覆盖整个模拟区，以面状补给来处理田间灌溉渗漏补给及渠系渗漏补给。根据灌区土地利用统计资料和拥有的长系列灌溉用水量资料，结合不同灌溉定额和补给系数计算农田灌溉各时段的渗漏补给量，再将灌溉渗漏补给量平均分配到计算的单元格中。

（4）井灌地下水开采排泄

根据对灌区地下水资源计算与评价结果，全灌区近年平均开采地下水资源量为 1.2629 亿 m³/a。灌区井网以灌溉渠系的斗、分渠为骨架，井排走向与潜水流向垂直或斜交，井距 200~300m，浅型井占 95%，中深井占 2.4%，大口井占 1.4%。开采量、开采动态等根据灌区灌溉年报中年度地下水取水情况统计表获得。灌区地下水开采量按照井流模块

（Well）输入模型中。

（5）蒸发排泄

Modflow 中的 EVT 蒸发子程序包为线性蒸发模型，浅埋区地下水蒸发与埋深呈非线性关系，同时蒸发因素在地下水均衡分析中所占比例较大，利用线性模型计算蒸发量误差较大。采用阿里维扬诺夫非线性公式代替 EVT 蒸发模块线性公式来计算蒸发量，用 Visual Basic 6.0 在 EVT 模块中改写了源代码。阿里维扬诺夫非线性公式为

$$
\begin{cases}
R_{ETi,j} = R_{ETMi,j}, & h_{i,j,k} > h_{s,j,k} \\
R_{ETi,j} = R_{ETMi,j}\left(1 - \dfrac{h_{s,j,k} - h_{i,j,k}}{d_{i,j}}\right)^m, & h_{s,j,k} - d_{i,j} < h_{i,j,k} < h_{s,j,k} \\
R_{ETi,j} = 0, & h_{i,j,k} < h_{s,j,k} - d_{i,j}
\end{cases}
\tag{11-4}
$$

式中，$R_{ETMi,j}$ 为地下水面蒸发强度（mm），取决于当地气象条件；$R_{ETi,j}$ 为潜水蒸发强度，随月份变化，用单位面积单位时间内水量体积表示（mm/d）；$h_{i,j,k}$ 为单元水头，或地下水位（m）；$h_{s,j,k}$ 为蒸发界面高程（m）；$d_{i,j}$ 地下水极限蒸发埋深（m），与岩性特征有关；m 为无量纲指数，该地区近似取 2。

调整后 R_{ET} 与调整前相比，精度有较大提高，同时用稳定流拟合效果较好时计算的地下水等水位线，与实测地下水埋深线进行叠加作为虚拟蒸发界面高程。利用虚拟蒸发界面高程代替实际蒸发界面高程，然后将虚拟蒸发界面高程导入 EVT 模块中。反复调试拟合，再使得虚拟蒸发界面高程与计算等水位线的差值，与实测地下水埋深基本一致，这样避免了地下水流场拟合误差引起的实际蒸发量和模拟蒸发量在区域分布上的不一致，模拟仿真度有所提高。

（6）工业、生活地下水开采排泄

灌区附近周边乡镇仍没有实现自来水管网供水，乡镇企业和生活用水主要还是开采地下水，由于这些地下水井没有详细的统计资料，尤其是农村生活用水，很难统计单井开采量，用农村人畜用水量定额方法对其开采量进行估算，再按照面状负补给加入模型中。

11.4.3.3　模型识别与检验

（1）水文地质参数分区

水文地质参数分区依据灌区水文地质勘察、抽水试验资料，再结合模拟区的地形地貌、地质图、水文地质图等进行参数分区，水文地质参数（导水系数 T、给水度 μ）采用分片常数法，其分区范围与形状，应符合地质条件与第四系沉积特征。抽水试验所在参数分区，其参数值直接采用抽水试验求得的参数值，并以该分区参数作为基准参照参数，用推断类比法并参考其他单孔抽水试验数据，来估计其他分区的参数初值，待模型校正阶段进行确认。

（2）模型识别与检验

模型识别与检验是地下水数值模拟及模型建立的一个关键环节。通常在模型识别与检

验过程中，对水文地质概念模型重新认识，分析研究区水文地质条件，进一步对水文地质模型正确与否进行判断。模型识别与检验流程图如图 11-24 所示。

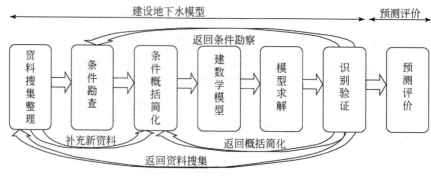

图 11-24　模型识别与检验流程图

模型识别与检验的优劣，同样也取决于建模过程中水文地质条件分析、模型概化等各个环节质量的优劣，识别与检验工作并不是一个调参的"数字"过程。模型检验与识别依据地下水模拟流场和地下水实际流场基本一致；模拟地下水的动态过程与实测的动态过程宏观相似；从水均衡的角度来看，模拟的地下水均衡变化与实际要素基本相符；识别的水文地质参数基本符合实际水文地质条件。

利用搜集的灌区石桥、泾阳、杨府、三渠、三原、西张、陂西、高陵、彭李、张卜、栎阳、新市、楼底、阎良共 93 个地下水长观孔水位资料，选取 1996 年 1 月～1998 年 12 月的月平均水位观测数据用于模型的参数识别，1999 年 1 月～2000 年 12 月的月平均水位观测数据用于模型检验。

根据现状多年平均渠系渗漏补给量、田间灌溉渗漏补给量及地下水位线等信息，调整各分区导水系数 T 数值进行拟合匹配。这一原则的实质是将灌区地下水循环看作"天然大型达西试验"，来调整导水系数 T 数值及分布，将产生不同形态流场，即等水位线分布，当模拟流场与实际流场宏观相似，即初步完成了对 T 数值的校正过程，同时也计算出了地下水蒸发量。校正给水度时，暂时固定 T 数值，调整各分区的给水度 μ。给水度的大小影响地下水动态年变幅，通过调整使地下水动态年变幅与实际观测值接近。

在模型调试过程中，充分利用水文地质勘探资料中的各种信息及计算者对水文地质条件的判断，反复调试，直至流场及观测孔动态年变幅与实际观测值接近为止。使识别后的模型参数、地下水流场及地下水资源量之间达到较合理的匹配。

模型计算求得的泾惠渠灌区典型观测孔水位变幅与实测水位变幅的拟合曲线如图 11-25 所示，泾惠渠灌区典型观测孔水位与实测水位拟合如图 11-26 所示。由图 11-25 可以看出，根据 93 个长观孔水位资料，剔除资料欠完善的部分观测孔，选择 44 个观测孔对其水位过程线进行拟合，统计绝对误差平均值为 1.36 m。由图 11-26 及实际模拟过程可以看出，地下水位模拟值和实测值 R^2 为 0.8～0.99，说明模型输入补给排泄要素及水位地质参数在该模拟区具有一定的代表性。

模型拟合情况大致可以分为两类，一类是拟合情况比较好的，模型模拟水位和实测水位相差较小，能够比较好地反映该格点的水位动态趋势；另一类是模型模拟水位与实测水

位始终有一定的差异,但变化趋势基本保持一致。经分析,产生的误差主要源于各源汇项
的统计误差、地质资料的精度问题导致地层模拟误差等。还有一点是,模型算法采用迭代
求解,通过迭代法得到的解仅是差分方程的近似解,精度也受很多因素的影响。综上,由
模型模拟流场和水位变化过程线拟合情况来看,模拟结果比较真实地反映了灌区地下水流
场特征,可以用其进行数值分析计算。

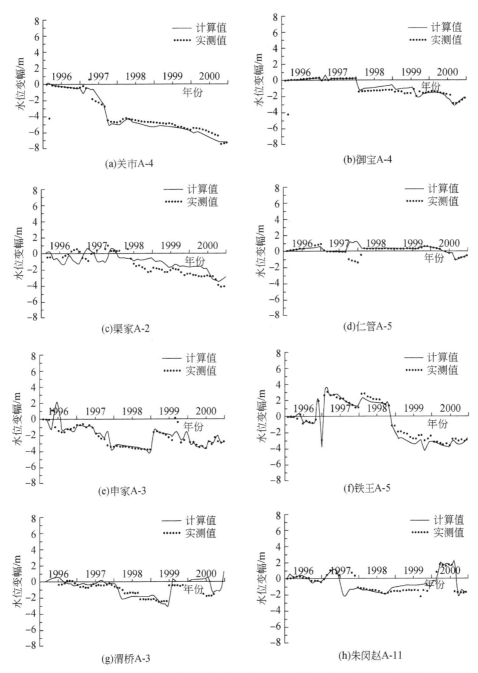

图 11-25　泾惠渠灌区典型观测孔水位变幅与实测水位变幅的拟合曲线

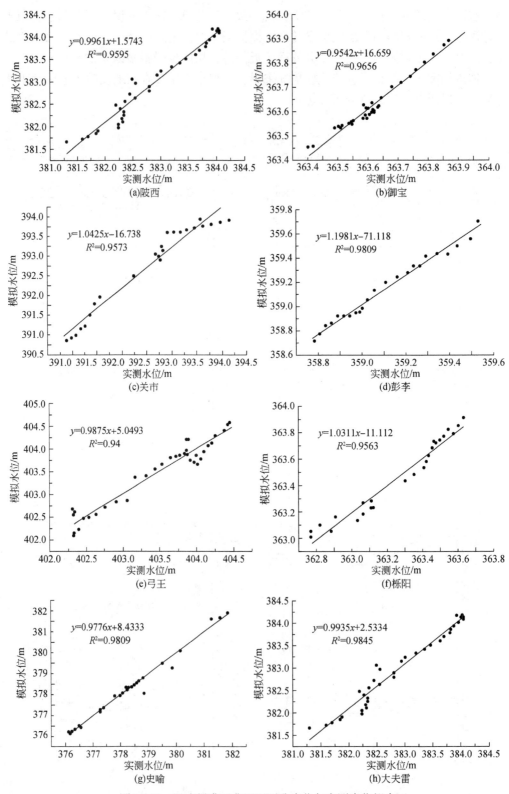

图 11-26 泾惠渠灌区典型观测孔水位与实测水位拟合

11.4.4 灌区适宜农业节水方案及地下水合理开采模式

11.4.4.1 农业节水模拟情景设置

灌区节水改造工程措施实施改变了灌区农田水文循环规律,干支斗渠道衬砌、井渠结合灌溉及田间节水技术等措施使地下水的补给量和排泄量发生了显著变化,并进一步影响农田土壤水分运动及自然植被的生态耗水。灌溉入渗水量是地下水的主要补给来源,农田灌溉对地下水的补给量与灌水量、灌水日期、灌水次数、灌水方式、地下水埋深、土质类型等因素有关。遵循以节水增效为中心,全面提高灌溉水利用系数、水分生产效率,开源节流并重,实现水资源可持续利用原则,结合灌区水资源利用现状、浅层地下水资源调查报告和灌区节水改造规划,对灌区干支渠衬砌率、斗渠衬砌率、畦灌面积、喷灌面积、微灌面积、低压管道灌溉面积、粮食作物灌溉面积、蔬菜灌溉面积、果林灌溉面积、其他经济作物灌溉面积等进行调整组合,设置了4种真实情景,分别为情景1(1997年)、情景3(2000年)、情景5(2005年)、情景7(2010年)和4种假定情景分布为情景2(1997年)、情景4(2000年)、情景6(2005年)、情景8(2010年)(表11-23)。通过地下水模型计算节水工程实施前后灌区地下水位及埋深,通过真实情景与假定情景对比,分析灌区节水改造对浅层地下水空间分布的影响。

表 11-23 灌区农业节水模拟情景设置

情景设置	指标	情景1	情景2	情景3	情景4	情景5	情景6	情景7	情景8
渠系节水	干支渠衬砌率/%	39.5	39.5	39.5	75	75	75	100	100
	斗渠衬砌率/%	42	42	42	80	80	80	100	100
	渠系水利用系数	0.574	0.574	0.574	0.645	0.645	0.645	0.671	0.671
田间节水	畦灌面积/hm²	17 667	42 000	42 000	42 000	53 334	53 334	53 334	60 000
	喷灌面积/hm²	0	4 667	4 667	4 667	8 667	8 667	8 667	10 000
	微灌面积/hm²	0	2 000	2 000	2 000	4 000	4 000	4 000	5 333
	低压管道灌溉面积/hm²	0	8 667	8 667	8 667	11 667	11 667	11 667	13 333
	田间水利用系数	0.9	0.9	0.9	0.9	0.92	0.92	0.92	0.93
种植结构	粮食作物灌溉面积/hm²	62 207	62 207	66 867	66 867	66 867	63 267	63 267	63 267
	蔬菜灌溉面积/hm²	5 333	5 333	8 467	8 467	8 467	12 400	12 400	12 400
	果林灌溉面积/hm²	6 920	6 920	7 867	7 867	7 867	9 133	9 133	9 133
	其他经济作物灌溉面积/hm²	3 420	3 420	6 000	6 000	6 000	6 533	6 533	6 533

注:畦灌面积指小畦灌、膜上灌、注水灌、窖蓄灌溉等面积之和。其他经济作物是指棉、油、糖等作物

11.4.4.2 节水改造对地下水影响的模拟分析

通过地下水模型 PMWIN 评价节水改造对地下水影响,重点考虑不同情景的地下水埋深。选择非灌溉季节9月地下水埋深作为评价指标,不同情景的地下水埋深所占面积见

表11-24。同时，把地下水埋深分为<8m、8~13m、13~18m、18~23m、23~28m、>28m六种情况分别统计面积。利用 Visual Basic 6.0 将模型模拟结果以 ASCII 格式文件提取出来，然后将计算结果文件导入 ArcGIS 9.3 中用克里格法进行内插，生成不同情景9月地下水等水位线图。利用 ArcGIS 9.3 对模型模拟结果 ASCII 格式数据文件进行可视化显示，如图 11-27 所示。

表 11-24　灌区节水改造各种情景的地下水埋深分布面积　　　（单位：km²）

情景	<8m	8~13m	13~18m	18~23m	23~28m	>28m
1	110.31	736.21	248.25	123.53	5.08	1.69
2	115.35	626.32	335.26	136.58	8.28	3.28
3	120.59	552.09	385.81	152.15	10.16	4.27
4	123.35	540.25	405.18	140.56	10.86	4.87
5	126.48	516.84	432.05	132.2	11.66	5.84
6	129.26	504.38	435.03	120.08	26.05	10.27
7	139.76	472.39	439.88	107.71	40.63	24.7
8	165.25	468.28	442.26	105.35	29.28	14.65

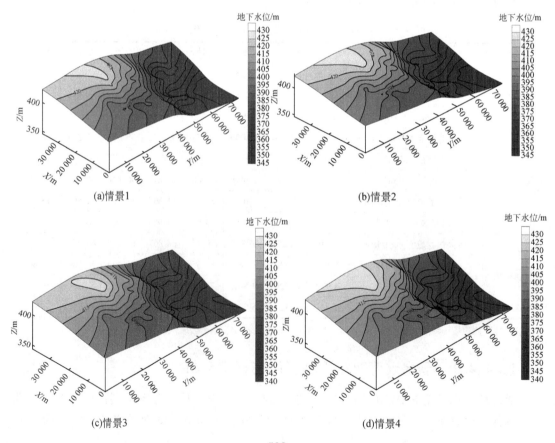

(a)情景1　　　　　(b)情景2

(c)情景3　　　　　(d)情景4

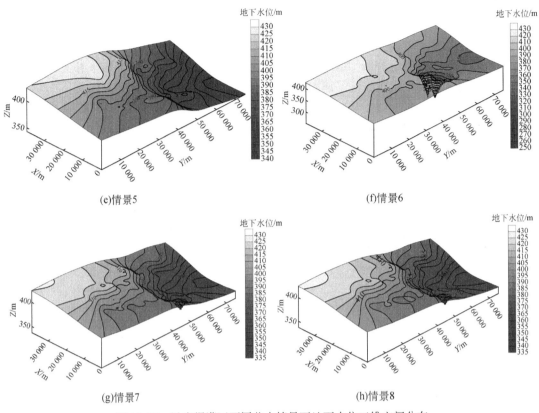

(e)情景5　　　　　　　　　　　　　　　(f)情景6

(g)情景7　　　　　　　　　　　　　　　(h)情景8

图 11-27　泾惠渠灌区不同节水情景下地下水位三维空间分布

　　泾惠渠灌区节水改造工程实施、农业种植结构调整，使泾惠渠灌区浅层地下水位下降速度增大，地下水年平均下降速度从 1981～1997 年的 0.535m 增加为 2000～2015 年的 0.734m；地下水降落漏斗仍呈扩大趋势，地下水埋深大于 13m 区域面积由 1997 年 9 月的 358.56km² 增加为 2015 年 9 月的 612.92km²。由于地下水超采、地下水位迅速下降，局部已出现地面沉陷、地裂缝等危害性的环境地质灾害现象，建议进行地下水人工调蓄、完善地下水取水许可制度、调整农业种植结构、扩大农业节水宣传，实现灌区节水农业可持续发展。

11.4.5　灌区适宜渠井灌水比例及地下水合理开采模式

11.4.5.1　模拟情景设置

　　不同灌区水文气象、土地利用类型和地质条件都有很大差异，各灌区井渠灌水比例也差异明显，应根据当地的实际条件分析确定。井渠灌溉用水量的适宜比例主要取决于降水量、蒸发量和作物需水量，同时也受土地利用率和水文地质条件等制约。确定合理的井渠灌水比例，还要考虑灌溉费用、农民承受能力和用水习惯（吴学华等，2008），以及通过合理抽取浅层地下水灌溉，使潜水埋藏深度增加，潜水蒸发量减少，土壤盐渍化得到改善，采补平衡得以持续等。

目前灌区潜水水位持续下降，1977～2010 年灌区地下水平均埋深及井渠灌水比例历年变化情况如图 11-28 所示。1977～2010 年，灌区浅层地下水平均埋深累计降幅达 12m，井渠灌水比例呈逐年上升趋势。2000 年节水改造工程实施时井渠灌水比例达到最大，2000 年以后基本趋于稳定。这表明灌区地下水开采系数仍在继续增加，地下水采补失衡问题日趋严峻。同时，灌区也出现了地裂缝、地面塌陷等危害性的环境地质灾害现象。

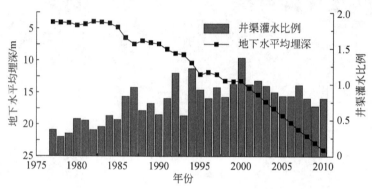

图 11-28　灌区地下水平均埋深及井渠灌水比例历年变化

20 世纪 80 年代灌区在对渠首来水的季节变化、田间灌溉需求和地下水资源分析研究的基础上，提出的灌溉原则是：渠井结合、以渠养井、以井补渠、丰储枯用、采补平衡。根据灌区节水改造规划、典型年份井渠灌溉用水情况拟定了 8 种模拟情景，各种情景设置见表 11-25。通过地下水模型分析计算，寻求基于灌区地下水采补平衡的适宜井渠灌水比例。

表 11-25　灌区各种不同模拟情景设置

情景	渠首引水量/万 m³	井灌抽水量/万 m³	井渠灌水比	降水量/mm	蒸发量/mm	灌溉面积/hm²
1	41 096	21 407	0.52	393.4	1175	83 933
2	37 290	18 584	0.50	654.8	1020.4	83 933
3	39 162	14 332	0.37	713.2	917	83 933
4	14 696	9 323	0.63	508	868.5	83 933
5	19 957	14 825	0.74	512.2	892.3	83 933
6	20 310	11 788	0.58	522.4	889.4	83 933
7	15 004	15 225	1.01	428.8	1407.7	90 333
8	17 336	20 132	1.16	569.7	976.4	90 333

11.4.5.2　适宜井渠灌水比例分析

通过地下水模型进行均衡计算分析，利用 Visual Basic 6.0 将 PMWIN 模拟结果以 ASCII 格式文件提取出来，然后将计算结果文件导入 ArcGIS 9.3 中用克里格法进行内插，与地下水等水位线叠加生成地下水埋深图，列出各种模拟情景水位变幅图。

情景 1 模拟结果表明，渠首有效灌溉引水量为 4.1 亿 m^3，井灌用水量为 2.1 亿 m^3，降水量为 390mm 的枯水年，灌区地下水平均埋深为 3~5m，井渠灌水比例为 0.52，地下水系统处于自然平衡。

情景 2 和情景 3 模拟结果表明，渠首有效灌溉引水量为 3.7 亿~4.0 亿 m^3，降水量为 600~700mm 的丰水年，灌区地下水平均埋深 3~5m 的情况下，井渠灌溉用水比例为 0.35~0.55，灌区地下水的补给项消耗于潜水蒸发和地下径流排泄，基本可以保持地下水补排平衡。

情景 4、情景 5 和情景 6 模拟结果表明，渠首有效灌溉引水量为 1.5 亿~2.0 亿 m^3，地下水开采量为 1.0 亿~1.4 亿 m^3，井渠灌水比例为 0.5~0.7。在降水量为 540mm 的平水年，地下水埋深在 8m 以上，模拟时段地下水埋深变化基本稳定，地下潜水蒸发和地下径流排泄均较少的情况下，井渠灌溉用水比例为 0.5~0.7 保持地下水补排平衡也是可能的。

情景 7 和情景 8 模拟结果表明，渠首有效灌溉引水量为 1.2 亿~1.7 亿 m^3，地下水开采量为 1.5 亿~2.0 亿 m^3，井渠灌溉用水比例为 1.0~1.4，年平均降水量为 450mm 左右，模拟时段地下水埋深大幅度增加，地下水采补失衡，应加大农业节水方面投入力度，采取有效措施控制地下水持续下降，避免危害性的地质灾害现象发生。

结合灌区实际的模拟情景计算分析表明，泾惠渠灌区目前井渠灌水比例为 0.9~1.2，已导致地下水补排失衡，地下水位下降，建议井渠灌水比例控制为 0.5~0.7，完善地下水取水许可制度，扩大农业节水宣传，进行地下水人工调蓄，实现灌区节水农业可持续发展。但研究仅从地下水水量均衡方面探讨了灌区适宜的井渠灌水比例，研究还需要进一步深入。

11.5　小　　结

1）根据灌区 1977~2010 年的灌溉用水资料及地下水位长观资料，对灌区地下水位变化的影响因素及农业节水缓解地下水位下降效应进行分析。结果表明，渠道衬砌节水改造工程实施后，渠系水利用系数增加，灌区地下水补给量明显下降，地下水补给量减少约 16.9%，但灌区田间节水工程可减少 18.5%~33.4% 的井灌水量，对抑制地下水位下降效果明显。

2）通过对灌区地下水位变化影响因素的主成分分析，认为渠首引水量和田间灌水量的减少、地下水开采量的增加是灌区地下水位下降变化驱动的主要因子，其次井渠灌水比例、灌溉水利用系数、降水量等因子也不同程度影响地下水位变化。

3）控制地下水位下降的最有效措施是加大田间节水的工程投入来减少井灌水量，其次是通过渠系节水工程增加渠首引水量，同时农业种植结构合理调整的作用也不容忽视。

4）通过模拟分析，泾惠渠灌区目前井渠灌水比例为 0.9~1.2，导致地下水补排失衡，建议井渠灌水比例控制为 0.5~0.7。

第12章　泾惠渠灌区地下水水质对不同水源灌溉的响应及评价

本章利用熵值法确定权重，模糊综合评价方法对泾惠渠灌区1990～2015年浅层地下水的水质进行了分析及评价，运用Gibbs图，离子相关性分析和地下水化学模拟的方法，分析评价了泾惠渠地下水系统中影响地下水化学成分。运用钠吸附比（SAR）、钠百分比（%Na）、残余碳酸钠（RSC）、渗透指数（PI）四个单因素指标对研究区浅层地下水碱害风险评价，结合地下水可能会给作物和土壤带来的碱害和盐害的风险，选用Wilcox图和USSL图评价地下水水质。同时，通过分析泾惠渠灌区气象、水资源、土壤资源、生境资源等资料，选择合适的指标评价体系和评价模型，运用模糊层次综合评价法对泾惠渠灌区的生态环境质量进行综合评价，建立的指标评价体系比较全面地考虑了对灌区生态环境质量影响较大的生态因子，初步建立评价指标体系，在评级过程中根据灌区的实际情况对评价指标和评价方法进行调整，使评价结果更加真实地反映灌区生态环境实际状态。

12.1　泾惠渠灌区地下水水质现状

一般而言，地下水比地表水更干净、更安全，且可以不经过处理直接饮用（Mapoma and Xie，2014）。在我国干旱、半干旱的北方地区，地下水是农村居民生活用水的主要来源。但是近年来由于地表水污染严重，污染的地表水通过各种途径再次污染地下水，且地下水污染比地表水污染更难治理和不易发现，所以人们越来越关注地下水水质是否适宜饮用。泾惠渠灌区位于陕西省关中平原，灌区居民生活用水主要来自地下水。20世纪80年代，灌区地下水位较浅，水量丰富（纪鹏，2010）。然而，近年来，由于自然因素和人为因素的影响，灌区地下水不断被超采，地下水位大幅度下降（刘燕，2010），而且由于农药化肥的大量施用，水质也超过了饮用水的标准（谢炳辉，2013），对人们的生存和发展产生了严重的威胁。本节针对这种情况，对地下水水质分类和评价，以期为水资源管理提供依据。

12.1.1　研究地下水基本特征

研究区2014年9月和2015年9月浅层和深层地下水水质参数的统计结果见表12-1，由表12-1可知，研究区2014年9月地下水TDS（溶解固体总量）为1008.18～2046.68mg/L，均值大于1000mg/L，所以研究区地下水属于微咸水，pH为7.15～8.13，地下水为碱性环境，所以研究区2014年地下水环境属于碱性微咸水。2015年9月，研究区地下水TDS和pH分别为1352.79～3842.63mg/L和7.11～8.42，研究区地下水属于碱性咸水。所以研究区浅层和深层地下水环境均属于碱性微咸水。

由于 K$^+$ 含量较低，一般与 Na$^+$ 一起考虑，2014 年 9 月浅层地下水中 Na$^+$+K$^+$ 的浓度为 10.31 ~ 18.50meq/L，均值为 15.62meq/L，深层地下水中 Na$^+$+K$^+$ 的浓度为 11.78 ~ 23.90meq/L，均值为 17.82meq/L，超过饮用水标准的上限值（8.70meq/L），且深层地下水中 Na$^+$+K$^+$ 含量比浅层地下水大，可能是由于地下水中 Na$^+$ 来源于岩石的溶解。2015 年 9 月，浅层和深层地下水中 Na$^+$+K$^+$ 的浓度分别为 9.71 ~ 18.88meq/L 和 12.02 ~ 20.11meq/L，均值分别是 15.60meq/L 和 16.66 meq/L，也超过了饮用水标准的上限值。

研究区浅层地下水中 Ca^{2+} 和 Mg^{2+} 在 2014 年 9 月的浓度分别为 1.06 ~ 9.94meq/L 和 6.25 ~ 16.75meq/L，均值分别为 4.93meq/L 和 11.06 meq/L。深层地下水中 Ca^{2+} 和 Mg^{2+} 的浓度分别为 0.05 ~ 6.23meq/L 和 2.83 ~ 13.75meq/L，均值分别为 1.92meq/L 和 6.96meq/L。2015 年 9 月浅层地下水中 Ca^{2+} 和 Mg^{2+} 的浓度分别为 0.24 ~ 6.82meq/L 和 5.61 ~ 14.81meq/L，均值分别为 3.71meq/L 和 11.36 meq/L；深层地下水中 Ca^{2+} 和 Mg^{2+} 的浓度分别为 0.36 ~ 3.70meq/L 和 3.24 ~ 11.69meq/L，均值分别为 1.77meq/L 和 6.85meq/L。表明浅层地下水中 Ca^{2+} 和 Mg^{2+} 均比深层地下水中的浓度高，且 2014 ~ 2015 年 Ca^{2+} 和 Mg^{2+} 浓度均降低了，分析原因可能是 2015 年降水较多，地下水位变动较大，Ca^{2+} 和 Mg^{2+} 以碳酸岩盐的形式析出地下水。

研究区浅层地下水中 SO$_4^{2-}$ 和 Cl$^-$ 在 2014 年 9 月的浓度分别为 4.16 ~ 12.52meq/L 和 6.47 ~ 12.06meq/L，均值分别为 9.17meq/L 和 9.30meq/L；深层地下水中 SO$_4^{2-}$ 和 Cl$^-$ 的浓度分别为 6.26 ~ 13.08meq/L 和 6.11 ~ 9.77meq/L，均值分别为 8.99meq/L 和 7.79meq/L。2015 年 9 月浅层地下水中 SO$_4^{2-}$ 和 Cl$^-$ 的浓度分别为 2.01 ~ 14.87meq/L 和 5.41 ~ 17.30meq/L，均值分别为 9.14 meq/L 和 9.85meq/L。深层地下水的中 SO$_4^{2-}$ 和 Cl$^-$ 的浓度分别为 5.63 ~ 12.64 meq/L 和 4.77 ~ 9.97meq/L，均值分别为 8.39meq/L 和 7.90meq/L。表明深层地下水中 SO$_4^{2-}$ 和 Cl$^-$ 比浅层地下水中的浓度低，2014 ~ 2015 年其在水中的浓度均有所降低。因为 Cl$^-$ 反映人类活动对地下水的影响，表明 2014 ~ 2015 年研究区地下水水环境有所改善。

研究区 2014 年 9 月浅层地下水中 HCO$_3^-$ 的浓度为 5.81 ~ 12.48meq/L，均值为 9.67meq/L；深层地下水中 HCO$_3^-$ 的浓度为 5.20 ~ 8.92meq/L，均值为 7.18meq/L。2015 年 9 月浅层地下水中 HCO$_3^-$ 的浓度为 6.88 ~ 12.79meq/L，均值为 10.01meq/L；深层地下水中 HCO$_3^-$ 的浓度为 5.34 ~ 10.19meq/L，均值为 7.67meq/L。浅层地下水中 HCO$_3^-$ 比深层地下水中的浓度高，2014 ~ 2015 年 HCO$_3^-$ 浓度有所降低。

表 12-1 2014 年 9 月和 2015 年 9 月浅层和深层地下水水质参数

时间	分层	项目	Ca^{2+}/ (meq/L)	Mg^{2+}/ (meq/L)	Na$^+$+K$^+$/ (meq/L)	HCO$_3^-$/ (meq/L)	SO$_4^{2-}$/ (meq/L)	Cl$^-$/ (meq/L)	NO$_3^-$/ (meq/L)	TDS/ (mg/L)	pH
2014 年 9 月	浅层 (N=17)	最小值	1.06	6.25	10.34	5.81	4.16	6.47	0.04	1008.18	7.15
		最大值	9.94	16.75	18.50	12.48	12.52	12.06	0.48	2046.68	8.13
		均值	4.93	11.06	15.62	9.67	9.17	9.30	0.21	1615.15	7.66
	深层 (N=9)	最小值	0.05	2.83	11.78	5.20	6.26	6.13	0.00	1155.12	7.69
		最大值	6.23	13.75	23.90	8.92	13.08	9.77	0.22	1685.16	8.00
		均值	1.92	6.96	17.82	7.18	8.99	7.79	0.08	1412.46	7.81

续表

时间	分层	项目	$Ca^{2+}/$ (meq/L)	$Mg^{2+}/$ (meq/L)	$Na^++K^+/$ (meq/L)	$HCO_3^-/$ (meq/L)	$SO_4^{2-}/$ (meq/L)	$Cl^-/$ (meq/L)	$NO_3^-/$ (meq/L)	TDS/ (mg/L)	pH
2015 年 9 月	浅层 (N=17)	最小值	0.24	5.61	9.71	6.88	2.10	5.41	0.06	1352.79	7.11
		最大值	6.82	14.81	18.88	12.79	14.87	17.30	0.81	3842.63	8.21
		均值	3.71	11.36	15.60	10.01	9.14	9.85	0.41	2621.21	7.63
	深层 (N=9)	最小值	0.36	3.24	12.02	5.34	5.63	4.77	0.00	1842.60	7.54
		最大值	3.70	11.69	20.11	10.19	12.64	9.97	0.53	2629.78	8.42
		均值	1.77	6.85	16.66	7.67	8.39	7.90	0.22	2222.91	7.88

2014 年 9 月研究区浅层地下水中 NO_3^- 的浓度为 0.04~0.48meq/L，均值为 0.21meq/L；深层地下水中 NO_3^- 的浓度为 0~0.22meq/L。2015 年 9 月浅层地下水中 NO_3^- 的浓度为 0.06~0.81meq/L，均值为 0.41meq/L；深层地下水中 NO_3^- 的浓度为 0~0.53meq/L，均值为 0.22meq/L。World Health Organization（2011）规定的饮用水中 NO_3^- 的上限为 0.18meq/L，2015 年浅层地下水和深层地下水的均值均超过其上限，而 2014 年浅层地下水的均值超过上限，深层地下水的均值未超过上限。据统计 2014 年有 10 个水样点浓度超出上限，占浅层地下水样点总数的 58.82%，深层地下水有 1 个水样点浓度超出上限，占深层地下水样点总数的 11.11%。2015 年有 13 个地下水样点含量超出上限，占浅层地下水样点总数的 76.47%，深层地下水样点有 3 个水样点超出上限，占深层地下水样点总数的 33.33%。分析原因是 2015 年 9 月降水较 2014 年 9 月少，而 2014 年降水较多使得地下水位迅速上升，浓度有短暂下降。

综合分析表明，研究区 2014~2015 年浅层地下水和深层地下水中各离子平均浓度变化规律为：阳离子 $Na^+>Mg^{2+}>Ca^{2+}>K^+$；阴离子 $HCO_3^->SO_4^{2-}>Cl^-$。

12.1.2 地下水化学类型分类

地下水化学类型分类方法目前有许多种，如阿廖金分类法、苏林分类法、舒卡列夫分类法、Piper 三线图法等。其中应用较广泛的是舒卡列夫分类方法和 Piper 三线图法。本节采用舒卡列夫分类方法和 Piper 三线图法对研究区浅层和深层地下水进行地下水分类。

12.1.2.1 舒卡列夫分类法

舒卡列夫分类法是苏联学者舒卡列夫提出的，它是基于对地下水中常规的离子（Na^+、Mg^{2+}、Ca^{2+}、K^+、HCO_3^-、SO_4^{2-}、Cl^-）浓度和矿化度大小而分类的一种方法（寇文杰，2012）。以毫克当量百分数大于 25% 而将阳离子和阴离子组合划分为 49 种类型水，每一种类型水以一种阿拉伯数字代替。根据矿化度的大小又可以分为 A、B、C、D 四类。A 类矿化度为<1500mg/L，B 类矿化度为 1500~10 000mg/L，C 类矿化度为 10 000~40 000mg/L，D 类矿化度为>40 000mg/L。

按照舒卡列夫分类法对研究区浅层地下水和深层地下水共 26 个水样进行分类，结果见表12-2，研究区地下水主要类型是 $HCO_3 \cdot SO_4 \cdot Cl - Na \cdot Mg$，在2014年所占比例为57.7%，2015年所占比例上升为76.9%，浅层地下水中2014年9月和2015年9月 $HCO_3 \cdot SO_4 \cdot Cl - Na \cdot Mg$ 所占比例均为80%，深层地下水中所占比例为20%。2014年9月和2015年9月水中总溶解固体整体都升高。

表 12-2 **2014 年 9 月和 2015 年 9 月地下水舒卡列夫水化学分类**

监测井		2014 年 9 月		2015 年 9 月	
		水化学类型	舒卡列夫分类	水化学类型	舒卡列夫分类
浅层地下水 (<90m)	2	$HCO_3 \cdot SO_4 \cdot Cl - Na \cdot Ca$	18-B	$HCO_3 \cdot SO_4 \cdot Cl - Na \cdot Mg$	20-B
	3	$HCO_3 \cdot SO_4 \cdot Cl - Na \cdot Mg$	20-B	$HCO_3 \cdot SO_4 \cdot Cl - Na \cdot Mg$	20-B
	5	$HCO_3 \cdot SO_4 \cdot Cl - Na \cdot Mg$	20-B	$HCO_3 \cdot SO_4 \cdot Cl - Na \cdot Mg$	20-B
	6	$HCO_3 \cdot SO_4 \cdot Cl - Na \cdot Mg$	20-B	$HCO_3 \cdot SO_4 \cdot Cl - Na \cdot Mg$	20-B
	17	$HCO_3 \cdot Cl - Na \cdot Mg$	27-A	$HCO_3 \cdot Cl - Na \cdot Mg$	27-A
	21	$HCO_3 \cdot SO_4 \cdot Cl - Na \cdot Mg$	20-A	$HCO_3 \cdot SO_4 \cdot Cl - Na \cdot Mg$	20-B
	23	$HCO_3 \cdot SO_4 \cdot Cl - Na \cdot Mg$	20-B	$HCO_3 \cdot SO_4 \cdot Cl - Na \cdot Mg$	20-B
	24	$SO_4 \cdot Cl - Na \cdot Mg$	41-B	$HCO_3 \cdot SO_4 \cdot Cl - Na \cdot Mg$	20-B
	25	$HCO_3 \cdot SO_4 \cdot Cl - Na \cdot Mg$	20-B	$HCO_3 \cdot SO_4 \cdot Cl - Na \cdot Mg$	20-B
	29	$HCO_3 \cdot SO_4 - Na \cdot Mg$	11-B	$HCO_3 \cdot SO_4 \cdot Cl - Na \cdot Mg$	20-B
	9	$HCO_3 \cdot SO_4 \cdot Cl - Na \cdot Mg$	20-B	$HCO_3 \cdot SO_4 \cdot Cl - Na \cdot Mg$	20-B
	11	$HCO_3 \cdot SO_4 \cdot Cl - Na \cdot Mg$	20-B	$HCO_3 \cdot SO_4 \cdot Cl-Na \cdot Mg$	20-B
	12	$SO_4 \cdot Cl - Na \cdot Mg$	41-B	$HCO_3 \cdot SO_4 \cdot Cl - Na \cdot Mg$	20-B
	14	$HCO_3 \cdot SO_4 \cdot Cl - Na \cdot Mg$	20-B	$HCO_3 \cdot SO_4 \cdot Cl - Na \cdot Mg$	20-B
	18	$HCO_3 \cdot SO_4 \cdot Cl - Na \cdot Mg$	20-A	$HCO_3 \cdot SO_4 \cdot Cl - Na \cdot Mg$	20-B
	20	$HCO_3 \cdot SO_4 \cdot Cl - Na \cdot Mg$	20-A	$HCO_3 \cdot SO_4 \cdot Cl - Na \cdot Mg$	20-B
	22	$HCO_3 \cdot SO_4 \cdot Cl - Na \cdot Mg$	20-B	$HCO_3 \cdot SO_4 \cdot Cl - Na \cdot Mg$	20-B
深层地下水 (>90m)	1	$HCO_3 \cdot SO_4 \cdot Cl - Na$	21-A	$HCO_3 \cdot SO_4 \cdot Cl - Na$	21-B
	4	$HCO_3 \cdot SO_4 \cdot Cl - Na$	21-A	$HCO_3 \cdot SO_4 \cdot Cl - Na$	21-B
	8	$HCO_3 \cdot SO_4 \cdot Cl - Na \cdot Mg$	20-A	$HCO_3 \cdot SO_4 \cdot Cl - Na \cdot Mg$	20-B
	10	$HCO_3 \cdot SO_4 \cdot Cl - Na \cdot Mg$	20-A	$HCO_3 \cdot SO_4 \cdot Cl-Na$	21-B
	15	$HCO_3 \cdot SO_4 \cdot Cl - Na$	21-B	$HCO_3 \cdot SO_4 \cdot Cl - Na \cdot Mg$	20-B
	26	$HCO_3 \cdot SO_4 - Na$	11-B	$HCO_3 \cdot SO_4 \cdot Cl - Na \cdot Mg$	20-B
	27	$HCO_3 \cdot SO_4 \cdot Cl - Na$	21-B	$HCO_3 \cdot Cl - Na \cdot Mg$	27-B
	28	$HCO_3 \cdot SO_4 - Na$	11-B	$HCO_3 \cdot SO_4 - Na$	11-B
	30	$HCO_3 \cdot SO_4 \cdot Cl - Na \cdot Mg$	20-A	$HCO_3 \cdot SO_4 \cdot Cl - Na \cdot Mg$	20-B

12. 1. 2. 2 **Piper 三线图法**

Piper 三线图由一个等边平行四边形和两个正三角形三部分组成。左边的正三角形可直观地表现出各阳离子的相对含量，三条边分别表示 Mg^{2+}、Ca^{2+} 及 $Na^+ + K^+$ 的毫克当量百分数；右边的正三角形可直观地表现出各阴离子的相对含量，三条边分别表示 SO_4^{2-}、Cl^-、HCO_3^- 的毫克当量百分数。在两个正三角形上分别找出阴阳离子所代表的毫克当量百分数的点，之后通过这两点分别作平行于标有刻度点边线的延伸线，则这两条延伸线所交的点即为在平行线内的位置，通过样点所在位置即可知水样点的化学特性。如图 12-1 所示，1 区表示该区域碱土金属离子大于碱金属离子，2 区表示该区域碱金属离子大于碱土金属离子，3 区表示该区域弱酸根离子大于强酸根离子，4 区表示该区域强酸根离子大于弱酸根离子，5 区代表该区域碳酸盐大于 50%，6 区代表该区域除去碳酸盐以外溶质大于 50%，7 区代表该区域为碱和强酸富集，8 区代表该区域为碱土和弱酸富集，9 区表示该区域阴阳离子的毫克当量百分数小于 50%。

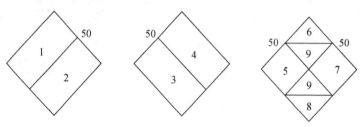

图 12-1　Piper 三线图解分区

利用 Aq·Qa1.1 绘制 Piper 三线图（图 12-2 和图 12-3），由图 12-2 和图 12-3 可知阳离子靠近三角形的右边，所以阳离子以 Na^+、Mg^{2+} 为主，阴离子集中在三角形的中部，所

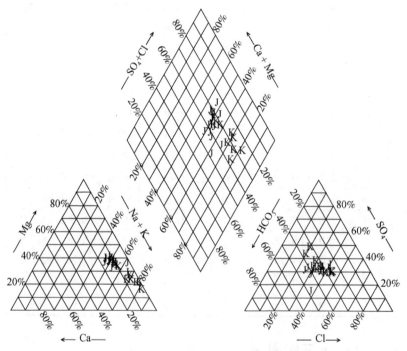

图 12-2　2014 年 9 月泾惠渠灌区地下水 Piper 三线图

注：J 代表浅层地下水；K 代表深层地下水

以 SO_4^{2-}、HCO_3^-、Cl^- 在水中毫克当量百分数相近。所以研究区浅层地下水类型主要为 $HCO_3 \cdot Cl \cdot SO_4 - Na \cdot Mg$，深层地下水类型主要为 $HCO_3 \cdot Cl \cdot SO_4 - Na \cdot Mg$ 和 $HCO_3 \cdot Cl \cdot SO_4 - Na$，灌区地下水监测点在菱形区域主要落在 7 区和 9 区，其中浅层地下水大多数位于 7 区，深层地下水大多数位于 9 区，即研究区地下水是碱和强酸富集区。

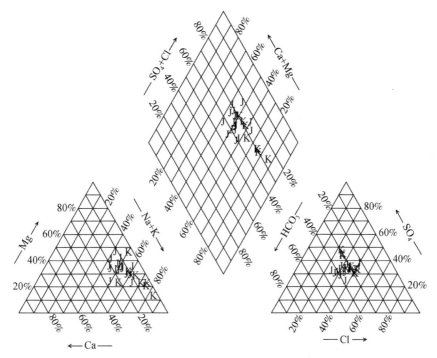

图 12-3　2015 年 9 月泾惠渠灌区地下水 Piper 三线图

注：J 代表浅层地下水；K 代表深层地下水

12.1.3　地下水水质现状评价

12.1.3.1　评价方法与标准的确定

模糊综合评价方法是基于模糊数学并采用相对隶属度描述水质分类界限的一种方法，它能够很好地体现水质级别的模糊性和反映综合水质类别，使评价结果更加合理。该方法被广泛地应用于地下水、地表水水质评价以及湖泊水库富营养化的评价。它能够很好地避免传统数学中的"唯一解"。模糊综合评判原理为一数学式，$B = A \circledcirc R$，式中，A 为由参加评价因子的权重经归一化处理得到的一个 $1 \times N$ 阶权重模糊行矩阵；R 为各单因子评价行矩阵组成的一个 $N \times M$ 阶模糊关系矩阵；$\circledcirc$ 表示算子；B 为一个 $1 \times M$ 阶矩阵，表示评判结果。分析模糊综合评判原理，可以发现其中有三个关键性问题需要确定，一是矩阵 A，权重模糊矩阵的确定；二是矩阵 R，模糊关系矩阵的确定；三是 $\circledcirc$，即算子的确定。根据灌区实际情况和水质评价的原则，选取 Cl^-、SO_4^{2-}、TDS、TH（总硬度）为评价指标，因为

《地下水环境质量标准》（GB/T 14848—1993）中Ⅲ类水是以人类健康基准值为基础，主要适用于集中式生活饮用水、农业用水，所以选择Ⅲ类水作为超标的界限，表 12-3 为评价因子的标准。

表 12-3 评价因子的标准 （单位：mg/L）

项目	Ⅰ	Ⅱ	Ⅲ	Ⅳ	Ⅴ
SO_4^{2-}	≤50	≤150	≤250	≤350	>350
Cl^-	≤50	≤150	≤250	≤350	>350
TDS	≤300	≤500	≤1000	≤2000	>2000
TH（总硬度）	≤150	≤300	≤450	≤550	>550

12.1.3.2 模糊综合评价的步骤

（1）确定权重

确定权重常用的方法是层次分析法和熵值法。由于层次分析法是基于专家打分法确定权重的，带有一定的主观因素，所以选择熵值法确定权重。熵值法，即依照各指标实测值的差异情况，对各评价指标进行权重确定。指标之间差异程度较大时，熵值就偏小，这说明该指标提供的信息数量较多，最终权重指数也相应较大；反之则较小。该方法能够直接地描述指标信息熵的效用价值，反映指标之间的相互作用，适用于多指标系统的综合评价。

构造初始判断矩阵 R：

$$R = \begin{bmatrix} r_{11} & r_{12} & \cdots & r_{1n} \\ r_{21} & r_{22} & \cdots & r_{2n} \\ \vdots & \vdots & & \vdots \\ r_{m1} & r_{m2} & \cdots & r_{mn} \end{bmatrix} = R\ (r_{ij})_{m \times n} \tag{12-1}$$

式中，m 为评价样本数目；n 为评价指标数目。

判断矩阵标准化处理得到矩阵 $P = P\ (p_{ij})_{m \times n}$，$p_{ij}$ 表示在第 i 个评价对象下指标值 p_{ij} 的权重为

$$p_{ij} = m \times \frac{r_{ij}}{\sum\limits_{i=1}^{m} r_{ij}} \tag{12-2}$$

确定评价因子的熵值 E_j

$$E_j = -\ (\sum\limits_{i=1}^{m} p_{ij} \ln p_{ij})\ / \ln m \tag{12-3}$$

当 $p_{ij} = 0$ 时，$\ln p_{ij}$ 无意义，所以对 p_{ij} 修正为

$$p_{ij} = \frac{1 + r_{ij}}{\sum\limits_{i=1}^{m} (1 + r_{ij})} \tag{12-4}$$

确定评价因子的权重：

$$W_j = \frac{1 - E_j}{n - \sum\limits_{j=1}^{n} E_j} \qquad (12\text{-}5)$$

（2）建立隶属度函数 C

隶属函数的形式有很多，如梯形分布、矩形分布、正态分布等函数形式。模糊综合评价方法由于其评价论域的标准值为实数，且隶属度线性分布，所以常用的函数形式为降半梯形分布函数。隶属函数值越大，表示该评价因子对某水质等级隶属度越高。降半梯形的隶属函数模型如下：

$$U_1(x) = \begin{cases} 1 & x \leqslant x_1 \\ \dfrac{x_2 - x}{x_2 - x_1} & x_1 < x \leqslant x_2 \\ 0 & x > x_2 \end{cases} \qquad (12\text{-}6)$$

$$U_2(x) = \begin{cases} 0 & x \leqslant x_1 \ \text{或} \ x > x_3 \\ \dfrac{x - x_1}{x_2 - x_1} & x_1 < x \leqslant x_2 \\ \dfrac{x_3 - x}{x_3 - x_2} & x_2 < x \leqslant x_3 \end{cases} \qquad (12\text{-}7)$$

$$U_3(x) = \begin{cases} 0 & x \leqslant x_2 \ \text{或} \ x \geqslant x_4 \\ \dfrac{x - x_2}{x_3 - x_2} & x_2 < x \leqslant x_3 \\ \dfrac{x_4 - x}{x_4 - x_3} & x_3 < x \leqslant x_4 \end{cases} \qquad (12\text{-}8)$$

$$U_4(x) = \begin{cases} 0 & x \leqslant x_3 \ \text{或} \ x \geqslant x_5 \\ \dfrac{x - x_3}{x_4 - x_3} & x_3 < x \leqslant x_4 \\ \dfrac{x_5 - x}{x_5 - x_4} & x_4 < x \leqslant x_5 \end{cases} \qquad (12\text{-}9)$$

$$U_5(x) = \begin{cases} 0 & x \leqslant x_4 \\ \dfrac{x - x_4}{x_5 - x_4} & x_4 < x \leqslant x_5 \\ 1 & x > x_5 \end{cases} \qquad (12\text{-}10)$$

式中，x_1、x_2、x_3、x_4、x_5 为评价因子指标水质标准等级的界限值，x 为各评价因子的实测值。

（3）模糊计算与综合评价

模糊综合评价方法常使用的算子有四种：取大取小、相乘取大、相乘相加和相加取小。一般情况下，四种模型的计算结果具有很好的一致性。但当评价对象中某一项评价指标的污染浓度过高，而其他指标的浓度均较低时，得到的评价结果可能有较大的差异。取大取小和相乘取大两种算子是主要指标决定型算子，强调最大污染因素的影响，在模糊矩阵的特殊运算中采用取大取小原则，对原始数据进行筛选时可能会造成数据丢失，使评价结果与另外两种不一样。相加取小则是忽略了最大污染浓度的评价指标对评价结果的影响。在模糊矩阵中采用取小的原则，忽略了最大污染指标的权重系数和隶属度对评价结果的协同作用；采用相加的计算方法进行处理，掩盖最大污染指标对评价结果的作用。因而在某项指标的污染浓度较大的情况下，没有得到相应的重视，致使水质的评价结果不具合理性。相乘相加为加权平均型算子，在评价过程中兼顾所有参与评价的指标对水质的影响。运用加权法不仅综合了最大污染指标的作用，而且客观地反映了所有的参评指标对水质的作用，保留了原始数据的全部信息，避免在取大原则下舍小值、取小原则下舍大值的数据丢失。该加权平均模型能准确地反映水质的真实状况，是综合评价优选的模糊矩阵复合运算方法。

12.1.3.3　模糊综合评价的结果

运用熵值法确定研究区 2014 年 9 月和 2015 年 9 月浅层和深层地下水的权重见表 12-4，由表 12-4 可知浅层和深层地下水 TDS 的权重均最小，TH 的权重最大。深层和浅层地下水的权重在年份之间相差不大，所以取其均值作为评价的综合权重。

表 12-4　2014 年 9 月和 2015 年 9 月不同深度地下水水质指标的权重

日期	层次	权重			
		SO_4^{2-}	Cl^-	TDS	TH
2014 年 9 月	浅层地下水	0.26	0.23	0.14	0.37
	深层地下水	0.32	0.09	0.08	0.52
2015 年 9 月	浅层地下水	0.30	0.31	0.15	0.25
	深层地下水	0.23	0.18	0.04	0.54
综合权重	浅层地下水	0.28	0.27	0.14	0.31
	深层地下水	0.27	0.13	0.06	0.53

2014 年 9 月和 2015 年 9 月研究区不同层次的地下水运用模糊综合评价方法评价水质得出的结果见表 12-5 和表 12-6，由表 12-5 和表 12-6 可知研究区 2015 年浅层地下水比 2014 年浅层地下水差，2014 年 9 月和 2015 年 9 月浅层地下水绝大多数为 Ⅴ 类水，共计 15 个水样点，占浅层地下水水样点总数的 88.2%。但是对于不是 Ⅴ 类水的水样点，2014～2015 年水质开始有所好转。分析原因可能是因为灌区严格的环境保护措施。深层地下水水质总体比浅层地下水水质较好，绝大多数深层地下水为 Ⅲ 类水或者 Ⅱ 类水，适宜饮用，2011～2015 年深层地下水水质也逐渐变好，根据野外调查资料可知，近年来研究区加强地下水管理，优化灌溉制度，采用定量合理的施水施肥措施，深层地下水开始渐渐修复。

表 12-5　2014 年 9 月浅层和深层地下水模糊综合评价结果

层次	监测井编号	I	II	III	IV	V	水质分类	隶属度
浅层地下水（<90m）	1	0.00	0.00	0.00	0.00	1.00	V	5.00
	2	0.00	0.00	0.02	0.12	0.86	V	4.84
	3	0.00	0.00	0.05	0.09	0.86	V	4.80
	4	0.00	0.00	0.01	0.14	0.86	V	4.85
	5	0.00	0.37	0.63	0.00	0.00	III	2.63
	6	0.00	0.00	0.28	0.14	0.59	V	4.31
	7	0.00	0.00	0.11	0.31	0.59	V	4.48
	8	0.00	0.00	0.04	0.10	0.86	V	4.82
	9	0.00	0.00	0.07	0.34	0.59	V	4.51
	10	0.00	0.05	0.28	0.09	0.59	V	4.21
	11	0.00	0.00	0.00	0.14	0.86	V	4.85
	12	0.00	0.00	0.05	0.09	0.86	V	4.80
	13	0.00	0.00	0.06	0.08	0.86	V	4.79
	14	0.00	0.00	0.34	0.07	0.59	V	4.25
	15	0.00	0.00	0.24	0.45	0.31	IV	4.07
	16	0.00	0.00	0.32	0.09	0.59	V	4.27
	17	0.00	0.00	0.23	0.18	0.59	V	4.36
深层地下水（≥90m）	18	0.00	0.00	0.37	0.36	0.27	III	3.91
	19	0.53	0.00	0.29	0.19	0.00	I	2.13
	20	0.00	0.04	0.78	0.18	0.00	III	3.14
	21	0.00	0.00	0.22	0.25	0.53	V	4.31
	22	0.00	0.00	0.05	0.15	0.80	V	4.76
	23	0.00	0.35	0.33	0.04	0.27	II	3.24
	24	0.00	0.28	0.40	0.04	0.27	III	3.31
	25	0.00	0.30	0.39	0.04	0.27	III	3.29
	26	0.00	0.05	0.64	0.03	0.27	III	3.52

表 12-6 2015 年 9 月地下浅层和深层地下水模糊综合评价结果

层次	监测井编号	I	II	III	IV	V	水质分类	隶属度
浅层地下水 (<90m)	1	0.00	0.00	0.00	0.00	1.00	V	5.00
	2	0.00	0.00	0.00	0.00	1.00	V	5.00
	3	0.00	0.00	0.00	0.00	1.00	V	5.00
	4	0.00	0.00	0.00	0.00	1.00	V	5.00
	5	0.15	0.59	0.21	0.05	0.00	II	2.16
	6	0.00	0.00	0.15	0.12	0.73	V	4.58
	7	0.00	0.00	0.00	0.00	1.00	V	5.00
	8	0.00	0.07	0.19	0.00	0.73	V	4.39
	9	0.00	0.00	0.10	0.17	0.73	V	4.63
	10	0.00	0.00	0.24	0.03	0.73	V	4.50
	11	0.00	0.00	0.00	0.00	1.00	V	5.00
	12	0.00	0.00	0.00	0.00	1.00	V	5.00
	13	0.00	0.00	0.00	0.00	1.00	V	5.00
	14	0.00	0.00	0.00	0.00	1.00	V	5.00
	15	0.00	0.01	0.54	0.03	0.42	III	3.87
	16	0.00	0.00	0.23	0.31	0.45	V	4.22
	17	0.00	0.00	0.14	0.13	0.73	V	4.59
深层地下水 (≥90m)	18	0.00	0.23	0.35	0.22	0.20	III	3.39
	19	0.39	0.14	0.23	0.24	0.00	I	2.32
	20	0.00	0.00	0.83	0.17	0.00	III	3.17
	21	0.00	0.43	0.30	0.21	0.06	II	2.91
	22	0.00	0.00	0.01	0.13	0.87	V	4.86
	23	0.00	0.17	0.49	0.00	0.34	III	3.50
深层地下水 (≥90m)	24	0.05	0.59	0.03	0.00	0.34	II	2.99
	25	0.00	0.51	0.15	0.00	0.34	II	3.16
	26	0.00	0.00	0.03	0.10	0.87	V	4.84

根据搜集的 1990 年 4 月、2008 年 4 月、2008 年 11 月、2009 年 12 月、2014 年 9 月、2015 年 9 月研究区浅层地下水的水质数据，对 1990～2015 年研究区地下水水质评价，评价结果见表 12-7，由表 12-7 可知，研究区 1990～2015 年地下水水质均为 V 类水，均不适宜饮用。为了进一步研究 1990～2015 年研究区地下水水质的变化过程，比较这几年的加权隶属度（图 12-4），由图 12-4 可知，1990～2009 年浅层地下水隶属度逐渐增大，但是 2009～2014 年隶属度有短暂下降，然后从 2015 年水质又开始下降，这一方面是与灌区在这几年有效的水管理有很大关系，另一方面是由于 2015 年灌区降水量增加，可能导致土壤或者岩石中的盐分淋滤到地下水中，使地下水水质变差。

表 12-7　1990～2015 年浅层地下水模糊综合评价分类

日期	I	II	III	IV	V	水质分类
1990 年 4 月	0.00	0.07	0.25	0.09	0.59	V
2008 年 4 月	0.00	0.00	0.20	0.21	0.59	V
2008 年 11 月	0.00	0.00	0.15	0.12	0.73	V
2009 年 12 月	0.00	0.00	0.07	0.20	0.73	V
2014 年 9 月	0.00	0.00	0.11	0.30	0.59	V
2015 年 9 月	0.00	0.00	0.00	0.27	0.73	V

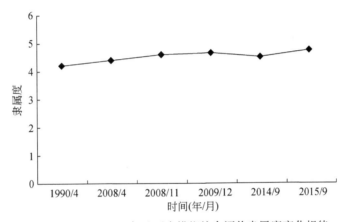

图 12-4　1990～2015 年地下水模糊综合评价隶属度变化规律

12.2　浅层地下水离子相关性和化学成分成因分析

地下水的化学成分是地下水与周围岩石和土壤、人类活动等环境长期相互作用的结果（Lin et al.，1997）。研究地下水的化学成分，有助于了解一个地区的水文地质的历史、地下水的起源和形成。本章通过离子相关性分析和影响地下水化学成分的形成作用，结合对井灌区和渠灌区地下水中常规离子、NO_3^- 和 TN 的动态监测，研究泾惠渠地下水水质对不同灌溉水源的响应。

12.2.1　离子的相关性分析

12.2.1.1　离子相关系数矩阵

Pearson 相关系数矩阵是一种在水文地球化学研究中十分有用的工具，因为相关矩阵可以显示各个参数之间的相关关系，展示在不同控制因素下，整个数据集的一致性和各个指标的联系（Wang and Jiao，2012）。本节采用 IBM SPSS Statistics 22 对采集的 19 个地下水水样点均值的8个水质参数进行分析，得出地下水水质参数 Pearson 相关系数矩阵（表12-8）。由表12-8可知，研究区浅中层地下水中 TDS 与 SO_4^{2-}、Cl^-、Ca^{2+}、Mg^{2+} 的相关系数都超过了 0.8，所以它们为该研究区的主要四大离子。TDS 与 SO_4^{2-} 的相关系数为 0.855，说明 SO_4^{2-} 对 TDS 的分布起决定性作用。NO_3^- 与 Ca^{2+}、Mg^{2+}、HCO_3^-、SO_4^{2-}、Cl^-、TDS 都有显著的相关性，表明人类的活动对地下水中它们的浓度有一定的影响。

表12-8 浅层地下水水质参数相关性系数矩阵（Pearson 双侧检验）

水质参数	Ca^{2+}	Mg^{2+}	$Na^+ + K^+$	HCO_3^-	SO_4^{2-}	Cl^-	NO_3^-	TDS
Ca^{2+}	1							
Mg^{2+}	0.936 **	1						
$Na^+ + K^+$	0.075	0.09	1					
HCO_3^-	0.868 **	0.899 **	0.105	1				
SO_4^{2-}	0.514 **	0.563 **	0.797 **	0.535 **	1			
Cl^-	0.720 **	0.640 **	0.414 *	0.409 *	0.573 **	1		
NO_3^-	0.786 **	0.812 **	0.042	0.761 **	0.452 *	0.444 *	1	
TDS	0.828 **	0.807 **	0.564 **	0.724 **	0.855 **	0.827 **	0.691 **	1

* 代表 0.05 的显著水平；** 代表 0.01 的显著水平

12.2.1.2　地下水离子相关性分析

地下水中各离子毫克当量比例关系散点图可用于辨识含水层水文地球化学过程及形成机制。γ_{Na}/γ_{Cl} 系数是地下水成因系数，它一般是用于表征地下水中 Na^+ 富集程度的一个水文地球化学参数，标准海水的系数平均值为 0.85，低矿化度水具有较高的 γ_{Na}/γ_{Cl} 系数，高矿化度水具有较低的 γ_{Na}/γ_{Cl} 系数，如果地下水主要是含盐地层溶滤而成，则 γ_{Na}/γ_{Cl} 应接近于 1（沈照理等，1993）。由图12-5（a）可以看出除了少数点落在 1∶1 线，其余点均在线下，γ_{Na}/γ_{Cl} 表明 Na^+ 的浓度要大于 Cl^- 浓度，那么 Na^+ 就并非单一来源于岩盐溶解。过剩的 Na^+ 可能来源于芒硝（$Na_2SO_4 \cdot 10H_2O$）的溶解、硅酸盐的溶解等。又因为 Na^+ 和 SO_4^{2-} 有很好的相关关系 [$R^2 = 0.73$，$N = 19$，$P < 0.01$；图12-5（b）]，表明芒硝的溶解是地下水中 Na^+ 的一个重要来源（Zhu et al.，2009）。

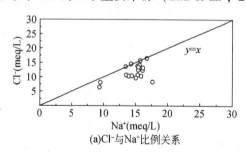

(a)Cl^- 与 Na^+ 比例关系

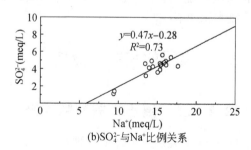

(b)SO_4^{2-} 与 Na^+ 比例关系

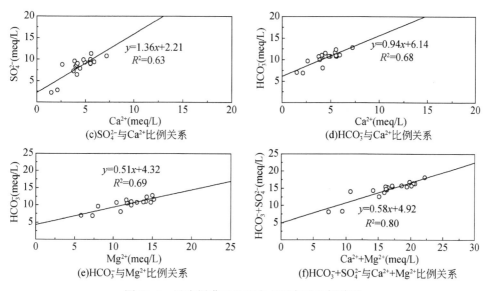

图 12-5　泾惠渠灌区地下水主要离子比例关系

由图 12-5（c）可知 Ca^{2+} 与 SO_4^{2-} 有显著的相关性（$R^2=0.63$，$N=19$，$P<0.01$），分析原因可能是浅中层地下水中 Ca^{2+} 与 SO_4^{2-} 主要来源于由石膏岩（石膏 $CaSO_4 \cdot 2H_2O$，硬石膏 $CaSO_4$）的溶解。图 12-5（f）中水样数据绝大多数没有在 1∶1 线上，表明 Ca^{2+}、Mg^{2+}、SO_4^{2-} 和 HCO_3^- 并非只来源于方解石、白云石、石膏等矿物的溶解。由图 12-5（d）可以看出浅中层地下水绝大多数水样数据在 1∶1 线下，Ca^{2+}、Mg^{2+} 的总和比 SO_4^{2-}、HCO_3^- 的总和多，那么多余 Ca^{2+}、Mg^{2+} 则需要 Cl^- 来平衡。

地下水中的 Ca^{2+}、Mg^{2+}、HCO_3^- 一般来源于碳酸盐的溶解，如白云石 $[CaMg(CO_3)_2]$、方解石（$CaCO_3$）等。由图 12-5（d）和图 12-5（e）可以看出 HCO_3^- 与 Ca^{2+}、Mg^{2+} 有显著的相关性，相关系数分别为 0.68（$N=19$，$P<0.01$）、0.69（$N=19$，$P<0.01$）。表明方解石和白云石的溶解是 Ca^{2+} 和 Mg^{2+} 的一个重要来源，但是由于（$Ca^{2+}+Mg^{2+}$）/HCO_3^- 的值大于 1，所以 Ca^{2+}、Mg^{2+} 不仅仅来源于方解石和白云石。

12.2.2　地下水离子化学成分成因分析

12.2.2.1　阳离子交换作用对地下水化学成分的影响

阳离子交换是地下水离子浓缩的一个重要过程。通过矿物分析得到泾惠渠灌区桥底镇试验区表层土为粉砂质黏土，黏粒为 21%，粗粒为 27%，粉粒为 52%，这为阳离子交换的发生提供了良好的场所。通过绘制 $Ca^{2+}+Mg^{2+}-HCO_3^--SO_4^{2-}$ 与 $Na^++K^+-Cl^-$ 图可以判断是否发生阳离子交换作用（图 12-6）。γ（$Na^++K^+-Cl^-$）表示相对于岩盐溶解 Na^+ 有无增减，γ（$Ca^{2+}+Mg^{2+}-HCO_3^--SO_4^{2-}$）则表示相对于石膏与白云石溶解 Mg^{2+} 有无增减，如果这两个变量呈线性关系且斜率为 -1，那么阳离子交换作用是主要的控制作用。从图 12-6 中可以看出它们有很好的线性相关关系（$R^2 = 0.59$，$N = 19$；$P<0.01$），斜率为-0.59，那么Na^+、Ca^{2+}、Mg^{2+}参加了离子交换作用（Garcia et al.，2001）。

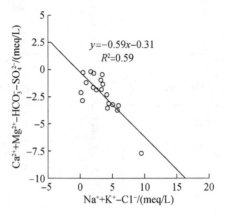

图 12-6　地下水 $Ca^{2+}+Mg^{2+}-HCO_3^--SO_4^{2-}$ 与 $Na^++K^+-Cl^-$ 相关关系图

为了进一步研究离子交换作用和反交换作用是否发生，采用氯碱指数 CAI 1 和 CAI 2 来判定：

$$CAI\ 1 = Cl^- - \frac{Na^++K^+}{Cl^-} \tag{12-11}$$

$$CAI\ 2 = Cl^- - \frac{Na^++K^+}{SO_4^{2-}+HCO_3^-+CO_3^{2-}+NO_3^-} \tag{12-12}$$

$$2Na^++CaX\ (MgX) \overset{clay}{\rightleftharpoons} Ca^{2+}\ (Mg^{2+})\ +Na_2X \tag{12-13}$$

式中，所有数值单位为 meq/L；如果地下水中的 Na^+、K^+ 与含水层中的 Ca^{2+}、Mg^{2+} 发生离子交换作用，那么 CAI 1 和 CAI 2 的值应同时都大于 0，阳离子交换作用正向进行，反应方程式为式（12-13）。图 12-7 为研究区的氯碱指数与 TDS 的关系图。由图 12-7 可知，泾惠渠灌区地下水氯碱指数与 TDS 呈正相关关系，且 CAI 1 和 CAI 2 都大于 0，表明 Na^+、K^+ 与 Ca^{2+}、Mg^{2+} 之间发生阳离子交换作用。说明影响该研究区地下水化学成分的变化阳离子交换作用也是一个重要的影响机制。

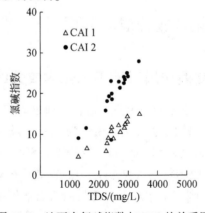

图 12-7　地下水氯碱指数与 TDS 的关系图

12.2.2.2 溶解和沉淀作用对地下水化学成分的影响

饱和指数（SI）是地下水化学研究中应用最多的一个指标，它是表征地下水与某种矿物所处状态的参数。通过求饱和指数的方法，可以在不采集岩柱标本和分析矿物成分的情况下，预测从地表到地下水的过程中矿物反应情况（Deutsch，1997）。它可以表示为

$$SI = \log (IAP/K) \tag{12-14}$$

式中，IAP 为离子的活度系数；K 为平衡常数，跟温度相关。当 SI>0 时，表明地下水相对于某矿物处于过饱和状态，即该矿物沉淀出来；当 SI=0 时，该矿物相对地下水处于平衡状态；当 SI<0 时，该矿物处于矿物溶解状态，地下水有继续溶解该矿物的能力。

PHREEQC 是由美国地质调查局开发的水文地球化学模拟软件，它是 C 语言编写的进行低温水文地球化学计算的计算机程序，其功能强大（王浩等，2010；郭清海和王焰新，2014）。采用 PHREEQC 软件结合相关资料（Liu et al.，2013），模拟计算泾惠渠灌区硬石膏、石膏、方解石、白云石、岩盐、芒硝的饱和指数 SI（图 12-8）。

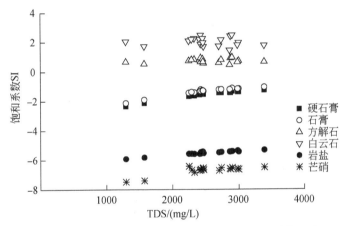

图 12-8 硬石膏、石膏、方解石、白云石、岩盐、芒硝的饱和系数 SI 与 TDS 的关系图

由图 12-8 可知，方解石和白云石的 SI 分别为 0.32~0.96 和 1.45~2.47，均值分别为 0.68 和 1.93，即方解石和白云石的 SI 都大于 0，该研究区地下水中碳酸盐矿物成分均处于过饱和状态，在合适的条件下将从地下水中析出；硬石膏、石膏、岩盐、芒硝的 SI 都小于 0，分别为 −2.36~−1.28、−2.14~−1.06、−5.93~−5.13、−7.48~−6.10，均值分别为 −1.62、−1.40、−5.52、−6.66，表明它们在地下水中未达到溶解平衡，其还会在地下水的作用下逐渐溶解。所以研究区浅层地下水白云石和方解石已经达到饱和状态，在合适的情况下会沉淀出来，硬石膏、石膏、岩盐、芒硝均未达到饱和状态，当地下水水流经过这些岩石时，它们仍会溶解，在地下水中的浓度仍会升高。

12.2.2.3 蒸发浓缩作用对地下水化学成分的影响

Gibbs（1970）把控制水中化学成分的主要机制分为三类：降水控制类型、岩石风化类型、蒸发−浓缩类型。Gibbs 设计两种类型的图表来分析这些溶解的化学成分的主要来

源，图 12-9 纵坐标是 TDS 的对数，横坐标是 $Na^+/(Na^++Ca^{2+})$ 或 $Cl^-/(Cl^- + HCO_3^-)$（Marghade et al.，2012）。在图 12-9 中，一些低 TDS 的水样具有较高的 $Na^+/(Na^++Ca^{2+})$ 或 $Cl^-/(Cl^-+HCO_3^-)$ 比值，此种水样的点分布在图的右下角，反映了该地区受区域大气降水的影响较大；中等 TDS 的水样中 $Na^+/(Na^++Ca^{2+})$ 或 $Cl^-/(Cl^- + HCO_3^-)$ 比值低，此种水样的点分布在图的中部左侧，反映了该地区离子主要受岩石风化的影响较大；一些大TDS 的水样中 $Na^+/(Na^++Ca^{2+})$ 或 $Cl^-/(Cl^-+HCO_3^-)$ 比值也很高，此种水样的点分布在图的右上角，反映了该地区属于蒸发很强的干旱区域。将该区 29 个水化学数据绘制在 Gibbs 图上（图 12-9），由图 12-9 可知，研究区浅层地下水中 TDS 很高（1294.48 ~ 3393.64 mg/L），$Na^+/(Na^++Ca^{2+})$（0.73 ~ 0.88）和 $Cl^-/(Cl^-+ HCO_3^-)$（0.33 ~ 0.49）也很高，且水样点分布在图的右上角，即几乎所有水样点都处于蒸发浓缩作用控制区且向岩石风化控制区稍微偏移。研究区属于干旱半干旱区域，蒸发作用强烈，所以蒸发浓缩作用是该地区地下水化学成分形成的重要控制因素，图 12-9 中有部分水样点处于虚线外，表明控制地下水化学成分还有其他的作用，如阳离子交换作用。

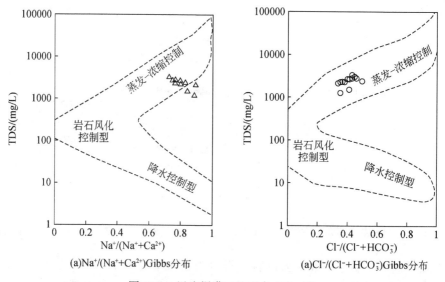

图 12-9　泾惠渠灌区地下水 Gibbs 图

12.2.3　不同灌溉水源灌溉对地下水水质的影响

在试验区井灌区和渠灌区各取三口潜水井进行为期一年的水质动态监测，结合地下水化学成分成因，分析不同灌溉水源对地下水水质的影响，取井灌区地下水水质的均值为研究区地下水水质，农渠里取水的水质均值为渠水水质。井灌区和渠灌区地下水及渠水水质参数见表 12-9。由表 12-9 可知，井灌区和渠灌区地下水离子 C_v 最大的是 Ca^{2+}，其次是 NO_3^- 和 TN。井灌区和渠灌区地下水除 HCO_3^- 和 Na^++K^+ 外，Ca^{2+}、Mg^{2+}、SO_4^{2-}、Cl^- 均有显著性差异，且井灌区地下水中 Ca^{2+}、Mg^{2+}、Na^++K^+、HCO_3^-、SO_4^{2-}、Cl^- 浓度均比渠灌区的浓度大。

表 12-9 井灌区和渠灌区地下水离子和渠水的水质参数和方差分析

水质参数	井灌区			渠灌区			渠水 /（mg/L）
	标准差 /（mg/L）	均值 /（mg/L）	C_v	标准差 /（mg/L）	均值 /（mg/L）	C_v	
Ca^{2+}	46.09	111.51a	0.41	35.16	76.76b	0.46	32.47
Mg^{2+}	23.56	168.09a	0.14	24.25	134.79b	0.18	55.69
$Na^+ + K^+$	62.01	416.39a	0.15	59.42	390.57a	0.15	240.74
HCO_3^-	62.18	691.15a	0.09	57.83	676.24a	0.09	280.62
SO_4^{2-}	76.46	543.02a	0.14	68.88	465.39b	0.15	282.52
Cl^-	81.41	503.92a	0.16	58.10	357.09b	0.16	199.24
NO_3^-	9.53	33.21a	0.28	8.25	20.87b	0.40	3.55
TN	12.71	42.76a	0.30	9.55	26.27b	0.36	6.19

注：a、b 表示在 0.01 的显著性水平

12.2.3.1 不同灌溉水源灌溉对地下水中 Ca^{2+} 和 $Na^+ + K^+$ 浓度的影响

图 12-10 为不同灌溉水源区地下水中 Ca^{2+} 和 $Na^+ + K^+$ 浓度随时间的变化规律，由图 12-10 可知，井灌区和渠灌区的 Ca^{2+} 与 $Na^+ + K^+$ 浓度随时间的变化趋势大致相反。由研究区气象数据和灌水时期调查知，降水集中期为 2014 年 8～9 月和 2015 年 4 月，灌水时期为 2014 年 10 月、2015 年 1 月和 2015 年 6～7 月，而 $Na^+ + K^+$ 浓度在这几个时期波动较大。降水集中期（9 月和 4 月）$Na^+ + K^+$ 浓度出现短暂的下降，可能是因为大面积降水使地下水位迅速上升，所以 $Na^+ + K^+$ 浓度迅速下降。在 2014 年 10 月～2015 年 2 月，$Na^+ + K^+$ 浓度先上升后下降，井灌区和渠灌区上升和下降幅度都较大，可能是因为灌溉水中有大量 $Na^+ + K^+$

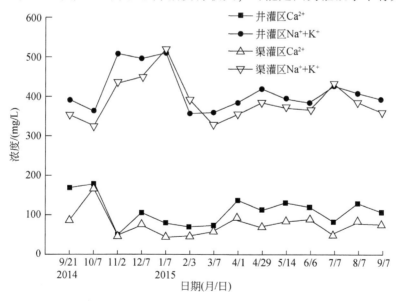

图 12-10 井灌区和渠灌区地下水中 Ca^{2+} 和 $Na^+ + K^+$ 浓度随时间的变化规律

且蒸发浓缩强烈，使地下水中的 $Na^+ + K^+$ 浓度在灌溉期上升，而在灌溉期结束后地下水位下降，水中的 $Na^+ + K^+$ 被与潜水面接触的土壤吸附，所以 $Na^+ + K^+$ 浓度开始降低。窦妍（2007）证明研究区岩盐只有很少或者只是容矿岩，而研究区土壤中含有方解石、膏盐和芒硝等矿物，这些矿物的溶解会增加 Ca^{2+} 浓度。所以 Ca^{2+} 在降水过程中雨水不断下渗导致岩石溶解，地下水中 Ca^{2+} 浓度显著增加。灌水期，由于灌溉水中含有较高的 $Na^+ + K^+$ 在表层发生阳离子交换作用，灌溉水中的 $Na^+ + K^+$ 浓度降低，Ca^{2+} 浓度增加，而水中的 Ca^{2+} 浓度也很高，所以灌溉水中 Ca^{2+} 容易在表层沉积，而之前的 Ca^{2+} 由于地下水中方解石处于饱和状态在此时可能会形成沉淀析出，地下水中 Ca^{2+} 浓度在灌溉期迅速下降。

对比井灌区和渠灌区地下水中 Ca^{2+} 和 $Na^+ + K^+$ 浓度，其在一年内的变化趋势基本相同，说明引起井灌区和渠灌区地下水中离子暂时性变化因素是相同的。由于两个区域属于同一个水文地质区域，地质类型基本相同，所以导致不同灌溉水源灌溉下地下水中 Ca^{2+} 浓度出现显著性差异的主要原因有两个：一是灌溉水水质状况；二是灌溉水量。灌溉渠水和井灌区井水水质的对比分析（表12-9），井灌区的灌溉水中各指标浓度比渠水高，且井灌区灌水方便，灌水频率比渠灌区高，导致井灌区各离子浓度相对较高。两种不同水源灌溉区地下水中 Ca^{2+} 浓度差异的原因是井灌区灌溉水水质和水量比渠灌区高。$Na^+ + K^+$ 浓度无显著差异的原因可能是阳离子交换作用和土壤吸附等。且 Na^+ 很容易迁移，所以其在同一地质区域无显著差异。

12.2.3.2　不同灌溉水源灌溉对地下水中 NO_3^- 和 TN 浓度的影响

图12-11是井灌区和渠灌区 NO_3^- 和 TN 浓度随时间的变化规律。由图12-11可知，井灌区 NO_3^- 和 TN 的浓度比渠灌区高，井灌区 NO_3^- 和 TN 浓度的均值为 33.21mg/L 和 21.32mg/L，比渠灌区高出 59.15% 和 58.92%。2014年9月～2015年9月 NO_3^- 和 TN 浓度的变化趋势基本相同，均呈波动上升趋势。井灌区 NO_3^-、TN 浓度分别从 18.63mg/L、31.99mg/L 增长为 36.38mg/L、46.75mg/L，上升幅度为 95.33% 和 46.14%；渠灌区 NO_3^-、TN 浓度分别从 10.67mg/L、20.43mg/L 增长为 21.78mg/L、27.37mg/L，上升幅度为 104.22% 和 33.99%。所以井灌区和渠灌区地下水中 NO_3^- 和 TN 浓度上升的幅度都很大，所以引起氮变化的主要原因是过量施肥和不合理的灌溉。2014年9月～2015年1月 NO_3^- 和 TN 在地下水中的浓度随着时间一直增大，是因为9月降水较多，降水导致土壤中累积的氮肥逐渐向下淋失运移至地下水中，从而使地下水中 NO_3^- 和 TN 浓度逐渐增加，2014年10月～2015年1月是当地作物的灌溉期，灌溉水通过农渠渗漏补给地下水，再一次冲刷淋失土壤中累积的氮，所以2014年9月～2015年1月地下水中 NO_3^- 和 TN 的浓度呈上升趋势，而到2015年1～3月灌区不再灌溉，降水也较少，由于地下水水体的自净能力逐渐降解水中的氮，NO_3^- 和 TN 的浓度有略微的下降。2015年4月和2015年6月分别是降水集中月份和灌区的灌溉期，所以在这两个时期地下水中 NO_3^- 和 TN 浓度再一次升高，之后由于自净能力又有所下降。研究区地下水中 NO_3^- 和 TN 浓度的升高与降水和灌溉有很大联系，当在降水集中月份和灌溉期时地下水中 NO_3^- 和 TN 浓度逐渐升高。井灌区和渠灌区 NO_3^- 和 TN 浓度的最高值均出现在2015年6月。若按照 NO_3^- 和 TN 浓度随时间的变化规律预测地下水中它们的趋势，那么一年

中井灌区 NO_3^- 和 TN 浓度最大值极可能出现在 11～12 月，最小值出现在 1～4 月；渠灌最大值也出现在 11～12 月，最小值出现在 2～4 月，所以灌溉在 11～12 月时需要加强水管理。地下水中含氮化合物含量的来源主要是由于研究区化肥的使用，建议灌区控制化肥的使用，改进传统的灌溉方式，防止研究区地下水中 NO_3^- 浓度的继续增加。

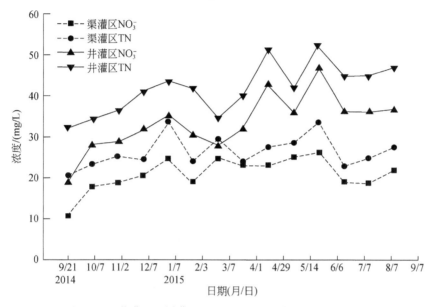

图 12-11 井灌区和渠灌区 NO_3^- 和 TN 浓度随时间的变化规律

12.2.3.3 不同灌溉水源灌溉对地下水中 HCO_3^- 浓度的影响

由图 12-12 可知研究区浅层地下水中的 HCO_3^- 在井灌区和渠灌区的浓度相差不大，从 2014 年 9 月的 692.32mg/L 到 2015 年 9 月的 648.13mg/L，浓度略微下降，但是下降较小，

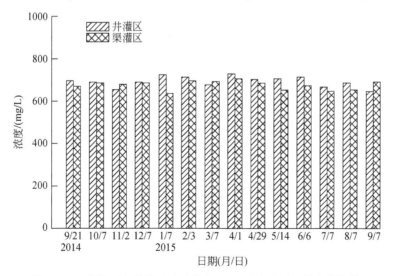

图 12-12 井灌区和渠灌区地下水中 HCO_3^- 浓度随时间的变化规律

不超过 10%。结合表 12-9 可知井灌区和渠灌区地下水中的 HCO_3^- 浓度均值分别为 691.15mg/L 和 676.24 mg/L，无显著性差异，2014 年 9 月 ~ 2015 年 9 月两个不同区域地下水中 HCO_3^- 浓度基本无显著性变化，其变异系数均不超过 0.1，且在地下水中的含量最高。所以灌溉或者降水对 HCO_3^- 浓度影响较小。

12.3 灌溉水水质适应性适宜性分析

12.3.1 单指标灌溉水水质评价

灌溉水水质盐分过高或者碱性过强都会影响作物的生长，若 Na^+ 含量过高可能会导致土地盐碱化，若作为饮用水水源，水中离子浓度过高会影响人类身体健康。为了研究地下水灌溉对土壤和植物的影响，对研究区地下水灌溉用水进行水质评价是非常必要的。目前，常用于农业灌溉用水水质评价的指标主要有 SAR、%Na、RSC、PI。

SAR 是指示灌溉水或土壤溶液中钠离子含量的重要参数，也是衡量灌溉水体引起土壤碱化程度的重要指标。当灌溉水中 Na^+ 的含量明显高于 Ca^{2+} 和 Mg^{2+} 含量时，可能会改变土壤的性质。当离子强度低于 0.015，且有 15% 可交换形式的 Na^+ 时，会引起土壤结构问题（Appelo and Postma，2005）。SAR 值越高，土壤吸附 Na^+ 的能力越强，从而破坏土壤结构团粒结构，使土壤渗透性变差，导水能力也随之降低（吴忠东和王全九，2009），其计算公式如下（Hakim et al.，2009）：

$$SAR = \frac{Na^+}{\sqrt{(Ca^{2+}+Mg^{2+})/2}} \qquad (12-15)$$

式中，所有离子单位是 meq/L。当 SAR<10 $(meq/L)^{1/2}$ 时，灌溉水水质为很适宜灌溉；当 10 $(meq/L)^{1/2} \leqslant SAR \leqslant 18 (meq/L)^{1/2}$ 时，灌溉水水质为适宜；当 18 $(meq/L)^{1/2} < SAR \leqslant 26 (meq/L)^{1/2}$ 时，灌溉水水质基本适宜；SAR>26 $(meq/L)^{1/2}$ 时，灌溉水水质为不适宜。由表 12-10 和表 12-11 可知，研究区 2014 年 9 月浅层地下水中 SAR 的范围是 4.57 ~ 7.33 $(meq/L)^{1/2}$，均值为 5.62 $(meq/L)^{1/2}$；2015 年 9 月浅层地下水中 SAR 的范围是 4.99 ~ 8.29 $(meq/L)^{1/2}$，均值为 5.78 $(meq/L)^{1/2}$，2011 ~ 2015 年研究区地下水 SAR 均在 10 $(meq/L)^{1/2}$ 以内，均很适宜灌溉。

%Na 是用于表征灌溉水引起碱害的风险，%Na 值越大，引起碱害的风险性越大。若用此种地下水灌溉可能会在土壤表层发生阳离子交换作用，Na^+ 被土壤吸附，释放出 Ca^{2+} 和 Mg^{2+}，使土壤渗透性降低，从而导致土壤内部排水不畅。其计算公式如下：

$$\%Na^+ = \frac{Na^+}{Ca^{2+}+Mg^{2+}+Na^++K^+} \times 100\% \qquad (12-16)$$

式中，离子单位是 meq/L。当 %Na<30% 时，地下水水质适宜灌溉；当 30% $\leqslant$ %Na $\leqslant$ 60% 时，水质基本适宜灌溉；当 %Na>60% 时，水质不适宜灌溉。由表 12-10 和表 12-11 可知，研究区 2014 年 9 月浅层地下水中 %Na 的范围是 41.7% ~ 60.8%，均值为 50.1%；2015 年 9 月浅层地下水中 Na% 的范围是 45.1% ~ 65.9%，均值为 51.6%。2011 ~ 2015 年灌溉水

水质评价若按照 %Na 作为评价标准，2014 年浅层地下水只有 1 个监测点的地下水不适宜灌溉，占浅层地下水水样点的 5.88%。2015 年有 2 个水样点的地下水不适宜灌溉，占水样点总数的 11.76%。

表 12-10　2014 年 9 月单指标灌溉水水质评价

监测井编号	% Na/%	评价结果	SAR/ (meq/L)$^{1/2}$	评价结果	PI/%	评价结果	RSC	评价结果
2	49.50	基本适宜	6.02	很适宜	58.95	基本适宜	−6.40	很适宜
3	43.38	基本适宜	4.90	很适宜	52.64	基本适宜	−9.26	很适宜
5	48.52	基本适宜	5.32	很适宜	58.06	基本适宜	−7.22	很适宜
6	45.04	基本适宜	5.17	很适宜	54.05	基本适宜	−9.27	很适宜
17	58.59	基本适宜	5.41	很适宜	73.17	基本适宜	−0.69	很适宜
21	52.93	基本适宜	5.90	很适宜	63.76	基本适宜	−3.73	很适宜
23	51.14	基本适宜	5.71	很适宜	61.54	基本适宜	−4.85	很适宜
24	60.67	不适宜	7.33	很适宜	69.41	基本适宜	−4.99	很适宜
25	51.60	基本适宜	5.74	很适宜	62.70	基本适宜	−3.44	很适宜
29	49.81	基本适宜	5.43	很适宜	61.41	基本适宜	−3.02	很适宜
9	41.71	基本适宜	4.93	很适宜	49.28	基本适宜	−14.23	很适宜
11	47.66	基本适宜	5.39	很适宜	56.64	基本适宜	−8.48	很适宜
12	47.65	基本适宜	5.49	很适宜	54.58	基本适宜	−12.39	很适宜
14	42.06	基本适宜	4.57	很适宜	51.65	基本适宜	−9.04	很适宜
18	50.93	基本适宜	5.58	很适宜	61.73	基本适宜	−4.34	很适宜
20	58.07	基本适宜	6.68	很适宜	69.74	基本适宜	−1.15	很适宜
22	52.22	基本适宜	5.92	很适宜	62.42	基本适宜	−4.87	很适宜

RSC 是用于表征地下水的碱害程度的。若 RSC 为负值，则表明水中 CO_3^{2-} 和 HCO_3^- 含量比 Ca^{2+} 和 Mg^{2+} 含量小，没有多余的碳酸盐来与 Na^+ 反应，所以不会增加碱害。反之，若 RSC 为正值，则表明很有可能会引起碱害，且 RSC 值越大，引起碱害的可能性越大（Almeida et al.，2008）。其计算公式如下（Li et al.，2010）：

$$RSC = (CO_3^{2-}+HCO_3^-) - (Mg^{2+}+Ca^{2+}) \tag{12-17}$$

式中，离子的单位是 meq/L。当 RSC<1.25 时，灌溉水水质很好，可以用于所有作物的灌溉；当 1.25≤RSC≤2.5 时，基本适用于灌溉，当 RSC>2.5 时，不可用于灌溉（Yidana，2010）。由表 12-10 和表 12-11 可知，研究区 2014 年 9 月浅层地下水中 RSC 为−14.23 ~ −0.69，均值为−6.32；2015 年 9 月浅层地下水中 RSC 为−11.05 ~ 1.02，均值为−5.06。所以研究区 2011 ~ 2015 年浅层地下水均很适宜灌溉，但 2011 ~ 2015 年，地下水 RSC 的均值有所增大，研究区地下水有碱化的趋势。

SI 受长期灌溉以及土壤中 Na^+、Ca^{2+}、Mg^{2+} 和重碳酸盐含量的影响（Wang，2013）。PI 计算公式如下（Karunanidhi et al.，2013）：

$$PI = \frac{Na^+ + \sqrt{HCO_3^-}}{Ca^{2+} + Mg^{2+} + Na^+}$$ (12-18)

式中，所有离子单位是 meq/L。当 PI>75% 时，水体很适宜灌溉；当 25% ≤PI≤75% 时，水体基本适宜灌溉；当 PI<25% 时，水体不适宜灌溉。由表 12-10 和表 12-11 可知，研究区 2014 年 9 月浅层地下水中 PI 为 49.28%～73.17%，均值为 60.10%；2015 年 9 月浅层地下水中 PI 为 54.53%～79.23%，均值为 62.16%。所以研究区 2014 年地下水均基本适宜灌溉，2015 年有 2 个水样点很适宜灌溉，占水样点总数的 11.76%，其余均基本适宜灌溉。采用 PI 评价灌溉水水质，研究区 2011～2015 年，水质有所好转。

表 12-11　2015 年 9 月单指标灌溉水水质评价

监测井编号	% Na/%	评价结果	SAR/ (meq/L)$^{1/2}$	评价结果	PI/%	评价结果	RSC	评价结果
2	46.61	基本适宜	5.74	很适宜	54.64	基本适宜	-11.05	很适宜
3	47.25	基本适宜	5.37	很适宜	56.73	基本适宜	-7.56	很适宜
5	49.68	基本适宜	5.51	很适宜	59.93	基本适宜	-5.50	很适宜
6	46.08	基本适宜	5.25	很适宜	55.51	基本适宜	-7.96	很适宜
17	62.38	不适宜	5.67	很适宜	79.23	很适宜	1.02	很适宜
21	51.60	基本适宜	5.67	很适宜	62.50	基本适宜	-4.00	很适宜
23	49.49	基本适宜	5.62	很适宜	59.26	基本适宜	-6.31	很适宜
24	53.44	基本适宜	5.54	很适宜	65.78	基本适宜	-2.10	很适宜
25	49.50	基本适宜	5.47	很适宜	60.31	基本适宜	-4.46	很适宜
29	49.20	基本适宜	5.46	很适宜	60.62	基本适宜	-3.13	很适宜
9	48.65	基本适宜	5.62	很适宜	57.76	基本适宜	-7.85	很适宜
11	45.07	基本适宜	4.99	很适宜	54.53	基本适宜	-8.34	很适宜
12	53.28	基本适宜	5.99	很适宜	62.54	基本适宜	-6.31	很适宜
14	48.94	基本适宜	5.63	很适宜	58.54	基本适宜	-6.73	很适宜
18	65.89	不适宜	8.29	很适宜	77.23	很适宜	0.16	很适宜
20	55.84	基本适宜	6.29	很适宜	67.43	基本适宜	-1.84	很适宜
22	53.83	基本适宜	6.13	很适宜	64.23	基本适宜	-4.13	很适宜

12.3.2　Wilcox 图和 USSL 图灌溉水水质评价

美国农业部运用 U.S. salinity laboratory's diagram（USSL 图）（1954 年）对灌溉水水质进行评价。首先根据盐渍化危害的程度，将灌溉水体分为 C_1（低盐渍化）、C_2（中等盐渍化）、C_3（高盐渍化）、C_4（很高盐渍化）四类，它们是依据水体电导率划分的，其范围分别为<250uS/cm、250～750uS/cm、750～2250uS/cm、>2250uS/cm。然后根据钠（碱）危害程度的不同，又依据 SAR 将水体分为 S_1（低等程度碱害）、S_2（中等程度碱害）、S_3（高等程度碱害）、S_4（很高程度碱害）四类，其范围分别为<10（meq/L）$^{1/2}$、10～18（meq/L）$^{1/2}$、18～26（meq/L）$^{1/2}$、>26（meq/L）$^{1/2}$。所以利用 USSL 分类可以将灌溉水体一共分为十四类。

将研究区 2014 年 9 月和 2015 年 9 月采集的地下水样点绘制在 USSL 图中（图 12-13 和图 12-14），由图 12-13 和图 12-14 可知，2014 年 9 月浅层地下水中 EC 的范围是 2591～5265 uS/cm，均值为 4155 uS/cm，所有水样点均在 C_4 区。2015 年 9 月浅层地下水中 EC 的范围是 2320～6590 uS/cm，均值为 4495.29 uS/cm，且所有水样点均落在 C_4 区。总体而言，2014 年 9 月和 2015 年 9 月浅层地下水均只有 1 个点落在了 C_4-S_3 区，表明若把此处的地下水作为灌溉水，可能会带来很严重的盐害和高程度的碱害，此类水质较差，不适宜灌溉。其余水样点均落在 C_4-S_2 区，表明此处地下水会带来很严重的盐害和中等程度的碱害风险，所以研究区种植的作物应以耐盐作物较好。

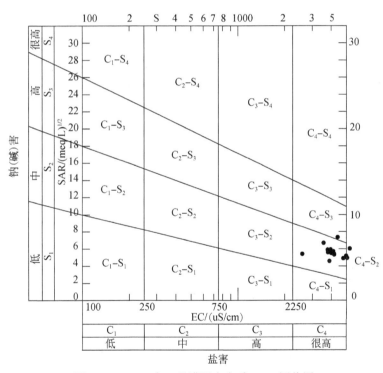

图 12-13　2014 年 9 月灌溉水水质 USSL 评价图

Wilcox 图同时表征了%Na 和 EC，它一共可分为五个区域，分别为灌溉水水质优秀区（Ⅰ）、灌溉水水质良好区（Ⅱ）、灌溉水水质可使用区（Ⅲ）、灌溉水水质保留区（Ⅳ）、灌溉水水质不可使用区（Ⅴ）（Li et al.，2010）。若水样点落在 Ⅰ 区和 Ⅱ 区，用于灌溉不会带来盐害或者碱害；但若水样点落在 Ⅲ 区时，用于灌溉可能导致碱害的风险，但是风险比较小，采取适当的措施是可以防止产生碱害的；Ⅳ 区的水用于灌溉会有盐害和碱害的风险；Ⅴ 区的水不适宜灌溉，会带来严重的盐碱害。

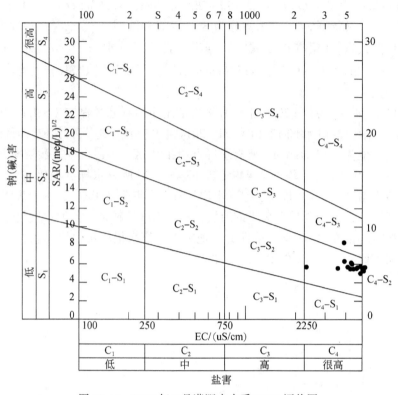

图 12-14 2015 年 9 月灌溉水水质 USSL 评价图

将水样点绘制在 Wilcox 图中（图 12-15），由图 12-15 可知，研究区浅层地下水% Na 在 2011～2015 年逐渐增大，2014 年浅层地下水处于灌溉水水质可使用区（1 个点）灌溉水水质保留区和灌溉水水质不可使用区，有 4 个点处于灌溉水水质不可使用区，占浅层地

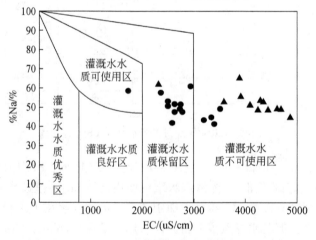

图 12-15 2011～2015 年灌溉水水质评价 Wilcox 图

下水样点的 23.53%。而到 2015 年 9 月浅层地下水只有 1 个点处于灌溉水水质保留区,剩余 16 个点均处于灌溉水水质不可使用区。原因主要是地下水中电导率增加使水样点总体向右移动,从而导致浅层地下水不适宜灌溉。

12.4 泾惠渠灌区生态环境质量评价体系及方法

12.4.1 灌区生态环境影响分析

很多实例都说明了灌区的建设对生态环境有影响,其中包括对自然环境和社会环境的影响。灌区对自然环境的影响主要指生态环境的影响,如对气候、地下水、土壤、植被等方面的影响(杨小宁,2010)。当然,既包含有利的影响,也有不利的影响,科学合理的灌区建设对生态环境起到积极的作用,不合理的开发建设将对生态环境起到负面的影响。

12.4.1.1 对区域气候的影响

近些年,很多学者对灌区做了大量的观测性试验,分析发现灌区能够调节区域小气候,如灌区地表植被能够改变地表的反射率,从而影响灌区局地湿度和温度的变化,植被还能减轻风沙作用等(张景光等,2004)。很多实例也充分说明了灌区对区域气候产生有利影响。

景泰川灌区建成后改变了土壤水热状况,灌区建立的防护林使平均风速下降了 50%,相对湿度增加了 4%,年蒸发量减少了约 900mm,这种小气候的变化不仅提高了抗旱防风能力,同时有利于作物的生长(邢大韦,1996)。

根据甘肃景电灌区气象资料分析,灌区建立的防护林改善了植被覆盖状况,年平均风速下降了 46%,年蒸发量减少了 930mm,相对湿度增加了 1.4%,低温季节增温、高温季节降温有利于作物生长(徐秀梅和张克,2000)。

察南渠灌区建成后,明显改善了气候条件,建成后灌区年蒸发量减少了 1000mm 左右,风速≥17m/s 的大风很少出现,最大冻土基本控制在 100cm 以内,灌溉条件得到了很大改善,居住的人数逐年增加(杨龙和贺光华,2008)。

12.4.1.2 对区域地下水的影响

我国水资源分为地表水和地下水,地下水可以在地表水资源不足时作为补充,在灌区农业发展中发挥了巨大的作用。我国水资源分布不均,北方地区地表水贫乏,地下水资源相对比较丰富,所以对这些地区的地下水资源合理开发利用显得尤为重要。

灌区对地下水既有有利的影响,也有不利的影响。一方面,灌溉水可以渗入补给地下水,增加潜水资源量。例如,冯家山等灌区灌溉前地下水埋深超过 30~50m,水量缺乏难以利用。灌溉后,灌溉水垂直入渗补给地下水,增加了地下水资源量。泾惠渠灌区年引水量为 4 亿 m³,有一半补给地下水,成为灌区的重要水源。另一方面,不合理的开发地下水，给灌区生态环境带了很多负面影响。例如，新疆天山北坡由于地下水开采过量使地下水位迅速下降，20世纪90年代地下水位埋深在120m左右，目前已达到200m；甘肃的民勤灌区20世纪50年代地下水位为1~3m，2000年地下水埋深为13~20m；泾惠渠灌区由于地下水开采过量，形成了十几米深的地下漏斗。灌区地下水不合理开采不仅会增加灌溉成本，同时也会使地下水日趋枯竭。

12.4.1.3　对区域水质的影响

灌区对水质的影响也是两面性的，一方面灌区长时间灌溉，可以补给地下水使地下水位升高，同时可稀释矿化度高的地下水。另一方面由于灌区农药、化肥中含有氮、磷、重金属离子等，残留在土壤中的重金属离子、氮、磷、有毒物质等随径流进入河流，污染了地表水和地下水，甚至导致河流或湖泊富营养化，硝酸盐通过作物积累，人畜食用后，会威胁其生命健康。

12.4.1.4　对区域土壤的影响

灌区可以改善土壤环境，灌区土壤水分可以增加土壤微生物数量，有利于增强土壤的肥力；含沙量高的灌溉水可以改良低洼盐碱地，如陕西洛惠渠灌区改良低洼地盐碱近4000hm^2；灌溉淋洗可以降低土壤含盐量与pH，如伊犁河灌区，通过开挖排水渠，种植水稻来冲洗盐碱改良土壤，水稻产量可达到500kg/亩。宁夏扬黄新灌区通过引用泥沙黄河水灌溉，改变了土壤的理化性质，土壤的营养元素含量显著增加（陈功，1994）。但是由于土地开垦过度，植被覆盖率减少，使得灌区水土流失严重。例如，大柳树灌区由于人为过度利用，灌区的植被退化严重，加上灌区降水比较集中，造成严重的水土流失，如果不采取改善措施，很容易造成土地大面积沙漠化（张景光等，2004）。

12.4.1.5　对区域植被的影响

灌区通过改善水分条件提高灌区植被覆盖率，如宁夏扬黄新灌区经过开发建设后，其植被覆盖率达到了50%~90%，植被由各种蔬菜、作物、防护林等人工植被代替，生物量大大提高（陈功，1994）。新疆喀什河下游灌区，经过20多年的建设，灌区植被覆盖率由建设前的不到10%达到了12%以上，人工种草5万余亩，人工造林2.4万余亩（杨龙和贺光华，2008）。虽然，灌区建设的水利工程会对灌区的植被有一定的破坏，但就灌溉设施对作物的灌溉和对土壤水分的改善而言，灌区对区域的生态环境是有利的。

综合分析，灌区建设对生态环境的影响具有两面性，一方面由于灌区不合理的灌溉、不合理的施肥用药、水利工程对灌区植被的破坏等行为会对灌区以及河流生态环境造成负面影响；另一方面灌区合理建设可以改善区域小气候、补给了区域地下水量、改善灌区土壤理化性质、增加植被覆盖率等，从整体上来看可以改善灌区的生态环境。因此，灌区发展与生态环境是一种相互影响关系，灌区的发展会影响灌区的生态环境，反过来灌区的生态环境也会影响灌区生产力发展。人类只有树立正确的科学发展观，在灌区发展中以尊重自然规律、与自然和谐相处为前提开展生产活动，才能实现灌区的可持续发展。

12.4.2 灌区生态环境质量评价

12.4.2.1 灌区生态环境质量评价的概念

灌区生态环境质量评价是指对灌区的生态环境现状进行分析，确定灌区生态环境优劣程度，认清灌区生态环境所处的状态，以便对灌区生态环境进行适度地治理和改造。评价是在生态系统的层次上，根据生态理论，分析生态环境对社会持续发展及人类生存的适宜程度（中国环境监测总站，2004）。

12.4.2.2 灌区生态环境质量评价的指导思想

灌区生态环境质量评价的指导思想是以灌区人类生产活动和灌溉为主要根据，以人类活动引起的灌区生态环境现状为评价内容，以变化的环境因子和产出量等为评价指标，通过调查分析，对灌区的生态环境进行系统评价。只有遵循灌区生态环境质量评价的指导思想才能真实准确地反映灌区的生态环境质量现状，并根据灌区的现状提出合理的改善措施，加强生态环境保护和建设，使其向生态灌区的方向发展。

12.4.3 灌区生态环境质量评价指标体系

12.4.3.1 评价指标体系的概念

灌区生态环境质量评价指标体系是指由表征灌区生态环境各方面特性的一系列指标通过相互联系所构成的有机体系。指标构成了评价体系，是评价的基本尺度，指标体系则是评价的理论基础和根本条件。灌区生态环境质量评价指标体系首先应涵盖灌区生态环境的各个系统，并能够描述灌区生态环境各个系统的状态，其次应反映灌区总体的生态环境现状，以便采取合理的生态措施对灌区进行修复。

12.4.3.2 评价指标体系建立的原则

由于评价区域的生态环境不同，研究者所处的背景不同，建立的指标评价体系也不同。为了保证从众多的指标中选择的生态环境质量评价的指标最敏感、最具有代表性，在构建评价指标体系时，应遵循一定的原则（曹利军，1998；谢花林和李波，2004）。

（1）科学性原则

在选择评价指标时一定要建立在科学的基础上，选择的指标能客观反映生态环境质量的基本特征。

（2）综合性原则

建立的评价指标体系要能综合分析诸多环境指标，并将评价指标与评价目标组成一个层次清晰的整体。

（3）代表性原则

灌区生态环境质量受多种因素的影响，应在众多的因子中选择最具有代表性的指标。

（4）实用性原则

在建立评价指标体系时，应当选取对生态环境质量影响较大，同时又易于获取的指标，使理论与实践很好地结合起来。

（5）系统性与层次性相结合原则

由于灌区的各个系统之间相互影响，相互制约，结构非常复杂。因此，建立的指标体系应条理清晰和层次分明。

（6）定性与定量相结合原则

选择的生态环境评价指标中，有的指标可以量化，有的却很难量化，难以量化的指标有可能对评价结果很重要，因此，建立生态环境质量评价指标体系应定量和定性相结合。

12.4.3.3　评价指标体系建立

本研究在前人研究成果的基础上，依据灌区生态环境质量评价指标体系建立原则初步建立了泾惠渠灌区生态环境质量评价指标体系。该体系包含三个层次：第一层为目标层，目标为泾惠渠灌区生态环境质量评价；第二层为准则层，包括气候资源系统、水资源系统、土壤资源系统和人类影响与经济，这四个系统决定着灌区生态环境质量的优劣；第三层为指标层，将准则层进一步分解为可表征的指标，以便度量，指标层一共有 12 个指标，见表 12-12。

表 12-12　泾惠渠灌区生态环境质量评价指标体系

目标层	准则层	指标层
泾惠渠灌区生态环境质量评价	气候资源系统	年蒸发量
		年降水量
	水资源系统	灌溉水质级别
		地下水全盐量
		地下水位降幅
	土壤资源系统	土壤有机质含量
		土壤重金属污染指数
		土壤含盐量
	人类影响与经济	施肥量
		施药量
		灌溉定额
		作物产量

12.4.4　灌区生态环境质量评价方法

灌区生态环境质量评价是一个多层次、多指标的综合评价过程，为了保证评价结果的科学性和合理性，除了要建立一套能从整体上反映生态环境质量的指标体系外，选择评价方法同样至关重要。近些年，国内外很多学者针对不同的灌区提出了很多评价方法（田佳良，2013）。

12.4.4.1　模糊综合评价方法

模糊综合评价方法是在模糊数学的基础上，利用最大隶属度原则，对评价结论优劣排序或者选择最好的解决方法。该方法是对受多个因素影响的事物做出全面有效的一种综合评价。

12.4.4.2　层次分析法

层次分析法是把定性和定量相结合的一种分析方法，它能将定性的因素定量化，使评价更合理科学，但主观成分比较大。它适合运用到多层次、多目标的灌区生态环境评价中。

12.4.4.3　模糊层次综合评价法

将层次分析法和模糊综合评价方法二者结合产生的新方法称为模糊层次综合评价法，灌区生态环境质量评价指标体系具有层次性，利用层次分析法可以将灌区评价指标层次化；模糊综合评价方法可以确定灌区各评价指标对评价等级的隶属度，从而使灌区的评价结果得以量化。

12.4.4.4　人工神经网络评价法

人工神经网络评价法是根据给定的评价等级随机模拟生成足够多的评价指标序列，并根据评价指标序列和其评价等级建立评价模型。该方法是基于学习样本获得客观数据的权重，对灌区生态环境进行较为精确的评价。但是，该方法需要大量的数据来调整参数以控制模型的误差在允许范围内。

12.4.4.5　主成分分析法

主成分分析法实质上是选择一部分主要的指标代替所有的指标去评价，或将这些指标按重要程度排序，将主成分的贡献率作为指标的权重值，将这个复杂的数集可以用指数形式表示出来。

12.4.4.6　专家系统评价法

专家系统评价法灵活性大，不仅可以运用到单一地区的灌区评价，多地区各个时段也可以采用此法对灌区评价，但受较大的主观因素影响。

本节选择模糊层次综合评价法，原因主要有：一方面，由于主成分分析法和人工神经网络评价法均需要大量的数据，而本研究的资料数据有限，专家系统评价法受主观因素影响较大，模糊综合评价方法存在确定指标权重难的问题，这些都不能满足此次评价要求。另一方面，灌区生态环境质量评价指标体系具有层次性，可以选择层次分析法，同时层次分析法可以解决模糊综合评价方法确定指标权重难或权重很小的问题。模糊综合评价方法可以确定灌区各评价指标对评价等级的隶属度，从而使灌区的评价结果得以量化，因此，本研究采用一种将层析分析法和模糊综合评价方法相结合的方法，即模糊层次综合评价法。

12.5 泾惠渠灌区生态环境质量现状

12.5.1 泾惠渠灌区气候环境现状

泾惠渠灌区属于大陆性半干旱季风气候，夏季高温多雨，冬季寒冷少雨，春旱、伏旱频繁发生。灌区的雨量和气温由东南向西北逐渐递减，多年平均降水量为539mm，主要集中在7～9月，年均降水天数为77.5天，年平均气温为13.4℃左右，气温年差为25～29℃，总日照时数为2200h，年蒸发量为1212mm，年无霜期为232天，平均风速为1.8m/s。

霜冻灾害是指在农作物生长的春、秋两个季节里，温度突然降为0℃或0℃以下，导致农作物遭受冻伤或死亡的一种气象灾害（陕西省气象局《陕西气候》编写组，2009）。霜冻灾害对农作物生长影响很大，所以灌区无霜期长短是影响灌区生态环境的一个重要因素。根据资料分析，由于全球气候变暖，全国局地无霜期呈延长趋势，柏秦凤等（2013）对陕西省近50年的无霜期变化（图12-16）进行统计分析。

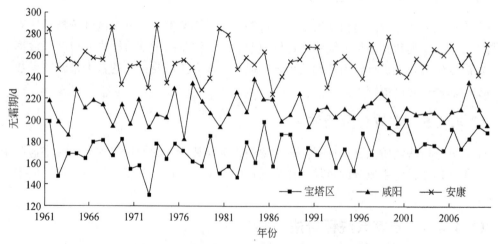

图 12-16 陕西省 1961～2010 年无霜期的变化

资料来源：柏秦凤等，2013

适宜的温度在农作物生长发育期起到重要作用，温度不仅影响作物的生长速度，还影响作物的产量。适宜的温度促进作物的生长发育，在适宜的范围内，温度越高，农作物生长发育的越快，温度过低或过高会使作物生长缓慢或致死。灌区 2004～2013 年的平均气温变化见表 12-13。

表 12-13　泾惠渠灌区年平均气温　　　　　　（单位：℃）

指标	2004 年	2005 年	2006 年	2007 年	2008 年	2009 年	2010 年	2011 年	2012 年	2013 年
气温	15.3	15.1	15.5	15.6	15.1	14.8	14.9	14.6	14.9	18.1

注：数据来源中国气象科学数据共享服务网

降水量是影响作物生长的另一重要气象因素，降水量充足，能满足作物需水要求，有利于作物生长，尤其在作物生长的关键时期，降水能够提高作物产量。另一方面，降水还能起到净化空气的作用，所以灌区降水量是影响灌区生态环境质量的一个重要因素。据统计灌区 2002～2011 年降水量见表 12-14。

表 12-14　泾惠渠灌区年降水量　　　　　　（单位：mm）

指标	2002 年	2003 年	2004 年	2005 年	2006 年	2007 年	2008 年	2009 年	2010 年	2011 年
降水量	464.9	823.9	422.4	452.7	368	581.1	415	585	408.0	570.8

注：数据来源中国气象科学数据共享服务网

蒸发量表示在一定的时间段里，水分由液态蒸发到空气中变为气态水的量，它与温度、湿度、气压、风速等气象因素有密切关系，如当温度高、风速大、湿度小、气压低时，蒸发量就大，反之蒸发量就小。蒸发量是反映气象环境的一个重要因素，在水资源不足的地区，如果蒸发量过大就导致干旱发生，从而影响作物生长和产量。灌区年均蒸发量见表 12-15。

表 12-15　泾惠渠灌区年均蒸发量　　　　　　（单位：mm）

指标	1990 年	1991 年	1992 年	1993 年	1994 年	1995 年	1996 年	1997 年	1998 年	1999 年
蒸发量	889.4	1014	976.4	794.2	1030.1	1085.8	1214.2	1678	1332.3	1408

注：数据来源《陕西省泾惠渠管理局灌溉技术资料汇编》，1999

综合分析得出，影响灌区作物的主要气象因素是降水量、蒸发量和温度，根据灌区近年来气象资料的分析，灌区的年降水量为 450～550mm，年蒸发量为 1000～1200mm，没有出现干旱或洪涝天气。灌区年平均气温在 15℃左右，年无霜期在 230 天左右，没有出现极端的气温变化。由于蒸发量与气温、湿度、气压、风速等密切相关，所以用降水量和蒸发量就可以反映灌区的气象状况。综合灌区的气象数据得出泾惠渠灌区气象环境状况良好，近年来没有出现极端恶劣的天气，能满足作物正常生长。

12.5.2　泾惠渠灌区水环境现状

12.5.2.1　泾惠渠灌区地表水现状

泾惠渠位于泾河下游，灌区地表水供水水源主要为泾河，泾河发源于宁夏六盘山东麓，全长为455.1km，经甘肃平凉至陕西长武，最后于陕西高陵注入渭河，流域面积为9236km²（韩景卫，2003）。泾惠渠从泾阳张家山引水，现有灌溉面积9.03万hm²，渠首设计引水流量为46m³/s，加大流量为50m³/s（陕西省地方志编纂委员会，1999）。泾河多年平均流量为62.2m³/s，多年平均径流量为20.7亿m³，泾河年均径流量变化如图12-17所示。泾河径流年内分配不均，6～9月径流量占全年径流量的39%～49%，12月至次年2月仅占11%左右（赵阿丽和费良军，2006）。

灌区输水系统工程主要有四大类，包括水源工程、灌溉渠系工程、排水渠系工程及抽水站，水源工程主要有渠首枢纽以及西郊水库工程。灌区三原西郊水库，渠首枢纽将原溢流坝加高11.2m，形成调节水库的总库容为510万m³，年调节水量为4470万m³（刘璇，2005）。

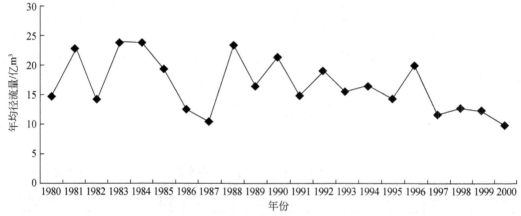

图12-17　泾河1980～2000年均径流量变化趋势图

注：数据来源《陕西省泾惠局灌溉技术资料汇编》，1999

2001年咸阳市环境监测站在高陵县泾河桥监测断面测量得到污染物指标值，见表12-16，泾河的悬浮物7～10月不断增加，通过对照分析《地表水环境质量评价标准》（GB 3838—2002）发现，泾河pH符合正常标准，有机类，如挥发酚为Ⅲ～Ⅳ类水，无机类，如非离子氨、硝酸盐氨指标均符合Ⅰ～Ⅱ类标准，这说明泾河污染主要是有机类污染。随着泾河径流量的变化，泾河净化能力降低，有机类污染有加重的趋势（韩景卫，2003）。

表 12-16　泾河桥污染物指标检测值和评价结果

指标	pH	悬浮物 /(mg/L)	挥发酚 /(mg/L)	非离子氨 /(mg/L)	硝酸盐氨 /(mg/L)	氰化物 /(mg/L)	Cr^{6+} /(mg/L)
数值	7.41	12.5	0.008	0.003	1.01	0.005	0.004
	7.24	27.0	0.006	0.031	0.292	Y	0.006
级别	I		IV	I	II	I	I

资料来源：韩景卫，2003

2004 年泾惠渠管理局对西郊水库采样，由于泾惠渠是西郊水库的主要水源，加上水具有流动性，泾惠渠渠水的水质可以基本由西郊水库的水质表示。水质检测值和评价结果见表 12-17（李现勇，2008）。根据《地表水环境质量评价标准》（表 12-18）对所采集的水样进行评价，得出西郊水库除了五日生化需氧量（BOD_5）属于 III 类级别，高锰酸盐指数属于 II 类级别，其余无机类指标均属于 I 类级别。五日生化需氧量能够反映水中有机物污染的情况，是反映有机物污染程度的一个重要指标。最后得出西郊水库的水质污染主要是有机物的污染，无机物的指标均符合标准。

表 12-17　西郊水库染物指标检测值和评价结果

指标	高锰酸盐指数	BOD_5 /(mg/L)	NO_2-N /(mg/L)	ArOH /(mg/L)	CN^- /(mg/L)	Cr^{6+} /(mg/L)	Pb /(mg/L)	Cd /(mg/L)	石油类 /(mg/L)
数值	3.8	3.1	0.048	<DL	<DL	0.003	<DL	DL	0.034
级别	II	III	I	I	I	I	I	I	I

资料来源：李现勇，2008

表 12-18　地表水环境质量标准基本项目标准限值

序号	项目		I	II	III	IV	V
1	水温/℃		水温变化应限制在：周平均最大温升≤1，最大温降≤2				
2	pH		6~9				
3	溶解氧/(mg/L)	≥	7.5	6	5	3	2
4	高锰酸钾指数	≤	2	4	6	10	15
5	COD/(mg/L)	≤	15	15	20	30	40
6	五日生化需氧量（BOD_5）/(mg/L)	≤	3	3	4	6	10
7	氨氮（NH_3-N）/(mg/L)	≤	0.15	0.5	1.0	1.5	2.0
8	总磷（以 P 计）/(mg/L)	≤	0.02	0.1	0.2	0.3	0.4
9	总氮（湖、库，以 N 计）/(mg/L)	≤	0.2	0.5	1.0	1.5	2.0
10	铜/(mg/L)	≤	0.01	1.0	1.0	1.0	1.0
11	锌/(mg/L)	≤	0.05	1.0	1.0	2.0	2.0
12	氟化物（以 F^- 计）/(mg/L)	≤	1.0	1.0	1.0	1.5	1.5

序号	项目		I	II	III	IV	V
13	硒/(mg/L)	≤	0.01	0.01	0.01	0.02	0.02
14	砷/(mg/L)	≤	0.05	0.05	0.05	0.1	0.1
15	汞/(mg/L)	≤	0.000 05	0.000 05	0.000 1	0.001	0.001
16	镉/(mg/L)	≤	0.001	0.005	0.005	0.005	0.01
17	铬（六价）/(mg/L)	≤	0.01	0.05	0.05	0.05	0.1
18	铅/(mg/L)	≤	0.01	0.01	0.05	0.05	0.1
19	氰化物/(mg/L)	≤	0.005	0.05	0.2	0.2	0.2
20	挥发酚/(mg/L)	≤	0.002	0.002	0.005	0.01	0.1
21	石油类/(mg/L)	≤	0.05	0.05	0.05	0.5	1.0
22	阴离子表面活性剂/(mg/L)	≤	0.2	0.2	0.2	0.3	0.3
23	硫化物/(mg/L)	≤	0.05	0.1	0.2	0.5	1.0
24	粪大肠菌群/(个/L)	≤	200	2 000	10 000	20 000	40 000

通过对 2012 年泾河采样点污染指标的分析，得出泾河水质污染比较严重，采样点水体大多呈黄褐色，并有刺鼻的臭味。泾河中上游水体由于自净能力差，受到严重污染，采样点大部分为IV类、V类水质，其中 V 类的水体占 30% 左右（于芳等，2013）。泾河主要污染物为有机类污染，包括高锰酸盐、铬（六价）、挥发酚和三氮类，泾河下游由于自净能力比较强，水体总体为中度污染，尚未达到III类标准。自 20 世纪 70 年代以来，泾河下游的污染强度不断加强，Cr^{6+}、COD、BOD_5 和石油类等主要污染物增加，泾河在枯水期水质基本为 V 类和劣 V 类（赵艺蓬，2010）。

上述研究表明，泾河的水量能满足灌区灌溉用水要求，但径流量每年呈递减的趋势。泾河的水质近些年受到严重污染，整体水质较差，水质情况不容乐观。泾河污染主要属于有机污染，污染源主要是生活污水、工业废水以及农药化肥，根据《地表水环境质量评价标准》（GB 3838—2002），综合得出泾河水质级别为IV类，有些河段达到 V 类，甚至劣 V 类，基本丧失水的使用功能，应采取一定的治理措施，以改善泾河水质。

12.5.2.2 泾惠渠灌区地下水现状

泾惠渠灌区位于泾河、渭河河谷阶地段，地下水一方面靠大气降水的垂直入渗补给，另一方面靠灌溉渠系及田间灌溉渗入补给，其次是靠河流渗入补给。据《泾惠渠浅层地下水资源调查研究成果报告》可知，泾惠渠灌区地下水资源总量为 2.68 亿 m^3，灌区地下水可开采量为 2.10 亿 m^3，宜开采量为 1.2 亿 ~1.56 亿 m^3（李雪静，2000）。

泾惠渠建成初期，由于受到自然降水和灌区水利工程对地下水的补给，灌区地下水位上升。随着灌区工业和农业的快速发展，工农业用水量增加，地表水已不能满足工农业用水需求，于是加大了对地下水的开采。地下水的过量开采使地下水动态失去平衡，水位不断下降，地下水埋深变化趋势，如图 12-18 所示。据统计石桥站各测井 1991～2001 年水位下降 2.59m，张卜站在 1978～1991 年各测井平均水位下降 19.26m，到 1997 年张卜站大部分测井已经干枯报废（马而超，2009）。另外，灌区的地下水位降幅也在逐渐增大，1981～1986 年年均降速为 0.412m，1986～1994 年年均降速为 0.495m，1994～2003 年年均降速达到 0.704m（刘燕和朱红艳，2011）。据统计灌区下降区面积已达到 411km²，下降区形成两个漏斗，一个是三原鲁桥漏斗，中心下降 26.48m，另一个是高陵张卜漏斗，中心下降 11.08m（刘璇，2005）。

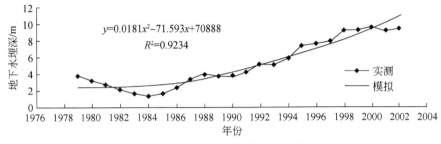

图 12-18　地下水埋深变化趋势

资料来源：李现勇，2008

　　TDS 也称总盐量，是指水中除悬浮物和溶解性气体以外的可溶解组分（包括水中的离子、分子和络合物）的总量。TDS 是反映地下水水质好坏的一个重要指标，根据 TDS 高低，可以将地下水分为淡水（TDS<1000mg/L）、微咸水（TDS 为 1000～3000mg/L）和咸水（TDS>3000mg/L）。全灌区的 TDS 值为 421.5～3187.1mg/L，TDS 浓度值由西向东有明显增大的趋势，渠首地区属于淡水，灌区的三原、高陵、临潼属于微咸水，在阎良北部有些地区 TDS 浓度高于 2000mg/L，属于咸水（王旭，2008）。谢炳辉（2013）研究泾惠渠灌区 2012 年地下水的 TDS 的浓度为 987.4～4285.1mg/L，浓度比 2009 年明显增大，分析灌区 34 处监测井发现，灌区内 2.94% 为淡水区，可以饮用，88.24% 为微咸水，8.82% 为咸水。由于灌区的地下水被大量开采，出现干涸，导致 TDS 超标。

　　总硬度是以 CaCO₃ 的质量浓度表示水中多价金属离子的总和，可以用钙、镁的含量表示。水按硬度值可以分为极软水（总硬度<75mg/L）、软水（总硬度为 75～150mg/L）、微硬水（总硬度为 150～300mg/L）、硬水（总硬度为 300～450mg/L）、极硬水（总硬度>450mg/L）。整个泾惠渠灌区总硬度值为 352.5～1211.2mg/L，大部分地区均为硬水、极硬水，没有软水。灌区地下水硬度由东北至西南逐渐增大，在泾阳等出现了 1000mg/L 以上的极硬水，泾阳及高陵地下水硬度为 352.5～421.5mg/L（叶媛媛，2009）。谢炳辉（2013）研究泾惠渠灌区 2012 年地下水总硬度为 350.4～1201.2mg/L，经对比发现 2012 年地下水总硬度与 2009 年基本一致。分析灌区 34 处监测井发现，灌区内没有极软水、软水和微硬水，其中硬水占 8.82%，其余为极硬水。主要原因是生活污水和农业污水中的钙镁离子的影响和地下水开采过度，使土壤和下层沉淀物的钙镁化合物向地下水中迁移。

　　pH 是评价和衡量水溶液酸碱性的一个指标。地下水分为强酸性水（pH 为 3.0～5.0）、弱酸性水（pH 为 5.0～6.5）、中性水（pH 为 6.5～7.5）、弱碱性水（pH 为 7.5～

8.5)、碱性水（pH 为 8.5~10.5）。通过地下水水样分析，全灌区地下水的 pH 为 7.4~8.0，属于中性至弱碱性水（叶媛媛，2009）。根据灌溉水质标准（表 12-19）pH 为 5.5~8.5，生活饮用水标准规定 pH 为 6.5~8.5，灌区水 pH 均符合相关标准。pH 在灌区内的变化趋势为自西向东逐渐减小，其中泾阳地下水基本上为中性，三原、临潼、高陵等地下水位弱碱性或碱性，西张站附近及张卜站的地下水 pH 最高，属于碱性水。

表 12-19　农田灌溉水质标准（GB5084—1992）

序号	作物分类指标	水作	旱作	蔬菜
1	pH	5.5~8.5		
2	全盐量/(mg/L)	≤1000（非盐碱土地区），≤2000（盐碱土地区）可适当放宽		
3	氯化物/(mg/L)	≤250		
4	总镉/(mg/L)	≤0.005		
5	铬（六价）/(mg/L)	≤0.1		
6	总铅/(mg/L)	≤0.1		
7	总铜/(mg/L)	≤1.0		
8	总锌/(mg/L)	≤2.0		
9	氟化物/(mg/L)	≤2.0（高氟区），≤3.0（一般地区）		

宏量元素是指地下水分布最广的元素，主要包括了 K^+、Na^+、Mg^{2+}、Ca^{2+}、SO_4^{2-}、Cl^-、HCO_3^-，这些离子占溶解盐类的 90% 以上，决定了水的化学类型。灌区内 SO_4^{2-} 的浓度为 149.4~868.3mg/L，SO_4^{2-} 浓度由灌区北部、中部向外围逐渐减小。HCO_3^- 在全灌区的浓度为 366.4~948.0mg/L，自西向东逐渐增大。从整个灌区来看，在三原的西张站 Na^+ 的浓度最高，为 547.8~593.1mg/L。泾阳的杨府站、新庄站 Na^+ 浓度最低，为 174.9~203.9mg/L。灌区 Ca^{2+} 的浓度为 32.0~138.4mg/L，在渠首最西部浓度高达 100mg/L，是灌区 Ca^{2+} 浓度最高的区域。灌区 Mg^{2+} 的浓度为 57.0~223.7mg/L，浓度自西向东逐渐升高。灌区中东北部，临潼区北部以及阎良区的南部区域 Mg^{2+} 浓度最高，浓度达到153.0mg/L，而灌区西部的渠首附近 Mg^{2+} 浓度较低，浓度为 56.95~79.95mg/L（叶媛媛，2009）。谢炳辉（2013）研究发现，泾惠渠灌区 2012 年地下水 SO_4^{2-} 的浓度为 216.1~1711.1mg/L，HCO_3^- 的浓度为 299~1031.2mg/L，Cl^- 的浓度为 122.1~645.5mg/L，Ca^{2+} 的浓度为 20.0~135.3mg/L，Mg^{2+} 的浓度为 63.8~258.3mg/L，K^+、Na^+ 的浓度为 138.93~1186.75mg/L。经过对比发现，灌区内除了 SO_4^{2-} 有明显的变化之外，其他离子都没有明显的增大趋势。

微量元素在地下水中的含量极其微小，虽然不能决定地下水的化学类型，但可以反映地下水元素的迁移规律，并反映人类活动对地下水的影响。灌区潜水层 Cu 元素的浓度为0.0003~0.004mg/L，Fe 元素的浓度为 0.028~0.086mg/L，Cr^{6+} 的浓度为 0~0.275mg/L。灌区由于工业企业污水的排放造成地下水 Cr^{6+} 浓度较高，东北部 Cr^{6+} 浓度最高，为0.124~0.275mg/L，其含量已经超过了灌溉水标准（0.1mg/L）和饮用水标准（0.05mg/L），不适合灌溉和饮用。灌区地下水中各指标含量见表12-20。

表12-20 地下水指标含量

指标	TDS/(mg/L)	总硬度/(mg/L)	pH	Na⁺+K⁺/(mg/L)	Cr⁶⁺/(mg/L)
变化范围	987.4~4285.1	350.4~1201.2	7.35~8.02	138.93~1186.75	0.08~0.27

资料来源：谢炳辉，2013

　　TDS 指水中除悬浮物和溶解性气体以外的可溶解组分的总量，是反映地下水水质好坏的一个重要指标，总硬度反映地下水中钙镁、离子含量，pH 反映地下水的酸碱度，微量元素在地下水中的含量极其微小，不能决定地下水的化学类型，所以评价地下水水质好坏主要分析地下水的 TDS 和总硬度。通过综合分析得出灌区地下水开采过量导致地下水量减少，地下水位持续下降。地下水开采过量出现干涸，导致 TDS 超标，分析发现地下水中 90% 以上为微咸水和咸水。生活污水和农业污水中钙镁离子的影响和地下水开采过度，导致灌区地下水硬度过高，硬水占 8.82%，其余均为极硬水。

　　通过分析可知，影响灌区地下水化学成分一方面是自然因素，其中主要包括地形、气候和植被等。地形影响地下水交替条件，降水影响地下水储量和化学成分，岩石影响地下水中硫酸盐和碳酸盐的含量和浓度。另一方面是人为因素，主要是工业废水和生活污水的排放、地下水的开采、水利灌溉工程等因素，工业污水和生活污水影响地下水的水质和化学成分，地下水开采影响 TDS 浓度，水利灌溉工程设施使地下水发生强烈的混合以及不同成分水的混合，影响了地下水化学成分浓度。自 2009 年以来，除了泾阳以外，三原、高陵、临潼和阎良的水质均有恶化趋势，原因有自然因素，如气温上升，降水量下降等，也有人为因素，如地下水开采、工业废水排放、农业活动（农药和化肥使用）不合理影响地下水的化学成分（谢炳辉，2013）。

12.5.3　泾惠渠灌区土壤环境现状

　　影响土壤环境质量的因素有很多，国内外的许多学者根据地区不同的特点选取了不同的指标和方法评价土壤环境。Huffman 等（2000）选取土壤退化风险、温室气体平衡、生物多样性变化和输入利用率评价土壤恢复趋势和盐化趋势。Parisi 等（2005）认为，应该以土壤中微节肢动物为基础来获得土壤生物的质量。我国的学者评价土壤环境质量主要从土壤肥力（主要为有机质含量）、主要养分元素含量、土壤 pH、土壤重金属含量、土壤盐分含量（全盐量和阴阳离子）等方面评价。

12.5.3.1　土壤肥力

　　土壤肥力为作物生长提供的养分和水分，能反映土壤的基本属性和本质特性，（熊毅和李庆逵，1990）。土壤肥力包括土壤中有机质与养分元素的含量，土壤养分元素包括氮、磷、钾等元素，土壤有机质是土壤的重要组成部分，对土壤肥力影响特别大，是评价土壤质量的重要指标。谷晓静（2009）对泾惠渠灌区有机质的测定，得出土壤有机质含量为 11.9~24.2g/kg。土壤中全氮量主要取决于有机质的含量，灌区全氮量为 0.83~1.42g/kg，全氮素包括有机氮和无机氮两部分，无机氮主要是铵盐和硝酸盐，只占全氮量的 1% ~ 2%。土壤磷素是作物生长所需的营养元素之一，灌区全磷含量为 0.94 ~ 1.51g/kg。土壤的速效钾对植物的生长影响很大，在一定程度上可以反映土壤、植物质量。灌区土壤速效钾含量为 116 ~ 365mg/kg。通过对灌区 24 块试验田的土壤肥力分析，灌区土壤没有低肥力田块，大部分为高肥力田，中等肥力田块的主要影响因素是有机质、全氮和碱解氮的含量（易秀等，2011）。灌区土壤肥力指标见表 12-21。

表 12-21 土壤肥力指标

指标	有机质/(g/kg)	碱解氮/(mg/kg)	速效磷/(mg/kg)	速效钾/(mg/kg)	全氮/(g/kg)	全磷/(g/kg)
范围	11.9 ~ 24.2	41 ~ 95	4.4 ~ 42.4	116 ~ 365	0.83 ~ 1.42	0.94 ~ 1.51
均值	17.5	73.8	19.1	213.9	1.10	1.13

资料来源：谷晓静，2009

12.5.3.2 土壤 pH

土壤 pH 反映了土壤的酸碱度，它是划分土壤类型的重要依据，也是影响土壤肥力的重要因素。一方面，土壤的酸碱性可以影响土壤养分的有效性，一般 pH 为 6 ~ 7，土壤养分元素有较高的有效性；另一方面，土壤的酸碱度能反映土壤在形成过程中受生物、气候、人为活动等因素的影响程度。泾惠渠灌区土壤 pH 为 7.8 ~ 8.3，均值为 8.07，泾阳泾干镇的 pH 最低为 7.8，王桥社的 pH 为 8.3（谷晓静，2009）。根据土壤 pH 分级标准（表 12-22），得出泾惠渠灌区土壤的酸碱性均属于弱碱性，原因是灌区蒸发量大，加上人类施肥的影响使得灌区的土壤呈弱碱性。

表 12-22 土壤 pH 分级标准

酸碱性	强酸性	酸性	弱酸性	中性	弱碱性	碱性	强碱性
pH	<4.5	4.6 ~ 5.5	5.6 ~ 6.5	6.6 ~ 7.5	7.6 ~ 8.5	8.6 ~ 9.0	>9.1

12.5.3.3 土壤重金属含量

土壤中的重金属不能被土壤中的微生物分解，可以通过粮食等作物富集，经过食物链进入人体，对人体造成很大的危害，所以重金属污染越来越受到人们的重视。重金属主要通过施肥、施药进入土壤，因为化肥中含有 Cd、Zn、Ci、Cr 等金属元素，农药中含有 Hg、As、Cu、Zn 等重金属元素。Williams 和 David（1973）研究发现，在澳大利亚土壤表层中 Cd 含量增加的原因主要是大量的使用磷酸钙；Mortvedt（1987）通过对肥料的定位也发现土壤中 Cd 含量增加；通过应用含有重金属的废水灌溉，李名升和佟连军（2008）对辽宁污水灌溉区域内土壤重金属测定，发现灌区土壤中重金属含量明显高于其他地区；肖军等（2005）也认为，重金属是土壤污染的一个主要的污染物。其次是通过使用地膜，地膜中含有 Cd、Pb 等重金属。重金属对土壤中微生物影响很大，一方面影响土壤中微生物种类和数量，另一方面影响土壤中微生物酶类活性，抑制微生物对有机残落物的降解，导致土壤肥力下降，从而影响土壤的质量。

调查研究泾惠渠灌区土壤重金属含量，分析灌区重金属污染现状，在此基础上分析灌区土壤质量及存在的生态风险。灌区土壤重金属含量测定结果表明（表 12-23），灌区土壤 Pb 和 As 为轻度污染，Cr、Hg 和 Cu 等污染程度逐渐增大，污染程度最为严重为 Zn 元素。经分析灌区土壤重金属综合污染指数为 0.60，根据土壤重金属污染分级标准（表 12-24）对灌区整体污染等级划分，划分结果为清洁，表示灌区土壤还未受到污染（谷晓静，2009）。但是，有个别地区土壤重金属污染比较严重，如阎良由于农药化肥使用量高于其他地区，属于土壤污染级别为轻度污染。

表 12-23　泾惠渠灌区土壤重金属含量测定结果　　　　（单位：mg/kg）

项目	Cu	Zn	Pb	Cd	Cr	As	Hg
背景值	20.7	55.6	13.9	0.0987	59.3	11.3	0.0530
范围	23.3~45.2	74~306.5	14.5~28.5	0~1.49	50.3~73.5	12.9~20.1	0.044~0.19
平均值	27.25	154.94	20.34	0.1775	60.17	16.68	0.1013

资料来源：谷晓静，2009

表 12-24　土壤重金属污染分级标准

等级	污染指数	污染程度	污染水平
1	$P \leqslant 0.7$	清洁	清洁
2	$0.7 < P \leqslant 1.0$	达警戒线，尚清洁	尚清洁
3	$1.0 < P \leqslant 2.0$	轻度污染	土壤轻度污染，作物开始污染
4	$2.0 < P \leqslant 3.0$	中等污染	土壤、作物均受到中等污染
5	$P > 3.0$	重污染	土壤、作物均受到重等污染

资料来源：谷晓静，2009

12.5.3.4　土壤盐分含量

土壤盐分是影响土壤肥力的一个重要因素，土壤盐分含量过高会引起土壤盐渍化，严重影响作物的生长。土壤盐分含量过高会引起植物根细胞很难吸收土壤水分，造成植物生理干旱，同时盐分过高还会使植物的新陈代谢受到影响，抑制叶绿素的合成，影响光合作用，最终影响作物产量。通过对灌区土壤含盐量的测定，发现灌区的全盐量为 0.019%~0.119%，均值为 0.064%（谷晓静，2009），根据盐渍化土壤的划分标准（表 12-25），得出灌区基本属于非盐化土。

表 12-25　盐渍化土壤的划分标准

等级	非盐渍化土	轻度盐渍化土	中度盐渍化土	强度盐渍化土	盐渍化土
土壤含盐量/%	<0.1	0.1~0.2	0.2~0.4	0.4~0.6	>0.6

土壤有机质是土壤的重要组成部分，对土壤肥力影响特别大，是评价土壤质量的重要指标。通过分析得出，灌区大部分土壤肥力为中、高等级，但由于施肥比例不均，导致灌

区土壤有机质含量不均。灌区土壤重金属综合污染指数为0.60，表明土壤未受到重金属的污染，但有个别地区，如阎良由于农药化肥使用量高，导致土壤重金属为轻度污染。通过对灌区土壤含盐量的测定，发现灌区的全盐量均值为0.064%，得出灌区基本属于非盐化土。对泾惠渠灌区土壤分析，结果表明灌区土壤整体质量处于优良的水平，个别地区土壤质量差的原因主要是受到土壤重金属 Cd 污染的影响。

12.5.4 农药和化肥使用现状

12.5.4.1 灌区农药使用现状

农药可以防治农田中的多数病虫草害，我国每年施用80万～100万 t 农药，农药的施用面积也在2.8亿 hm² 以上，农药在农业生产中发挥着积极的作用。但是，随着农药残留量的逐年积累，农药引起的水体和土壤污染等生态环境问题不容忽视（杜蕙，2010）。

农药对水体的污染主要方式有直接向水体施药、农药随地表径流向水体迁移以及生产农药产生的废水进入水体。农药除污染地表水外还引起地下水污染，埋深浅的地下水易受到农药的污染，而且地下水一旦被污染，极难降解和恢复（何利文，2006）。被农药污染的水一旦被饮用，将会严重危害人体健康。

农药进入土壤的方式主要是通过喷洒，其次是用农药浸种等施药形式。当外界施入的污染物数量和速度超过了土壤环境的净化能力时就会导致土壤发生污染。农药对土壤污染产生的影响是多方面的，首先，会改变土壤的结构和功能，如改变土壤的 pH、Eh、CEC、养分、孔隙度等（赖波等，2013）。其次，会引起土壤中动物数量减少以及降低群落多样性（朱新玉和朱波，2015）。再次，土壤中的微生物对土壤的功能、生态系统的稳定和自然界元素循环等有重要意义，土壤污染降低了土壤微生物的多样性，影响土壤生态稳定（石兆勇和王发园，2007）。最后，土壤污染会影响土壤中酶类活性，使其被污染物钝化或摧毁（吴敏，2003）。

农药在农作物防治病虫害方面作用显著，灌区不同农作物病虫害种类不同，所以农药的使用种类和用量也不相同。通过调查灌区农民和农药经销商，得知冬小麦常使用的农药有辛硫磷、敌敌畏、甲敌粉、乐果、扫螨净等；夏玉米常使用的农药有敌百虫、乐果、抗蚜威、澳敌隆等；果树常使用的农药有菊酯类、乐果、果虫净、赛丹、快杀灵等；蔬菜类常使用的农药有抗蚜威、乐果、敌敌畏、敌百虫、久效磷、甲霜铜等。灌区农药使用情况见表12-26。

表 12-26　灌区农药使用量

指标	1996 年	1997 年	1998 年	1999 年	2000 年	2001 年	2002 年	2003 年	2009 年
总量/万 t	1.05	0.97	1.05	1.10	1.03	1.04	1.02	0.98	1.31
单位量/(kg/ hm²)	2.55	2.55	2.55	2.7	2.7	3.0	3.0	3.15	4.2

注：数据来源《陕西省泾惠局灌溉技术资料汇编》，1999 年

通过表12-26可以看出，灌区农药的使用量呈递增趋势，并且使用量均超过省平均水

平 2.0kg/hm²。这是由于农药可以减少作物病虫害，农民选择加大农药使用量提高产量。所以，为了减少农药对灌区生态环境的影响，应该给农民提供科学技术指导，科学引导农民使用农药。

12.5.4.2 灌区化肥使用现状

化肥能够提高土壤肥力，增加作物产量，在农业生产中发挥了很大的作用。化肥本身是无害的，由于农民不合理地使用，其对农业环境造成很大的污染。例如，农田中大量施用氮肥，造成农田二氧化氮的排放量增加，从而影响大气环境；合理调整施肥结构可以增加土壤孔隙度和持水量，但长期施用单一肥料会造成土壤板结；大量使用氮肥、磷肥，会造成氮、磷营养盐随径流迁移至湖泊，导致湖泊富营养化；不合理的使用氮肥会造成硝态氮流失，也会造成水体污染（陈防，2002）。

以前灌区农民主要靠牲口耕种的方式种植农作物，牲口的粪便和农家肥作为灌区的主要肥料。随着农业机械化程度的提高，牲口耕种被机械替代，农家肥不断减少，为了保持农田肥力，化肥的使用逐渐增多。灌区化肥的使用量见表 12-27。其中氮肥、磷肥、钾肥和复合肥的使用比例如图 12-19 所示。

表 12-27　化肥使用量

指标	2000 年	2001 年	2002 年	2003 年	2004 年	2005 年	2006 年	2007 年	2009 年
总量/万 t	131.2	131.1	131.9	142.7	143.0	147.3	150.5	158.80	181.32
单位量/（kg/ hm²）	343.4	372.8	388.2	456.9	456.6	451.4	461.1	512.3	578.9

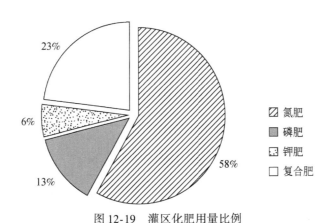

图 12-19　灌区化肥用量比例

注：数据来源《陕西省泾惠局灌溉技术资料汇编》，1999 年

从表 12-27 可以看出，灌区化肥使用量每年呈递增趋势，从图 12-19 可以看出，在化肥施用中氮肥的比例高达 58%，复合肥占化肥用量的 23%，磷肥占化肥用量的 13%，钾肥占化肥用量的 6%。其中，氮、磷、钾的施用比例为 1：0.224：0.103，氮肥的使用量偏高。造成这种现象的主要原因是氮肥提高作物产量方面见效快，农民施肥缺乏科学的技术指导，只注重氮肥的施用。所以要正确引导农民合理施肥，同时调整氮、磷、钾的施肥

比例。另外，政府应对环保的农民采取适当的补贴措施，鼓励农民使用有机肥料，发展无公害农业（李海霞等，2008）。

12.5.5 泾惠渠灌区农业种植结构现状

泾惠渠灌区内粮食作物以小麦和玉米为主，复种指数一般为1.85，夏季主要以小麦为主，秋季主要以玉米、大豆、薯类为主。灌区主要的经济作物为蔬菜、果树、棉花和油料，由于灌区地理位置优越，交通方便，能够及时将蔬菜和水果送到目的地获得较高的经济效益，所以近些年灌区水果、蔬菜的种植面积比原来大大增加。水果面积发展到10万亩，蔬菜面积增加到35万亩。灌区作物、蔬菜种植面积和产值见表12-28~表12-30。

表12-28 灌区作物种植面积 （单位：hm²）

县（市）名	小麦/玉米	经济作物	小计
泾阳	19 460.1	8 340.1	27 800.1
三原	11 619.9	4 979.9	16 599.9
高陵	12 002.4	5 143.9	17 146.3
临潼	9 956.4	4 267.1	14 223.5
阎良	6 414.3	2 748.9	9 163.2
富平	2 100	900	3 000
全灌区	61 553.1	26 379.9	87 932.9

注：数据来源《陕西省泾惠局灌溉技术资料汇编》，1999年

表12-29 灌区粮食作物单位面积产量 （单位：kg/hm²）

作物类型	2004年	2005年	2006年	2007年	2008年	2009年
粮食	4956.0	5064.0	5262.0	5512.5	5011.5	4839.0
夏粮	4794.0	4935.0	4890.0	5364.0	4819.5	4539.0
秋粮	5287.05	5200.7	5641.5	5647.5	5214.0	5181.0

注：数据来源中国种植业信息网

表12-30 灌区蔬菜种植面积和产量

年份	面积/hm²		产量/t		单位面积产量/（kg/hm²）	
	三原	临潼	三原	临潼	三原	临潼
2004	14 713.3		730 000		49 614.0	
2005	14 360.0	9 250.0	730 000		50 835.0	
2006	14 373.3	9 170.0	760 000	352 992	52 860.0	38 494.5
2007		9 773.0		355 037		36 328.5
2008	14 373.3	9 692.0	688 300	357 150	47 880.0	36 855.0

注：数据来源中国种植业信息网

12.6 泾惠渠灌区生态环境质量评价

12.6.1 评价指标体系的建立

灌区生态环境质量评价指标体系是指由表征灌区生态环境各方面特性的一系列指标通过相互联系所构成的有机体系。灌区生态环境质量评价指标体系首先应涵盖灌区生态环境的各个系统，并能够描述灌区生态环境各个系统的状态，其次应反映灌区总体的生态环境现状。

根据各项评估准则，建立了泾惠渠灌区生态环境质量评价指标体系见表 12-31。将灌区的整个评价指标体系分为 4 个子体系：①气候资源系统。年蒸发量、年降水量。②水资源系统。灌溉水质级别、地下水全盐量、地下水位降幅。③土壤资源系统。土壤有机质含量、土壤重金属污染指数、土壤含盐量。④人类影响与经济。施肥量、施药量、灌溉定额、作物产量。

表 12-31 泾惠渠灌区生态环境质量评价指标体系

目标层	准则层	具体指标
泾惠渠灌区生态环境质量评价	气候资源系统 B_1	年蒸发量 C_1
		年降水量 C_2
	水资源系统 B_2	灌溉水质级别 C_3
		地下水全盐量 C_4
		地下水位降幅 C_5
	土壤资源系统 B_3	土壤有机质含量 C_6
		土壤重金属污染指数 C_7
		土壤含盐量 C_8
	人类影响与经济 B_4	施肥量 C_9
		施药量 C_{10}
		灌溉定额 C_{11}
		作物产量 C_{12}

12.6.2 评价方法的选取

12.6.2.1 模糊层次综合评价法

灌区生态环境质量评价采用的方法为模糊层次综合评价法，模糊层次综合评价法是一种将层次分析法和模糊综合评价方法相结合的方法。模糊综合评价方法有时候存在难确定指标权重，或者权重很小的问题，这样就引进层次分析法解决此问题。选择模糊层次综合评价法来评价灌区生态环境质量的原因有：首先，灌区生态环境质量评价指标体系具有层次性，可以选择层次分析法；其次，模糊综合评价可以确定灌区各评价指标对评价等级的隶属度，从而使灌区的评价结果得以量化。

12.6.2.2 模糊层次综合评价的步骤

模糊层次综合评价法可以运用到多个领域，如农业灌区的环境评价、灌区可持续发展、交通管理规划等（孙桂兰，1993；梁军等，2002；周振民和李素平，2008；周振民和王利艳，2008；方延旭等，2011）。本节根据前人的研究，总结了运用模糊层次综合评价法评价泾惠渠灌区生态环境质量的步骤。

（1）确定指标权重

1）构造两两比较判断矩阵。

针对上一层的某元素，比较下一层中两两元素相对重要性，从而构成判断矩阵。判断矩阵元素的值，即比例标度反映了各元素的相对重要性，一般比例标度采用 1~9 及其倒数进行标度。判断矩阵比例标度及含义见表 12-32。

表 12-32　比例标度

标度 a_{ij}	含义
1	表示两个因素同等重要
3	表示一个因素比另一个因素稍重要
5	表示一个因素比另一个因素明显重要
7	表示一个因素比另一个因素强烈重要
9	表示一个因素比另一个因素极端重要
2、4、6、8	对应以上相邻判断的中间情况
倒数	$a_{ji} = 1/a_{ij}$

评价目标为 A，评价指标体系 $A = \{a_1, a_2, \cdots, a_n\}$，构造的判断矩阵 A 为

$$A = \begin{bmatrix} a_{11} & a_{12} & \cdots & a_{1n} \\ a_{21} & a_{22} & \cdots & a_{2n} \\ \vdots & \vdots & & \vdots \\ a_{n1} & a_{n2} & \cdots & a_{nn} \end{bmatrix} = A\ (a_{ij}) \tag{12-19}$$

2）层次单排序一致性检验。

采用根法计算判断矩阵的最大特征值 $\lambda_{\max}$，以及该特征值对应的特征向量，并对该向量进行归一化处理，得到向量 $w = (w_1, w_2, \cdots, w_n)^{\mathrm{T}}$。然后检验 CI 和 CR 判断矩阵的一致性。

$$\lambda_{\max} = \sum_{i=1}^{n} \frac{A_i}{n w_j} \tag{12-20}$$

$$CI = \frac{\lambda_{\max} - n}{n - 1} \qquad (12\text{-}21)$$

$$CR = CI/RI \qquad (12\text{-}22)$$

式中，CI 为判断矩阵的一般一致性指标；CR 为判断矩阵的随机一致性比率；RI 为判断矩阵的平均随机一致性指标（可查表获得）；n 为判断矩阵的阶数。RI 的具体值见表 12-33。

表 12-33 RI 值

指标	1 阶	2 阶	3 阶	4 阶	5 阶	6 阶	7 阶	8 阶	9 阶
RI	0	0	0.5149	0.8931	1.1185	1.2494	1.3450	1.4200	1.4616

当随机一致性比率 CR<0.10 时，认为判断矩阵具有满意的一致性，可以接受判断矩阵。否则初步建立的判断矩阵不符合要求，需要对元素标度值进行调整，直到满足一致性。

3）层次总排序一致性检验。

层次总排序就是对同一层次所有元素最高层元素相对重要性的权重进行排序。设上一层 B 含有 m 个因素 B_1，B_2，$\cdots$，B_m，它们对目标层 A 的权向量为 $w^{(A)} = (b_1, b_2, \cdots, b_m)^{\mathrm{T}}$。再设下一层 C 含 n 个因素 C_1，C_2，$\cdots$，C_n，它们灌区因素 A_i 的权向量为 $w_i = (c_{i1}, c_{i2}, \cdots, c_{in})^{\mathrm{T}}$，$(i=1, 2, \cdots, m)$，则 C 对于目标层 A 的权向量 $w^{(A)} = (c_1, c_2, \cdots, c_n)^{\mathrm{T}}$，其中 $c_i = \sum_{i=1}^{m} b_i c_{ij}$ $(j=1, 2, \cdots, n)$，见表 12-34。总排序一致性检验，是从最高层到最底层逐层进行的。

表 12-34 C 层对于 A 的权向量

B 层	C_1	C_2	$\cdots$	C_n
$B_1 b_1$	c_{11}	c_{12}	$\cdots$	c_{1n}
$B_2 b_2$	c_{21}	c_{22}	$\cdots$	c_{2n}
$\vdots$	$\vdots$	$\vdots$		$\vdots$
$B_m b_m$	c_{m1}	c_{m2}	$\cdots$	c_{mn}
C 层对于目标层的权重	$\sum_{i=1}^{m} b_i c_{i1}$	$\sum_{i=1}^{m} b_i c_{i2}$	$\cdots$	$\sum_{i=1}^{m} b_i c_{in}$

（2）确定隶属度

1）建立因素集和评语集。

因素集是影响评价对象的各个因素组成的集合；评语集是对评价对象的评价结果组成的集合。假设有 n 个评价因素，m 个评价单元，则建立因素集 $U = \{u_1, u_2, \cdots, u_n\}$，评价集 $V = \{v_1, v_2, \cdots, v_m\}$，其中 v_m 可以是数量形式的，也可以是语言形式的。

2）建立隶属度函数。

目前在环境质量评价中，较常用的是以下两种半梯形分布隶属函数：对于越小越优型的指标，采用降半梯形的隶属函数；对于越大越优型的指标，采用升半梯形的隶属函数。

越小越优型的指标，采用降半梯形的隶属函数：

$$U_1(x) = \begin{cases} 1 & x \leqslant x_1 \\ \dfrac{x_2-x}{x_2-x_1} & x_1 < x \leqslant x_2 \\ 0 & x > x_2 \end{cases} \tag{12-23}$$

$$U_2(x) = \begin{cases} 0 & x \leqslant x_1 \text{ 或 } x > x_3 \\ \dfrac{x-x_1}{x_2-x_1} & x_1 < x \leqslant x_2 \\ \dfrac{x_3-x}{x_3-x_2} & x_2 < x \leqslant x_3 \end{cases} \tag{12-24}$$

$$U_3(x) = \begin{cases} 0 & x \leqslant x_2 \text{ 或 } x \geqslant x_4 \\ \dfrac{x-x_2}{x_3-x_2} & x_2 < x \leqslant x_3 \\ \dfrac{x_4-x}{x_4-x_3} & x_3 < x \leqslant x_4 \end{cases} \tag{12-25}$$

$$U_4(x) = \begin{cases} 0 & x \leqslant x_3 \text{ 或 } x \geqslant x_5 \\ \dfrac{x-x_3}{x_4-x_3} & x_3 < x \leqslant x_4 \\ \dfrac{x_5-x}{x_5-x_4} & x_4 < x \leqslant x_5 \end{cases} \tag{12-26}$$

$$U_5(x) = \begin{cases} 0 & x \leqslant x_4 \\ \dfrac{x-x_4}{x_5-x_4} & x_4 < x \leqslant x_5 \\ 1 & x > x_5 \end{cases} \tag{12-27}$$

越大越优型的指标，采用升半梯形的隶属函数：

$$U_1(x) = \begin{cases} 1 & x \geqslant x_1 \\ \dfrac{x-x_2}{x_1-x_2} & x_2 < x < x_1 \\ 0 & x \leqslant x_2 \end{cases} \tag{12-28}$$

$$U_2(x) = \begin{cases} 0 & x < x_3 \text{ 或 } x > x_1 \\ \dfrac{x_1-x}{x_1-x_2} & x_2 \leqslant x < x_1 \\ \dfrac{x-x_3}{x_2-x_3} & x_3 \leqslant x < x_2 \end{cases} \tag{12-29}$$

$$U_3\ (x)\ =\begin{cases} 0 & x<x_4\ 或\ x\geqslant x_2 \\ \dfrac{x_2-x}{x_2-x_3} & x_3\leqslant x<x_2 \\ \dfrac{x-x_4}{x_3-x_4} & x_4\leqslant x<x_3 \end{cases} \tag{12-30}$$

$$U_4\ (x)\ =\begin{cases} 0 & x<x_5\ 或\ x\geqslant x_3 \\ \dfrac{x_3-x}{x_3-x_4} & x_4\leqslant x<x_3 \\ \dfrac{x-x_5}{x_4-x_5} & x_5\leqslant x<x_4 \end{cases} \tag{12-31}$$

$$U_5\ (x)\ =\begin{cases} 0 & x\geqslant x_4 \\ \dfrac{x_4-x}{x_4-x_5} & x_5\leqslant x<x_4 \\ 1 & x<x_5 \end{cases} \tag{12-32}$$

式中，$x_1 \sim x_5$ 为评价因子指标各个标准等级的界限值；x 为各评价因子的实际值。

3）建立模糊矩阵 $\boldsymbol{R}$。

$$\boldsymbol{R}=\begin{bmatrix} r_{11} & r_{12} & \cdots & r_{1n} \\ r_{21} & r_{22} & \cdots & r_{2n} \\ \vdots & \vdots & & \vdots \\ r_{n1} & r_{n2} & \cdots & r_{nn} \end{bmatrix} \tag{12-33}$$

式中，$\boldsymbol{R}$ 为模糊判定矩阵，其中 r_{ij} 是因素集 U 相对于评语集 V 的隶属度，$r_{ij}\in[0,1]$。

4）建立模糊综合评价模型。

求权重集合 $W=\{w_1,\ w_2,\ \cdots,\ w_n\}$，$w_i$ 为评价因素的权重，满足归一性 $\sum w_i=1$，$w_1\geqslant 0$。

$$B=W\times R=\sum_{i=1}^{n}W_iR_i=\sum_{i=1}^{n}(b_1,\ b_2,\ \cdots,\ b_n) \tag{12-34}$$

其中，$b_i=\sum_{i=1}^{n}(w_i\times r_{ij})$。

12.6.3 运用模糊综合评价方法对泾惠渠灌区生态环境质量评价

结合泾惠渠灌区的实际情况，在阅读大量的文献和咨询有关专家的基础上，按照前面所述的层次分析法，来确定各准则层对于目标层的权重以及指标对于各准则层的权重，并建立判断矩阵，最后判断建立的判断矩阵的一致性。确定各准则层对于目标层的权重以及指标对于各准则层的权重见表12-35～表12-39。

表 12-35　泾惠渠灌区生态环境质量评价指标权重

准则层	B_1	B_2	B_3	B_4	W
B_1	1	1/3	1/3	1/5	0.0819
B_2	3	1	1	1/2	0.2348
B_3	3	1	1	1/2	0.2348
B_4	5	2	2	1	0.4486

由表 12-35 得：$\lambda_{max} = 4.71$，$CI = 0.0042$，$RI = 0.8931$，$CR = 0.0047$。

表 12-36　气候资源系统指标权重

指标层	C_1	C_2	W
C_1	1	1	0.5
C_2	1	1	0.5

由表 12-36 得：$\lambda_{max} = 2.0$，$CI = 0$，$RI = 0$，$CR = 0$。

表 12-37　水资源系统指标权重

指标层	C_3	C_4	C_5	W
C_3	1	3	5	0.6483
C_4	1/3	1	2	0.2297
C_5	1/5	1/2	1	0.1220

由表 12-37 得：$\lambda_{max} = 3.0$，$CI = 0.0018$，$RI = 0.5149$，$CR = 0.0036$。

表 12-38　土壤资源系统指标权重

指标层	C_6	C_7	C_8	W
C_6	1	1/2	1/2	0.2
C_7	2	1	1	0.4
C_8	2	1	1	0.4

由表 12-38 得：$\lambda_{max} = 3.0$，$CI = 0$，$RI = 0.5149$，$CR = 0$。

表 12-39　人类影响与经济指标权重

指标层	C_9	C_{10}	C_{11}	C_{12}	W
C_9	1	1/2	2	1/3	0.1518
C_{10}	2	1	4	1/2	0.2826

续表

指标层	C_9	C_{10}	C_{11}	C_{12}	W
C_{11}	1/2	1/4	1	1/6	0.07593
C_{12}	3	2	6	1	0.4896

由表 12-39 得：$\lambda_{max} = 4.01$，$CI = 0.0028$，$RI = 0.8931$，$CR = 0.0032$。

综合以上结果，指标 $C_1 \sim C_{12}$ 对于总目标 A 的综合权重见表 12-40。

表 12-40　综合权重

目标层（A）	准则层（B）	权重	指标层（C）	权重	总排序权重
泾惠渠灌区生态环境质量评价	气候资源系统	0.0819	年蒸发量	0.500	0.0410
			年降水量	0.500	0.0410
	水资源系统	0.2348	灌溉水质级别	0.6482	0.1522
			地下水全盐量	0.2297	0.0539
			地下水位降幅	0.1220	0.0286
	土壤资源系统	0.2348	土壤有机质含量	0.2000	0.0470
			土壤重金属污染指数	0.4000	0.0939
			土壤含盐量	0.4000	0.0939
泾惠渠灌区生态环境质量评价	人类影响与经济	0.4486	施肥量	0.1519	0.0681
			施药量	0.2826	0.1268
			灌溉定额	0.0759	0.0340
			作物产量	0.4896	0.2196

进行目标总排序一致性检验：

$$CI_{总} = \sum_{j=1}^{m} w_j CI_j == 0.0017 \tag{12-35}$$

$$RI_{总} = \sum_{j=1}^{m} w_j RI_j == 0.6424 \tag{12-36}$$

$$CR_{总} = \frac{CI_{总}}{RI_{总}} = 0.027 < 0.1 \tag{12-37}$$

以上检验结果表明，以上各指标构成的矩阵满足层析单排序一致性检验，经计算得出，总层次排序也同样具有满意的一致性。

12.6.4　分层求解各指标的隶属度

根据评语等级将评语集分为优、良、一般、差和很差五个等级，各评价指标标准见表 12-41。

表 12-41　生态环境质量评价指标标准

指标层	正/负效应	优	良	一般	差	很差
C_1 年蒸发量/mm	(−)	<400	500	1200	2100	>2100
C_2 年降水量/mm	(+)	>800	500	400	300	<300
C_3 灌溉水质级别	(−)	I	II	III	IV	V
C_4 地下水全盐量/(mg/L)	(−)	<300	500	1000	2000	>2000
C_5 地下水位降幅/(m/a)	(−)	<0.2	0.3	0.4	0.5	>0.5
C_6 土壤有机质含量/(g/kg)	(+)	>40	30	20	10	<10
C_7 土壤重金属污染指数	(−)	<0.7	1.0	2.0	3.0	>3.0
C_8 土壤含盐量/%	(−)	<0.1	0.2	0.4	0.6	>0.6
C_9 施肥量/(kg/hm²)	(−)	<150	200	250	300	>300
C_{10} 施药量/(kg/hm²)	(−)	<3	5	8	10	>10
C_{11} 灌溉定额/(m³/hm²)	(−)	600	800	1000	1200	>1200
C_{12} 作物产量/(kg/hm²)	(+)	>7500	4500	3000	1500	<1500

表 12-41 中的正号表示正效应，即指标为越大越优型，负号表示负效应，即指标为越小越优型。这里所说的正负效应只是对于一个合理区间的相对值，正效应不是绝对的越大越好，负效应也不是绝对的越小越好。

表 12-41 中确定的各个标准是根据国家标准、大量文献以及实际经验制定的。

选择泾惠渠灌区 2009 年的数据，对上述选择的评价方法和灌区生态环境现状进行验证。通过查阅《陕西省泾惠渠管理局灌溉技术资料汇编》（1999 年）、中国气象科学数据共享服务网、中国种植业信息网以及试验测定得到泾惠渠灌区 2009 年各指标值分别为：年蒸发量为 1302mm，年降水量为 585mm，灌区灌溉水质级别为 IV 级，地下水全盐量为 1804mg/L，地下水位降幅为 0.59m/a，土壤有机质含量为 17.4g/kg，土壤重金属污染指数为 0.6，土壤含盐量为 0.064%，施肥量为 579kg/hm²，施药量为 4.2 kg/hm²，灌溉定额为 1200m³/hm²，作物产量为 5011 kg/hm²。

根据半梯形分布隶属函数对各层指标评价等级的隶属度进行计算，用模糊矩阵 R 表示。

$\boldsymbol{R}_{C_1} = [0\quad 0\quad 0\quad 0.887\quad 0.113]$ 　　　$\boldsymbol{R}_{C_2} = [0.283\quad 0.717\quad 0\quad 0\quad 0]$

$\boldsymbol{R}_{C_3} = [0\quad 0\quad 0\quad 1\quad 0]$ 　　　$\boldsymbol{R}_{C_4} = [0\quad 0\quad 0.196\quad 0.804\quad 0]$

$\boldsymbol{R}_{C_5} = [0\quad 0\quad 0\quad 0\quad 1]$ 　　　$\boldsymbol{R}_{C_6} = [0\quad 0\quad 0.74\quad 0.26\quad 0]$

$\boldsymbol{R}_{C_7} = [1\quad 0\quad 0\quad 0\quad 0]$ 　　　$\boldsymbol{R}_{C_8} = [1\quad 0\quad 0\quad 0\quad 0]$

$\boldsymbol{R}_{C_9} = [0\quad 0\quad 0\quad 0\quad 1]$ 　　　$\boldsymbol{R}_{C_{10}} = [0.4\quad 0.6\quad 0\quad 0\quad 0]$

$\boldsymbol{R}_{C_{11}} = [0\quad 0\quad 0\quad 0\quad 1]$ 　　　$\boldsymbol{R}_{C_{12}} = [0.17\quad 0.83\quad 0\quad 0\quad 0]$

准则层因素评价矩阵分别为

$$\boldsymbol{R}_{B_1} = \begin{bmatrix} 0 & 0 & 0.887 & 0.113 & 0 \\ 0.283 & 0.717 & 0 & 0 & 0 \end{bmatrix}$$

$$R_{B_2} = \begin{bmatrix} 0 & 0 & 0 & 1 & 0 \\ 0 & 0 & 0.196 & 0.804 & 0 \\ 0 & 0 & 0 & 0 & 1 \end{bmatrix}$$

$$R_{B_3} = \begin{bmatrix} 0 & 0 & 0.74 & 0.26 & 0 \\ 1 & 0 & 0 & 0 & 0 \\ 1 & 0 & 0 & 0 & 0 \end{bmatrix}$$

$$R_{B_4} = \begin{bmatrix} 0 & 0 & 0 & 0 & 1 \\ 0.4 & 0.6 & 0 & 0 & 0 \\ 0 & 0 & 0 & 0 & 1 \\ 0.17 & 0.83 & 0 & 0 & 0 \end{bmatrix}$$

准则层各因素指标权重分别为

$$W_{B_1} = [0.5 \quad 0.5] \qquad\qquad W_{B_2} = [0.648 \quad 0.230 \quad 0.122]$$

$$W_{B_3} = [0.2 \quad 0.4 \quad 0.4] \qquad W_{B_4} = [0.152 \quad 0.282 \quad 0.076 \quad 0.490]$$

12.6.4.1 指标层模糊综合评价

1）气候环境系统综合评价：

$$B_1 = W_{B_1} \times R_{B_1} = [0.1415 \quad 0.3585 \quad 0.4435 \quad 0.0565 \quad 0]$$

2）水资源系统综合评价：

$$B_2 = W_{B_2} \times R_{B_2} = [0 \quad 0 \quad 0.0451 \quad 0.8329 \quad 0.122]$$

3）土壤环境系统综合评价：

$$B_3 = W_{B_3} \times R_{B_3} = [0.8 \quad 0 \quad 0.148 \quad 0.052 \quad 0]$$

4）人类影响与经济综合评价：

$$B_4 = W_{B_4} \times R_{B_4} = [0.1961 \quad 0.5759 \quad 0 \quad 0 \quad 0.228]$$

12.6.4.2 准则层模糊综合评价

总评价矩阵为

$$R = \begin{bmatrix} B_1 \\ B_2 \\ B_3 \\ B_4 \end{bmatrix} = \begin{bmatrix} 0.1415 & 0.3585 & 0.4435 & 0.0565 & 0 \\ 0 & 0 & 0.0451 & 0.8329 & 0.122 \\ 0.8 & 0 & 0.148 & 0.052 & 0 \\ 0.1961 & 0.5759 & 0 & 0 & 0.228 \end{bmatrix}$$

总评价指标权重为

$$W = [0.0819 \quad 0.2348 \quad 0.2348 \quad 0.4486]$$

总指标模糊综合评价为

$$B = W \times R = [0.2874 \quad 0.2877 \quad 0.0817 \quad 0.2124 \quad 0.1309]$$

从评价结果可以看出隶属度最大值为 0.2877，即评价结果中优占 28.74%，良占 28.77%，一般占 8.17%，差占 21.24%，很差占 13.09%。

12.6.4.3 模糊综合评价结论

$$P = B \times M = \begin{bmatrix} 0.2874 & 0.2877 & 0.0817 & 0.2124 & 0.1309 \end{bmatrix} \begin{bmatrix} 1 \\ 2 \\ 3 \\ 4 \\ 5 \end{bmatrix} = 2.612$$

式中，M 为评价等级对应的矩阵，$M = \begin{bmatrix} 1 & 2 & 3 & 4 & 5 \end{bmatrix}^{\mathrm{T}}$。

评价结果为 2.612，结果表明泾惠渠灌区生态环境质量等级介于良和一般之间，说明灌区生态环境质量总体良好，与灌区实际情况相吻合，主要影响因素是人为因素，如生活污水、工业污水排放，农药、化肥的使用等。灌区存在的水污染和土壤污染等问题，导致灌区离生态灌区的标准还差很远，因此，应该针对灌区存在的问题提出合理的改善措施，以提高灌区生态环境质量。

12.6.5 提高灌区生态环境质量的措施

由总评价指标权重可以看出，影响灌区环境质量的主要因素是人类活动影响，表现在水环境和土壤环境状况。其中人类影响中主要影响因素是施药量；水环境中的主要影响因素是地表水的水质，土壤环境主要影响因素是土壤有机质含量。灌区地表水质主要是受到工厂污水、生活污水、化肥以及农药的污染，虽然符合灌溉水质的要求，但是总体状况较差；地下水中含盐量过高，导致地下水水质不好，饮用口感差，有的地区地下水甚至不能饮用；土壤环境总体良好，没有严重的重金属污染和明显的盐渍化现象，但有机质含量相对比较低；灌区气候环境一般的原因主要是植被覆盖率较低，没有成片的树林。

根据引起灌区生态环境变差的因素，提出改善环境质量的措施：加强各类工业废水、农业污水及生活污水的排放管理，从源头上控制水体污染问题对已经被污染的水体进行综合治理，以提高水体的质量；修建水利工程，保证地表水灌溉水量满足灌溉要求，同时，提高农业节水技术，充分利用地表水资源，减少地下水的开采；加强宣传教育，科学引导农民合理地施肥用药，调整氮、磷、钾的使用比例，提高土壤有机质含量，鼓励农民多采用生物制剂，减少农药的使用；调整作物种植结构，在灌区多种植树木，提高灌区植被覆盖率，增强灌区生态稳定性。

12.7 小　结

通过对泾惠渠灌区地下水质分析及评价，分析泾惠渠灌区气象、水资源、土壤资源、生境资源等资料，运用模糊层次综合评价法对泾惠渠灌区的生态环境质量进行综合评价，得出以下结论。

1）泾惠渠灌区地下水水环境为碱性微咸水，其主要离子浓度变化规律为：阳离子

$Na^+>Mg^{2+}>Ca^{2+}>K^+$；阴离子 $HCO_3^->SO_4^{2-}>Cl^-$。浅层地下水中 NO_3^- 有 50% 以上超标，深层地下水超标较少，且 $2014\sim2015$ 年 NO_3^- 污染进一步加重。

2）利用熵值法确定权重，模糊综合评价方法对泾惠渠灌区分析得到浅层地下水的水质比深层地下水的水质差，浅层地下水水质绝大多数属于 V 类水，不适宜饮用，深层地下除少部分地下水属于 V 类水，大多数地下水属于 Ⅲ 类水，适宜饮用，还有一小部分水属于 Ⅱ 类水。所以对于研究区居民饮水建议统一供给深层地下水。

3）对 $1990\sim2015$ 年的地下水水质评价，结果表明泾惠渠地下水在 $1990\sim2009$ 年水质逐渐变差，但在 $2009\sim2013$ 年有短暂的好转迹象，但是 2015 年水质又开始变差，原因可能是灌区自 2008 年开始采取相应的一系列措施抑制地下水位下降，一方面灌区加强环境保护，指导农民合理施水施肥。所以灌区地下水水质逐渐变好，但是由于 2015 年灌区降水较 2014 年少，2015 年地下水位下降，另一方面 9 月的部分降水使得土壤中的盐分和养分逐渐淋失到地下水中，使地下水水质变差。

4）运用 Gibbs 图，离子相关性分析和地下水化学模拟的方法，得出泾惠渠地下水系统中影响地下水化学成分的主要作用有蒸发浓缩作用、阳离子交换作用和水岩相互作用。蒸发浓缩作用使研究区浅层地下水中的 TDS 和 Na^+ 增加，阳离子交换作用主要使地下水中的 Na^+ 减少，Ca^{2+} 增多，方解石和白云石处于过饱和状态，石膏、硬石膏、岩盐、芒硝处于非饱和状态，有继续溶解趋势。

5）泾惠渠井灌区和渠灌区不同水源灌溉的地下水，井灌区地下水各离子的浓度比渠灌区大，Ca^{2+} 浓度变异系数最大且在两种区域的含量有显著性差异，Na^++K^+ 浓度和 HCO_3^- 浓度无显著性差异。两种类型区域 Ca^{2+} 浓度和 Na^++K^+ 浓度随时间的变化规律均相反，但是 Ca^{2+} 浓度和 Na^++K^+ 浓度在两种类型区域内的变化趋势基本相同，所以引起 Ca^{2+} 浓度和 Na^++K^+ 浓度暂时性变化的原因是灌溉和降水。而 Ca^{2+} 在井灌区和渠灌区的浓度有显著差异的主要原因是井灌区灌溉水中各离子浓度和灌水频率比渠灌区高。Na^+ 在两种类型区域浓度差异比较大是因为阳离子交换作用和土壤吸附。

6）运用 SAR、%Na、RSC、PI 四个单因素指标对研究区浅层地下水碱害风险评价，得出 RSC 和 SAR 两个评价指标的结果均显示研究区地下水绝大多数很适宜灌溉，%Na 和 PI 两个评价指标的结果显示研究区浅层地下水绝大多数适宜灌溉，即研究区若使用此种地下水灌溉，地下水受碱害的风险较小，且适宜灌溉。

7）结合地下水可能会给作物和土壤带来的碱害和盐害的风险，选用 Wilcox 图和 USSL 图评价地下水水质，得出研究区浅层地下水若用于灌溉会带来很严重的盐害风险和中等程度的碱害风险，但是由于地下水位较低，土壤不易发生盐碱化和次生盐碱化，但是由于 Na^+ 含量较高，可能会在土壤表层发生阳离子交换作用，从而使土壤的透水性降低，土壤结构被破坏，所以应主要防止 Na^+ 的危害。

8）灌区地表水污染较为严重，等级为 Ⅳ 级，地下水含盐量较高，饮用口感差，有的地区地下水甚至不符合饮用标准，地下水开采量过大，地下水位下降快，形成明显的地下漏斗。

9）灌区土壤状况总体良好，由于氮、磷、钾肥使用量比例失调，造成土壤有机质含量处于轻度缺乏状态，土壤含盐量和重金属含量都比较低，没有出现明显的盐渍化和重金属污染现象。灌区农药和化肥的使用量过高，远远高出发达国家设置的安全线，其中氮、磷、钾肥使用量比例失调，氮肥使用量过高，造成灌区土壤肥力不均。

10）运用模糊层次综合评价法对泾惠渠灌区的生态环境质量进行评价，结果表明，泾惠渠灌区生态环境质量介于良和一般之间，说明灌区生态环境质量总体状况良好，与灌区的实际情况相符。

参考文献

白美健，许迪，李益农，等．2005．地面灌溉土壤入渗参数时空变异性试验研究．水土保持学报，19（5）：120-123，151．

白美健，许迪，李益农．2006．随机模拟畦面微地形分布及其差异性对畦灌性能的影响．农业工程学报，22（6）：28-32．

白美健，许迪，李益农．2010．不同微地形条件下入渗空间变异对畦灌性能影响分析．水利学报，41（6）：732-738．

柏秦凤，李星敏，朱琳．2013．近50年陕西省无霜期的变化及果区霜冻风险分布．干旱区资源与环境，27（8）：65-70．

卞海文，徐甲存，冯俊．2011．基于主成分分析的灌区运行状况综合评价．水利规划与设计，（1）：26-28，75．

蔡大鑫，沈能展，崔振才．2004．调亏灌溉对作物生理生态特征影响的研究进展．东北农业大学学报，35（2）：239-243．

蔡焕杰．2003．大田作物膜下滴灌的理论与应用．杨凌：西北农林科技大学出版社．

蔡焕杰，康绍忠，张振华，等．2000．作物调亏灌溉的适宜时间与调亏程度的研究．农业工程学报，16（3）：24-27．

蔡甲冰，刘钰，雷廷武，等．2004．精量灌溉决策定量指标研究现状与进展．水科学进展，15（4）：531-537．

蔡甲冰，许迪，刘钰，等．2011．冬小麦返青后腾发量时空尺度效应的通径分析．农业工程学报，27（8）：69-76．

蔡剑，姜东．2011．气候变化对中国冬小麦生产的影响．农业环境科学学报，30（9）：1726-1733．

曹利军．1998．区域可持续发展轨迹及其度量．中国人口·资源与环境，8（2）：46-50．

曹卫星，江海东．1996．小麦温光反应与发育进程的模拟．南京农业大学学报，19（1）：9-16．

曹卫星，罗卫红．2003．作物系统模拟及智能管理．北京：高等教育出版社．

陈防．2002．农业环境与化肥使用．农资科技，（5）：8-11．

陈凤．2004．作物蒸发蒸腾的测量及作物系数变化规律的研究．杨凌：西北农林科技大学硕士学位论文．

陈凤，蔡焕杰，王健，等．2006．杨凌地区冬小麦和夏玉米蒸发蒸腾和作物系数的确定．农业工程学报，22（5）：191-193．

陈功．1994．宁夏扬黄新灌区生态环境变化及效益评估．宁夏农林科技，（3）：9-13．

陈国庆，齐文增，李振，等．2010．不同氮素水平下超高产夏玉米冠层的高光谱特征．生态学报，30（22）：6035-6043．

陈江鲁，王克如，李少昆，等．2011．基于光谱参数的棉花叶面积指数监测和敏感性分析．棉花学报，23（6）：552-558．

陈杰，杨京平，王兆骞．2001．浙北地区不同种植方式下春玉米生长发育的动态模拟．应用生态学报，12（6）：859-862．

陈立，张发旺，程彦培，等．2009．宁夏海原盆地地下水水化学特征及其演化规律．现代地质，23（1）：9-14．

陈琳，刘俊民，刘小学．2010．支持向量机在地下水水质评价中的应用．西北农林科技大学学报（自然科学版），38（11）：221-226．

陈南祥．2008．水文地质学．北京：中国水利水电出版社．

陈维君．2006．水稻成熟度和收获时期的高光谱监测．杭州：浙江大学硕士学位论文．

陈晓远, 刘晓英, 罗远培. 2003. 土壤水分对冬小麦根、冠干物质动态消长关系的影响. 中国农业科学, 36 (12): 1502-1507.

陈新明, 张学. 2003. 关中经济区小麦玉米节水增产高效试验研究. 节水灌溉, (3): 8-10.

陈永金, 陈亚宁, 薛燕. 2004. 干旱区植物耗水量的研究与进展. 干旱区资源与环境, 18 (6): 152-158.

程强, 孙宇瑞, 林剑辉, 等. 2009. 牧场土壤含水率与坚实度空间变异与相关性分析. 农业机械学报, 40 (3): 103-107, 89.

程宪国, 汪德水, 张美荣, 等. 1996. 不同土壤水分条件对冬小麦生长及养分吸收的影响. 中国农业科学, 29 (4): 67-74.

程旭学, 陈崇希, 闫成云. 2008. 河西走廊疏勒河流域地下水资源合理开发利用调查评价. 北京: 地质出版社.

程一松, 胡春胜, 郝二波, 等. 2003. 氮素胁迫下的冬小麦高光谱特征提取与分析. 资源科学, 25 (1): 86-93.

池宏康, 周广胜, 许振柱, 等. 2005. 表观反射率及其在植被遥感中的应用. 植物生态学报, 29 (1): 74-80.

迟道才, 马涛, 李松. 2008. 基于博弈论的可拓评价方法在灌区运行状况评价中的应用. 农业工程学报, 24 (8): 36-39.

丛振涛, 雷志栋, 胡和平, 等. 2005a. 冬小麦生长与土壤–植物–大气连续体水热运移的耦合研究 II: 模型验证与应用. 水利学报, 36 (6): 741-745.

丛振涛, 雷志栋, 胡和平, 等. 2005b. 冬小麦生长与土壤–植物–大气连续体水热运移的耦合研究 I: 模型. 水利学报, 36 (5): 575-580.

崔振岭, 陈新平, 张福锁, 等. 2006. 不同灌溉畦长对麦田灌水均匀度与土壤硝态氮分布的影响. 中国生态农业学报, 14 (3): 82-85.

邓辉, 周清波. 2006. 土壤水分遥感监测方法进展. 中国农业资源与区划, 25 (3): 46-49.

邓振镛, 张强, 王强, 等. 2011. 黄土高原旱塬区土壤贮水量对冬小麦产量的影响. 生态学报, 31 (18): 5281-5290.

丁端锋. 2006. 调亏灌溉对作物生长和产量影响机制的试验研究. 杨凌: 西北农林科技大学硕士学位论文.

董孟军, 白美健, 李益农, 等. 2010. 地面灌溉土壤入渗参数及糙率系数确定方法研究综述. 灌溉排水学报, 29 (1): 129-132.

窦妍. 2007. 盐池地区地下水化学成分演化规律研究. 西安: 长安大学硕士学位论文.

杜蕙. 2010. 农药污染对生态环境的影响及可持续治理对策. 甘肃农业科技, (11): 24-28.

杜加强, 熊珊珊, 刘成程, 等. 2013. 黄河上游地区几种参考作物蒸散量计算方法的适用性比较. 干旱区地理, 36 (5): 831-840.

杜军, 杨培岭, 任树梅, 等. 2011. 河套灌区干渠衬砌对地下水及生态环境的影响. 应用生态学报, 22 (1): 144-150.

杜丽娟, 刘钰, 雷波. 2010. 灌区节水改造环境效应评价研究进展. 水利学报, 41 (5): 613-618.

段爱旺, 张寄阳. 2000. 中国灌溉农田粮食作物水分利用效率的研究. 农业工程学报, 16 (4): 41-44.

段家旺, 孙景生, 刘钰, 等. 2004. 北方地区主要农作物灌溉用水定额. 北京: 中国农业科学技术出版社.

樊贵盛, 李雪转, 李红星. 2012. 非饱和土壤介质水分入渗问题. 北京: 中国水利水电出版社: 17-39.

樊引琴. 2001. 作物蒸发蒸腾量的测定与作物需水量计算方法的研究. 杨凌: 西北农林科技大学硕士学位论文.

樊引琴，蔡焕杰．2002．单作物系数法和双作物系数法计算作物需水量的比较研究．水利学报，33（3）：50-54．

樊志升，胡毓骐，周子奎．1997．间歇畦灌灌水技术及其节水机理的试验研究．灌溉排水，16（4）：37-41．

范春辉．2007．浅析地下水资源的污染与防治．环境科学与管理，32（8）：35-43．

方延旭，杨培岭，宋素兰，等．2011．灌区生态系统健康二级模糊综合评价模型及其应用．农业工程学报，27（11）：199-205．

房全孝，陈雨海，李全起．2004．灌溉对冬小麦水分利用效率影响的研究．农业工程学报，20（4）：34-39．

房全孝，王建林，于舜章．2011．华北平原小麦–玉米两熟制节水潜力与灌溉对策．农业工程学报，27（7）：37-44．

房稳静，张雪芬，郑有飞．2006．冬小麦灌浆期干旱对灌浆速率的影响．中国农业气象，27（2）：98-101．

冯锦萍，樊贵盛．2003．土壤水分入渗年变化特性的试验研究．太原理工大学学报，34（1）：16-19．

冯伟，朱艳，田永超，等．2008．基于高光谱遥感的小麦冠层叶片色素密度监测．生态学报，28（10）：4902-4911．

冯伟，朱艳，姚霞，等．2009．基于高光谱遥感的小麦叶干重和叶面积指数监测．植物生态学报，33（1）：34-44．

高阳，段爱旺．2006．冬小麦–春玉米间作模式下光合有效辐射特性研究．中国生态农业学报，14（4）：115-118．

高照山，韩俊明．1989．赤峰市区附近地下水水化学特征及其形成．中国地质大学学报，14（6）：635-643．

高振晓．2014．泾惠渠灌区冬小麦节水灌溉制度模式研究．杨凌：西北农林科技大学硕士学位论文．

谷晓静．2009．陕西省泾惠渠灌区土壤质量分析与评价．西安：长安大学硕士学位论文．

顾斌杰，王超，王沛芳．2005．生态型灌区理念及构建措施初探．中国农村水利水电，（12）：7-9．

郭孟霞，毕华兴，刘鑫，等．2016．树木蒸腾耗水研究进展．中国水土保持科学，4（4）：114-120．

郭清海，王焰新．2014．典型新生代断陷盆地内孔隙地下水地球化学过程及其模拟：以山西太原盆地为例．地学前缘，21（4）：83-90．

韩景卫．2003．泾河和渭河的水质特征研究．西北大学学报（自然科学版），33（3）：341-343，348．

韩娟．2000．利用大型蒸渗仪测定蒸发蒸腾量及作物需水量计算方法的研究．杨凌：西北农林科技大学硕士学位论文．

韩娜娜，王仰仁，孙书洪，等．2010．灌水对冬小麦耗水量和产量影响的试验研究．节水灌溉，（4）：4-7．

韩占江，于振文，王东，等．2009．调亏灌溉对冬小麦耗水特性和水分利用效率的影响．应用生态学报，20（11）：2671-2677．

郝和平，郑和祥，史海滨，等．2009．内蒙古河套灌区节水型地面灌溉技术研究．内蒙古水利，（3）：6-8．

郝晶晶，马孝义，王波雷，等．2008．基于VOF的量水槽流场数值模拟．灌溉排水学报，27（2）：26-29．

郝艳茹，劳秀荣，孙伟红，等．2003．小麦/玉米间作作物根系与根际微环境的交互作用．农村生态环境，19（4）：18-22．

何承刚，黄高宝，姜华．2003．氮素水平对单作和间套作小麦玉米品质影响的比较研究．植物营养与肥料学报，9（3）：280-283．

何利文 . 2006. 农药对地下水的污染影响与环境行为研究 . 南京：南京农业大学硕士学位论文 .

何顺之，彭世彰 . 2000. 农作物优化组合需水规律试验研究 . 节水灌溉，（4）：22-25，42.

贺明荣，王振林，高淑萍 . 2001. 不同小麦品种干粒重对灌浆期弱光的适应性分析 . 作物学报，27（5）：640-644.

贺屹 . 2011. 渠井双灌区地下水超采情况下的动态分析及人工补给研究 . 西安：长安大学博士学位论文 .

胡泊 . 2011. 江苏省节水型生态灌区评价指标体系研究与软件开发 . 扬州：扬州大学硕士学位论文 .

胡玉昆，杨永辉，杨艳敏，等 . 2009. 华北平原灌溉量对冬小麦产量、蒸发蒸腾量、水分利用效率的影响 . 武汉大学学报，42（6）：701-705.

黄策，王天铎 . 1986. 水稻群体物质生产过程的计算机模拟 . 作物学报，12（1）：1-8.

黄进勇，李新平，孙敦立 . 2003. 黄淮海平原冬小麦–春玉米–夏玉米复合种植模式生理生态效应研究 . 应用生态学报，14（1）：51-56.

黄梦琪 . 2007. 水分亏缺条件下作物需水量的计算及地下水补给量的确定 . 杨凌：西北农林科技大学硕士学位论文 .

吉海彦，王鹏新，严泰来 . 2007. 冬小麦活体叶片叶绿素和水分含量与反射光谱的模型建立 . 光谱学与光谱分析，27（3）：514-516.

纪鹏 . 2010. 泾惠渠灌区浅层地下水水质空间分布特征及水质预测研究 . 西安：长安大学硕士学位论文 .

季仁保 . 2005. 我国灌区生态环境的探索与评价建议 . 水利工程生态影响论坛，（10）：21-26.

季书勤，赵淑章，吕凤荣，等 . 2003. 水氮配合对强筋小麦产量和品质的影响及其相关性分析 . 中国农学通报，19（1）：36-38，47.

贾大林 . 2001. 发展节水农业的若干问题 . 水利发展研究，（1）：9-12.

贾殿勇 . 2013. 不同灌溉模式对冬小麦籽粒产量、水分利用效率和氮素利用效率的影响 . 泰安：山东农业大学硕士学位论文 .

姜翠玲，夏自强，刘凌，等 . 1997. 污水灌溉土壤及地下水三氮的变化动态分析 . 水科学进展，8（2）：183-188.

姜丽娜，郑冬云，王言景，等 . 2010. 氮肥施用时期及基追比对豫中地区小麦叶片生理及产量的影响 . 麦类作物学报，30（1）：149-153.

蒋金豹，黄文江，陈云浩 . 2010. 用冠层光谱比值指数反演条锈病胁迫下的小麦含水量 . 光谱学与光谱分析，30（7）：1939-1943.

缴锡云，虞晓彬，张仙，等 . 2013. 畦灌表施肥料条件下氮素入渗量估算模型 . 节水灌溉，（10）：8-10，13.

金林雪，李映雪，徐德福，等 . 2012. 小麦叶片水分及绿度特征的光谱法诊断 . 中国农业气象，33（1）：124-128.

居辉，周殿玺 . 1998. 不同时期低额灌溉的冬小麦耗水规律研究 . 耕作与栽培，（2）：20-23.

瞿瑛，刘素红，夏江周 . 2010. 照相法测量冬小麦覆盖度的图像处理方法研究 . 干旱区地理，33（6）：997-1003.

康绍忠 . 2007. 农业水土工程概论 . 北京：中国农业出版社 .

康绍忠，蔡焕杰 . 1996. 农业水管理学 . 北京：中国农业出版社 .

康绍忠，蔡焕杰 . 2001. 作物根系分区交替灌溉和调亏灌溉的理论与实践 . 北京：中国农业出版社 .

康绍忠，刘晓明，熊运章 . 1994. 土壤—植物—大气连续体水分传输理论及其应用 . 北京：水利电力出版社 .

康绍忠，胡笑涛，蔡焕杰，等 . 2004. 现代农业与生态节水的理论创新及研究重点 . 水利学报，35（12）：1-7.

康燕霞.2006.波文比和蒸渗仪测量作物蒸发蒸腾量的试验研究.杨凌:西北农林科技大学硕士学位论文.

寇文杰.2012.地下水化学分类方法的思考.西部资源,(5):108-109.

赖波,董巨河,王飞,等.2013.农药污染对土壤质量的影响及防治措施.新疆农业科技,(3):17-18.

雷波,刘钰,杜丽娟.2011.灌区节水改造环境效应综合评价研究初探.灌溉排水学报,30(3):100-103.

雷水玲.2000.应用DSSAT3模型研究宁夏红寺堡灌区小麦生长过程及产量.干旱地区农业研究,18(3):98-103.

黎平,胡笑涛,蔡焕杰,等.2012.基于SIRMOD的畦灌质量评价及其技术要素优化,人民黄河,34(4):77-80,83.

李彩霞.2011.沟灌条件下SPAC系统水热传输模拟.北京:中国农业科学院硕士学位论文.

李存军,赵春江,刘良云,等.2004.红外光谱指数反演大田冬小麦覆盖度及敏感性分析.农业工程学报,20(5):159-164.

李贵娟.2010.定边县周台子地区地下水水化学演化规律研究.西安:西北大学硕士学位论文.

李海霞,胡振琪,李宁,等.2008.淮南某废弃矿区污染场的土壤重金属污染风险评价.煤炭学报,33(4):423-426.

李会昌,1997.SPAC中水分运移与作物生长动态模拟及其在灌溉预报中的应用研究.武汉:武汉水利电力大学博士学位论文.

李慧伶,王修贵,崔远来,等.2006.灌区运行状况综合评价的方法研究.水科学进展,17(4):543-548.

李佳宝,魏占民,徐睿智,等.2014.基于SRFR模型的畦灌入渗参数推求模拟分析.节水灌溉,(2):1-3.

李建民,王璞,周殿玺,等.1999.冬小麦灌溉制度对土壤贮水利用的影响.生态农业研究,7(1):54-57.

李军,王立祥,邵明安,等.2002.黄土高原地区玉米生产潜力模拟研究.作物学报,28(4):555-560.

李名升,佟连军.2008.辽宁省污灌区土壤重金属污染特征与生态风险评价.中国生态农业学报,16(6):1517-1522.

李石琳,刘钰,付强,等.2014.夏玉米不同生育期农田系统水分利用率研究.灌溉排水学报,33(3):115-118.

李世娟,周殿玺,诸叶平,等.2002.水分和氮肥运筹对小麦氮素吸收分配的影响.华北农学报,17(1):69-75.

李锁玲,孟瑞娟,卢健.2013.水氮耦合对冬小麦不同生育期干物质积累量及水分利用效率的影响.山东农业科学,45(7):87-90.

李文学,孙建好,李隆,等.2001.不同施肥处理与间作形式对带田中玉米产量及氮营养状况的影响.中国农业科技导报,3(3):36-39.

李现勇.2008.泾惠渠灌区生态环境质量分析与评价.西安:长安大学硕士学位论文.

李向全,侯新伟,周志超,等.2009.太原盆地地下水系统水化学特征及形成演化机制.现代地质,23(1):1-8.

李新波,郝晋珉,胡克林,等.2008.集约化农业生产区浅层地下水埋深的时空变异规律.农业工程学报,24(4):95-98.

李雪静.2000.泾惠灌区地下水合理开发利用分析研究.地下水,22(4):164-165.

李雪转,樊贵盛.2006.土壤有机质含量对土壤入渗能力及参数影响的试验研究.农业工程学报,

22（3）：188-190.

李彦，王勤学，马健，等.2004. 盐生荒漠地表水、热与CO_2输送的实验研究. 地理学报，59（1）：33-39.

李益农，许迪，李福祥.2001a. 田面平整精度对畦灌系统性能影响的模拟分析. 农业工程学报，17（4）：43-48.

李益农，许迪，李福祥.2001b. 影响水平畦田灌溉质量的灌水技术要素分析. 灌溉排水，20（4）：10-14.

李英能.2001. 作物与水资源利用. 重庆：重庆出版社.

李英能.2002. 大型灌区农业高效用水的对策. 中国农村水利水电，（1）：45-47.

李远华，罗金耀.2003. 节水灌溉理论与技术. 武汉：武汉大学出版社.

李卓，吴普特，冯浩，等.2009. 容重对土壤水分入渗能力影响模拟试验. 农业工程学报，25（6）：40-45.

栗丽，洪坚平，王宏庭，等.2013. 水氮互作对冬小麦氮素吸收分配及土壤硝态氮积累的影响. 水土保持学报，27（3）：138-142，149.

梁军，江薇，李旭宏.2002. 模糊综合评价方法改进及其在交通管理规划中的应用. 交通运输工程学报，2（4）：68-72.

梁亮，杨敏华，张连蓬，等.2011. 小麦叶面积指数的高光谱反演. 光谱学与光谱分析，31（6）：1658-1662.

梁文清.2012. 冬小麦-夏玉米蒸发蒸腾及作物系数的研究. 杨凌：西北农林科技大学硕士学位论文.

梁宗锁，康绍忠，张建华，等.1998. 控制性分根交替灌水对作物水分利用率的影响及节水效应. 中国农业科学，31（5）：88-90.

林学钰，方燕娜，廖资生.2009. 全球气候变暖和人类活动对地下水温度的影响. 北京师范大学学报（自然科学版），45（5/6）：452-457.

林忠辉，莫兴国，项月琴.2003a. 作物生长模型研究综述. 作物学报，29（5）：750-758.

林忠辉，项月琴，莫兴国，等.2003b. 夏玉米叶面积指数增长模型的研究. 中国生态农业学报，11（4）：69-72.

刘焕军，张柏，宋开山，等.2008. 黑土土壤水分光谱响应特征与模型. 中国科学院研究生院学报，25（4）：503-509.

刘嘉美，王文娥，胡笑涛.2014. U形渠道圆头量水柱的数值模拟. 中国农业大学学报，19（1）：168-174.

刘克礼，刘景辉.1994. 春玉米干物质积累分配与转移规律研究. 内蒙古农牧学院学报，15（1）：1-10.

刘克礼，张美莉，高聚林.1994. 春玉米子粒干物质积累的数量分析. 华北农学报，9（4）：17-22.

刘培，蔡焕杰，王健.2010. 土壤水分胁迫对冬小麦生长发育、物质分配及产量构成的影响. 农业现代化研究，31（3）：330-333.

刘伟东，Frédéric Baret，张兵，等.2004. 高光谱遥感土壤湿度信息提取研究. 土壤学报，41（5）：700-706.

刘晓宏，肖洪浪，赵良菊.2006. 不同水肥条件下春小麦耗水量和水分利用率. 干旱地区农业研究，24（1）：56-59.

刘晓英，罗远培.2002. 干旱胁迫对作物生长后效影响的研究现状. 干旱地区农业研究，20（4）：6-10.

刘晓英，罗远培，石元春.2002. 考虑水分胁迫滞后影响的作物生长模型. 水利学报，33（6）：32-37.

刘晓英，林而达，刘培军.2003. Priestley-Taylor与Penman法计算参照作物腾发量的结果比较. 农业工程学报，19（1）：32-36.

刘璇.2005.浅谈陕西省泾惠渠灌区水资源优化配置问题.水利与建筑工程学报,3（2）：62-64.

刘燕,朱红艳.2011.泾惠渠灌区水环境劣变特征及地下水调蓄能力分析.农业工程学报,27（6）：19-24.

刘燕.2010.泾惠渠灌区地下水位动态变化特征及成因分析.人民长江,41（8）：100-103.

刘钰,Pereira L S.2000a.对FAO推荐的作物系数计算方法的验证.农业工程学报,16（5）：26-30.

刘钰,Pereira L S.2000b.气象数据缺测条件下参照腾发量的计算方法.水利学报,31（6）：27-33.

刘增进,李宝萍,李远华,等.2004.冬小麦水分利用效率与最优灌溉制度的研究.农业工程学报,20（4）：58-63.

刘战东,段爱旺,肖俊夫,等.2007.旱作物生育期有效降水量计算模式研究进展.灌溉排水学报,26（3）：27-30,34.

陆乐,吴吉春.2010.地下水数值模拟不确定性的贝叶斯分析.水利学报,41（3）：264-271.

陆燕,何江涛,王俊杰,等.2012.北京平原区地下水污染源识别与危害性分级.环境科学,33（5）：1526-1531.

吕宏兴,刘焕芳,朱晓群,等.2006.机翼形量水槽的试验研究.农业工程学报,22（9）：119-123.

罗毅,于强,欧阳竹,等.2000.利用精确的田间实验资料对几个常用根系吸水模型的评价与改进.水利学报,31（4）：73-80.

罗玉峰,李思,彭世彰,等.2013.基于气温预报和HS公式的参考作物腾发量预报.排灌机械工程学报,31（11）：987-992.

马闯,杨军,雷梅,等.2012.北京市再生水灌溉对地下水的重金属污染风险.地理研究,31（12）：2250-2258.

马而超.2009.地下水位动态分析及预报研究.西安：长安大学硕士学位论文.

马海燕,缴锡云.2006.作物需水量计算研究进展.水科学与工程技术,（5）：5-7.

马金慧,杨树青,张武军.2011.河套灌区节水改造对地下水环境的影响.人民黄河,33（1）：68-69.

马娟娟,孙西欢,郭向红,等.2010.畦灌灌水技术参数的多目标模糊优化模型.排灌机械工程学报,28（2）：160-163,178.

马丽,顾显跃,陶新峰.2000.小麦生长模拟模型软构件在VC++中的实现.南京气象学院学报,23（4）：601-607.

茆智,李远华,李会昌.2002.实时灌溉预报.中国工程科学,4（5）：24-33.

孟春红,夏军.2005.土壤-植物-大气系统水热传输的研究.水动力学研究与进展,20（3）：307-312.

孟毅.2005.小麦调亏灌溉及蒸发蒸腾量的试验研究.杨凌：西北农林科技大学硕士学位论文.

孟兆江,贾大林,刘安能,等.2003.调亏灌溉对冬小麦生理机制及水分利用效率的影响.农业工程学报,19（4）：66-69.

牟洪臣,王振华,何新林,等.2015.不同灌水处理对北疆滴灌春小麦生长及产量的影响.节水灌溉,（1）：27-32.

牟会荣.2009.拔节至成熟期遮光对小麦产量和品质形成的影响及其生理机制.南京：南京农业大学博士学位论文.

聂卫波,费良军,马孝义.2011.区域尺度土壤入渗参数空间变异性规律研究.农业机械学报,42（7）：102-108.

聂卫波,费良军,马孝义.2012.畦灌灌水技术要素组合优化.农业机械学报,43（1）：83-88,107.

牛勇,刘洪禄,吴文勇,等.2011.基于大型称重式蒸渗仪的日光温室黄瓜蒸腾规律研究.农业工程学报,27（1）：52-56.

牛志春,倪绍祥.2003.青海湖环湖地区草地植被生物量遥感监测模型.地理学报,58（5）：695-702.

潘根兴，高民，胡国华，等．2011．气候变化对中国农业生产的影响．农业环境科学学报，30（9）：1698-1706.

裴步祥．1985．蒸发和蒸散的测定与计算方法的现状及发展．气象科技，（2）：69-74.

裴浩，范一大，乌日娜．1999．利用卫星遥感监测土壤含水量．干旱区资源与环境，13（1）：73-76.

彭世彰，徐俊增．2004．参考作物蒸发蒸腾量计算方法的应用比较．灌溉排水学报，23（6）：5-9.

彭世彰，徐俊增．2009．农业高效节水灌溉理论与模式．北京：科学出版社.

戚延香，梁文科，阎素红，等．2003．玉米不同品种根系分布和干物质积累的动态变化研究．玉米科学，11（3）：76-79.

齐丽彬，樊军，邵明安，等．2009．紫花苜蓿不同根系分布模式的土壤水分模拟和验证．农业工程学报，25（4）：24-29.

祁有玲，张富仓，李开峰．2009．水分亏缺和施氮对冬小麦生长及氮素吸收的影响．应用生态学报，20（10）：2399-2405.

强虹，刘增文，彭少兵．2003．生态环境质量评价研究．干旱环境监测，17（4）：200-202.

强小嫚．2008．ET0计算公式适用性评价及作物生理指标与蒸发蒸腾量关系的研究．杨凌：西北农林科技大学硕士学位论文.

强小嫚，蔡焕杰，王健．2009．波文比仪与蒸渗仪测定作物蒸发蒸腾量对比．农业工程学报，25（2）：12-17.

强小嫚，蔡焕杰，孙景生，等．2012．陕西关中地区 ET_0 计算公式的适用性评价．农业工程学报，28（20）：121-127.

秦伟，朱清科，张学霞，等．2006．植被覆盖度及其测算方法研究进展．西北农林科技大学学报（自然科学版），34（9）：163-170.

邱让建，杜太生，陈任强．2015．应用双作物系数模型估算温室番茄耗水量．水利学报，46（6）：678-686.

任三学，赵花荣，姜朝阳，等．2010．不同灌水次数对冬小麦产量构成因素及水分利用效率的影响．华北农学报，22（增刊）：169-174.

陕西省地方志编纂委员会．1999．陕西省志第十三卷·水利志．西安：陕西人民出版社.

陕西省气象局《陕西气候》编写组．2009．陕西气候．西安：陕西科学技术出版社.

陕西省水利水土保持厅．1992．陕西省作物需水量及分区灌溉模式．北京：水利电力出版社.

尚宗波，杨继武，殷红，等．1999．玉米生育综合动力模拟模式研究Ⅰ．土壤水分影响子模式．中国农业气象，20（1）：1-5.

尚宗波，杨继武，殷红，等．2000．玉米生长生理生态学模拟模型．植物学报，42（2）：184-194.

申孝军，孙景生，张寄阳，等．2014．水分调控对麦茬棉产量和水分利用效率的影响．农业机械学报，45（6）：150-160.

沈荣开，穆金元．2001．水肥耦合条件下作物产量、水分利用和根系吸氮的试验研究．农业工程学报，17（5）：35-38.

沈玉芳．2006．不同土层水、氮、磷空间组合对冬小麦生理生态特征的影响．杨凌：西北农林科技大学博士学位论文.

沈照理，朱宛华，钟佐燊．1993．水文地球化学基础．北京：地质出版社.

石岩，林琪，位东斌，等．1997．土壤水分胁迫对冬小麦耗水规律及产量的影响．华北农学报，12（2）：76-81.

石玉，于振文．2010．施氮量和氮肥底追比例对济麦20产量、品质及氮肥利用率的影响．麦类作物学报，30（4）：710-714.

石兆勇，王发园．2007. 农药污染对微生物多样性的影响．安徽农业科学，35（19）：5840-5841，5915.

史学斌．2005. 畦灌水流运动数值模拟与关中西部灌水技术指标研究．杨凌：西北农林科技大学硕士学位论文．

舒卫萍，崔远来．2005. 层次分析法在灌区综合评价中的应用．中国农村水利水电，(6)：109-111

司建华，冯起，张小由，等．2005. 植物蒸散耗水量测定方法研究进展．水科学进展，(3)：450-459.

宋春雨，韩晓增，于莉，等．2003. CROPWAT 模型在调亏灌溉研究中的应用．农业系统科学与综合研究，19（3）：214-217，222.

宋开山，张柏，王宗明，等．2006. 基于人工神经网络的大豆叶面积高光谱反演研究．中国农业科学，39（6）：1138-1145.

宋明丹，冯浩，李正鹏，等．2014. 基于 Morris 和 EFAST 的 CERES-Wheat 模型敏感性分析．农业机械学报，45（10），124-131，166.

宋松柏，蔡焕杰．2004. 区域水资源可持续利用评价的人工神经网络模型．农业工程学报，20（6）：89-92.

宋有洪．2003. 玉米生长的生理生态功能与形态结构并行模拟模型．北京：中国农业大学博士学位论文．

苏耀明，苏小四．2007. 地下水水质评价的现状与展望．水资源保护，23（2）：4-12.

苏毅，王克如，李少昆，等．2010. 棉花植株水分含量的高光谱监测模型研究．棉花学报，22（6）：554-560.

宿梅双，李久生，饶敏杰．2005. 基于称重式蒸渗仪的喷灌条件下冬小麦和糯玉米作物系数估算方法．农业工程学报，21（8）：25-29.

孙桂兰．1993. 多层次模糊综合评判法在生态农业评价中的应用．农村生态环境，(1)：54-57，64.

孙红，李民赞，赵勇，等．2010. 冬小麦生长期光谱变化特征与叶绿素含量监测研究．光谱学与光谱分析，30（1）：192-196.

孙景生，陈玉民，康绍忠，等．1996. 夏玉米田作物蒸腾与棵间土壤蒸发模拟计算方法研究．玉米科学，4（1）：76-80.

孙景生，康绍忠，张寄阳，等．2000. 霍泉灌区冬小麦夏玉米高产节水灌溉制度．农业工程学报，16（4）：50-53.

孙景生，刘祖贵，张寄阳，等．2002. 风沙区春小麦作物系数试验研究．农业工程学报，18（6）：55-58.

孙世坤，蔡焕杰，王健．2011. 基于 CROPWAT 模型的非充分灌溉研究．干旱地区农业研究，28（1）：27-33.

孙仕军，张琳琳，陈志君，等．2017. AquaCrop 作物模型应用研究进展．中国农业科学，50（17）：3286-3299.

谭秀翠，杨金忠．石津．2012. 灌区地下水潜在补给量时空分布及影响因素分析．水利学报，43（2）：143-152.

唐登银，于强．2000. 农业节水的科学基础．灌溉排水，19（2）：1-9.

唐西建．2004. 以科学发展观为指导努力把都江堰建设成生态灌区．成都：都江堰建堰 2260 周年国际学术论坛．

唐西建．2007. 都江堰灌区水资源现状、存在问题及对策//中国水利学会青年科技工作委员会．中国水利学会第三届青年科技论坛论文集．中国水利学会青年科技工作委员会．

唐延林，黄敬峰，王秀珍，等．2004. 水稻、玉米、棉花的高光谱及其红边特征比较．中国农业科学，37（1）：29-35.

滕云飞．2006. 玉米/辣椒间作群体生态效应及氮磷营养特性研究．长春：吉林农业大学硕士学位论文．

田佳良．2013. 区域生态环境评价研究综述．环境管理，(11)：63-66.

田庆久，闵祥军.1998. 植被指数研究进展. 地球科学进展，13（4）：327-333.

佟长福，李和平，白巴特尔，等.2015. 基于 WIN ISAREG 模型的青贮玉米灌溉制度优化研究. 中国农学通报，31（21）：65-70.

童成立，张文菊，汤阳，等.2005. 逐日太阳辐射的模拟计算. 中国农业气象，26（3）：165-169.

王宝英，张学.1993. 小麦灌溉的适应条件和相应措施. 陕西水利，（6）：33-35.

王晨阳.1992. 土壤水分胁迫对小麦形态及生理影响的研究. 河南农业大学学报，26（1）：89-98.

王福军.2004. 计算流体动力学分析：CFD 软件原理与应用. 清华大学出版社.

王付洲，杜红伟，李建文.2008. 基于集对分析的灌区运行状况综合评价研究. 安徽农业科学，36（19）：8196-8197，8201.

王贵玲，蔺文静，陈浩.2005. 农业节水缓解地下水位下降效应的模拟. 水利学报，36（3）：286-290.

王浩，陆垂裕，秦大庸，等.2010. 地下水数值计算与应用研究进展综述. 地学前缘，17（6）：1-12.

王家仁，郭凤洪，孙茂真，等.2004. 冬小麦调亏灌溉节水高效技术指标试验初报. 灌溉排水学报，23（1）：36-40.

王健.2009. 小麦辣椒间套作耗水规律及微气象生态适应性试验研究. 杨凌：西北农林科技大学硕士学位论文.

王健，蔡焕杰，刘红英.2002. 利用 Penman-Monteith 法和蒸发皿法计算农田蒸散量的研究. 干旱地区农业研究，20（4）：67-71.

王健，蔡焕杰，陈凤，等.2004. 夏玉米田蒸发蒸腾量与棵间蒸发的试验研究. 水利学报，35（11）：108-113.

王健，蔡焕杰，康燕霞，等.2007. 夏玉米棵间土面蒸发与蒸发蒸腾比例研究. 农业工程学报，23（4）：17-22.

王疆霞，李云峰，徐斌，等.2009. 基于 GIS 的鄂尔多斯盆地地下水水化学场研究. 水文地质工程地质，36（1）：30-34.

王进，李新建，白丽，等.2012. 干旱区棉花冠层高光谱反射特征研究. 中国农业气象，33（1）：114-116，118，123.

王京，史学斌，宋玲，等.2005. 畦田水流特性及灌水质量的分析. 中国农村水利水电，（6）：4-7.

王俊儒，李生秀.2000. 不同生育时期水分有限亏缺对冬小麦产量及其构成因素的影响. 西北植物学报，20（2）：193-200.

王康.2003. 不同水分、氮素条件下夏玉米生长的动态模拟. 灌溉排水学报，22（2）：9-12.

王丽，王金生，林学钰.2004. 运城盆地漏斗区水文地球化学演化规律研究. 资源科学，26（2）：23-28.

王强，易秋香，包安明，等.2013. 棉花冠层水分含量估算的高光谱指数研究. 光谱学与光谱分析，33（2）：507-512.

王润元，杨兴国，赵鸿，等.2006. 半干旱雨养区小麦叶片光合生理生态特征及其对环境的响应. 生态学杂志，25（10）：1161-1166.

王声锋，段爱旺，张展羽，等.2010. 基于随机降水的冬小麦灌溉制度制定. 农业工程学报，26（12）：47-52.

王淑芬，张喜英，裴冬.2006. 不同供水条件对冬小麦根系分布，产量及水分利用效率的影响. 农业工程学报，22（2）：27-32.

王树芳，韩征.2012. 地下水水位对灌溉的响应——以北京南部灌区为例. 安徽农业科学，40（28）：13925-13928.

王维汉，缴锡云，朱艳，等.2009. 畦灌糙率系数的变异规律及其对灌水质量的影响. 中国农学通报，25（16）：288-293.

王维汉，缴锡云，朱艳，等．2010．畦灌改水成数的控制误差及其对灌水质量的影响．中国农学通报，26（2）：291-294．

王文佳，冯浩．2012．基于CROPWAT-DSSAT关中地区冬小麦需水规律及灌溉制度研究．中国农业生态学报，20（6）：795-802．

王文佳，冯浩，宋献方．2013．基于DSSAT模型陕西杨凌不同降水年型冬小麦灌溉制度研究．干旱地区农业研究，31（4）：1-10，37．

王笑影．2003．农田蒸散估算方法研究进展．农业系统科学与综合研究，19（2）：81-84．

王秀珍，王人潮，黄敬峰．2002．微分光谱遥感及其在水稻农学参数测定上的应用研究．农业工程学报，18（1）：9-14．

王秀珍，黄敬峰，李云梅，等．2004．水稻叶面积指数的高光谱遥感估算模型．遥感学报，8（1）：81-88．

王旭．2008．泾惠渠灌区地下水水化学成分区域变化特征及演化规律研究．西安：长安大学硕士学位论文．

王学春．2011．黄土高原气候变化与作物生产系统响应模拟研究．杨凌：西北农林科技大学博士学位论文．

王仰仁．2004．考虑水分和养分胁迫的SPAC水热动态与作物生长模拟研究．杨凌：西北农林科技大学博士学位论文．

王圆圆，李贵才，张立军，等．2010．利用偏最小二乘回归从冬小麦冠层光谱提取叶片含水量．光谱学与光谱分析，30（4）：1070-1074．

王占军．2009．地面灌溉参数与灌水技术要素优化研究．西安：西安理工大学硕士学位论文．

王周录．2005．陕西辣椒套种的组合、配比与结构．辣椒杂志，（3）：13-15．

文宏达，刘玉柱，李晓丽，等．2002．水肥耦合与旱地农业持续发展．土壤与环境，11（3）：315-318．

吴长山，童庆禧，郑兰芬，等．2000．水稻、玉米的光谱数据与叶绿素的相关分析．应用基础与工程科学学报，8（1）：31-37．

吴见，刘民士，李伟涛．2014．干旱半干旱区土壤含水量定量反演技术研究．干旱区资源与环境，28（1）：26-31．

吴敏．2003．农药污染对土壤的影响及防治措施．耕作与栽培，（6）：49-50．

吴普特，冯浩．2005．中国节水农业发展战略初探．农业工程学报，21（6）：152-157．

吴姝，张树源，沈允钢．1998．昼夜温差对小麦生长特性的影响．作物学报，34（3）：333-337．

吴学华．2008．银川平原地下水资源合理配置调查评价．北京：地质出版社．

吴忠东，王全九．2009．微咸水非充分灌溉对土壤水盐分布与冬小麦产量的影响．农业工程学报，25（9）：36-42．

武玉叶，李德全．2001．土壤水分胁迫对冬小麦叶片渗透调节及叶绿体超微结构的影响．华北农学报，16（2）：87-93．

武志杰，王仕新，张玉华．2001．玉米和小麦间作农田水分动态变化的研究．玉米科学，9（2）：61-63，71．

肖军，秦志伟，赵景波．2005．农田土壤化肥污染及对策．环境保护科学，31（5）：32-34．

肖自添，蒋卫杰，余宏军．2007．作物水肥耦合效应研究进展．作物杂志，（6）：18-22．

谢炳辉．2013．大型灌区地下水水质分析——以泾惠渠灌区为例．西安：长安大学硕士学位论文．

谢花林，李波．2004．城市生态安全评价指标体系与评价方法研究．北京师范大学学报（自然科学版），40（5）：705-710．

谢瑞芝，周顺利，王纪华，等．2006．玉米叶片高光谱反射率、吸收率与色素含量的关系比较分析．玉米科学，14（3）：70-73.

谢贤群．1990.测定农田蒸发的试验研究．地理研究，9（4）：94-103.

谢香文，孟凤轩，李忠华，等．2004.三工河流域典型灌溉条件下畦田长度对灌水质量的影响．新疆农业科学，41（6）：439-441.

解文艳，樊贵盛．2004.土壤含水量对土壤入渗能力的影响．太原理工大学学报，35（3）：272-275.

解文艳，樊贵盛．2004.土壤结构对土壤入渗能力的影响．太原理工大学学报，35（4）：381-384.

邢大韦．1996.西北地区灌溉的生态环境及对策研究．中国生态农业学报，4（3）：21-24.

熊伟，居辉，许吟隆，等．2006.气候变化下我国小麦产量变化区域模拟研究．中国生态农业学报，14（2）：164-167.

熊毅，李庆逵．1990.中国土壤．2版．北京：科学出版社．

徐涵秋．2008.Landsat遥感影像正规化处理的模型比较研究．地球信息科学，10（3）：294-301.

徐俊增，彭世彰，丁加丽，等．2010.基于蒸渗仪实测数据的日参考作物蒸发腾发量计算方法评价．水利学报，41（12）：1497-1505.

徐秀梅，张克．2000.新引黄灌区开发对生态环境脆弱带的影响—以宁夏碱碱湖新灌区为例．农业环境保护，19（2）：106-108.

徐燕，周华荣．2003.初论我国生态环境质量评价研究进展．干旱区地理，26（2）：166-172.

许迪，刘钰．1997.测定和估算田间作物腾发量方法研究综述．灌溉排水，（4）：54-59.

薛利红，罗卫红，曹卫星，等．2003.作物水分和氮素光谱诊断研究进展．遥感学报，7（1）：73-80.

闫浩芳．2008.内蒙古河套灌区不同作物腾发量及作物系数的研究．呼和浩特：内蒙古农业大学硕士学位论文．

阳晓原，范兴科，冯浩，等．2009.低定额畦灌技术参数研究．水土保持研究，16（2）：227-230.

杨飞，张柏，宋开山，等．2009.大豆叶面积指数的高光谱估算方法比较．光谱学与光谱分析，28（12）：2951-2955.

杨峰，范亚民，李建龙，等．2010.高光谱数据估测稻麦叶面积指数和叶绿素密度．农业工程学报，26（2）：237-243.

杨静敬，蔡焕杰，王健，等．2009.灌水处理对冬小麦生理生长特性等的影响研究．灌溉排水学报，28（1）：52-55.

杨龙，贺光华．2008.浅谈伊犁灌区建设对生态环境的影响．节水灌溉，（3）：34-35.

杨培岭，李云开，曾向辉，等．2009.生态灌区建设的理论基础及其支撑技术体系研究．中国水利，（14）：32-35，52.

杨佩，蔡焕杰，高振晓，等．2016.泾惠渠灌区不同水氮供应对冬小麦氮素吸收运转的影响．西北农林科技大学学报（自然科学版），44（7）：87-94.

杨天笑．1995.对现有地下水化学分类的几点认识．东华理工大学学报（自然科学版），18（1）：40-42.

杨羡敏，曾燕，邱新法，等．2005.1960～2000年黄河流域太阳总辐射气候变化规律研究．应用气象学报，16（2）：243-248.

杨小宁．2010.灌溉工程生态环境影响评价探讨．管理学家，（4）：301.

杨晓亚，于振文，许振柱．2009.灌水量和灌水时期对冬小麦耗水特性和氮素积累分配的影响．生态学报，29（2）：846-853.

杨绚，汤绪，陈葆德，等．2014.利用CMIP5多模式集合模拟气候变化对中国小麦产量的影响．中国农业科学，47（15）：3009-3024.

姚兰，王书吉．2011.拉开档次的递阶综合评价方法在灌区评价中的应用．节水灌溉，（12）：70-73.

姚宁，宋利兵，刘健，等．2015.不同生长阶段水分胁迫对旱区冬小麦生长发育和产量的影响．中国农业科学，48（12）：2379-2389.

姚艳敏，魏娜，唐鹏钦，等.2011.黑土土壤水分高光谱特征及反演模型.农业工程学报，27（8）：95-100.

叶遇春.1991.泾惠渠志.西安：三秦出版社.

叶媛媛.2009.泾惠渠灌区地下水水质现状调查分析及其演化规律的研究.西安：长安大学硕士学位论文.

易秀，李佩成.2004.陕西交口抽渭灌区灌溉对土壤和地下水的影响研究.灌溉排水学报，23（5）：25-28.

易秀，谷晓静，侯燕卿，等.2011.陕西省泾惠渠灌区土壤肥力质量综合评价.干旱区资源与环境，25（2）：132-137.

易秀，魏茅，徐景景，等.2013.陕西泾惠渠灌区土壤质量综合评价研究.干旱区资源与环境，27（11）：154-158.

游黎，费良军，武锦华.2010.基于集对分析法的大型灌区运行状况评价研究.干旱地区农业研究，28（2）：132-135.

于芳，宋进喜，殷旭旺，等.2013.泾河陕西段水体污染特征分析.北京师范大学学报（自然科学版），49（4）：421-424.

於俐，于强，罗毅，等.2004.水分胁迫对冬小麦物质分配及产量构成的影响.地理科学进展，23（1）：105-112.

袁小环，杨学军，陈超，等.2014.基于蒸渗仪实测的参考作物蒸散发模型北京地区适用性评价.农业工程学报，30（13）：104-110.

曾亦键.2011.浅层包气带水—汽—热耦合运移规律及其数值模拟研究.北京：中国地质大学博士学位论文.

翟丙年，李生秀.2003.水氮配合对冬小麦产量和品质的影响.植物营养与肥料学报，9（1）：26-32.

展志刚.2001.植物生长的结构–功能模型及其校准研究.北京：中国农业大学博士学位论文.

张继祥，刘克长，魏钦平，等.2002.气象要素（气温、太阳辐射、风速和相对湿度）日变化进程的数理模拟.山东农业大学学报（自然科学版），33（2）：179-183.

张佳华，郭文娟，姚凤梅.2007.植被水分遥感监测模型的研究.应用基础与工程科学学报，15（1）：45-53.

张景光，杨根生，王新平，等.2004.拟建大柳树灌区对生态环境的影响研究.中国沙漠，24（2）：227-234.

张明.2011.陕西关中冬小麦/夏玉米轮作体系下合理施肥技术研究.杨凌：西北农林科技大学硕士学位论文.

张强，王文玉，阳伏林，等.2015.典型半干旱区干旱胁迫作用对春小麦蒸散及其作物系数的影响特征.科学通报，60（15）：1384-1394，1381.

张荣铣，方志伟.1994.不同夜间温度对小麦旗叶光合作用和单株产量的影响.作物学报，20（6）：710-715.

张士俊，李瑞丽，武鹏林.2013.基于ArcGIS的辛安泉地下水水质评价研究.长江科学院院报，30（5）：9-12.

张婷.2009.波浪的三维数值模拟及其应用.天津：天津大学硕士学位论文.

张喜英，裴冬，由懋正.2001.太行山前平原冬小麦优化灌溉制度的研究.水利学报，32（1）：90-95.

张宪法，张凌云，于贤昌，等.2000.节水灌溉的发展现状与展望.山东农业科学，（5）：52-54.

张兴娟，薛绪掌，郭文忠，等.2014.有限供水下冬小麦全程耗水特征定量研究.生态学报，34（10）：

2567-2580.

张修宇，潘建波，李斌. 2006. 调亏灌溉节水增产效应影响因素的研究进展. 华北水利水电学院学报，27（4）：45-48.

张旭东，蔡焕杰，付玉娟，等. 2006. 黄土区夏玉米叶面积指数变化规律的研究. 干旱地区农业研究，24（2）：25-29.

张艳，徐斌. 2010. PDA 和 3S 技术支持下的地下水水质调查评价研究. 水文，30（3）：56-60.

张尧立，杨燕宁，周志伟，等. 2012. PCCSAP-3D 程序压力场算法改进. 计算物理，29（5）：700-706.

张银锁，宇振荣，Driesse P M. 2002. 环境条件和栽培管理对夏玉米干物质积累、分配及转移的试验研究. 作物学报，28（1）：104-109.

张占庞，韩熙. 2009. 生态灌区基本内涵及评价指标体系评价方法研究. 安徽农业科学，37（18）：8621-8623.

张振华，蔡焕杰. 2001. 覆膜棉花调亏灌溉效应研究. 西北农林科技大学学报（自然科学版），29（6）：9-12.

张正斌，王德轩. 1992. 小麦抗旱生态育种. 西安：陕西人民教育出版社.

张志杰，杨树青，史海滨，等. 2011. 内蒙古河套灌区灌溉入渗对地下水的补给规律及补给系数. 农业工程学报，27（3）：61-66.

张忠学，于贵瑞. 2003. 不同灌水处理对冬小麦生长及水分利用效率的影响. 灌溉排水学报，22（2）：1-4.

章家恩，黄润，饶卫民，等. 2001. 玉米群体内太阳光辐射垂直分布规律研究. 生态科学，20（4）：8-11.

赵阿丽，费良军. 2006. 灌区地面水与地下水联合配置模拟模型研究–以泾惠渠灌区为例. 西北水力发电，22（5）：23-27.

赵竞成. 1998. 沟、畦灌溉技术的完善与改进. 中国农村水利水电，（3）：6-9.

赵君怡，张克强，王风，等. 2011. 猪场废水灌溉对地下水中氮素的影响. 生态环境学报，20（1）：149-153.

赵丽雯，吉喜斌. 2010. 基于 FAO-56 双作物系数法估算农田作物蒸腾和土壤蒸发研究——以西北干旱区黑河流域中游绿洲农田为例. 中国农业科学，43（19）：4016-4026.

赵娜娜，刘钰，蔡甲冰，等. 2011. 双作物系数模型 SIMDual_ Kc 的验证及应用. 农业工程学报，27（2）：89-95.

赵娜娜，刘钰，蔡甲冰，等. 2012. 夏玉米棵间蒸发的田间试验与模拟. 农业工程学报，28（21）：66-73.

赵艺蓬. 2010. 泾河的历史变迁与现状研究. 西安：西北大学硕士学位论文.

赵永. 2004. 作物需水量计算方法比较与非充分灌溉预报研究. 杨凌：西北农林科技大学硕士学位论文.

郑国清，张瑞玲，高亮之. 2003. 我国玉米计算机模拟模型研究进展. 玉米科学，11（2）：66-70.

郑健，蔡焕杰，王健，等. 2009. 日光温室西瓜产量影响因素通径分析及水分生产函数. 农业工程学报，25（10）：30-34.

郑秀清，樊贵盛. 2000. 土壤含水率对季节性冻土入渗特性影响的试验研究. 农业工程学报，16（6）：52-55.

中国环境监测总站. 2004. 中国生态环境质量评价研究. 北京：中国环境科学出版社.

周始威，胡笑涛，王文娥，等. 2016. 基于 RZWQM 模型的石羊河流域春小麦灌溉制度优化. 农业工程学报，32（6）：121-129.

周晓东，朱启疆，王锦地，等. 2012. 夏玉米冠层内 PAR 截获及 FPAR 与 LAI 的关系. 自然资源学报，

17（1）：110-116.

周振民，李素平.2008.污灌区农田生态环境质量模糊综合评价.人民长江，39（19）：45-48.

周振民，王利艳.2008.黑岗口引黄灌区农业可持续发展模糊综合评价.人民黄河，30（2）：60-62.

朱红艳.2014.干旱地域地下水浅埋区土壤水分变化规律研究.杨凌：西北农林科技大学博士学位论文.

朱蕾，徐俊锋，黄敬峰，等.2008.作物植被覆盖度的高光谱遥感估算模型.光谱学与光谱分析，28（8）：1827-1831.

朱树秀，杨志忠.1992.紫花苜蓿与老芒麦混播优势的研究.中国农业科学，25（6）：63-68.

朱西存，姜远茂，赵庚星，等.2014.基于光谱指数的苹果叶片水分含量估算模型研究.中国农学通报，30（4）：120-126.

朱新玉，朱波.2015.不同施肥方式对紫色土农田土壤动物主要类群的影响.中国农业科学，48（5）：911-920.

朱艳，缴锡云，王维汉，等.2009.畦灌土壤入渗参数的空间变异性及其对灌水质量的影响.灌溉排水学报，28（3）：46-49.

朱志林，孙晓敏，张仁华.2001.淮河流域典型水热通量的观测分析.气候与环境研究，6（2）：214-220.

朱自玺.1998.美国农业气象和农田蒸散研究.气象，22（6）：3-9.

Abraham Z, Diane H P, Peter J L. 2004. Investigation of the large-scale atmospheric moisture field over the midwestern United States in relation to summer precipitation. part II：recycling of local evapotranspiration and association With soil moisture and crop yields. Journal of Climate, 17（17）：3283-3299.

Adediji A, Adewumi J A, Ologunorisa T E. 2011. Effects of irrigation on the physico-chemical quality of water in irrigated areas：The Upper Osin Catchment, Kwara State, Nigeria. Progress in Physical Geography, 35（6）：707-719.

Aggarwal P K, Kalra N. 1994. Analyzing the limitations set by climatic factors, genotype, and water and nitrogen availability on productivity of wheat II. Climatically potential yields and management strategies. Field Crops Research, 38（2）：93-103.

Alberto M C R, Quilty J R, Buresh R J, et al. 2014. Actual evapotranspiration and dual crop coefficients for dry-seeded rice and hybrid maize grown with overhead sprinkler irrigation. Agricultural Water Management, 136：1-12.

Alexandrov V, Hoogenboom A G. 2000. The impact of climate variability and change on crop yield in Bulgaria. Agricultural and Forest Meteorology, 104（4）：315-327.

Allen R G, Pereira L S. 2009. Estimating crop coefficients from fraction of ground cover and height. Irrigation Science, 28（1）：17-34.

Allen R G, Pereira L S, Dirk R, et al. 1998. Crop Evapotranspiration- Guidelines for Computing Crop Water Requirements. Rome：FAO Irrigation and Drainage.

Almeida C, Quintar S, González P, et al. 2008. Assessment of irrigation water quality. A proposal of a quality profile. Environvnental Monitoring and Assessment, 142：149-152.

Amatya D M, Skaggs R W, Gregory J D. 1995. Comparison of methods for estimating REF- ET. Journal of Irrigation and Drainage Engineering, 121（6）：427-435.

Anothai J, Soler C M T, Green A, et al. 2013. Evaluation of two evapotranspiration approaches simulated with the CSM-CERES-Maize model under different irrigation strategies and the impact on maize growth, development and soil moisture content for semi-arid conditions. Agricultural and Forest Meteorology, 176：64-76.

Appelo C A, Postma D. 2005. Geochemistry, Groundwater and Pollution. 2nd Ed. Amesterdam：Balkema.

Araus J, Casadesús J, Royo C, et al. 2002. Relationship between growth traits and spectral vegetation indices in durum wheat. Crop Science, 42 (5): 1547-1555.

Arora V, Singh K H, Singh B. 2007. Analyzing wheat productivity responses to climatic, irrigation and fertilizer-nitrogen regimes in a semi-arid sub-tropical environment using the CERES-Wheat model. Agricultural Water Management, 94 (1): 22-30.

Ayman S, Richard C. 2006. Hourly and daytime evapotranspiration from grassland usingradiometric surface temperatures. Agronomy Journal, 94 (2): 384-391.

Bannari A, Pacheco A, Staenz K, et al. 2006. Estimating and mapping crop residues cover on agricultural lands using hyperspectral and IKONOS data. Remote Sensing of Environment, 104 (4): 447-459.

Bert F E, Laciana C E, Podestá G P, et al. 2007. Sensitivity of CERES-Maize simulated yields to uncertainty in soil properties and daily solar radiation. Agricultural Systems, 94 (2): 141-150.

Bittelli M, Ventura F, Campbell G S, et al. 2008. Coupling of heat, water vapor, and liquid water fluxes to compute evaporation in bare soils. Journal of Hydrology, 362 (3-4): 191-205.

Blackburn G A. 1998. Quantifying chlorophylls and caroteniods at leaf and canopy scales: an evaluation of some hyperspectral approaches. Remote Sensing of Environment, 66 (3): 273-285.

Broge N, Mortensen H J V. 2002. Deriving green crop area index and canopy chlorophyll density of winter wheat from spectral reflectance data. Remote Sensing of Environment, 81 (1): 45-57.

Bunnik N J J. 1978. The multispectral reflectance of shortwave radiation by agricultural crops in relation with their morphological and optical properties. Wageningen: Mededelingen Landbou-whogeschool.

Cai J B, Liu Y, Lei T, et al. 2007. Estimating reference evapotranspiration with the FAO Penman－Monteith equation using daily weather forecast messages. Agricultural and Forest Meteorology, 145 (1-2): 22-35.

Camara K M, Payne W A, Rasmussen P E. 2003. Long-term effects of tillage, nitrogen and rainfall on winter wheat yields in the Pacific Northwest. Agronomy Journal, 95 (4): 22-25.

Camargo G G T, Kemanian A R. 2016. Six crop models differ in their simulation of water uptake. Agricultural and Forest Meteorology, 220: 116-129.

Carajilescov P, Todreas N E. 1976. Experimental and analytical study of axial turbulent flows in an interior subchannel of a bare rod bundle. Journal of Heat Transfer, 98 (2): 262-268.

Cass A, Campbell G S, Jones T L. 1984. Enhancement of thermal water vapor diffusion in soil. Soil Science Society of America Journal, 48 (1): 25-32.

Chaves D, Izaurralde R, Thomson A. 2009. Long-term climate change impacts on agricultural productivity in eastern China. Agricultural and Forest Meteorology, 149 (6-7): 1118-1128.

Chen C J, Jaw S Y. 1998. Fundamentals of Turbulence Modeling. Washington: Taylor and Francis.

Chen S, Zhang X, Sun H, et al. 2010b. Effects of winter wheat row spacing on evapotranspiration, grain yield and water use efficiency. Agricultural Water Management, 97 (8): 1126-1132.

Chen X H, Chen X. 2004. Simulating the effects of reduced precipitation on groundwater and streamflow in the sand hills. Journal of the American Water Resources Association, 40 (2): 419-431.

Chen X M, Chen C, Fang K. 2010a. Seasonal changes in the concentrations of nitrogen and phosphorus in farmland drainage and groundwater of the Taihu Lake region of China. Environmental Monitoring and Assessment, 169 (1-4): 159-168.

Chung S O, Horton R. 1987. Soil heat and water flow with a partial surface mulch. Water Resources Research, 23 (12): 2175-2186.

Cohen Y, Fuchs M, Mcleod D J. 1988. Calibrated heat pulse method for determining water uptake in cotton. Agronomy Journal, 80 (3): 398-402.

Coppola A, Comegna A, Dragonetti G, et al. 2011. Average moisture saturation effects on temporal stability of soil water spatial distribution at field scale. Soil and Tillage Research, 114: 155-164.

Cossani C M, Slafer G A, Savin R. 2012. Nitrogen and water use efficiencies of wheat and barley under a Mediterranean environment in Catalonia. Field Crops Research, 128: 109-118.

Costa W A J M, Shamugathasan K N. 2002. Physiology of yield determination of soybean (*Glycine max* (L.) *Merr*) under different irrigation regimes in the sub-humid. Field Crops Research, 75: 23-35.

Costanza Di Stefano, Gian Vito Di Piazza, Vito Ferro. 2008. Field testing of a simple flume (SMBF) for flow measurement in open channels . Journal of the Irrigation and Drainage Engineering, 134: 235-240.

Cui Z, Chen X, Miao Y, et al. 2008. On-farm evaluation of the improved soil N-based nitrogen management for summer maize in North China plain. Agronomy Journal, 100 (3): 517-525.

Cui Z, Zhang F, Miao Y, et al. 2008. Soil nitrate-N levels required for high yield maize production in the North China Plain. Nutrient Cycling in Agroecosystems, 82 (2): 187-196.

Dale R F, Coelho D T. 1980. Prediction of daily green leaf area index for corn. Agronomy Journal, 72: 999-1005.

Daroub S H, Lang T A, Diaz O A et al. 2009. Long-term water quality trends after implementing best management practices in South Florida. Journal of Environmental Quality, 38: 1683-1693.

de Datta S K. 1981. Principles and Practices of Rice Production. New York: Wiley-Interscience Publications.

de Vries D A. 1958. Simultaneous transfer of heat and moisture in porous media. Eos Transactions American Geophysical Union, 39 (5): 909-916.

de Willigen P, van Dam J C, Javaux M, et al. 2012. Root water uptake as simulated by three soil water flow models. Vadose Zone Journal, 11 (3): 811-822.

Deery D M, Passioura J B, Condon J R, et al. 2013. Uptake of water from a Kandosol subsoil. II. Control of water uptake by roots. Plant and Soil, 368 (1-2): 649-667.

DeJonge K C, Ascough J C, Ahmadi M, et al. 2012. Global sensitivity and uncertainty analysis of a dynamic agroecosystem model under different irrigation treatments. Ecological Modelling, 231: 113-125.

Demotes-Mainard S, Jeuffroy M. 2004. Effects of nitrogen and radiation o dry matter and nitrogen accumulation in the spike of winter wheat. Field Crops Research, 87 (2-3): 221-233.

Dettori M, Cesaraccio C, Motroni A, et al. 2011. Using CERES-Wheat to simulate durum wheat production and phenology in Southern Sardinia, Italy. Field Crops Research, 120 (1): 179-188.

Deutsch W J. 1997. Groundwater geochemistry: fundamentals and applications to contamination. Groundwater Geochemistry Fundamentals and Applications to Contamination, 3: 392-393.

Di Paolo E, Rinaldi M. 2008. Yield response of corn to irrigation and nitrogen fertilization in a Mediterranean environment. Field Crops Research, 105 (3): 202-210.

Dobrowski S, Pushnik J, Zarco-Tejada P J, et al. 2005. Simple reflectance indices track heat and water stress-induced changes in steady-state chlorophyll fluorescence at the canopy scale. Remote Sensing of Environment, 97 (3): 403-414.

Duchemin B, Hadria R, Erraki S, et al. 2006. Monitoring wheat phenology and irrigation in Central Morocco: on the use of relationships between evapotranspiration, crops coefficients, leaf area index and remotely-sensed vegetation indices. Agricultural Water Management, 79 (1): 1-27.

Dugas W A, Ainsworth C G. 1985. Effect of potential evapotranspiration estimates on crop model simulations. Transactions of the ASAE, 28 (2): 471-475.

Eck H V. 1988. Winter wheat response to nitrogen and irrigation. Agronomy Journal, 80 (6): 902-908.

Ehdaie B, Waines J G. 2001. Sowing date and nitrogen rate effects on dry matter and nitrogen partitioning in bread and durum wheat. Field Crops Research, 73 (1): 47-61.

Elliot R L, Harp S L, Grosz G D, et al. 1988. Crop coefficients for peanut evapotranspiration. Agricultural Water Management, 15 (2): 155-164.

Ershadi A, McCabe M F, Evans J P, et al. 2015. Impact of model structure and parameterization on Penman-Monteith type evaporation models. Journal of Hydrology, 525: 521-535.

Er-Raki S, Chehbouni A, Guemouria N, et al. 2007. Combining FAO-56 model and ground-based remote sensing to estimate water consumption of wheat crops in semiarid region. Agricultural Water Management, 87 (1): 41-54.

Evett S R, Warrick A W, Mtthias A D. 1995. Wall material and cropping effects on micro-lysimeter temperatures and evaporation. Soil Science Society of American Journal, 59: 329-336.

Farré I, Faci J. 2009. Deficit irrigation in maize for reducing agricultural water use in a Mediterranean environment. Agricultural Water Management, 96: 383-394.

Feddes R A, Raats P A C. 2004. Parameterizing the Soil-water-plant Root System. Dordrecht, The Netherlands: Kluwer Academic Publishers: 95-141.

Feddes R A, Bresler E, Neuman S P. 1974. Field test of a modified numerical model for water uptake by root systems. Water Resources Research, 10 (6): 1199-1206.

Feddes R A, Kowalik P J, Zaradny H. 1978. Simulation of Field Water Use and Crop Yield. Wageningen, The Netherlands: Centre for Agricultural Publishing and Documentation.

Fereres E, Soriano M A. 2007. Deficit irrigation for reducing agricultural water use. Journal of Experimental Botany, 58 (2): 147-159.

Ferro V. 2002. Discussion of "Simple Flume for Flow Measurement in Open Channel" by Zohrab Samani and Henry Magallanez. Journal of the Irrigation and Drainage Engineering, (2): 129-131.

Fitzgerald G J, Pinter P J, Hunsaker D J, et al. 2005. Multiple shadow fractions in spectral mixture analysis of a cotton canopy. Remote Sensing of Environment, 97 (4): 526-539.

Foley J A, Ramankutty N, Brauman K. A, et al. 2011. Solutions for a cultivated planet. Nature, 478 (7369): 337-342.

Franzluebbers A J. 2002. Water infiltration and soil structure related to organic matter and its stratification with depth. Soil and Tillage Research, 66 (2): 197-205.

Gabrielle B, Mary B, Roche R, et al. 2002. Simulation of carbon and nitrogen dynamics in arable soils: a comparison of approaches. European Journal of Agronomy, 18 (1-2): 107-120.

Garcia M G, Hidalgo M D, Blesa M A. 2001. Geochemistry of groundwater in the alluvial plain of Tucuman province, Argentina. Hydrogeology Journal, 9: 597-610.

Ghosh P K, Mohanty M, Bandyopadhyay K K. 2006. Growth, competition, yields advantage and economics in soybean/pigeonpea intercropping system in semi-arid tropics of India II. Effect of nutrient management. Field Crops Research, 96: 90-97.

Girona J, Mata M, Fereres E, et al. 2002. Evaportranspiration and soil water dynamics of peach trees under water deficit. Agricultural Water Management, 54: 107-122.

Gitelson A A, Kaufman Y J, Merzlyak M N. 1996. Use of a green channel in remote sensing of global vegetation from EOS-MODIS. Remote Sensing of Environment, 58 (3): 289-298.

Gitelson A A, Kaufman Y J, Stark R, et al. 2002. Novel algorithms for remote estimation of vegetation fraction.

Remote Sensing of Environment, 80 (1): 76-87.

González-Dugo M P, Mateos L. 2008. Spectral vegetation indices for benchmarking water productivity of irrigated cotton and sugarbeet crops. Agricultural Water Management, 95 (1): 48-58.

Goudriaan J. 1986. A simple and fast numerical method for the computation of daily totals of crop photosynthesis. Agricultural and Forest Meteorology, 38 (1-3): 249-254.

Gregory P, Ingram J S, Andersson R, et al. 2002. Environmental consequences of alternative practices for intensifying crop production. Agriculture, Ecosystems and Environment, 88 (3): 279-290.

Haboudane D, Miller J R, Tremblay N, et al. 2002. Integrated narrow-band vegetation indices for prediction of crop chlorophyll content for application to precision agriculture. Remote Sensing of Environment, 81 (2): 416-426.

Haboudane D, Miller J R, Pattey E, et al. 2004. Hyperspectral vegetation indices and novel algorithms for predicting green LAI of crop canopies: modeling and validation in the context of precision agriculture. Remote Sensing of Environment, 90 (3): 337-352.

Hakim M A, Juraimi A S, Begum M, et al. 2009. Suitability evaluation of groundwater for irrigation, drinking and industrial purposes. American Journal of Environmental Sciences, 5 (3): 413-419.

Hansen P, Schjoerring J. 2003. Reflectance measurement of canopy biomass and nitrogen status in wheat crops using normalized difference vegetation indices and partial least squares regression. Remote Sensing of Environment, 86 (4): 542-553.

Hargreaves G H, Allen R G. 2003. History and evaluation of Hargreaves evapotranspiration equation. Journal of Irrigation and Drainage Engineering, 129 (1): 53-63.

He J Q, Dukes M D, Hochmuth G J, et al. 2011. Evaluation of sweet corn yield and nitrogen leaching with CERES-Maize considering input parameter uncertainties. Transactions of the ASABE, 54 (4): 1257-1268.

He J Q, Jones J W, Graham W D, et al. 2010. Influence of likelihood function choice for estimating crop model parameters using the generalized likelihood uncertainty estimation method. Agricultural Systems, 103 (5): 256-264.

He J, Cai H, Bai J. 2013. Irrigation scheduling based on CERES-Wheat model for spring wheat production in the Minqin Oasis in Northwest China. Agricultural Water Management, 128: 19-31.

He J, Dukes M, Jones J, et al. 2009. Applying GLUE for estimating CERES-Maize genetic and soil parameters for sweet corn production. Transactions of the ASABE, 52 (6): 1907-1921.

Hengsdijk H, Langeveld J W A. 2009. Yield trends and yield gap analysis of major crops in the world. Wageningen: Wageningen University.

Hirt C W, Nichols B D. 1981. Volume of fluid (VOF) method for the dynamics of free boundary. Journal of Computational Physics, 39 (1): 201-225.

Hoffman G J, Jobes J A, Hanscom Z, et al. 1978. Timing of environmental stress affects growth, water relations and salt tolerance of pinto bean. Australian Occupational Therapy Journal, 21 (4): 713-718.

Hornbuckle J W, Christen E W, Faulkner R D. 2006. Use of SIRTOD as a quasi real time surface irrigation decision support system. Journal of Irrigation and Drainage Engineering, 15: 217-223.

Hu B, Qian S E, Haboudane D, et al. 2004. Retrieval of crop chlorophyll content and leaf area index from decompressed hyperspectral data: the effects of data compression. Remote Sensing of Environment, 92 (2): 139-152.

Hu Z, Yu G, Zhou Y, et al. 2009. Partitioning of evapotranspiration and its controls in four grassland ecosystems: application of a two-source model. Agricultural and Forest Meteorology, 149 (9): 1410-1420.

Huang J, Pray C, Rozelle S. 2002. Enhancing the crops to feed the poor. Nature, 418 (6898): 678-684.

Huffman E, Eilers R G, Padbury G, et al. 2000. Canadian agri-environmental indicators related to land quality: integrating census and biophysical data to estimate soil cover, wind erosion and soil salinity. Agriculture, Ecosystems and Environment, 81 (2): 113-123.

Hundal S S, Kaur P. 1997. Application of the CERES-Wheat model to yield predictions in the irrigated plains of the Indian Punjab. The Journal of Agricultural Science, 129 (1): 13-18.

Hunsaker D J. 1999. Basic crop coefficients and water use for early maturity cotton. Tansaction of the ASAE, 42 (4): 927-936.

Jago R A, Cutler M E J, Curran P J. 1999. Estimating canopy chlorophyll concentration from field and airborne spectra. Remote Sensing of Environment, 68 (3): 217-224.

Jensen E S. 1996. Barley uptake of N deposited in the rhizosphere of associated field pea. Soil Biology and Biochemistry, 28 (2): 159-168.

Ji J, Cai H, He J, et al. 2014. Performance evaluation of CERES-Wheat model in Guanzhong Plain of Northwest China. Agricultural Water Management, 144: 1-10.

Johnson G I, Highley E. 1994. Development of Postharvest Technology for Tropical Tree Fruits. Canberra: Australian Centre for International Agricultural Research.

Jones J W, Hoogenboom G, Wilkens P W, et al. 2010. Decision Support System for Agrotechnology Transfer Version 4.5 Volume3 DSSAT v 4.5: ICASA Tools. Honolulu, HI: University of Hawaii.

Jones J, Hoogenboom G, Porter C, et al. 2003. The DSSAT Cropping System Model. European Journal of Agronomy, 18: 235-265.

Jordan W R, Ritchie J T. 1971. Influence of soil water stress on evaporation, root absorption, and internal water status of cotton. Plant Physiology, 48 (6): 783-788.

Kalra A, Ahmad S. 2011. Evaluating changes and estimating seasonal precipitation for the Colorado River Basin using a stochastic nonparametric disaggregation technique. Water Resource Research, 47: 101-121.

Kanemasu E T. 1974. Seasonal canopy reflectance patterns of wheat, sorghum, and soybean. Remote Sensing of Environment, 3 (1): 43-47.

Kang S, Gu B, Du T, et al. 2003. Crop coefficient and ratio of transpiration to evapotranspiration of winter wheat and maize in a semi-humid region. Agricultural Water Management, 59 (3): 239-254.

Karunanidhi D, Vennila G, Suresh M, et al. 2013. Evaluation of the groundwater quality feasibility zones for irrigational purposes through GIS in Omalur Taluk, Salem District, South India. Environmental Science and Pollution Research, 20: 7320-7333.

Kemp P R, Reynolds J F, Pachepsky Y, et al. 1997. A comparative modeling study of soil water dynamics in a desert ecosystem. Water Resources Research, 33 (1): 73-90.

Ken R W, Andre J, Wesley I, et al. 2005. Field demonstration of the combined effects of absorption and evapotranspiration on septic system drainfield capacity. Water Environment Research: 77 (2): 150-162.

Kingston D G, Todd M C, Taylor R G, et al. 2009. Uncertainty in the estimation of potential evapotranspiration under climate change. Geophysical Research Letters, 36 (20): 1437-1454.

Klocke N L, Martin D L, Todd R W, et al. 1990. Evaporation measurements and predictions from soils under crop canopies. Transactions of the ASAE, 33: 1590-1596.

Kokaly R F, Clark R N. 1999. Spectroscopic Determination of Leaf Biochemistry Using Band-Depth Analysis of Absorption Features and Stepwise Multiple Linear Regression. Remote Sensing of Environment, 67 (3): 267-287.

Kool D, Agam N, Lazarovitch N, et al. 2014. A review of approaches for evapotranspiration partitioning. Agricultural and Forest Meteorology, 184: 56-70.

Kucharik C J, Norman J M, Gower S T. 1998. Measurements of leaf orientation, light distribution and sunlit leaf area in a boreal aspen forest. Agricultural and Forest Meteorology, 91 (1-2): 127-148.

Langensiepen M, Hanus H, Schoop P, et al. 2008. Validating CERES-wheat under North-German environmental conditions. Agricultural Systems, 97 (1-2): 34-47.

Legates D R, McCabe G J. 1999. Evaluating the use of "goodness-of-fit" measures in hydrologic and hydroclimatic model validation. Water Resources Research, 35 (1): 233-241.

Li C, Cao W, Zhang Y. 2001. Floret position differences in seed setting characteristic of different sowing dates and varieties. ACTA Agriculturae Boreall-Sinica, 16: 1-7.

Li K, Yang X G, Liu Z J, et al. 2014. Low yield gap of winter wheat in the North China Plain. European Journal of Agronomy, 59: 1-12.

Li L, Luo G, Chen X, et al. 2011. Modelling evapotranspiration in a Central Asian desert ecosystem. Ecological Modelling, 222 (20-22): 3680-3691.

Li P Y, Wu Q, Wu J H. 2010. Groundwater Suitability for Drinking and Agricultural Usage in Yinchuan Area, China. International Journal of Environmental Sciences, 1 (6): 1241-1249.

Liang W L, Carberry P, Wang G Y. 2011. Quantifying the yield gap in wheat-maize cropping systems of the Hebei Plain, China. Field Crops Research, 124 (2): 180-185.

Lichtenthaler H K. 1987. Chlorophylls and carotenoids: pigments of photosynthetic biomembranes. Methods in Enzymology, 148C (1): 350-382.

Lin Z, Roger B, Herbert R B Jr. 1997. Heavy metal retention in secondary precipitates from a mine rock dump and underlying soil, Dalarna, Sweden. Environmental Geology, 33 (1): 1-12.

Linacre E T. 1973. A simpler empirical expression for actual evapotranspiration rates—a discussion. Agricultural Meteorology, 11: 451-452.

Liu C, Zhang X, Zhang Y. 2002b. Determination of daily evaporation and evapotranspiration of winter wheat and maize by large-scale weighing lysimeter and micro-lysimeter. Agricultural and Forest Meteorology, 111 (2): 109-120.

Liu W D, Baret F, Gu X F, et al. 2002a. Relating soil surface moisture to reflectance. Remote Sensing of Environment, 81 (2/3): 238-246.

Liu W, Chen X, Yin J, et al. 2009. Effects of sowing date and planting density on population trait and grain yield of winter wheat cultivar Yumai 49-198. Journal of Triticeae Crops, 29: 464-469.

Liu X H, Li L, Hu A Y. 2013. Hydrochemistry characterization of a groundwater aquifer and its water quality in relation to irrigation in the Jinghuiqu irrigation district of China. Water Environment Research, 85 (3): 245-258.

Liu Y, Luo Y. 2010. A consolidated evaluation of the FAO-56 dual crop coefficient approach using the lysimeter data in the North China Plain. Agricultural Water Management, 97 (1): 31-40.

Lobell D B, Cahill K N, Field C B. 2007. Historical effects of temperature and precipitation on California crop yields. Climatic Change, 81 (2): 187-203.

Lobell D B, Cassman K G, Field C B. 2009. Crop yield gaps: their importance, magnitudes, and causes. Annual Review of Environment and Resources, 34 (1): 179.

Lobell D B, Ortiz-Monasterio J I, Asner G P, et al. 2005. Analysis of wheat yield and climatic trends in Mexico. Field Crops Research, 94 (2): 250-256.

Luo P, He B, Takara K, et al. 2011. Spatiotemporal trend analysis of recent river water quality conditions in Japan. Journal of Environmental Monitoring, 13: 2819-2829.

Luscier J D, Thompson W L, Wilson J M, et al. 2006. Using digital photographs and object-based image analysis to estimate percent ground cover in vegetation plots. Frontiers in Ecology and the Environment, 4 (8): 408-413.

Lv S, Yang X G, Lin X M, et al. 2015. Yield gap simulations using ten maize cultivars commonly planted in Northeast China during the past five decades. Agricultural and Forest Meteorology, 205: 1-10.

Ma L, Ascough J C, Ahuja L R, et al. 2000. Root zone water quality model sensitivity analysis using Monte Carlo simulation. Transactions of the ASAE, 43 (4): 883-895.

Mao X, Liu M, Wang X. 2003. Effects of deficit irrigation on yield and water use of greenhouse grown cucumber in North China Plain. Agricultural Water Management, 16: 19-28.

Mapoma H W T, Xie X. 2014. Basement and alluvial aquifers of Malawi: an overview of groundwater quality and policies. African Journal of Environmental Science and Technology, 8 (3): 190-202.

Marghade D, Malpe D B, Zade A B. 2012. Major ion chemistry of shallow groundwater of a fast growing city of central India. Environmental Monitoring & Assessment, 184 (4): 2405-2418.

Mastrocicco M, Colombani N, Salemi E, et al. 2010. Numerical assessment of effective evapotranspiration from maize plots to estimate groundwater recharge in lowlands. Agricultural Water Management, 97 (9): 1389-1398.

Matthes G. 1981. The Properties of Groundwater. New York: Wiley-Interscience Publications.

Mavromatis T, Boote K, Jones J, et al. 2001. Developing genetic coefficients for crop simulation models with data from crop performance trials. Crop Science, 41 (1): 40-51.

Mertens J, Madsen H, Feyen L, et al. 2004. Including prior information in the estimation of effective soil parameters in unsaturated zone modelling. Journal of Hydrology, 294 (4): 251-269.

Millington R J, Quirk J P. 1961. Permeability of porous solids. Transactions of the Faraday Society, 57 (8): 1200-1207.

Milly P C D. 1982. Moisture and heat transport in hysteretic, inhomogeneous porous media: a matric head-based formulation and a numerical model. Water Resources Research, 18 (3): 489-498.

Moriasi D N, Arnold J G, Van Liew M W, et al. 2007. Model evaluation guidelines for systematic quantification of accuracy in watershed simulations. Transactions of the ASABE, 50 (3): 885-900.

Morris R A, Garrity D P. 1993. Resource capture and utilization in intercropping: non-nitrogen nutrients. Field Crop Research, 34 (3-4): 319-334.

Mortvedt J J. 1987. Cadmium levels in soils and plants from some long-term soil fertility experiments in the United States of America. Journal of Environmental Quality, 16 (2): 137-142.

Mualem Y. 1976. New model for predicting the hydraulic conductivity of unsaturated porous media. Water Resources Research, 12 (3): 513-522.

Mueller N D, Gerber J S, Johnston M, et al. 2012. Closing yield gaps through nutrient and water management. Nature, 490 (7419): 254-257.

Mussgnug F, Becker M, Son T T, et al. 2006. Yield gaps and nutrient balances in intensive, rice-based cropping systems on degraded soils in the Red River Delta of Vietnam. Field Crops Research, 98 (2): 127-140.

Nash J E, Sutcliffe J V. 1970. River flow forecasting through conceptual models: Part 1. A discussion of principles. Hydrology, 10 (3): 282-290.

Natarajan M, Willey R W. 1986. The effects of water stress on yield advantages of intercropping systems. Field Crops Research, 13 (2): 117-131.

Neumann K, Verburg PH, Stehfest E, et al. 2010. The yield gap of global grain production: a spatial analysis. Agricultural Systems, 103 (5): 316-326.

Nguyen H T, Lee B W. 2006. Assessment of rice leaf growth and nitrogen status by hyperspectral canopy reflectance and partial least square regress. European Journal of Agronomy, 24 (4): 349-356.

Nimmo J R, Miller E E. 1986. The Temperature Dependence of Isothermal Moisture vs. Potential Characteristics of Soils 1. Soil Science Society of America Journal, 50 (5): 1105-1113.

Noborio K, Mcinnes K J, Heilman J L. 1996. Two-Dimensional Model for Water, Heat, and Solute Transport in Furrow-Irrigated Soil: II. Field Evaluation. Soil Science Society of America Journal, 60 (4): 1010-1021.

Noori R, Sabahi M S, Karbassi A R, et al. 2010. Multivariate statistical analysis of surface water quality based on correlations and variations in the data set. Desalination, 260 (3): 129-136.

Novoa R, Loomis R S. 1981. Nitrogen and plant production. Plant and Soil, 58 (1-3): 177-204.

Ojha C S P, Prasad K S H, Shankar V, et al. 2009. Evaluation of a nonlinear root-water uptake model. Journal of Irrigation and Drainage Engineering, 135 (3): 303-312.

Or D, Silva H R. 1996. Prediction of surface irrigation advance using soil intake properties. Irrigation Science, 16 (4): 159-167.

Oyonarte N A, Mateos L, Palomo M J. 2002. Infiltration variability in furrow irrigation. Canadian Metallurgical Quarterly, 128 (1): 26-33.

Oyonarte N A, Mateos L. 2003. Accounting for soil variability in the evaluation of furrow irrigation. Transactions of the ASAE, 46 (1): 85-94.

Palosuo T, Kersebaum K C, Angulo C, et al. 2011. Simulation of winter wheat yield and its variability in different climates of Europe: a comparison of eight crop growth models. European Journal of Agronomy, 35 (3): 103-114.

Panda R K, Behera S K, Kashyap P S. 2003. Effective management of irrigation water for wheat under stressed condition. Agriculture Water Management, 63: 37-56.

Paredes P, Wei Z, Liu Y, et al. 2015. Performance assessment of the FAO aquaCrop model for soil water, soil evaporation, biomass and yield of soybeans in north china plain. Agricultural Water Management, 152: 57-71.

Parisi V, Menta C, Gardi C, et al. 2005. Micro arthropod communities as a tool to assess soil quality and biodiversity: a new approach in Italy. Agriculture, Ecosystems and Environment, 105: 323-333.

Patel N K, Patnaik C, Dutta S, et al. 2001. Study of crop growth parameters using Airborne Imaging Spectrometer data. International Journal of Remote Sensing, 22 (12): 2401-2411.

Philip J R, Vries D A D. 1957. Moisture movement in soils under temperature gradients. Eos Transactions American Geophysical Union, 38: 222-228.

Piao S, Ciais P, Huang Y, et al. 2010. The impacts of climate change on water resources and agriculture in China. Nature, 67: 43-51.

Playan E, Faci J M, Serreta A. 1996. Modeling microtopography in basin irrigation. Journal of Irrigation and Drainage Engineering, 122 (6): 339-347.

Prunty L. 2002. Heat Evolved During Soil Wetting Under Spontaneous and Restricted Conditions. Washington D. C.: AGU Spring Meeting.

Qian B D, De Jong R, Warren R, et al. 2009. Statistical spring wheat yield forecasting for the Canadian prairie provinces. Agricultural and Forest Meteorology, 149 (6): 1022-1031.

Raine S R, Walker W R A. 2004. Design and management tool to improve surface irrigation efficiency. Trans actions of the ASAE, 10: 19-23.

Ramankutty N, Foley J A, Norman J, et al. 2002. The global distribution of cultivable lands: current patterns and sensitivity to possible climate change. Global Ecology and Biogeography, 11 (5): 377-392.

Rawson H M, Turner N C. 1983. Irrigation timing and relationship between leaf area and yield in sunflowers. Irrigation Science, 4 (1): 167-175.

Richard W T, Steven R E, Terry A H. 2000. The Bowen ratio-energy balance method for estimating latent heat flux of irrigated alfalfa evaluated in semi-arid, advective environment. Agricultural and Forest Meteorology, 103: 335-348.

Ritchie J T. 1972. Model for predicting evaporation from a row crop with incomplete cover. Water Resources Research, 8 (5): 1204-1213.

Rodi W, Spalding D B. 1984. A two-parameter model of turbulence and its application to separated and reatlached flow. Numerical Heat Transfer, 7: 59-75.

Rosa R D, Paredes P, Rodrigues G C, et al. 2012a. Implementing the dual crop coefficient approach in interactive software. 1. Background and computational strategy. Agricultural Water Management, 103: 8-24.

Rosa R D, Paredes P, Rodrigues G C, et al. 2012b. Implementing the dual crop coefficient approach in interactive software: 2. Model testing. Agricultural Water Management, 103: 62-77.

Rosenzweig C, Iglesias A, Fischer G, et al. 1999. Wheat yield functions for analysis of land-use change in China. Environmental Modeling and Assessment, 4 (2): 115-132.

Saad Y, Schultz M H. 1986. GMRES: A generalized minimal residual algorithm for solving nonsymmetric linear systems. SIAM Journal on Scientific and Statistical Computing, 7 (3): 856-869.

Sadati S K, Speelman S, Sabouhi M, et al. 2014. Optimal irrigation water allocation using a Genetic Algorithm under various weather conditions. Water, 60: 3068-3084.

Saito H, Šimůnek J, Mohanty B P. 2006. Numerical analysis of coupled water, vapor, and heat transport in the vadose zone. Vadose Zone Journal, 5 (2): 784-800.

Samani Z, Magallanez H. 2000. Simple flume for flow measurement in open channel. Journal of the Irrigation and Drainage Engineering, 133 (1): 71-78.

Sánchez A L, Barrios EE, Sardiña A A, et al. 2012. Experimental Infection using Human Isolates of Blastocystis sp. in Dexamethasone Immunosurpressed Mice. Revista Kasmera, 40 (1): 67-77.

Sau F, Boote K J, Bostick W M, et al. 2004. Testing and improving evapotranspiration and soil water balance of the DSSAT crop models. Agronomy Journal, 96 (5): 1243-1257.

Schneider C L, Attinger S, Delfs J O, et al. 2010. Implementing small scale processes at the soil-plant interface - The role of root architectures for calculating root water uptake profiles. Hydrology and Earth System Sciences, 14 (2): 279-289.

Schulze E D. 1986. Whole-plant responses to drought. Australian Journal of Plant Physiology, 13 (1): 127-141.

Sepaskhah A R, Akbari D. 2005. Deficit irrigation planning under variable seasonal rainfall. Biosystems Engineering, 92 (1): 97-106.

Sepaskhah A R, Azizian A, Tavakoli A R. 2006. Optimal applied water and nitrogen for winter wheat under variable seasonal rainfall and planning scenarios for consequent crops in a semi-arid region. Agricultural Water Management, 84 (1-2): 113-122.

Shan Y. 2001. Wheat yield cultivation techniques principle. Beijing: Beijing Science and Technology Press.

Shouse P, Jury W, Stolzy L. 1980. Use of deterministic and empirical models to predict potential evapotranspiration in an advective environment. Agronomy Journal, 72: 994-998.

Shuttleworth W J, Wallace J S. 1985. Evaporation from sparse crops- an energy combination theory. Quarterly Journal of the Royal Meteorological Society, 111 (469): 839-855.

Šimůnek J, Šejna M, Saito H, et al. 2008. The HYDRUS-1D software package for simulating the movement of water, heat, and multiple solutes in variably saturated media, version 4.0, HYDRUS software series 3. California: University of California.

Sinclair T R, Pinter P J, Kimball B A. 2000. Leaf nitrogen concentration of wheat subjected to elevated [CO_2] and either water or N deficits. Agriculture Ecosystems and Environment, 79: 53-60.

Singh A K, Tripathy R, Chopra U K. 2008. Evaluation of CERES-Wheat and CropSyst models for water-nitrogen interactions in wheat crop. Agricultural Water Management, 95 (7): 776-786.

Singh K P, Basant A, Malik A, et al. 2009. Artificial neural network modeling of the river water quality-a case study. Ecological Modelling, 220 (6): 888-895.

Smith R J, Raine S R, Minkevich J. 2007. Irrigation application for irrigation parameter in border irrigation. Journal Irrigation and Drainage, 26 (3): 65-68.

Soldevilla-martinez M, Quemada M, Lopez-urrea R, et al. 2014. Soil water balance: comparing two simulation models of different levels of complexity with lysimeter observations. Agricultural Water Management, 139: 53-63.

Spalart F, Strelets M K, Travin A K, et al. 2000. Calculation of Hydrodynamics and Heat Transfer in a Transient Separating Bubble on a Plane Surface. Heat Transfer Research, 31 (6-8): 459-465.

Stapper M, Harris H. 1989. Assessing the productivity of wheat genotypes in a Mediterranean climate, using a crop simulation model. Field Crops Research, 20: 129-152.

Steiner J L, Howel T A, Schneider A D. 1991. Lysimetric evalution of Diurnal potential evapotranspiration model for grain sorghum. Agronomy Journal, 83: 240-247.

Sun H Y, Liu C M, Zhang X Y, et al. 2006. Effects of irrigation on water balance, yield and WUE of winter wheat in the North China Plain. Aricultural water management, 85 (1): 211-218.

Suryawanshi S D, Gaikwad N S. 1984. An analysis of yield gap in rabi jowar in drought-prone area of Ahmednagar District. Agricultural Situation in India, 39 (3): 147-153.

Swanson R H. 1994. Significant historical developments in thermal methods for measuring sap flow in trees. Agricultural and Forest Meteoroloy, 72: 113-132.

Swanson R H, Whitefield D W A. 1997. A numerical analysis of heat velocity theory and practice. Journal of Experimental Botany, 32: 221-239.

Tahiri A Z, Anyoji H, Yasuda H. 2006. Fixed and variable light extinction coefficients for estimating plant transpiration and soil evaporation under irrigated maize. Agricultural Water Management, 84 (1-2): 186-192.

Tao F, Zhang Z, Xiao D, 2014. Responses of wheat growth and yield to climate change in different climate zones of China, 1981-2009. Agricultural and Forest Meteorology, 189: 91-104.

Thomas H, Sansom M. 1995. Fully coupled analysis of heat, moisture, and air transfer in unsaturated soil. Journal of Engineering Mechanics, 121 (3): 392-405.

Thomas J R, Gausman H W. 1977. Leaf reflectance vs. leaf chlorophyll and carotenoid concentration for eight crops. Agronomy Journal, 69 (5): 799-802.

Thomas J R. 1977. Leaf reflectance vs. leaf chlorophyll and carotenoid concentration for eight crops. Agronomy Journal, 69 (5): 799-802.

Turner N C. 1990. Plant water relations and irrigation management. Agricultural Water Management, 17 (1-3): 59-73.

Timsina J, Humphreys E. 2006. Performance of CERES-Rice and CERES-Wheat models in rice-wheat systems: a review. Agricultural Systems, 90 (1-3): 5-31.

Tittonell P, Vanlauwe B, Corbeels M, et al. 2008. Yield gaps, nutrient use efficiencies and response to fertilisers by maize across heterogeneous smallholder farms of western Kenya. Plant and Soil, 313 (1): 19-37.

Todorovic M, Karic B, Pereira L S. 2013. Reference evapotranspiration estimate with limited weather data across a range of Mediterranean climates. Journal of Hydrology, 481: 166-176.

Trajkovic S, Todorovic B, Stankovic M. 2003. Forecasting of reference evapotranspiration by artificial neural networks. Journal of Irrigation and Drainage Engineering, 129 (6): 454-457.

Tyagi N K, Sharma D K, Luthra S K. 2000. Evapotranspiration and crop coefficients of wheat and sorghum. Journal of Irrigation and Drainage Engineering, 126 (4): 215-222.

Utset A, Farré I, Martínez-Cob A, et al. 2004. Comparing Penman-Monteith and Priestley-Taylor approaches as reference-evapotranspiration inputs for modeling maize water-use under Mediterranean conditions. Agricultural Water Management, 66: 205-219.

Vaesen K, Gilliams S, Nackaerts K, et al. 2001. Ground-measured spectral signatures as indicators of ground cover and leaf area index: the case of paddy rice. Field Crops Research, 69 (1): 13-25.

van de Griend A A, Owe M. 1994. Microwave vegetation optical depth and inverse modelling of soil emissivity using Nimbus/SMMR satellite observations. Meteorology and Atmospheric Physics, 54 (1-4): 225-239.

VanGenuchten M T. 1980. A closed-form equation for predicting the hydraulic conductivity of unsaturated soils. Soil Science Society of America Journal, 44 (5): 892-898.

VanKessel C, Singleton P W, Hoben H J. 1985. Enhanced N-transfer from a soybean to maize by *vesicular arbuscular mycorrhizal* (VAM) fungi. Plant Physiology, 79: 562-563.

Vane G, Goetz A F H. 1993. Terrestrial imaging spectrometry: current status, future trends. Remote Sensing of Environment, 44 (2-3): 117-126.

Varado N, Braud I, Ross P J. 2006. Development and assessment of an efficient vadose zone module solving the 1D Richards' equation and including root extraction by plants. Journal of Hydrology, 323 (1-4): 258-275.

Ventura F, Faber B A, Bali K M. 2001. Model for estimating evaporation and transpiration from row crops. Journal of Irrigation and Drainage Engineering, 113 (4): 339-345.

Villobas F J, Orgar F, Testi L, et al. 2000. Measurement and modeling of evaportranspiration of Olive (Olea europaea L.) orchards. European Journal of Agronomy, 13: 155-163.

Wallach D, Goffinet B, Bergez J E, et al. 2001. Parameter estimation for crop models. Agronomy Journal, 93 (4): 757-766.

Wallach D, Keussayan N, Brun F, et al. 2012. Assessing the uncertainty when using a model to compare irrigation strategies. Agronomy Journal, 104 (5): 1274-1283.

Wang S X. 2013. Groundwater quality and its suitability for drinking and agricultural use in the Yanqi Basin of Xinjiang Province, Northwest China. Environ Monit Assess, 185 (9): 7469-7484.

Wang Y, Jiao JJ. 2012. Origin of groundwater salinity and hydrogeochemical processes in the confined Quaternary aquifer of the Pearl River Delta, China. Journal of Hydrology, 348-439: 112-124.

Wiegand C L, Maas S J, Aase J K, et al. 1992. Multisite analyses of spectral-biophysical data for wheat. Remote

Sensing of Environment, 42: 1-21.

Williams C H, David D J. 1973. Effect of superphosphate on the cadmium content of soils and plants. Soil Research, 11 (1): 43-56.

Willmott C J. 1981. On the validation of models. Physical Geography, 2: 184-194.

Willmott C J. 1982. Some Comments on the Evaluation of Model Performance. Bulletin of the American Meteorological Society, 63 (11): 1309-1369.

Willy R W. 1990. Resources use in intercropping systems. Agricultural Water Management, 17 (1-3): 215-231.

World Health Organization. 2011. Guidelines for Drinking-water Quality. 4th ed. Gutenberg: World Health Organization.

Wu J, Zhang R, Gui S. 1999. Modeling soil water movement with water uptake by roots. Plant and Soil, 215 (1): 7-17.

Xiong W, Conway D, Holman I, Lin E. 2008. Evaluation of CERES-Wheat simulation of Wheat Production in China. Agronomy Journal, 100 (6): 1720.

Yang Y, Guan H, Hutson J L, et al. 2013. Examination and parameterization of the root water uptake model from stem water potential and sap flow measurements. Hydrological Processes, 27 (20): 2857-2863.

Yang Y H, Watanabe M, Zhang X Y, et al. 2006. Optimizing irrigation management for wheat to reduce groundwater depletion in the piedmont region of the Taihang Mountains in the North China Plain. Agricultural water management, 82 (1): 25-44.

Yidana S M. 2010. Groundwater classification using multivariate statistical methods: Southern Ghana. Journal of African Earth Sciences, 57 (5): 455-469.

Yu Q, Li L H, Luo Q Y, et al. 2013. Year patterns of climate impact on wheat yields. International Journal of Climatology, 34 (2): 518-528.

Zapata N, Playán E, Faci J M. 2000. Elevation and infiltration in a level basin. II. Impact on soil water and corn yield. Irrigation Science, 19 (4): 165-173.

Zeng Y, Su Z, Wan L, et al. 2009. Diurnal pattern of the drying front in desert and its application for determining the effective infiltration. Hydrology and Earth System Sciences, 13: 703-714.

Zeng Y, Su Z. 2012. STEMMUS: Simultaneous Transfer of Energy, Mass and Momentum in Unsaturated Soil. Enschede, The Netherlands: University of Twente.

Zerihun D, Feyen J, Reddy J M. 1996. Sensitivity analysis of furrow-irrigation performance parameters. Journal of Irrigation and Drainage, ASCE, 122: 49-57.

Zhang X, Chen S, Sun H, et al. 2010. Water use efficiency and associated traits in winter wheat cultivars in the North China Plain. Agricultural Water Management, 97: 1117-1125.

Zhao N, Liu Y, Cai J, et al. 2013. Dual crop coefficient modelling applied to the winter wheat-summer maize crop sequence in North China Plain: Basal crop coefficients and soil evaporation component. Agricultural Water Management, 117: 93-105.

Zhao P, Li S, Li F, et al. 2015. Comparison of dual crop coefficient method and Shuttleworth-Wallace model in evapotranspiration partitioning in a vineyard of northwest China. Agricultural Water Management, 160: 41-56.

Zhou M C, Ishidaira H, Hapuarachchi H P, et al. 2006. Estimating potential evapotranspiration using Shuttleworth-Wallace model and NOAA-AVHRR NDVI data to feed a distributed hydrological model over the Mekong River basin. Journal of Hydrology, 327 (1-2): 151-173.

Zhu F, Wu J, Yu Z, 2000. Effect of sowing density on Yumai 29 group individual quality traits. Jiangsu

Agricultural Sciences, 5: 21-24.

Zhu G F, Su Y H, Huang C L, et al. 2009. Hydrogeochemical processes in the groundwater environment of Heihe River Basin, northwest China. Environmental Earth Sciences, 60 (1): 139-153.

Zhu Z L, Chen D L. 2002. Nitrogen fertilizer use in China-Contributions to food production, impacts on the environment and best management strategies. Nutrient Cycling in Agroecosystems, 63 (2-3): 117-127.